DIE GRUNDLEHREN DER
MATHEMATISCHEN
WISSENSCHAFTEN

IN EINZELDARSTELLUNGEN MIT BESONDERER
BERÜCKSICHTIGUNG DER ANWENDUNGSGEBIETE

HERAUSGEGEBEN VON

R. GRAMMEL · E. HOPF · H. HOPF · W. MAGNUS
F. K. SCHMIDT · B. L. VAN DER WAERDEN

BAND XCIII

VORLESUNGEN ÜBER
INHALT, OBERFLÄCHE UND
ISOPERIMETRIE

VON

H. HADWIGER

SPRINGER-VERLAG
BERLIN · GÖTTINGEN · HEIDELBERG
1957

VORLESUNGEN ÜBER INHALT, OBERFLÄCHE UND ISOPERIMETRIE

VON

DR. H. HADWIGER

PROFESSOR DER MATHEMATIK
AN DER UNIVERSITÄT BERN

MIT 34 TEXTABBILDUNGEN

SPRINGER-VERLAG
BERLIN · GÖTTINGEN · HEIDELBERG
1957

ISBN-13: 978-3-642-94703-2   e-ISBN-13: 978-3-642-94702-5
DOI: 10.1007/978-3-642-94702-5

BRÜHLSCHE UNIVERSITÄTSDRUCKEREI GIESSEN

Vorwort

Das vorliegende Buch vereinigt in seinen wesentlichen Teilen den Stoff verschiedener Vorlesungen über Inhaltstheorie, isoperimetrische Probleme und über konvexe Körper und allgemeine Integralgeometrie, die ich im Laufe der letzten Jahre an der Universität Bern gehalten habe. Abgesehen von einzelnen kleinen Spezialvorlesungen entsprachen die Kurse dem Lehrprogramm für die allgemeine Einführung in die höhere Mathematik und waren demnach für Hörer der unteren und mittleren Semester bestimmt.

Bei der buchmäßigen Zusammenfassung war ich bemüht, in einer sich auf Stoffauswahl und Behandlungsart auswirkenden Ausrichtung auf die Linie der elementaren direkten Mengengeometrie die gemeinsame Bindung zu finden, welche die verschiedenartigen Sachgebiete, die auch unabhängig durchführbaren Vorlesungen entsprechen, zu einem einheitlichen Ganzen zusammenfügen soll. Mit der erwähnten Beschränkung wurde eine einfache, ohne höhere Spezialkenntnisse lesbare Darstellung der einschlägigen Themen erzielt. Erforderlich sind gute Kenntnisse der Grundtatsachen der Elementargeometrie, eine gewisse Vertrautheit mit den wichtigsten Begriffen der Punktmengenlehre und mit der mengentheoretischen Schlußweise, schließlich einige Übung beim Umgang mit exakten, sich auf Raum und Zahl beziehende Begriffsbildungen.

Welches sind nun die Kriterien einer elementaren und direkt mengengeometrischen Betrachtungsweise, wie sie dem vorliegenden Buche zugrunde liegen soll? Einige hierfür charakteristische Merkmale seien nachfolgend aufgezählt:

1. Alles spielt sich einheitlich im (k-dimensionalen) euklidischen Raum ab; so ist ein unveränderliches Arbeitsfeld gegeben, mit dem man von den Elementen her gut vertraut ist.

2. Die Körper des Raumes werden als Punktmengen aufgefaßt und in ihrer Ganzheit lediglich mit Bezugnahme auf elementargeometrische Begriffe direkt gekennnzeichnet. Diesem Vorgehen, das sich auch auf Symbolik und Arbeitsstil auswirkt, steht das hauptsächlich in der älteren Literatur übliche gegenüber, die Raumfiguren durch Angabe ihrer Berandung zu charakterisieren, wie beispielsweise bei der Definition der Polyeder oft vorgegangen wird. Besonders typisch für die direkte Mengengeometrie ist jedoch die weitgehende Ausschaltung der analytischen Methode, welche vornehmlich indirekt wirkt und zudem die

Gegenstände vielfach mit Voraussetzungen belastet, die ihrem Wesen nach dem einfachen geometrischen Sachverhalt nicht entsprechen. Beispielsweise kann eine geschlossene konvexe Fläche (Eifläche) direkt als Rand einer konvexen Punktmenge definiert werden, während die indirekte Beschreibung als ein durch passende Abbildungsfunktionen erzeugtes Bild eines im Parameterraum liegenden Urbildes recht umständlich wirkt. Differenzierbarkeitseigenschaften der Fläche, wie sie im Rahmen der Differentialgeometrie erforderlich sind, werden innerhalb der Mengengeometrie kaum benötigt, da bereits die besondere Art der dort üblichen Fragestellungen keine derartige Verbindung herstellt.

3. Selbstverständlich entspricht der oben erörterten Grundhaltung zu den Gegenständen auch die entsprechende Wahl der Hilfsmittel und der eingesetzten Entwicklungs- und Beweismethoden. Einfachheit und Ursprünglichkeit bedingen hier nicht unbedingt eine Beschneidung der Reichweite; oft trifft eher das Gegenteil zu. So sah sich ERHARD SCHMIDT, dessen groß angelegte Abhandlung über die BRUNN-MINKOWSKIsche Ungleichung und über die isoperimetrische Eigenschaft der Kugel in der euklidischen und nichteuklidischen Geometrie aus den Jahren 1948/49 sich auf den direkt mengengeometrischen Begriff der MINKOWSKIschen Oberfläche bezieht, zu der Bemerkung veranlaßt, daß seine früheren ausgedehnten Arbeiten, die — wie wir wissen — sehr bedeutend und vornehmlich der analytischen Methode verpflichtet waren, durch die neue Abhandlung „nicht nur in der Methode, sondern auch im Resultat überholt" seien. Hier möge mir der Hinweis gestattet sein, daß unser Buch eine Herleitung der allgemeinsten im euklidischen Raum gültigen isoperimetrischen Ungleichung bringt; diese bezieht sich auf die MINKOWSKIsche Relativoberfläche einer beliebigen beschränkten und abgeschlossenen Punktmenge, wobei als Nebenmenge (Eichmenge) eine zweite ebensolche Punktmenge gewählt werden kann. Weiter wird auch die Frage der Gültigkeit des Gleichheitszeichens vollständig abgeklärt, so daß eine praktisch voraussetzungslose Lösung des isoperimetrischen Problems vorliegt. Diese Aufgabe ist streng im Rahmen der Mengengeometrie und der reinen Maßtheorie gelöst, das heißt hier genauer, ohne Benutzung irgendwelcher formaler Behelfe der Differential- und Integralrechnung. Die Stoffbearbeitung des Buches bleibt bis zum Schlußkapitel vollständig integrallos. In diesem, den konvexen Körpern und der allgemeinen Integralgeometrie gewidmeten Teil, tritt der Integralbegriff naturgemäß in den Mittelpunkt der Betrachtungsweise; dort sind auch die dem Leser zugedachten Vorkenntnisse reichhaltiger vorausgesetzt.

4. Eine Theorie gewinnt selbstverständlich an Einfachheit, wenn darauf geachtet wird, daß die erforderlichen Voraussetzungen nur einmal und fest bleibend gewählt werden, und daß nur das entwickelt

wird, was sich mit einfachen Schlüssen aus diesen festen Setzungen gewinnen läßt. Daß man hierbei auf später sich aufdrängende Abwandlungen verzichten muß, mag stofflich manchen Verlust bedingen; dafür bleibt eine gewisse Geschlossenheit der Theorie gewahrt, welcher durch die strikte Einhaltung der genannten Vorschrift von selbst der Wesenszug einer axiomatischen Theorie aufgeprägt wird. In diesem Sinne sind unsere sich auf die Inhaltstheorie beziehenden Kapitel axiomatisch aufgebaut; einige wenige Eigenschaften (Postulate) definieren implizite das allgemeine Inhaltssystem derart, daß sowohl der sich auf Polyeder beziehende elementare Inhalt, als auch der JORDANsche Inhalt und das LEBESGUEsche Maß von Punktmengen, sowie der TARSKIsche Inhalt zu speziellen Inhaltssystemen gehören. Ebenso wird bei der Begründung der wichtigsten Maßzahlen für konvexe Körper im Schlußkapitel von einigen fundamentalen Eigenschaften ausgegangen. In diesem Zusammenhang kommt der Möglichkeit, Inhalt, Oberfläche und allgemein die MINKOWSKISCHEN Quermaßintegrale konvexer Körper durch solche Eigenschaften zu charakterisieren, besondere Bedeutung zu.

Noch einige allgemeine Bemerkungen:

a) Die Beschränkung auf die elementare Methode wirkt sich nicht immer verkürzend aus; der Verzicht auf höhere fremde Hilfsmittel muß oft durch geeigneteKunstgriffe wieder wettgemacht werden, was eine zusätzliche Komplikation bedeuten kann. Ein wichtiges Beispiel hierzu bildet die Einführung des elementaren Polyederinhalts. Wie allgemein bekannt ist, läßt sich wegen der mit dem HILBERT-DEHNschen Zerlegungsdilemma zusammenhängenden Schwierigkeit keine einfache Begründung geben, ohne unendliche Zerlegungsprozesse und geometrische Grenzübergänge (Approximation der Simplexe durch Stufenpyramiden usw.) zu verwenden. Vorgehen dieser Art werden dem elementargeometrischen Wesen der Polyedergeometrie in keiner Weise gerecht, doch muß man sich wohl meistens aus praktischen Gründen damit abfinden. In dem hier einschlägigen Kapitel unseres Buches wird indessen gezeigt, daß es grundsätzlich durchaus möglich ist, den formalen elementaren Polyederinhalt ohne disziplinfremde geometrische Grenzbetrachtungen exakt zu begründen. Allerdings ist hierzu erforderlich, daß die Zerlegungstheorie der Polyeder verhältnismäßig weit entwickelt wird. Diesem Teil der Elementargeometrie ist in unserem Buche ein besonders breiter Raum zugemessen. Abgesehen von der Bedeutung für die allgemeine Inhaltstheorie, die mit der Lehre von den elementargeometrischen Zerlegungen in engste Wechselwirkung tritt, lohnt sich dieser Ausbau schon mit Rücksicht auf die fundamentale Bedeutung der Polyeder als elementare Bausteine der Körper des euklidischen Raumes.

b) Die Beschränkung auf elementare Gegenstände verbürgt auch nicht, daß alle behandelten Fragen ihre Erledigung finden können, wie

man vielleicht dann anzunehmen geneigt ist, wenn elementar voreilig
mit trivial verwechselt wird. Es ist ja geradezu eine besondere Merk-
würdigkeit der Mathematik, daß auch trotz des modernsten Standes
vieler ihrer hochentwickelten Gebiete immer wieder völlig elementare
Fragen möglich sind, denen man genau so ratlos gegenübersteht, wie
vor einem halben Jahrhundert. Diese Tatsache stellt keineswegs einen
Mangel unserer Wissenschaft dar, sondern einen Born nie versiegenden
Reichtums. Ein Beispiel, das in unserem Zusammenhang genannt werden
kann, ist das HILBERT-DEHNsche Problem der Zerlegungsgleichheit
zweier Polyeder des gewöhnlichen Raumes im Sinne der Elementargeometrie. Bis heute konnte noch nicht entschieden werden, ob die
bekannten notwendigen Bedingungen auch hinreichend sind. In unserem
Buche sind, wie bereits erwähnt, verschiedene Ergebnisse der Zerlegungstheorie k-dimensionaler Polyeder entwickelt; doch die eben erwähnte
Lücke mußte bleiben.

c) Schließlich muß eingeräumt werden, daß sich mit der starken
methodischen und sachlichen Vereinheitlichung der Nachteil einer
gewissen Einseitigkeit verbindet. In den am Ende der Kapitel angebrachten Anmerkungen werden neben Erläuterungen verschiedener
Art auch vor allem die mit dem Kapitelstoff in Beziehung stehenden
Schriften zitiert. Es handelt sich hier aber in der Regel nur um Fach-
literatur, die sich der dem Buche zugrundeliegenden Zielrichtung ein-
ordnet. Dadurch blieb aber ein erheblicher Teil dessen unberücksichtigt,
was Fachleute zu unserem im Buch verarbeiteten Sachgebiet bei-
getragen haben, das aber methodisch und stofflich in einer anderen
Ebene liegt. In dieser Hinsicht muß ich die Leser um gütige Nachsicht
bitten.

Meine Bestrebungen, die der Mengengeometrie, Inhaltslehre und
Theorie der konvexen Körper und der Integralgeometrie angehörenden
Ergebnisse zu sammeln, einiges davon zu vereinfachen und zu ergänzen,
reichen weit vor den Zeitpunkt zurück, mit welchem die Vorarbeiten
zu dem heute vollendeten Buch begannen. Innerhalb dieser Arbeits-
periode wurden mir mannigfache Anregungen zuteil, und ich möchte
an dieser Stelle meinen Dank an einige Kollegen richten, die durch
brieflichen Kontakt, durch Einladungen zu Vorträgen oder durch
gleichgerichtete und gemeinsame publizistische Tätigkeit einen besonders
förderlichen Einfluß ausübten, nämlich an die Herren Kollegen
W. BLASCHKE (Hamburg), A. DINGHAS (Berlin), L. FEJES TÓTH (Buda-
pest), B. JESSEN (Kopenhagen), W. NEF (Bern), L. A. SANTALÓ (Buenos
Aires) und W. SÜSS (Freiburg i. Br.).

Für die tatkräftige Unterstützung bei der Fertigstellung des Manu-
skriptes, bei der Anfertigung der Abbildungen, sowie beim Korrekturen-
lesen habe ich den Herren H. DEBRUNNER, H. KUMMER und P. WILKER

in Bern, die auch mit vielen Verbesserungsvorschlägen wertvolle Mitarbeit geleistet haben, sehr zu danken.

Besonderen Dank schulde ich Herrn F. K. SCHMIDT in Heidelberg für die freundliche Ermunterung, an der von ihm herausgegebenen Sammlung mitzuwirken, und für seine Nachsicht während der etwas langen Entstehungszeit des vorliegenden Bandes.

Abschließend habe ich noch dem Springer-Verlag für die bekannte sorgfältige und prompte Herstellungsarbeit zu danken.

Bern, im März 1957

HUGO HADWIGER

Wegleitung für den Leser

1. Bei formelmäßiger Fassung von Aussagen wurde vielfach das Folgezeichen $\triangleright$ bzw. das Äquivalenzzeichen $\triangleright\triangleleft$ verwendet. „$A \triangleright B$" bzw. „$A \triangleright\triangleleft B$" bedeutet: „Aus A folgt B" bzw. „A ist äquivalent mit B, d. h. aus A folgt B und umgekehrt."

2. Kleine hochgestellte Nummern verweisen auf den sich an jedes Kapitel anschließenden Anmerkungsteil. Dort wird umgekehrt durch die neben der Anmerkungsnummer in runder Klammer angebrachte Seitenzahl auf die bezügliche Stelle im Buchtext verwiesen.

3. Die im Anmerkungsteil rechts von Namen in eckige Klammer gesetzten Nummern beziehen sich auf das Literaturverzeichnis.

4. Im Literaturverzeichnis sind ausschließlich Bücher und Abhandlungen aufgeführt, die in Anmerkungen zitiert wurden. Die Auffindung dieser Stellen erleichtert das mit Seitenzahlen versehene Namenverzeichnis; dieses berücksichtigt nur die Anmerkungsteile, nicht aber den Buchtext.

Inhaltsverzeichnis

Erstes Kapitel
Elementargeometrie der Polyeder

Zweites Kapitel
Der elementare Inhalt

Drittes Kapitel

Jordanscher Inhalt und Lebesguesches Maß

Viertes Kapitel

Ausgewählte Studien zur Mengengeometrie

Fünftes Kapitel

Inhalt, Oberfläche und Isoperimetrie

Sechstes Kapitel

Konvexe Körper und allgemeine Integralgeometrie

Erstes Kapitel

Elementargeometrie der Polyeder

§ 1. Begriff des Polyeders

1.1.1. Raum, Punkt und Richtung

Es bezeichne E_k den k-dimensionalen euklidischen *Raum*. Auf diesen beziehen sich alle unsere Ausführungen; k bedeutet also stets die Dimension des Raumes. Ein *Ursprung Z*, ein fester Punkt im Raum, soll die Bedeutung eines Bezugszentrums haben. *Punkte* charakterisieren wir durch ihre von Z auslaufenden Ortsvektoren; diese sollen durch die nämlichen Zeichen wie die Punkte selbst, etwa durch $p, q, \ldots$ dargestellt werden. Die (euklidische) Distanz zweier Punkte p und q wird mit $d(p, q)$ bezeichnet. Die Ortsvektoren p der Punkte p einer Punktmenge A nennen wir auch kurz Vektoren von A. Gelegentlich ist es auch nützlich, sich auf ein vektorielles Koordinatensystem $[e_i; i = 1, \ldots, k]$ zu beziehen. Die e_i bilden hier ein orthonormiertes System von k Vektoren, so daß für die Skalarprodukte die Relationen $(e_i, e_j) = \delta_{ij}$ gelten. Eine *Richtung* im Raum wird zweckmäßig durch einen normierten Richtungsvektor u festgelegt. Denkt man sich diese Richtungsvektoren im Ursprung Z angreifend, so liegen ihre Spitzen auf einer um Z gelegten $((k-1)$-dimensionalen) Einheitskugelfläche, der *Richtungssphäre S*. Einer Richtung u ist das System der k Richtungskosinus $\cos \theta_i = (u, e_i)$ mit $\Sigma \cos^2 \theta_i = 1$ eineindeutig zugeordnet; es sind dies die k Koordinaten des betreffenden Punktes der Richtungssphäre. Ein $(k-1)$-dimensionaler euklidischer Unterraum E_{k-1} heißt *Ebene* und wird kurz mit E bezeichnet. Eine *orientierte* Ebene $E(u)$ ergibt sich aus einer Ebene E durch zusätzliche Festlegung eines Richtungsvektors u, der auf E orthogonal steht. Da zwei entgegengesetzt gleiche derartige Richtungen vorliegen, gibt es zwei mögliche Orientierungen einer vorgegebenen Ebene E. Eine orientierte Ebene $E(u)$ zerlegt den Raum in die zwei (abgeschlossenen) *Halbräume* $H(u)$ und $H(-u)$, wobei die Unterscheidung dieser beiden Raumhälften durch die Konvention erwirkt sei, daß die Richtung u vom *inneren* Halbraum $H(-u)$ in den *äußeren* Halbraum $H(u)$ weist. u heißt auch *Normalenvektor* der (orientierten) Ebene $E(u)$. Allgemeiner wird ein i-dimensionaler euklidischer Unterraum E_i als i-dimensionale Ebene bezeichnet. Im Falle $i = k-1$ handelt es sich um eine Ebene und im Falle $i = 0$ um einen Punkt.

Wir wollen sagen, daß eine i-dimensionale Ebene E_i die Richtung v aufweist, wenn E_i mit einem Punkt p auch den Punkt $p + v$ enthält. Die Menge der Richtungen, die einem E_i zugeordnet werden können, induziert auf der $(k-1)$-dimensionalen Richtungssphäre eine $(i-1)$-dimensionale Untersphäre. Für $i = 0$ ist diese Menge leer. Zwei Unterräume E_i und $E_j [i \leqq j]$ heißen total *parallel*, wenn jede Richtung von E_i eine solche von E_j ist; sie liegen weiter in *allgemeiner Lage*, wenn keine Richtung von E_i eine solche von E_j ist; insbesondere werden sie total *orthogonal* genannt, wenn jede Richtung von E_i zu jeder Richtung von E_j orthogonal steht.

1.1.2. Konvexe Polyeder

Ein *konvexes Polyeder (Eipolyeder)* ist die konvexe Hülle einer endlichen Punktmenge des Raumes, d. h. gleich dem Durchschnitt aller Halbräume H, welche die betreffende Punktmenge enthalten [1]. Gehört ein Punkt dieser Menge bereits der konvexen Hülle der übrigen an, so kann er weggelassen werden, ohne daß diese Reduktion auf das erzeugte Eipolyeder einen Einfluß hat. Man darf annehmen, daß die Punktmenge in diesem Sinne nicht mehr reduziert werden kann; jeder Punkt ist dann *extrem*. Es sei $[p_\nu; \nu = 1, \ldots, m]$ das System der extremen Punkte und P das erzeugte Eipolyeder. Die p_ν sind die *Eckpunkte* von P. Für die Gesamtheit der Punkte (Vektoren) des konvexen Polyeders P gilt dann die Parameterdarstellung

$$p = \Sigma \lambda_\nu p_\nu \qquad [0 \leqq \lambda_\nu; \ \Sigma \lambda_\nu = 1] \, . \tag{1}$$

P ist abgeschlossen und beschränkt. Weiter ist P *konvex*, d. h., P enthält mit zwei Punkten p und q auch die ganze Verbindungsstrecke

$$x = \lambda p + (1 - \lambda) q \qquad [0 \leqq \lambda \leqq 1] \, . \tag{2}$$

Ist P ganz in einer Ebene E enthalten, so wollen wir sagen, P sei ein *uneigentliches* Eipolyeder; dieses läßt sich dann auch als Eipolyeder bezogen auf den $(k-1)$-dimensionalen Trägerraum E auffassen. Im k-dimensionalen Raum betrachtet, fällt ein uneigentliches Polyeder mit seinem Rand (Menge der Randpunkte) zusammen. Dagegen enthält ein *eigentliches* (d. h. nicht uneigentliches) Eipolyeder innere Punkte.

Eine orientierte Ebene $E(u)$ nennen wir *Stützebene* des Eipolyeders P in der Richtung u, wenn sie mit dem Eipolyeder einen nichtleeren Durchschnitt, eine *Stützmenge* $P_u = P \cap E(u)$ aufweist, wobei aber P ganz in dem durch $E(u)$ bestimmten inneren Halbraum $H(-u)$, dem *Stützhalbraum*, enthalten ist. Offensichtlich ist jede Stützmenge P_u ein uneigentliches Eipolyeder, das aus Randpunkten von P besteht. Ein Stützeipolyeder P_u von P, das bezogen auf seine $(k-1)$-dimensionale Trägerebene $E(u)$ eigentlich ist, heißt *Seitenfläche* von P der Richtung u. Ein uneigentliches Eipolyeder braucht keine Seitenflächen aufzuweisen.

Der Rand eines eigentlichen Eipolyeders ist die Vereinigungsmenge von endlich vielen Seitenflächen $P_{u_\nu}[\nu = 1, \ldots, n]$, deren Richtungen nicht alle einer abgeschlossenen Hälfte (Halbsphäre) der Richtungssphäre angehören. Das Eipolyeder selbst ist der Durchschnitt der den Seitenflächen entsprechenden Stützhalbräume.

Die Vektoren p eines eigentlichen Eipolyeders P können durch das Ungleichungssystem

$$(p - p_\nu, u_\nu) \leqq 0 \qquad [\nu = 1, \ldots, n] \tag{3}$$

gekennzeichnet werden, wo p_ν den Ortsvektor eines beliebig in der Seitenfläche P_{u_ν} von P gewählten Punktes anzeigt. Bezeichnet p_u den Ortsvektor eines beliebig wählbaren Punktes in der orientierten Stützebene $E(u)$ eines Eipolyeders P, so ist $h(P, u) = (p_u, u)$ der vorzeichenbegabte, in der Richtung u gemessene Abstand der Ebene $E(u)$ vom Ursprung Z des Raumes. Die Größe $h(P, u)$ heißt *Stützabstand* des Eipolyeders P in der Richtung u. Denkt man sich u variabel, so ist $h(P, u)$ eine stetige Funktion der Richtung u; man nennt sie *Stützfunktion*. Diese spielt in der MINKOWSKISCHEN Theorie der konvexen Körper eine hervorragende Rolle. Die Vektoren p eines Eipolyeders P können mit Verwendung der Stützfunktion auch durch ein kontinuierliches System von Ungleichungen charakterisiert werden, nämlich durch

$$(p, u) \leqq h(P, u) . \tag{4}$$

Allerdings genügen endlich viele dieser Ungleichungen, um P zu kennzeichnen, nämlich die zu den Richtungen der Seitenflächen von P gehörenden. So ergibt sich wieder (3).

Die Gesamtheit der (eigentlichen und uneigentlichen) konvexen Polyeder P des Raumes fassen wir zu einem Mengensystem, zur *Eipolyederklasse* $\mathfrak{E}$ zusammen. Die leere Menge 0 wird ebenfalls als Element von $\mathfrak{E}$ betrachtet. Wichtige Eigenschaften dieser Klasse finden in den nachfolgenden Aussagen ihren Ausdruck:

a) Der Durchschnitt $P \cap Q$ zweier Eipolyeder P und Q ist entweder leer oder ebenfalls ein Eipolyeder; also gilt

$$P, Q \in \mathfrak{E} \rhd P \cap Q \in \mathfrak{E} . \tag{5}$$

b) Der Durchschnitt $P \cap E_i$ eines Eipolyeders P mit einer i-dimensionalen Ebene E_i ist entweder leer oder wieder ein Eipolyeder; also gilt

$$P \in \mathfrak{E} \rhd P \cap E_i \in \mathfrak{E} \qquad [0 \leqq i \leqq k] . \tag{6}$$

Für $i < k$ wird dieser Durchschnitt uneigentlich.

Unter der orthogonalen Projektion $P^i = P | E_i$ eines Eipolyeders P auf eine i-dimensionale Ebene E_i verstehen wir die Menge der Durchschnittspunkte $E_i \cap E_{k-i}$, die sich in E_i mit all denjenigen komplementären, auf E_i total orthogonal stehenden $(k-i)$-dimensionalen Ebenen E_{k-i} ergeben, welche das Eipolyeder P treffen. Diese Erklärung ist nur in den nicht-trivialen Fällen $0 < i < k$ anwendbar; wir ergänzen sie durch die Festsetzung $P^0 = E_0$ und $P^k = P$. Es gilt nunmehr:

c) Die orthogonale Projektion P^i eines Eipolyeders P auf eine i-dimensionale Ebene E_i ist ebenfalls ein Eipolyeder; also gilt

$$P \in \mathfrak{E} \;\triangleright\; P^i \in \mathfrak{E} \qquad [0 \leq i \leq k] . \tag{7}$$

Für $i < k$ wird P^i uneigentlich.

1.1.3. Simplex

Die einfachste und für den Aufbau der Körperlehre der euklidischen Geometrie fundamentale Raumfigur ist das *Simplex*. Ein (eigentliches) Simplex S ist die konvexe Hülle einer Menge $[p_i; i = 0, 1, \ldots, k]$ von $k + 1$ Punkten p_i, die sich im Raum in allgemeiner Lage befinden, d. h. nicht alle in einer Ebene E liegen. Die Punkte p_i sind alle extrem; sie stellen demnach die Eckpunkte des Simplex S dar. Offensichtlich ist S ein spezielles eigentliches Eipolyeder. Aus formalen Gründen ist es vorteilhaft, das Simplex S durch Angabe einer ausgezeichneten Ecke $p = p_0$ und der k linear unabhängigen *Kantenvektoren* $a_i = p_i - p_{i-1} [i = 1, \ldots, k]$ zu kennzeichnen. Um dies auch äußerlich mit einem zweckdienlichen Symbol zum Ausdruck zu bringen, schreiben wir

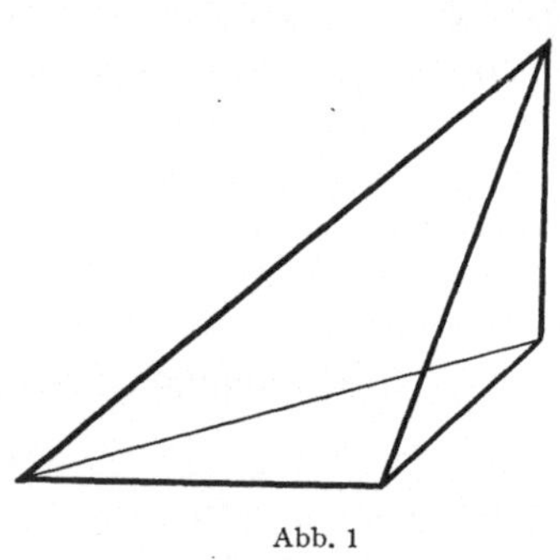
Abb. 1

$$S = \langle p; a_1, \ldots, a_k \rangle . \tag{8}$$

Durch Transformation von (1) ergibt sich leicht die dieser Kennzeichnung (8) angepaßte Parameterdarstellung für die Punkte (Vektoren) s des Simplex S, nämlich

$$s = p + \Sigma \alpha_\nu a_\nu \qquad [1 \geq \alpha_1 \geq \alpha_2 \geq \cdots \geq \alpha_k \geq 0] . \tag{9}$$

Durch ein besonders einfaches Baugesetz zeichnen sich die SCHLÄFLISCHEN Orthoschemen[2] oder, wie wir auch sagen wollen, die *Orthogonalsimplexe* aus. Ein Simplex (8) heißt Orthogonalsimplex, wenn die Kantenvektoren $a_i [i = 1, \ldots, k]$ paarweise orthogonal sind. Die symbolische Darstellung eines Orthogonalsimplex T lautet daher

$$T = \langle p; a_1, \ldots, a_k \rangle \qquad [(a_i, a_j) = 0, i \neq j] . \tag{10}$$

In Abb. 1 ist ein Orthogonalsimplex des gewöhnlichen Raumes ($k = 3$) dargestellt.

1.1.4. Polyeder

Eine Punktmenge A des Raumes, die sich als Vereinigung endlich vieler konvexer Polyeder P_ν darstellen läßt, symbolisch

$$A = P_1 \cup P_2 \cup \cdots \cup P_m \tag{11}$$

geschrieben, heißt *Polyeder*[3]. Ein Polyeder A nennen wir *eigentlich*, wenn es die Vereinigung von ausschließlich eigentlichen Eipolyedern P_ν ist; dagegen soll A *uneigentlich* genannt werden, wenn es durch ausschließlich uneigentliche P_ν darstellbar ist. Diese reinen Typen erschöpfen nicht die volle Allgemeinheit; ein Polyeder kann zum gemischten Typ gehören. Dagegen ist es offensichtlich, daß ein beliebiges Polyeder A stets in der Form

$$A = A' \cup A'' \tag{12}$$

darstellbar ist, wobei A' ein eigentliches, A'' ein uneigentliches Polyeder bezeichnet.

Fassen wir alle Polyeder des Raumes zu einem Mengensystem zusammen, so gewinnen wir die *Polyederklasse* $\mathfrak{P}$. Diese soll weiter noch die leere Menge 0 als Element enthalten. Die Polyederklasse ist ein Mengenring (Verband), und zwar der kleinste über der Klasse $\mathfrak{E}$ der Eipolyeder. Die für Mengenringe charakteristische Eigenschaft ist die folgende:

a) Sind A und B zwei Polyeder, so ist sowohl die Vereinigung $A \cup B$ als auch der Durchschnitt $A \cap B$ ein Polyeder; der Durchschnitt kann auch leer sein. Es gilt also:

$$A, B \in \mathfrak{P} \rhd A \cup B, A \cap B \in \mathfrak{P}. \tag{13}$$

Ferner gilt:

b) Der Durchschnitt $A \cap E_i$ eines Polyeders A mit einer i-dimensionalen Ebene E_i ist entweder leer oder wieder ein Polyeder, d. h.

$$A \in \mathfrak{P} \rhd A \cap E_i \in \mathfrak{P} \qquad [0 \leqq i \leqq k]. \tag{14}$$

Für $i < k$ wird dieser Durchschnitt uneigentlich.

c) Die orthogonale Projektion $A^i = A|E_i$ [Erklärung wie für Eipolyeder; vgl. (7)] eines Polyeders A auf eine i-dimensionale Ebene E_i ist wieder ein Polyeder, also gilt:

$$A \in \mathfrak{P} \rhd A^i \in \mathfrak{P} \qquad [0 \leqq i \leqq k]. \tag{15}$$

Für $i < k$ ist dieses durch Projektion gewonnene Polyeder uneigentlich.

Man kann leicht erkennen, daß sich die Beweise dieser wichtigen Eigenschaften **a)** bis **c)** unmittelbar und bequem an unsere Definition der Polyeder anschließen lassen. Die angemessene Beweistechnik stützt sich auf die bekannten formalen Gesetze für die in Frage stehenden

Iengenverknüpfungen; insbesondere erwähnen wir die distributiven
resetze

$$A \cap (B \cup C) = (A \cap B) \cup (A \cap C)\,, \tag{16}$$

$$A \cup (B \cap C) = (A \cup B) \cap (A \cup C)\,, \tag{17}$$

velche neben den trivialeren kommutativen und assoziativen Regeln
tändig angewendet werden müssen.

Zwei wichtige echte Teilklassen der allgemeinen Polyederklasse $\mathfrak{P}$
vollen wir besonders bezeichnen, nämlich einmal die Klasse $\mathfrak{P}'$ der
igentlichen Polyeder und dann die Klasse $\mathfrak{P}''$ der *uneigentlichen* Polyeder;
eiden Teilklassen soll auch die leere Menge 0 als Element angehören.
Vie man sich leicht überlegt, ist $\mathfrak{P}''$ ein Mengenring, also ein Teilring
on $\mathfrak{P}$; für $\mathfrak{P}'$ trifft dies nicht zu.

Der Rand eines eigentlichen Polyeders setzt sich aus endlich vielen
Seitenflächen zusammen; es sind $(k-1)$-dimensionale Polyeder, die
n ihren Trägerebenen eigentlich sind. Eine Seitenfläche einer solchen
Seitenfläche ist eine *Kante*; es sind demnach Polyeder, die in ihrem
$k-2)$-dimensionalen Trägerraum eigentlich sind. Um späteren Er-
ordernissen zu genügen, soll bereits hier ein geeignetes Maß für die
Kantenkrümmung erklärt werden. Zunächst einige notwendige Hilfs-
segriffe: Es sei p ein „innerer" Punkt einer Kante des Polyeders A und H
ine durch p hindurchgelegte, auf dem $(k-2)$-dimensionalen Kanten-
aum total orthogonal stehende 2-dimensionale Ebene. Der Durch-
chnitt $A \cap G$ des Polyeders A mit einer in H liegenden, von p aus-
aufenden Halbgeraden (Strahl) G setzt sich aus endlich vielen (ab-
;eschlossenen) Strecken zusammen. Wir betrachten insbesondere die-
enigen Halbgeraden G, für welche p einem solchen Durchschnitts-
ntervall positiver Länge angehört. Diese erfüllen in ihrer Gesamtheit
ndlich viele (abgeschlossene) Winkelräume (Sektoren) in H mit dem
;emeinsamen Scheitel p. Das System dieser Winkelräume ist die dem
Kantenpunkt p zugeordnete Querrißfigur. Eine Kante wollen wir
infach nennen, wenn die Querrißfiguren aller ihrer „inneren" Punkte
nsofern miteinander übereinstimmen, als sie durch Parallelverschiebun-
;en im Raum miteinander zur Deckung gebracht werden können. Eine
seliebige Kante kann aber in ihrem $(k-2)$-dimensionalen Trägerraum
m Sinne der Elementargeometrie in endlich viele einfache Kanten
serlegt werden. Wir können diese Zerlegung bei jeder Kante von A
sereits als vollzogen annehmen, so daß es keine Einschränkung der
Allgemeinheit bedeutet, alle Kanten von A als einfach vorauszusetzen.
Das *Krümmungsmaß* α einer (einfachen) Kante des Polyeders A defi-
lieren wir nun durch $\alpha = \pi - \sigma$, wo σ die Summe der Öffnungswinkel
ler Sektoren der Querrißfigur bezeichnet, die der Kante zugehört.
Offenbar gilt $-\pi < \alpha < \pi$.

1.1.5. Elementargeometrische Zerlegung

Die euklidische Geometrie der elementaren Raumfiguren verfügt seit klassischer Zeit über einen Zerlegungsbegriff, der uns von den Anfangsgründen der Elementargeometrie her vertraut ist. Die Zerlegung räumlicher Körper im Sinne der Elementargeometrie schließt begrifflich unmittelbar an die naive Vorstellung des Zerteilens an; dabei sind in einer vorkritischen Phase (Elementarstufe) keine Erörterungen über die Zugehörigkeit der Randpunkte zum Körper und zu den beim Zerschneiden entstehenden Teilen am Platze. Erst bei mengengeometrischer Betrachtung des Vorgangs sieht man sich vor die Aufgabe gestellt, eine strenge Erklärung der elementargeometrischen Zerlegung zu geben, um so mehr, als es sich bei der Polyederzerlegung im Sinne der Elementargeometrie um die fundamentalste Operation handelt, welche der Polyedergeometrie und auch der Theorie des elementaren Polyederinhalts verpflichtet ist.

Wir erklären: Ein Polyeder C heißt im Sinne der Elementargeometrie in die Teilpolyeder A und B *zerlegt*, symbolisch durch $C = A + B$ ausgedrückt, wenn einerseits C die Vereinigungsmenge von A und B ist, und andererseits der Durchschnitt von A und B keine inneren Punkte aufweist, also uneigentlich ist[4]. Die *elementargeometrische Zerlegung* ist demnach formelmäßig durch

$$C = A + B \vartriangleright\vartriangleleft C = A \cup B, \quad A, B \in \mathfrak{P}, \quad A \cap B \in \mathfrak{P}'' \tag{18}$$

gekennzeichnet. Wir wollen auch sagen, C entstehe durch *elementargeometrische Addition* aus A und B. Dieser geometrischen Verknüpfung läßt sich noch eine nützliche Ergänzung an die Seite stellen. Wir erklären: Ein Polyeder C heißt im Sinne der Elementargeometrie durch B zu A *ergänzt*, symbolisch durch $C = A - B$ ausgedrückt, wenn A im Sinne der Elementargeometrie in die Teilpolyeder B und C zerlegt ist. Die *elementargeometrische Ergänzung* ist also formelmäßig durch

$$C = A - B \vartriangleright\vartriangleleft A = B + C \tag{19}$$

charakterisiert. Wir wollen auch sagen, C entstehe durch *elementargeometrische Subtraktion* des Polyeders B von A.

Im Gegensatz zur Vereinigungs- und Durchschnittbildung sind Addition und Subtraktion im erklärten Sinne nur bedingt ausführbar. Bezeichnet A^* die abgeschlossene Hülle der zu A komplementären Punktmenge, so können die Bedingungen für die Ausführbarkeit der genannten Polyederverknüpfungen auf die folgende Weise beschrieben werden:

a) $A + B$ ist ausführbar, wenn $B \subset A^*$ gilt;

b) $A - B$ ist ausführbar, wenn $B \subset A$ gilt.

Von den formalen Gesetzen der Polyederzerlegung und -ergänzung notieren wir hier nur zwei distributive Regeln, welche die Durchschnittsbildung $\cap$ mit den beiden Verknüpfungen $+$ und $-$ verbinden, nämlich:

$$(A + B) \cap C = (A \cap C) + (B \cap C) \,, \qquad (20)$$

$$(A - B) \cap C = (A \cap C) - (B \cap C) \,. \qquad (21)$$

Sie gelten, sobald $A + B$ bzw. $A - B$ ausführbar ist. Auf einen Unterschied wollen wir noch hinweisen, der zwischen den beiden Verknüpfungen $+$ und $-$ besteht: Während nämlich $C = A + B$ durch A und B eindeutig bestimmt ist, falls die Operation ausführbar wird, trifft dies für $C = A - B$ im allgemeinen nicht zu. In der Tat: Mit C ist auch $\overline{C} = C + C''$ als $A - B$ schreibbar, wenn C'' ein uneigentliches Teilpolyeder von A ist; im allgemeinen gilt $\overline{C} \neq C$. Dieser Mißstand verschwindet, wenn man sich darauf beschränkt, die beiden Polyederverknüpfungen $+$ und $-$ nur innerhalb der Klasse $\mathfrak{P}'$ der eigentlichen Polyeder zu verwenden. Mit der Nebenbedingung, daß alle Polyeder A, B, $A + B$, $A - B$ der Klasse $\mathfrak{P}'$ angehören sollen, also entweder eigentlich oder leer ausfallen müssen, sind beide Verknüpfungen *eindeutig*, falls ausführbar. In diesem Sinne sind die elementargeometrische Addition und Subtraktion der Klasse $\mathfrak{P}'$ der eigentlichen Polyeder besonders angemessen. Wir können sagen, daß $\mathfrak{P}'$ gegenüber diesen beiden Polyederverknüpfungen geschlossen ist; diese Eigenschaft von $\mathfrak{P}'$ entspricht in einem gewissen Sinne der Ringeigenschaft von $\mathfrak{P}''$.

1.1.6. Simplizialzerlegung

Ein mit dem herkömmlichen Begriff des Polyeders aufs engste verhafteter Tatbestand ist durch die Zerlegbarkeit in Simplexe gegeben, so daß die Simplexe die Bausteine der elementaren Raumfiguren, der Polyeder, sind. Genauer gilt

Satz I. *Ein eigentliches Polyeder A läßt sich im Sinne der Elementargeometrie in endlich viele (eigentliche) Simplexe S_i zerlegen, symbolisch durch*

$$A = S_1 + S_2 + \cdots + S_n \qquad (22)$$

ausgedrückt.

Beweis: Gemäß (11) sei A die Vereinigung endlich vieler eigentlicher Eipolyeder P_i. Die Gesamtheit der (endlich vielen) Ebenen, welche eine Seitenfläche von mindestens einem der P_i enthalten, zerlegt A im Sinne der Elementargeometrie in eine endliche Anzahl eigentlicher Eipolyeder. Es bleibt also die Hilfsaussage nachzuweisen, daß jedes eigentliche Eipolyeder in eigentliche Simplexe zerlegbar ist. Für die Raumdimension $k = 1$ ist dies trivial, da hier jedes Eipolyeder ein

Simplex (Strecke) ist. Nehmen wir die Hilfsaussage für die Dimension $k-1$ als bewiesen an, so besagt dies, daß sich von einem eigentlichen Eipolyeder P des E_k jede Seitenfläche in ihrer Stützebene E in bezüglich E eigentliche, $(k-1)$-dimensionale Simplexe $\bar{S}_i$ zerlegen läßt. Ist p ein beliebig gewählter innerer Punkt von P, so bildet die konvexe Hülle von p und $\bar{S}_i$ ein Simplex S_i, und das Eipolyeder P entsteht, wie leicht im einzelnen zu verfolgen ist, durch elementargeometrische Addition aller auf diese Weise bei festem p erzeugten Simplexe S_i.

Es drängt sich hier die weitere Frage auf, ob es eine echte Teilklasse besonders ausgezeichneter Simplexe gibt, welche im gleichen Sinne schon einen universellen Polyederbaukasten bildet; speziell ist in erster Linie an die Orthogonalsimplexe zu denken. Eine Beantwortung dieser Frage steht noch aus[5]. Verstehen wir unter einem *Orthogonalpolyeder A* ein (eigentliches) Polyeder, das an Stelle von (22) sogar eine Simplizialzerlegung der Form

$$A = T_1 + T_2 + \cdots + T_n \tag{23}$$

mit Orthogonalsimplexen T_i gestattet, so läßt sich der Polyederklasse $\mathfrak{P}'$ die Teilklasse $\mathfrak{P}'_0$ der Orthogonalpolyeder an die Seite stellen. Dabei bleibt also die Frage offen, ob $\mathfrak{P}'_0$ eine echte Teilklasse von $\mathfrak{P}'$ ist, oder ob $\mathfrak{P}'_0$ mit $\mathfrak{P}'$ identisch ist, so daß alle Polyeder Orthogonalpolyeder sind. Hingegen werden wir mit Satz II zeigen, daß zur universellen Darstellung der Polyeder die Orthogonalsimplexe bereits ausreichen, wenn zu der Operation des Zerlegens noch diejenige des Ergänzens hinzugenommen wird.

1.1.7. Polyederkategorien; Polyedererzeugung

Eine aus eigentlichen Polyedern und der leeren Menge 0 bestehende Klasse $\mathfrak{R}$ wollen wir eine elementargeometrische *Polyederkategorie* nennen, wenn $\mathfrak{R}$ bezüglich der elementargeometrischen Addition und Subtraktion geschlossen ist, d. h. wenn

$$A, B \in \mathfrak{R} \,\triangleright\, A + B, A - B \in \mathfrak{R} \tag{24}$$

gilt, sobald die rechts angegebenen Polyederverknüpfungen ausführbar sind. Offenbar ist die Klasse $\mathfrak{P}'$ aller eigentlichen Polyeder eine Polyederkategorie. Ist $\mathfrak{S}$ ein beliebiges System von eigentlichen Polyedern, so gibt es eine kleinste Polyederkategorie $\mathfrak{R}$, welche $\mathfrak{S}$ als Teilsystem enthält. Ein Polyeder von $\mathfrak{R}$ kann ausgehend von endlich vielen Polyedern des Systems $\mathfrak{S}$ durch endlich viele nacheinander zur Wirkung gebrachte elementargeometrische Additionen und Subtraktionen dargestellt werden. In diesem Sinne erzeugt $\mathfrak{S}$ die ihm zugeordnete Kategorie $\mathfrak{R}$. Wir gehen nun zu einer besonders bedeutsamen Erzeugung der Klasse $\mathfrak{P}'$ aller eigentlichen Polyeder über. Zunächst eine Erklärung: Ein Orthogonalsimplex $T = \langle 0; a_1, \ldots, a_k \rangle$ [vgl. die Darstellung (10)], dessen Anfangsecke im Raumursprung Z liegt, nennen wir kurz *zentriert*. Es bezeichne jetzt $\mathfrak{S}$ das System aller zentrierten Orthogonalsimplexe. Wir werden zeigen, daß sich jedes eigentliche Polyeder auf die oben näher erörterte Weise aus endlich vielen Elementen von $\mathfrak{S}$ erzeugen läßt. Die Gesamtheit der zentrierten Orthogonalsimplexe bildet somit einen universellen Baukasten zur Darstellung aller Polyeder des Raumes überhaupt. Wir fassen dieses Resultat zusammen mit dem

Satz II. Die Klasse $\mathfrak{P}'$ aller eigentlichen Polyeder bildet die kleinste elementargeometrische Polyederkategorie über dem System $\mathfrak{S}$ aller zentrierten Orthogonalsimplexe; jedes eigentliche Polyeder kann demnach ausgehend von endlich vielen Elementen des Systems $\mathfrak{S}$ durch endlich viele nacheinander auszuführende elementargeometrische Additionen und Subtraktionen erzeugt werden.

Beweis: Für $k = 1$ ist die Behauptung trivial. Hier sind die zentrierten Orthogonalsimplexe Strecken, die den einen Endpunkt in Z haben. Ein beliebiges Simplex ist eine Strecke, die entweder als Summe oder Differenz zweier Strecken der oben bezeichneten Art dargestellt werden kann. Ein beliebiges Polyeder ist die Summe endlich vieler Strecken. Wir nehmen an, daß unser Satz für alle Dimensionen kleiner als k bereits bewiesen sei und betrachten nun den k-dimensionalen Raum. Es bezeichne E eine Ebene, welche nicht durch Z hindurchgeht. $\bar{Z}$ sei der Fußpunkt des Lotes, das wir von Z auf E fällen. Wenn $\bar{A}$ ein in der Ebene E gelegenes (uneigentliches) Polyeder bedeutet, das als Polyeder in seinem $(k-1)$-dimensionalen Trägerraum eigentlich ist, so stellt die Menge der Strecken, welche Z mit Punkten von $\bar{A}$ verbinden (Pyramidenmenge), wie man sich leicht zurechtlegt, ein eigentliches Polyeder $(\bar{A}, Z)$ dar. Die Klasse aller Polyeder $(\bar{A}, Z)$ (bei fester Ebene E) ist eine elementargeometrische Polyederkategorie. Nach der induktiven Voraussetzung lassen sich alle Polyeder $\bar{A}$ in E im Sinne von Satz II durch $(k-1)$-dimensionale Orthogonalsimplexe $\bar{T}$ in E erzeugen, die bezüglich $\bar{Z}$ zentriert sind. Bedenkt man, daß $(\bar{T}, Z)$ nach (8), (9) und (10) ein bezüglich Z zentriertes Orthogonalsimplex ist, so erhellt, daß alle Polyeder $(\bar{A}, Z)$ im Sinne von Satz II erzeugbar sind. Nun kann aber ein beliebiges Simplex S des Raumes durch höchstens $k + 1$ Simplexe $(\bar{S}, Z)$ in Verbindung mit elementargeometrischer Addition und Subtraktion erzeugt werden, wobei sich jetzt die einzelnen Simplexe $(\bar{S}, Z)$ auf verschiedene Ebenen beziehen. Also kann ein Simplex S im gewünschten Sinne erzeugt werden, und damit wegen der Simplizialzerlegung (22) auch ein beliebiges eigentliches Polyeder A des Raumes.

§ 2. Elemente der Polyedergeometrie

1.2.1. Verwandtschaften

Wir gehen zunächst aus von einigen einfachen wichtigen Gruppen eineindeutiger Abbildungen (Punkttransformationen) des Raumes in sich, welche die Eigenschaft aufweisen, Polyeder wieder in Polyeder überzuführen. Im Hinblick auf die gewählte Definition der Polyeder ist hierfür hinreichend, daß die Abbildungen Halbräume wieder in Halbräume übergehen lassen. Dabei werden die Teilklassen $\mathfrak{P}'$ und $\mathfrak{P}''$ der eigentlichen und uneigentlichen Polyeder bereits einzeln in sich transformiert. Die in Betracht gezogenen elementaren Abbildungsgruppen sind eigentliche Untergruppen der allgemeinen Gruppe der (nicht-ausgearteten) Affinitäten. Zwei Polyeder heißen in bezug auf eine solche elementare Gruppe äquivalent, wenn sie durch Abbildungen der Gruppe ineinander übergeführt werden können. Durch diese *reflexive, symmetrische* und *transitive* Beziehung werden *Verwandtschaften* definiert, welche die Entfaltung der Polyedergeometrie in der uns teilweise von den Elementen her vertrauten Weise ermöglichen. Nachfolgend durchgehen wir eine kurze Aufstellung derartiger Abbildungsgruppen zusammen mit den sich anschließenden Verwandtschaften. Die Abbildungen selbst werden durch einfache (vektorielle) Transformationsformeln beschrieben, welche zeigen, wie ein Punkt x in seinen Bildpunkt $\bar{x}$ übergeht. Als Operationen der betreffenden Gruppe sollen die einzelnen Abbildungen durch kleine griechische Buchstaben bezeichnet werden. Wo dies später erforderlich ist, wird die Nacheinanderausführung von Gruppenoperationen multiplikativ geschrieben, so daß $\zeta = \eta\,\xi$ andeutet, daß die Abbildung ζ resultiert, wenn zuerst die Abbildung η, dann ξ ausgeführt wird. Eine Abbildung ξ soll eine Punktmenge A in die Bildmenge A^ξ überführen. Die geometrischen Eigenschaften dieser Abbildungsgruppen werden als bekannt vorausgesetzt. Kurze Hinweise finden sich bezüglich der Invarianzeigenschaften.

I. *Dilatation.* Unter einer *nichtentarteten* Dilatation $\lambda > 0$ verstehen wir eine durch

$$\bar{x} = \lambda\,x \qquad [\lambda > 0] \tag{25}$$

beschriebene Abbildung; λ nennen wir *Dilatationskoeffizient.* Durch eine Dilatation λ geht das Polyeder A in das dilatierte Polyeder λA über [diese suggestive symbolische Schreibweise ersetzt hier A^λ]. A und λA heißen *dilatationsgleich.* Bei der Dilatation wird die Distanz zweier Punkte mit λ multipliziert. Die *entartete* Dilatation $\lambda = 0$ ist die singuläre Transformation $\bar{x} = 0$, die jedes Polyeder in den Punkt Z abbildet.

II. *Translation.* Eine Translation (Schiebung) τ ist durch

$$\bar{x} = t + x \tag{26}$$

definiert, wobei t einen festen *Translationsvektor* bezeichnet. Zwei Polyeder A und B nennen wir *translationsgleich*, symbolisch durch $A \cong B$ ausgedrückt, wenn für eine geeignete Translation $B = A^\tau$ ist. Die Translationsgruppe läßt die Distanz zweier Punkte und alle Richtungen invariant.

III. *Drehung.* Eine (eigentliche) Drehung δ kann durch

$$\bar{x} = \Sigma(e_i, x)\, \bar{e}_i \tag{27}$$

beschrieben werden, wo die $e_i[i = 1, \ldots, k]$ die orthonormierten Vektoren des Koordinatensystems und die $\bar{e}_i[i = 1, \ldots, k]$ ein weiteres, durch die individuelle Drehung δ bestimmtes, orthonormiertes Vektorensystem bezeichnen. Wie man unmittelbar feststellt, sind die $\bar{e}_i$ die Drehbilder der e_i. Es gelten die Relationen $(e_i, e_j) = (\bar{e}_i, \bar{e}_j) = \delta_{ij}$. Weiter ist noch $\mathrm{Det}\|(e_i, \bar{e}_j)\| = 1$ vorausgesetzt; es ist eine bekannte Folgerung aus den obenstehenden Relationen der Orthonormierung, daß die in Frage stehende Determinante den Wert ± 1 aufweist; soll die Drehung δ eigentlich sein, so muß das positive Vorzeichen gelten. Zwei Polyeder A und A^δ nennen wir *drehgleich*. Die Drehgruppe läßt den Ursprung Z des Raumes fest; erwähnt sei ferner die fundamentale Tatsache, daß das Skalarprodukt (x, y) zweier Ortsvektoren x und y und damit auch die Distanz $d(x, y)$ invariant bleibt.

IV. *Bewegung.* Eine (eigentliche) Bewegung $\varkappa$ kann durch

$$\bar{x} = t + \Sigma(e_i, x)\, \bar{e}_i \tag{28}$$

dargestellt werden; sie setzt sich aus einer (eigentlichen) Drehung und einer Translation zusammen $(\varkappa = \delta \tau)$. Zwei Polyeder A und B heißen *kongruent* (bewegungsgleich), geschrieben $A \simeq B$, wenn für eine geeignete Bewegung $B = A^\varkappa$ gilt. Die Bewegungsgruppe läßt das Skalarprodukt $(x - z, y - z)$ für drei Ortsvektoren x, y und z, also auch die Distanz $d(x, y)$ invariant.

V. *Homothetie.* Eine homothetische Abbildung α kann durch

$$\bar{x} = t + \lambda\, x \qquad [\lambda > 0] \tag{29}$$

dargestellt werden; sie setzt sich aus einer Dilatation und einer Translation zusammen $(\alpha = \lambda \tau)$. A und A^α heißen *homothetisch*.

VI. *Ähnlichkeit.* Eine Ähnlichkeitsabbildung β ist durch

$$\bar{x} = t + \lambda\, \Sigma(e_i, x)\, \bar{e}_i \qquad [\lambda > 0] \tag{30}$$

erklärt; sie setzt sich aus einer (eigentlichen) Drehung, einer Dilatation und einer Translation zusammen $(\beta = \delta \lambda \tau)$. A und A^β nennen wir *ähnlich*.

VII. *Richtungsdilatation.* Unter einer Richtungsdilatation γ wollen wir eine durch

$$\bar{x} = x + (\lambda - 1)\, (w, x)\, w \qquad [\lambda > 0] \tag{31}$$

gegebene spezielle affine Abbildung verstehen. Hierbei bezeichnet w einen festen (normierten) Richtungsvektor. Ist x^0 die Orthogonalprojektion eines Punktes x auf die durch den Ursprung Z gelegte Ebene $E(w)$, so daß $d(x, x^0)$ den Abstand des Punktes x von $E(w)$ darstellt, so bestätigt man leicht, daß x^0 bei der Richtungsdilatation fest bleibt, und daß $d(\bar{x}, x^0) = \lambda\, d(x, x^0)$ gilt. Eine allgemeinste, nichtentartete affine Abbildung ξ, welche den Ursprung Z fest läßt, kann durch eine (evtl. nicht eigentliche) Drehung und k Richtungsdilatationen in k paarweise orthogonalen Richtungen dargestellt werden, so daß $\xi = \delta\, \gamma_1 \ldots \gamma_k$ gilt.

1.2.2. Minkowskische Addition

Die MINKOWSKIsche Summe C zweier Punktmengen A und B des Raumes ergibt sich dadurch, daß man alle (vektoriellen) Summen $c = a + b$ bildet, wobei a und b unabhängig die Gesamtheiten aller Vektoren von A und B durchlaufen; C ist definiert durch die Gesamtheit seiner auf diese Weise erzeugten Vektoren c. Diese Mengenverknüpfung heißt MINKOWSKI*sche Addition*; sie wird symbolisch durch $C = A \times B$ dargestellt. Sie deckt sich im Sonderfall, wo die drei beteiligten Mengen einpunktig sind, mit derjenigen der gewöhnlichen vektoriellen Addition. Besondere Beachtung verdient der Miteinbezug der leeren Menge 0: Es gilt $A \times 0 = 0$. Die MINKOWSKIsche Addition ist offensichtlich *kommutativ* und *assoziativ*, d. h. es gilt

$$A \times B = B \times A \;;\quad A \times (B \times C) = (A \times B) \times C\,. \tag{32}$$

In Verbindung mit den Verknüpfungen $\cup$ und $\cap$ gelten die *distributiven* Regeln

$$(A \cup B) \times C = (A \times C) \cup (B \times C)\;; \tag{33}$$

$$(A \cap B) \times C \subset (A \times C) \cap (B \times C)\,. \tag{34}$$

In (34) besteht Gleichheit jedenfalls dann, wenn

    a) A, B abgeschlossen und $C, A \cup B$ konvex sind;

    b) wenn $A, B \subset E_i$ und $C \subset E_{k-i}$ gilt, wobei E_i und E_{k-i} zwei komplementäre Ebenen in allgemeiner Lage bezeichnen.

Beweis: *a*) Es ist offenbar noch zu zeigen, daß in diesem besonderen Fall $(A \cap B) \times C \supset (A \times C) \cap (B \times C)$ gilt. Es sei $p \in (A \times C) \cap (B \times C)$, also $p = a + c = b + \bar{c}$, wo a, b Vektoren von A, B und $c, \bar{c}$ Vektoren von C sind. Da $A \cup B$ konvex ist, und A, B abgeschlossen sind, gibt es einen Punkt $q = a + \lambda(b - a)$ $[0 \leq \lambda \leq 1]$ der Verbindungsstrecke zwischen a und b, der zu $A \cap B$ gehört. Nun ist $p = q + c + \lambda(\bar{c} - c)$ oder, da C konvex ist, $p = q + \bar{\bar{c}}$, wo $\bar{\bar{c}}$ ein Vektor von C ist. Also gilt $p \in (A \cap B) \times C$. *b*) Mit $p = a + c = b + \bar{c}$ folgt $c - \bar{c} = b - a$. Nun liegt der erste Vektor in E_{k-i}, der zweite in E_i, und da sich die beiden Ebenen in allgemeiner Lage befinden, ist die Übereinstimmung beider Vektoren nur möglich, wenn sie verschwinden. Es folgt so $a = b$ und also $a, b \in A \cap B$ und mithin $p \in (A \cap B) \times C$.

Verbinden wir die MINKOWSKISche Addition mit der elementargeometrischen Addition, so ergibt sich die *distributive* Regel

$$(A + B) \times C = (A \times C) + (B \times C) \,, \tag{35}$$

unter der Bedingung, daß die Addition der rechten Seite ausführbar ist; dies trifft speziell zu, wenn $A, B \in E_i$ und $C \in E_{k-i}$ gilt, wo E_i und E_{k-i} zwei komplementäre Ebenen in allgemeiner Lage bezeichnen, und $A + B$ sogar eine elementargeometrische Addition bezüglich des Trägerraumes E_i von A und B bedeutet.

Beweis: Die Ausführung der rechtsseitigen Addition bedeutet, daß $(A \times C) \cap (B \times C)$ uneigentlich ist, nach (34) somit auch $(A \cap B) \times C$, und um so mehr $A \cap B$, falls C nichtleer ist. Demnach ist auch $A + B$ ausführbar und (33) sichert die Gleichheit in (35). Im speziell angeführten Fall, wo $A \cap B$ in E_i uneigentlich ist, wird $(A \cap B) \times C$ uneigentlich, nach (34), wo wegen der Zusatzbemerkung *b*) Gleichheit zutrifft, also auch $(A \times C) \cap (B \times C)$, so daß die rechtsseitige Addition in (35) ausführbar ist.

In Verbindung mit der Dilatation gelten weiter die folgenden *distributiven* Regeln:

$$\lambda A \times \lambda B = \lambda (A \times B) \,, \tag{36}$$

$$\lambda A \times \mu A \supset (\lambda + \mu) A \,. \tag{37}$$

In (37) besteht Gleichheit dann, wenn A konvex ist.

Beweis: Es genügt, den Fall $\lambda + \mu > 0$ zu betrachten. Dann ergibt sich die Behauptung mit der Bemerkung, daß $\lambda a + \mu \bar{a} = (\lambda + \mu) \bar{\bar{a}}$, wenn $\bar{\bar{a}} = a + \alpha (\bar{a} - a)$ und $\alpha = \mu / (\lambda + \mu)$ gesetzt wird. Mit a und $\bar{a}$ ist auch $\bar{\bar{a}}$ ein Vektor von A.

Im Hinblick auf die Erklärung der MINKOWSKISchen Addition ist es klar, daß die Summe $A \times B$ von der relativen Lage von A und B zum Ursprung Z abhängig ist. Die verschiedenen Summen, die sich bei Veränderung dieser Relativlage ergeben, sind aber alle unter sich translationsgleich. Diese Zusammenhänge finden ihre zweckmäßigste Klärung durch die Regeln, welche angeben, wie sich die MINKOWSKISche Summe $A \times B$ bei unabhängigen Translationen von A und B verhält. Bezeichnen α und β hier zwei Translationen [vgl. (26)] und $\alpha \beta$ ihre Resultierende, so gilt

$$A^\alpha \times B^\beta = (A \times B)^{\alpha \beta} \,. \tag{38}$$

Die Bedeutung der MINKOWSKISchen Addition für die Polyedergeometrie beruht auf der Tatsache, daß durch diese Verknüpfung zweier Polyeder wieder ein Polyeder resultiert; demnach ist die Polyederklasse bezüglich der MINKOWSKIschen Addition geschlossen. Dies drücken wir formelmäßig durch

$$A, B \in \mathfrak{P} \; \triangleright \; A \times B \in \mathfrak{P} \tag{39}$$

aus. Mit Rücksicht auf das Distributivgesetz (33) und die Definition (11) der Polyeder genügt es offensichtlich, die Behauptung für Eipolyeder zu beweisen. Es handelt sich also noch um die Aussage

$$P, Q \in \mathfrak{E} \; \triangleright \; P \times Q \in \mathfrak{E} . \tag{40}$$

Beweis: Nach (1) gelten für die Vektoren p, q von P, Q Darstellungen $p = \sum_1^n \alpha_\nu p_\nu$ und $q = \sum_1^m \beta_\mu q_\mu$, wobei $\alpha_\nu, \beta_\mu \geq 0$ und $\sum_1^n \alpha_\nu = \sum_1^m \beta_\mu = 1$ ausfällt. Die Vektoren r von $R = P \times Q$ sind durch (a) $r = p + q = \sum_1^n \alpha_\nu p_\nu + \sum_1^m \beta_\mu q_\mu$ dargestellt. Es bedeute ferner $\bar{R}$ die konvexe Hülle der $n\,m$ Punkte $p_\nu + q_\mu \, [\nu = 1, \ldots, n; \mu = 1, \ldots, m]$. Die Vektoren $\bar{r}$ des Eipolyeders $\bar{R}$ gestatten eine Darstellung (b) $\bar{r} = \sum_1^n \sum_1^m \gamma_{\nu\mu}(p_\nu + q_\mu)$, wo $\gamma_{\nu\mu} \geq 0$ und $\sum_1^n \sum_1^m \gamma_{\nu\mu} = 1$ ist. Nun ist jedes $\bar{r}$, das nach (b) dargestellt ist, mit $\alpha_\nu = \sum_{\mu=1}^m \gamma_{\nu\mu}$ und $\beta_\mu = \sum_{\nu=1}^n \gamma_{\nu\mu}$ auch in der Form (a) schreibbar; also gilt $\bar{R} \subset R$. Aber auch umgekehrt ist jedes r nach (a) mit $\gamma_{\nu\mu} = \alpha_\nu \beta_\mu$ auch in der Form (b) darstellbar; somit gilt auch $\bar{R} \supset R$. Zusammengefaßt ergibt sich $\bar{R} = R$.

Bei der MINKOWSKIschen Addition konvexer Polyeder ist das Verhalten der Stützfunktion besonders einfach. Bezeichnet $h(A, u)$ die Stützgröße des Eipolyeders A in der Richtung u [vgl. 1.1.2], so gilt

$$h(P \times Q, u) = h(P, u) + h(Q, u) , \tag{41}$$

d. h. die Stützgrößen in fester Richtung addieren sich.

Beweis: Sind p, q Vektoren von P, Q, so gelten nach (4) die Ungleichungen (a) $(p, u) \leq h(P, u)$ und (b) $(q, u) \leq h(Q, u)$, und somit folgt für $r = p + q$ (c) $(r, u) \leq h(P, u) + h(Q, u)$. Da in (a) und (b) für passende p_0 und q_0 Gleichheit besteht, muß dies für $r_0 = p_0 + q_0$ auch in (c) der Fall sein. Die Ebene $E(u)$ mit dem vorzeichenbegabten Abstand $h(P, u) + h(Q, u)$ von Z ist also Stützebene an $P \times Q$; dieser ist demnach gleich dem Stützabstand $h(P \times Q, u)$.

Ein weiterer einfach ausdrückbarer Zusammenhang ist der folgende: Bezeichnet P_u die Stützmenge von P in der Richtung u [vgl. 1.1.2], so gilt

$$(P \times Q)_u = P_u \times Q_u , \tag{42}$$

d. h. die Stützmengen der MINKOWSKIschen Summe ergeben sich durch MINKOWSKIsche Addition der Stützmengen gleicher Richtung der Summanden.

Beweis: Wie beim Beweis von (41) sollen p_0, q_0 Punkte von P_u, Q_u bezeichnen. Es ist dann $r_0 = p_0 + q_0$ ein Punkt von $(P \times Q)_u$, und umgekehrt muß jeder Punkt r_0 von $(P \times Q)_u$ in dieser Form darstellbar sein; dies folgt aus der Diskussion über die Gültigkeit der Gleichheitszeichen in den Ungleichungen des zitierten vorstehenden Beweises.

1.2.3. Lineare Polyederscharen

Verbindet sich die MINKOWSKIsche Addition mit Dilatationen, so
ntsteht eine MINKOWSKI*sche Linearkombination*. Eine solche Linear-
ombination zweier Polyeder A und B ist durch $C = \lambda A \times \mu B$ $[\lambda, \mu \geq 0]$
egeben. Besondere Bedeutung hat die *lineare Polyederschar*, welche
ich bei variabel gedachtem λ nach dem Ansatz

$$C_\lambda = (1 - \lambda)\, A \times \lambda\, B \qquad\qquad [0 \leq \lambda \leq 1] \qquad\qquad (43)$$

rzeugen läßt. Eine Besonderheit dieser speziellen Linearkombination
esteht darin, daß die Scharpolyeder C_λ von der relativen Lage der
eiden Basispolyeder A und B zum Ursprung Z unabhängig werden.
)enkt man sich den Scharparameter λ von 0 bis 1 wachsend, so durch-
iufen die C_λ in stetiger Weise die einparametrige Polyederschar zwischen
en beiden Basispolyedern $C_0 = A$ und $C_1 = B$. Sind A und B konvexe
'olycder, so sind nach (40) auch alle Scharpolyeder C_λ konvcx. Dicsc
nearen Eipolyederscharen spielen in der von MINKOWSKI begründeten
'heorie der konvexen Körper eine fundamentale Rolle[6]. Abb. 2 zeigt einen
wischenkörper einer solchen Schar, welche ein Simplex im gewöhnlichen
.aum $(k = 3)$ mit einem mit ihm zentralsymmetrischen verbindet.

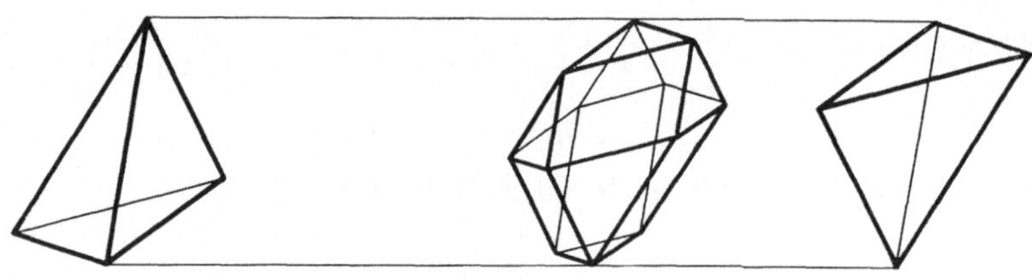

Abb. 2

1.2.4. Parallelotope

In vielen Fällen kann die MINKOWSKIsche Addition herangezogen
'erden, um die Erzeugung gewisser Körper des Raumes auf zweck-
iäßige Weise darzustellen. Mit dem Ausbau dieser Zusammenhänge
erbindet sich ein nützliches gestaltendes Prinzip der Geometrie, das der
irekten mengengeometrischen Betrachtungsweise, welche die Körper
ls Gesamtheit der ihr angehörenden Punkte auffaßt, in besonders
ohem Maße angepaßt ist.

Charakteristisch für das Gesagte dürfte die Kennzeichnung des für
ie gesamte Geometrie fundamentalen Parallelotops sein, die wir nach-
)lgend geben: Es bezeichne $a_\nu [\nu = 1, \ldots, k]$ ein System von k linear
nabhängigen Vektoren. Ein *Parallelotop* P ist ein Körper, dessen
ektoren p durch

$$p = p_0 + \Sigma\, \lambda_\nu\, a_\nu \qquad\qquad [0 \leq \lambda_\nu \leq 1] \qquad\qquad (44)$$

argestellt sind. Der Punkt p_0 heißt ausgezeichnete Ecke, und die a_ν

sind die *Kantenvektoren* von P. Bedenkt man, daß der Ortsvektor $\lambda_\nu a_\nu [0 \leq \lambda_\nu \leq 1]$ einen Punkt einer vom Ursprung Z auslaufenden Strecke S_ν [Richtung a_ν, Länge $|a_\nu|$] bezeichnet, so erhellt, daß die Parameterdarstellung (44) des Parallelotops als mehrfache MINKOWSKIsche Summe interpretiert werden kann, wobei ein Punkt p_0 und die k Strecken $S_\nu [\nu = 1, \ldots, k]$ addiert werden. Sinngemäß läßt sich

$$P = p_0 \times S_1 \times \cdots \times S_k \tag{45}$$

anschreiben. Abb. 3 stellt die Erzeugung eines Parallelotops nach (45) im gewöhnlichen Raum $(k = 3)$ dar. Offensichtlich ist das Parallelotop P

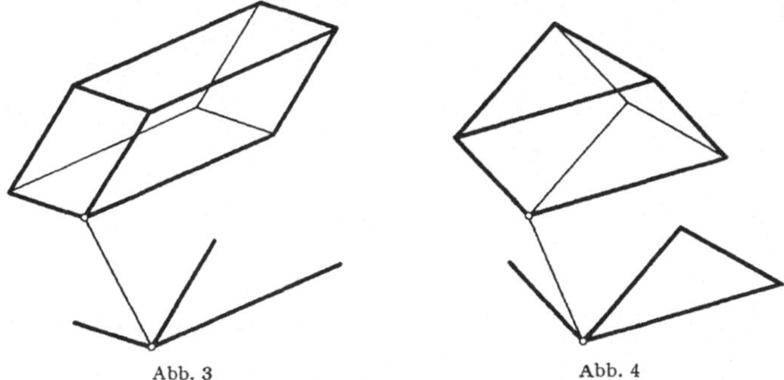

Abb. 3   Abb. 4

ein eigentliches Eipolyeder und gleich der konvexen Hülle seiner 2^k Eckpunkte $q = p_0 + \Sigma \varepsilon_\nu a_\nu [\varepsilon_\nu = 0,1; \nu = 1, \ldots, k]$. Ein Parallelotop, dessen Kantenvektoren paarweise orthogonal sind, so daß $(a_\nu, a_\mu) = 0 [\nu \neq \mu]$ gilt, nennen wir *gerade*. Sind die Kantenvektoren außerdem alle gleich lang, gilt also $|a_\nu| = \sigma [\nu = 1, \ldots, k]$, so handelt es sich um einen *Würfel* der Kantenlänge σ. Ein gerades Parallelotop, dessen Kantenvektoren parallel zu den Koordinatenvektoren e_ν verlaufen, nennt man auch ein *Intervall*.

1.2.5. Simplotope

Es bezeichne $a_\nu [\nu = 1, \ldots, i]$; $b_\mu [\mu = 1, \ldots, k-i]$ ein System von insgesamt k linear unabhängigen Vektoren. Der Körper W, dessen Vektoren w sich durch

$$w = p + \Sigma \alpha_\nu a_\nu + \Sigma \beta_\mu b_\mu \tag{46}$$

$$[1 \geq \alpha_1 \geq \cdots \geq \alpha_i; \geq 0; 1 \geq \beta_1 \geq \cdots \geq \beta_{k-i} \geq 0]$$

darstellen lassen, heißt *Simplotop*[7]. Mit einem Rückblick auf (8) und (9) gewahrt man, daß sich die Parameterdarstellung (46) des Simplotops als mehrfache MINKOWSKIsche Summe interpretieren läßt, wobei ein Punkt p und zwei zentrierte Simplexe $\bar{S}_i = \langle 0; a_1, \ldots, a_i \rangle$ und $\bar{S}_{k-i} = \langle 0; b_1, \ldots, b_{k-i} \rangle$ addiert werden. Es kann also für das Simplotop W die Darstellung

$$W = p \times \bar{S}_i \times \bar{S}_{k-i} \tag{47}$$

angemerkt werden. Abb. 4 stellt die Erzeugung eines Simplotops

(Prisma) nach (47) im gewöhnlichen Raum ($k = 3$) dar. Aus (40) folgt, daß W ein konvexes Polyeder ist; p ist dann ein Eckpunkt von W. Die beiden erzeugenden Simplexe $\bar{S}_i$ und $\bar{S}_{k-i}$ liegen in zwei durch den Ursprung Z hindurchgehenden, komplementären Teilräumen $\bar{E}_i$ und $\bar{\bar{E}}_{k-i}$, welche sich in allgemeiner Lage befinden, so daß $\bar{E}_i \cap \bar{\bar{E}}_{k-i} = Z$ ist. Stehen diese zueinander orthogonal,

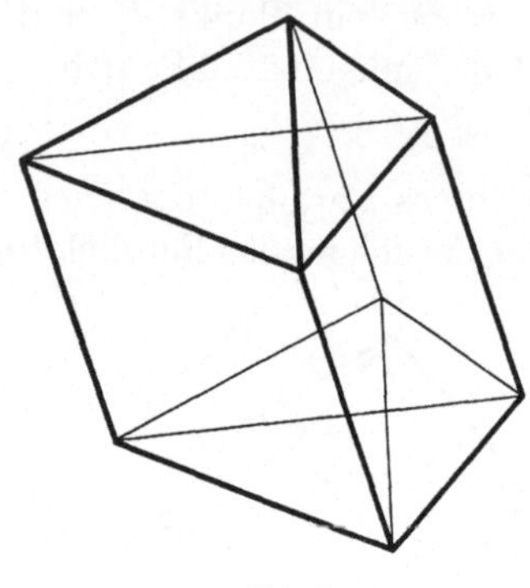

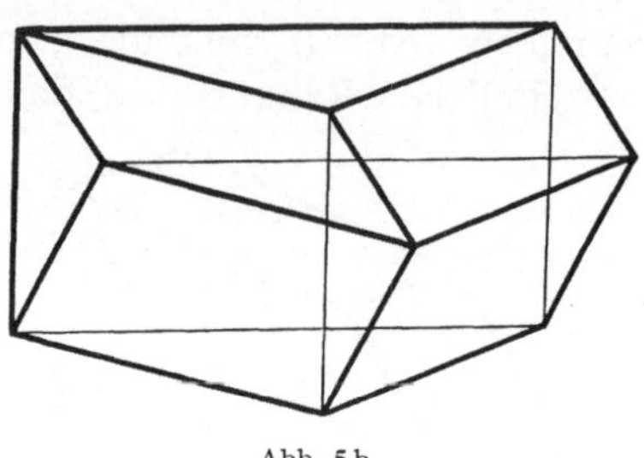

Abb. 5a   Abb. 5b

gilt also $(a_\nu, b_\mu) = 0$, so nennen wir das Simplotop *gerade*. Sind zudem $\bar{S}_i$ und $\bar{S}_{k-i}$ in ihren Trägerräumen Orthogonalsimplexe, so heißt W *Orthogonalsimplotop*.

Für $i = 0$ und $i = k$ sind die Simplotope selbst Simplexe; dies ergibt sich mit der zusätzlichen Konvention, daß $\bar{S}_0 = \bar{\bar{S}}_0 = Z$ sein soll. Durchläuft i die Zahlen von 0 bis k, so wechseln die Simplotope W ihr charakteristisches Baugesetz in einer aufsteigenden und wieder absteigenden Serie, die mit einem Simplex beginnt und mit einem ebensolchen wieder endigt. Die Anzahl der verschiedenen Simplotoptypen ist $[k/2]$, wenn man die Simplexe nicht mitrechnet und im übrigen die Typenwiederholung im absteigenden Teil des gesamten Kanons berücksichtigt.

Abb. 5 illustriert die zwei Simplotoptypen des vierdimensionalen Raums ($k = 4$) durch Projektion in die Ebene.

1.2.6. Kanonische Simplexzerlegung

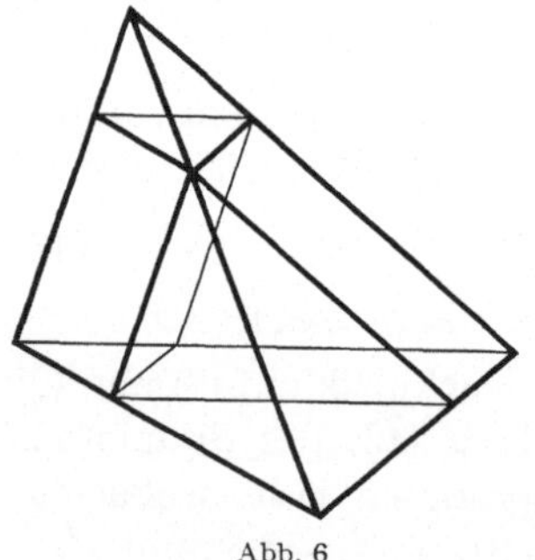

Abb. 6

In diesem Abschnitt begründen wir eine elementargeometrische Zerlegung eines Simplex in $k + 1$ konvexe Teilpolyeder, welche einen vollständigen Kanon von Simplotopen ausmachen. Diese *kanonische Simplexzerlegung* wird in unserer Polyedergeometrie eine bedeutsame Rolle spielen. Im gewöhnlichen Raum wurde eine derartige Zerlegung des Tetraeders schon von EUKLID herangezogen; dieser Spezialfall ist in Abb. 6 dargestellt.

Wir betrachten das Simplex [vgl. (8)] $S = \langle p; a_1, \ldots, a_k \rangle$. Diesem ordnen wir für $1 \leq i \leq k-1$ die zwei uneigentlichen Simplexe $\bar{S}_i = \langle p; a_1, \ldots, a_i \rangle$ und $\bar{S}_{k-i} = \langle p + \sum_1^i a_\nu; a_{i+1}, \ldots, a_k \rangle$ zu, die zwei komplementären Räumen $\bar{E}_i$ und $\bar{\bar{E}}_{k-i}$ in allgemeiner Lage angehören. Diese Festlegung ergänzen wir für die Fälle $i = 0$ und $i = k$ durch den Zusatz $\bar{S}_0 = p$, $\bar{\bar{S}}_0 = q = p + \sum_1^k a_\nu$ und $\bar{S}_k = \bar{\bar{S}}_k = S$. Weiter bezeichne λ einen beliebig wählbaren Parameterwert des Intervalls $0 < \lambda < 1$. Das Simplex S gestattet nun die folgende kanonische Zerlegung nach dem Teilverhältnis λ:

$$S = W_0(\lambda) + W_1(\lambda) + \cdots + W_k(\lambda) , \tag{48}$$

wobei die $W_i(\lambda)$ $[i = 0, 1, \ldots, k]$ Simplotope sind, die sich aus den oben eingeführten Simplexen $\bar{S}_i$ und $\bar{\bar{S}}_{k-i}$ durch MINKOWSKISCHE Linearkombination

$$W_i(\lambda) = (1 - \lambda)\, \bar{S}_i \times \lambda\, \bar{\bar{S}}_{k-i} \tag{49}$$

ergeben. Besonders soll das erste und das letzte Simplotop der Zerlegung hervorgehoben werden, nämlich $W_0(\lambda) = (1 - \lambda)\, p \times \lambda\, S$ und $W_k(\lambda) = \lambda\, q \times (1 - \lambda)\, S$; diese sind mit den dilatierten (verkleinerten) Simplexen λS und $(1 - \lambda)\, S$ translationsgleich.

Beweis: Wir gehen von der Parameterdarstellung (9) für die Punkte des Simplex aus, wonach (a) $s = p + \sum_1^k \alpha_\nu\, a_\nu\ [1 \geq \alpha_1 \geq \cdots \geq \alpha_k \geq 0]$ gilt. Durch die Nebenbedingung $\alpha_i \geq \lambda \geq \alpha_{i+1}$ wird offenbar eine Teilmenge von S charakterisiert, deren Parameterdarstellung durch die Transformation $\bar{\alpha}_\nu = (\alpha_\nu - \lambda)/(1 - \lambda)$; $\bar{\bar{\alpha}}_\nu = \alpha_\nu/\lambda$ ausgehend von (a) übergeht in (b) $s = (1 - \lambda)\, (p + \sum_1^i \bar{\alpha}_\nu\, a_\nu) + \lambda\, (p + \sum_1^i a_\nu + \sum_{i+1}^k \bar{\bar{\alpha}}_\nu\, a_\nu)$. Indem man bestätigt, daß die transformierten Parameter $\bar{\alpha}_\nu$ und $\bar{\bar{\alpha}}_\nu$ bis auf die Nebenbedingungen $1 \geq \bar{\alpha}_1 \geq \cdots \geq \bar{\alpha}_i \geq 0$ und $1 \geq \bar{\bar{\alpha}}_{i+1} \geq \cdots \geq \bar{\bar{\alpha}}_k \geq 0$ unabhängig variieren können, erkennt man, daß durch (b) die Darstellung des Simplotops $W_i(\lambda) = (1 - \lambda)\, \bar{S}_i \times \lambda\, \bar{\bar{S}}_{k-i}$ gekennzeichnet ist. Offenbar ist S die Vereinigungsmenge aller $W_i(\lambda)$ $[i = 0, \ldots, k]$. Andererseits liegt aber der Durchschnitt $W_i(\lambda) \cap W_j(\lambda)$ für $i < j$ in einer $k - (j - i)$-dimensionalen Ebene, weil in der Darstellung (a) eines Punktes dieses Durchschnitts $\alpha_{i+1} = \cdots = \alpha_j = \lambda$ gilt. Damit ist (48) bewiesen.

1.2.7. Zylinder

Ein Polyeder A wollen wir einen *i-stufigen Zylinder* nennen, wenn eine Darstellung der Form

$$A = A_1 \times \cdots \times A_i \tag{50}$$

als i-fache MINKOWSKISCHE Summe möglich ist; hierbei soll A_ν $[\nu = 1, \ldots, i]$ ein konvexes Polyeder bezeichnen, das in einer k_ν-dimensionalen Ebene E_{k_ν} liegt, wobei $k_\nu \geq 1$ und $\sum_1^i k_\nu = k$ sein soll. Die Trägerräume E_{k_ν} sollen sich ferner paarweise in allgemeiner Lage befinden.

Offensichtlich ist ein Zylinder ein Eipolyeder. Die Stufenzahl i stellt einen Grad zylindrischer Entartung dar; für sie gilt offenbar $1 \leq i \leq k$. Aus unserer Erklärung folgt, daß ein beliebiges konvexes Polyeder ein 1-stufiger Zylinder ist; die erste Stufe bedingt also keine besondere zylindrische Entartung. Dagegen ist ein Parallelotop ein k-stufiger Zylinder; die k-te Stufe bedingt die höchste zylindrische Entartung. Nach Definition kann ein i-stufiger Zylinder auch als j-stufig gelten, falls $j < i$ ist. Stehen die Trägerräume E_{k_ν} paarweise zueinander orthogonal, so wollen wir den Zylinder *gerade* nennen. So ist beispielsweise ein Würfel ein gerader Zylinder k-ter Stufe.

§ 3. Zerlegungsgleichheit

1.3.1. Ganze Vervielfachung

Wir entwickeln im folgenden für die Klasse $\mathfrak{P}'$ der eigentlichen Polyeder eine Zerlegungstheorie. Die Beschränkung, daß alle in Zerlegungsrelationen eingehenden Polyeder eigentlich oder leer seien, wird in der Regel ohne weitere Erwähnung vorausgesetzt.

Eine für den formalen Ausbau der Zerlegungstheorie nützliche symbolische Festsetzung ist durch die *Vervielfachung* gegeben: Es bedeute n zunächst eine natürliche Zahl. Mit $n \cdot A$ wollen wir ein Polyeder bezeichnen, das sich im Sinne der Elementargeometrie in n Teilpolyeder zerlegen läßt, die alle mit dem Polyeder A translationsgleich sind. Formelmäßig wird dies durch

$$n \cdot A = A_1 + \cdots + A_n \qquad [A_\nu \cong A \, ; \nu = 1, \ldots, n] \qquad (51)$$

zum Ausdruck gebracht. Der Umstand, daß die Lage der einzelnen Teilpolyeder A_ν durch die symbolische Schreibweise $n \cdot A$ nicht erfaßt wird, hat für die Anwendung in der Zerlegungstheorie keine Bedeutung, da dort ohnehin Polyeder gleichberechtigt sind, wenn sie sich nur durch die Lage endlich vieler Teile, in die sie zerlegbar sind, unterscheiden. Wir ergänzen die Definition der Vervielfachung durch den Zusatz, daß $0 \cdot A = 0$ (leer) sein soll. Die folgenden einfachen Regeln

$$C = (n + m) \cdot A \, \rhd\lhd \, C = n \cdot A + m \cdot A \qquad (52)$$

$$C = n \cdot (m \cdot A) \, \rhd \, C = (n\,m) \cdot A \qquad (53)$$

liegen auf der Hand.

1.3.2. Translative Zerlegungsgleichheit

Zwei Polyeder A und B wollen wir *translativ zerlegungsgleich* nennen, symbolisch durch $A \approx B$ ausgedrückt, wenn sie sich im Sinne der Elementargeometrie in endlich viele Teilpolyeder zerlegen lassen, welche paarweise translationsgleich sind. Genauer: Für Polyeder A, $B \in \mathfrak{P}'$ und A_ν, $B_\nu \in \mathfrak{P}'$; $\nu = 1, \ldots, m$ gilt

$$A \approx B \; \rhd\lhd \; A = A_1 + \cdots + A_m \; ; \quad B = B_1 + \cdots + B_m \tag{54}$$
$$[A_\nu \cong B_\nu; \; \nu = 1, \ldots, m] \, .$$

Die entscheidenden Grundregeln, welche die translative Zerlegungsgleichheit der Polyeder beherrschen, sind folgende:

$$A \approx A \qquad\qquad\qquad \text{(Reflexivität)} ; \tag{55}$$

$$A \approx B \rhd B \approx A \qquad\qquad\qquad \text{(Symmetrie)} ; \tag{56}$$

$$A \approx B, \, B \approx C \rhd A \approx C \qquad\qquad\qquad \text{(Transitivität)} ; \tag{57}$$

$$A \approx B, \, C \approx D \rhd A + C \approx B + D \qquad\qquad\qquad \text{(Additionssatz)} ; \tag{58}$$

$$A \approx B, \, C \approx D \rhd A - C \approx B - D \qquad\qquad\qquad \text{(Subtraktionssatz)} ; \tag{59}$$

$$A \approx B \rhd n \cdot A \approx n \cdot B \qquad\qquad\qquad \text{(Multiplikationssatz)} ; \tag{60}$$

$$n \cdot A \approx n \cdot B \rhd A \approx B \qquad\qquad\qquad \text{(Divisionssatz)} . \tag{61}$$

Dabei werden die vorgeschriebenen Verknüpfungen + und — als ausführbar vorausgesetzt; wegen der Beschränkung auf eigentliche Polyeder sind sie dann auch eindeutig.

Nach den drei ersten Gesetzen ist die translative Zerlegungsgleichheit eine *Äquivalenzrelation*. Dabei ist einzig der Beweis für die Transitivität nicht trivial; er verläuft wie folgt: Es sei $A \approx B$ und $B \approx C$; also gibt es Zerlegungen $A = A_1 + \cdots + A_n$, $B = B_1 + \cdots + B_n$, $B = B^1 + \cdots + B^m$, $C = C^1 + \cdots + C^m$ so, daß $A_\nu \cong B_\nu$, $B^\mu \cong C^\mu$ gilt. Setzen wir $B_{\nu\mu} = B_\nu \cap B^\mu$, so ist durch $B = B_{11} + \cdots + B_{nm}$ eine Zerlegung von B in $n \, m$ Teilpolyeder $B_{\nu\mu}$ gegeben [vgl. (20)]; von diesen werden im allgemeinen mehrere leer oder uneigentlich sein; ohne die Richtigkeit der formalen Zerlegungsrelationen zu beeinträchtigen, können diese weggelassen werden. Bedenkt man, daß $A_\nu \cong B_\nu = B_{\nu 1} + \cdots + B_{\nu m}$ und $C^\mu \cong B^\mu = B_{1\mu} + \cdots + B_{n\mu}$ ist, so erhellt, daß sich sowohl A als auch C in die $n \, m$ Polyeder $B_{\nu\mu}$ zerlegen läßt. Demnach gilt $A \approx C$.

Während Additionssatz und Multiplikationssatz evidente Folgerungen von (51) und (54) sind, liegen Subtraktions- und Divisionssatz tiefer; diese Aussagen drücken aus, daß *ergänzungsgleiche* und *selbstergänzungsgleiche* Polyeder zerlegungsgleich sind. Dies wird erst in 2.2.1 bewiesen; diese Beweise sind selbstverständlich unabhängig von den wenigen Aussagen, deren Nachweis wir bis dahin auf (59) und (61) stützen.

1.3.3. Parallelotop und Determinante

In diesem Abschnitt entwickeln wir notwendige und hinreichende Bedingungen für die translative Zerlegungsgleichheit zweier Parallelotope. Hierbei ist es der Sachlage angemessen, translationsgleiche Parallelotope zu identifizieren.

Es bezeichne P ein Parallelotop mit den k linear unabhängigen Kantenvektoren $a_\nu [\nu = 1, \ldots, k]$. Wir dürfen also annehmen, daß die ausgezeichnete Ecke im Ursprung liegt, so daß in der Darstellung (44) $p_0 = 0$ wird. P ist dann durch die a_ν eindeutig charakterisiert; wir wählen die nützliche symbolische Bezeichnungsweise $P = \langle a_1, \ldots, a_k \rangle$. Wir ordnen jetzt dem Parallelotop P den positiven Zahlwert

$$D(P) = \{\mathrm{Det}\, \|(a_\nu, a_\mu)\|\}^{1/2} \tag{62}$$

zu, der sich aus der positiven GRAMschen Determinante der k Kantenvektoren von P durch Quadratwurzelziehung ergibt. Demnach gilt

$$D(P) > 0 . \tag{63}$$

Bedenken wir, daß die Skalarprodukte (a_ν, a_μ) sich bei einer *Drehung* nicht ändern, so schließen wir, daß

$$D(P) = D(Q) \qquad [P \simeq Q, \text{ drehgleich}] \tag{64}$$

ausfällt. Weiter ist die sich auf eine *Dilatation* beziehende Formel

$$D(\lambda P) = \lambda^k D(P) \tag{65}$$

unmittelbar der Definition (62) zu entnehmen.

An dieser Stelle ist eine einfache Parallelotopverwandlung zu erklären, welche in unserem Zusammenhang von Bedeutung ist. Es handelt sich um den Übergang vom Parallelotop $P = \langle a_1, \ldots, a_k \rangle$ in

$$Q = \langle a_1, \ldots, a_{i-1}, a_i + \lambda\, a_j, a_{i+1}, \ldots, a_k \rangle \ [i \neq j; -\infty < \lambda < \infty] . \tag{66}$$

Diesen Vorgang wollen wir *Scherung* nennen. Zwei Parallelotope P und Q, die durch endlich viele Scherungen ineinander übergeführt werden können, sollen *scherungsäquivalent* genannt werden; dies sei symbolisch durch $P \rightleftharpoons Q$ ausgedrückt. Es ist evident, daß die Relation $\rightleftharpoons$ *reflexiv, symmetrisch* und *transitiv* ist. Leicht bestätigt man, daß sich die GRAMsche Determinante der Kantenvektoren bei einer einzelnen Scherung nicht ändert. Infolgedessen gilt

$$D(P) = D(Q) \qquad [P \rightleftharpoons Q] . \tag{67}$$

Überblicken wir die Feststellungen (63) bis (67), so läßt sich zusammenfassend sagen, daß durch (62) über der Parallelotopklasse ein *positives, drehinvariantes,* (k-gradig-) *homogenes* und *scherungsinvariantes* Funktional definiert ist. Wir nennen es das GRAMsche *Funktional* von P.

Die folgenden Aussagen werden uns nun zur Lösung des eingangs erwähnten Zerlegungsproblems führen. Zunächst zeigen wir, daß für zwei Parallelotope P und Q

$$P \rightleftharpoons Q \; \rhd\lhd \; D(P) = D(Q) \tag{68}$$

gilt. Ausführlicher formulieren wir dies mit dem folgenden

Satz III. *Zwei Parallelotope P und Q sind dann und nur dann scherungsäquivalent, wenn ihre* GRAM*schen Funktionale $D(P)$ und $D(Q)$ gleich ausfallen* [8].

Beweis: Für $k = 1$ ist die Behauptung trivial, da in diesem Fall $D(P) = D(Q)$ mit $P \cong Q$, oder also mit $P \rightleftharpoons Q$ gleichbedeutend ist. Es sei $k > 1$, und wir nehmen an, daß die Richtigkeit des Satzes bereits für alle Dimensionen kleiner als k sichergestellt sei (Induktionsannahme). **a)** Für die beiden Parallelotope $P = \langle a_1, \ldots, a_k \rangle$ und $Q = \langle b_1, \ldots, b_k \rangle$ soll $D = D(P) = D(Q) > 0$ gelten. Es ist zweckmäßig, die ersten $(k-1)$ Kantenvektoren deutlich vom letzten zu trennen. Dies erreichen wir dadurch, daß wir a_k und b_k durch a und b ersetzen und für die Parallelotope kürzer $P = \langle a_\nu, a \rangle$ und $Q = \langle b_\nu, b \rangle$ $[\nu = 1, \ldots, k-1]$ schreiben. Ohne Einschränkung darf angenommen werden, daß die beiden Ebenen U und V, welche durch die beiden Systeme $(k-1)$ linear unabhängiger Vektoren a_ν und b_ν aufgespannt werden, nicht zusammenfallen; andernfalls könnte man dies durch eine Umnumerierung der Kantenvektoren erreichen. Es bezeichne w einen Richtungsvektor und $E(w)$ die durch den Ursprung Z orthogonal zu w gelegte Ebene. Sind $\bar{a}_\nu$ und $\bar{b}_\nu$, bzw. $\bar{a}$ und $\bar{b}$ die Vektoren in $E(w)$, die durch orthogonale Projektion der a_ν und b_ν bzw. a und b entstehen, so läßt sich $P = \langle \bar{a}_\nu + \alpha_\nu w, \bar{a} + \alpha w \rangle$ und $Q = \langle \bar{b}_\nu + \beta_\nu w, \bar{b} + \beta w \rangle$ mit geeigneten reellen Koeffizienten α_ν, α, β_ν, β anschreiben. Weiter betrachten wir die beiden in der Ebene $E(w)$ liegenden $(k-1)$-dimensionalen Parallelotope $\bar{P} = \langle \bar{a}_\nu \rangle$ und $\bar{Q} = \langle \bar{b}_\nu \rangle$. Wir behaupten, daß sich die Richtung w so wählen läßt, daß $\bar{D} = \bar{D}(\bar{P}) = \bar{D}(\bar{Q}) > 0$ ausfällt. In der Tat: Mit $\varDelta(w) = \bar{D}(\bar{P}) - \bar{D}(\bar{Q})$ wird eine stetige Funktion auf der Richtungssphäre definiert. Da die Ebenen U und V nach Konstruktion nicht identisch sind, lassen sich zwei Richtungen w_u und w_v so auswählen, daß $w_u \in U$, $w_u \notin V$ und $w_v \in V$, $w_v \notin U$ gilt. Es ist dann $\varDelta(w_u) = -\bar{D}(\bar{Q}) < 0$ $[\bar{D}(\bar{P}) = 0, \bar{D}(\bar{Q}) > 0]$ und $\varDelta(w_v) = \bar{D}(\bar{P}) > 0$ $[\bar{D}(\bar{P}) > 0, \bar{D}(\bar{Q}) = 0]$. Wird w stetig von w_u nach w_v gedreht, so daß (abgesehen von den beiden Endlagen) stets $w \notin U$ und $w \notin V$ gilt, so muß für eine Zwischenlage $\varDelta(w) = 0$ und $\bar{D}(\bar{P}) = \bar{D}(\bar{Q}) > 0$ ausfallen. In der Folge sei w eine so ausgezeichnete Richtung. Da die $\bar{a}_\nu$ und $\bar{b}_\nu$ zwei Systeme linear unabhängiger Vektoren in $E(w)$ bilden, sind die beiden Darstellungen $-\bar{a} = \sum_1^{k-1} \lambda_\nu \bar{a}_\nu$ und $-\bar{b} = \sum_1^{k-1} \mu_\nu \bar{b}_\nu$ mit passenden Koeffizienten λ_ν

und μ_ν möglich. Diese Beziehungen legen $k-1$ Scherungen nahe, die aufeinanderfolgend auf P und Q so einwirken, daß sie in $P_1 = \langle \bar{a}_\nu + \alpha_\nu w, \, \xi w \rangle$ und $Q_1 = \langle \bar{b}_\nu + \beta_\nu w, \, \eta w \rangle$ übergehen; hierbei wird $\xi = \alpha + \sum_1^{k-1} \lambda_\nu \alpha_\nu$ und $\eta = \beta + \sum_1^{k-1} \mu_\nu \beta_\nu$. Es gilt also (aa) $P \rightleftharpoons P_1$; $Q \rightleftharpoons Q_1$. Nach (67) muß $D(P_1) = D(Q_1) = D > 0$ sein, so daß $\xi \neq 0$ und $\eta \neq 0$ ausfällt. Deshalb lassen sich wieder $k-1$ Scherungen vorkehren, welche P_1 und Q_1 in $P_2 = \langle \bar{a}_\nu, \, \xi w \rangle$ und $Q_2 = \langle \bar{b}_\nu, \, \eta w \rangle$ überführen. Man hat dann (ab) $P_1 \rightleftharpoons P_2$; $Q_1 \rightleftharpoons Q_2$. Bezeichnet $\bar{R} = \langle \bar{c}_\nu \rangle$ $[\nu = 1, \ldots, k-1]$ irgendein $(k-1)$-dimensionales Parallelotop in der Ebene $E(w)$, welches der Bedingung $\bar{D} = \bar{D}(\bar{R})$ genügt, so bestehen in $E(w)$ nach der Induktionsannahme die Scherungsäquivalenzen $\bar{P} \rightleftharpoons \bar{R}$ und $\bar{Q} \rightleftharpoons \bar{R}$. Demzufolge können P_2 und Q_2 durch endlich viele Scherungen in $P_3 = \langle \bar{c}_\nu, \, \xi w \rangle$ und $Q_3 = \langle \bar{c}_\nu, \, \eta w \rangle$ übergeführt werden, so daß (ac) $P_2 \rightleftharpoons P_3$; $Q_2 \rightleftharpoons Q_3$ gilt. Wieder mit (67) und (ab) schließt man $D(P_3) = D(Q_3) = D$. Da wegen der Relationen $(\bar{c}_\nu, w) = 0$ und $(w, w) = 1$ andererseits $D(P_3) = |\xi| \bar{D}$ und $D(Q_3) = |\eta| \bar{D}$ sein muß, ergibt sich $|\xi| = |\eta|$. *1. Fall:* $\xi = \eta$. Dies ist gleichbedeutend mit $P_3 = Q_3$. *2. Fall:* $\xi = -\eta$. Es gilt $P_3 \cong Q_3$; außerdem gelingt es hier, Q_3 durch drei Scherungen in P_3 zu verwandeln: Indem wir auch noch den ersten Kantenvektor auszeichnen, schreiben wir $Q_3 = \langle \bar{c}_1, \bar{c}_\nu, -\xi w \rangle$ $[\nu = 2, \ldots, k-1]$. Es bestehen dann die Äquivalenzen $Q_3 = \langle \bar{c}_1, \bar{c}_\nu, -\xi w \rangle \rightleftharpoons$ $\rightleftharpoons \langle \bar{c}_1 + \xi w, \bar{c}_\nu, -\xi w \rangle \rightleftharpoons \langle \bar{c}_1 + \xi w, \bar{c}_\nu, \bar{c}_1 \rangle \rightleftharpoons \langle \xi w, \bar{c}_\nu, \bar{c}_1 \rangle = P_3$. Beim letzten Schluß hat man zu bedenken, daß ein durch die Kantenvektoren charakterisiertes Parallelotop von der Numerierung (Anordnung im Klammersymbol) dieser Vektoren nicht abhängt.

In beiden Fällen stellen wir fest, daß $P_3 \rightleftharpoons Q_3$ gilt. Mit (ac), (ab) und (aa) folgt so $P \rightleftharpoons Q$. Damit ist die Aussage „dann" von Satz III nachgewiesen.

b) Die Aussage „nur dann" ist im Hinblick auf die Scherungsinvarianz (67) trivial.

Die Zusammenhänge zwischen der Scherungsäquivalenz und der translativen Zerlegungsgleichheit werden durch die Beziehung

$$P \approx Q \; \bowtie \; P \rightleftharpoons Q \tag{69}$$

wiedergegeben. In Worten besagt dies

Satz IV. *Zwei Parallelotope P und Q sind dann und nur dann translativ zerlegungsgleich, wenn sie scherungsäquivalent sind.*

Beweis: **a)** Um die Aussage „dann" nachzuweisen, genügt es zu zeigen, daß $P \approx Q$ gilt, wenn Q durch *eine* Scherung aus P hervorgeht. Bei passender Numerierung der Kantenvektoren bezieht sich diese durch (66) erklärte Scherung auf die Indizes $i = 2$ und $j = 1$; in angepaßter Weise schreiben wir $P = \langle a_1, a_2, a_\nu \rangle$ und $Q = \langle a_1, a_2 + \lambda \, a_1, a_\nu \rangle$ $[\nu = 3, \ldots, k]$.

1. Fall: Es sei $0 < \lambda < 1$. Nach (44) gilt für P die Parameterdarstellung $p = \Sigma\,\alpha_\nu\,a_\nu$ $[0 \leqq \alpha_\nu \leqq 1; \nu = 1, \ldots, k]$. P zerlegen wir im Sinne der Elementargeometrie in zwei Teilpolyeder A und B, (aa) $P = A + B$, indem wir für die Parameter α_ν zwei komplementäre Systeme von Nebenbedingungen stellen:

A: $[0 \leqq \alpha_1 \leqq \lambda\,\alpha_2; 0 \leqq \alpha_\nu \leqq 1, \nu = 2, \ldots, k]$;
B: $[\lambda\,\alpha_2 \leqq \alpha_1 \leqq 1; 0 \leqq \alpha_\nu \leqq 1, \nu = 2, \ldots, k]$.

Ferner betrachten wir das Polyeder

C: $[1 \leqq \alpha_1 \leqq 1 + \lambda\,\alpha_2; 0 \leqq \alpha_\nu \leqq 1, \nu = 2, \ldots, k]$.

Wie man unmittelbar ablesen kann, gilt $C = A \times a_1$ oder also (ab) $C \cong A$. Die Parameterdarstellung von Q läßt sich in der Form $p = \lambda\,\alpha_2\,a_1 + \Sigma\,\alpha_\nu\,a_\nu$ $[0 \leqq \alpha_\nu \leqq 1; \nu = 1, \ldots, k]$ anschreiben. Nun kann man erkennen, daß sich Q im Sinne der Elementargeometrie in die Teilpolyeder B und C zerlegen läßt, so daß also (ac) $Q = B + C$ gilt. Mit (aa), (ab) und (ac) folgt $P \approx Q$.

2. Fall: $0 < \lambda < \infty$. Wir setzen $\lambda = n\,\mu$, wobei $0 < \mu \leqq 1$ ist, und n eine natürliche Zahl bedeuten soll. Es sei $Q_i = \langle a_1, a_2 + i\,\mu\,a_1, a_\nu \rangle$. Nach dem Ergebnis im 1. Fall folgt sukzessive $P \approx Q_1 \approx Q_2 \approx \cdots \approx Q_n = Q$ oder mit der Transitivität (57) wieder $P \approx Q$.

3. Fall: $-\infty < \lambda < 0$. Durch Vertauschung von P und Q entsteht der 2. Fall, so daß nach (56) wieder $P \approx Q$ gilt.

4. Fall: $\lambda = 0$. P und Q sind identisch, so daß nach (55) $P \approx Q$ gilt.

b) Um die Aussage „nur dann" nachzuweisen, hat man (ba) $P \approx Q$ anzunehmen. Wir behaupten, daß dann $D(P) = D(Q)$ und nach Satz III also $P \rightleftharpoons Q$ gelten muß. In der Tat: Es sei etwa $D(P) > D(Q)$. Wegen (65) läßt sich ein $\lambda > 1$ so wählen, daß $D(P) = D(\lambda\,Q)$ ausfällt. Nach Satz III folgt $P \rightleftharpoons \lambda\,Q$ und nach der oben bewiesenen Teilaussage von Satz IV weiter auch (bb) $P \approx \lambda\,Q$. Mit (ba) und (bb) ergibt die Anwendung des Subtraktionssatzes (59) $0 \approx \lambda\,Q - Q$. Das eigentliche Restpolyeder rechts kann aber nicht mit der leeren Menge links zerlegungsgleich sein; die Annahme, daß $D(P) \neq D(Q)$ ist, führt also auf einen Widerspruch.

Nun erhalten wir als Korollar zu den beiden mit Satz III und Satz IV ausgedrückten Ergebnissen als notwendige und hinreichende Bedingung für die translative Zerlegungsgleichheit zweier Parallelotope die Beziehung

$$P \approx Q \;\rhd\!\lhd\; D(P) = D(Q)\,. \tag{70}$$

Ausführlicher formulieren wir dies mit dem

Satz V. *Zwei Parallelotope sind dann und nur dann translativ zerlegungsgleich, wenn ihre* GRAM*schen Funktionale $D(P)$ und $D(Q)$ übereinstimmen.*

Die wichtigere und im Rahmen der Elementargeometrie auch neue Erkenntnis, die mit unserem Satz ausgedrückt wird, ist die Aussage „dann" (hinreichendes Kriterium). Nur dieser Teil wird in der Folge wesentlich gebraucht. In diesem Zusammenhang ist die Bemerkung wichtig, daß der Beweis dieser Teilaussage vom Subtraktionssatz (59) unabhängig ist; umgekehrt wird sich dessen Beweis (implizite) gerade auf diese erste Teilaussage stützen.

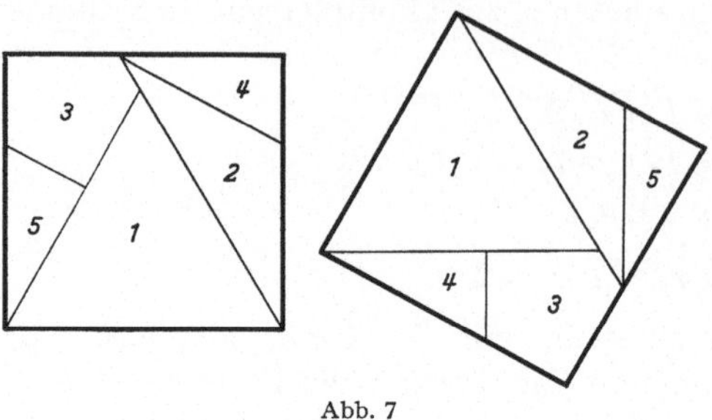

Abb. 7

Sind U und V zwei kongruente Würfel der Kantenlänge s [vgl. 1.2.4], so ist $D(U) = D(V) = s^k$. Als Korollar zu Satz V gewinnen wir den

Satz VI. *Zwei kongruente Würfel U und V sind translativ zerlegungsgleich* [9].

Abb. 7 zeigt die translative Zerlegungsgleichheit zweier Quadrate $(k = 2)$.

1.3.4. Orthogonalergänzung

Wir wollen hier nachweisen, daß die Orthogonalsimplexe [vgl. 1.1.3] in einem erweiterten Sinne universelle Polyederbausteine sind.

Es bezeichne $\mathfrak{P}_0'$ die Klasse der eigentlichen Orthogonalpolyeder, die eine Zerlegung im Sinne der Elementargeometrie in Orthogonalsimplexe erlauben. Wir haben diese schon früher [vgl. 1.1.6] der Klasse $\mathfrak{P}'$ aller eigentlichen Polyeder an die Seite gestellt. Der Begriff der translativen Zerlegungsgleichheit gestattet es nunmehr, den Zusammenhang zwischen diesen beiden Klassen auszusprechen. Es gilt der folgende

Satz VII. *Zu jedem Polyeder $A \in \mathfrak{P}'$ lassen sich zwei Orthogonalpolyeder A_0, $A_{00} \in \mathfrak{P}_0'$ so finden, daß die translative Zerlegungsgleichheit*

$$A + A_0 \approx A_{00} \tag{71}$$

besteht.

Beweis: Wir fassen zunächst alle Polyeder A, welche einer Zerlegungsrelation der Form (71) genügen, zu einer Klasse $\mathfrak{A}$ zusammen. Wir zeigen vorerst, daß $\mathfrak{A}$ eine Polyederkategorie [vgl. 1.1.7] bildet, d. h. daß $\mathfrak{A}$ bezüglich der Verknüpfungen $+$ und $-$ geschlossen ist:

a) $A, B \in \mathfrak{A} \rhd A + B \in \mathfrak{A}$. In der Tat: Setzen wir $C = A + B$, $C_0 = A_0 + B_0$ und $C_{00} = A_{00} + B_{00}$, wobei A_0, A_{00} bzw. B_0, B_{00} die Orthogonalpolyeder bezeichnen, die mit A bzw. B die Relation (71) eingehen, so bestätigt sich, daß (a) $C + C_0 \approx C_{00}$ ist. Die in Frage stehenden

Verknüpfungen $+$ dürfen als ausführbar angenommen werden, da sich alle beteiligten Polyeder im Raum so verschieben lassen, daß sie paarweise disjunkt werden; dabei ist zu bedenken, daß Translationen der in der Relation (71) beteiligten Polyeder am Bestehen der Relation selbst nichts ändern. Entsprechendes gilt inskünftig bei allen Zerlegungsrechnungen dieser Art. Im übrigen verlangt die Bestätigung der Relation (a) die assoziative und kommutative Eigenschaft der elementargeometrischen Addition $+$ und den Additionssatz (58).

b) $A, B \in \mathfrak{A} \triangleright A - B \in \mathfrak{A}$. In der Tat: Wir setzen $C = A - B$, $C_0 = A_0 + B_{00}$ und $C_{00} = A_{00} + B_0$ und bestätigen, daß (b) $C + C_0 \approx C_{00}$ gilt. Die erzielten Relationen (a) und (b) belegen die Richtigkeit der Teilbehauptungen **a)** und **b)**, da C_0 und C_{00} Orthogonalpolyeder sind.

Nun enthält die Klasse $\mathfrak{A}$ sicher die Orthogonalsimplexe selbst; also enthält $\mathfrak{A}$ die kleinste Polyederkategorie über dem System aller Orthogonalsimplexe, und das ist, wie in 1.1.7 nachgewiesen, die Klasse $\mathfrak{P}'$. Da andererseits nach Konstruktion $\mathfrak{A}$ eine Teilklasse von $\mathfrak{P}'$ ist, muß $\mathfrak{A}$ mit $\mathfrak{P}'$ identisch sein.

1.3.5. Zylinderklassen

Ein eigentliches Polyeder A wollen wir ein *i-stufiges Zylinderpolyeder* nennen, wenn sich A im Sinne der Elementargeometrie in endlich viele eigentliche i-stufige Zylinder [vgl. 1.2.7] zerlegen läßt. Die Gesamtheit aller Polyeder, die mit einem i-stufigen Zylinderpolyeder translativ zerlegungsgleich sind, ergänzt durch die leere Menge 0, fassen wir zur *i-ten Zylinderklasse* $\mathfrak{Z}_i$ zusammen [10]. Die Stufenzahl i, für die $1 \leq i \leq k$ gilt, nennen wir *Ordnung* der Zylinderklasse $\mathfrak{Z}_i$.

Da ein beliebiges Simplex ein 1-stufiger Zylinder ist, ergibt sich im Hinblick auf die Simplizialzerlegung (22) eines Polyeders, daß die erste Zylinderklasse $\mathfrak{Z}_1$ mit der Klasse $\mathfrak{P}'$ der eigentlichen Polyeder identisch ist. Die letzte Klasse $\mathfrak{Z}_k$ besteht aus Polyedern, welche mit endlich vielen Parallelotopen translativ zerlegungsgleich sind. Genauer gilt sogar

$$A \in \mathfrak{Z}_k \triangleright A \approx \lambda W , \tag{72}$$

wo W den Einheitswürfel $W = \langle e_1, \ldots, e_k \rangle$ bedeutet, und λ durch $\lambda^k = \Sigma D(P_\nu)$ bestimmt ist; die $P_\nu [\nu = 1, \ldots, m]$ sind die Parallelotope, deren elementargeometrische Summe mit A translativ zerlegungsgleich ist.

Beweis: Der Würfel W läßt sich in m Intervalle $W_\nu = \langle c_1, \ldots, e_{k-1}, \lambda_\nu e_k \rangle$ zerlegen, wo $\lambda_\nu = D(P_\nu)/\lambda^k$ ist. Da $D(\lambda W_\nu) = D(P_\nu)$ gilt, folgt nach Satz V, daß $P_\nu \approx \lambda W_\nu$ ausfällt und schließlich nach dem Additionssatz (58) $A \approx \lambda W$.

Da ein i-stufiger Zylinder für $j < i$ auch als j-stufiger interpretiert werden kann, besteht die Beziehung

$$\mathfrak{Z}_1 \supset \mathfrak{Z}_2 \supset \cdots \supset \mathfrak{Z}_k . \tag{73}$$

Ein Polyeder A, das einer Klasse $\mathfrak{Z}_i\,[i \geq 2]$ angehört, wollen wir ein *echtes Zylinderpolyeder* nennen. Damit erreichen wir die in vielen Fällen wünschbare Abgrenzung gegen diejenigen Polyeder, die keine eigentliche zylindrische Entartung aufweisen. Die Klasse der echten Zylinderpolyeder, die *echte Zylinderklasse* $\mathfrak{Z}$, ist mit $\mathfrak{Z}_2$ identisch.

Die Abstufung der Klasse $\mathfrak{P}' = \mathfrak{Z}_1$ nach Zylinderklassen $\mathfrak{Z}_i\,[i = 1, \ldots, k]$ erlangt in der Zerlegungstheorie der Polyeder vor allem deshalb eine gewisse Bedeutung, weil dadurch Beweisverfahren nach dem Prinzip der vollständigen Induktion ermöglicht werden, wobei man von der Klasse $\mathfrak{Z}_{i+1}$ zur Klasse $\mathfrak{Z}_i$ fortschreitet. Nach diesem Verfahren wird beispielsweise der wichtige Subtraktionssatz (59) bewiesen werden.

Bei vielen Schlüssen innerhalb der Zerlegungstheorie werden wir von der evidenten Tatsache stillschweigend Gebrauch machen, daß eine Zylinderklasse $\mathfrak{Z}_i$ bezüglich der elementargeometrischen Addition $+$ geschlossen ist, so daß die Regel

$$A, B \in \mathfrak{Z}_i \; \triangleright \; A + B \in \mathfrak{Z}_i \tag{74}$$

und insbesondere auch

$$A, B \in \mathfrak{Z} \; \triangleright \; A + B \in \mathfrak{Z} \tag{75}$$

gilt.

1.3.6. Zerlegungskongruenzen

Zwei eigentliche Polyeder A und B nennen wir *translativ zerlegungsgleich* mod $\mathfrak{Z}$, symbolisch durch $A \approx B (\mathrm{mod}\,\mathfrak{Z})$ ausgedrückt, wenn sie sich durch elementargeometrische Addition echter Zylinderpolyeder zu translativ zerlegungsgleichen Polyedern ergänzen lassen. Formelmäßig zum Ausdruck gebracht bedeutet dies:

$$A \approx B(\mathrm{mod}\,\mathfrak{Z}) \; \triangleright\!\!\triangleleft \; A + A_1 \approx B + B_1 \; [A_1, B_1 \in \mathfrak{Z}] \tag{76}$$

und insbesondere

$$A \approx 0\,(\mathrm{mod}\,\mathfrak{Z}) \; \triangleright\!\!\triangleleft \; A + A_1 \approx B_1 \; [A_1, B_1 \in \mathfrak{Z}]. \tag{77}$$

Die translative Zerlegungsgleichheit mod $\mathfrak{Z}$ stellt eine Äquivalenzrelation innerhalb der Klasse $\mathfrak{P}'$ der eigentlichen Polyeder dar. In der Tat ist die Relation $\approx (\mathrm{mod}\,\mathfrak{Z})$ *reflexiv, symmetrisch* und *transitiv*. Die beiden ersten Eigenschaften sind trivial, die dritte ergibt sich wie folgt:

Es gelte $A \approx B(\mathrm{mod}\,\mathfrak{Z})$ und $B \approx C(\mathrm{mod}\,\mathfrak{Z})$, oder also $A + A_1 \approx B + B_1$ und $B + B_2 \approx C + C_2$ mit $A_1, B_1, B_2, C_2 \in \mathfrak{Z}$. Mit Berufung auf die kommutative und assoziative Eigenschaft der Verknüpfung $+$ und auf den Additionssatz (58) kann man aus den beiden obenstehenden Relationen $A + (A_1 + B_2) \approx C + (C_2 + B_1)$ oder also $A \approx C(\mathrm{mod}\,\mathfrak{Z})$ gewinnen.

Auf analoge Weise lassen sich die sieben wichtigen Gesetze, die wir für die gewöhnliche translative Zerlegungsgleichheit mit (55) bis (61) formuliert haben, für die Zerlegungskongruenz nachweisen. In der Tafel (55) bis (61) läßt sich also die Relation $\approx$ überall durch $\approx (\mathrm{mod}\,\mathfrak{Z})$ ersetzen. Die Übertragung des Subtraktions- und des Divisionssatzes setzt natürlich ihre Gültigkeit für gewöhnliche Zerlegungsgleichheit voraus, die erst in 2.2.1 bewiesen wird.

Abschließend soll ein Hinweis gegeben werden, welcher die Bedeutung des hier erörterten Begriffes der Zerlegungskongruenz — vorläufig nur skizzenhaft — erkennen läßt. Es handelt sich um die folgende, für ein Polyeder A gültige Zerlegungsformel:

$$(\alpha + \beta)\, A \approx \alpha A' + \beta A''(\mathrm{mod}\,\mathfrak{Z}) \ \ [A' \cong A'' \cong A;\, \alpha,\, \beta > 0]. \tag{78}$$

Diese erscheint als einfaches Korollar zu der in 1.2.6 entwickelten kanonischen Simplexzerlegung. Setzen wir in (48) $W_0(\lambda) = \lambda S' \cong \lambda S$ und $W_k(\lambda) = (1 - \lambda)\, S'' \cong (1 - \lambda)\, S$, so ergibt sich zunächst $S \approx \lambda S' + (1 - \lambda)\, S''(\mathrm{mod}\,\mathfrak{Z})$, da die Simplotope $W_i(\lambda)$ für $1 \leq i \leq k - 1$ echte Zylinderpolyeder sind. Setzen wir noch $\lambda = \alpha/(\alpha + \beta)$, so resultiert unsere Behauptung durch Dilatation mit $(\alpha + \beta)$. Die Zerlegungsrelation (78) bildet in einem gewissen Sinn die Schlüsselformel für den Aufbau einer linearen Zerlegungsalgebra.

1.3.7. Zerlegungshilfssätze

In diesem Abschnitt behandeln wir zwei Hilfssätze, welche sich auf Zerlegungsrelationen beziehen, die zwischen der Dilatation eines Polyeders einerseits und der Vervielfachung andererseits bestehen [11].

Die erste Aussage dieser Art hat den Charakter einer Zerlegungskongruenz, wobei eine Abstufung nach Zylinderklassen eingeräumt ist. Es ist der folgende

Hilfssatz I. *Ist A ein Polyeder der i-ten Zylinderklasse $\mathfrak{Z}_i$ und n eine natürliche Zahl, so besteht die Zerlegungsrelation*

$$nA \approx n^i \cdot A + A_0, \tag{79}$$

wo A_0 ein (von n abhängiges) Polyeder der $(i + 1)$-ten Zylinderklasse $\mathfrak{Z}_{i+1}$ ist. Im Falle $i = k$ ist $A_0 = 0$ (leer).

Beweis: *1. Fall.* Es sei $i = 1$. Offensichtlich genügt es, die Behauptung für ein Simplex A nachzuweisen. Als Folgerung aus der kanonischen Simplexzerlegung (48) gewinnt man [wie bei der Herleitung von (78)] eine Relation $(n - \nu + 1)\, A \approx (n - \nu)\, A + A_\nu + A_{\nu 0}$ $[\nu = 1, \ldots, n]$, wo $A_\nu \cong A$ und $A_{\nu 0} \in \mathfrak{Z}_2$ gilt. Die Verbindung der n obenstehenden Relationen erlaubt es, auf $nA \approx (A_1 + \cdots + A_n) + (A_{10} + \cdots + A_{n0})$ und damit auf $nA \approx n \cdot A + A_0$ mit $A_0 \in \mathfrak{Z}_2$ zu schließen.

2. Fall. Es sei $i > 1$. Offensichtlich genügt es, die Behauptung für einen i-stufigen Zylinder A nachzuweisen. Es sei also $A = A_1 \times \cdots \times A_i$, wo die $A_\nu [\nu = 1, \ldots, i]$ uneigentliche Eipolyeder sind, die in i komplementären Ebenen E_{k_ν} liegen $[k_\nu \geq 1; k_1 + \cdots + k_i = k]$. Zunächst gilt sicher $nA = nA_1 \times \cdots \times nA_i$. Nach dem 1. Fall, den wir für die A_ν, in ihrem k_ν-dimensionalen Trägerraum E_{k_ν} betrachtet, in Anspruch nehmen, besteht die Relation $nA_\nu \approx A_{\nu 0} + n \cdot A_\nu = A_{\nu 0} + A_{\nu 1} + \cdots + A_{\nu n}$, wobei $A_{\nu \mu} \cong A_\nu [\mu = 1, \ldots, n]$ und $A_{\nu 0} \in \mathfrak{Z}_2^{(\nu)}$ gilt; hier bedeutet $\mathfrak{Z}_2^{(\nu)}$ die 2. Zylinderklasse der k_ν-dimensionalen Polyeder in ihrem Trägerraum E_{k_ν}. Zusammengefaßt ergibt sich die Darstellung $nA \approx (A_{10} + A_{11} + \cdots + A_{1n}) \times \cdots \times (A_{i0} + A_{i1} + \cdots + A_{in})$, und mit mehrfacher Anwendung des distributiven Gesetzes (35) (a) $nA \approx R(0, \ldots, 0) + \cdots + R(n, \ldots, n)$; dabei sei (b) $R(\mu_1, \ldots, \mu_i) = A_{1\mu_1} \times \cdots \times A_{i\mu_i}$, und $\mu_1, \ldots, \mu_i$ bedeute eine Variation der Nummern $0, 1, \ldots, n$ zur i-ten Klasse mit Wiederholungen; die angeschriebene Zerlegungssumme erstreckt sich über alle $(n + 1)^i$ Variationen. Insbesondere betrachten wir die Teilklasse der n^i Variationen, welche die Nummer 0 nicht enthalten. Für ein Polyeder R, das mit (b) einer solchen Variation zugeordnet ist, gilt (c) $R \cong A$. Dies ergibt sich mit (38) aus (b), weil für $\mu \neq 0$ stets $A_{\nu \mu} \cong A_\nu$ ausfällt. Der von den R dieser Art herrührende Beitrag auf der rechten Seite der Darstellung (a) läßt sich in der Form $n^i \cdot A$ anschreiben. Nun betrachten wir die übrigen Variationen, welche die Nummer 0 wenigstens einmal erfassen. Ein $A_{\nu 0}$ ist entweder leer oder, bezogen auf den k_ν-dimensionalen Trägerraum E_{k_ν}, ein echtes Zylinderpolyeder, also wiederum als zweigliedrige MINKOWSKIsche Summe $A_{\nu 0} = A_{\nu 0}' \times A_{\nu 0}''$ von Polyedern

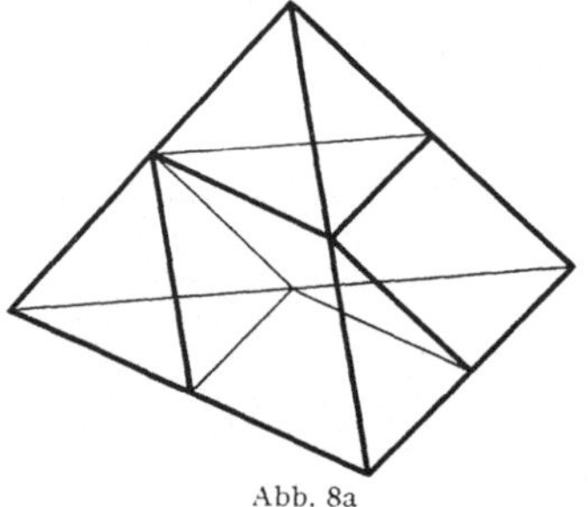

Abb. 8a

in zwei Unterräumen E' und E'', die komplementär den Raum E_{k_ν} aufspannen, darstellbar. Ein Polyeder R, das mit (b) einer solchen Variation zukommt, ist dem. nach entweder leer oder ein $(i + 1)$-stufiges Zylinderpolyeder, so daß (d) $R \in \mathfrak{Z}_{i+1}$ gilt. Der von diesen R herrührende Beitrag in (a) ist entweder leer oder ein $(i + 1)$-stufiges Zylinderpolyeder A_0. Zusammengefaßt resultiert $nA \approx n^i \cdot A + A_0, A_0 \in \mathfrak{Z}_{i+1}$.

Betrachten wir die Aussage von Hilfssatz I im gewöhnlichen Raum $(k = 3)$, so konstatieren wir, daß es sich um einfache und vertraute Zerlegungsmöglichkeiten handelt; ihre einfachsten Realisierungen ergeben sich für $n = 2$ beim Tetraeder $(i = 1)$, Prisma $(i = 2)$ und beim Parallelflach $(i = 3)$, wie in Abb. 8 wiedergegeben.

Eine zweite Zerlegungsaussage gibt einen Zusammenhang wieder, der zwischen einem dilatierten Polyeder und gewissen Vervielfachungen von Zylinderpolyedern besteht. Es handelt sich um den folgenden

Hilfssatz II. *Ist A ein Polyeder und n eine natürliche Zahl, so besteht eine Zerlegungsrelation*

$$n A \approx \binom{n}{1} \cdot A_1 + \binom{n}{2} \cdot A_2 + \cdots + \binom{n}{k} \cdot A_k , \tag{80}$$

wobei A_i ein Polyeder der i-ten Zylinderklasse $\mathfrak{Z}_i$ bezeichnet, das von A, nicht aber von n abhängt.

Beweis: Es genügt offenbar, die Aussage für den Fall nachzuweisen, daß A ein Simplex $S = \langle 0; a_1, \ldots, a_k \rangle$ ist. Wir führen für $\mu > \nu$ zur

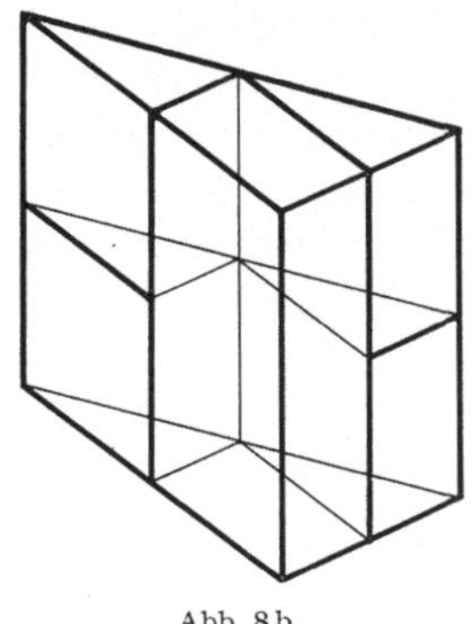

Abb. 8 b

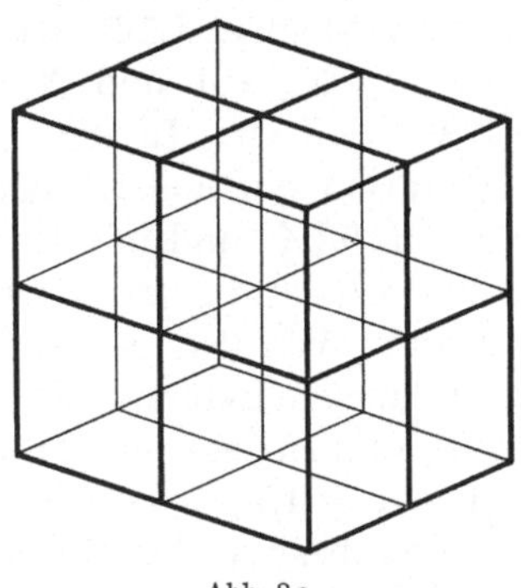

Abb. 8 c

Abkürzung für ein (evtl. unterdimensionales) Simplex, das durch die $\mu - \nu$ Vektoren $a_{\nu+1}, \ldots, a_\mu$ aufgespannt wird, die Bezeichnung $S_{\nu\mu}$ ein, so daß insbesondere $S_{0k} = S$ ist. Wählen wir in der kanonischen Simplexzerlegung (48) für $\lambda = 1/n$, so geht durch nachfolgende Dilatation mit n die Relation $n S_{0k} = n W_0(1/n) + \cdots + n W_k(1/n)$ hervor; hierbei ist gemäß (49) $n W_0(1/n) \cong S_{0k}$, $n W_k(1/n) \cong (n-1) S_{0k}$, $n W_\nu(1/n) \cong$ $\cong (n-1) S_{0\nu} \times S_{\nu k} [0 < \nu < k]$. Denken wir uns $(n-1) S_{0\mu}$ für $\mu = 1, \ldots, k$ analog weiter zerlegt, so ergibt sich mit mehrfacher Anwendung der distributiven Regel (35) schließlich, daß $n S_{0k}$ in Polyeder zerlegt werden kann, die mit Polyedern der Gestalt $T_i(\mu_1, \ldots, \mu_i)$ $= S_{0\mu_1} \times S_{\mu_1\mu_2} \times \cdots \times S_{\mu_{i-1}k} [1 \leq \mu_1 < \mu_2 < \cdots < \mu_i = k]$ translationsgleich sind. Induktion nach n lehrt, daß in der Zerlegung von $n S_{0k}$ genau $\binom{n}{i}$ Teilpolyeder auftreten, welche bei gewähltem i-Tupel $(\mu_1, \ldots, \mu_i)$ mit dem Zylinder $T_i(\mu_1, \ldots, \mu_i)$ translationsgleich sind. Bildet man nun bei festem i alle $\binom{k-1}{i-1}$ zugelassenen i-Tupel $(\mu_1, \ldots, \mu_i)$ und bezeichnet S_i ein Zylinderpolyeder, das aus den $\binom{k-1}{i-1}$ entsprechenden i-stufigen Zylindern $T_i(\mu_1, \ldots, \mu_i)$ nach eventueller Translation durch elementargeometrische Addition entsteht, so erhellt, daß $n S \approx$ $\binom{n}{1} \cdot S_1 + \cdots + \binom{n}{k} \cdot S_k$ und $S_i \in \mathfrak{Z}_i$ ist. Damit ist der Beweis abgeschlossen.

1.3.8. Rationale Vervielfachung

Wir knüpfen hier an die durch (51) eingeführte Vervielfachung $n \cdot A$ eines Polyeders A mit einer ganzen, nichtnegativen Zahl n an und legen uns zunächst die Frage vor, ob die translative Zerlegungsrelation

$$n \cdot X \approx A \qquad (81)$$

für ein Polyeder A und eine beliebig vorgegebene positive ganze Zahl n stets eine Lösung X aufweist. Die Frage läßt sich ausführlicher in die folgende Form kleiden: Läßt sich ein eigentliches Polyeder X so finden, daß $X_1 + \cdots + X_n \approx A$ und $X_\nu \cong X [\nu = 1, \ldots, n]$ gilt? Wir zeigen, daß dies der Fall ist. In der Tat: Wir nehmen zunächst $A \in \mathfrak{Z}_k$ an. Durch Dilatation mit $\lambda = 1/n$ gewinnen wir aus der Zerlegungsrelation (79) $A \approx n^k \cdot (1/n) A$, und mit Rücksicht auf die Definitionen der ganzzahligen Vervielfachung und der translativen Zerlegungsgleichheit ergibt sich die Lösung von (81) in der Form $X = n^{k-1} \cdot (1/n) A$. Wir nehmen jetzt an, daß unsere Behauptung für alle Polyeder der Zylinderklasse $\mathfrak{Z}_{i+1}$ erwiesen sei, und es liege nun ein $A \in \mathfrak{Z}_i$ vor. Mit (79) resultiert wie oben $A \approx n^i \cdot (1/n) A + (1/n) A_0$, wobei $(1/n) A_0 \in \mathfrak{Z}_{i+1}$ gilt. Nach der induktiven Voraussetzung besitzt die Gleichung $(1/n) A_0 \approx n \cdot Y$ eine Lösung Y, und so ergibt sich als Lösung von (81) $X = n^{i-1} \cdot (1/n) A + Y$. Man beachte übrigens, daß mit A auch X in der Zylinderklasse $\mathfrak{Z}_i$ liegt.

Unser Befund gestattet, den Begriff der Vervielfachung eines Polyeders in solcher Weise zu erweitern, daß beliebige nichtnegative rationale Faktoren zugelassen sind. Es ist naheliegend, eine soeben als existierend nachgewiesene Lösung von (81) in der Gestalt $X = (1/n) \cdot A$ darzustellen. Mit der Festsetzung $(m/n) \cdot A = m \cdot (1/n) \cdot A$ liegt dann eine Erklärung einer rationalen Vervielfachung vor. Wir wollen zeigen, daß diese Erklärung sinnvoll ist, indem wir nachweisen, daß das Polyeder $(m/n) \cdot A$ durch A und den Wert der rationalen positiven Zahl m/n bis auf translative Zerlegungsgleichheit eindeutig bestimmt ist. In der Tat: Es sei $X = (m/n) \cdot A$ und $\overline{X} = (\overline{m}/\overline{n}) \cdot A$, wobei $m/n = \overline{m}/\overline{n}$ vorausgesetzt ist. Nach der obenstehenden Festsetzung gelten also die Relationen $n \cdot X \approx m \cdot A$ und $\overline{n} \cdot \overline{X} \approx \overline{m} \cdot A$. Beide können passend vervielfacht werden, so daß wir zunächst $\overline{m} \cdot (n \cdot X) \approx \overline{m} \cdot (m \cdot A)$ und analog $m \cdot (\overline{n} \cdot \overline{X}) \approx m \cdot (\overline{m} \cdot A)$ erhalten. Die beiden rechts stehenden Polyeder sind offensichtlich translativ zerlegungsgleich, so daß wir weiter mit Anwendung der Regel (53) auf $\overline{m}\, n \cdot X \approx m\, \overline{n} \cdot \overline{X}$ schließen können. Nun gilt aber $\overline{m}\, n = m\, \overline{n}$, so daß mit dem Divisionssatz (61) $X \approx \overline{X}$ resultiert.

Wir treffen demnach folgende sinnvolle Festsetzung über die *rationale Vervielfachung* $p \cdot A$:

$$X = p \cdot A \bowtie n \cdot X \approx m \cdot A \, , \quad p = m/n \quad [m, n = \text{ganz, positiv}] \, , \qquad (82)$$

ergänzt durch die Konvention

$$0 \cdot A = 0 \quad \text{(leer)} \tag{83}$$

von rein formaler Bedeutung. Für diese Vervielfachung gelten die folgenden Gesetze:

$$A \in \mathfrak{B}_i \rhd\!\!\lhd\; p \cdot A \in \mathfrak{B}_i \qquad [i = 1, \ldots, k] \; ; \tag{84}$$

$$p \cdot (A + B) \approx p \cdot A + p \cdot B \; ; \tag{85}$$

$$(p + q) \cdot A \approx p \cdot A + q \cdot A \; ; \tag{86}$$

$$p \cdot (q \cdot A) \approx (p\,q) \cdot A \; . \tag{87}$$

In Verbindung mit der Dilatation gilt noch

$$p \cdot (\lambda A) \approx \lambda (p \cdot A) \; . \tag{88}$$

Beweise: **a)** Der Beweis von (84) ergab sich am Ende des Nachweises der Lösbarkeit von (81). **b)** Ist $p \cdot (A + B) = X$ und $p = m/n$, so gilt $n \cdot X \approx m \cdot (A + B) \approx m \cdot A + m \cdot B$. Es gibt Lösungen Y und Z der Relationen $m \cdot A \approx n \cdot Y$ und $m \cdot B \approx n \cdot Z$, so daß weiter $n \cdot X \approx n \cdot Y + n \cdot Z \approx n \cdot (Y + Z)$ resultiert. Mit (61) läßt sich $X \approx Y + Z$ und wegen $Y = p \cdot A$ und $Z = p \cdot B$ also (85) schließen. **c)** Ist $(p + q) \cdot A = X$, $p = n/m$, $q = r/s$ und $p + q = (n\,s + m\,r)/m\,s$, so besteht die Relation $m\,s \cdot X \approx (n\,s + m\,r) \cdot A \approx n\,s \cdot A + m\,r \cdot A$. Es gibt Lösungen Y und Z für die Relationen $n\,s \cdot A \approx m\,s \cdot Y$ und $m\,r \cdot A \approx m\,s \cdot Z$, so daß also $m\,s \cdot X \approx m\,s \cdot Y + m\,s \cdot Z \approx m\,s \cdot (Y + Z)$ und mit (61) $X \approx Y + Z$ resultiert. Da $Y = p \cdot A$ und $Z = q \cdot A$ ist, folgt (86). **d)** Es sei $X = p \cdot (q \cdot A)$, $p = m/n$, $q = r/s$ und $Y = q \cdot A$. Es gilt dann $n \cdot X \approx m \cdot Y$ und $r \cdot A \approx s \cdot Y$. Durch Vervielfachung mit s und m resultiert $s\,n \cdot X \approx s\,m \cdot Y$ und $m\,r \cdot A \approx m\,s \cdot Y$, und da die Polyeder rechts translativ zerlegungsgleich sind, weiter $s\,n \cdot X \approx m\,r \cdot A$ oder $X \approx p\,q \cdot A$, also (87). (88) ist trivial.

Anmerkungen

1 (2) Eine auf diesem Begriff aufgebaute und zu großer Vollkommenheit entwickelte Geometrie der konvexen Polyeder stammt von H. Minkowski [1]. Die dortige Beschränkung auf den gewöhnlichen Raum ($k = 3$) ist unwesentlich.

2 (4) L. Schläfli [1] (25. S. 243) definierte diese ausgezeichneten Simplexe im k-dimensionalen sphärischen Raum; die Übertragung in den euklidischen Raum liegt auf der Hand.

3 (5) Unsere Definition des 'Polyeders entspricht dem mengengeometrischen Standpunkt, nach welchem sich die Charakterisierung des Körpers direkt auf die Gesamtheit der ihm angehörenden Raumpunkte bezieht. Häufig trifft man hier ein anderes Vorgehen klassischen Ursprungs, wobei man das Polyeder indirekt durch eine geeignete Beschreibung seiner Berandung erklärt; hier kann dann die Definition auch induktiv nach der Dimension des Raumes gegliedert werden. Eine solche Einführung ist dann erforderlich, wenn man die Polyedertheorie nach dem morphologischen Standpunkt entwickeln will. Vgl. hierzu E. Steinitz [1] (36. S. 83—85).

4 (7) Der hier definierte Begriff entspricht jedenfalls inhaltlich den Vorstellungen, welche man stets mit dem Vorgang des Zerlegens elementargeometrischer Figuren verbindet. Auf eine ganz andere Auflösung des Dilemmas weist G. AUMANN [2] hin; hierbei wird eine „Auffächerung" der euklidischen Punkte so erwogen, daß einer Zerlegung der Elementarfiguren eine mengenmäßige Addition von Mengen „gefächerter" Punkte entspricht. Damit werden die Elementarfiguren als Elemente einer BOOLEschen Algebra interpretierbar.

5 (9) Man wird als erstes versuchen, ein beliebiges Simplex von einem inneren Punkt aus durch sukzessives Lotfällen in $(k + 1)!$ Orthogonalsimplexe zu zerlegen. Diese Konstruktion ist aber nur dann möglich, wenn ein Punkt des Simplex so existiert, daß die Fußpunkte der Lote auf die $k(k + 1)/2$ Trägergeraden der 1-dimensionalen Kanten des Simplex alle den Kanten selbst angehören. Dies trifft aber nicht immer zu. Im Falle $k = 3$ zeigt dies das Beispiel des Tetraeders mit den Eckpunkten $(0, 0, 0)$, $(1, 0, 0)$, $(4, 1, 0)$, $(3, 1, 1)$. Eine von P. H. SCHOUTE [1] (Bd. II, 38. S. 123) beschriebene Simplexzerlegung, indem man in der angedeuteten Weise vom Inkugelzentrum ausgeht, ist in dieser Beziehung irreführend.

6 (16) Die Leistungsfähigkeit dieses Begriffs wurde erstmals durch die Resultate von H. BRUNN [1] und H. MINKOWSKI [3, 4] zur Geltung gebracht.

7 (17) Bezeichnung nach P. H. SCHOUTE [1] (Bd. II, 42. S. 128).

8 (23) Es handelt sich um ein geometrisches Korrelat zu gewissen Verschärfungen bekannter Sätze, wie sie beispielsweise in der WEIERSTRASSschen Charakterisierung der Determinanten [vgl. O. SCHREIER u. E. SPERNER [1] (§ 8)] oder in der Zerlegung nichtsingulärer linearer Transformationen in primitive Faktoren [vgl. K. MAYRHOFER [1] (81. S. 175)] zum Ausdruck kommen.

9 (26) Ausgehend von einer von H. HADWIGER und P. GLUR [1] angegebenen Realisierung der translativen Zerlegungsgleichheit zweier Quadrate $(k = 2)$ durch Zerlegung in 5 Teile, zeigt H. DEBRUNNER [1], daß zwei Würfel translativ zerlegungsgleich sind durch Zerlegung in höchstens $5^{k(k-1)/2}$ Teile. Fragestellung und Anzahlschätzungen für die translative Zerlegungsgleichheit bei Parallelotopen stammen von H. KNESER [2]. Das Bestehen dieser Beziehungen selbst wurde erstmals von H. HADWIGER [31] nachgewiesen.

10 (27) Die Bildung der Zylinderklassen zur Ausgestaltung der Zerlegungstheorie euklidischer Polyeder stammt von H. HADWIGER [56].

11 (29) Hilfssätze dieser Art für Polyeder des gewöhnlichen Raumes $(k = 3)$ und bezogen auf die Bewegungsgruppe hat erstmals J. P. SYDLER [1] aufgestellt.

Zweites Kapitel

Der elementare Inhalt

§ 1. Begründung des Polyederinhalts

2.1.1. Inhaltspostulate

Die formale Inhaltstheorie handelt von reellen (eigentlichen) Inhaltsmaßzahlen, welche den in Betracht gezogenen Körpern zugeordnet werden. Von diesem formalen Standpunkt aus ist die Inhaltsmaßzahl, oder kürzer gesagt der Inhalt, nicht eine Größe, die dem Körper an sich notwendig und unabänderlich zukommt, sondern sie wird ihm in willkürlicher, jedoch sinnvoller Weise zugeschrieben. Dementsprechend sind die

Grundeigenschaften des formalen Inhalts nicht wie diejenigen des natürlichen Inhalts als unbeweisbare Wahrheiten hinzunehmen wie die Größenaxiome, die EUKLID seiner Inhaltslehre zugrunde legte, sondern sie sind als Forderungen (Postulate) in den Mittelpunkt der Theorie zu stellen. Selbstverständlich sind die Postulate so zu wählen, daß sie die Grundeigenschaften des unserer Anschauung verpflichteten natürlichen Inhalts in angepaßter Weise zur Geltung bringen; sie drücken dann in neuzeitlicher Form als Eigenschaften eines reellwertigen Körperfunktionals im wesentlichen das nämliche aus, wie die Axiome EUKLIDs.

Im folgenden stellen wir die *Inhaltspostulate* auf, welche wir der Theorie des elementaren Inhalts zugrunde legen wollen. Die elementaren Körper im strengen Sinne sind die Polyeder; als geradflächig begrenzte Körper lassen sie sich den krummflächig begrenzten, nichtelementaren gegenüberstellen. In dieser Hinsicht ist der *elementare Inhalt* der den Polyedern zugeordnete Inhalt.

Wir erklären: Ein über der Klasse $\mathfrak{P}$ aller Polyeder A des k-dimensionalen euklidischen Raumes eindeutig definiertes Funktional Φ, welches jedem Polyeder $A \in \mathfrak{P}$ die reelle Zahl $\Phi(A)$ zuweist, nennen wir eine *Inhaltsmaßzahl*, wenn die folgenden vier Inhaltspostulate erfüllt sind:

I. Das Funktional Φ ist *translationsinvariant*, d. h. für translationsgleiche Polyeder A und B muß

$$\Phi(A) = \Phi(B) \quad [A \cong B] \tag{1}$$

gelten.

II. Das Funktional Φ ist *einfach additiv*, d. h. bei einer elementargeometrischen Zerlegung des Polyeders $C = A + B$ in die Teilpolyeder A und B muß

$$\Phi(A + B) = \Phi(A) + \Phi(B) \tag{2}$$

gelten.

III. Das Funktional Φ ist (nichtnegativ-) *definit*, d. h. es soll stets

$$\Phi(A) \geqq 0 \tag{3}$$

sein.

IV. Das Funktional Φ ist *normiert*, d. h. es gilt

$$\Phi(W) = 1 \,, \tag{4}$$

wenn W den Einheitswürfel $\langle e_1, \ldots, e_k \rangle$ bezeichnet, dessen ausgezeichnete Ecke mit dem Ursprung Z zusammenfällt.

Die hier aufgeführten vier Forderungen, welche an die Spitze einer axiomatischen Entwicklung der Lehre vom Polyederinhalt gestellt werden[1], entsprechen im wesentlichen der heute wohl allgemein anerkannten Konvention, doch sei auf die folgenden Punkte aufmerksam gemacht:

a) Die mit I. ausgedrückte Invarianzforderung bezieht sich auf die Translationsgruppe und ist demnach wesentlich schwächer als die sonst übliche, welcher die volle Bewegungsgruppe zugrunde gelegt ist. Es wird sich zeigen, daß die Bewegungsinvarianz in Verbindung mit den übrigen Postulaten aus der Translationsinvarianz gefolgert werden kann. Der Umstand, daß sich die Theorie des Polyederinhalts mit Hilfe der schwächeren Invarianzforderung vollwertig aufbauen läßt, ist besonders im Hinblick auf die axiomatischen Charakterisierungen des elementaren Inhalts von Bedeutung.

b) Bei der mit IV. formulierten Normierung bezieht sich die Forderung nicht auf alle Einheitswürfel des Raumes, sondern nur auf einen einzigen, dessen Lage im Raum fixiert ist; da Φ nur translationsinvariant, nicht aber bewegungsinvariant vorausgesetzt wird, ist dieser Unterschied wesentlich.

2.1.2. Einfache Folgerungen

Wir nehmen vorerst an, es gebe Inhaltsmaßzahlen, also Funktionale Φ, die über der Klasse $\mathfrak{P}$ aller Polyeder so definiert sind, daß sie die Inhaltspostulate I. bis IV. erfüllen. Die Existenz- und auch die Einzigkeitsfrage werden wir in späteren Abschnitten bejahen können.

Einige einfache Eigenschaften einer Inhaltsmaßzahl lassen sich unmittelbar aus den vier Postulaten ableiten. Dieses Vorgehen entspricht der axiomatischen Methode, die wir im Rahmen der elementaren Inhaltslehre zur Geltung bringen wollen. Es handelt sich um die folgenden Eigenschaften:

V. Das Funktional Φ ist *einfach subtraktiv*, d. h. es gilt

$$\Phi(A - B) = \Phi(A) - \Phi(B) \qquad [A \supset B] . \tag{5}$$

VI. Das Funktional Φ ist *monoton*, d. h. es gilt

$$\Phi(A) \geqq \Phi(B) \qquad [A \supset B] . \tag{6}$$

VII. Das Funktional Φ ist *additiv*, d. h. es gilt das symmetrische Additionstheorem

$$\Phi(A \cup B) + \Phi(A \cap B) = \Phi(A) + \Phi(B) . \tag{7}$$

VIII. Das Funktional Φ ist *translativ zerlegungsinvariant*, d. h. für zwei translativ zerlegungsgleiche Polyeder A und B gilt

$$\Phi(A) = \Phi(B) \qquad [A \approx B] . \tag{8}$$

Weitere einfache Feststellungen drücken wir nur formelmäßig aus, nämlich:

a) Bei Dilatation des Einheitswürfels W ergibt sich

$$\Phi(\lambda W) = \lambda^k \qquad [\lambda > 0] . \tag{9}$$

b) Für jedes Parallelotop P gilt

$$\Phi(P) = D(P) , \tag{10}$$

wo $D(P)$ das P zugeordnete GRAMsche Determinantenfunktional ist [vgl. 1.3.3].

c) Bezeichnen $\mathfrak{P}'$ und $\mathfrak{P}''$ die Teilklassen der eigentlichen und der uneigentlichen Polyeder [vgl. 1.1.4], so gilt

$$\Phi(A) > 0 \ [A \in \mathfrak{P}', A \neq 0] \ ; \ \Phi(A) = 0 \ [A \in \mathfrak{P}''] \ . \tag{11}$$

Die uneigentlichen Polyeder bilden zusammen mit der leeren Menge 0 die Nullmengen des elementaren Inhaltssystems.

Beweise: (5) folgt aus (2) mit der Bemerkung, daß $A = (A - B) + B$ ist. (6) folgern wir aus (5) mit Rücksicht auf (3). Beim Nachweis für (7) geht man mit $U = A \cup B$ und $V = A \cap B$ von der Zerlegung $U = V + (A - V) + (B - V)$ aus und wendet zunächst (2) und nachfolgend (5) an. Im Hinblick auf die Definition der translativen Zerlegungsgleichheit in 1.3.2 ist (8) eine triviale Konsequenz von (1) und (2). Die Richtigkeit von (9) erkennen wir vorerst für ganze, dann für rationale und schließlich mit Rücksicht auf (6) für (positive) reelle λ; hierbei ist wiederholt die elementare Zerlegung eines Würfels der Kantenlänge $n\sigma$ [n ganz] in n^k translationsgleiche Teilwürfel der Kantenlänge σ zu berücksichtigen, wobei (1) und (2) und dann auch (4) zur Anwendung kommen. Um (10) zu beweisen, wählen wir $\lambda > 0$ so, daß $D(P) = D(\lambda W)$ wird. Nach Satz V von 1.3.3 gilt dann $P \approx \lambda W$ und also nach (8) und (9) $\Phi(P) = \lambda^k = D(P)$. Der erste Teil von (11) ergibt sich mit der Bemerkung, daß ein eigentliches Polyeder A bei hinreichend kleinem $\lambda > 0$ einen mit λW translationsgleichen Teilwürfel enthält; dann ist (1), (6) und (9) anzuwenden. Ist endlich A ein uneigentliches Polyeder oder $A = 0$, so gilt [vgl. die Definition der elementargeometrischen Zerlegung in 1.1.5] $A + A = A$, und mit (2) folgt damit der zweite Teil von (11).

2.1.3. Eindeutigkeitssatz

Im ersten Abschnitt haben wir eine Inhaltsmaßzahl durch die vier mit den Inhaltspostulaten ausgedrückten Grundeigenschaften implizite definiert. Nach dieser Erklärung ist man berechtigt, jedes über der Polyederklasse $\mathfrak{P}$ eindeutig definierte translationsinvariante, einfach additive, definite und normierte Funktional Φ als Inhalt zu bezeichnen. Es ist nun für die Lehre vom elementaren Inhalt von grundlegender Bedeutung, daß das Funktional Φ durch die Eigenschaften I. bis IV. *eindeutig* bestimmt ist. Es gilt demnach der folgende

Satz I *(Eindeutigkeitssatz). Es existiert höchstens eine Inhaltsmaßzahl.*

Beweis: **a)** $k = 1$. Ein eigentliches Simplex ist eine (abgeschlossene) Strecke S positiver Länge σ. Da S bis auf Translationen durch σ bestimmt ist, folgt mit (1), daß $\Phi(S) = f(\sigma)$ sein muß. Bilden wir die die elementargeometrische Summe von S mit einer weiteren Strecke T der Länge τ, so resultiert aus (2), daß die Funktion f eine Lösung der CAUCHYschen Funktionalgleichung $f(\sigma + \tau) = f(\sigma) + f(\tau)$ sein muß. Da mit Rücksicht auf (3) $f(\sigma) \geqq 0$ gelten muß, kann es sich, wie bekannt sein dürfte[2], nur um die triviale Lösung $f(\sigma) = c\sigma$ handeln. Mit (4) ergibt sich noch $c = 1$ und mithin ist $f(\sigma) = \sigma$. Also erhellt, daß das Funktional Φ für die Simplexe oder Strecken und somit auch für beliebige Polyeder, d. h. für endliche Mengen disjunkter Strecken, eindeutig bestimmt ist.

b) $k > 1$. Der Eindeutigkeitssatz sei bereits für alle Dimensionen kleiner als k bewiesen. Wir betrachten zunächst eigentliche gerade 2-stufige Zylinderpolyeder $U \times V$ [vgl. 1.2.7], wobei wir uns U in einer i-dimensionalen Ebene E_i variierbar, V dagegen in einer orthogonalen $(k-i)$-dimensionalen Ebene E_{k-i} fest denken wollen; hierbei ist $1 \leqq i \leqq k-1$. Ein Funktional Φ, dessen Existenz wir im E_k annehmen, induziert durch den Ansatz (a) $\varphi(U) = \Phi(U \times V)/\Phi(W_i \times V)$ ein Polyederfunktional im E_i. W_i sei hier ein i-dimensionaler Einheitswürfel im E_i. Der Nenner in (a) kann nach (11) nicht verschwinden. Die Verwendung der Regeln (38) und (35) von 1.2.2 führt zu den Feststellungen $U \cong U' \rhd U \times V \cong U' \times V$ und $U = U_1 + U_2 \rhd U \times V = (U_1 \times V) + (U_2 \times V)$, welche erkennen lassen, daß sich die Eigenschaften (1) und (2) des Funktionals Φ auf φ übertragen. Weiter befriedigt φ die Forderungen (3) und (4). Nach der Induktionsannahme ist $\varphi(U)$ im E_i eindeutig bestimmt, hängt insbesondere nicht von der Wahl des Polyeders V im komplementären Raum E_{k-i} ab. Ein weiterer Ansatz (b) $\psi(V) = \Phi(W_i \times V)$ führt zu einem Polyederfunktional im E_{k-i}. Wie oben zeigt man, daß sich alle vier Eigenschaften (1) bis (4) auf ψ übertragen. Bei der Verifikation von (4) ist noch zu bedenken, daß $W_i \times W_{k-i} = W$ ist, wenn W einen Einheitswürfel im E_k bedeutet. Seine Lage im Raum ist wegen (8) ohne Bedeutung für den erforderlichen Schluß. Auch $\psi(V)$ ist im E_{k-i} eindeutig bestimmt. Verbinden wir (a) und (b), so resultiert, daß für Zylinderpolyeder $\Phi(U \times V) = \varphi(U)\,\psi(V)$ im E_k eindeutig bestimmt ist.

Es sollen jetzt Φ und Φ^* zwei Funktionale bezeichnen, welche die vier Forderungen (1) bis (4) erfüllen, und es werde (c) $\chi(A) = \Phi(A) - \Phi^*(A)$ gesetzt. Nach der vorstehenden Bemerkung muß für alle geraden 2-stufigen Zylinder $\chi(U \times V) = 0$ gelten. Nun greifen wir auf die kanonische Simplexzerlegung (48) von 1.2.6 zurück, die wir für ein Orthogonalsimplex T und für $\lambda = \tfrac{1}{2}$ in Anspruch nehmen. Bedenken wir, das die echten Simplotope $W_\nu(\tfrac{1}{2})$ [$1 \leqq \nu \leqq k-1$] gerade 2-stufige Zylinder sind, und daß $W_0(\tfrac{1}{2}) \cong W_k(\tfrac{1}{2}) \cong (\tfrac{1}{2})\,T$ gilt, so erzielt man die Funktionalgleichung $\chi(\tfrac{1}{2}\,T) = \tfrac{1}{2}\chi(T)$, wo noch zu bedenken bleibt, daß sich die Eigenschaften (1) und (2) auf χ übertragen. Wegen der Orthogonalergänzung [1.3.4] resultiert $\chi(\tfrac{1}{2}\,A) = \tfrac{1}{2}\,\chi(A)$ für ein beliebiges eigentliches Polyeder. Durch Iteration gewinnt man (d) $2^{-n}\,\chi(A)$

$= \chi(2^{-n} A)$. Läßt sich A durch einen Würfel der Seitenlänge σ überdecken, so gilt nach (3), (6) und (9) $0 \leq \Phi(2^{-n} A) \leq (2^{-n} \sigma)^k$ und $0 \leq \Phi^*(2^{-n} A) \leq (2^{-n} \sigma)^k$. Hieraus zieht man die Folgerung $|\chi(2^{-n} A)| \leq (2^{-n}\sigma)^k$, so daß mit (d) die Abschätzung $|\chi(A)| \leq \sigma^k \, 2^{-n(k-1)}$ resultiert. Da n beliebig und $k > 1$ ist, schließt man $\chi(A) = 0$, also $\Phi(A) = \Phi^*(A)$. Der Eindeutigkeitssatz ist somit auch für die Dimension k richtig.

2.1.4. Existenzsatz

In diesem Abschnitt zeigen wir nun, daß das elementare Inhaltsproblem Lösungen besitzt, so daß es ein Funktional Φ mit den Eigenschaften I. bis IV. gibt. Dies drücken wir aus durch den folgenden

Satz II. *(Existenzsatz). Es existiert wenigstens eine Inhaltsmaßzahl.*

Beweis: **a)** $k = 1$. Für ein Polyeder A, d. h. für eine endliche Menge disjunkter (abgeschlossener) Strecken $S_\nu \, [\nu = 1, \ldots, n]$ setzen wir $\Phi(A) = \sum_1^n \sigma_\nu$, wobei σ_ν die Länge von S_ν bedeutet. Die vier Eigenschaften I. bis IV. des Funktionals Φ verifizieren sich auf triviale Weise.

b) $k > 1$. Wir nehmen an, daß der Existenzsatz bereits für alle Dimensionen kleiner als k bewiesen sei. Es sei jetzt A ein eigentliches Polyeder des k-dimensionalen Raumes; mit $A_\nu \, [\nu = 1, \ldots, m]$ sollen die $(k-1)$-dimensionalen Seitenflächen von A und mit u_ν die zugehörenden nach außen weisenden normierten Richtungsvektoren bezeichnet werden. Nun setzen wir (a) $\Phi(A) = (1/k) \, \Sigma \, \Phi'(A_\nu) \, (u_\nu, p_\nu)$, wobei Φ' die nach Induktionsannahme existierende Inhaltsmaßzahl in der $(k-1)$-dimensionalen Trägerebene der betreffenden Seitenfläche von A bezeichnet. Die Summation in (a) soll sich über alle Seitenflächen A_ν von A erstrecken. Der im Skalarprodukt (u_ν, p_ν) eingesetzte Vektor p_ν bezeichne einen beliebig wählbaren Punkt in der Trägerebene der Seitenfläche A_ν. Man kann leicht erkennen, daß der mit Ansatz (a) dargestellte Zahlwert nicht von der individuellen Wahl dieses Punktes abhängt; tatsächlich gilt für zwei Punkte p_ν und p_ν' $(u_\nu, p_\nu) = (u_\nu, p_\nu')$, da $(u_\nu, p_\nu - p_\nu') = 0$ ist. Ebenso hängt der Zahlwert nicht von der Anzahl der Seitenflächen ab; denn ist A_ν in der Trägerebene elementargeometrische Summe von A_ν' und A_ν'', so sind wegen $\Phi'(A_\nu) = \Phi'(A_\nu') + \Phi'(A_\nu'')$ (Induktionsannahme) und wegen $u_\nu' = u_\nu'' = u_\nu$, ferner wegen der Unabhängigkeit von der Wahl der Punkte p_ν, p_ν', p_ν'' die einander entsprechenden Beiträge zur Summe (a) gleich. Damit ist klar gestellt, daß Φ ein über der Polyederklasse $\mathfrak{P}$ eindeutig definiertes Funktional ist. Wir weisen jetzt nach, daß es sich um eine Inhaltsmaßzahl handelt, indem wir zeigen, daß Φ die vier Grundeigenschaften I. bis IV. aufweist.

1. Nachweis von (2): Es sei $C = A + B$. Die Seitenflächen A_ν und B_μ von A und B und zugleich ihre nach außen weisenden Normalen u_ν

und v_μ lassen sich nach eventueller Vergrößerung der Anzahl der Seitenflächen so numerieren, daß A_ν und B_ν für $\nu = 1, \ldots, m$ zum uneigentlichen Durchschnittspolyeder $A \cap B$ gehören. Es kann dann $A_\nu = B_\nu$
und $u_\nu = - v_\nu$ angenommen werden. Die übrigen Seitenflächen $A_{m+1}, \ldots$
und $B_{m+1}, \ldots$ ergeben zusammen die Seitenflächen C_ν von C. Bildet
man jetzt $\Phi(A) + \Phi(B)$ nach Ansatz (a), so entsteht offensichtlich $\Phi(C)$,
da ja $\Phi(A_\nu)\,(u_\nu, p_\nu) + \Phi(B_\nu)\,(v_\nu, q_\nu) = 0\ [\nu = 1, \ldots, m]$ ist.

2. Nachweis von (1): Es sollen zunächst zwei Hilfsaussagen hergeleitet werden. Es bezeichne C_0 die orthogonale Projektion eines in der
Ebene $E(u)$ liegenden (uneigentlichen) Polyeders C auf die Ebene $E(u_0)$.
$E(u)$ und $E(u_0)$ sollen sich zunächst nicht in orthogonaler und auch
nicht in paralleler Lage befinden. Mit $\cos\Theta = (u, u_0)$ setzen wir (b) $\varphi(C_0)$
$= |\cos\Theta|\,\Phi'(C)$, wobei $\Phi'(C)$ die in der Ebene $E(u)$ gewählte Inhaltsmaßzahl bezeichnet. Durch Ansatz (b) ist in der Ebene $E(u_0)$ ein Polyederfunktional definiert. Wie man mühelos bestätigt, hat φ die Eigenschaften (1), (2) und (3). Ziehen wir weiter ein in $E(u)$ gelegenes gerades Parallelotop $P\ \langle a_1, \ldots, a_{k-1}\rangle$ in Betracht, wobei $\langle a_1, \ldots, a_{k-2}\rangle$
ein im Schnittraum $E(u) \cap E(u_0)$ gelegener Einheitswürfel und $|a_{k-1}|$
$= 1/|\cos\Theta|$ sein soll, so ist die orthogonale Projektion P_0 von P auf $E(u_0)$
ein Einheitswürfel. Nach (10) gilt $\Phi'(P) = 1/|\cos\Theta|$ und deshalb wird
$\varphi(P_0) = 1$. Mit Satz VI von 1.3.3 resultiert $\varphi(W') = 1$, wo W' den in
$E(u_0)$ fest gewählten Einheitswürfel bezeichnet. φ hat mithin auch die
Eigenschaft (4). Nach dem Eindeutigkeitssatz gilt $\varphi(C_0) = \Phi'(C_0)$, und
es ergibt sich die *Hilfsaussage I*:

$$\Phi'(C_0) = |\cos\Theta|\,\Phi'(C)\,. \tag{12}$$

Man beachte, daß (12) auch gilt, wenn sich die Ebenen $E(u)$ und $E(u_0)$
in den anfangs ausgeschlossenen gegenseitigen Lagen befinden. Weiter
betrachten wir den Ausdruck (c) $\psi(A) = \Sigma\,\Phi'(A_\nu)\cos\Theta_\nu$, wobei $\cos\Theta_\nu$
$= (u_\nu, u)$ und u eine beliebig gewählte feste Richtung bedeuten; die
Summation soll sich über alle Seitenflächen A_ν des Polyeders A erstrecken. Unmittelbar sieht man ein, daß ψ die Eigenschaften (1) und (2)
aufweist. Wir wollen zeigen, daß ψ verschwindet. Es genügt, dies für
konvexe Polyeder A zu zeigen. Es sei A_0 die orthogonale Projektion
von A auf die Ebene $E(u)$. Ist Σ' die Teilsumme rechts in (c), die sich
ergibt, wenn man zunächst über die Seitenflächen A_ν von A summiert,
für welche $0 \leqq \Theta_\nu < \pi/2$ ausfällt, so ergibt sich mit einigen einfachen
Schlüssen aus Hilfsaussage I, daß $\Sigma' = \Phi'(A_0)$ ist. Für die zu Σ' komplementäre Teilsumme Σ'' resultiert analog $\Sigma'' = -\Phi'(A_0)$, so daß sich
$\psi(A) = 0$ ergibt. Es gilt demnach die *Hilfsaussage II*:

$$\Sigma\,\Phi'(A_\nu)\cos\Theta_\nu = 0\,. \tag{13}$$

Es sollen jetzt A und B zwei translationsgleiche Polyeder sein, so daß mit naheliegender symbolischer Anschrift $B = A \times t$ ist, wo t den Translationsvektor bezeichnet. Auch für die Seitenflächen gilt $B_\nu = A_\nu \times t$ sowie auch für die nach Ansatz (a) zu wählenden Ortsvektoren $q_\nu = p_\nu + t$, während $u_\nu = v_\nu$ ausfällt. Mit der Bemerkung, daß $\Phi'(A_\nu) = \Phi'(B_\nu)$ ist, resultiert zunächst $\Phi(B) = \Phi(A) + (1/k) \, \Sigma \, \Phi'(A_\nu)\,(u_\nu, t)$, und da $(u_\nu, t) = |t| \cos \Theta_\nu$ ist, folgt mit Hilfsaussage II $\Phi(A) = \Phi(B)$.

3. Nachweis von (3): Im Hinblick darauf, daß die Eigenschaften (1) und (2) des Funktionals Φ bereits erwiesen sind, genügt es zu zeigen, daß für ein Simplex $S = \langle 0; a_1, \ldots, a_k \rangle$ [vgl. 1.1.3], dessen ausgezeichnete Ecke mit dem Ursprung Z zusammenfällt, $\Phi(S) \geqq 0$ gilt. Von den $k + 1$ Seitenflächen von S enthalten k die Ecke Z; S' sei die Seitenfläche (Randsimplex), die der Ecke Z gegenüber liegt. In Ansatz (a) kann man $p_\nu = 0$ $[\nu = 1, \ldots, k]$ und $p_{k+1} = h u_{k+1}$ einsetzen, wo h den (positiven) Abstand des Ursprungs Z von der Trägerebene der Gegenseitenfläche S' bezeichnet. Es resultiert dann die klassische Formel $\Phi(S) = (1/k) \, \Phi'(S')\, h$ und damit $\Phi(S) \geqq 0$.

4. Nachweis von (4): Die $2k$ Seitenflächen W_ν $[\nu = 1, \ldots, 2k]$ des Einheitswürfels sind selbst wieder $(k-1)$-dimensionale Einheitswürfel, und mit (10) wird $\Phi'(W_\nu) = 1$ gelten. In Ansatz (a) läßt sich $p_\nu = e_\nu$, $u_\nu = e_\nu\,[\nu = 1, \ldots, k]$ und $p_\nu = 0$, $u_\nu = -e_\nu$ $[\nu = k + 1, \ldots, 2\,k]$ verwenden, wobei $\Phi(W) = 1$ resultiert.

2.1.5. Invarianz und Homogenität

In der klassischen Inhaltslehre, deren erste strenge Begründung in den Elementen EUKLIDs zu finden ist, treten zwei Eigenschaften des elementaren Inhalts besonders hervor, nämlich das Verhalten des Inhalts bei Bewegung und bei ähnlicher Vergrößerung oder Verkleinerung der Körper. Wir haben in unsern Inhaltspostulaten nur verlangt, daß sich der Inhalt bei Translation der Polyeder nicht ändern soll; daß er sich auch bei Drehung nicht ändert, ist eine Folgerung, wie wir in diesem Abschnitt zeigen werden. Auch die Tatsache, daß sich der Polyederinhalt bei einer Ähnlichkeitsabbildung mit der k-ten Potenz des wirkenden Dilatationskoeffizienten multipliziert, ist eine Folgerung aus den Postulaten, die allerdings nicht mehr so auf der Hand liegt, wie die einfachen Folgerungen des zweiten Abschnitts.

Den beiden in Frage stehenden Eigenschaften geben wir die folgende Form:

IX. Das Funktional Φ ist *bewegungsinvariant*, d. h. für zwei kongruente Polyeder A und B gilt

$$\Phi(A) = \Phi(B) \qquad\qquad [A \simeq B]\,. \qquad\qquad (14)$$

X. Das Funktional Φ ist bei Dilatation *homogen vom Grade k*, d. h. es gilt

$$\Phi(\lambda A) = \lambda^k \Phi(A) . \tag{15}$$

Beweise: **a)** Mit Rücksicht auf (1) genügt es, die Invarianz (14) gegenüber Drehungen um den Ursprung Z sicherzustellen. Es bezeichne δ eine solche Drehung. Der Inhaltsmaßzahl Φ ordnen wir durch den Ansatz $\Phi^*(A) = \Phi(A^\delta)$ ein Polyederfunktional zu, das offensichtlich die Eigenschaften (1), (2) und (3) aufweist. Nach Satz VI von 1.3.3 gilt $W^\delta \approx W$, so daß sich wegen (8) $\Phi^*(W) = 1$ ergibt. Φ^* befriedigt daher auch die Forderung (4), so daß wir mit dem Eindeutigkeitssatz $\Phi^*(A) = \Phi(A)$ oder also $\Phi(A^\delta) = \Phi(A)$ folgern.

b) Die Behauptung (15) trifft für $k = 1$ zu. Nehmen wir an, daß sie für alle Dimensionen kleiner als k richtig ist, so trifft dies auch für die beim Beweis des Existenzsatzes mit Ansatz (a) konstruierte Inhaltsmaßzahl zu. Da diese aber nach dem Eindeutigkeitssatz die einzig mögliche ist, bestätigt sich die Richtigkeit der Behauptung auch für die Dimension k.

2.1.6. Der elementare Inhalt

Mit dem Nachweis des Eindeutigkeits- und Existenzsatzes ist die Begründung des Polyederinhalts im wesentlichen vollzogen[3]. Es gibt *eine*, aber auch *nur eine* Inhaltsmaßzahl, welche die vier Inhaltspostulate I. bis IV. erfüllt; dieses ausgezeichnete Polyederfunktional Φ ist, wie wir uns kurz ausdrücken wollen, der *elementare Inhalt*, und wir setzen

$$\Phi(A) = I(A) , \tag{16}$$

indem wir für diese grundlegende Maßzahl ein besonderes Symbol I (Inhalt) einführen.

Wie läßt sich bei einem individuell vorgegebenen eigentlichen Polyeder A der Inhalt $I(A)$ berechnen? Hierüber gibt uns der Nachweis des Existenzsatzes, den wir ja konstruktiv geführt haben, ausreichenden Aufschluß. Nach Ansatz (a) resultiert die *technische Formel*

$$I(A) = (1/k) \sum_1^m I'(A_\nu) \, (u_\nu, p_\nu) \tag{17}$$

zur Berechnung des elementaren Inhalts von A. Hierbei bezeichnen I' den elementaren Inhalt im $(k-1)$-dimensionalen Raum, $A_\nu \, [\nu = 1, \ldots, m]$ die $(k-1)$-dimensionalen Seitenflächen von A mit den nach außen weisenden normierten Richtungsvektoren $u_\nu \, [\nu = 1, \ldots, m]$ und den Ortsvektoren $p_\nu \, [\nu = 1, \ldots, m]$ von beliebig in den Trägerebenen der A_ν gewählten Punkten.

Beachtenswert ist die besondere Formel, welche durch Anwendung von (17) auf ein *Orthogonalsimplex* $T = \langle p; a_1, \ldots, a_k \rangle$ resultiert [vgl.

1.1.3 (10)], nämlich

$$I(T) = (1/k!) \, |a_1| \, \ldots \, |a_k| \, . \tag{18}$$

Sie ergibt sich nach dem Verfahren der vollständigen Induktion unmittelbar aus der für ein beliebiges *Simplex* S gültigen klassischen Formel

$$I(S) = (1/k) \, I'(S') \, h \, , \tag{19}$$

wobei S' ein $(k-1)$-dimensionales Seitenflächensimplex (Basis) und h der (positive) Abstand der Gegenecke von S (Höhe) bedeutet. Die Beziehung (19) wurde beim Beweis des Existenzsatzes hergeleitet. Im Gegensatz zu den Inhaltsformeln (17) und (19), welche einen rekursiven Aufbau zeigen, gestattet die Anwendung von (18) eine direkte Berechnung. Wegen der Orthogonalergänzung [vgl. 1.3.4] kann die Inhaltsbestimmung eines beliebigen eigentlichen Polyeders mit ausschließlicher Verwendung von (18) bewerkstelligt werden.

Als weiterer Spezialfall wollen wir ein eigentliches gerades zweistufiges *Zylinderpolyeder* $U \times V$ in Betracht ziehen, wobei U in einer i-dimensionalen Ebene E_i und V in einer komplementären und orthogonalen $(k-i)$-dimensionalen Ebene E_{k-i} liegen soll. Bedeuten I' und I'' die elementaren Inhalte in den angeführten Trägerräumen, so gilt die Formel

$$I(U \times V) = I'(U) \, I''(V) \, . \tag{20}$$

Ihre Gültigkeit resultiert aus den Betrachtungen beim Beweis des Eindeutigkeitssatzes.

Anschließend wollen wir alle wesentlichen Eigenschaften des elementaren Inhalts I, welche sich im Zuge der vorausgegangenen Entwicklung der Theorie ergeben haben, eingeschlossen auch die mit den vier Inhaltspostulaten ausgedrückten Grundeigenschaften, übersichtlich zusammenfassen:

$$I(A) = I(B) \qquad [A \simeq B]; \tag{21}$$

$$I(A + B) = I(A) + I(B); \tag{22}$$

$$I(A) \geqq 0; \tag{23}$$

$$I(W) = 1 \qquad [W = \text{Einheitswürfel}]; \tag{24}$$

$$I(A - B) = I(A) - I(B) \qquad [A \supset B]; \tag{25}$$

$$I(A) \geqq I(B) \qquad [A \supset B]; \tag{26}$$

$$I(A \cup B) + I(A \cap B) = I(A) + I(B); \tag{27}$$

$$I(\lambda A) = \lambda^k I(A) \qquad [\lambda > 0]; \tag{28}$$

$$I(P) = D(P) \qquad [P = \text{Parallelotop}]; \tag{29}$$

$$I(A) > 0 \; [A \in \mathfrak{P}', A \neq 0]; \; I(A) = 0 \; [A \in \mathfrak{P}'']. \tag{30}$$

Der elementare Inhalt ist demnach ein über der Klasse $\mathfrak{P}$ der Polyeder definiertes Funktional, das *bewegungsinvariant*, insbesondere *translationsinvariant*, ferner *einfach additiv, definit, normiert, subtraktiv, monoton, additiv, homogen vom Grade k* ist, für Parallelotope mit dem GRAMschen *Determinantenwert* übereinstimmt, über der Teilklasse $\mathfrak{P}'$ der eigentlichen Polyeder *positiv* ausfällt und über der Teilklasse $\mathfrak{P}''$ der uneigentlichen Polyeder *verschwindet*.

Noch eine Bemerkung! Die von uns gegebene Begründung des elementaren Inhalts bleibt im eng gezogenen methodischen Rahmen ausschließlich finiter Betrachtung, wie dies dem elementaren Charakter der Polyeder angemessen ist. Infinite geometrische Vorgänge, wie Zerlegungen in abzählbar unendlich viele Teilpolyeder oder Überdeckungen und Unterdeckungen mit Intervallpolyedern (Stufenpyramiden), die ad infinitum feiner werden sollen, verletzen die oben erwähnte methodische Einheit. Daß man ohne diese Prozesse auskommen kann, d. h. daß die Entwicklung der Lehre vom Polyederinhalt ohne geometrische Grenzbetrachtungen durchführbar ist, falls man sich auf die formale Inhaltstheorie beschränkt, ist durch unsere Begründung dargetan. Allerdings sind erhebliche Vorbereitungen erforderlich, die in erster Linie eine intensive Ausgestaltung der Elementargeometrie der Polyeder bedingen.

2.1.7. Unabhängigkeit der Inhaltspostulate

Wir wollen unsere Begründung des elementaren Inhalts mit dem Nachweis abschließen, daß die der axiomatischen Entwicklung vorangestellten vier Inhaltspostulate voneinander unabhängig sind. Dies kann dadurch geschehen, daß wir vier Funktionale Φ_I bis Φ_IV angeben, welche die Inhaltspostulate I. bis IV. erfüllen mit Ausnahme des mit dem römischen Index bezeichneten, und die alle vier *nicht* mit dem elementaren Inhalt I identisch sind. Es handelt sich um die folgenden Funktionale:

$$\Phi_\mathrm{I}(A) = I(W \cap A); \tag{31}$$

$$\Phi_\mathrm{II}(A) = 1; \tag{32}$$

$$\Phi_\mathrm{III}(A) = I(A) + \sum_1^{'m} I'(A_\nu)\,\omega[(u_\nu, w)]; \tag{33}$$

$$\Phi_\mathrm{IV}(A) = 0. \tag{34}$$

In Ansatz (33) bezeichnet I' den elementaren Inhalt im $(k-1)$-dimensionalen Raum, $A_\nu\,[\nu = 1, \ldots, m]$ die Seitenflächen von A, $u_\nu\,[\nu = 1, .., m]$ die nach außen weisenden normierten Richtungsvektoren, w einen beliebigen, festen Richtungsvektor und endlich ω eine Hilfsfunktion, für welche $\omega(t) = 0\,[-1 < t < 1]$, $\omega(-1) = -1$ und $\omega(1) = 1$ gilt. Die Verifikationen, daß jeweils die drei Inhaltspostulate, die von dem durch den Index fixierten verschieden sind, erfüllt werden, sind sehr einfach.

Bei Φ_{III} ist zunächst die Gültigkeit von I. und II. unmittelbar dem Ansatz zu entnehmen; diejenige von IV. ergibt sich mit der Bemerkung, daß das Zusatzglied verschwindet. Allerdings ist die Feststellung wichtig, daß das Zusatzglied nicht identisch verschwinden kann. Dies zeigt aber ein Simplex, das so liegt, daß etwa $u_1 = w$ wird; da weiter $-1 < (u_\nu, w) < 1$ $[\nu = 2, \ldots, k + 1]$ ist, erhellt, daß das Zusatzglied einen positiven Wert aufweisen muß.

Die entsprechenden Schlüsse sind bei den andern drei Funktionalen trivial.

§ 2. Polyederinhalt und Zerlegungsgleichheit

2.2.1. Zerlegungs- und Ergänzungsgleichheit

Die im ersten Kapitel entwickelte Polyedergeometrie, welche uns als Grundlage für den Aufbau der elementaren Inhaltslehre diente, wurde vor allem durch die Einführung des Begriffs der translativen Zerlegungsgleichheit [vgl. 1.3.2] belebt. Diese Äquivalenzrelation, welche eine mit den Begriffsbildungen der Elementargeometrie aufs engste verbundene Verwandlungsmöglichkeit eines Polyeders in ein anderes ausdrückt, verleiht der Polyedergeometrie erst Entfaltungskraft. Die enge Verbundenheit, welche zwischen Zerlegungs- und Inhaltsbeziehungen besteht, findet in der Tatsache, daß inhaltsgleiche Parallelotope stets translativ zerlegungsgleich sind und umgekehrt [vgl. (29) und 1. Kap. Satz V], wohl ihren einfachsten Ausdruck [4]. Die bis anhin beobachtete Beschränkung auf Translationen entsprach dem Umstand, daß wir die elementare Inhaltstheorie translationsinvariant aufgebaut haben. Nachdem diese Entwicklung nun abgeschlossen ist, wollen wir die Einschränkung sinngemäß lockern.

Im folgenden bedeutete G eine beliebige *Bewegungsgruppe* im k-dimensionalen euklidischen Raum, welche aber die *Translationsgruppe* T jedenfalls als (eigentliche oder uneigentliche) Untergruppe enthalten soll. Uneigentliche Bewegungen oder Spiegelungen sind zugelassen. Insbesondere kann G mit der *vollen Bewegungsgruppe* Γ identisch sein. In diesem klassischen Sonderfall sollen nur eigentliche Bewegungen in Betracht gezogen werden.

Zwei eigentliche Polyeder A und B sollen *G-zerlegungsgleich* heißen, symbolisch durch $A \sim B$ ausgedrückt, wenn sie sich im Sinne der Elementargeometrie in endlich viele eigentliche Teilpolyeder zerlegen lassen, welche paarweise *G-gleich* sind, d. h. durch eine Operation der Gruppe G ineinander übergeführt werden können. Formelmäßig wird dies durch

$$A \sim B \bowtie A = A_1 + \cdots + A_n, \; B = B_1 + \cdots + B_n; \qquad (35)$$

$$A_\nu = B_1^{\gamma_\nu}, \; \gamma_\nu \in G \; [\nu = 1, \ldots, n]$$

zum Ausdruck gebracht. Die G-Zerlegungsgleichheit ist eine Äquivalenzrelation, d. h. sie ist *reflexiv, symmetrisch* und *transitiv*. Die nicht ganz triviale Transitivität läßt sich auf gleiche Weise erschließen, wie dies in 1.3.2 bei der translativen Zerlegungsgleichheit geschehen ist. Entsprechendes gilt für alle Regeln der Tafel (55) bis (61) des gleichen Abschnitts mit Ausnahme der tieferliegenden Sätze (59) und (61).

Subtraktions- und Divisionssatz sind bisher noch nicht bewiesen. Es ist das Hauptziel dieses Abschnitts, diese Beweise nachzuholen, und zwar für die oben erklärte allgemeinere G-Zerlegungsgleichheit.

Vorerst wollen wir auf zwei einfache Beziehungen zwischen Polyederinhalt und G-Zerlegungsgleichheit aufmerksam machen.

a) Sind zwei Polyeder A und B G-zerlegungsgleich, so sind sie auch inhaltsgleich, d. h. es gilt:

$$A \sim B \;\rhd\; I(A) = I(B) \,. \tag{36}$$

Beweis: Umfaßt die Gruppe G nur eigentliche Bewegungen, so ist die Aussage eine evidente Folge davon, daß der elementare Inhalt I bewegungsinvariant ist; I ist aber auch spiegelungsinvariant. Dies läßt sich in gleicher Weise schließen wie beim Beweis der Invarianz gegenüber einer Drehung.

b) A ist dann und nur dann mit einem echten Teilpolyeder von B G-zerlegungsgleich, symbolisch durch $A \sim \subset B$ ausgedrückt, wenn A inhaltskleiner als B ist, d. h. es gilt:

$$A \sim \subset B \;\rhd\!\!\lhd\; I(A) < I(B) \,. \tag{37}$$

Beweis: Der eine Teil der Aussage (nur dann) ist im Hinblick darauf, daß der elementare Inhalt I G-zerlegungsinvariant und monoton ist, trivial.

Nun zur Umkehrung (dann)! Es sei $I(B) - I(A) = \Delta^k$ und $\Delta > 0$. Gilt $A, B \in \mathfrak{Z}_k$, so hat man [vgl. 1. Kap. (72)] sogar $A \sim \alpha W$ und $B \sim \beta W$. Mittels (36) ergibt sich $\beta^k - \alpha^k = \Delta^k$ oder $\beta > \alpha$, und damit, wie leicht zu schließen, $A \sim \subset B$. Damit ist die Aussage (37) für Polyeder der letzten Zylinderklasse $\mathfrak{Z}_k$ sichergestellt. Wir treffen jetzt die induktive Annahme, daß die Behauptung bereits für alle Polyeder der Klasse $\mathfrak{Z}_{i+1}$ [$1 \leqq i \leqq k-1$] nachgewiesen sei. Es soll jetzt $A, B \in \mathfrak{Z}_i$ gelten. Es gibt ein $\alpha > 0$, so daß $A \sim \subset \alpha W$ ausfällt. Es sei n eine natürliche Zahl, die wir so wählen, daß $\alpha < \lambda$ wird, wenn $\lambda = (\Delta/2)\,(n^{k-i} - 1)^{1/k}$ gesetzt wird. Offenbar gilt $n^i \cdot A \sim \subset n^i \cdot \lambda W$ und nach 1. Kap. (72) auch (a) $n^i \cdot A \sim \subset \mu W$, wenn μ durch $\mu^k = n^i \lambda^k$ bestimmt ist. Da G die Translationsgruppe umfaßt, bestehen nach Hilfssatz I [1.3.7] Relationen $nA \sim A_0 + n^i \cdot A$ und $nB \sim B_0 + n^i \cdot B$; für $A_0, B_0 \in \mathfrak{Z}_{i+1}$ ergibt eine einfache Inhaltsbetrachtung (b) $I(B_0) - I(A_0) = \Delta^k (n^k - n^i)$. Verknüpfen wir die erste dieser Zerlegungsrelationen mit (a), so folgt (c) $nA \sim \subset A_0 + \mu W$. Nun ist weiter $I(A_0 + \mu W) = I(A_0) + \mu^k = I(A_0) + (\Delta/2)^k (n^k - n^i)$ oder mit (b) $I(A_0 + \mu W) < I(B_0)$. Bedenken wir jetzt, daß sowohl B_0 als auch $A_0 + \mu W$ zur Klasse $\mathfrak{B}_{i+1}$ gehören, so können wir mit der induktiven Annahme auf $A_0 + \mu W \sim \subset B_0$ schließen. Die Verbindung mit (c) läßt $nA \sim \subset B_0$, also erst recht $nA \sim \subset nB$ oder $A \sim \subset B$ hervorgehen. Damit ist der Induktionsbeweis abgeschlossen.

In den Wechselbeziehungen zwischen Polyedergeometrie und elementarer Inhaltslehre spielte vor allem innerhalb der historischen Entwicklung neben der Zerlegungsgleichheit noch eine andere Polyederverwandtschaft eine bedeutsame Rolle, nämlich die Ergänzungsgleichheit. Wir definieren: Zwei Polyeder A und B heißen *G-ergänzungsgleich*, wenn sie sich durch Hinzufügung zweier *G*-zerlegungsgleicher Polyeder C und D in zwei *G*-zerlegungsgleiche Polyeder verwandeln lassen, so daß also mit $C \sim D$ auch $A + C \sim B + D$ gilt.

Wir fügen noch eine weitere Definition hinzu: Zwei Polyeder A und B heißen *G-selbstergänzungsgleich*, wenn sie durch Hinzufügung je gleich vieler mit A und B je *G*-zerlegungsgleicher Polyeder in *G*-zerlegungsgleiche Polyeder übergeführt werden können, so daß also für eine natürliche Zahl n eine Relation $n \cdot A \sim n \cdot B$ besteht. Hierbei ist der Begriff der ganzen Vervielfachung [vgl. 1.3.1] sinngemäß auf die allgemeinere Bewegungsgruppe G zu beziehen, d. h. $n \cdot A$ bezeichnet ein Polyeder, das sich im Sinne der Elementargeometrie in n Teilpolyeder zerlegen läßt, die alle mit A *G*-zerlegungsgleich ausfallen.

Selbstverständlich sind zerlegungsgleiche Polyeder auch ergänzungsgleich. Es gilt aber auch die Umkehrung dieser Aussage, wonach ergänzungsgleiche Polyeder stets auch zerlegungsgleich sind. Der allgemeine Nachweis dieser Tatsache wurde für $k > 2$ erst in neuerer Zeit erbracht[5], und die seit EUKLID stets beachtete Unterscheidung von Zerlegungsgleichheit und Ergänzungsgleichheit bei Polyedern kann wegfallen. Allerdings setzt der unten vorgetragene Beweis bereits eine weit entwickelte formale Inhaltstheorie für Polyeder voraus.

Wir fassen die angedeuteten Aussagen genauer in Sätzen zusammen:

Satz III. *Sind zwei eigentliche Polyeder (bezogen auf eine Bewegungsgruppe G) G-ergänzungsgleich, so sind sie auch G-zerlegungsgleich.*

Satz IV. *Sind zwei eigentliche Polyeder (bezogen auf eine Bewegungsgruppe G) G-selbstergänzungsgleich, so sind sie auch G-zerlegungsgleich.*

Es handelt sich — formelmäßig ausgedrückt — um die Aussagen

$$A + C \sim B + D \; ; \quad C \sim D \rhd A \sim B \tag{38}$$

und

$$n \cdot A \sim n \cdot B \rhd A \sim B . \tag{39}$$

Diese sind — abgesehen von der größeren Allgemeinheit der hier zugrunde gelegten Gruppe G — identisch mit Subtraktions- und Divisionssatz, die mit den Regeln (59) und (61) des 1. Kap. vorweggenommen worden sind. Die Übereinstimmung der nur äußerlich verschieden angeschriebenen Relationen ergibt sich mit Rückblick auf die Erklärung der elementargeometrischen Subtraktion [vgl. 1. Kap. (19)].

Beweise: **a)** Die Aussage (38) ist sicher richtig, wenn $A, B \in \mathfrak{B}_k$ gilt. Denn dann ist einerseits $A \sim \alpha W$ und $B \sim \beta W$ und andererseits mit (36) $\alpha = \beta$, da die Voraussetzung von (38) mit (36) und (22) auf die Inhaltsgleichheit $I(A) = I(B)$ zu schließen erlaubt. Hieraus folgt $A \sim B$. Wir treffen nun die induktive Annahme, daß die Richtigkeit von (38) bereits für alle Polyeder $A, B \in \mathfrak{B}_{i+1}$ erwiesen sei. Es soll jetzt $A, B \in \mathfrak{B}_i$ und $1 \leq i \leq k-1$ gelten. Es sei n eine natürliche Zahl, die der Bedingung $n^{k-i} > 1 + I(C)/I(A)$ genügt, was wegen $k-i > 0$ und $I(A) > 0$ möglich ist. Mit der Voraussetzung ergeben sich durch Dilatation mit n die Relationen (a) $nA + nC \sim nB + nD$ und (b) $nC \sim nD$. Nach dem Hilfssatz I [1.3.7] gibt es ein $A_0 \in \mathfrak{B}_{i+1}$, so daß (c) $nA \sim A_0 + n^i \cdot A$ gilt. Daraus resultiert $I(A_0) = (n^k - n^i) I(A)$, so daß mit Berücksichtigung der Bedingung für n auf $I(A_0) > I(n^i \cdot C)$ geschlossen werden kann. Wegen (37) folgt $n^i \cdot C \sim \subset A_0$ oder anders geschrieben (d) $A_0 \sim Q + n^i \cdot C$, wo Q ein eigentliches Polyeder bezeichnet. Der Anschluß an (c) ergibt weiter $nA \sim Q + n^i \cdot (A + C)$ und wegen der Voraussetzung von (38) $nA \sim Q + n^i \cdot (B + D)$ und mit gleichem Grund auch $nA \sim Q + n^i \cdot (B + C)$. Ein Vergleich dieser Relation mit (d) liefert jetzt (e) $nA \sim A_0 + n^i \cdot B$. Es gibt aber auch ein $B_0 \in \mathfrak{B}_{i+1}$, so daß — analog wie bei (c) — eine Relation (f) $nB \sim B_0 + n^i \cdot B$ besteht. Setzen wir noch $U = n^i \cdot B + nC$ und $V = n^i \cdot B + nD$, so resultiert aus (e) und (f) in Verbindung mit (a) $A_0 + U \sim B_0 + V$. Nach der induktiven Voraussetzung läßt sich wegen $A_0, B_0 \in \mathfrak{B}_{i+1}$ die Folgerung $A_0 \sim B_0$ ziehen. Wird dies in (e) und (f) berücksicht, so folgt $nA \sim nB$ oder $A \sim B$. Damit ist der Induktionsbeweis für (38) abgeschlossen.

b) Die Aussage (39) ist sicher richtig, wenn $A, B \in \mathfrak{B}_k$ gilt. Dies folgt aus der sich mit der Voraussetzung ergebenden Inhaltsgleichheit $I(A) = I(B)$ in gleicher Weise wie beim vorstehenden Beweis. Wir treffen wieder die induktive Voraussetzung, daß die Richtigkeit von (39) für alle Polyeder $A, B \in \mathfrak{B}_{i+1}$ nachgewiesen sei. Es soll jetzt $A, B \in \mathfrak{B}_i$ und $1 \leq i \leq k-1$ gelten. In gleicher Weise wie weiter oben bilden wir die Relationen (a) $nA \sim A_0 + n^i \cdot A$ und (b) $nB \sim B_0 + n^i \cdot B$ mit $A_0, B_0 \in \mathfrak{B}_{i+1}$ und schließen mit der Voraussetzung von (39) auf (c) $n \cdot A_0 + n \cdot (n^i \cdot A) \sim n \cdot B_0 + n \cdot (n^i \cdot B)$. Da sich mit gleicher Begründung auch $n \cdot (n^i \cdot A) \sim n \cdot (n^i \cdot B)$ folgern läßt, gewinnt man mit Anwendung von (38) in (c) die Beziehung $n \cdot A_0 \sim n \cdot B_0$. Wegen $A_0, B_0 \in \mathfrak{B}_{i+1}$ ergibt sich mit der induktiven Voraussetzung $A_0 \sim B_0$ und deshalb nach (a) und

(b) auch $nA \sim nB$ oder endlich $A \sim B$. Damit ist der Induktionsbeweis für (39) abgeschlossen.

2.2.2. Das HILBERT-DEHNsche Problem; Zerlegungskriterien

In engerer Anlehnung an die klassische Form der in diesem Abschnitt erörterten Problemlage beschränken wir uns hier auf den besonders wichtigen Fall, wo die der Zerlegungsgleichheit der Polyeder zugrunde gelegte Gruppe G mit der Gruppe Γ aller eigentlichen Bewegungen zusammenfällt. Zwei Γ-zerlegungsgleiche Polyeder A und B sind im klassischen Sinn zerlegungsgleich oder kürzer *zerlegungsgleich*; dies sei symbolisch auch durch $A \sim B$ ausgedrückt. Gemäß (36) sind zerlegungsgleiche Polyeder auch inhaltsgleich. Zu diesem Schluß wird von den Grundeigenschaften des elementaren Inhalts lediglich benötigt, daß I einfach additiv und bewegungsinvariant ist, während es unerheblich bleibt, daß I auch definit und normiert ist. Im Hinblick darauf wird man a priori erwarten können, daß mit der Zerlegungsgleichheit eine stärkere Bindung zum Ausdruck gebracht ist als mit der Inhaltsgleichheit.

Die Frage, ob inhaltsgleiche Polyeder des gewöhnlichen Raumes ($k = 3$) stets auch zerlegungsgleich sind, wurde schon von GAUSS aufgeworfen. HILBERT vermutete, daß dies nicht der Fall ist und stellte die Aufgabe, die Existenz inhaltsgleicher, aber nicht zerlegungsgleicher Simplexe nachzuweisen. Anschließend stellte DEHN notwendige Bedingungen für die Zerlegungsgleichheit auf und wies nach, daß inhaltsgleiche Polyeder existieren, welche diese Bedingungen nicht erfüllen; damit war die Frage entschieden [6]. Vermutlich sind die DEHNschen Bedingungen auch hinreichend, doch ist es bis heute nicht gelungen, dieses Problem restlos zu klären.

Nachfolgend entwickeln wir für $k > 2$ ein System von Bedingungen, die für die Zerlegungsgleichheit zweier Polyeder notwendig sind. Für $k = 3$ reduzieren sie sich auf die DEHNschen Bedingungen, ergänzt durch die selbstverständliche Forderung der Inhaltsgleichheit. Unser System kann in diesem Sinne als Verallgemeinerung der klassischen Bedingungen auf beliebig-dimensionale Räume gelten. Allerdings muß man auf neuartige Weise an das Problem herangehen, wenn die Herleitung und Formulierung der Kriterien unangenehme Komplikationen der Elementargeometrie höherdimensionaler Polyeder möglichst vermeiden soll. Die äußere Form des Kriteriums wird deshalb nicht mit derjenigen der klassischen Bedingungen übereinstimmen, sondern mit ihr nur inhaltlich gleichwertig sein.

Wir definieren zunächst ein System von $[(k + 1)/2]$ Polyederfunktionalen $\varphi_i(A)$ $[i = 0, \ldots, [(k-1)/2]]$ des k-dimensionalen Raumes, $k > 2$ vorausgesetzt, wobei wir in rekursiver Weise auf die als gegeben angenommenen Funktionale $\varphi_j'(A)$ $[j = 0, \ldots, [(k-3)/2]]$ des $(k-2)$-dimensionalen Raumes zurückgreifen. Die Rückverfolgung der Rekursion führt zuletzt stets auf Polyederinhalte. Die GAUSSsche Klammer $[\tau]$ bezeichnet die größte ganze Zahl, die τ nicht übertrifft. Wir setzen

$$\varphi_0(A) = I(A) \tag{40}$$

und für $i = 1, \ldots, [(k-1)/2]$

$$\varphi_i(A) = \Sigma f(\alpha)\, \varphi_{i-1}'(A') . \tag{41}$$

Die Summation erstreckt sich hier über alle $(k-2)$-dimensionalen (einfachen) Kanten A' von A, und α bezeichnet das der Kante A' zugeordnete Krümmungsmaß [vgl. 1.1.4]. Endlich bedeutet f eine CAUCHY-HAMELsche Funktion, d. h. eine Lösung der CAUCHYschen Funktionalgleichung

$$f(\alpha + \beta) = f(\alpha) + (\beta) , \tag{42}$$

welche noch der Nebenbedingung

$$f(\pi) = 0 \tag{43}$$

genügen soll[7].

Für $k = 1$ und $k = 2$ soll

$$\varphi_0(A) = I(A) \tag{44}$$

sein, wo $I(A)$ den (k-dimensionalen) Inhalt von A bezeichnet. Damit ist auch der Anfang der rekursiven Definition gegeben.

Die konstruierten Polyederfunktionale haben die folgenden Eigenschaften:

$$\varphi_i(A) = \varphi_i(B) \qquad [A \simeq B] ; \tag{45}$$

$$\varphi_i(A + B) = \varphi_i(A) + \varphi_i(B) ; \tag{46}$$

$$\varphi_i(\lambda A) = \lambda^{k-2i}\, \varphi_i(A) ; \tag{47}$$

d. h. sie sind *bewegungsinvariant, einfach additiv* und *homogen vom Grade k—2 i.*

Beweise: Die rekursive Begründung von (45) und (47) liegt auf der Hand. Da die Kantenkrümmungsmaße dem Polyeder bewegungsinvariant und dilatationstreu zugeordnet sind, kommt es nur noch darauf an, die Richtigkeit der Behauptung für $i = 0$ zu bestätigen, wobei es sich lediglich um den elementaren Inhalt handelt. Um (46) nachzuweisen, unterwerfen wir die Darstellung (41) einer geringfügigen Transformation. Es bedeute σ die bei der Definition des Krümmungsmaßes einer Kante in 1.1.4 eingeführte Winkelsumme. Dann ist mit (42) und (43) $f(\sigma)$ $= f(\pi-\alpha) = -f(\alpha)$. Das Funktional φ_i gestattet demnach auch die Darstellung $\varphi_i(A) = -\Sigma f(\sigma)\, \varphi_{i-1}'(A')$. Nun gilt aber für irgendeine Kante, die zu wenigstens einem der drei Polyeder A, B und $A + B$ gehört, das Additionstheorem $\sigma(A) + \sigma(B) = \sigma(A + B) + r\pi$ $[r = 0,1,2]$ für die den bezüglichen Polyedern zukommenden Winkelsummen, falls noch verabredet wird, $\sigma = 0$ zu setzen, wenn die Kante gar nicht eine solche des betreffenden Polyeders ist. Mit (42) und (43) folgt jetzt die Behauptung (46).

Nun lassen sich die für die Zerlegungsgleichheit zweier Polyeder notwendigen Bedingungen formulieren:

Satz V. *Für die Zerlegungsgleichheit $A \sim B$ zweier eigentlicher Polyeder A und B sind die $[(k + 1)/2]$ Bedingungen*

$$\varphi_i(A) = \varphi_i(B) , \quad i = 0, \ldots, [(k-1)/2] \tag{48}$$

notwendig, wo die φ_i die mit (40) bis (44) definierten Polyederfunktionale sind.

Die Gültigkeit dieses Kriteriums ist eine einfache Konsequenz der mit (45) und (46) ausgedrückten Eigenschaften der Funktionale φ_i. In den Fällen $k = 1$ und $k = 2$ reduziert sich das System (48) auf die Bedingung der Volumgleichheit. Daß in diesen beiden einfachsten Räumen (Gerade und Ebene) aus der Volumgleichheit (Längen- und Flächengleichheit) umgekehrt auch die Zerlegungsgleichheit folgt, ist ein bekannter Satz der Elementargeometrie. Hierauf beruht die Möglichkeit, die Inhaltslehre in der Ebene axiomatisch streng auf dem Begriff der Zerlegungsgleichheit der Polygone aufzubauen, wie dies von HILBERT durchgeführt wurde[8]. Abb. 1 zeigt die Zerlegungsgleichheit eines regulären Dreiecks mit einem flächengleichen Quadrat.

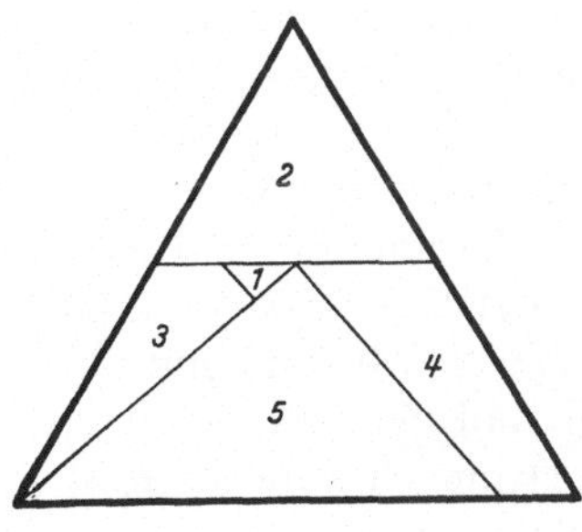

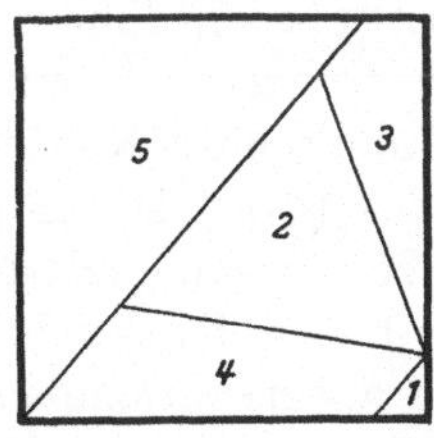

Abb. 1

Im Hinblick auf die tatsächliche Anwendung des Kriteriums (48) in individuellen Fällen ist noch folgende Bemerkung wichtig: Die Bedingung für $i = 0$ drückt die selbstverständliche Inhaltsgleichheit aus. Für $i > 0$ scheint die ausschöpfende Anwendung des Kriteriums die Kenntnis aller nichttrivialen Lösungen der Bedingungen (42) und (43) zu erfordern. Eine explizite Darstellung aller CAUCHY-HAMELschen Funktionen ist indessen, wie wohl bekannt ist, unmöglich; eine solche müßte eine explizite Darstellung der Wohlordnung des Zahlkontinuums voraussetzen. Da sich aber bei der Konstruktion der Funktionale φ_i nur endlich viele Kantenkrümmungsmaße α beteiligen, gibt es eine Basis von $m + 1$ Zahlen ω_ν $[\nu = 0, \ldots, m]$, wobei wir festsetzen, daß $\omega_0 = \pi$ sein soll, so daß für jede Zahl α der in Betracht gezogenen endlichen Menge eine und nur eine Darstellung der Form

$$\alpha = \sum_0^m p_\nu(\alpha)\,\omega_\nu \tag{49}$$

gilt, wobei $p_\nu(\alpha)$ eine durch α bestimmte rationale Zahl ist. Nach der bekannten HAMELschen Konstruktion der nichttrivialen Lösungen der CAUCHYschen Funktionalgleichung gibt es zu einem fest gewählten Index ν $[1 \leq \nu \leq k]$ eine Lösung f der Bedingung (42) und (43) so, daß für jedes α der erwähnten endlichen Menge

$$f(\alpha) = p_\nu(\alpha) \qquad [\nu = 1, \ldots, m] \tag{50}$$

ist. Diese m unabhängigen Funktionen können nun bei der Konstruktion in (41) in willkürlicher Auswahl verwendet werden. Aus (48) lassen sich für jedes i durch Variation m^i Bedingungen ableiten, welche zur expliziten Niederschrift nur noch die ermittelbaren rationalen Zahlen (50) benötigen.

Wir schließen diesen Abschnitt mit dem Nachweis ab, daß ein reguläres Simplex S vom Inhalt 1 nicht mit dem Einheitswürfel W zerlegungsgleich sein kann, wenn $k \geq 3$ ist [9]. Dieser Sachverhalt ist im gewöhnlichen Raum eine einfache Folgerung der DEHNschen Bedingungen. Analog folgt dies für beliebiges $k \geq 3$ aus Satz V. In der Tat: Für $i = 0$ ergibt sich die von vornherein erfüllte Bedingung (a) $I(S) = I(W) = 1$. Weiter müßte aber noch die Bedingung für $i = 1$ erfüllt sein, nämlich (b) $\varphi_1(S) = \varphi_1(W)$. Nun weist das reguläre Simplex $k(k+1)/2$ unter sich kongruente $(k-2)$-dimensionale Kanten S' vom Krümmungsmaß α, $\cos\alpha = -1/k$, $0 < \alpha < \pi/2$, und der Einheitswürfel $2k(k-1)$ $(k-2)$-dimensionale kongruente Kanten W' vom Krümmungsmaß $\pi/2$ auf. So folgt $\varphi_1(S) = (\tfrac{1}{2})k(k+1)\,I'(S')f(\alpha)$ und $\varphi_1(W) = 2k(k-1)\,I'(W')f(\pi/2)$. Nun wird aber wegen (42) und (43) $f(\pi/2) = 0$, und mit (b) deshalb auch $f(\alpha) = 0$. Mit Rücksicht auf (49) und (50) folgt so, daß $\alpha = p_0\pi$ sein muß, wo p_0 eine rationale Zahl ist. Demnach wäre $\cos(p_0\pi) = -1/k$. Dies ist für $k \geq 3$ nicht möglich [10].

2.2.3. Inhaltsfunktionale von JESSEN

Den folgenden Ausführungen, welche eine weitere Ausgestaltung der Zerlegungstheorie vorbereiten sollen, legen wir wieder eine allgemeinere Bewegungsgruppe G zugrunde, wie sie im ersten Abschnitt eingeführt wurde.

Wir knüpfen an die bereits hervorgehobene Sachlage an, daß die notwendige Inhaltsgleichheit G-zerlegungsgleicher Polyeder sich lediglich aus G-Invarianz und einfacher Additivität des elementaren Inhalts ergibt. Es liegt daher nahe, nach Polyederfunktionalen zu fragen, die nur die beiden genannten Eigenschaften aufweisen, ohne notwendig mit dem Inhalt identisch zu sein. Die Bedeutung einer solchen Betrachtungsweise für die formale Klärung des Zerlegungsproblems wurde im Falle des gewöhnlichen Raumes von JESSEN erkannt [11].

In diesem Sinne definieren wir: Ein über der Klasse $\mathfrak{P}'$ der eigentlichen Polyeder definiertes *G-invariantes* und *einfach additives* Funktional Φ, das also die mit

$$\Phi(A) = \Phi(B) \qquad [B = A^{\varkappa}, \varkappa \in G] \tag{51}$$

und

$$\Phi(A + B) = \Phi(A) + \Phi(B) \tag{52}$$

ausgedrückten Eigenschaften besitzt, ist ein JESSEN*sches Inhaltsfunktional*.

Die Gesamtheit dieser Funktionale ist offenbar eine lineare Mannigfaltigkeit $\mathfrak{J}$. Die in Satz V zum Einsatz gebrachten Funktionale φ_i bilden jedenfalls eine echte lineare Teilmannigfaltigkeit von $\mathfrak{J}$; sie sind dadurch besonders ausgezeichnet, daß für sie eine explizite Darstellung gegeben werden konnte. Die Auswertung des mit ihnen in Verbindung gebrachten Zerlegungskriteriums führte aus diesem Grunde zu einem in individuellen Fällen kontrollierbaren Bedingungssystem, welches den DEHNschen Satz verallgemeinert.

Eine entsprechende explizite Darstellung des allgemeinsten JESSENschen Inhaltsfunktionals ist zur Zeit nicht bekannt, und mit diesem Umstand hängt es zusammen, daß das Zerlegungsproblem der Polyeder noch nicht vollständig gelöst ist; es fehlt beispielsweise jede Handhabe zur Entscheidung der Frage, ob die mit Satz V ausgedrückten notwendigen Bedingungen auch hinreichen. Dies wird später deutlicher, wenn wir das formale Hauptkriterium erörtern. Immerhin vermögen die nachfolgenden Feststellungen ein gewisses Licht auf die besondere Struktur der Mannigfaltigkeit $\mathfrak{J}$ zu werfen.

Vorerst definieren wir: Ein über der Klasse $\mathfrak{P}'$ der eigentlichen Polyeder definiertes Funktional χ heiße *rational-homogen vom Grade i*, wenn bezüglich einer Dilatation mit einem rationalen $p > 0$ die Beziehung

$$\chi(pA) = p^i \, \chi(A) \tag{53}$$

gilt.

Die Gesamtheit aller JESSENschen Inhaltsfunktionale, welche rational-homogen vom festen Grade i sind, bilden ersichtlich eine echte lineare Teilmannigfaltigkeit $\mathfrak{J}_i$ von $\mathfrak{J}$. Wir zeigen nun, daß als Grade rationaler Homogenität für (nichttriviale) G-invariante und einfach additive Polyederfunktionale nur die natürlichen Zahlwerte $i = 1, \ldots, k$ in Betracht fallen, und daß mit den k Mannigfaltigkeiten $\mathfrak{J}_i$ $[i = 1, \ldots, k]$ im wesentlichen bereits alle Funktionale von $\mathfrak{J}$ erfaßt sind. Genauer gilt der folgende

Satz VI. *Ist* $\Phi \in \mathfrak{J}$ *ein* Jessen*sches Inhaltsfunktional, so besteht eine Zerlegung*

$$\Phi(A) = \sum_1^k \chi_i(A) \tag{54}$$

in rational-homogene Funktionale $\chi_i \in \mathfrak{J}_i$ *der Grade* $i = 1, \ldots, k.$

Beweis: Wir greifen auf den Zerlegungshilfssatz II von 1.3.7 zurück, wonach bezüglich einer Dilatation des Polyeders A mit einem natürlichen n die Relation (80) des 1. Kapitels gilt. Diese Formel bezieht sich auf die translative Zerlegungsgleichheit, doch enthält die Gruppe G nach Voraussetzung die Translationen. Mit dieser Zerlegungsformel resultiert zunächst (a) $\Phi(nA) = \sum_1^k \binom{n}{i} \Phi(A_i)$, wobei wir bedenken wollen, daß die Zylinderpolyeder $A_i \in \mathfrak{Z}_i$ nur von A, nicht aber von n abhängen. Ordnen wir in (a) nach Potenzen von n, so ergibt sich eine Darstellung (b) $\Phi(nA) = \sum_1^k \chi_i(A) \, n^i$. Hier sind die Koeffizienten $\chi_i(A)$ selbst wieder G-invariante und einfach additive Funktionale, eine Konsequenz, die sich bei festem A aus der Gültigkeit von (b) für alle n ziehen läßt. Ersetzt man in (b) A durch mA, wo m eine weitere natürliche Zahl ist, so erscheint auf der linken Seite $\Phi(nmA)$ und auf der rechten kann man entweder A durch mA ersetzen oder auch n durch nm. Der Vergleich liefert jetzt die Beziehung (c) $\chi_i(mA) = m^i \chi_i(A)$, oder mit einer naheliegenden Überlegung weiter für ein rationales $p > 0$ (d) $\chi_i(pA) = p^i \chi_i(A)$. χ_i ist demnach rational-homogen vom Grade i. Aus (b) gewinnt man mit $n = 1$ die Behauptung (54).

Als Korollar zu Satz VI ergibt sich die Feststellung, daß die Werte $\Phi(pA)$ eines Jessenschen Inhaltsfunktionals bei Dilatation eines festen Polyeders A mit rationalem $p > 0$ ein Polynom von höchstens k-tem Grade in p ist. Bei Dilatation mit nichtrationalem p geht diese Eigenschaft im allgemeinen verloren. Für ein Polyeder $A \in \mathfrak{Z}_k$ der letzten Zylinderklasse stellt sich nämlich heraus, daß

$$\Phi(A) = f[I(A)] \tag{55}$$

ist, wobei f eine beliebige Cauchy-Hamelsche Funktion ist, also eine Lösung der Funktionalgleichung $f(\alpha) + f(\beta) = f(\alpha + \beta)$. In der Tat gilt für ein $A \in \mathfrak{Z}_k$ die Zerlegungsrelation $A \approx \lambda W$. Da mit Rücksicht auf (51) und (52) jedenfalls $\Phi(A) = \Phi(\lambda W)$ sein muß, ist $\Phi(A)$ nur eine Funktion von λ und da λ durch $I(A)$ eindeutig bestimmt ist, wird $\Phi(A)$ eine Funktion f von $I(A)$ sein. Mit der additiven Eigenschaft (52) von Φ resultiert, daß f eine Lösung der Cauchyschen Funktionalgleichung sein muß. Ist f die triviale Lösung $f(\alpha) = c\alpha$ $[c = \text{konstant}]$,

so wird Φ homogen vom Grade k, indem für beliebige reelle $p > 0$
$\Phi(pA) = p^k \Phi(A)$ ausfällt; ist aber f eine nichttriviale (total unstetige)
Lösung, so gilt dieses Gesetz noch für rationale p, nicht aber für alle
reellen $p > 0$.

2.2.4. Zylindrische Zerlegungskongruenzen; Kriterien

Die Bedeutung der JESSENschen Inhaltsfunktionale für die Zerlegungstheorie dürfte sich bereits deutlich abzeichnen, und sie wird mit
dem notwendigen und hinreichenden Kriterium, das wir im folgenden
Abschnitt vortragen, den fertigen Ausdruck finden. Bevor wir diesen
wichtigen Schritt tun können, ist es zweckmäßig, eine weiter differen-
zierte Untersuchung einzuleiten. Sie wird uns durch die naheliegende
Frage aufgedrängt, welches die Bedeutung der mit Satz VI aufgewiesenen rational-homogenen Komponenten eines JESSENschen Inhaltsfunktionals im Rahmen des Zerlegungsproblems ist.

Einen wichtigen Fingerzeig liefert uns die folgende Feststellung: Ist
χ_i ein vom Grade $i < k$ rational-homogenes JESSENsches Inhaltsfunktional, so gilt

$$\chi_i(A) = 0 \qquad [A \in \mathfrak{Z}_j,\, i < j], \qquad (56)$$

d. h. das Funktional verschwindet für alle Polyeder der Zylinderklassen,
deren Ordnung i übertrifft.

Beweis: Die Aussage sei bereits sichergestellt für alle Ordnungen,
die größer als j sind. Es liege ein Fall der Ordnung j vor. Es sei $i < j$
und $A \in \mathfrak{Z}_j$ gewählt. Nach dem Hilfssatz I von 1.3.7 besteht für jedes
natürliche n eine Relation $nA \approx n^j \cdot A + A_0$, wobei $A_0 \in \mathfrak{Z}_{j+1}$ gilt, oder
wenn $j = k$ ist, $A_0 = 0$ (leer) ausfällt. Demzufolge wird einerseits $\chi_i(nA)$
$= n^j \chi_i(A)$, wo wir nur im Falle $j < k$ die induktive Voraussetzung berücksichtigen müssen, andererseits im Hinblick auf die Homogenität
$\chi_i(nA) = n^i \chi_i(A)$. Mit $i \neq j$ und $n > 1$ ergibt sich $\chi_i(A) = 0$.

Mit dem Resultat (56) ist nahegelegt, daß die Aufspaltung der
JESSENschen Inhaltsfunktionale in die k rational-homogenen Komponenten in einem noch zu präzisierenden Sinne der Einteilung der eigentlichen Polyeder nach den k Zylinderklassen entspricht. Um diesen Zusammenhang treffend formulieren zu können, müssen wir den Begriff
einer *zylindrischen Zerlegungskongruenz* einführen.

Wir definieren [analog wie in 1.3.6]: Zwei eigentliche (oder auch
leere) Polyeder A, $B \in \mathfrak{Z}_i$ der i-ten Zylinderklasse nennen wir *G-zerlegungsgleich* mod $\mathfrak{Z}_{i+1}$, symbolisch durch $A \sim B \pmod{\mathfrak{Z}_{i+1}}$ ausgedrückt,
wenn sie sich durch elementargeometrische Addition echter Polyeder C,
$D \in \mathfrak{Z}_{i+1}$ der nächsthöheren Zylinderklasse zu G-zerlegungsgleichen
Polyedern ergänzen lassen, im Falle $i = k$, wenn sie G-zerlegungsgleich

sind; formelmäßig ausgedrückt

$$A, B \in \mathfrak{Z}_i : A \sim B \ (\mathrm{mod}\, \mathfrak{Z}_{i+1}) \ \bowtie \ A + C \sim B + D, \quad C, D \in \mathfrak{Z}_{i+1}; \qquad (57)$$

$$A \in \mathfrak{Z}_i : A \sim 0 \ (\mathrm{mod}\, \mathfrak{Z}_{i+1}) \ \bowtie \ A + C \sim D, \quad C, D \in \mathfrak{Z}_{i+1}. \qquad (58)$$

Die G-Zerlegungsgleichheit mod $\mathfrak{Z}_{i+1}$ stellt innerhalb der Klasse $\mathfrak{Z}_i$ eine Äquivalenzrelation dar. Der Nachweis, daß die Relation $\sim$ (mod $\mathfrak{Z}_{i+1}$) *reflexiv*, *symmetrisch* und *transitiv* ist, kann gleich geführt werden wie bei der Relation $\sim$ (mod $\mathfrak{Z}$) in 1.3.6. Wesentlich ist der Umstand, daß die Zylinderklassen bezüglich der elementargeometrischen Addition geschlossen sind.

Es erweist sich jetzt, daß die vom Grade i rational-homogenen Jessenschen Inhaltsfunktionale χ_i ein notwendiges und hinreichendes Bedingungssystem für die Zerlegungskongruenz mod $\mathfrak{Z}_{i+1}$ ergeben [12]. Es gilt der folgende

Satz VII. *Zwei eigentliche (oder auch leere) Polyeder* $A, B \in \mathfrak{Z}_i$ *sind dann und nur dann G-zerlegungsgleich* mod $\mathfrak{Z}_{i+1}$, *wenn die Bedingungen*

$$\chi_i(A) = \chi_i(B) \qquad (59)$$

für alle rational-homogenen Jessenschen Inhaltsfunktionale χ_i *vom Grade i erfüllt sind.*

Speziell notieren wir

$$A \sim 0 \ (\mathrm{mod}\, \mathfrak{Z}_{i+1}) \ \bowtie \ \chi_i(A) = 0, \quad \chi_i \in \mathfrak{J}_i. \qquad (60)$$

Beweis: **a)** Die Notwendigkeit von (59) ergibt sich leicht aus den beiden für die Funktionale χ_i gültigen Eigenschaften (51) und (52) mit der Erklärung (57) in Verbindung mit (56).

b) Das Hinreichen von (59) liegt tiefer, und der nachfolgend entwickelte Beweis stützt sich auf die Existenz einer Basis in einem (nicht endlichdimensionalen) linearen Vektorraum über dem Körper der rationalen Zahlen, und setzt demnach die Gültigkeit des Auswahlaxioms voraus. Alle im folgenden vorkommenden Polyeder sollen entweder leer oder eigentliche Polyeder der Zylinderklasse $\mathfrak{Z}_i$ sein. Jedes in die Relationen eingehende Polyeder A soll, ohne daß dies ausdrücklich vermerkt und in der Schreibweise berücksichtigt wird, durch ein mit A G-zerlegungsgleiches ersetzt werden können. Im Hinblick auf diese Konvention darf angenommen werden, daß jede auftretende elementargeometrische Addition $A + B$ ausführbar ist. Nun konstruieren wir den Raum R, dessen Elemente x durch geordnete Paare von Polyedern $A, B \in \mathfrak{Z}_i$ gebildet werden; dies sei symbolisch durch die Anschrift $\mathsf{x} = (A, B)$ zum Ausdruck gebracht. Für $\mathsf{x} = (A, B)$ und $\mathsf{y} = (C, D)$ setzen wir $\mathsf{x} = \mathsf{y}$, wenn (a) $A + D \sim B + C$ (mod $\mathfrak{Z}_{i+1}$) gilt. Diese Gleichheit ist reflexiv, symmetrisch und transitiv, d. h. es bestehen die

Regeln $\mathbf{x} = \mathbf{x}$, $\mathbf{x} = \mathbf{y} \rhd \mathbf{y} = \mathbf{x}$ und $\mathbf{x} = \mathbf{y}$, $\mathbf{y} = \mathbf{z} \rhd \mathbf{x} = \mathbf{z}$. Es genügt, die letzte Regel nachzuweisen. Es sei $\mathbf{z} = (E, F)$. Mit (a) sind die Voraussetzungen in der Form $A + D \sim B + C \pmod{\mathfrak{B}_{i+1}}$ und $C + F \sim {}\sim D + E \pmod{\mathfrak{B}_{i+1}}$ wiederzugeben. Nach Erklärung (57) bedeutet dies, daß mit A_0, B_0, C_0, $D_0 \in \mathfrak{B}_{i+1}$ die Beziehungen $A + D + A_0 \sim B + C + B_0$ und $C + F + C_0 \sim D + E + D_0$ gelten. Durch Addition resultiert die Relation $A + D + A_0 + C + F + C_0 \sim B + C + B_0 + D + E + D_0$. Mit (38) läßt sie sich kürzen zu $A + F + E_0 \sim B + E + F_0$, wenn $E_0 = A_0 + C_0$ und $F_0 = B_0 + D_0$ gesetzt wird. Mit der Bemerkung, daß $E_0, F_0 \in \mathfrak{B}_{i+1}$ gilt, folgt $A + F \sim B + E \pmod{\mathfrak{B}_{i+1}}$ oder nach Definition der Gleichheit durch (a) also $\mathbf{x} = \mathbf{z}$. Weiter definieren wir eine Verknüpfung $\mathbf{z} = \mathbf{x} + \mathbf{y}$, indem (b) $\mathbf{z} = (A + C, B + D)$ gesetzt wird, wenn $\mathbf{x} = (A, B)$ und $\mathbf{y} = (C, D)$ ist. Diese ist offensichtlich kommutativ und assoziativ, d. h. es gelten die Regeln $\mathbf{x} + \mathbf{y} = \mathbf{y} + \mathbf{x}$ und $(\mathbf{x} + \mathbf{y}) + \mathbf{z} = \mathbf{x} + (\mathbf{y} + \mathbf{z})$. Ferner gibt es zu jedem Elementepaar $\mathbf{x}$, $\mathbf{y}$ ein eindeutig bestimmtes $\mathbf{z}$, so daß $\mathbf{x} + \mathbf{z} = \mathbf{y}$ ausfällt. In der Tat muß jede Lösung $\mathbf{z} = (U, V)$ die Beziehung $A + U + D \sim B + V + C \pmod{\mathfrak{B}_{i+1}}$ erfüllen. Daraus ergibt sich, daß $U = B + C$, $V = A + D$ eine Lösung bestimmt, und zwar nach der Definition der Gleichheit durch (a) die einzige. Der Raum $\mathbf{R}$ ist also bezüglich der eingeführten Verknüpfung eine abelsche Gruppe. Das neutrale Element ist durch $\mathbf{o} = (A, A)$ gegeben; dieses läßt sich auch durch $\mathbf{o} = (0, 0)$ darstellen. Ist $\mathbf{x} = (A, B)$ ein Element, so ist das inverse durch $-\mathbf{x} = (B, A)$ gegeben. Gestützt auf die in 1.3.8 eingeführte rationale Vervielfachung $p \cdot A$ läßt sich in $\mathbf{R}$ eine Operation $p\,\mathbf{x}$ einführen, wo $\mathbf{x} = (A, B)$ und p eine (positive oder negative) rationale Zahl bezeichnet. Dies geschieht mit den Festsetzungen (c) $p\,\mathbf{x} = (p \cdot A, p \cdot B)$ und $(-p)\,\mathbf{x} = p\,(-\mathbf{x})$, falls $p > 0$, und $0\,\mathbf{x} = \mathbf{o}$. Mit Verwendung der in 1.3.8 festgelegten distributiven Regeln für die Vervielfachung mit positiven rationalen Zahlen lassen sich für die oben eingeführte Operation die einfachen Gesetze $p\,(\mathbf{x} + \mathbf{y}) = p\,\mathbf{x} + p\,\mathbf{y}$, $(p + q)\,\mathbf{x} = p\,\mathbf{x} + q\,\mathbf{x}$, $p\,(q\,\mathbf{x}) = (pq)\,\mathbf{x}$ und $1\,\mathbf{x} = \mathbf{x}$ herleiten. Der Raum $\mathbf{R}$ wird mit der in Betracht gezogenen Operation zu einem linearen Vektorraum über dem Körper der rationalen Zahlen.

Es gibt eine HAMELsche Basis, d. h. ein System (rational unabhängiger) Elemente $\mathbf{w}_\tau$, wobei τ einen das Basiselement $\mathbf{w}_\tau$ individualisierenden Index einer (nichtabzählbaren) Indexmenge bezeichnet, so daß jedes Element $\mathbf{x} \in R$ auf eine und nur eine Weise in der Form (d) $\mathbf{x} = \Sigma\, h_\tau(\mathbf{x})\, \mathbf{w}_\tau$ dargestellt werden kann. Die Summation erstreckt sich formal über alle Indizes, jedoch verschwinden für ein individuelles $\mathbf{x}$ fast alle Koeffizienten, so daß sich die rechte Seite in (d) auf eine endliche Summe reduziert. Die Koeffizienten $h_\tau(\mathbf{x})$ sind eindeutig durch $\mathbf{x}$ bestimmte rationale Zahlen. Bei festem Index τ ist $h_\tau(\mathbf{x})$ eine rationalwertige lineare Funktion über R. Es gilt (e) $h_\tau(\mathbf{x} + \mathbf{y}) = h_\tau(\mathbf{x}) + h_\tau(\mathbf{y})$;

$h_\tau(p\mathbf{x}) = p\,h_\tau(\mathbf{x})$. Auf dieser Grundlage konstruieren wir rationalwertige Polyederfunktionale über $\mathfrak{B}_i$. Dies geschieht durch den Ansatz (f) $\varphi_\tau(A) = h_\tau(\mathbf{x})$, wobei $\mathbf{x} = (A,0)$ gesetzt ist. Selbstverständlich gilt (g) $\varphi_\tau(A) = \varphi_\tau(B)$ $[A \sim B]$ und mit Übertragung von (e) folgt auch (h) $\varphi_\tau(A + B) = \varphi_\tau(A) + \varphi_\tau(B)$; $\varphi_\tau(p \cdot A) = p\,\varphi_\tau(A)$ $[p > 0]$. Neben der rationalen Vervielfachung $p \cdot A$ betrachten wir weiter die rationale Dilatation pA. Hier gilt die Regel (i) $\varphi_\tau(pA) = p^i\,\varphi_\tau(A)$. In der Tat: Für ein natürliches n gilt mit Hilfssatz I von 1.3.7 $nA \sim n^i \cdot A + A_0$ mit $A_0 \in \mathfrak{B}_{i+1}$, oder anders gedeutet $A_0 \sim 0 \pmod{\mathfrak{B}_{i+1}}$. Die Anwendung von (h) liefert jetzt $\varphi_\tau(nA) = n^i\,\varphi_\tau(A)$. Ersetzen wir hier A durch $(1/m)A$ und berücksichtigen auch $\varphi_\tau((1/m)A) = (1/m)^i\,\varphi_\tau(A)$, so resultiert (i) mit $p = n/m$. Die Ergebnisse (g), (h) und (i) zeigen, daß $\varphi_\tau(A)$ ein (rationalwertiges) JESSENsches Inhaltsfunktional darstellt, welches rationalhomogen vom Grade i ist.

Es sollen nun A und B zwei Polyeder bezeichnen, für welche die Bedingungen (59) erfüllt werden. Insbesondere wird also auch $\varphi_\tau(A) = \varphi_\tau(B)$ für jedes τ gelten. Setzen wir $\mathbf{x} = (A, 0)$ und $\mathbf{y} = (B, 0)$, so muß $h_\tau(\mathbf{x}) = h_\tau(\mathbf{y})$ für jedes τ und im Hinblick auf (d) $\mathbf{x} = \mathbf{y}$ gelten. Nach der Kennzeichnung der Gleichheit durch (a) resultiert $A \sim B$ $(\mathrm{mod}\,\mathfrak{B}_{i+1})$. Damit ist der Beweis für Satz VII abgeschlossen.

2.2.5. Das formale Hauptkriterium

Mit den im vorausgehenden Abschnitt erzielten notwendigen und hinreichenden Bedingungen für zylindrische Zerlegungskongruenzen ist offensichtlich eine Schlüsselposition gewonnen, welche es erlaubt, weitere Fragestellungen innerhalb der Zerlegungstheorie der Polyeder nunmehr ohne große Mühe zu klären.

Die nächstliegende und wohl wichtigste Schlußfolgerung, welche zu ziehen ist, besteht in der Formulierung der notwendigen und hinreichenden Bedingungen für die G-Zerlegungsgleichheit zweier Polyeder überhaupt, d. h. ohne eine Abstufung nach Zylinderklassen einzuräumen. Im Falle des gewöhnlichen Raumes $(k = 3)$ und bezogen auf die volle Bewegungsgruppe $G = \Gamma$ wurde ein formales Kriterium dieser Art erstmals von JESSEN aufgestellt[13]. In Verallgemeinerung dieses Satzes formulieren wir jetzt den

Satz VIII. *Zwei eigentliche Polyeder A und B sind dann und nur dann G-zerlegungsgleich, wenn die Bedingungen*

$$\Phi(A) = \Phi(B) \tag{61}$$

für alle JESSENschen Inhaltsfunktionale Φ erfüllt sind.

Beweis: **a)** Die Notwendigkeit der Bedingung (61) ergibt sich unmittelbar aus den Eigenschaften (51) und (52) des Funktionals Φ.

b) Das Hinreichen folgt leicht aus Satz VII. In der Tat: Es gelte zunächst $A, B \in \mathfrak{Z}_k$. Nach 1. Kap. (72) hat man $A \sim \lambda W$ und $B \sim \mu W$ und mit (61) (lediglich beansprucht für $\Phi = I$) folgt $\lambda = \mu$ und demnach $A \sim B$. Wir treffen jetzt die Induktionsannahme, daß die Richtigkeit der Aussage von Satz VIII für alle Polyeder der Zylinderklasse $\mathfrak{Z}_{i+1}$ erwiesen sei. Es sei jetzt $A, B \in \mathfrak{Z}_i$ und die Bedingungen (61) seien erfüllt. Mit $\Phi = \chi_i$ werden die Bedingungen (59) eo ipso erfüllt, und es folgt $A \sim B \pmod{\mathfrak{Z}_{i+1}}$ oder also (a) $A + A_0 \sim B + B_0$ mit $A_0, B_0 \in \mathfrak{Z}_{i+1}$. Mit Rücksicht auf die soeben festgestellte Notwendigkeit von (61) schließen wir, daß $\Phi(A + A_0) = \Phi(B + B_0)$ sein muß. Mit der additiven Eigenschaft von Φ und nochmaliger Verwendung von (61) ergibt sich $\Phi(A_0) = \Phi(B_0)$, und nach der induktiven Voraussetzung folgt hieraus (b) $A_0 \sim B_0$. Aus (a) und (b) resultiert nach (38) schließlich $A \sim B$. Damit ist der Induktionsbeweis beendet.

Das mit Satz VIII ausgedrückte *Hauptkriterium* hat lediglich formalen Charakter. Eine effektive Anwendung in individuellen Fällen ist deshalb nicht möglich, weil — wie bereits früher angedeutet — keine explizite Darstellung des allgemeinsten JESSENschen Inhaltsfunktionals zur Verfügung steht.

2.2.6. Lineare Funktionale und translative Zerlegungskongruenz

Wir knüpfen an die Schlußbemerkung des vorstehenden Abschnitts an und fragen uns, ob wenigstens in geeigneten spezielleren Fällen explizite Darstellungen JESSENscher Inhaltsfunktionale angegeben werden können, so daß im enger gezogenen Rahmen eine vollständige Lösung des entsprechenden Zerlegungsproblems gewonnen ist. Dies trifft in der Tat zu, und nachfolgend besprechen wir einen solchen Sonderfall[14].

Als Bewegungsgruppe G sei spezieller die Translationsgruppe $\overline{\Gamma}$ gewählt, und aus der Skala der zugehörigen rational-homogenen JESSENschen Inhaltsfunktionale $\chi_i [i = 1, \ldots, k]$ wählen wir insbesondere diejenigen vom Grade $i = 1$ aus. Diese Festlegung ist für den ganzen Abschnitt verbindlich, so daß wir den Index 1 weglassen können. Indem wir auf frühere Festlegungen zurückgreifen, fixieren wir in unserem Sonderfall die in Betracht zu ziehenden, für alle eigentlichen Polyeder erklärten Funktionale der Klasse $\mathfrak{J}$ durch

$$\chi(A) = \chi(B) \qquad [A \cong B], \qquad (62)$$

$$\chi(A + B) = \chi(A) + \chi(B), \qquad (63)$$

und

$$\chi(pA) = p\,\chi(A) \qquad [p \text{ rational}], \qquad (64)$$

d. h. χ sei ein *translationsinvariantes, einfach additives* und *rational-lineares* Funktional.

Der diesen Funktionalen assoziierte Zerlegungsbegriff ist die in 1.3.6 eingeführte *translative Zerlegungsgleichheit* mod $\mathfrak{Z}$. Da die echte Zylinderklasse $\mathfrak{Z}$ mit $\mathfrak{Z}_2$ identisch ist, fällt die Relation $\sim$ (mod $\mathfrak{Z}$) mit $\sim$ (mod $\mathfrak{Z}_2$) zusammen.

Als spezieller Fall von Satz VII ergibt sich die Aussage, daß zwei eigentliche Polyeder A und B dann und nur dann translativ zerlegungsgleich mod $\mathfrak{Z}$ sind, wenn sie für alle Funktionale der oben erwähnten Art χ-gleich sind; formelmäßig ausgedrückt gilt also

$$A \approx B \ (\text{mod } \mathfrak{Z}) \ \rhd\!\lhd \ \chi(A) = \chi(B), \ \chi \in \mathfrak{J}, \tag{65}$$

und insbesondere

$$A \approx 0 \ (\text{mod } \mathfrak{Z}) \ \rhd\!\lhd \ \chi(A) = 0, \ \chi \in \mathfrak{J}. \tag{66}$$

Nun wollen wir für die Funktionale χ der Klasse $\mathfrak{J}$ eine allgemeine rekursive Darstellungsformel aufstellen. Wir nehmen an, daß wir die Klasse $\mathfrak{J}'$ bezogen auf den $(k-1)$-dimensionalen Raum bereits kennen und das allgemeinste Funktional $\chi' \in \mathfrak{J}'$ ermitteln können. Es sei u eine Raumrichtung, und mit χ'_u bezeichnen wir ein Funktional der Klasse $\mathfrak{J}'$, das wir für alle $(k-1)$-dimensionalen Polyeder in Anspruch nehmen wollen, die in den auf u orthogonal stehenden Ebenen liegen. Der angebrachte Index soll andeuten, daß die Wahl nach den individuellen Richtungen u verschieden sein wird; dabei sei jedoch $\chi'_u = \chi'_{-u}$. Wir behaupten jetzt, daß sich das allgemeinste Funktional χ der Klasse $\mathfrak{J}$ im Falle $k > 1$ durch den Ansatz

$$\chi(A) = \Sigma \, r(u) \, \chi'_u(A'_u) \tag{67}$$

gewinnen läßt, wobei sich die Summation über sämtliche Richtungen u erstreckt, $r(u)$ eine ungerade Richtungsfunktion bedeutet, so daß $r(-u) = -r(u)$ ist, und A'_u ein in einer auf u orthogonalstehenden Ebene gelegenes $(k-1)$-dimensionales Polyeder bezeichnet, das sich aus allen Seitenflächen von A zusammensetzt, die einen nach außen weisenden Normalenvektor u besitzen. Da nur in endlich vielen Richtungen ‚eigentliche' Seitenflächen von A aufgewiesen werden können, reduziert sich die Summe auf eine endliche; hier ist zu erwägen, daß $\chi'(A'')$ verschwindet, wenn A'' ein uneigentliches Polyeder des $(k-1)$-dimensionalen Raumes ist.

Beweis: **a)** Daß mit Ansatz (67) sicher ein Funktional $\chi \in \mathfrak{J}$ dargestellt wird, ist leicht zu sehen. Die Eigenschaft (62) ist trivial. (63) ergibt sich mit der Bemerkung, daß sich die Beiträge zur Summe in (67), die von inneren Zerlegungsflächen bei einer elementargeometrischen Zerlegung von $A + B$ in A und B herrühren, wegen $r(-u) = -r(u)$ gegenseitig wegheben. Ebenso kann (64) unmittelbar abgelesen werden, da bei einer Dilatation von A mit p auch alle Seitenflächen von A mit p dilatiert werden.

b) Es sei umgekehrt $\chi \in \mathfrak{J}$ vorgegeben. Wir haben zu zeigen, daß dieses Funktional durch den Ansatz (67) dargestellt werden kann. Wir konstruieren zunächst die geeigneten Funktionale $\chi'_u \in \mathfrak{J}'$ sowie auch die ungerade Richtungsfunktion $r(u)$. Wir beziehen uns auf eine feste orientierte Ebene $E(w)$ mit dem normierten Richtungsvektor w. Es sei jetzt A' ein Polyeder der Ebene $E(u)$. Wir setzen zunächst für den Richtungsvektor u voraus, daß (a) $0 < (w,u) < 1$ ausfällt. Da der zu definierende Funktionalwert $\chi'_u(A')$ ohnehin translationsinvariant ausfallen soll, darf angenommen werden, daß A' ganz im äußeren Halbraum der Basisebene $E(w)$ liegt [vgl. 1.1.1]. Es bedeute jetzt A'' die orthogonale Projektion von A' auf $E(w)$ und $\langle A',A''\rangle$ das Säulenpolyeder mit der Grundfläche A'' in $E(w)$ und der (schiefen) Deckfläche A' in $E(u)$. Nun setzen wir (aa) $\chi'_u(A') = \chi(\langle A',A''\rangle)$ und $r(u) = 1$. Wichtig ist hier die Feststellung, daß der Wert (aa) nicht von der Lage von A' in $E(u)$ abhängt, denn mit einfacher geometrischer Erwägung stellt man fest, daß für zwei translationsgleiche Polyeder A' und B' in $E(u)$, welche sich außerdem im äußeren Halbraum von $E(w)$ befinden, die Relation $\langle A',A''\rangle \approx \langle B',B''\rangle$ $(\mathrm{mod}\,\mathfrak{Z})$ besteht, indem sich die beiden Säulenpolyeder nur um ein gerades Zylinderpolyeder mit gleicher Basisfläche in $E(w)$ unterscheiden. Mit (65) ergibt sich so die Invarianz des Ausdrucks in (aa). Gilt für den Richtungsvektor u aber (b) $(w,u) = 0$ oder 1 oder -1, so sei (bb) $\chi'_u(A') = 0$ und $r(u) = 0$. Ist endlich (c) $-1 < (w,u) < 0$, so soll (cc) $\chi'_u(A') = \chi'_{-u}(A')$ und $r(u) = -1$ gelten. Mit den Ansätzen (aa) bis (cc) sind alle zur Aufstellung eines Funktionals nach (67) erforderlichen Bestimmungsstücke definiert. Wir behaupten jetzt, daß mit (67) das Funktional χ wiedergegeben wird, von dem wir bei unserer Konstruktion ausgegangen sind. Im Hinblick auf die Ansätze (aa) bis (cc) ist es offensichtlich, daß (67) gilt für den Fall, daß A ein Säulenpolyeder $\langle A',A''\rangle$ ist. Da weiter das dargestellte Funktional gemäß (63) einfach additiv ist, muß (67) auch für alle Polyeder gelten, die sich durch elementargeometrische Addition und Subtraktion solcher Säulenpolyeder gewinnen lassen. Diese Polyederkategorie ist aber, abgesehen von weiter vorzunehmenden Translationen, mit der Klasse $\mathfrak{P}'$ aller eigentlichen Polyeder identisch. Damit ist der Beweis beendet.

In Ergänzung zu (67) geben wir noch die Darstellung des allgemeinsten Funktionals $\chi \in \mathfrak{J}$ im Falle $k = 1$ an. Hier gilt

$$\chi(A) = f[I(A)], \tag{68}$$

wo f eine CAUCHY-HAMELsche Funktion bezeichnet. Dies ergibt sich nach (55) mit der Bemerkung, daß für $k = 1$ die erste mit der letzten Zylinderklasse zusammenfällt.

Durch (67) und (68) ist die Funktionenklasse $\mathfrak{F}$ vollständig charakterisiert. Mit Rückverfolgung der rekursiven Darstellung würde sich schließlich für ein Funktional χ eine explizite Darstellung ergeben, welche auf eine Kette willkürlich wählbarer ungerader Richtungsfunktionen r und auf CAUCHY-HAMELsche Funktionswerte der Inhalte (Längen) der 1-dimensionalen Kanten des Polyeders zurückgreift.

Mit dieser vollständigen Charakterisierung ist aber auch die Möglichkeit gegeben, das Problem der translativen Zerlegungsgleichheit mod $\mathfrak{F}$ zu lösen. Es gilt nämlich der folgende

Satz IX. *Zwei eigentliche Polyeder A und B sind im Falle $k > 1$ dann und nur dann translativ zerlegungsgleich* mod $\mathfrak{F}$, *wenn für jede Richtung v die beiden in einer $(k-1)$-dimensionalen Ebene $E(v)$ liegenden Polyeder $A'_v + B'_{-v}$ und $B'_v + A'_{-v}$ bezogen auf ihren Trägerraum $E(v)$ translativ zerlegungsgleich* mod $\mathfrak{F}'$ *sind. Hierbei bedeuten A'_v und B'_v $(k-1)$-dimensionale Polyeder, welche sich aus denjenigen im Raum geeignet verschobenen Seitenflächen von A und B zusammensetzen lassen, welche den nach außen weisenden Normalenvektor v aufweisen. Im Falle $k = 1$ gilt die Aussage unter der Bedingung, daß $I(A) = I(B)$ ausfällt.*

Beweis: **a)** Die Bedingung des Satzes ist notwendig. Es sei zunächst $k > 1$. Aus (a) $A \approx B$ (mod $\mathfrak{F}$) folgt nach (65) (b) $\chi(A) = \chi(B)$. Wir beanspruchen dies für diejenigen Funktionale χ, die sich nach Ansatz (67) mit der besonders gewählten Richtungsfunktion (c) $r(u) = 1$ bzw. -1 $[u = v$ bzw. $-v]$ und $r(u) = 0$ $[-v \neq u \neq v]$ gewinnen lassen. Es folgt $\chi'_v(A'_v) + \chi'_{-v}(B'_{-v}) = \chi'_v(B'_v) + \chi'_{-v}(A'_{-v})$ und mit der Bemerkung, daß $\chi'_v = \chi'_{-v}$ ist, $\chi'_v(A'_v + B'_{-v}) = \chi'_v(B'_v + A'_{-v})$ und mit (65) (d) $A'_v + B'_{-v} \approx B'_v + A'_{-v}$ (mod $\mathfrak{F}'$). Wenn $k = 1$ ist, wird $A \approx B$ (mod $\mathfrak{F}$) gleichbedeutend mit $A \approx B$; demnach ist $I(A) = I(B)$.

b) Die Bedingung des Satzes ist auch hinreichend. Zunächst sei wieder $k > 1$. Ausgehend von Relation (d) des vorstehenden Beweisteiles **a)** kann man rückwärts wieder auf (b) schließen, zunächst nur für Funktionale χ, die mit (67) durch die besonderen durch (c) gekennzeichneten Richtungsfunktionen gebildet werden. Eine einfache Betrachtung erhellt, daß dann (b) für jedes durch (67) dargestellte Funktional gilt. Mit (65) folgt hieraus wieder (a). Wenn $k = 1$ ist, folgt aus $I(A) = I(B)$ auf triviale Weise $A \approx B$.

Wir beenden diesen Abschnitt mit einer typischen Folgerung, die man aus (67) ziehen kann.

Es bedeute σ die Inversion, d. h. die Spiegelung am Ursprung Z des Raumes. Ein Polyeder A geht durch die Operation σ über in das bezüglich Z spiegelsymmetrische Polyeder A^σ. Wir zeigen jetzt, daß

$$\chi(A^\sigma) = (-1)^{k-1} \chi(A) \tag{69}$$

gilt. Nach (65) und (66) ergeben sich noch die Korollarien

$$A^\sigma \approx A \pmod{\mathfrak{Z}} \qquad [k \text{ ungerade}] \qquad (70)$$

und

$$A + A^\sigma \approx 0 \pmod{\mathfrak{Z}} \qquad [k \text{ gerade}]. \qquad (71)$$

Beweis: Nach (67) erzielt man zunächst die Darstellung $\chi(A^\sigma)$ $= \Sigma\, r(u)\, \chi'_u[(A^\sigma)'_u]$. Mit einfacher geometrischer Erwägung stellt man fest, daß $(A^\sigma)'_u \cong (A'_{-u})^{\sigma'}$, wo σ' die Inversion an einem beliebig gewählten Ursprung Z' des $(k-1)$-dimensionalen Trägerraumes der Polyeder A' bezeichnet. Nehmen wir jetzt an, daß die Behauptung (69) bereits für alle Dimensionen kleiner als k sichergestellt ist, so ergibt sich $\chi(A^\sigma)$ $= (-1)^{k-2}\, \Sigma\, r(u)\, \chi'_u(A'_{-u})$. Wenn hier u durch $-u$ ersetzt wird, so resultiert mit $\chi'_u \equiv \chi'_{-u}$ und $r(-u) = -r(u)$ schließlich

$$\chi(A^\sigma) = (-1)^{k-1}\, \Sigma\, r(u)\, \chi'_u(A'_u)$$

oder also (69). Da die Aussage für $k = 1$ zutrifft, indem $A^\sigma \cong A$ wird, ist der induktiv geführte Beweis beendet.

2.2.7. Ein Zerlegungssatz bei MINKOWSKIscher Addition

Wir leiten zunächst ein einfaches Additionstheorem bei MINKOWSKIscher Addition konvexer Polyeder her. Es sei χ ein translationsinvariantes, einfach additives und rational-lineares Polyederfunktional, das also die Eigenschaften (62) bis (64) aufweist. Ferner sollen P und Q zwei eigentliche oder uneigentliche Eipolyeder bezeichnen. Es gilt dann

$$\chi(P \times Q) = \chi(P) + \chi(Q), \qquad (72)$$

d. h. χ verhält sich bei MINKOWSKIscher Addition additiv.

Beweis: Für $k = 1$ ist die Aussage trivial, gilt doch in diesem Fall $P \times Q \approx P + \bar{Q}$, wobei $\bar{Q} \cong Q$ so gewählt wird, daß die elementargeometrische Summe rechts gebildet werden kann. Wir nehmen nun an, daß die Behauptung (72) für alle Dimensionen kleiner als k erwiesen sei. P und Q seien Eipolyeder des k-dimensionalen Raumes. Ist $A = P \times Q$ uneigentlich, so ist sowohl P als auch Q uneigentlich, und in (72) verschwinden alle drei Beträge.

Es sei jetzt A ein eigentliches Eipolyeder, u eine Richtung, $E(u)$ eine zugehörige orientierte Ebene und A'_u, P'_u und Q'_u $(k-1)$-dimensionale Eipolyeder in $E(u)$, die so gewählt sind, daß sie im Raum mit den Stützmengen A_u, P_u und Q_u der Eipolyeder A, P und Q in der Richtung u translationsgleich ausfallen. Da nach (42) des 1. Kap. $A_u = P_u \times Q_u$ ist, gilt in $E(u)$ die Relation $A'_u \cong P'_u \times Q'_u$. Nach der induktiven Voraussetzung ergibt sich hieraus für ein Funktional χ'_u der gleichen Art, bezogen auf den $(k-1)$-dimensionalen Trägerraum E, daß (a) $\chi'_u(A'_u) = \chi'_u(P'_u) + \chi'_u(Q'_u)$ ist. Multiplizieren wir diese Relation mit einer ungeraden Richtungsfunktion $r(u)$, $r(-u) = -r(u)$, und summieren über alle Richtungen, so gewinnen wir mit Rücksicht auf die Darstellung (67) (b) $\chi(A) = \chi(P) + \chi(Q)$. Es ist hierbei noch zu bedenken, daß nur für endlich viele Richtungen u nicht alle drei Beträge in (a) verschwinden, so daß sich die Summe auf eine endliche reduziert. Da mit (67) jedes Funktional χ der von uns betrachteten Art erfaßt wird, ist mit (b) unsere Behauptung (72) bewiesen.

Eine Folgerung der soeben nachgewiesenen Aussage ist der folgende

Satz X. *Sind P und Q zwei (disjunkte) eigentliche oder uneigentliche Eipolyeder, so besteht zwischen der* MINKOWSKI*schen Summe P × Q einerseits und der elementargeometrischen Summe P + Q andererseits die Zerlegungsrelation*

$$P \times Q \approx P + Q \pmod{\mathfrak{Z}} . \tag{73}$$

Zur richtigen Lesung der Relation (73) auch in den Entartungsfällen ist folgendes nachzutragen: a) Ist entweder P oder Q uneigentlich, so fällt der betreffende Summand rechts weg. b) Ist $P \times Q$ uneigentlich, so fällt die Relation dahin. c) Ist sowohl P als auch Q uneigentlich, so ist die rechte Seite durch 0 (leer) zu ersetzen.

Beweis: Die Behauptung (73) folgt unmittelbar aus (65) mit der Bemerkung, daß χ einfach additiv ist und daß (72) gilt.

Abb. 2 illustriert die Zerlegungsrelation (73) im ebenen Falle ($k = 2$), wobei die MINKOWSKISCHE Summe $P \times Q$ zweier Dreiecke P und Q (Abb. 2a) sich translativ zerlegungsgleich erweist mit der elementargeometrischen Summe von $P + Q$ und zweier angefügter Rechtecke $1 + 2$ und $3 + 4$ (Abb. 2b).

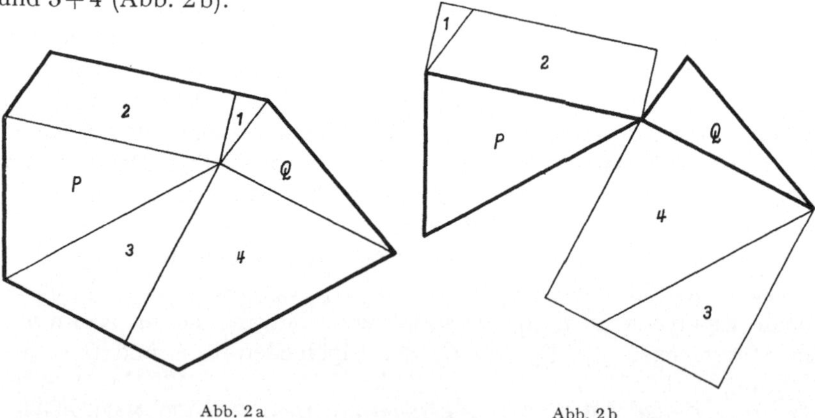

Abb. 2a   Abb. 2b

Mit dem in diesem Abschnitt erörterten Sachverhalt hängt auch die Tatsache zusammen, daß ein total-zentralsymmetrisches Eipolyeder mit einem Würfel translativ zerlegungsgleich ist, wie man leicht auf direktem Wege verifizieren kann[15]. Ein Eipolyeder wollen wir hier total-zentralsymmetrisch nennen, wenn dieses mit allen seinen Seiten-

flächen und Kanten aller Dimensionen Zentralsymmetrie aufweist. Ein solches ist stets die MINKOWSKISche Summe endlich vieler Strecken des Raumes. Abb. 3 zeigt ein total-zentralsymmetrisches Eipolyeder im gewöhnlichen Raum ($k = 3$).

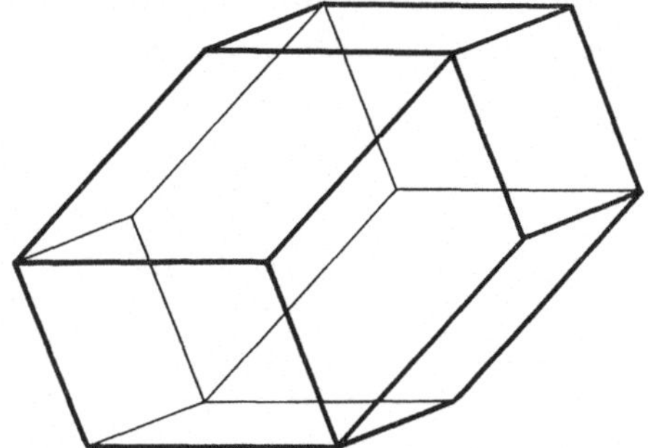

Abb. 3

2.2.8. Ungerade und gerade Dimension

Wir wollen in diesem Abschnitt wieder an die klassischen Zerlegungsprobleme anschließen, indem wir $G = \Gamma$ setzen, also unseren Betrachtungen die volle Gruppe der eigentlichen Bewegungen zugrunde legen.

Es mag vielleicht aufgefallen sein, daß für die beiden konsekutiven Dimensionen $k = 2\,m - 1$ und $k = 2\,m$ die Anzahl der mit Satz V zur Verfügung stehenden notwendigen Bedingungen für die Zerlegungsgleichheit gleich ausfällt, so daß für Räume gerader Dimension nicht mehr gefordert werden muß, als für Räume der nächstkleineren ungeraden Dimension. Was sich mit diesen Feststellungen abzeichnet, entspricht einer allgemein gültigen Tatsache, wonach die Zerlegungsverhältnisse bezüglich der vollen Bewegungsgruppe in allen Räumen gerader Dimension sich einfacher gestalten, als in solchen ungerader Dimension. Genauer ausgedrückt wird dies mit dem folgenden

Satz XI. *Ist k gerade, so gilt für jedes eigentliche Polyeder A die Zerlegungskongruenz*

$$A \sim 0 \pmod{\mathfrak{B}} . \tag{74}$$

Die im Satz angeführte Relation (74) wird durch die mit (58) charakterisierte Gleichwertigkeit im besondern Fall $G = \Gamma$ und $i = 1$ ausführlicher dargelegt. Die Aussage zeigt, daß sich die uns von der Elementargeometrie der Ebene her vertraute Verwandlung eines Dreiecks in ein Rechteck — dies ist mit Abb. 4 in Erinnerung gerufen — in alle Räume gerader Dimension mit sinngemäßer Interpretation fortsetzen läßt.

Beweis: Ist k gerade, so folgt mit (69) für ein translationsinvariantes einfach additives und rational-lineares Funktional χ die Beziehung (a) $\chi(A^\sigma) = - \chi(A)$. Setzen wir zusätzlich voraus, daß χ auch gegenüber der Inversion σ invariant bleibt, so resultiert (b) $\chi(A) = 0$. Mit Satz VII bzw. (60) folgt hieraus (c) $A \sim 0$ (mod $\mathfrak{G}$) bezüglich der Gruppe, die durch Translationen und Inversion erzeugt wird. In Räumen gerader Dimension ist diese aber eine echte Untergruppe der Bewegungsgruppe $\varGamma$. Der Beweisgang führt also gleich zu einer Verschärfung von Satz XI.

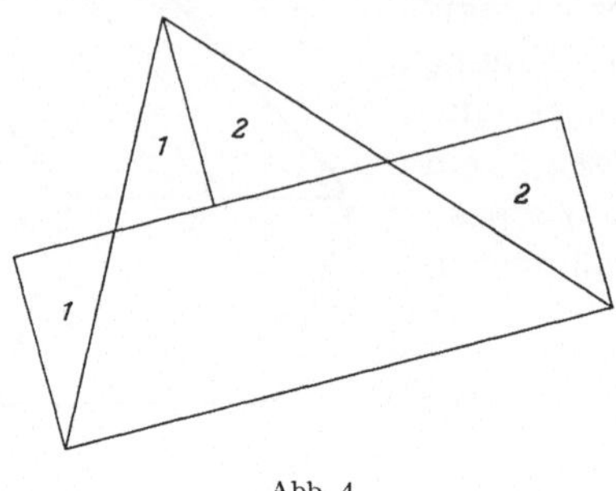

Abb. 4

Wir erörtern noch eine Erweiterung in einer andern Richtung. Der Sachverhalt von Satz XI erweist sich nämlich als spezieller Fall eines für die Zylinderklassen $\mathfrak{G}_i$ in Räumen beliebiger (nicht notwendig gerader) Dimension gültigen Zerlegungsgesetzes.. Wir zeigen:

Ist $G = \varGamma$, so gilt für $m = 0, \ldots, [(k-1)/2]$ die Zerlegungsaussage

$$A \in \mathfrak{G}_{k-2m-1} \vartriangleright A \sim 0 \ (\mathrm{mod}\ \mathfrak{G}_{k-2m}) . \tag{75}$$

Diese ist ein Korollar von (60), falls feststeht, daß für jedes bewegungsinvariante, einfach additive und rational-homogene Polyederfunktional χ_{k-2m-1} vom Grade $k-2m-1$ $[m = 0, \ldots, [(k-1)/2]]$

$$\chi_{k-2m-1}(A) = 0 \tag{76}$$

gilt. Dies trifft tatsächlich zu [16], d. h. es existieren keine bewegungsinvarianten nichttrivialen Inhaltsfunktionale χ_i mit einem Homogenitätsgrad $i \equiv k-1$ (mod 2).

Beweis: Die Behauptung (76) ist zunächst sicher richtig für $k = 1$, denn dann kommt nur $m = 0$ in Betracht, und da χ_0 invariant, homogen vom Grade 0 und einfach additiv ist, und weiter für ein eindimensionales Simplex S die Beziehung $2S \approx 2 \cdot S$ gilt, folgt $\chi(S) = 2\,\chi(S)$ und damit $\chi(S) = 0$. Es sei nun $k > 1$, und wir treffen die induktive Annahme, daß (76) bereits für alle Dimensionen kleiner als k sichergestellt sei. Es bezeichne $\hat{\mathfrak{G}}_i$ die Klasse aller Polyeder A des k-dimensionalen Raumes, welche eine Darstellung als i-stufige MINKOWSKIsche Summe der Form (a) $A = A_1 \times \cdots \times A_i$ gestatten. Hierbei soll A_ν $[\nu = 1, \ldots, i]$ ein beliebiges Polyeder in einer k_ν-dimensionalen Ebene E_{k_ν} bedeuten, und weiter soll $k_\nu \geqq 1$, $\Sigma k_\nu = k$ sein; ferner sei vorausgesetzt, daß das Zylinderpolyeder A *gerade* sei, d. h. daß die Ebenen E_{k_ν} paarweise total orthogonal zueinander stehen sollen. Offensichtlich ist $\hat{\mathfrak{Z}}_i$ eine Teilklasse von $\mathfrak{Z}_i$ [vgl. hierzu 1.2.7 und 1.3.5]. Wählen wir $A \in \hat{\mathfrak{Z}}_k$, so ist die Behauptung (76) sicher richtig. In der Tat gilt nach 1. Kap. (79) mit einem natürlichen $n > 1$ $nA \approx n^k \cdot A$, und deshalb folgt mit Verwendung der Eigenschaften von χ_{k-2m-1} die Beziehung $\chi_{k-2m-1}(A)\,(n^{k-2m-1} - n^k) = 0$, und da die Exponenten im Klammerfaktor sicher verschieden sind, resultiert (76). Es sei jetzt $i < k$ und wir nehmen an, daß (76) bereits für alle Polyeder der Klassen $\hat{\mathfrak{Z}}_j$ mit $j > i$ nachgewiesen sei. Wir wählen jetzt $A \in \hat{\mathfrak{Z}}_i$ und beziehen uns auf die Darstellung (a).

1. Fall: Wenigstens eine Dimension k_ν ist gerade. Ohne Einschränkung können wir k_i gerade annehmen. Wir betrachten nun in der Ebene E_{k_i} das Polyederfunktional (b) $\varphi(A') = \chi_{k-2m-1}(A)$, indem wir uns in der Darstellung (a) $A' = A_i$ in E_{k_i} variierbar, die andern Komponenten $A_\nu\,[\nu = 1, \ldots, i-1]$ dagegen fest denken. Wegen der Orthogonalität der Trägerebenen läßt sich folgern, daß auch φ bewegungsinvariant ist; ferner ist φ einfach additiv und (wie die nachfolgende Betrachtung lehrt) rational-homogen vom Grade 1. In der Tat: Wählt man an Stelle von A' zunächst ein Orthogonalsimplex S' [vgl. 1.1.3], so ergibt sich durch iterierte kanonische Zerlegung gemäß 1.2.6 eine Zerlegungsrelation $nS' \approx n \cdot S' + T'$, wobei T' ein Polyeder in E_{k_i} ist, das sich in endlich viele *gerade* Zylinder zerlegen läßt. Das Polyeder $A_1 \times \cdots \times A_{i-1} \times T'$ läßt sich demnach in Zylinder der Klasse $\hat{\mathfrak{Z}}_{i+1}$ zerlegen. Nach der Induktionsannahme resultiert so $\varphi(nS') = n\,\varphi(S')$, und hieraus folgt mit der Orthogonalergänzung 1.3.4 weiter $\varphi(nA') = n\,\varphi(A')$ und mit einem rationalen $p > 0$ schließlich $\varphi(pA') = p\,\varphi(A')$. Mit Satz XI und (66) folgt jetzt $\varphi(A') = 0$ und mit (b) also auch $\chi_{k-2m-1}(A) = 0$.

2. Fall: Alle Dimensionen k_ν sind ungerade. Offensichtlich gilt dann $k = 2l + i$. Ersetzt man zunächst alle A_ν in (a) durch Orthogonalsimplexe S'_ν, so ergibt sich ähnlich wie bei der Betrachtung im 1. Fall mit einem natürlichen $n > 1$ $nA \approx n^i \cdot A + T$, wo T ein Polyeder bezeichnet, das sich in endlich viele Teile zerlegen läßt, die der Klasse $\hat{\mathfrak{Z}}_{i+1}$ angehören. Nach der induktiven Annahme folgt so $\chi_{k-2m-1}(nA) = n^i\,\chi_{k-2m-1}(A)$, und in Verbindung mit der Homogenitätseigenschaft resultiert $\chi_{k-2m-1}(A)\,(n^i - n^{k-2m-1}) = 0$. Da aber $i = k - 2l$ ist, sind die Exponenten im Klammerfaktor sicher verschieden, und so ergibt sich $\chi_{k-2m-1}(A) = 0$. Die Behauptung (76) bestätigt sich demnach auch für die Polyeder der Klasse $\hat{\mathfrak{Z}}_i$. Da $\hat{\mathfrak{Z}}_1$ mit der Klasse aller Polyeder überhaupt zusammenfällt, ist (76) im k-dimensionalen Raum bewiesen und nach dem induktiven Aufbau also allgemein.

2.2.9. Polyeder und Gitter

Die Gruppe G, die wir in den vorausgehenden Abschnitten der Entwicklung der Zerlegungstheorie der Polyeder zugrunde legten, enthielt nach Voraussetzung die Translationsgruppe $\bar\Gamma$, war also jedenfalls kontinuierlich. Man kann sich fragen, wie sich die Probleme der Zerlegungsgleichheit wandeln, und welches die charakteristischen neu hinzutretenden Merkmale ihrer Lösungen sind, wenn man eine diskontinuierliche Bewegungsgruppe in Betracht zieht.

Als einfachster Fall einer abzählbaren diskontinuierlichen Gruppe drängt sich eine *translative Gittergruppe* auf, und die hier sich ergebende Sachlage dürfte für diesen Typ kennzeichnend sein. Ohne wesentliche Einschränkung der Allgemeinheit wählen wir die translative Gruppe Σ des Einheitsgitters, das heißt die Gruppe der Translationen, welche die Gesamtheit der Gitterpunkte

$$x = \sum_i n_i e_i \tag{77}$$

in sich überführen; hier sind n_i ganze (positive oder negative) Zahlen und e_i $[i = 1, \ldots, k]$ bezeichnen die orthonormierten Koordinatenvektoren des Raumes. Die abzählbar unendliche Menge der mit (77) dargestellten Gitterpunkte ist das *Einheitsgitter* Π und die Operationen $\alpha \in \Sigma$ sind Decktranslationen von Π.

Zwei Polyeder A und B nennen wir Σ-gleich, symbolisch durch $A \rightleftharpoons B$ ausgedrückt, wenn für ein geeignetes $\alpha \in \Sigma$ die Identität $B = A^\alpha$ besteht. Weiter wollen wir zwei eigentliche Polyeder A und B Σ-*zerlegungsgleich* nennen, symbolisch durch $A \sim B$ ausgedrückt, wenn sich A und B im Sinne der Elementargeometrie in endlich viele eigentliche Teilpolyeder A_ν und B_ν $[\nu = 1, \ldots, m]$ zerlegen lassen, welche paarweise Σ-gleich sind, so daß $A_\nu \rightleftharpoons B_\nu$ $[\nu = 1, \ldots, m]$ gilt. Die Σ-Zerlegungsgleichheit ist, wie man [analog wie in 1.3.2] leicht nachprüft, *reflexiv, symmetrisch* und *transitiv*.

Das Ziel dieses Abschnittes ist es, notwendige und hinreichende Bedingungen für das Bestehen dieser Äquivalenzrelation zu finden.

Vorbereitend haben wir zunächst geeignete Polyederfunktionale aufzustellen. Es handelt sich um Funktionale Φ, die für alle eigentlichen Polyeder definiert sind und die nachfolgend verzeichneten Eigenschaften aufweisen:

$$\Phi(A) = \Phi(B) \qquad [A \rightleftharpoons B] \; ; \tag{78}$$

$$\Phi(A + B) = \Phi(A) + \Phi(B) : \tag{79}$$

$$\Phi(A) \geqq 0 \; ; \tag{80}$$

$$\Phi(W) = 1 \; . \tag{81}$$

Hierbei bedeutet W (wie früher) den Einheitswürfel, der durch $x = \sum \lambda_i e_i$ $[0 \leqq \lambda_i \leqq 1]$ charakterisiert ist. Wie man sieht, handelt es sich um eine geringfügige Abwandlung der vier mit den Inhaltspostulaten I. bis IV. [vgl. 2.1.1] ausgedrückten Grundeigenschaften des elementaren Inhalts.

Die Invarianz gilt nur noch für die Gittertranslationen. Diese Lockerung der gestellten Forderungen hat aber zur Folge, daß es kontinuierlich viele (unabhängige) Funktionale dieser Art gibt, während nach dem Eindeutigkeitssatz für den elementaren Inhalt nur ein einziges Funktional existiert, das für alle Translationen invariant ist, nämlich $\Phi = I$.

Die Konstruktion einer zur Lösung unseres Zerlegungsproblems ausreichenden Klasse von Funktionalen Φ beruht auf einer geeigneten Gitterpunktzählung[17]. Um eine zweckmäßige Zählung der in einem eigentlichen Polyeder A enthaltenen Gitterpunkte vornehmen zu können, wobei auch die auf dem Polyederrand liegenden in angemessener Weise mitberücksichtigt werden sollen, müssen wir vorerst den *Grad ω der Zugehörigkeit* eines beliebigen Raumpunktes a zu A definieren. Wir setzen

$$\omega = \omega(a; A) = \lim_{\sigma \to 0} I[A \cap W_\sigma(a)]/I[W_\sigma(a)] , \tag{82}$$

wobei $W_\sigma(a)$ einen mit W homothetischen Würfel der Kantenlänge σ bezeichnet, dessen Mittelpunkt in a liegt. Man beachte, daß der in (82) rechts stehende Quotient bei genügend kleinem σ in Abhängigkeit von σ konstant ausfällt, so daß die Existenz des Grenzwertes trivial wird. Unmittelbar läßt sich erkennen, daß

$$0 \leqq \omega(a; A) \leqq 1 \tag{83}$$

gilt. Ist a ein innerer bzw. ein äußerer Punkt von A, so resultiert $\omega = 1$ bzw. $\omega = 0$; ist a dagegen ein Randpunkt von A, so ist $0 < \omega < 1$, und der Zwischenwert liefert ein geeignetes Maß für die Zugehörigkeit von a zu A.

Die Anzahl $N(A)$ der einem Polyeder A angehörenden Gitterpunkte sei jetzt definiert durch

$$N(A) = \sum_0^\infty \omega(x_\nu; A) , \tag{84}$$

wobei sich die Summation über alle Gitterpunkte x_ν $[\nu = 0,1, \ldots]$ des Einheitsgitters Π erstrecken soll. Die Punkte von Π sind auf eine beliebige Art numeriert vorausgesetzt. Da A beschränkt ist, reduziert sich die Summe in (84) effektiv auf eine endliche, da fast alle Summanden verschwinden. Wie man mühelos verifiziert, gilt

$$N(A) = N(B) \qquad [A \rightleftharpoons B] ; \tag{85}$$

$$N(A + B) = N(A) + N(B) ; \tag{86}$$

$$N(A) \geqq 0 ; \tag{87}$$

$$N(W) = 1 , \tag{88}$$

so daß mit $\Phi = N$ bereits ein Funktional der in Erwägung gezogenen Art gewonnen ist.

Beweise: Zu (85): Die Glieder der beiden den Polyedern A und B entsprechenden Reihen in (84) rechts lassen sich eindeutig einander so zuordnen, daß die sich entsprechenden Glieder gleiche Werte aufweisen. Zu (86): Bei festem x gilt bereits $\omega(x; A + B) = \omega(x; A) + \omega(x; B)$, eine Additivität, die sich auf die Summe in (84) überträgt. Zu (87): Mit (83) und (84) trivial. Zu (88): Die 2^k Eckpunkte von W sind gleichzeitig die W angehörenden Gitterpunkte. Alle haben denselben Grad der Zugehörigkeit, nämlich $\omega = 2^{-k}$. Hieraus folgt das Gewünschte.

Bevor wir die Konstruktion weiterführen, sei noch eine sich auf translative Pflasterpolyeder beziehende Aussage begründet. Unter einem der Translationsgruppe Σ assoziierten *Pflasterpolyeder* A verstehen wir irgendein eigentliches Polyeder der Art, daß sich der gesamte Raum im Sinne der Elementargeometrie in abzählbar viele mit A Σ-gleiche Polyeder $A_\nu = A^{\alpha_\nu}$ $[\alpha_\nu \in \Sigma, \nu = 0, 1, \ldots]$ zerlegen läßt. Die durch die Operationen α_ν erzeugte Translationsgruppe kann hierbei eine eigentliche Untergruppe von Σ sein.

Wir zeigen: Ist τ eine beliebige Translation, so gilt

$$N(A^\tau) = I(A) = r \qquad [r > 0, \text{ganz}] . \tag{89}$$

Damit ist eine besonders starke Form der bekannten Beziehungen zwischen Inhalt und Gitterpunktanzahl ausgedrückt; für Pflasterpolyeder kann der Inhalt in jeder Lage des Polyeders durch direkte Zählung der zugehörenden Gitterpunkte ermittelt werden.

Beweis: Mit A ist offenbar auch A^τ ein Pflasterpolyeder der in Betracht gezogenen Art. Es sei $n \gg 1$ eine große natürliche Zahl und $\overline{W} = nW$. Mit wiederholter Verwendung der Regeln (85) bis (88) ergibt sich $N(\overline{W}) = n^k = \sum_\nu N(\overline{W} \cap A_\nu^\tau)$, wobei sich die Summation rechts wegen der Beschränktheit von A nur auf endlich viele nichttriviale Summanden erstreckt. Bezeichnen nun $p = p(n)$ die Anzahl der A_ν^τ, die mit $\overline{W}$ einen nichtleeren Durchschnitt aufweisen, und $q = q(n)$ die Anzahl der A_ν^τ, die ganz in $\overline{W}$ enthalten sind, so folgt mit der obenstehenden Zeile die Ungleichung (a) $qr \leqq n^k \leqq pr$, wenn $N(A^\tau) = r$ gesetzt wird. Analoge Betrachtungen mit dem Inhalt I liefern ebenso (b) $qI(A) \leqq n^k \leqq pI(A)$. Wenn D der Durchmesser von A ist, so schließt man mit Rücksicht auf die Bedeutung von p und q leicht auf $(p-q)\,I(A) \leqq$ $\leqq (n + D)^k - (n - D)^k$ oder auf die für $n \to \infty$ gültige asymptotische Formel (c) $p-q = o(n^k)$. Die Verbindung von (a), (b) und (c) liefert mit einfachsten Umrechnungen das Ergebnis $1/I(A) - o(1) \leqq 1/r \leqq 1/I(A) +$ $+ o(1)$ und mit $n \to \infty$ $r = I(A)$ oder also den ersten Teil der Behauptung in (89). Daß r eine ganze positive Zahl ist, erhellt mit der Bemerkung, daß man offenbar τ so wählen kann, daß alle Gitterpunkte entweder innere oder äußere Punkte von A^τ sind. Die Summe in (84) enthält dann lediglich Einer und Nullen.

Ein besonders wichtiger und instruktiver Sonderfall von (89) ergibt sich dadurch, daß wir ein *Gitterparallelotop* P_0 in Betracht ziehen, dessen Eckpunkte alle zum Gitter Π gehören sollten. Ist P ein Parallelotop, das aus P_0 durch eine beliebige Verschiebung im Raum hervorgeht, so gilt nach (89)

$$I(P) = N(P) \qquad [P \cong P_0] . \tag{90}$$

Die dadurch gegebene Inhaltsbestimmung durch Gitterpunktzählung kann noch etwas weiter entwickelt werden. Ist nämlich p ein Gitterpunkt, der dem Innern einer i-dimensionalen Kante von P angehört, so wird p einer Klasse von 2^{k-i} Gitterpunkten zugeordnet, die den 2^{k-i} i-dimensionalen Kanten angehören, die mit der ursprünglichen parallel sind. Nun ergibt sich leicht, daß $\sum \omega(p; P) = 1$ ist, wenn die Summation über die oben erwähnte Klasse erstreckt wird. Es bezeichne jetzt N_i $[i = 0, \ldots, k]$ die Anzahl der im Innern i-dimensionaler Kanten von P liegenden Gitterpunkte, also N_0 die Anzahl der auf die Ecken, N_1 die Anzahl der auf das Innere der linearen Kanten, usw., schließlich N_{k-1} die Anzahl der auf das Innere der Seitenflächen von P entfallenden Gitterpunkte. N_k ist die Anzahl der im Innern von P selbst liegenden Gitterpunkte. Mit Berücksichtigung der oben stehenden Bemerkung gewinnt man mit (90) die Beziehung

$$I(P) = \sum_0^k 2^{i-k} N_i \qquad [P \cong P_0] . \tag{91}$$

Dies ist eine von HOFREITER stammende Formel [18] [vgl. hierzu auch Abb. 5].

Nach diesen Vorbereitungen wollen wir die zur Lösung des Zerlegungsproblems dienenden Funktionale gewinnen. Es bezeichne Ω die Klasse der Translationen τ, deren Schiebungsvektoren durch $t = \sum \lambda_i e_i$ $[0 \leq \lambda_i < 1, i = 1, \ldots, k]$ gegeben sind. Ω ist die Restklasse der vollen Translationsgruppe mod Σ. Jeder Translation τ von Ω ordnen wir nunmehr vermöge des Ansatzes

$$\Phi_\tau(A) = N(A^\tau) \qquad [\tau \in \Omega] \tag{92}$$

ein Funktional Φ_τ zu. Mit (85) bis (88) ist ohne weiteres klar, daß Φ_τ ein Polyederfunktional ist, das die Forderungen (78) bis (81) befriedigt. Bei der Verifikation von (81) ist überdies noch zu beachten, daß W ein Gitterparallelotop ist, so daß (90) zur Anwendung gelangt. Die in Aussicht gestellte Lösung ist nun gegeben mit dem folgenden

Satz XII. *Zwei eigentliche Polyeder A und B sind dann und nur dann Σ-zerlegungsgleich bezüglich der Gittergruppe Σ, wenn die kontinuierlich vielen Bedingungen*

$$\Phi_\tau(A) = \Phi_\tau(B) \qquad [\tau \in \Omega] \tag{93}$$

erfüllt sind.

Aus diesem notwendigen und hinreichenden Kriterium kann übrigens leicht gefolgert werden, daß Σ-ergänzungsgleiche Polyeder auch Σ-zerlegungsgleich sind.

Beweis: **a)** Es ist zu zeigen, daß die Bedingungen (93) für $A \sim B$ notwendig sind. Dies ergibt sich aber unmittelbar aus den Eigenschaften (78) bis (81) des Funktionals Φ_τ.

b) Es ist zu zeigen, daß die Bedingungen auch hinreichen. Es gibt endlich viele eindeutig bestimmte Translationen α_ν, $\beta_\mu \in \Sigma$ [$\nu = 0, \ldots, n$; $\mu = 0, \ldots, m$], die dadurch gekennzeichnet sind, daß die Durchschnittspolyeder $A_\nu = A \cap W^{\alpha_\nu}$ und $B_\mu = B \cap W^{\beta_\mu}$ eigentlich, insbesondere also nichtleer sind. In Verbindung mit der Pflastereigenschaft von W erhellt, daß (a) $A = A_0 + \cdots + A_n$ und analog (b) $B = B_0 + \cdots + B_m$ ist. Wir setzen nun $C = (B_0^{\bar\beta_0})^{\alpha_n} \cup \ldots \cup (B_m^{\bar\beta_m})^{\alpha_n}$ oder also (c) $C = [(B^{\bar\beta_0} \cap W) \cup \ldots \cup (B^{\bar\beta_m} \cap W)]^{\alpha_n}$, wobei $\bar\tau$ die zu τ inverse Translation bezeichnet. Wir zeigen, daß (d) $A \cap W^{\alpha_n} = A_n \subset C$ gilt oder, was dasselbe ist, daß für jeden inneren Punkt $p \in W$ für den $p^{\alpha_n} \in A$ gilt, auch $p^{\alpha_n} \in C$ ausfällt. In der Tat: Es sei ϱ die Translation, für die $p = x_0^{\bar\varrho}$ gilt. x_0 bezeichnet hier das Raumzentrum Z, also einen Gitterpunkt. Es ist dann $x_0^{\alpha_n} \in A^\varrho$, und deshalb wird $x_0^{\alpha_n \alpha} \in A^{\varrho \alpha}$ gelten, wenn α eine beliebige Gittertranslation bezeichnet. Wir können α so wählen, daß $\varrho\alpha = \sigma \in \Omega$ gilt. Jedenfalls ist dann $\Phi_\sigma(A) > 0$. Mit (93) folgt, daß auch $\Phi_\sigma(B) > 0$ sein wird. Also gibt es ein $\eta \in \Sigma$, so daß $x_0^\eta \in B^\sigma$ gilt. Hieraus folgert man, daß für ein $\gamma \in \Sigma$ $p^\gamma \in B$ oder wegen $p \in W$ schärfer $p^\gamma \in B \cap W^\gamma$ ausfällt, und zwar ist p innerer Punkt. Da also $B \cap W^\gamma$ eigentlich ist, muß γ mit einer der Translationen β_μ [$\mu = 0, \ldots, m$] identisch sein. Ohne Einschränkung dürfen wir annehmen, es sei $\gamma = \beta_m$. Somit gilt $p^{\beta_m} \in B_m$ oder auch $p^{\alpha_n} \in (B_m^{\bar\beta_m})^{\alpha_n}$ und somit $p^{\alpha_n} \in C$. Damit ist (d) sichergestellt. Nach Konstruktion ist C Σ-zerlegungsgleich mit einem Teilpolyeder von B; wegen (d) trifft das nämliche auch zu für das Polyeder $U_n = A_n$. Es gilt dann $U_n \sim V_n$, $U_n \subset A$, $V_n \subset B$. Setzen wir $A^1 = A - U_n$ und $B^1 = B - V_n$, so ist die Bedingung (93) für A^1 und B^1 wieder erfüllt. An Stelle von (a) und (b) treten jetzt die reduzierten Darstellungen (aa) $A^1 = A_0 + \cdots + A_{n-1}$ und (bb) $B^1 = B_0^1 + \cdots + B_m^1$, wo $B_\mu^1 = B^1 \cap W^{\beta_\mu}$ gesetzt ist. (aa) weist gegenüber (a) ein Glied weniger auf. Führen wir den angefangenen Reduktionsprozeß in analoger Weise weiter, so ergibt sich die folgende Sachlage: Mit $A_i = U_i$ gilt $U_i \sim V_i$ und $V_i \subset B$. Durch die Ansätze $A^{i+1} = A^i - U_{n-i}$ und $B^{i+1} = B^i - V_{n-i}$ konstituieren sich zwei absteigende Polyederreihen $A = A^0 \supset A^1 \supset \ldots$ und $B = B^0 \supset B^1 \supset \ldots$, und für jedes Paar A^i und B^i ist die Bedingung (93) erfüllt. Offensichtlich wird $A^{n+1} = 0$ (leer) ausfallen, und mit Rücksicht auf die vorstehende Bemerkung muß dies auch für B^{n+1} zutreffen. So resultiert $A = U_0 + \cdots + U_n$ und $B = V_0 + \cdots + V_n$ und mit $U_i \sim V_i$ schließlich $A \sim B$.

Wir beschließen den Abschnitt mit einer einfachen Zerlegungsaussage für Gitterparallelotope, die sich als Korollar zu den vorstehenden Resultaten ergibt. Sind P_0 und Q_0 zwei inhaltsgleiche Gitterparallelotope, deren Eckpunkte alle zum Gitter Π gehören, so gilt für zwei durch beliebige Verschiebungen im Raum aus P_0 und Q_0 hervorgehende Parallelotope P und Q die Zerlegungsrelation

$$P \sim Q \qquad [P \cong P_0,\, Q \cong Q_0;\, I(P) = I(Q)] \tag{94}$$

bezüglich der Gittergruppe Σ.

Beweis: Wenden wir (90) auf P und Q an, so folgt mit $I(P) = I(Q)$, daß die Bedingungen (93) von Satz XII erfüllt sind.

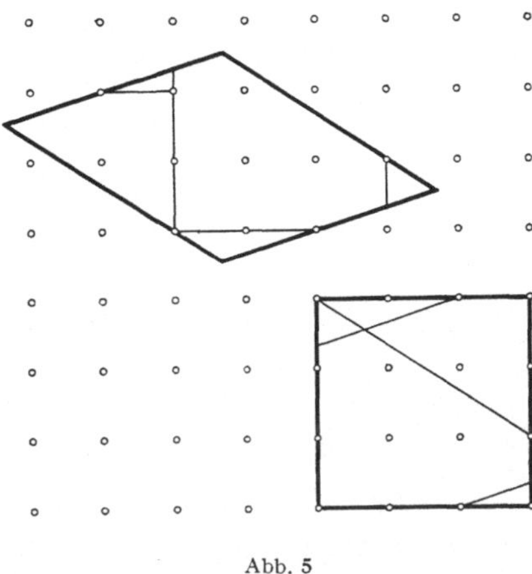

Abb. 5

Abb. 5 illustriert eine solche Zerlegungsgleichheit im ebenen Fall ($k = 2$). Überraschend bei Aussage (94) ist die Tatsache, daß zwei Polyeder in kontinuierlich vielen Lagen im Raum bezüglich einer diskontinuierlichen Bewegungsgruppe zerlegungsgleich ausfallen.

2.2.10. Intervallzerlegungen

Es ergibt sich in gewissem Sinn ein Gegenstück zu der im vorausgehenden Abschnitt behandelten Abwandlung des allgemeinen Zerlegungsproblems, welche durch eine weitgehende Reduktion der zulässigen Bewegungen gekennzeichnet ist, wenn man sich auf eine geeignete Teilklasse von in Betracht zu ziehenden Polyedern beschränkt. Die wohl einfachste spezielle Polyederklasse, die noch Anlaß zum Aufbau einer sinnvollen Zerlegungstheorie bietet, besteht aus der Gesamtheit der parallel orientierten Intervalle.

Unter einem *Intervall* P verstehen wir ein gerades Parallelotop, dessen Punkte durch

$$p = p_0 + \Sigma \lambda_i e_i \qquad [0 \leq \lambda_i \leq \alpha_i,\ \alpha_i > 0,\ i = 1, \ldots, k] \qquad (95)$$

gegeben sind [vgl. auch 1.2.4].

Die mit unserem Ansatz charakterisierten Intervalle sind parallel zum Koordinatensystem des Raumes orientiert. Die positiven Zahlen $\alpha_i [i = 1, \ldots, k]$ sind die *Kantenlängen* von P. Wie Abb. 6 im ebenen Falle ($k = 2$) andeutet, kann ein Intervall P auf mannigfaltige, auch nichttriviale Weise in Teilintervalle zerlegt werden. Zwei Intervalle P und Q wollen wir *I-zerlegungsgleich* nennen, symbolisch durch $P \sim Q$ ausgedrückt, wenn sich P und Q im Sinne der Elementargeometrie in je endlich viele Teilintervalle zerlegen lassen, welche paarweise translationsgleich sind. Es gilt also

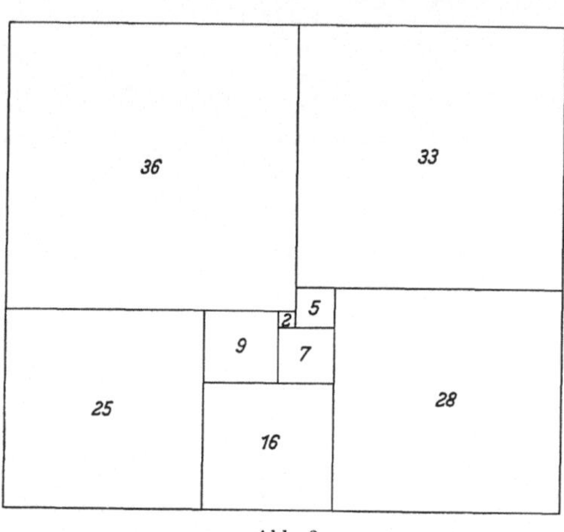

Abb. 6

$$P \sim Q \bowtie P = P_1 + \cdots + P_n, \quad Q = Q_1 + \cdots + Q_n, \qquad (96)$$
$$P_\nu \cong Q_\nu [\nu = 1, \ldots, n].$$

Wir entwickeln nachfolgend notwendige und hinreichende Bedingungen für die *I-Zerlegungsgleichheit* zweier Intervalle. Vorbereitend führen wir die CAUCHY-HAMEL*schen Funktionen* mehrerer Veränderlicher ein. Es handelt sich hierbei um Lösungen der Funktionalgleichung

$$f(\alpha_1, \ldots, \alpha_i + \beta_i, \ldots, \alpha_k) = f(\alpha_1, \ldots, \alpha_i, \ldots, \alpha_k) + f(\alpha_1, \ldots, \beta_i, \ldots, \alpha_k), \qquad (97)$$

wobei der Index i nach Belieben aus 1 bis k gewählt werden darf. Jede Lösung von (97), also die allgemeinste CAUCHY-HAMELsche Funktion von k Veränderlichen ist durch

$$f(\alpha_1, \ldots, \alpha_k) = \sum_{\tau_1} \cdots \sum_{\tau_k} C(\tau_1, \ldots, \tau_k)\, p_{\tau_1}(\alpha_1) \ldots p_{\tau_k}(\alpha_k) \qquad (98)$$

gegeben. Hierbei sind die folgenden Erklärungen erforderlich: Es gibt bekanntlich eine HAMELsche Basis $\omega_\tau,\ \tau \in \Xi$ für die reellen Zahlen, so daß jedes α auf eine und nur eine Weise in der Form

$$\alpha = \sum_\tau p_\tau(\alpha)\, \omega_\tau \qquad (99)$$

dargestellt werden kann. Die $p_\tau(\alpha)$ sind eindeutig durch α bestimmte rationale Zahlen. Die Summation erstreckt sich über die (überabzählbare) Indexmenge $\varXi$, wobei aber fast alle $p_\tau(\alpha)$ verschwinden, so daß sich diese effektiv auf eine endliche reduziert. Für ein festgewähltes $\tau \in \varXi$ gilt

$$p_\tau(\alpha + \beta) = p_\tau(\alpha) + p_\tau(\beta) \tag{100}$$

und auch

$$p_\tau(r\alpha) = r p_\tau(\alpha) \qquad [r = \text{rational}] . \tag{101}$$

Die in (98) rechts angesetzte Summation erstreckt sich über alle k-Tupel $\tau_1, \ldots, \tau_k$ HAMELscher Indizes, ausgewählt aus $\varXi$, und C bezeichnet eine willkürlich über der Menge der k-Tupel $\tau_1, \ldots, \tau_k$ definierte Funktion. Nach diesen Erläuterungen liegt die Verifikation der mit (98) ausgedrückten Behauptung auf der Hand. Wählt man für die willkürliche Funktion C insbesondere $C = \omega_{\tau_1} \ldots \omega_{\tau_k}$, so resultiert die triviale CAUCHY-HAMELsche Funktion

$$f(\alpha_1, \ldots, \alpha_k) = \alpha_1 \ldots \alpha_k . \tag{102}$$

Wir betrachten jetzt ein über der Klasse der Intervalle P definiertes Funktional $\varPhi$, welches die Eigenschaften

$$\varPhi(P) = \varPhi(Q) \qquad [P \cong Q] \tag{103}$$

und

$$\varPhi(P) = \sum_1^n \varPhi(P_\nu) \qquad [P = P_1 + \cdots + P_n] \tag{104}$$

aufweist; $\varPhi$ ist demnach ein *translationsinvariantes* und *addierbares* Intervallfunktional.

Das allgemeinste Funktional dieser Art ist, wie wir zeigen werden, durch

$$\varPhi(P) = f(\alpha_1, \ldots, \alpha_k) \tag{105}$$

gegeben, stellt also eine CAUCHY-HAMELsche Funktion der k Kantenlängen α_i von P dar. Das in diesem Zusammenhang triviale Funktional ergibt sich mit dem Ansatz (102), nämlich

$$\varPhi(P) = I(P) . \tag{106}$$

Beweis: **a)** Daß sich jedes Funktional $\varPhi$ mit den geforderten Eigenschaften durch (105) darstellen läßt, ist einfach einzusehen: Wegen (103) ist $\varPhi(P)$ nur eine Funktion f der Kantenlängen α_i von P. Zerlegt man P durch einen orthogonal zu e_i geführten Schnitt in zwei Teilintervalle, so folgert man mit (104) $(n = 2)$ für f das Bestehen der Funktionalgleichung (97).

b) Daß umgekehrt jedes mit (105) angesetzte Intervallfunktional die verlangten Eigenschaften besitzt, ist ebenso einfach zu schließen: (103) ist trivial. Für $n = 1$ ist (104) trivial und für $n = 2$ eine einfache Folgerung von (97). Es sei jetzt $n > 2$. Wir nehmen an, daß (104) für alle Zerlegungen in weniger als n Teilintervalle bereits nachgewiesen sei. Es liege jetzt eine Zerlegung $P = P_1 + \cdots + P_n$ vor. Da $n > 1$ ist, läßt sich jedenfalls P durch eine Ebene E so in zwei Teilintervalle P' und P'' zerlegen, daß in den beiden erzeugten Zerlegungen (a) $P' = P'_1 + \cdots + P'_n$ und (b) $P'' = P''_1 + \cdots + P''_n$ von den Teilintervallen $P'_\mu = P' \cap P_\mu$ und $P''_\mu = P'' \cap P_\mu \, [\mu = 1, \ldots, n]$ je wenigstens eines uneigentlich ausfällt. Enthält nämlich E eine im Innern von P liegende gemeinsame Trennungsfläche von P_i und P_j, so ist entweder P'_i und P''_j oder P'_j und P''_i ein Paar uneigentlicher Teilintervalle. Diese können in (a) und (b) weggelassen werden. Nach der induktiven Annahme gilt demnach (aa) $\Phi(P') = \sum \Phi(P'_\mu)$ und (bb) $\Phi(P'') = \sum \Phi(P''_\mu)$. Mit $P = P' + P''$ folgt $\Phi(P) = \Phi(P') + \Phi(P'') = \sum [\Phi(P'_\mu) + \Phi(P''_\mu)]$ und mit $P_\mu = P'_\mu + P''_\mu$ weiter $\Phi(P) = \sum \Phi(P_\mu)$. Damit ist der induktive Beweis beendigt.

Die Lösung des sich auf die Klasse der Intervalle beziehenden Zerlegungsproblems ist nun gegeben mit dem folgenden

Satz XIII. *Zwei Intervalle P und Q sind dann und nur dann Izerlegungsgleich, wenn für alle translationsinvarianten und addierbaren Intervallfunktionale Φ die Bedingungen*

$$\Phi(P) = \Phi(Q) \tag{107}$$

erfüllt sind [19].

Beweis: **a)** Die Notwendigkeit von (107) ist mit Rücksicht auf die für Φ kennzeichnenden Eigenschaften (103) und (104) unmittelbar einzusehen.

b) Das Hinreichen ergibt sich wie folgt: Ist (107) für alle Φ erfüllt, so muß, wie ein Rückblick auf die Darstellungen (105) und (98) lehrt, insbesondere $p_{\tau_1}(\alpha_1) \ldots p_{\tau_k}(\alpha_k) = p_{\tau_1}(\beta_1) \ldots p_{\tau_k}(\beta_k)$ für alle k-Tupel $(\tau_1, \ldots, \tau_k)$ aus Ξ gelten, wenn α_i und β_i die Kantenlängen von P und Q bezeichnen. Wir denken uns zunächst nur τ_i variabel. Mit $p_i = [p_{\tau_1}(\alpha_1) \ldots p_{\tau_k}(\alpha_k)]^*$ und $q_i = [p_{\tau_1}(\beta_1) \ldots p_{\tau_k}(\beta_k)]^*$, wo der Stern anzeigen soll, daß im Produkt der Faktor mit dem Index i fehlt, ergibt sich mit Berücksichtigung der Regel (101), daß $p_{\tau_i}(p_i \alpha_i) = p_{\tau_i}(q_i \beta_i)$ für alle τ_i gilt. Hieraus schließt man wegen (99) auf $p_i \alpha_i = q_i \beta_i$, oder anders ausgedrückt auf (a) $\alpha_i/\beta_i = r_i$ [rational]. Ist $r_i = n_i/m_i \, [n_i, m_i$ natürliche Zahlen], so folgt (b) $\alpha_i/n_i = \beta_i/m_i = \gamma_i \, [i = 1, \ldots, k]$. Mit (b) aber ergeben sich regelmäßige, durch Schnitte parallel zu den k Koordinatenebenen erzeugte Zerlegungen von P in $N = n_1 \ldots n_k$ und von Q in

$M = m_1 \ldots m_k$ Teilintervalle der Kantenlängen γ_i, die also alle unter sich translationsgleich sind. Setzen wir in (107) speziell das mit (106) erwähnte triviale Inhaltsfunktional $\Phi = I$ ein, so resultiert noch $N = M$. Damit ist aber $P \sim Q$ sichergestellt. Wir merken noch an, daß die soeben zur Wirkung gebrachte Inhaltsgleichheit mit (c) $r_1 \ldots r_k = 1$ gleichbedeutend ist.

Nach den im vorstehenden Beweis zutage getretenen Feststellungen (a) und (c) ergibt sich jetzt eine besonders einfache Charakterisierung der I-Zerlegungsgleichheit zweier Intervalle. Dies drücken wir aus mit dem folgenden

Korollar I. *Zwei Intervalle P und Q mit den Kantenlängen α_i und β_i sind dann und nur dann I-zerlegungsgleich, wenn für $i = 1, \ldots, k$ $\alpha_i/\beta_i = r_i$ (rational) und $r_1 \ldots r_k = 1$ ist.*

Diese Aussage verallgemeinert einen klassischen Satz von DEHN[20]. Das Entsprechende gilt für das folgende

Korollar II. *Ein Intervall P mit den Kantenlängen α_i ist dann und nur dann im Sinne der Elementargeometrie in parallel orientierte Würfel zerlegbar, wenn für $i = 1, \ldots, k$ $\alpha_i/\alpha_{i+1} = r_i$ (rational) ist; hierbei ist $\alpha_{k+1} = \alpha_1$ zu setzen.*

In der Tat: Durch die Drehung $\bar{x}_i = x_{i+1} [i = 1, \ldots, k; \; x_{k+1} = x_1]$ wird das Intervall P mit den Kantenlängen α_i übergeführt in das Intervall $\bar{P}$ mit den Kantenlängen $\bar{\alpha}_i = \alpha_{i+1}$. Da durch diese Drehung ein Würfel in einen kongruenten übergeführt wird, ergibt es sich, daß $P \sim \bar{P}$ sein muß, wenn P eine Zerlegung in Würfel erlaubt. Mit Korollar I folgt die Notwendigkeit der in Korollar II aufgeführten Bedingung. Ist diese umgekehrt erfüllt, so resultiert — wie man sich mühelos zurechtlegt — eine Zerlegbarkeit von P in gitterförmig angeordnete kongruente Würfel.

Die beiden als Korollarien zu Satz XIII angebrachten Aussagen zeigen, daß nichttriviale Zerlegungsbeziehungen bei Intervallen höchstens dann möglich sind, wenn die entsprechenden trivialen, d. h. durch regelmäßige Unterteilung erzielbaren Möglichkeiten vorliegen. Abb. 6 zeigt eine nichttriviale Zerlegung eines Intervalls in paarweise verschiedene Würfel (Quadrate) für $k = 2$. Für $k > 2$ besteht diese Möglichkeit nicht mehr[21].

§ 3. Inhalt und Oberfläche der Polyeder

2.3.1. Inhalts- und Oberflächenformel

Dem elementaren *Inhalt I*, der fundamentalsten Maßzahl, die einem Polyeder zugeordnet wird, stellen wir eine weitere wichtige Maßzahl an die Seite, nämlich die *Oberfläche F*. Es zeigt sich, daß der Begriff der Oberfläche aus demjenigen des Inhalts abgeleitet werden kann;

F ist also in diesem Sinn ein von I abhängiges Polyederfunktional, und alle Oberflächeneigenschaften können aus denjenigen des elementaren Inhalts gewonnen werden. Die angedeutete Abhängigkeit ist indessen rekursiver Art, insofern die Oberfläche eines k-dimensionalen Polyeders durch die Inhalte $(k-1)$-dimensionaler Polyeder darstellbar ist, und ihr formelmäßiger Ausdruck ist der rekursiven Definition des Inhalts, welche wir unserer Theorie des elementaren Inhalts zugrunde gelegt haben, sehr ähnlich.

Um diese Verwandtschaft deutlich hervortreten zu lassen, vereinigen wir die uns bereits geläufige Formel für den Inhalt I [vgl. (17)] mit der neuen, die Oberfläche F definierenden Formel, zu einem Paar, nämlich

$$I(A) = (1/k) \, \Sigma \, I'(A_\nu) \, (u_\nu, p_\nu) \tag{108}$$

und

$$F(A) = \Sigma \, I'(A_\nu) \, . \tag{109}$$

Wiederum bedeuten I' den elementaren Inhalt im $(k-1)$-dimensionalen Raum und $A_\nu [\nu = 1, \ldots, m]$ die $(k-1)$-dimensionalen Seitenflächen von A mit den normierten Richtungsvektoren $u_\nu [\nu = 1, \ldots, m]$, und $p_\nu [\nu = 1, \ldots, m]$ sind Ortsvektoren von Punkten, die in den Trägerebenen der A_ν beliebig gewählt sind.

Die Oberfläche eines Polyeders ist also die Summe der Inhalte seiner Seitenflächen. Ist A ein ganz in der Ebene E mit der Normalenrichtung u liegendes uneigentliches Polyeder, so sind zwei verschiedene mit A identische Seitenflächen zu unterscheiden, denen die zwei entgegengesetzt gleichen Richtungsvektoren u und $-u$ zukommen. Man erhält demnach in diesem Fall

$$I(A) = 0; \quad F(A) = 2\,I'(A) \, . \tag{110}$$

Die in diesem Abschnitt angesetzten Inhalts- und Oberflächenformeln sind besonders dadurch ausgezeichnet, daß die Darstellungen der beiden wichtigsten Maßzahlen der Geometrie auf die gleichen Aufbauelemente der Polyeder greifen.

2.3.2. Axiomatische Charakterisierungen

Wir werfen zunächst einen Blick auf wichtige Eigenschaften, welche sowohl dem Inhalt I als auch der Oberfläche F zukommen, und finden, daß neben der selbstverständlichen Invarianz [vgl. (1) und (14)] die Additivität eine gemeinsame Eigenschaft der beiden Polyederfunktionale ist. Sowohl $\Phi(A) = I(A)$ als auch $\Phi(A) = F(A)$ sind Lösungen des symmetrischen Additionstheorems [vgl. (7)]

$$\Phi(A \cup B) + \Phi(A \cap B) = \Phi(A) + \Phi(B) \, . \tag{111}$$

Ein Funktional Φ, das diese Relation erfüllt, nannten wir *additiv*.

Man kann hier die naheliegende Frage aufwerfen, durch welche weiteren Eigenschaften sich einerseits der Inhalt und andererseits die Oberfläche innerhalb der Mannigfaltigkeit der additiven Polyederfunktionale kennzeichnen lassen. Es zeigt sich, daß eine solche Charakterisierung im wesentlichen durch die den beiden Maßzahlen zukommenden Homogenitätseigenschaften möglich ist.

Ein Funktional Φ heißt *homogen vom Grade i* [vgl. auch (15)], wenn bezüglich einer Dilatation mit $\lambda > 0$ die Relation

$$\Phi(\lambda A) = \lambda^i \Phi(A) \tag{112}$$

erfüllt wird. Inhalt I und Oberfläche F unterscheiden sich im Grade der Homogenität, und die mit den beiden folgenden Sätzen dargelegten Ergebnisse zeigen, daß dieser Unterschied kennzeichnend ist.

Einerseits gilt

Satz XIV. *Ist Φ ein Polyederfunktional, das translationsinvariant, additiv und homogen vom Grade k ist, so gilt mit einer Konstanten c $[-\infty < c < \infty]$ die Identität*

$$\Phi(A) = c I(A). \tag{113}$$

Andererseits entsprechend:

Satz XV. *Ist Φ ein Polyederfunktional, das bewegungsinvariant, additiv und homogen vom Grade $k-1$ ist, so gilt mit einer Konstanten c $[-\infty < c < \infty]$ die Identität*

$$\Phi(A) = c F(A). \tag{114}$$

Es ist zu beachten, daß die axiomatische Charakterisierung der Oberfläche auf diese Art die stärkere Bewegungsinvarianz verlangt, während diejenige des Inhalts bereits mit der schwächeren Translationsinvarianz auskommt.

Beweise: **a)** Wir zeigen, daß ein Funktional Φ, das den Voraussetzungen von Satz XIV genügt, notwendig einfach additiv ist, so daß (aa) $\Phi(A + B) = \Phi(A) + \Phi(B)$ gilt. Es genügt, nachzuweisen, daß für ein uneigentliches Polyeder $A \subset E_i [i < k]$ (ab) $\Phi(A) = 0$ wird. In der Tat: Ist $i = 0$, also A ein Punkt, so gilt doch $A \cong \lambda A$ $[\lambda > 1]$, und da Φ homogen vom Grade k ist, $\Phi(A) = \lambda^k \Phi(A)$. Hieraus folgt (ab). Es sei jetzt $i > 0$, und die Richtigkeit von (ab) sei bereits erwiesen für alle $A \subset E_{i-1}$. Das Funktional Φ ist dann im E_i einfach additiv und im übrigen translationsinvariant. Nach 1. Kap. (80) gilt demnach für ein $A \subset E_i$ und ein natürliches n $\Phi(nA) = \binom{n}{1} \Phi(A_1) + \cdots + \binom{n}{i} \Phi(A_i)$, wobei die Polyeder $A_\nu [\nu = 1, \ldots, i]$ nur von A, nicht aber von n abhängig sind. Mit der Bemerkung $\Phi(nA) = n^k \Phi(A)$ ergibt sich die Abschätzung $|\Phi(A)| < K n^{i-k}$, wo K eine nur von A abhängige Konstante ist, und so folgt wegen $i < k$ die Behauptung (ab). Damit ist ein induktiver Beweis für (ab) erbracht und (aa) ist bestätigt. Mit (aa) folgt nun weiter (ac) $\Phi(A) = \Phi(B)$ $[A \approx B]$. Nach 1. Kap. (72) gilt für ein $A \in \mathfrak{B}_k$ $A \approx \lambda W$ und also mit (ac) $\Phi(A) = \Phi(\lambda W) = \lambda^k \Phi(W)$, und da $\lambda^k = I(\lambda W) = I(A)$ ist, ergibt sich mit $c = \Phi(W)$ die Beziehung (ad) $\Phi(A) = cI(A)$ $[A \in \mathfrak{B}_k]$. Wir setzen jetzt $\chi(A) = \Phi(A) - cI(A)$ und weisen nach, daß (ae) $\chi(A) = 0$ ist. Nach (ad) ist (ae) sicher dann richtig, wenn $A \in \mathfrak{B}_k$ gewählt wird. Es sei $i < k$ und es sei bereits erwiesen, daß (ae) richtig ist für $A \in \mathfrak{B}_{i+1}$. Es sei jetzt $A \in \mathfrak{B}_i$ gewählt. Da χ translationsinvariant, einfach additiv und auch homogen vom Grade k ist, läßt sich mit Benutzung von (79) des 1. Kap. die Beziehung $\chi(nA) = n^k \chi(A) = n^i \chi(A)$ folgern, so daß sich wegen $i < k$ die Behauptung (ae) ergibt. Der induktive Beweis von (ae) ist damit abgeschlossen. Hieraus folgt (113).

b) Es sei nun Φ ein Funktional, das den Voraussetzungen von Satz XV genügt. Für Polyeder, die einer $(k-1)$-dimensionalen Ebene E_{k-1} angehören, sind die Voraussetzungen von Satz XIV erfüllt. Also gilt mit einer passend gewählten Konstanten c $\Phi(A) = 2cI'(A)$ $[A \subset E_{k-1}]$ und mit Rücksicht auf (110) auch (ba) $\Phi(A) = cF(A)$ $[A \subset E_{k-1}]$. Nun führen wir das Hilfsfunktional $\chi(A) = \Phi(A) - cF(A)$ ein. Dieses ist bewegungsinvariant, additiv und wegen (ba) sogar einfach additiv und homogen vom Grade $k-1$. Nach (76) gilt demnach $\chi(A) = 0$. Damit folgt (114).

Typische Anwendungen der in diesem Abschnitt gewonnenen axiomatischen Charakterisierungen von Inhalt und Oberfläche werden wir später im Rahmen der allgemeinen Integralgeometrie kennen lernen. Abschließend wollen wir noch darauf hinweisen, daß die Oberfläche F im Gegensatz zum Inhalt I nicht monoton ist. Dagegen ist F auch monoton, wenn man sich auf die Klasse $\mathfrak{E}$ der Eipolyeder beschränkt.

2.3.3. Ein Fortsetzungssatz

Ein einfach additives Polyederfunktional Φ ist insbesondere über der Klasse $\mathfrak{E}$ der Eipolyeder definiert und besitzt dort die Eigenschaft, daß bei einer Zerschneidung eines Eipolyeders C durch eine Ebene in die beiden Teileipolyeder A und B die Beziehung

$$\Phi(C) = \Phi(A) + \Phi(B) \qquad [C = A + B, \ A, B, C \in \mathfrak{E}] \qquad (115)$$

gilt. Es kann sich in gewissen Fällen ergeben, daß ein Funktional zunächst lediglich für Eipolyeder definiert ist und die durch (115) ausgedrückte Eigenschaft aufweist, also bei Zerschneidung einfach additiv ausfällt. Es stellt sich dann die Frage, ob ein für alle Polyeder definiertes Funktional existiert, das für Eipolyeder mit dem vorgegebenen zusammenfällt und in diesem Sinne eine Fortsetzung darstellt. Dies ist in der Tat der Fall. Es gilt der folgende

Satz XVI *(Fortsetzungssatz). Ist Φ ein über der Klasse $\mathfrak{E}$ der Eipolyeder definiertes und bei Zerschneidung einfach additives Funktional, so existiert ein über der Klasse $\mathfrak{P}$ aller Polyeder definiertes einfach additives Funktional Φ_0, das eine Fortsetzung von Φ darstellt.*

Es gilt auch ein sich allgemeiner auf additive Funktionale beziehender Fortsetzungssatz dieser Art, dessen Beweis jedoch wesentlich schwieriger ist [22].

Beweis: Es sei zunächst $P = P_1 + \cdots + P_n$, P, $P_\nu \in \mathfrak{E}$ $(\nu = 1, \ldots, n)$ eine Zerlegung von P im Sinne der Elementargeometrie. Es gilt dann (a) $\Phi(P) = \Sigma_1^n \Phi(P_\nu)$. In der Tat: Für $n = 2$ ist diese Aussage sicher richtig, da P durch eine Zerschneidung in P_1 und P_2 zerfällt. Es sei jetzt $n > 2$ und die Richtigkeit der Aussage sei bereits für alle Zerlegungen in weniger als n Teilkörper bewiesen. Es gibt einen Teilkörper mit einer begrenzenden Seitenfläche, die innere Punkte von P enthält. Legen wir durch diese Seitenfläche eine Ebene E, so wird eine Zerschneidung von P in zwei eigentliche Teile P' und P'' erzeugt, welche die Eigenschaft aufweist, daß unter den Teilen $P'_\nu = P_\nu \cap P'$ und $P''_\nu = P_\nu \cap P''$ $(\nu = 1, \ldots, n)$ sich je wenigstens ein uneigentliches oder leeres Eipolyeder befindet. Nach der induktiven Annahme gelten die Beziehungen $\Phi(P') = \Sigma_1^n \Phi(P'_\nu)$ und $\Phi(P'') = \Sigma_1^n \Phi(P''_\nu)$, da sich die Summationen effektiv auf weniger als n Teile erstrecken. Ausgehend von $\Phi(P) = \Phi(P') + \Phi(P'')$ und $\Phi(P_\nu) = \Phi(P'_\nu) + \Phi(P''_\nu)$ kann durch passende Addition die Aussage (a) gewonnen werden. Es sei jetzt $A \in \mathfrak{P}$ ein beliebiges Polyeder und $A = S_1 + \cdots + S_n$ eine nach Satz I mögliche Simplizialzerlegung von A. Wir zeigen, daß die Summe (b) $\Phi_0(A) = \Sigma_1^n \Phi(S_\nu)$ unabhängig von der gewählten Zerlegung ist, so daß Ansatz (b) ein über $\mathfrak{P}$ definiertes einfach-additives Funktional darstellt, das offensichtlich eine Fortsetzung von Φ ist. In der Tat: Es sei $A = T_1 + \cdots + T_m$ eine andere Simplizialzerlegung von A und $\Phi_0^*(A) = \Sigma_1^m \Phi(T_\mu)$. Setzen wir $P_{\nu\mu} = S_\nu \cap T_\mu$, so sind mit $S_\nu = P_{\nu 1} + \cdots + P_{\nu m}$ und $T_\mu = P_{1\mu} + \cdots + P_{n\mu}$ elementargeometrische Zerlegungen der Simplexe S_ν und T_μ in Teileipolyeder gegeben, welche teilweise leer sein können. Nach Aussage (a) gelten jetzt die Beziehungen $\Phi(S_\nu) = \sum_1^m{}_\mu \Phi(P_{\nu\mu})$ und $\Phi(T_\mu) = \sum_1^n{}_\nu \Phi(P_{\nu\mu})$. Nun resultiert $\Phi_0(A)$

$$= \sum_1^n{}_\nu \sum_1^m{}_\mu \Phi(P_{\nu\mu}) = \Phi_0^*(A) \text{ und also } \Phi_0(A) = \Phi_0^*(A), \text{ w.z.b.w.}$$

Anmerkungen

1 (35) Es handelt sich um die im Rahmen der formalen Inhaltslehre als Eigenschaften einer Funktion ausgedrückten Grundsätze, welche man für den natürlichen Inhalt räumlicher Figuren stets in Anspruch nahm, und die mit den Größenaxiomen

EUKLIDS in engster Beziehung stehen. Die Axiome sagen bekanntlich folgendes aus: 1. Dinge, die demselben Ding gleich sind, sind unter sich gleich; 2. wenn man zu gleichen Dingen gleiche Dinge hinzufügt, so erhält man gleiche Dinge; 3. wenn man von gleichen Dingen gleiche Dinge wegnimmt, so bleiben gleiche Dinge; 4. Dinge, die zur Deckung gebracht werden können, sind gleich; 5. das Ganze ist größer als einer seiner Teile und ihm nicht gleich.

2 (38) Bereits G. DARBOUX [1] hat nachgewiesen, daß jede in einem Intervall einseitig beschränkte Lösung der CAUCHYSCHEN Funktionalgleichung notwendig eine triviale sein muß.

3 (42) In der von uns vorgetragenen Begründung des elementaren Inhalts verwerteten wir insbesondere beim Existenznachweis konstruktive Ansätze, die innerhalb der ebenen Inhaltslehre bei SCHUR, RAUSENBERGER, LAZARRI, GERARD, HILBERT u. a. Anwendung fanden. Vgl. hierzu die historischen Angaben bei F. ENRIQUES [1] auf S. 161/162. Die Entwicklung der elementaren Inhaltslehre im k-dimensionalen Raum in der vorliegenden Art, d. h. mit starker Betonung der axiomatischen Betrachtungsweise, findet sich von H. HADWIGER [32] durchgeführt.

Eine Möglichkeit der Begründung des Polyederinhalts, die großes Interesse verdient, aber bei der Durchführung vor allem im k-dimensionalen Fall einige Schwierigkeiten technischer Art bereitet, besteht darin, daß man als Inhaltsmaß eines Simplex den bekannten klassischen (invarianten), etwa durch die GRAMsche Determinante der k Simplexvektoren dargestellten Wert willkürlich ansetzt, und als Inhaltsmaß eines Polyeders die Summe der Inhaltsmaße von endlich vielen Simplexen, in die das Polyeder zerlegt ist, definiert. Hier ist nun zu zeigen, daß die Summe von der individuellen Art der Simplizialzerlegung des Polyeders unabhängig ist. Diesen Nachweis führte für den gewöhnlichen Raum S. O. SCHATU-NOVSKY [1] und für Räume beliebiger Dimension W. SÜSS [1, 3]. Nach M. ZACHA-RIAS [1], S. 950, befriedigt dieses Vorgehen nicht ganz, insofern dem Ansatz für das Inhaltsmaß des Simplex eine gewisse Willkür anhaftet. Dieser Einwand läßt sich allerdings dadurch leicht entkräften, daß man die Simplexformel nicht ohne Begründung wählt, sondern streng aus den akzeptierten Inhaltspostulaten herleitet. Eine solche Herleitung im Falle $k = 3$ skizzierte H. HADWIGER [21]. Damit ist neben der Existenz auch die Eindeutigkeit der Lösung des formalen Inhaltsproblems gewährleistet.

Eine Frage anderer Natur ist, ob man in einer rein formalen Theorie, welche sich in einer Abbildung der Polyeder in die reellen Zahlen (unter Wahrung gewisser Zuordnungseigenschaften) erschöpft, überhaupt eine Lösung des Inhaltsproblems sehen will oder nicht. Damit spielen wir auf einen weiteren Einwand von M. ZACHA-RIAS an gleicher Stelle an. In der Tat ist in uns das starke Bedürfnis wach, die Inhaltsgleichheit zweier Polyeder auf rein geometrische Weise durch die Bestätigung einer Zerlegungsgleichheit festzustellen. Diese dem natürlichen Inhaltsbegriff verpflichtete Betrachtungsweise ist uns seit unseren ersten Auseinandersetzungen mit den Dingen der Elementargeometrie vertraut, und ihr Vorherrschen in der Schulgeometrie zeigt, daß die Kraft der Werke EUKLIDs keineswegs erloschen ist. Wenn auch eine strenge Begründung des Polyederinhalts auf Grund des Begriffs der endlichen Zerlegungsgleichheit für $k > 2$ ausgeschlossen ist, so hat man doch immer wieder versucht, die Zusammenhänge zwischen formaler Inhaltsmessung und Polyedervergleichung durch Zerlegung möglichst wirkungsvoll zur Geltung zu bringen. Hier sind beispielsweise die sich auf den gewöhnlichen Raum beziehenden Ergebnisse von W. SÜSS [2] zu nennen, der nachwies, daß zwei Polyeder mit gleichem Inhaltsmaß stets C-ergänzungsgleich (CAVALIERIsch ergänzungsgleich) sind, d. h. durch Hinzufügen geeigneter C-gleicher Tetraeder in zwei Polyeder übergehen, die sich ihrerseits in C-gleiche Tetraeder zerlegen lassen; hierbei heißen zwei Tetraeder C-gleich, wenn sie in Grundflächenmaßzahl und Höhe übereinstimmen.

4 (45) Der bekanntere, aber weniger tiefliegende Satz, wonach zwei inhaltsgleiche Parallelotope im klassischen Sinn zerlegungsgleich sind, wurde von A. EMCH [1] bewiesen; die im Text genannte Verschärfung stammt von H. HADWIGER [31].

5 (47) Den ersten Beweis des sich auf den gewöhnlichen Raum und auf die volle Bewegungsgruppe beziehenden Satzes gab J. P. SYDLER [1]. Die Erweiterung auf Räume beliebiger Dimension und auf allgemeinere Bewegungsgruppen stammt von H. HADWIGER [50].

6 (49) Die Abklärung der Frage bildete eines der berühmten dreiundzwanzig Probleme, die D. HILBERT [1] an der letzten Jahrhundertwende in Paris vortrug. Die erste vollständige Lösung fand M. DEHN [1], welche auch die Bestätigung einer älteren Behauptung von R. BRICARD [1] brachte. Von den späteren Beweisen sei noch derjenige von B. KAGAN [1] erwähnt. Die von O. NICOLETTI [1] angegebenen Bedingungen für die Zerlegungsgleichheit scheinen diejenigen von DEHN noch zu umfassen; wie der Verf. einer brieflichen Mitteilung von B. JESSEN verdankt, stellt sich aber bei einläßlicher Prüfung die Gleichwertigkeit heraus. Eine Herleitung der DEHNschen notwendigen Bedingungen mit Hilfe geeigneter invarianter und additiver Polyederfunktionale gab H. HADWIGER [29].

M. DEHN [3] zeigte weiter auch, daß es nichtabzählbar viele unter sich inhaltsgleiche Polyeder so gibt, daß je zwei nicht zerlegungsgleich sind. S. NAKAJIMA [1] fand heraus, daß zu jedem Polyeder ein inhaltsgleiches Tetraeder mit regulärem Basisdreieck so angegeben werden kann, daß die DEHNschen Bedingungen für die Zerlegungsgleichheit erfüllt werden. Die Frage, ob die von DEHN aufgestellten notwendigen Bedingungen auch hinreichend sind, konnte bisher noch nicht geklärt werden. Fortschritte in dieser Richtung erzielte J. P. SYDLER [2, 3]; um nachzuweisen, daß die Bedingungen auch hinreichen, genügt es nach seinen Ergebnissen zu zeigen, daß ein Polyeder, dessen Flächenwinkel je Vielfache von $\pi/4$ sind, mit einem Würfel zerlegungsgleich ist.

Die von uns nachfolgend angegebenen, erstmals von H. HADWIGER [59] aufgestellten notwendigen Bedingungen für die Zerlegungsgleichheit k-dimensionaler Polyeder reduzieren sich im Falle $k = 3$ auf die von DEHN gefundenen.

7 (50) Die Existenz nichtabzählbar vieler Funktionen, welche den beiden im Text genannten Bedingungen genügen, steht nach der bekannten, von G. HAMEL [1] herrührenden Konstruktion nichttrivialer Lösungen der CAUCHYSCHEN Funktionalgleichung fest.

8 (51) D. HILBERT [2] definiert die Inhaltsgleichheit zweier Polygone durch die Ergänzungsgleichheit und zeigt, daß Polygone dann und nur dann inhaltsgleich sind, wenn sie gleiches Inhaltsmaß aufweisen [vgl. auch Anmerkung 3]. Die damit erzielte Begründung des ebenen elementaren Inhalts kommt ohne Anwendung der Stetigkeitsaxiome aus.

9 (52) Für diesen bereits von M. DEHN [1] sichergestellten Sachverhalt gibt es bei Beschränkung auf den gewöhnlichen Raum verschiedene Beweise. Vgl. z. B. auch P. J. DA SILVA PAULO [1]. Hier drängt sich die Frage auf, ob zwei verschiedene reguläre Polyeder zerlegungsgleich sein können. Dies ist zu verneinen. Zu diesen Fragen und gewissen Erweiterungen hiervon vgl. H. LEBESGUE [2, 3, 4] sowie auch B. JESSEN [2]. Andererseits kann man nach Tetraedern fragen, welche sicher mit einem Würfel zerlegungsgleich sind. Solche wurden beispielsweise von M. J. M. HILL [1] entdeckt. Diese ergeben sich nach der im 1. Kapitel aufgestellten Parameterdarstellung (9), indem man von drei Vektoren gleicher Länge ausgeht, welche paarweise gleiche Winkel miteinander bilden. Allerdings wurde nur die Zerlegungsgleichheit mit einem Prisma erkannt; C. JUEL [1] behauptete, daß die von ihm angegebene, aus vier „orthogonalen" HILLschen Tetraedern zusammensetzbare Pyramide mit einem Würfel zerlegungsgleich sei, was nach H. VOGT [1] (S. 9, Fußnote 1) auf einem Irrtum beruhen soll (vgl. M. ZACHARIAS [1], S. 949). Die JUELsche Behauptung ist aber doch richtig! Ausgehend von Tetraedern, deren Flächenwinkel mit π kommensurabel sind, die somit die DEHNschen Bedingungen für die Zerlegungsgleichheit mit einem Würfel befriedigen, konnte J. P. SYDLER [4] für vier solche tatsächlich den Nachweis für die in Frage kommende Zerlegungsgleichheit erbringen. Diese vier Tetraeder gehören nicht der HILLschen Klasse an. H. HADWIGER [39] zeigte, daß die durch naheliegende Erweiterung gebildeten k-dimensionalen HILLschen Simplexe mit einem Würfel zerlegungsgleich sind.

10 (52) Wie H. HADWIGER [4] gezeigt hat, gibt es nur drei rationale Werte p des Intervalls $0 < p < 1$, für welche $w = \cos(p\,\pi)$ selbst rational wird, nämlich $p = 1/3,\ 1/2,\ 2/3$; die entsprechenden Kosinuswerte sind $w = 1/2,\ 0,\ -1/2$. Für $k \geq 3$ ist der Wert $w = 1/k$ nicht dabei.

11 (53) Hierbei handelt es sich um eine in dänischer Sprache veröffentlichte Arbeit von B. JESSEN [1], die sich auf Polyeder des gewöhnlichen Raumes bezieht. Später hat H. HADWIGER [33] in Unkenntnis dieser Abhandlung einen ähnlichen Weg beschritten. Vgl. auch H. HADWIGER [20].

12 (56) Diese sich auf eine weiter ausgebaute Zerlegungstheorie k-dimensionaler Polyeder beziehenden Kriterien wurden von H. HADWIGER [56] entwickelt. Einen etwas anders gerichteten formalen Ausbau ermöglicht die mit den nämlichen Zerlegungshilfssätzen erschließbare Tatsache, daß die durch die betrachteten Zerlegungskongruenzen erklärbaren Äquivalenzklassen einen konvexen Raum über dem Bereich der positiven reellen Zahlen bilden. Vgl. hierzu W. NEF [1] (S. 221).

13 (58) B. JESSEN [1] [vgl. Anmerkung 11].

14 (59) Vgl. H. HADWIGER [54].

15 (65) H. HADWIGER [49] zeigte, daß die total-zentralsymmetrischen Eipolyeder des gewöhnlichen Raumes genau diejenigen konvexen Polyeder sind, die mit einem Würfel translativ zerlegungsgleich sind. Dies hängt andererseits damit zusammen, daß ein konvexes Polyeder, welches eine „Auspflasterung" des gesamten Raumes durch translationsgleiche Exemplare gestattet, notwendigerweise ein totalzentralsymmetrisches Eipolyeder sein muß. Nach einem Satz von B. DELAUNEY [1] braucht die gitterförmige Anordnung nicht vorausgesetzt zu werden, wie dies bei H. MINKOWSKI [1] der Fall war.

16 (66) Für schwachstetige Funktionale wurde diese Tatsache u. a. auch von H. HADWIGER [47] nachgewiesen.

17 (69) Dieses Verfahren entwickelte H. HADWIGER [53].

18 (71) N. HOFREITER [1].

19 (76) Der Satz rührt in dieser Form von H. HADWIGER [52] her.

20 (77) M. DEHN [2].

21 (77) R. SPRAGUE [2, 3] bewies, daß jedes Rechteck mit rationalem Seitenverhältnis eine Zerlegung in lauter verschiedene Quadrate gestattet, und gab auch Abschätzungen für die hierbei in Betracht fallenden Quadratanzahlen. Insbesondere läßt sich ein Quadrat in inkongruente Quadrate zerlegen. Vgl. hierzu A. STÖHR [1]. R. SPRAGUE [1] gab eine Zerlegung in 55 inkongruente Teilquadrate. Später fanden R. L. BROOKS, C. A. B. SMITH, A. H. STONE und W. T. TUTTE [1] eine solche in 26 Teilquadrate. Indessen gibt es bereits Zerlegungen in 24 Teilquadrate. Vgl. einen diesbezüglichen Hinweis bei W. SIERPINSKI [6] (S. 30).

22 (81) Eine allgemeine von W. VOLLAND [1] gegebene Fassung eines derartigen Fortsetzungssatzes bezieht sich auf additive Abbildungen der Polyederklassen in abelsche Gruppen.

3. Kapitel

Jordanscher Inhalt und Lebesguesches Maß

§ 1. Punktmengen

3.1.1. Punktmengen; Bezeichnungen

Die folgende Entwicklung der allgemeinen Inhalts- und Maßtheorie bezieht sich auf weitgehend beliebige Punktmengen des euklidischen Raumes. Eine Punktmenge A (kurz: Menge) ist durch eine Festsetzung gegeben, durch welche für jeden Raumpunkt p begrifflich feststeht, ob er der Menge als Element angehört oder nicht, d. h. ob $p \in A$ oder $p \notin A$ gilt. Da die definierende Vorschrift nur der genannten Bedingung zu genügen hat, sind Punktmengen in gewissem Sinn die einfachsten Raumfiguren, im Gegensatz etwa zu den Simplexen, deren elementargeometrische Bauvorschrift unzählige Gesetzmäßigkeiten nach sich zieht. Andererseits aber sind Punktmengen die kompliziertesten Raumfiguren, da die bei der Definitionsvorschrift offengelassene Freiheit Möglichkeiten zuläßt, die sich vorerst kaum ahnen lassen, Möglichkeiten, die unserer Anschauung entzogen bleiben und nur durch begriffliche Schlüsse aufgewiesen werden können.

Da in dem Maße, wie sich die Gegenstände der Anschauung entziehen können, die axiomatisch strenge Festlegung der zuständigen Hilfsbegriffe und Verknüpfungsregeln an Bedeutung gewinnt, erinnern wir hier an diejenigen Bezeichnungen, welche weniger geläufig sind oder bei manchen Autoren mit leicht geänderter Bedeutung auftreten, ferner an die formelmäßig hier stets gleich geschriebenen.

Die *Komplementärmenge* von A bezeichnen wir mit A^*.

A heißt *Teilmenge* von B, geschrieben $A \subset B$ oder $B \supset A$, falls jeder Punkt von A auch zu B gehört. Insbesondere gilt $A \supset A$ und $A \supset 0$ (leer). Gelegentlich sagen wir auch, A werde von B *überdeckt* bzw. *unterdeckt*, wenn $A \subset B$ bzw. $A \supset B$ gilt. Ist in einer Folge von Mengen A_ν ($\nu = 1, 2, \ldots$) stets $A_\nu \subset A_{\nu+1}$ bzw. $A_\nu \supset A_{\nu+1}$, so nennen wir die Folge *ansteigend* bzw. *absteigend*. Ist eine Menge A Teilmenge eines zu A passend gewählten Würfels U, so heißt sie *beschränkt*.

Die *Vereinigungsmenge* von zwei Mengen A und B bezeichnen wir mit $A \cup B$, den *Durchschnitt* mit $A \cap B$. Bei Verwendung innerhalb eines Systems von Mengen A_τ werden Vereinigung bzw. Durchschnitt mit $\cup A_\tau$ bzw. $\cap A_\tau$ bezeichnet, wobei gegebenenfalls, namentlich bei endlichen oder abzählbaren Indexmengen, diese angedeutet werden, wie etwa bei $\cup_1^n A_\nu$ oder $\cap_{-\infty}^{+\infty} A_\nu$.

Sind zwei Mengen A und B *disjunkt*, d. h. gilt $A \cap B = 0$ (leer), so nennen wir ihre Vereinigung auch *Summenmenge*. Die *Differenzmenge*

$A - B$ erklären wir für den Fall, daß $A \supset B$ gilt; sie enthält alle Punkte, die zu A, nicht aber zu B gehören.

Bezüglich der Begriffe translationsgleich ($\cong$), kongruent ($\simeq$) und ähnlich erinnern wir an 1.2.1.

Ein Punkt p heißt *innerer* bzw. *äußerer* Punkt der Menge A, wenn es einen eigentlichen Würfel mit p als Zentrum gibt, welcher Teilmenge von A ist bzw. zu A disjunkt ist. Die Menge der äußeren Punkte von A bildet das *Äußere* von A; die Menge der inneren Punkte von A wird das *Innere* oder der *offene Kern* von A genannt und mit $\underline{A}$ bezeichnet. Ist ein Punkt weder äußerer noch innerer Punkt von A, so heißt er *Randpunkt*. Die Menge der Randpunkte, der *Rand*, wird mit $\hat{A}$ bezeichnet. Die Summenmenge von Innerem und Rand heißt *abgeschlossene Hülle* von A; bezeichnen wir sie mit $\overline{A}$, so gilt offenbar $\hat{A} = \overline{A} - \underline{A}$. *Offen* ist eine Menge A, die mit ihrem offenen Kern $\underline{A}$ identisch ist, *abgeschlossen* eine Menge A, die mit ihrer abgeschlossenen Hülle $\overline{A}$ identisch ist. Die leere Menge und der Gesamtraum sind die einzigen Mengen, die zugleich offen und abgeschlossen sind. Ein Punkt p heißt *Häufungspunkt* der Menge A, wenn in jedem eigentlichen Würfel um p als Zentrum unendlich viele Punkte von A enthalten sind.

Eine beschränkte, abgeschlossene und konvexe Punktmenge heißt *konvexer Körper*; falls er innere Punkte aufweist, nennt man ihn *eigentlich*, andernfalls *uneigentlich*.

Schließlich ist der *Abstand* zweier nichtleerer Mengen durch

$$\Delta (A, B) = \inf d (p, q) \qquad [p \in A, q \in B] \qquad (1)$$

definiert, wo $d (p, q)$ die euklidische Distanz der Punkte p und q bedeutet. Bekanntlich gibt es zu zwei abgeschlossenen Mengen A und B, von denen mindestens eine beschränkt ist, ein Punktpaar $p_0 \in A$, $q_0 \in B$ so, daß $\Delta (A, B) = d (p_0, q_0)$; sind A und B überdies disjunkt, so gilt dann $\Delta (A, B) > 0$.

3.1.2. Mengenklassen

Eine Menge $\mathfrak{M}$ von Punktmengen des Raumes, die mindestens die leere Menge 0 enthält, nennen wir eine *Mengenklasse*.

Eine Mengenklasse heißt *additiv* bzw. *subtraktiv*, wenn sie bezüglich der Bildung der Summenmenge bzw. Differenzmenge geschlossen ist, d. h. wenn die Aussage $A, B \in \mathfrak{M}$, $A \cap B = 0 \rhd A \cup B \in \mathfrak{M}$ bzw. $A, B \in \mathfrak{M}$, $A \supset B \rhd A - B \in \mathfrak{M}$ gilt.

Unter einem *Mengenring* verstehen wir eine Mengenklasse, welche bezüglich der Bildung von Vereinigung und Durchschnitt je zweier Mengen geschlossen ist, so daß also die Aussage $A, B \in \mathfrak{M} \rhd A \cup B$, $A \cap B \in \mathfrak{M}$ gilt. Ein Mengenring ist stets additiv; ist er zugleich subtraktiv, so heißt er *Mengenkörper*. Für Mengenkörper gilt demnach

$$A, B, C \in \mathfrak{M}, C \subset A \rhd A \cup B, A \cap B, A - C \in \mathfrak{M}.$$

Beispiel eines Mengenringes ist die in 1.1.4. eingeführte *Polyederklasse* $\mathfrak{P}$, die uns als Ausgangspunkt für die Inhaltstheorie dient. Beispiel eines Mengenkörpers ist die *Universalkasse* $\mathfrak{B}$, das ist die Klasse aller beschränkten Punktmengen des Raumes; diese Klasse stellt den breitesten Rahmen für die im folgenden entwickelte Inhalts- und Maßtheorie dar[1].

Nach einer von Borel und Hausdorff eingeführten Klassifikation[2] heißt eine Mengenklasse $\mathfrak{M}$ ein δ-System, wenn mit abzählbar vielen Mengen aus $\mathfrak{M}$ auch die Durchschnittsmenge zu $\mathfrak{M}$ gehört, so daß also die Aussage $A_\nu \in \mathfrak{M}$ $(\nu = 1, 2, \ldots) \rhd \bigcap_1^\infty A_\nu \in \mathfrak{M}$ gilt. Analog heißt eine Mengenklasse $\mathfrak{M}$ ein σ-System, wenn mit abzählbar vielen Mengen aus $\mathfrak{M}$ auch die Vereinigungsmenge zu $\mathfrak{M}$ gehört, so daß die Aussage $A_\nu \in \mathfrak{M}$ $(\nu = 1, 2, \ldots) \rhd \bigcup_1^\infty A_\nu \in \mathfrak{M}$ gilt. Die Klasse aller abgeschlossenen bzw. offenen Mengen des Raumes ist ein δ-System bzw. σ-System. Die für unsere Inhaltstheorie wichtige *Klasse $\mathfrak{X}$ der beschränkten abgeschlossenen Mengen* bildet ein δ-System; hingegen ist die *Klasse $\mathfrak{Y}$ der beschränkten offenen Mengen* weder ein δ- noch ein σ-System. Sowohl $\mathfrak{X}$ wie auch $\mathfrak{Y}$ sind jedoch Mengenringe.

3.1.3. Einfache Hilfssätze

Nach der in den vorausgehenden Abschnitten skizzierten Rekapitulation der wichtigsten Begriffe der Punktmengenlehre sollen hier einige einfache Tatsachen zusammengestellt werden, auf die man immer wieder zurückgreifen muß. Es handelt sich um die nachfolgend ohne weiteren Kommentar angeführten *Hilfssätze*:

a) Eine absteigende Folge abgeschlossener (nichtleerer) Mengen besitzt einen nichtleeren Durchschnitt (Schachtelungsprinzip; Cantor-Dedekindsches Stetigkeitsaxiom).

b) Eine beschränkte überendliche Menge weist mindestens einen Häufungspunkt auf (Bolzano-Weierstrasssches Theorem).

c) Ist jeder Punkt einer beschränkten und abgeschlossenen Menge Zentrum eines eigentlichen Würfels, so wird die Menge durch endlich viele dieser Würfel überdeckt (Heine-Borelsches Theorem).

Zwei weitere Hilfssätze sind speziellerer Natur; da sie jedoch für den hier gewählten Aufbau richtungsweisend sind, sollen ihre einfachen Beweise mitgegeben werden. Es handelt sich um die folgenden Aussagen:

d) Eine (nichtleere) beschränkte abgeschlossene Menge ist der Durchschnitt einer absteigenden Folge von Polyedern.

e) Eine (nichtleere) beschränkte offene Menge ist die Vereinigungsmenge einer aufsteigenden Folge von Polyedern.

Beweis zu **d)**: Jeder natürlichen Zahl n und jedem Punkt p der beschränkten abgeschlossenen Menge X ordne man einen Würfel $U(p, n)$

mit Zentrum p und Kantenlänge $1/n$ zu. X kann dann für jedes feste n durch endlich viele dieser Würfel überdeckt werden; das Polyeder P_n sei die Vereinigungsmenge dieser endlich vielen Würfel. Die absteigende Polyederfolge $P_1,\ P_1 \cap P_2,\ P_1 \cap P_2 \cap P_3,\ \ldots$ erfüllt die Behauptung des Satzes. Aus $X \subset P_n$ folgt nämlich auch $X \subset \cap_1^\infty P_\nu$, umgekehrt gilt auch $\cap_1^\infty P_\nu \subset X$; ein Punkt p, der zu jedem P_ν gehört, kann nicht einen positiven Abstand von X haben, und da X abgeschlossen ist, muß auch $p \in X$ sein.

Beweis zu e): Man ordne jedem Punkt p der beschränkten offenen Menge Y einen noch ganz in Y enthaltenen Würfel $U(p)$ mit p als Zentrum zu. Die Menge Y_n aller Punkte p, deren Abstand von der Komplementärmenge $\Delta(p, Y^*) \geqq 1/n$ ist, ist beschränkt und abgeschlossen und kann somit durch endlich viele der Würfel $U(p)$ überdeckt werden; das Polyeder Q_n sei die Vereinigungsmenge dieser endlich vielen Würfel. Die aufsteigende Polyederfolge $Q_1,\ Q_1 \cup Q_2,\ Q_1 \cup Q_2 \cup Q_3,\ \ldots$ erfüllt dann die Behauptung des Satzes. In der Tat: Wegen $U_p \subset Y$ folgt $Q_\nu \subset Y$ und also auch $\cup_1^\infty Q_\nu \subset Y$. Andererseits gilt $Y \subset \cup_1^\infty Q_\nu$; denn für $p \in Y$ ist $\Delta(p, Y^*) > 0$ und für $n \geqq 1/\Delta(p, Y^*)$ ist $p \in Q_n \subset \cup_1^\infty Q_\nu$.

3.1.4. Zerlegungsgleichheit

Zwei Punktmengen A und B wollen wir *translativ zerlegungsgleich* (endlich gleich) nennen, symbolisch durch $A \approx B$ ausgedrückt, wenn sie sich in endlich viele disjunkte Teilmengen zerlegen lassen, die paarweise translationsgleich sind. Es gilt also:

$$A \approx B \ \rhd\!\lhd \ A = \cup_1^n A_\nu,\ B = \cup_1^n B_\nu,\ A_\nu \cap A_\mu = B_\nu \cap B_\mu = 0\ [\nu \neq \mu], \qquad (2)$$

$$A_\nu \cong B_\nu\ [\nu = 1, \ldots, n].$$

Zur Verdeutlichung zeigt Abb. 1 die translative Zerlegungsgleichheit zwischen der Summe beider halbabgeschlossenen Kathetenquadrate und dem ebenfalls halbabgeschlossenen Hypotenusenquadrat eines rechtwinkligen Dreiecks, also den mengengeometrischen pythagoreischen Lehrsatz[3]. (Die Zugehörigkeit bzw. Nichtzugehörigkeit der Randpunkte zu den polygonalen Teilstücken ist durch starke bzw. schwache Markierung der Randlinie angegeben.)

Bei der translativen Zerlegungsgleichheit handelt es sich um eine Äquivalenzrelation, die mit der

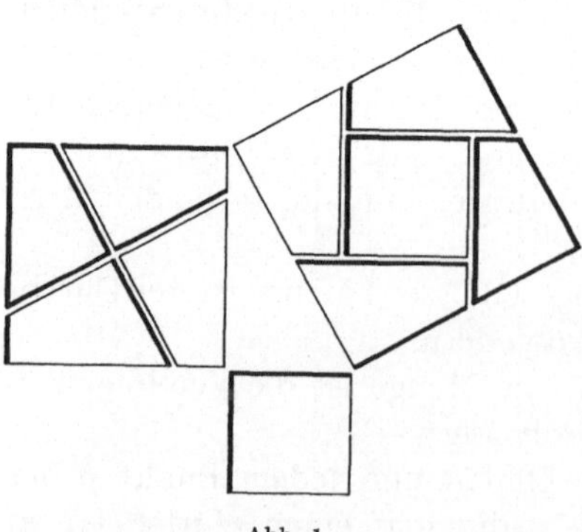

Abb. 1

Dilatation und mit der Mengensummation verträglich ist, so daß also die Regeln

$$A \approx A; \quad A \approx B \rhd B \approx A; \quad A \approx B, \ B \approx C \rhd A \approx C, \tag{3}$$

$$A \approx B \rhd \lambda A \approx \lambda B \qquad [\lambda > 0], \tag{4}$$

$$A \approx B, \ C \approx D, \ A \cap C = B \cap D = 0 \rhd A \cup C \approx B \cup D \tag{5}$$

gelten. Man beweist dies leicht in gleicher Weise wie bei der entsprechenden Polyederrelation in 1.3.2. Da die Aussage (5) an den Additionssatz 1. Kap. (58) für die Zerlegungsgleichheit im Sinne der Elementargeometrie erinnert, ist hier zu bemerken, daß eine dem Subtraktionssatz entsprechende Regel falsch wird. Dies zeigt das folgende einfache Beispiel: Es sei A ein Halbraum und B gehe aus A durch eine Parallelverschiebung hervor, so daß B eine echte Teilmenge von A wird. Ferner sei $C = 0$ (leer) und $D = A - B$ (nichtleer). Es gilt dann $A \approx B$, $A \cup C \approx B \cup D$ mit $A \cap C = B \cap D = 0$. Würde eine Subtraktionsregel gelten, so wäre der Schluß $C \approx D$ zu ziehen, was offensichtlich unrichtig ist. Die Unbeschränktheit der Mengen ist für die Konstruktion solcher Beispiele zwar stark vereinfachend, aber entbehrlich. Kompliziertere Beispiele mit beschränkten Mengen belegen ebenfalls die Ungültigkeit eines Subtraktionssatzes[4]. Mit diesem Umstand hängt es auch zusammen, daß der Nachweis des Subtraktionssatzes bei Polyedern ungleich viel schwieriger ist, als derjenige des Additionssatzes.

Eine Menge A wollen wir *translativ zerlegungskleiner* als B nennen, symbolisch durch $A \approx \subset B$ ausgedrückt, wenn A mit einer Teilmenge von B translativ zerlegungsgleich ist. Es gilt also

$$A \approx \subset B \rhd\lhd A \approx C, \ C \subset B. \tag{6}$$

Mühelos läßt sich die transitive Regel

$$A \approx \subset B, \ B \approx \subset C \rhd A \approx \subset C \tag{7}$$

bestätigen. Tiefer liegt die Aussage

$$A \approx \subset B, \ B \approx \subset A \rhd A \approx B, \tag{8}$$

welche mit dem CANTOR-BERNSTEINschen Äquivalenzsatz der Mengenlehre eng verwandt ist[5]. Gleichwertig ist die Aussage

$$A \supset B \supset C, \ A \approx C \rhd A \approx B. \tag{9}$$

Gleichwertigkeitsbeweis: Aus der Voraussetzung von (9) folgt $A \approx \subset B$ und trivialerweise auch $B \approx \subset A$. Mit der Gültigkeit von (8) ergibt sich daher (9). Umgekehrt folgt (8) aus (9). In der Tat besagt die Voraussetzung von (8) $A \approx B' \subset B$ und $B \approx A' \subset A$. Aus $B' \subset B$ und $B \approx A'$ folgt aber wegen (7) $B' \approx A'' \subset A'$ und wegen $A \approx B'$ nach (3) auch $A \approx A''$, $A'' \subset A' \subset A$. Ist (9) gültig, so ergibt sich daraus $A \approx A'$, was wegen $A' \approx B$ die Behauptung $A \approx B$ nach sich zieht.

Beweis zu (9): Die durch $A \approx C$ erzeugte eindeutige Punktabbildung $f(A) = C$ von A auf C ist stückweise translativ, d. h. jeder Punkt von A wird durch eine von n festen Translationen in den entsprechenden Punkt von C übergeführt. Wegen $A \supset B \supset C$ und $C = f(A)$ ist die i-te iterierte Abbildung f^i über A und umsomehr über B für alle natürlichen Zahlen i erklärt; dazu bedeute f^0 die Identität. Nun bilden die Mengen $A_i = f^i(A)$ und $B_i = f^i(B)$ $(i = 0, 1, 2, \ldots)$ absteigende Mengenfolgen, für die zudem $A_i \supset B_i$ und $B_i \supset A_{i+1}$ gilt. Wir konstruieren jetzt die Menge $T = \bigcap_0^\infty A_i$ und die Summenmengen $U = \bigcup_0^\infty (A_i - B_i)$; $V = T \cup [\bigcup_0^\infty (B_i - A_{i+1})]$; $P = \bigcup_1^\infty (A_i - B_i)$; $Q = T \cup [\bigcup_0^\infty (B_i - A_{i+1})]$. Dabei gilt ersichtlich $A = U \cup V$ und $B = P \cup Q$, ferner $U \cap V = P \cap Q = 0$. Nach Konstruktion ist $f(U) = P$, und weil f stückweise translativ ist, bedeutet dies $U \approx P$; ferner ist $V = Q$. Mit (5) ergibt sich also die Behauptung von (9).

Zwei Punktmengen A und B wollen wir ferner *abzählbar translativ zerlegungsgleich* (abzählbar gleich) nennen, geschrieben $A \approxeq B$, wenn sie sich in abzählbar viele disjunkte, paarweise translationsgleiche Teilmengen zerlegen lassen. Es gilt also:

$$A \approxeq B \bowtie A = \bigcup_1^\infty A_\nu,\ B = \bigcup_1^\infty B_\nu,\ A_\nu \cap A_\mu = B_\nu \cap B_\mu = 0\ [\nu \neq \mu],$$
$$A_\nu \cong B_\nu\ [\nu = 1, 2, \ldots] . \tag{10}$$

Auch für diese Verwandtschaft gelten die Regeln (3), (4) und (5) sinngemäß, da in ihren Begründungen nirgends von der Endlichkeit von n Gebrauch gemacht werden muß.

Analog nennen wir A *abzählbar translativ zerlegungskleiner* als B, geschrieben $A \approxeq \subset B$, wenn A mit einer Teilmenge von B abzählbar translativ zerlegungsgleich ist, so daß also

$$A \approxeq \subset B \bowtie A \approxeq C,\ C \subset B \tag{11}$$

gilt. Auf diese Verwandtschaft übertragen sich die Regeln (7), (8) und (9) sinngemäß.

3.1.5. Zerlegungsparadoxien

Gewisse grundsätzliche Fragen der Inhalts- und Maßtheorie, insbesondere das Existenzproblem für universelle Systeme betreffende, stehen mit der Existenz oder Nichtexistenz paradoxer Zerlegungsgleichheiten bei Punktmengen in engstem Zusammenhang. Zerlegungsparadoxien sind Beziehungen, die dem anschaulichen Gehalt nach dem euklidischen Größenaxiom „Das Ganze ist größer als der Teil" zu widersprechen scheinen. Da bei genauerer Betrachtung solche Beziehungen zwar merkwürdig und in ihren Einzelheiten der Anschauung keineswegs zugänglich, begrifflich aber durchaus schlüssig sind, handelt es sich nicht um echte (logische) Paradoxien, sondern vielmehr um unerwartete Auswirkungen der im Unendlichen des Kontinuums enthaltenen Möglichkeiten.

Daß jedes eigentliche Polyeder mit seinem (nichtleeren) offenen Kern translativ zerlegungsgleich ist, wie wir dies im nächsten Abschnitt beweisen werden, mag noch plausibel sein. Eine starke „Paradoxie" aber wäre der Sachverhalt, daß eine Menge mit ihrer Hälfte zerlegungsgleich ist; dabei bezeichnen wir als Hälfte von A einen Teil $A' \subset A$, der mit $A'' = A - A'$ zerlegungsgleich ist[6]. Für die endliche translative Zerlegungsgleichheit existiert eine derartige Paradoxie nicht. Dies hat SIERPINSKI für die Raumdimension $k = 1$ nachgewiesen, und der Beweis läßt sich auf beliebige Dimensionszahl $k \geq 1$ übertragen[7]. Die Beschränkung auf einen normierten Fall erweist sich als nur wenig schwächere Aussage und besagt: Bezeichnen W und W' abgeschlossene disjunkte Einheitswürfel, so gilt

$$W \not\approx W \cup W'. \tag{12}$$

Dies wird sich in 3.5.2. als Korollar eines allgemeinern Resultates ergeben, so daß wir hier auf einen direkten Beweis verzichten.

Allgemeine Untersuchungen von J. VON NEUMANN haben gezeigt[8], daß für die Nichtexistenz einer derartigen Zerlegungsparadoxie die Struktur der zugrundegelegten Gruppe, also in unserem Fall diejenige der (abelschen) Translationsgruppe verantwortlich ist. Hätten wir der Erklärung der Zerlegungsgleichheit die volle Bewegungsgruppe zugrundegelegt, so müßte für $k \geq 3$ die mit (12) verneinte paradoxe Relation umgekehrt bejaht werden; dies auf Grund von Ergebnissen von BANACH und TARSKI, auf die wir hier nicht näher eingehen können[9].

Die Sachlage ändert wieder, wenn wir anstelle der Endlichgleichheit die mit (10) eingeführte abzählbare translative Zerlegungsgleichheit in Betracht ziehen. Jetzt wird der von uns gewählte typische Fall einer Zerlegungsparadoxie, nämlich die „Würfelverdoppelung" möglich; statt (12) gilt

$$W \cong W \cup W'. \tag{13}$$

Beweis: Es sei zunächst $k = 1$ und es bezeichne ξ die Koordinate und zugleich den Punkt im linearen Raum. U sei der durch $0 \leq \xi < 1$ charakterisierte halbabgeschlossene lineare Würfel. θ bedeute eine irrationale Zahl. Für $\alpha, \alpha' \in U$ setzen wir $\alpha \sim \alpha'$, falls die Kongruenz $\alpha' \equiv \alpha + p\theta \pmod 1$ mit einem passenden ganzzahligen p besteht. $A(\alpha)$ bezeichne die Äquivalenzklasse, die das Auswahlelement α enthält. $A(\alpha)$ enthält genau die abzählbar vielen paarweise verschiedenen Punkte $\xi_p \equiv \alpha + p\theta \pmod 1$, $\xi_p \in U$, $(p = \ldots, -1, 0, 1, \ldots)$. Es gibt kontinuierlich viele Klassen $A(\alpha), A(\beta), A(\gamma), \ldots$; fassen wir die Auswahlelemente

$\alpha, \beta, \gamma, \ldots$ zusammen, so ergibt sich die überabzählbare Menge T. Nun bilden wir die abzählbar vielen Mengen $T_p \equiv T + p\theta \pmod 1$ ($p = \ldots, -1, 0, 1, \ldots$); die Anschrift drückt aus, daß man zu jedem $\xi \in T$ diejenige durch p eindeutig bestimmte Zahl $\xi_p \in U$ wählen und zu T_p rechnen soll, welche der Relation $\xi_p \equiv \xi + p\theta \pmod 1$ genügt. Nun macht man die folgenden drei einfachen Feststellungen: (a) $T_p \cap T_q = 0 \, (p \neq q)$. Andernfalls wäre etwa $\alpha + p\theta \equiv \beta + q\theta \pmod 1$; daraus folgt einerseits $\alpha \neq \beta$, andererseits $\alpha \sim \beta$, im Widerspruch zur Konstruktion. (b) $U = \ldots \cup T_{-1} \cup T_0 \cup T_1 \cup \ldots$. In der Tat folgt mit $\xi \in U$ zunächst etwa $\xi \in A(\alpha)$, oder also $\xi \equiv \alpha + r\theta \pmod 1$ und hieraus $\xi \in T_r$. (c) $T_p \approx T_q \, (p \neq q)$. Mit Verwendung der bereits weiter oben erklärten symbolischen Schreibweise gilt (ca) $T_p \equiv T_q + (p-q)\theta \pmod 1$. Setzen wir abkürzend (cb) $T' = T_q + (p-q)\theta$, so daß also T' durch eine Verschiebung um die Spanne $(p-q)\theta$ aus T_q hervorgeht, so gibt es wegen $T_q \subset U$ eine ganze Zahl s so, daß $T' \subset (U+s) \cup (U+s+1)$ gilt. Ist $S' = (U+s) \cap T'$ und $S'' = (U+s+1) \cap T'$, so ist mit (cc) $T' = S' \cup S''$ eine disjunkte Zerlegung von T' gegeben. Mit Rückblick auf (ca) und auf die Konstruktion ist nun (cd) $T_p = (S'-s) \cup (S''-s-1)$ eine disjunkte Zerlegung von T_p. Mit (cc) und (cd) folgt aber $T_p \approx T' \approx T_q$ oder also die Behauptung (c).

Mit (a), (b) und (c) begründet man auf naheliegende Weise das Bestehen der beiden Relationen $U \gtrapprox \ldots \cup T_{-2} \cup T_0 \cup T_2 \cup \ldots$, und $U' \gtrapprox \ldots \cup T_{-3} \cup T_{-1} \cup T_1 \cup T_3 \cup \ldots$, wo U' der mit U translationsgleiche und disjunkte Würfel $1 \leq \xi < 2$ sein soll. Hieraus resultiert (d) $U \cup U' \gtrapprox U$ Mit Iteration folgt auch (da) $U \gtrapprox V$, wo V den halbabgeschlossenen linearen Würfel $0 \leq \xi < 4$ bedeutet. Es seien jetzt W und W' die beiden abgeschlossenen und disjunkten Einheitswürfel $0 \leq \xi \leq 1$ und $3/2 \leq \xi \leq 5/2$, so daß $W \cup W' \subset V$ gilt. Mit Rücksicht auf $U \subset W$ und (da) ergibt sich mit (7) einerseits (db) $W \cup W' \gtrapprox \subset W$ und aus trivialen Gründen andererseits (dc) $W \gtrapprox \subset W \cup W'$. Die Anwendung von (8) gestattet, aus (db) und (dc) auf (e) $W \gtrapprox W \cup W'$ zu schließen. Ist die Raumdimension $k > 1$, so realisiere man die Zerlegungsgleichheit (e) für eindimensionale Kanten der beteiligten Einheitswürfel, wobei man ohne wesentliche Beeinträchtigung annehmen kann, daß diese Kanten in einer gemeinsamen Trägergeraden liegen. Indem man jedem Kantenpunkt den $(k-1)$-dimensionalen Schnittwürfel zuordnet, der von der im Punkt orthogonal zur Kante stehenden Ebene aus dem Würfel ausgeschnitten wird, ergibt sich die Zerlegungsbeziehung (13) für die vollen Würfel aus derjenigen der Kanten. Damit ist der Beweis abgeschlossen.

Zerlegungen des Kontinuums, die wie im vorstehenden Beweis auf unerwartete Sätze zu schließen gestatten, hat erstmals HAUSDORFF entdeckt[10]. Seine Ergebnisse bilden historisch und sachlich den Ausgangspunkt für die Entwicklung der verschiedenen Zerlegungsparadoxien, die man heute kennt. Ihre Herleitungen benötigen stets das Auswahlaxiom. Die für sie charakteristische Diskrepanz zwischen dem Ergebnis anschaulicher Abwägung und zwingender Schlußweise tritt noch deutlicher hervor, wenn wir die hauptsächlichste Folgerung aus der eben bewiesenen Würfelverdoppelung ziehen, und zwar mit dem folgenden [11]

Satz I. *Zwei beliebige (beschränkte oder unbeschränkte) Punktmengen A und B mit inneren Punkten sind abzählbar translativ zerlegungsgleich, d. h. es gilt die Zerlegungsrelation*

$$A \approxeq B \,. \tag{14}$$

Beweis: Wir setzen zunächst voraus, daß A und B beschränkt sind. Durch Iteration von (13) ergibt sich die Relation $W \approxeq 2^m \cdot W$, wo m eine beliebige natürliche Zahl ist und die rechte Seite eine disjunkte Vervielfachung, also ein Aggregat von 2^m mit W translationsgleichen Einheitswürfeln bezeichnet [vgl. 1.3.1.]. Trivialerweise gilt $A \approxeq \subset 2^m \cdot W$, falls m groß genug gewählt wird, und so resultiert mit der Transitivität vorerst (a) $A \approxeq \subset W$. Da B einen inneren Punkt aufweist, gilt $U \subset B$ für einen ausreichend kleinen Würfel U. Für ausreichend großes n gilt $W \approxeq \subset 2^n \cdot U$, und da wieder nach (13) $2^n \cdot U \approxeq U$ ist, folgt $W \approxeq \subset U$ und wegen $U \subset B$ (b) $W \approxeq \subset B$. Aus (a) und (b) schließt man auf $A \approxeq \subset B$; da aus Symmetriegründen ebenso auf $B \approxeq \subset A$ geschlossen werden kann, folgt mit (8) schließlich $A \approxeq B$. Damit ist (14) für beschränkte Mengen bewiesen. Die Richtigkeit auch für unbeschränkte Mengen mit inneren Punkten ergibt sich auf einfachste Weise auf Grund der Bemerkung, daß solche stets in abzählbar viele beschränkte Teilmengen mit inneren Punkten zerlegt werden können.

3.1.6. Parallelotope und Zerlegungsgleichheit

Nach einem Hilfssatz der Zerlegungstheorie der Polyeder [vgl. 1.3.3. Satz V] sind inhaltsgleiche (abgeschlossene) Parallelotope translativ zerlegungsgleich im Sinne der Elementargeometrie. Wir fragen uns, ob sich in bezug auf die translative Zerlegungsgleichheit im Sinne der Punktmengenlehre eine entsprechende Aussage machen läßt. Dies ist in der Tat der Fall [12]. Wenn P und Q Parallelotope bedeuten, gilt nämlich

$$P \approx Q \,\bowtie\, I(P) = I(Q) \,, \tag{15}$$

oder ausführlicher formuliert als

Satz II. *Zwei (abgeschlossene) Parallelotope P und Q sind dann und nur dann translativ zerlegungsgleich im Sinne der Punktmengenlehre, wenn sie inhaltsgleich sind.*

Beweis: **a)** Vorerst zeigen wir, daß ein Simplex S mit seinem offenen Kern $\underline{S}$ translativ zerlegungsgleich ist. Es sei zunächst $k = 1$; ohne Einschränkung der Allgemeinheit führen wir den Beweis nur für das Simplex S: $(0 \leq \xi \leq 1)$. Wir betrachten die beiden abzählbaren Mengen X: $(\xi = p\theta - [p\theta])$, $(p = 0, 1, \ldots)$ und Y: $(\xi = p\theta - [p\theta])$, $(p = 1, 2, \ldots)$, wobei θ $(0 < \theta < 1)$ eine irrationale Zahl und $[\,]$ die Gausssche Klammer bezeichnen, und zerlegen sie in je zwei disjunkte Teilmengen durch folgende Bedingungen:

$$X = X' \cup X''; \quad X': \ (0 \leq \xi < 1 - \theta), \quad X'': \ (1 - \theta < \xi < 1) \quad (\xi \in X);$$
$$Y = Y' \cup Y''; \quad Y': \ (\theta \leq \xi < 1), \quad Y'': \ (0 < \xi < \theta) \qquad (\xi \in Y).$$

Es ist hier zu beachten, daß $(1 - \theta)$, $1 \notin X$ und 0, $1 \notin Y$ gilt. Mit Rücksicht auf die Konstruktion schließt man auf $X' \cong Y'$ und $X'' \cong Y''$ und daraus auf $X \approx Y$. Mit S': $(0 < \xi \leq 1)$ und $T = S - X$ gilt $S = T \cup X$ $(T \cap X = 0)$ und $S' = T \cup Y$ $(T \cap Y = 0)$, woraus (aa) $S \approx S'$ resultiert. Ebenso folgt, daß S' mit $\underline{S}$: $(0 < \xi < 1)$ translativ zerlegungsgleich ist, was jetzt (ab) $S \approx \underline{S}$ liefert. Es sei nun $k > 1$. Es bedeutet keine Einschränkung anzunehmen, daß eine $(k-1)$dimensionale Seitenfläche des Simplex S in einer durch den Ursprung gehenden und zur ξ-Achse total orthogonalen Ebene liegt. Wir überdecken diese Seitenfläche mit der elementargeometrischen Summe von endlich vielen translationsgleichen $(k-1)$-dimensionalen Würfeln der Kantenlänge σ, wobei σ so gewählt ist, daß mindestens ein Würfel V ganz in das Innere der Seitenfläche fällt. Es gibt dann ein $\varrho > 0$ so, daß mit U: $(0 \leq \xi \leq \varrho)$ die Minkowskische Summe $V \times U$ [vgl. 1.2.2.] ganz in S enthalten ist. Mit U': $(0 < \xi \leq \varrho)$ gilt nach (aa) $U \approx U'$ und somit wegen der Orthogonalität von V und U auch $V \times U \approx V \times U'$. S ist also translativ zerlegungsgleich mit der Restmenge, die aus S durch Subtraktion der Randpunktmenge V hervorgeht. Jetzt können wir nacheinander die Durchschnitte der einzelnen Würfel mit der jeweiligen Restmenge parallel in V verschieben und das Verfahren wiederholen, bis die Restmenge keinen Punkt der betrachteten Seitenfläche mehr enthält. Diese Konstruktion läßt sich analog für die k übrigen Seitenflächen durchführen, so daß nach endlich vielen Schritten mit Verwendung von (3) tatsächlich (ac) $S \approx \underline{S}$ ausfällt.

b) Es seien P und Q zwei inhaltsgleiche Parallelotope. Diese sind im Sinne der Elementargeometrie translativ zerlegungsgleich [vgl. 1.3.3. Satz V], d. h. es gelten die Anschriften $P = S_{11} + \cdots + S_{1n}$ und $Q = S_{21} + \cdots + S_{2n}$ mit $S_{1\nu} \cong S_{2\nu}$, wobei die $S_{\mu\nu}$ Simplexe bedeuten. Mit geeigneten $S'_{\mu\nu}$, (ba) $\underline{S}_{\mu\nu} \subset S'_{\mu\nu} \subset S_{\mu\nu}$ erzielen wir $P = \cup_1^n S'_{1\nu}$, $(S'_{1\nu} \cap S'_{1\mu} = 0$, $\nu \neq \mu)$ und $Q = \cup_1^n S'_{2\nu}$ $(S'_{2\nu} \cap S'_{2\mu} = 0$, $\nu \neq \mu)$. Mit (ba) und (ac) folgt unter Verwendung von (9) $S'_{\mu\nu} \approx \underline{S}_{\mu\nu}$ und damit $P \approx P' = \cup_1^n \underline{S}_{1\nu}$ und $Q \approx Q' = \cup_1^n \underline{S}_{2\nu}$, woraus mit der Bemerkung $P' \approx Q'$ (bb) $P \approx Q$ resultiert. Damit ist der erste Teil des Satzes bewiesen.

c) Es sei (ca) $P \approx Q$, und wir treffen die Gegenannahme, daß $I(P) >$ $> I(Q)$ sei. Wir dürfen annehmen, daß Q den Koordinatenursprung Z enthält. Es gibt ein $\lambda > 1$, so daß $I(P) = I(\lambda Q)$ ist. Mit (bb) und (ca) schließen wir auf $P \approx \lambda Q \approx Q$ und mit (4) auf (cb) $Q \approx \lambda^n Q \; (Q \subset \lambda^n Q)$. Wir können n so groß wählen, daß $\lambda^n Q - Q$ ein mit Q translationsgleiches Parallelotop Q' enthält. Jetzt folgt mit (cb) und (9) $Q \approx Q \cup Q' \; (Q \cap Q'$ $= 0)$, was mit (12) im Widerspruch steht. Unsere Annahme ist daher falsch und Satz II vollständig bewiesen.

Mit ähnlichen Schlüssen kann noch gefolgert werden, daß jedes Polyeder mit inneren Punkten mit seinem offenen Kern translativ zerlegungsgleich ist. Ganz allgemein folgt aus der translativen Zerlegungsgleichheit im Sinne der Elementargeometrie stets die translative Zerlegungsgleichheit im Sinne der Punktmengenlehre.

§ 2. Inhalts- und Maßsysteme

3.2.1. Begriff des Inhaltssystems; Inhaltspostulate

Zu Beginn des vorstehenden Kapitels wurde der Standpunkt der formalen Inhaltstheorie kurz erläutert [vgl. 2.1.1.]. Die Ausgangssituation beim elementaren Inhaltsproblem ist insofern recht konkreter Natur, als die Körperklasse, auf die sich die Inhaltsmessung beziehen soll, nämlich diejenige der Polyeder, von vornherein klar vorgegeben und uns vertraut ist. Der Umstand, daß diese Körper zum überlieferten elementargeometrischen Figurenbestand gehören, trägt dazu bei, daß die an sich ja willkürlich wählbaren Inhaltspostulate in der Form, wie sie angesetzt wurden, als durchaus natürlich und anschaulich empfunden werden.

Die Situation, von der man in der allgemeinen formalen Inhaltstheorie auszugehen hat, ist in dieser Beziehung abstrakter, indem nicht nur die Inhaltsmaßzahl durch charakteristische Eigenschaften auf axiomatische Weise implizite definiert werden muß, sondern auch die Mengenklasse, welche dem betreffenden Inhaltssystem zugrunde liegen soll. Es ist wohl selbstverständlich, daß die axiomatische Charakterisierung eines allgemeinen Inhaltssystems so angesetzt werden sollte, daß das elementare Inhaltssystem ein spezielles zulässiges System wird. Es dürfen deshalb keine Forderungen an die Mengenklasse oder an den Inhalt gestellt werden, die bei der Polyederklasse oder beim elementaren Inhalt nicht erfüllt werden. Ähnliche Rücksichten auf andere individuelle Inhaltssysteme, insbesondere auch auf solche, die sich erst bei konsequenter Verfolgung der axiomatischen Entwicklung aufdrängen, legen es nahe, die Postulate, die an die Spitze der allgemeinen formalen Inhaltstheorie gestellt werden, in einigen Punkten schwächer zu fassen, als dies sonst üblich ist.

Wir erklären jetzt, was wir unter einem *Inhaltssystem* verstehen wollen:

Eine Klasse *beschränkter* Punktmengen[13], welche auch die leere Menge 0 enthält, nennen wir ein *Inhaltsfeld* (kurz *Feld*) $\mathfrak{F}$, wenn die folgenden drei Feldpostulate erfüllt sind:

I°. Die Mengenklasse $\mathfrak{F}$ ist *translationsfrei*, d. h. es gilt

$$A \in \mathfrak{F}, \quad A \cong B \rhd B \in \mathfrak{F}. \tag{16}$$

II°. Die Mengenklasse $\mathfrak{F}$ ist *additiv*, d. h. sie enthält mit zwei disjunkten Mengen stets auch die Vereinigungsmenge, so daß gilt

$$A, B \in \mathfrak{F}, \quad A \cap B = 0 \rhd A \cup B \in \mathfrak{F}. \tag{17}$$

III°. Die Mengenklasse $\mathfrak{F}$ ist *normal*, d. h. es gilt

$$W \in \mathfrak{F}, \tag{18}$$

wo W den abgeschlossenen Einheitswürfel $\langle e_1, \ldots, e_k \rangle$ bezeichnet, dessen ausgezeichnete Ecke mit dem Ursprung Z zusammenfällt.

Ein über dem Inhaltsfeld $\mathfrak{F}$ eindeutig definiertes Funktional φ, welches jeder Menge $A \in \mathfrak{F}$ die reelle Zahl $\varphi(A)$ zuordnet, nennen wir eine *Inhaltsmaßzahl* (kurz *Inhalt*), wenn die folgenden vier Inhaltspostulate erfüllt sind:

I. Das Funktional φ ist *tranlationsinvariant*, d. h. für translationsgleiche Mengen gilt

$$\varphi(A) = \varphi(B) \qquad [A \cong B]. \tag{19}$$

II. Das Funktional φ ist *additiv*, d. h. für die Vereinigung disjunkter Mengen gilt

$$\varphi(A \cup B) = \varphi(A) + \varphi(B) \qquad [A \cap B = 0]. \tag{20}$$

III. Das Funktional φ ist (nichtnegativ-) *definit*, so daß also

$$\varphi(A) \geqq 0 \tag{21}$$

gilt.

IV. Das Funktional φ ist *normiert*, d. h. es gilt

$$\varphi(W) = 1, \tag{22}$$

wo W den Einheitswürfel bedeutet.

Durch Zusammenfassung eines Inhaltsfeldes $\mathfrak{F}$ und eines über $\mathfrak{F}$ definierten Inhalts entsteht das *Inhaltssystem* $\langle \mathfrak{F}, \varphi \rangle$. Die Mengen, die dem Inhaltsfeld eines Systems angehören, nennen wir auch *meßbar* (im betreffenden System meßbar). Die meßbaren Mengen vom Inhalt Null heißen *Nullmengen*. Bezeichnen wir die Klasse der Nullmengen mit $\mathfrak{F}_0$, so gilt also

$$A \in \mathfrak{F}_0 \;\bowtie\; A \in \mathfrak{F},\; \varphi(A) = 0 . \tag{23}$$

Die leere Menge 0 ist stets eine Nullmenge. In der Tat folgt aus (20) für $A = B = 0$ unmittelbar

$$\varphi(0) = 0 . \tag{24}$$

Die wichtigste Frage, die bei der axiomatischen Charakterisierung der Inhaltssysteme gestellt werden kann, ist diejenige nach der Existenz solcher Systeme. Eine einfache Überprüfung zeigt uns, daß das im vorstehenden Kapitel begründete *elementare Inhaltssystem* $\langle \mathfrak{P}, I \rangle$ in der Tat ein Inhaltssystem in unserem Sinne ist, indem die Polyederklasse $\mathfrak{P}$ den Feldpostulaten und der elementare Inhalt I den Inhaltspostulaten genügt. Hätte man, wie das oft üblich ist, mit den Axiomen verlangt, daß ein Inhaltsfeld ein Mengenkörper sei [14], so wäre diese Permanenzforderung bereits verletzt, da $\mathfrak{P}$ nur ein Mengenring ist. Mit unserer Bemerkung ist die Existenzfrage bereits im positiven Sinn entschieden.

3.2.2. Einfache Folgerungen

Als einfachste Folgerungen aus den Postulaten ergeben sich die folgenden Eigenschaften eines Inhaltssystems:

V. Der Inhalt ist *subtraktiv*, d. h. es gilt

$$\varphi(A - B) = \varphi(A) - \varphi(B) \qquad [A \supset B,\, A-B \in \mathfrak{F}] . \tag{25}$$

Man beachte aber, daß die Meßbarkeit der Differenzmenge $A-B$ zusätzlich gefordert werden muß.

VI. Der Inhalt ist im erweiterten Sinn *additiv*, so daß das symmetrische Additionstheorem

$$\varphi(A \cup B) + \varphi(A \cap B) = \varphi(A) + \varphi(B) \tag{26}$$
$$[A \cap B,\, A-(A \cap B),\, B-(A \cap B) \in \mathfrak{F}]$$

gilt. Die Gültigkeit dieser Additionsformel ist nur dann gesichert, wenn der Durchschnitt $A \cap B$ und die Differenzmengen $A-(A \cap B)$ und $B-(A \cap B)$ meßbar sind; die Meßbarkeit von $A \cup B$ und $A \cap B$ allein genügt nicht.

Beweise: Aussage (25) folgt mit $(A-B) \cup B = A$ aus (20). Mit $A-(A \cap B)$, $B-(A \cap B)$, $A \cap B \in \mathfrak{F}$ folgt aus $A \cup B = (A \cap B) \cup (A-(A \cap B)) \cup (B-(A \cap B))$ nach (17) zunächst $A \cup B \in \mathfrak{F}$ und dann mit (20) und (25) leicht Aussage (26).

Wir schließen noch zwei nützliche technische Formeln an, welche sich durch Iteration der Formel (26) ergeben, und die also erweiterte Additionstheoreme darstellen. Vorausgesetzt, daß alle angeschriebenen

Mengen meßbar sind, gilt nämlich die Additionsformel

$$\varphi(A_1 \cup A_2 \cup \ldots \cup A_n) = \Sigma^1\, \varphi(A_\alpha) - \Sigma^2\, \varphi(A_\alpha \cap A_\beta) + \tag{27}$$
$$+ \Sigma^3\, \varphi(A_\alpha \cap A_\beta \cap A_\gamma) - \cdots,$$

wobei sich die Summationen Σ^i über alle Durchschnitte erstrecken, welche den Kombinationen aus den Indizes $1, 2, \ldots, n$ zur i-ten Klasse entsprechen. Bezeichnet weiter U_i $(i = 1, 2, \ldots, n)$ die Menge derjenigen Punkte, welche zu i oder mehr als i verschiedenen Mengen des Systems gehören, so gilt unter derselben Voraussetzung über die Meßbarkeit die Additionsformel

$$\varphi(A_1) + \varphi(A_2) + \cdots + \varphi(A_n) = \varphi(U_1) + \varphi(U_2) + \cdots + \varphi(U_n)\,. \tag{28}$$

3.2.3. Weitere Eigenschaften

Wir erläutern eine Reihe von Eigenschaften, welche Inhaltssysteme neben den durch die Postulate geforderten zusätzlich noch aufweisen können. Zunächst führen wir Eigenschaften an, die dem Feld zukommen können:

IV°. Ein Feld $\mathfrak{F}$ heißt *subtraktiv*, wenn

$$A, B \in \mathfrak{F}, A \supset B \,\triangleright\, A - B \in \mathfrak{F} \tag{29}$$

gilt.

V°. Ein Feld $\mathfrak{F}$ weist die *Ringeigenschaft* auf, wenn

$$A, B \in \mathfrak{F} \,\triangleright\, A \cup B, A \cap B \in \mathfrak{F} \tag{30}$$

gilt.

VI°. Ein Feld $\mathfrak{F}$ weist die *Körpereigenschaft* auf, wenn

$$A, B \in \mathfrak{F} \,\triangleright\, A \cup B, A \cap B, A - (A \cap B) \in \mathfrak{F} \tag{31}$$

gilt.

VII°. Ein Feld $\mathfrak{F}$ heißt *bewegungsfrei*, wenn

$$A \in \mathfrak{F}, A \simeq B \,\triangleright\, B \in \mathfrak{F} \tag{32}$$

gilt.

VIII°. Ein Feld $\mathfrak{F}$ ist *dilatationsfrei*, wenn

$$A \in \mathfrak{F} \,\triangleright\, \lambda A \in \mathfrak{F} \qquad [\lambda > 0] \tag{33}$$

gilt.

IX°. Ein Feld $\mathfrak{F}$ heißt translativ *zerlegungsfrei*, wenn

$$A \in \mathfrak{F}, A \approx B \,\triangleright\, B \in \mathfrak{F} \tag{34}$$

gilt.

X°. Ein Feld $\mathfrak{F}$ weist die *Eindeutigkeitseigenschaft* auf, wenn für je zwei über $\mathfrak{F}$ definierte Inhalte φ und ψ die Identität

$$\varphi(A) = \psi(A) \qquad [A \in \mathfrak{F}] \tag{35}$$

gilt; für ein solches Feld sind die Inhaltsmaßzahlen durch die Postulate allein eindeutig bestimmt.

Eigenschaften, die der Inhaltsmaßzahl zukommen können, sind die folgenden:

VII. Ein Inhalt φ heißt *monoton*, wenn

$$\varphi(A) \leqq \varphi(B) \qquad [A \subset B] \tag{36}$$

gilt.

VIII. Ein Inhalt φ heißt *bewegungsinvariant*, wenn

$$\varphi(A) = \varphi(B) \qquad [A \simeq B] \tag{37}$$

gilt.

IX. Ein Inhalt φ ist *homogen* (vom Grade k), wenn

$$\varphi(\lambda A) = \lambda^k \varphi(A) \qquad [\lambda > 0] \tag{38}$$

gilt.

X. Ein Inhalt φ heißt *translativ zerlegungsinvariant*, wenn

$$\varphi(A) = \varphi(B) \qquad [A \approx B] \tag{39}$$

gilt.

XI. Ein Inhalt φ heißt *translativ zerlegungsmonoton*, wenn

$$\varphi(A) \leqq \varphi(B) \qquad [A \approx \subset B] \tag{40}$$

gilt.

Endlich erwähnen wir noch eine Eigenschaft, welche einem Inhaltssystem als Ganzem zukommen kann:

XII*. Ein Inhaltssystem $\langle \mathfrak{F}, \varphi \rangle$ nennen wir *vollständig*, wenn eine Menge, die zwischen zwei meßbare Mengen von beliebig kleiner Inhaltsdifferenz eingeschlossen werden kann, selbst meßbar sein muß, d. h.: Hat die Menge C die Eigenschaft, daß sich zu jedem $\varepsilon > 0$ zwei Mengen $A, B \in \mathfrak{F}$ so finden lassen, daß die Bedingungen

$$A \supset C \supset B \; ; \; |\varphi(A) - \varphi(B)| < \varepsilon \tag{41}$$

erfüllt sind, so gilt $C \in \mathfrak{F}$.

Ein spezielles Inhaltssystem, welches keine der Eigenschaften IV° bis X° und VII bis XII* aufweist, zeigt, daß diese von den Inhaltspostulaten I° bis III° und I bis IV unabhängig sind und erweist auch, daß die in V und VI hervorgehobenen Nebenbedingungen unentbehrlich sind. Ein solches System ist das folgende: Das Feld $\mathfrak{F}$ bestehe aus der leeren Menge und allen Mengen, die sich als Vereinigungsmenge von endlich vielen disjunkt liegenden abgeschlossenen Intervallen mit rationalen Kantenlängen darstellen lassen. Offensichtlich erfüllt $\mathfrak{F}$ die Feldpostulate I° bis III°. Für ein $A \in \mathfrak{F}$ erklären wir $\varphi(A) = \Sigma_1^n \sqrt{a_{\nu 1}}$, wobei $A = \mathsf{U}_1^n P_\nu$ und

die P_ν $(\nu = 1, \ldots, n)$ disjunkte Intervalle mit den rationalen Kantenlängen $a_{\nu 1}, \ldots, a_{\nu k}$ bedeuten. Offensichtlich erfüllt φ die Inhaltspostulate I bis IV. Wir durchgehen nun die Eigenschaften und weisen bei
jeder Nummer auf einen Sonderfall hin, der abzulesen erlaubt, daß die
betreffende Eigenschaft im konstruierten System nicht gilt. IV°.
$A = 2W$, $B = W$; V°. $A = W$, $B = W'$ ($W' \cong W$, $W \cap W'$ nichtleer,
aber uneigentlich); VI°. wie in V°.; VII°. $A = W$, $B = W'$ ($W' \simeq W$,
$W' \ncong W$, nur für $k > 1$ möglich); VIII°. $A = \lambda W$, $\lambda = \sqrt{2}$; IX°. $A = W$,
$B = (W - p) \cup q$ (p, q Punkte, $p \in W$, $q \notin W$); X°. $\psi(A) = \Sigma_1^n a_{\nu 1}$; VII.
$A = W \cup W'$, $B = 3W$ ($W' \cong W$, $W' \cap W = 0$, $W, W' \subset 3W$); VIII. A
$= \langle 1, 2, 1, \ldots, 1 \rangle$, $B = \langle 2, 1, 1, \ldots, 1 \rangle$ (nur für $k > 1$ möglich); IX. $A = \lambda W$
$\lambda = 2$; X. wie in VIII. Nach Satz II gilt $A \approx B$; XI. wie in VII.; XII*.
$C = \sqrt{2}\, W$.

3.2.4. Verschiedene Aussagen und Sätze

Wenn auch die im vorstehenden Abschnitt betrachteten Eigenschaften der Inhaltssysteme von den Inhaltspostulaten selbst unabhängig
sind, so zeigen sie doch unter sich eine starke gegenseitige Verflochten-
heit. Es ist Aufgabe der axiomatischen Inhaltstheorie, die wichtigsten
dieser Zusammenhänge zu erschließen. Nachfolgend greifen wir einige
Beziehungen dieser Art auf, die für das Weitere von Interesse sind.

Zunächst einige einfache Aussagen: Ist das Feld subtraktiv, so ist der
Inhalt monoton [vgl. (29) und (36)]. In der Tat läßt sich mit $A \subset B$ auf
die disjunkte Darstellung $B = A \cup (B - A)$ und mit (20) und (21) auf

$$\varphi(A) \leqq \varphi(B) \qquad [A \subset B] \tag{42}$$

schließen. Hat das Feld sogar die Körpereigenschaft [vgl. (31)], so gilt
stärker als (42) die Ungleichung

$$\varphi(A) \leqq \Sigma_1^n \varphi(B_\nu) \qquad [A \subset U_1^n B_\nu], \tag{43}$$

welche ausdrückt, daß φ *deckungsmonoton* ist. Ein monotoner Inhalt
braucht indessen nicht deckungsmonoton zu sein, wenn die angegebene
Voraussetzung nicht erfüllt ist. Der Nachweis von (43) ergibt sich direkt
durch Anwendung von (28), da mit der dort eingeführten Bezeichnung
$A \subset U_1$ gilt. Die Körpereigenschaft des Feldes wird gebraucht, um zu
zeigen, daß die dort vorausgesetzten Meßbarkeitsbedingungen erfüllt
sind.

Wir wollen eine Menge A *unterdimensional* nennen, wenn sie in einem
$(k-1)$-dimensionalen Teilraum liegt, d. h. wenn $A \subset E$ mit einer passenden Ebene E gilt. Hat ein bewegungsfreies Feld die Körpereigenschaft,
so sind die meßbaren unterdimensionalen Mengen Nullmengen, so daß
also

$$\varphi(A) = 0 \qquad [A \subset E] \tag{44}$$

gilt [vgl. (32), (31) und (23)]. Insbesondere sind in vollständigen Systemen [vgl. (41)] alle beschränkten unterdimensionalen Mengen Nullmengen. In der Tat: Es bezeichne U einen in der Ebene E liegenden $(k-1)$-dimensionalen Einheitswürfel. Da man mit zwei passenden mit W kongruenten Würfeln W' und W'' die Darstellung $U = W' \cap W''$ gewinnen kann, folgt die Meßbarkeit von U. Mit einem beliebigen natürlichen n gilt $n \cdot U \subset W'$, wo $n \cdot U$ eine Vervielfachung von U, hier eine Auslegung von n disjunkt liegenden, mit U translationsgleichen Würfeln anzeigt. Auch $n \cdot U$ ist meßbar und nach (42) folgt $n\,\varphi(U) \leqq 1$ oder $\varphi(U) = 0$. Die in E liegende, meßbare und deshalb beschränkte Menge A läßt sich durch endlich viele mit U translationsgleiche Würfel überdecken und so folgt mit (43) $\varphi(A) = 0$. Das ist die Behauptung (44). Die Aussage über vollständige Systeme ergibt sich nun direkt aus (41).

Wir erklären: Ein Inhaltssystem $\langle G, \psi \rangle$ wird von einem andern Inhaltssystem $\langle \mathfrak{F}, \varphi \rangle$ *umfaßt*, wenn $\mathfrak{G} \subset \mathfrak{F}$ gilt und für $A \in \mathfrak{G}$ die Übereinstimmung der Inhalte $\psi(A) = \varphi(A)$ besteht. — Es gilt der folgende

Satz III. *Hat das bewegungsfreie Feld eines Inhaltssystems $\langle \mathfrak{F}, \varphi \rangle$ die Körpereigenschaft, so umfaßt dieses das elementare Inhaltssystem $\langle \mathfrak{P}, I \rangle$.*

Beweis: Ein nicht zu großes Simplex S (Umkugelradius $R < 1/2$) ist Durchschnitt von $k + 1$ Würfeln, die alle mit dem Einheitswürfel W kongruent sind. Da $\mathfrak{F}$ bewegungsfrei ist, sind diese Würfel meßbar, und da insbesondere $\mathfrak{F}$ ein Mengenring ist, muß S meßbar sein. Mit der Ringeigenschaft folgt weiter, daß alle eigentlichen und uneigentlichen Polyeder meßbar sind, so daß also (a) $\mathfrak{P} \subset \mathfrak{F}$ gilt. Mit Aussage (44) ergibt sich, daß die uneigentlichen Polyeder Nullmengen sind. Für die Zerlegung eines Polyeders im Sinne der Elementargeometrie [vgl. 1.1.5] zeigt deshalb die Anwendung von (26) $\varphi(P + Q) = \varphi(P) + \varphi(Q)$, so daß der Inhalt als Funktional über $\mathfrak{P}$ einfach additiv ist. Wie man jetzt feststellt, erfüllt φ die vier Inhaltspostulate für den elementaren Inhalt [vgl. 2.1.1] und nach dem Eindeutigkeitssatz [2. Kap., Satz I] ist (b) $\varphi(P) = I(P)$ $[P \in \mathfrak{P}]$. Mit (a) und (b) ist unsere Behauptung bewiesen.

Die vom Standpunkt der axiomatischen Inhaltstheorie aus beurteilt zweifellos wichtige Eindeutigkeitseigenschaft eines Inhaltssystems [vgl. (35)] tritt mit anderen Eigenschaften in enge Wechselwirkung. So gilt beispielsweise der folgende

Satz IV. *Ist das Feld eines Inhaltssystems mit der Eindeutigkeitseigenschaft ein bewegungsfreier bzw. ein dilatationsfreier Mengenkörper, so ist der Inhalt bewegungsinvariant bzw. homogen vom Grade k.*

Beweis: **a)** Das Feld $\mathfrak{F}$ des Systems $\langle \mathfrak{F}, \varphi \rangle$ sei bewegungsfrei. Es bezeichne δ eine (feste) Drehung, welche A in die Bildmenge A^δ überführt. Wir erklären ein über $\mathfrak{F}$ definiertes Funktional ψ durch den

Ansatz $\psi(A) = \varphi(A^\delta)$. Da mit Rücksicht auf Satz III offenbar $\varphi(W^\delta) = 1$ ist, muß $\psi(W) = 1$ sein. Man bestätigt jetzt, daß ψ den Inhaltspostulaten (19) bis (22) genügt, also einen Inhalt darstellt. Nach der wesentlichen Voraussetzung unseres Satzes muß demnach $\psi(A) = \varphi(A)$ für alle $A \in \mathfrak{F}$, also $\varphi(A^\delta) = \varphi(A)$ gelten. Da dies für jede Drehung δ richtig ist, muß φ bewegungsinvariant sein.

b) Das Feld $\mathfrak{F}$ sei dilatationsfrei. Ähnlich erklären wir ein Funktional ψ durch $\psi(A) = \lambda^{-k} \varphi(\lambda A)$ $(\lambda > 0)$. Es sei $f(\lambda) = \varphi(\lambda W)$; diese Hilfsfunktion ist nach (42) monoton zunehmend. Da sich der Würfel $p \lambda W$ $(p = \text{ganz, positiv})$ im Sinne der Elementargeometrie in p^k mit λW translationsgleiche Teilwürfel zerlegen läßt, folgt $f(p\lambda) = p^k f(\lambda)$, wobei zu beachten ist, daß ein uneigentlicher Durchschnitt von Teilwürfeln stets Nullmenge ist. Hieraus folgt, daß $f(\lambda) = \lambda^k$ für rationale $\lambda > 0$ und wegen der erwähnten Monotonie für alle reellen $\lambda > 0$ gelten muß. So resultiert $\psi(W) = 1$. Wieder bestätigt sich, daß das konstruierte Funktional ψ für festes λ einen Inhalt darstellt, so daß wieder $\psi(A) = \varphi(A)$ für alle $A \in \mathfrak{F}$, also $\varphi(\lambda A) = \lambda^k \varphi(A)$ gilt. Dies ist für alle $\lambda > 0$ richtig, und demnach ist φ homogen vom Grade k.

Die translativen Zerlegungseigenschaften eines Inhalts, also Zerlegungsinvarianz und Zerlegungsmonotonie [vgl. (39) und (40)], wurden innerhalb der klassischen Theorie wenig beachtet; einige hier einschlägige Resultate sind neu. So gilt der

Satz V. *Hat das Feld eines Inhaltssystems die Körpereigenschaft, so ist der Inhalt translativ zerlegungsmonoton und also auch translativ zerlegungsinvariant.*

Für die beiden wichtigen klassischen Inhaltssysteme, welche im vorliegenden Kapitel behandelt werden, ist die Voraussetzung dieses Satzes erfüllt und die Aussage tritt in Kraft [15]. Mit dem Nachweis ist für Mengen des Feldes implizite auch die Nichtexistenz translativer Zerlegungsparadoxien sichergestellt.

Beweis: Es sei (a) $A \approx \subset B$, also gilt nach (6) (aa) $A \approx C$ und (ab) $C \subset B$. Es gibt n Translationen α_ν $(\nu = 1, \ldots, n)$, so daß die disjunkten Zerlegungen (ba) $A = \bigcup_1^n A_\nu$ und (bb) $C = \bigcup_1^n A_\nu^{\alpha_\nu}$ gelten. Die ganze Zahl $p \geq 0$ sei beliebig gewählt, und es bezeichne Ω_p die Menge der $(2p + 1)^n$ Translationen, welche in der Form $\tau = \alpha_1^{q_1} \ldots \alpha_n^{q_n}$ mit ganzen Exponenten q_i $(-p \leq q_i \leq p; i = 1, \ldots, n)$ darstellbar sind (wir schreiben die Translationsgruppe multiplikativ). Weiter bedeute $[A]$ die charakteristische Funktion der Punktmenge A, d. h. die im Raum definierte Funktion, welche für die zu A gehörenden Punkte den Wert 1, für die nicht zu A gehörenden Punkte aber den Wert 0 annimmt. Es sei jetzt (c) $f_p(A) = \Sigma[A^\tau]$, wobei sich die Summation über alle τ der

Menge Ω_p erstrecken soll. Im Hinblick auf (ba) und weil die Translationsgruppe abelsch ist, gilt $[A^\tau] = \Sigma_1^n [A_\nu^\tau] = \Sigma_1^n [A_\nu^{\alpha_\nu \tau \bar\alpha_\nu}]$, wo $\bar\alpha$ die zu α inverse Translation bezeichnet. Wir setzen diesen Ausdruck in (c) ein, vertauschen die Summationsreihenfolge und berücksichtigen, daß die Translationen $\tau\,\bar\alpha_\nu(\nu = 1, \ldots, n)$ alle zur Menge Ω_{p+1} gehören; so ergibt sich mit (bb) die Abschätzung (ca) $f_p(A) \leq f_{p+1}(C)$ und wegen (ab) auch (cb) $f_p(A) \leq f_{p+1}(B)$. Es bezeichne jetzt U_i bzw. $V_i(i = 1, 2, \ldots)$ die Menge der Punkte, für welche $f_p(A) \geq i$ bzw. $f_{p+1}(B) \geq i$ ausfällt. U_i und V_i sind in gleichwertiger Interpretation die Mengen derjenigen Punkte, welche nicht weniger als i verschiedenen Mengen der Systeme $A^\tau(\tau \in \Omega_p)$ bzw. $B^\tau(\tau \in \Omega_{p+1})$ angehören. Die Mengen A^τ und B^τ gehören zum Feld des vorliegenden Inhaltssystems, und da dieses nach Voraussetzung ein Mengenkörper ist, sind die Voraussetzungen für die Gültigkeit der Additionsformel (28) gegeben. Es resultiert (da) $(2\,p + 1)^n\,\varphi(A) = \Sigma\,\varphi(U)_i$ und (db) $(2\,p + 3)^n\,\varphi(B) = \Sigma\,\varphi(V_i)$. Nun ist aber mit Rücksicht auf (cb) stets $U_i \subset V_i(i = 1, 2, \ldots)$ und damit $\varphi(U_i) \leq \varphi(V_i)$, und so folgt aus (da) und (db) mit geringer Umrechnung (dc) $\varphi(A) \leq$ $\leq [1 + 2/(2\,p + 1)]^n\,\varphi(B)$ und, da p beliebig wählbar ist, schließlich $\varphi(A) \leq \varphi(B)$. φ ist demnach translativ zerlegungsmonoton und unser Satz ist bewiesen.

3.2.5. Begriff des Maßsystems

Wir erklären hier die Maßsysteme als Inhaltssysteme, an welche noch zusätzliche Forderungen gestellt werden, die wesentlich über das hinausgehen, was durch die Inhaltspostulate vorgeschrieben wurde. Auch die Maßtheorie soll sich hier also nur auf die Klasse $\mathfrak{B}$ der beschränkten Mengen beziehen. Zunächst erläutern wir die neuen in Betracht zu ziehenden Eigenschaften:

XI°. Ein Feld $\mathfrak{F}$ heißt *volladditiv*, wenn $\mathfrak{F}$ jede beschränkte Vereinigungsmenge abzählbar vieler disjunkter, zu $\mathfrak{F}$ gehörender Mengen enthält, d. h. wenn gilt

$$A_\nu \in \mathfrak{F}\,[\nu = 1, 2, \ldots]\,, \quad A_\nu \cap A_\mu = 0\,[\nu \neq \mu]\,,$$

$$A = \bigcup_1^\infty A_\nu\,, \quad A \in \mathfrak{B} \,\triangleright\, A \in \mathfrak{F}\,. \tag{45}$$

XII. Ein Inhalt φ heißt *volladditiv*, wenn gilt

$$\varphi(A) = \Sigma_1^\infty\,\varphi(A_\nu)\,[A = \bigcup_1^\infty A_\nu, A_\nu \cap A_\mu = 0\,(\nu \neq \mu)]\,. \tag{46}$$

Wir definieren nun: Ein *Maßfeld* $\mathfrak{F}$ ist ein volladditives Inhaltsfeld mit der Körpereigenschaft. Ein *Maß* φ ist ein über einem Maßfeld $\mathfrak{F}$ definierter volladditiver Inhalt. Ein *Maßsystem* $\langle \mathfrak{F}, \varphi \rangle$ entsteht durch Zusammenfassung eines Maßfeldes $\mathfrak{F}$ und eines über $\mathfrak{F}$ definierten

Maßes φ. Für Maßfelder lassen sich leicht die nachstehenden Regeln folgern:

$$A_\nu \in \mathfrak{F} \, [\nu = 1, 2, \ldots], \quad A = \mathsf{U}_1^\infty A_\nu, \quad A \in \mathfrak{B} \, \triangleright \, A \in \mathfrak{F} \, ; \qquad (47)$$

$$A_\nu \in \mathfrak{F} \, [\nu = 1, 2, \ldots], \quad A = \mathsf{\cap}_1^\infty A_\nu, \, \triangleright \, A \in \mathfrak{F} \, . \qquad (48)$$

Ein solches ist also in bezug auf die Bildung von Vereinigungs- und Durchschnittsmenge auch von abzählbar vielen Mengen geschlossen, vorausgesetzt, daß man dabei innerhalb der Klasse $\mathfrak{B}$ der beschränkten Mengen bleibt. In diesem Sinne besitzt ein Maßfeld die σ-Eigenschaft nur bedingt; dagegen kommt ihm die δ-Eigenschaft uneingeschränkt zu [vgl. hierzu die Definition der σ- und δ-Systeme in 3.1.1].

Was die Maßsysteme innerhalb der umfassenden Mannigfaltigkeit der Inhaltssysteme in besonders charakteristischer Weise auszeichnet, ist die Volladditivität sowohl des Feldes als auch des Maßes. Auf dieser damit garantierten Verträglichkeit mit wichtigen abzählbar unendlichen Prozessen beruht die hohe Bedeutung der Maßsysteme für die dem Infiniten besonders verpflichtete moderne Analysis sowie für die gesamte höhere Mathematik überhaupt. Entscheidend sind in diesem Zusammenhang die beiden *Grenzwertsätze* für aufsteigende und absteigende Mengenfolgen, nämlich

$$\varphi(A_\nu) \to \varphi(A) \, [\nu \to \infty; A_\nu \subset A_{\nu+1} \, (\nu = 1, 2, \ldots); \quad A = \mathsf{U}_1^\infty A_\nu] \qquad (49)$$

und

$$\varphi(A_\nu) \to \varphi(A) \, [\nu \to \infty; A_\nu \supset A_{\nu+1} \, (\nu = 1, 2, \ldots); \quad A = \mathsf{\cap}_1^\infty A_\nu] \, . \qquad (50)$$

Hierbei sind die auftretenden Mengen meßbar vorausgesetzt. Die Herleitung dieser beiden Relationen aus (46) mit Verwendung der Körpereigenschaft des Feldes liegt auf der Hand.

Wir schließen die sich auf allgemeine Maßsysteme beziehenden Erörterungen mit einer Aussage über die Vollständigkeit eines Maßes. Es gilt der folgende

Satz VI. *Ein Maßsystem* $\langle \mathfrak{F}, \varphi \rangle$ *ist dann und nur dann vollständig, wenn jede Teilmenge einer Nullmenge wieder eine Nullmenge ist, d. h. wenn*

$$A \in \mathfrak{F}_0, \quad B \subset A \, \triangleright \, B \in \mathfrak{F}_0 \qquad (51)$$

gilt.

Beweis: **a)** (dann). Es sei C eine Menge, für welche die der Definition der Vollständigkeit zugrunde liegende Voraussetzung (41) zutrifft. Es lassen sich dann absteigende und aufsteigende Folgen meßbarer Mengen $A_\nu \supset A_{\nu+1}(\nu = 1, 2, \ldots)$ und $B_\nu \subset B_{\nu+1}(\nu = 1, 2, \ldots)$ so finden, daß (aa) $A_\nu \supset C \supset B_\nu$ und (ab) $\varphi(A_\nu) - \varphi(B_\nu) < 1/\nu$ ausfällt. Setzen wir $A = \mathsf{\cap}_1^\infty A_\nu$ und $B = \mathsf{U}_1^\infty B_\nu$, so gelten nach (50) und (49) die Relationen $\varphi(A_\nu) \to \varphi(A)$ und $\varphi(B_\nu) \to \varphi(B) \, (\nu \to \infty)$, woraus man wegen $A \supset B$ und (ab) auf (ac) $\varphi(A) = \varphi(B)$ schließen kann. Demnach erweist sich $A-B$ als Nullmenge. Gilt nun (51), so muß auch die Teilmenge $C - B$ von $A-B$ Nullmenge sein. Da aber $C = B \cup (C-B)$, also disjunkte Vereinigung meßbarer Mengen ist, folgt, daß auch C meßbar ist. Also ist das Maßsystem vollständig.

b) (nur dann). Das Maßsystem sei vollständig, und es sei B eine Menge, für welche die Sachlage links in (51) besteht. Wegen $0 \subset B \subset A$ und $\varphi(A) - \varphi(0) = 0$ folgt, daß B eine meßbare Menge und nach (42) eine Nullmenge ist. Damit ist Satz VI bewiesen.

§ 3. Der Jordansche Inhalt

3.3.1. Äußerer und innerer Jordanscher Inhalt

Unmittelbar an das elementare Inhaltssystem anschließend definieren wir über der Universalklasse $\mathfrak{B}$ der beschränkten Punktmengen zwei Mengenfunktionale, nämlich den *äußeren Jordanschen Inhalt $\bar{J}$* und den *inneren Jordanschen Inhalt $\underline{J}$* nach der konstruktiven Methode des Überdeckens und Unterdeckens. Die $\bar{J}$ und $\underline{J}$ definierenden Ansätze sind:

$$\underline{J}(A) = \inf I(U) \qquad [A \in \mathfrak{B}, U \in \mathfrak{P}, A \subset U] ; \qquad (52)$$

$$\bar{J}(A) = \sup I(V) \qquad [A \in \mathfrak{B}, V \in \mathfrak{P}, V \subset A] . \qquad (53)$$

Der äußere Jordansche Inhalt einer Menge A ist demnach die untere Grenze der elementaren Inhalte der A überdeckenden Polyeder U; der innere Jordansche Inhalt einer Menge A ist analog die obere Grenze der elementaren Inhalte der A unterdeckenden Polyeder V. Beachtet man, daß A als beschränkte Menge stets in einem zu $\mathfrak{P}$ gehörenden Würfel enthalten ist und die ebenfalls zu $\mathfrak{P}$ gehörende leere Menge enthält, so ergibt sich leicht die Existenz von $\bar{J}$ und $\underline{J}$.

Man darf wohl annehmen, daß man im Zeitpunkt, in dem man sich anschickt, die höheren Inhalts- und Maßsysteme kennen zu lernen, bereits über den elementaren Inhaltsbegriff verfügt. Von diesem Standpunkt aus ist es natürlich, bei der Einführung des Jordanschen Inhalts direkt auf die allgemeinen Polyeder zu greifen, wie dies mit unseren Ansätzen (52) und (53) geschehen ist, entsprechend dem Vorgehen von Hausdorff im ebenen Falle $(k = 2)$ [16]. Es gibt aber auch andere gleichwertige Möglichkeiten, die einseitigen Inhalte $\bar{J}$ und $\underline{J}$ zu erklären. Wir wollen nachfolgend eine solche Variante erörtern, die in besonderen Fällen eine erwünschte Anpassung ermöglicht und der historischen Entwicklung, die mit den Ansätzen von Peano und Jordan begann, wesentlich näher kommt, als die oben gegebene Einführung [17].

Der neue Ansatz unterscheidet sich vom obigen dadurch, daß zur Überdeckung und Unterdeckung nicht beliebige Polyeder der Klasse $\mathfrak{P}$

herangezogen werden, sondern nur solche der Teilklasse $\mathfrak{P}_\square$ der Intervallpolyeder. Unter einem *Intervallpolyeder* wollen wir ein Polyeder verstehen, das sich als Vereinigungsmenge endlich vieler parallel zu den Koordinatenachsen orientierter eigentlicher und uneigentlicher Intervalle darstellen läßt [vgl. 2.2.10]. Die Klasse $\mathfrak{P}_\square$ der Intervallpolyeder, der auch die leere Menge 0 angehören soll, ist ein Mengenring. Den Ansätzen (52) und (53) stellen wir die beiden neuen

$$\overline{\overline{J}}(A) = \inf I(P) \qquad\qquad [A \in \mathfrak{B},\, P \in \mathfrak{P}_\square,\, A \subset P]\,, \qquad (54)$$

$$\underline{\underline{J}}(A) = \sup I(Q) \qquad\qquad [A \in \mathfrak{B},\, Q \in \mathfrak{P}_\square,\, Q \subset A] \qquad (55)$$

an die Seite, und zeigen, daß trotz der Beschränkung der zugelassenen Polyeder die gleichen Mengenfunktionale definiert werden, so daß also

$$\overline{\overline{J}}(A) = \overline{J}(A)\ ;\quad \underline{\underline{J}}(A) = \underline{J}(A) \qquad\qquad (56)$$

gilt. Den weiter unten folgenden Nachweis vorbereitend, nennen wir zwei auch sonst nützliche Hilfsaussagen:

Hilfssatz I. *Zu einem Polyeder U und einem beliebigen $\varepsilon > 0$ gibt es zwei Polyeder P und Q (evtl. $Q = 0$) so, daß*

$$I(P) - I(U) < \varepsilon \qquad\qquad [U \subset \underline{P}\ \text{(offener Kern von } P)]\,, \qquad (\mathrm{p})$$

$$I(U) - I(Q) < \varepsilon \qquad\qquad [Q \subset \underline{U}\ \text{(offener Kern von } U)] \qquad (\mathrm{q})$$

gilt.

Beweis: Ist U ein Simplex, so setzt man $P = \lambda U (\lambda > 1)$, wobei das Dilatationszentrum im Innern von U angenommen wird. Es ist dann $I(P) - I(U) = (\lambda^k - 1)\, I(U)$ und $U \subset \underline{P}$. Mit $\lambda \to 1$ folgt (p). Ist U ein eigentliches Polyeder, so gibt es eine Darstellung $U = \bigcup_1^n U_\nu$ als elementargeometrische Summe von Simplexen $U_\nu (\nu = 1,\ \ldots,\ n)$, und nach dem oben erledigten Sonderfall gibt es P_ν so, daß $I(P_\nu) - I(U_\nu) < \varepsilon/n$ und $U_\nu \subset \underline{P}_\nu$ ausfällt. Mit $P = \bigcup_1^n P_\nu$ folgt $I(U) = \Sigma_1^n I(U_\nu)$ und $I(P) \leqq \leqq \Sigma_1^n I(P_\nu)$, und es resultiert $I(P) - I(U) < \varepsilon$ und $U \subset \underline{P}$, und damit (p). Da die Begründung der Aussage für uneigentliche Polyeder auf der Hand liegt, und da weiter ein beliebiges Polyeder elementargeometrische Summe eines eigentlichen und eines uneigentlichen Polyeders ist, ist (p) allgemein bewiesen. Der Beweis von (q) verläuft analog; man hat hier nur zu beachten, daß für ein uneigentliches Polyeder U der offene Kern $\underline{U}$ leer ist, so daß die Aussage durch $Q = 0$ (leer) befriedigt wird.

Hilfssatz II. *Zu einem Polyeder U und einem beliebigen $\varepsilon > 0$ gibt es zwei Intervallpolyeder P und Q so, daß*

$$I(P) - I(U) < \varepsilon \qquad\qquad [U \subset P]\,, \qquad (\mathrm{p})$$

$$I(U) - I(Q) < \varepsilon \qquad\qquad [Q \subset U] \qquad (\mathrm{q})$$

gilt.

Beweis: Nach Hilfssatz I gibt es zunächst ein Polyeder P' so, daß $I(P') - I(U) < \varepsilon \,(U \subset \underline{P}')$ gilt; da U abgeschlossen und $\underline{P}'$ offen ist, lassen sich mit Anwendung des HEINE-BORELschen Theorems endlich viele zum Koordinatensystem parallele Würfel finden, deren Vereinigungsmenge P einerseits U überdeckt, andererseits aber $\underline{P}'$ unterdeckt. Für das Intervallpolyeder P gilt dann die Behauptung (p) unseres Hilfssatzes. Analog läßt sich (q) nachweisen.

Nun beweisen wir die Gleichwertigkeitsaussage (56): Wegen $\mathfrak{P}_\square \subset \mathfrak{P}$ läßt sich zunächst (a) $\bar{J}(A) \geqq \bar{J}(A)$ folgern. Andererseits gibt es mit (52) zu $\varepsilon > 0$ ein Polyeder $U \supset A$, so, daß (b) $I(U) < \bar{J}(A) + \varepsilon$ gilt. Nach Hilfssatz II läßt sich nun ein Intervallpolyeder $P \supset U$ so angeben, daß (c) $I(P) < I(U) + \varepsilon$ gilt. Aus (b) und (c) folgt $I(P) < \bar{J}(A) + 2\,\varepsilon$ $(A \subset P)$ und mit (54) also $\bar{\bar{J}}(A) < \bar{J}(A) + 2\,\varepsilon$ oder schließlich (d) $\bar{\bar{J}}(A) \leqq$ $\leqq \bar{J}(A)$. Durch (a) und (d) ist die erste Teilaussage von (56) begründet. Die zweite Teilaussage läßt sich analog beweisen.

Gehen wir nun auf die Eigenschaften der definierten Funktionale ein, so muß vorweggenommen werden, daß es sich bei $\bar{J}$ und $\underline{J}$ nicht um Inhalte im Sinne unserer Theorie handelt, indem von den vier Inhaltspostulaten nur drei erfüllt werden. Die beiden Maßzahlen sind nicht additiv; $\bar{J}$ ist *subadditiv* und $\underline{J}$ *superadditiv* [vgl. (69) und (70)]. Nachfolgend stellen wir einige für die Entwicklung der Theorie des JORDANschen Inhalts wichtige Eigenschaften von $\bar{J}$ und $\underline{J}$ zusammen; anschließend sollen sie in gleicher Reihenfolge bewiesen werden. Wegen der Bezeichnungsweise verweisen wir auf 3.1.1 und 3.1.2; zusätzlich ist zu erwähnen, daß W den Einheitswürfel bedeutet und daß alle auftretenden Mengen beschränkt sind.

$$\underline{J}(0) = \bar{J}(0) = 0 \; ; \tag{57}$$

$$\underline{J}(A) \leqq \bar{J}(A) \; ; \tag{58}$$

$$\bar{J}(A) = \bar{J}(B) \; ; \quad \underline{J}(A) = \underline{J}(B) \qquad [A \simeq B] \; ; \tag{59}$$

$$\bar{J}(A \cup B) = \bar{J}(A) + \bar{J}(B) \qquad [\varDelta\,(A, B) > 0] \; ; \tag{60}$$

$$\underline{J}(A \cup B) = \underline{J}(A) + \underline{J}(B) \qquad [\varDelta\,(A, B) > 0] \; ; \tag{61}$$

$$\bar{J}(A) \geqq 0 \; ; \quad \underline{J}(A) \geqq 0 \; ; \tag{62}$$

$$\bar{J}(W) = \underline{J}(W) = 1 \; ; \tag{63}$$

$$\bar{J}(P) = \underline{J}(P) = I(P) \qquad [P \in \mathfrak{P}] \; ; \tag{64}$$

$$\bar{J}(A) \geqq \bar{J}(B) \; ; \quad \underline{J}(A) \geqq \underline{J}(B) \qquad [A \supset B] \; ; \tag{65}$$

$$\bar{J}(\lambda A) = \lambda^k \bar{J}(A) \; ; \quad \underline{J}(\lambda A) = \lambda^k \underline{J}(A) \qquad [\lambda > 0] \; ; \tag{66}$$

$$\bar{J}(A) + \bar{J}(B) \geqq \bar{J}(A \cup B) + \bar{J}(A \cap B) \; ; \tag{67}$$

$$\underline{J}(A) + \underline{J}(B) \leqq \underline{J}(A \cup B) + \underline{J}(A \cap B) \; ; \tag{68}$$

$$\bar{J}(A) + \bar{J}(B) \geqq \bar{J}(A \cup B) \; ; \tag{69}$$

$$\underline{J}(A) + \underline{J}(B) \leqq \underline{J}(A \cup B) \qquad [A \cap B = 0] \; ; \tag{70}$$

$$\bar{J}(A) + \underline{J}(P-A) = I(P) \qquad [P \in \mathfrak{P}, \; P \supset A] \; ; \tag{71}$$

$$\bar{J}(A) + \bar{J}(B) = \bar{J}(A \cup B) + \bar{J}(A \cap B) \qquad [A, B \in \mathfrak{X}] \; ; \tag{72}$$

$$\underline{J}(A) + \underline{J}(B) = \underline{J}(A \cup B) + \underline{J}(A \cap B) \qquad [A, B \in \mathfrak{Y}] \; ; \tag{73}$$

$$\bar{J}(A) + \underline{J}(B) \leqq \bar{J}(A \cup B) + \bar{J}(A \cap B) \; ; \tag{74}$$

$$\bar{J}(A) + \underline{J}(B) \geqq \underline{J}(A \cup B) + \underline{J}(A \cap B) \; ; \tag{75}$$

$$\underline{J}(A-B) = \underline{J}(A) - \bar{J}(B) \qquad [A \in \mathfrak{Y}, B \in \mathfrak{X}, A \supset B] \; ; \tag{76}$$

$$\bar{J}(A-B) - \bar{J}(A) \quad \underline{J}(B) \qquad [A \in \mathfrak{X}, B \in \mathfrak{Y}, A \supset B] \; ; \tag{77}$$

$$\bar{J}(A) = \bar{J}(\bar{A}) \; ; \quad \underline{J}(A) = \underline{J}(\underline{A}) \; ; \tag{78}$$

$$\bar{J}(A) \geqq \Sigma_1^\infty \bar{J}(A_\nu)$$
$$[A = \textstyle\bigcup_1^\infty A_\nu, \; A_\nu \cap A_\mu = 0 \, (\nu \neq \mu), \; A_\nu \in \mathfrak{X}, \; A \in \mathfrak{Y}] \; ; \tag{79}$$

$$\underline{J}(A) \leqq \Sigma_1^\infty \underline{J}(A_\mu) \qquad [A = \textstyle\bigcup_1^\infty A_\mu, \; A_\mu \in \mathfrak{Y}, \; A \in \mathfrak{Y}] \, . \tag{80}$$

Beweise: P, Q, U, V bezeichnen stets Polyeder. Die Eigenschaften des Polyederinhalts [vgl. 2. Kap. (21) bis (30)] werden stillschweigend benutzt. Ferner wird fortgesetzt der Schluß gemacht werden, daß im Hinblick auf die Definitionen (52) und (53) aus $V \subset A \subset U$ die Ungleichungen $I(V) \leqq \underline{J}(A)$ und $\bar{J}(A) \leqq I(U)$ folgen; ferner daß aus $x < I(U) \, (A \subset U)$ bzw. $I(V) < y \, (V \subset A)$ die Ungleichung $x \leqq \bar{J}(A)$ bzw. $\underline{J}(A) \leqq y$ folgt, vorausgesetzt, daß x von U bzw. y von V unabhängig ist. (57): trivial. (58): Aus $V \subset A \subset U$ folgt $I(V) \leqq I(U)$. So resultiert zunächst $\underline{J}(A) \leqq I(U)$ und dann $\underline{J}(A) \leqq \bar{J}(A)$, w. z. b. w. (59): trivial. (60): Es gelte $P \supset A$, $Q \supset B$, also $P \cup Q \supset A \cup B$. Mit $I(P \cup Q) \leqq I(P) + I(Q)$ folgt zunächst $\bar{J}(A \cup B) \leqq I(P) + I(Q)$ und dann (a) $\bar{J}(A \cup B) \leqq \bar{J}(A) + \bar{J}(B)$. Um jeden Punkt von $\bar{A}$ und $\bar{B}$ als Mittelpunkt lege man einen Würfel der Kantenlänge $s < \Delta/2 \sqrt{k}$. Nach dem Heine-Borelschen Theorem werden $\bar{A}$ und $\bar{B}$ durch endlich viele dieser Würfel überdeckt. Diese erzeugen Polyeder P und Q, für die $P \supset A$ und $Q \supset B$ und wegen $\Delta(\bar{A}, \bar{B}) = \Delta(A, B)$ auch $P \cap Q = 0$ ist. Es sei $A \cup B \subset U$ und damit auch $A \subset U \cap P$ und $B \subset U \cap Q$. Es folgt $\bar{J}(A) \leqq I(U \cap P)$ und $\bar{J}(B) \leqq I(U \cap Q)$ und deshalb $\bar{J}(A) + \bar{J}(B) \leqq I(U)$ und (b) $\bar{J}(A) + \bar{J}(B) \leqq \bar{J}(A \cup B)$, w. z. b. w. (61): Analog wie (60). (62): trivial. (63): trivial. (64): trivial. (65): Mit $A \supset B$ und $U \supset A$ folgt $U \supset B$ und deshalb $\bar{J}(A) \geqq \bar{J}(B)$; $\underline{J}(A) \geqq \underline{J}(B)$ folgt analog.

(66): trivial. (67): Es gelte $A \subset P$ und $B \subset Q$, so daß $A \cup B \subset P \cup Q$ und $A \cap B \subset P \cap Q$ ist. Mit $I(P) + I(Q) = I(P \cup Q) + I(P \cap Q)$ folgern wir zunächst $I(P) + I(Q) \geqq \bar{J}(A \cup B) + \bar{J}(A \cap B)$ und dann $\bar{J}(A) + \bar{J}(B) \geqq \bar{J}(A \cup B) + \bar{J}(A \cap B)$, w. z. b. w. (68): Analog wie (67). (69): Korollar zu (67). (70): Korollar zu (68). (71): Es sei $A \subset U$ und somit auch $A \subset U \cap P$ und $P - A \supset P - (U \cap P)$. Ausgehend von $I(U) + I(P - (U \cap P)) \geqq I(P)$ schließt man auf $I(U) + \underline{J}(P - A) \geqq I(P)$ und dann auf (a) $\bar{J}(A) + \underline{J}(P - A) \geqq I(P)$. Weiter sei $P - A \supset V$ und also $P - V \supset A$. Ausgehend von $I(V) + I(P - V) = I(P)$ schließt man auf $I(V) + \bar{J}(A) \leqq I(P)$ und dann auf (b) $\underline{J}(P - A) + \bar{J}(A) \leqq I(P)$. Mit (a) und (b) folgt die Gleichheit, w. z. b. w. (72): Nach (52) und Hilfssatz I lassen sich zwei Polyeder U und V so finden, daß $A \cup B \subset \underline{U}$, $A \cap B \subset \underline{V}$, $V \subset U$ und $I(U) < \bar{J}(A \cup B) + \varepsilon$, $I(V) < \bar{J}(A \cap B) + \varepsilon$ gilt. Die Mengen $A' = A - (A \cap \underline{V})$ und $B' = B - (B \cap \underline{V})$ sind abgeschlossen und disjunkt; dasselbe gilt von $A \cup B$ und der Komplementärmenge $\underline{U}^*$ zu $\underline{U}$. Es gibt somit ein $\delta > 0$, so daß $\delta < \varDelta(A', B')$ und auch $\delta < \varDelta(A \cup B, \underline{U}^*)$ ausfällt. Legt man nun um jeden Punkt von A' und B' einen Würfel der Kantenlänge $\delta / 2 \sqrt{k}$, so wird A' bzw. B' schon durch endlich viele dieser Würfel überdeckt; diese endlichen Würfelaggregate P' und Q' erfüllen die Beziehungen $A' \subset P' \subset U$, $B' \subset Q' \subset U$, $P' \cap Q' = 0$. Setzt man $P = P' \cup V$ und $Q = Q' \cup V$, so gilt $P \cap Q = V$, $P \cup Q \subset U$, $A \subset P$, $B \subset Q$, somit wird $\bar{J}(A) + \bar{J}(B) \leqq I(U) + I(V) = I(U \cup V) + I(U \cap V) < \bar{J}(A \cup B) + \bar{J}(A \cap B) + 2\varepsilon$. Daraus folgt (a) $\bar{J}(A) + \bar{J}(B) \leqq \bar{J}(A \cup B) + \bar{J}(A \cap B)$. Umgekehrt gilt nach (67) (b) $\bar{J}(A) + \bar{J}(B) \geqq \bar{J}(A \cup B) + \bar{J}(A \cap B)$. Mit (a) und (b) schließt man auf (72), w. z. b. w. (73): Man wähle P so, daß sowohl A als auch B im Innern von P liegen. Mit (71) folgen die Relationen (a) $\underline{J}(A) + \bar{J}(P - A) = I(P)$ und (b) $\underline{J}(B) + \bar{J}(P - B) = I(P)$. Für das weitere ist zu bedenken, daß $P - A$, $P - B \in \mathfrak{X}$ gilt. Mit Addition von (a) und (b) und Anwendung von (72) folgt so zunächst $\underline{J}(A) + \underline{J}(B) = 2I(P) - \bar{J}(P - (A \cap B)) - \bar{J}(P - (A \cup B))$ und mit erneuter Anwendung von (71) $\underline{J}(A) + \underline{J}(B) = \underline{J}(A \cup B) + \underline{J}(A \cap B)$, w. z. b. w. (74): Es sei $A \cup B \subset U$, $A \cap B \subset V$ und $Q \subset B$. Aus $(U - Q) \cup V \supset A$ folgt $I(U - Q) + I(V) \geqq \bar{J}(A)$ und durch Addition von $I(Q)$ weiter $I(U) + I(V) \geqq \bar{J}(A) + I(Q)$. Hieraus ergibt sich $I(U) + I(V) \geqq \bar{J}(A) + \underline{J}(B)$ und schließlich $\bar{J}(A \cup B) + \bar{J}(A \cap B) \geqq \bar{J}(A) + \underline{J}(B)$, w. z. b. w. (75): Analog wie (74). (76): Es sei $A - B \supset U$, also $A - U \supset B$. Man bedenke jetzt, daß $B \in \mathfrak{X}$ und $A - U \in \mathfrak{Y}$ gilt. Mit Anwendung des Heine-Borelschen Theorems folgert man die Existenz von V, so daß $A - U \supset V \supset B$ gilt. Mit $U \cup V \subset A$ und $U \cap V = 0$ folgt $\underline{J}(A) \geqq I(U \cup V) = I(U) + I(V) \geqq I(U) + \bar{J}(B)$ und dann (a) $\underline{J}(A) \geqq \underline{J}(A - B) + \bar{J}(B)$. Wegen (75) gilt aber auch (b) $\underline{J}(A) \leqq \underline{J}(A - B) + \bar{J}(B)$. Mit (a) und (b) folgt die Behauptung. (77): Analog wie (76). (78): Aus $A \subset U$ folgt $\bar{A} \subset U$ und hieraus (a) $\bar{J}(\bar{A}) \leqq \bar{J}(A)$. Da $\bar{A} \supset A$, folgt mit (65) (b) $\bar{J}(\bar{A}) \geq \bar{J}(A)$. Mit (a) und (b) ist die erste Aussage bewiesen. Es sei $P \supset A$; nach der ersten Aussage gilt $\bar{J}(P-A) = \bar{J}(P-\underline{A})$, und hieraus folgt mit (71) $\underline{J}(A) = \underline{J}(\underline{A})$. Damit ist auch die zweite Aussage bewiesen. (79): Da $A \supset \bigcup_1^n A_\nu$ gilt, folgt mit (65) und (72) zunächst $\bar{J}(A) \geq \Sigma_1^n \bar{J}(A_\nu)$, und da diese Relation für alle n richtig bleibt, folgt die Konvergenz der Reihe $\Sigma_1^\infty \bar{J}(A_\nu)$ und die Behauptung. (80): Es sei $U \subset A$. Zu jedem Punkt $p \in U$ läßt sich ein Index μ angeben, so daß $p \in A_\mu$, und da A_μ offen ist, gehört dann sogar ein Würfel mit Zentrum p ganz zu A_μ. Nach dem Theorem von Heine-Borel läßt sich das Polyeder U durch endlich viele dieser Würfel überdecken, um so mehr durch endlich viele A_μ, so daß für ein geeignetes n $U \subset \bigcup_1^n A_\mu$ gilt. Daraus folgt mit (64), (65) und (73) $I(U) \leq \underline{J}(\bigcup_1^n A_\mu) \leq \Sigma_1^n \underline{J}(A_\mu) \leq \Sigma_1^\infty \underline{J}(A_\mu)$ und schließlich $\underline{J}(A) \leq \Sigma_1^\infty \underline{J}(A_\mu)$, w. z. b. w.

Ein aus formalen Gründen nützliches Hilfsfunktional ist die durch

$$j(A) = \bar{J}(A) - \underline{J}(A) \tag{81}$$

definierte nichtnegative *Jordansche Diskrepanz* einer Menge A. Nennenswert sind die beiden Ungleichungen

$$j(A-B) \leqq j(A) + j(B) \qquad [A \supset B] \tag{82}$$

und

$$j(A \cup B) + j(A \cap B) \leqq j(A) + j(B) . \tag{83}$$

Beweise: Ersetzt man in (74) A durch $A-B$, B durch B und in (75) A durch B, B durch $A-B$ und subtrahiert die entstehenden Relationen, so resultiert (82). Subtrahiert man die Relationen (67) und (68), so gewinnt man (83).

3.3.2. Das Jordansche Inhaltssystem

Die Konstruktion des Jordanschen Inhaltssystems kann nun auf Grund der im vorigen Abschnitt untersuchten einseitigen Inhalte $\bar{J}$ und $\underline{J}$ leicht vollzogen werden.

Zunächst erklären wir das Feld: Das *Jordansche Feld* $\mathfrak{J}$ umfaßt alle beschränkten Punktmengen, für welche der äußere Jordansche Inhalt mit dem inneren Jordanschen Inhalt übereinstimmt; formelmäßig ausgedrückt gilt

$$A \in \mathfrak{J} \bowtie A \in \mathfrak{B}, \quad \bar{J}(A) = \underline{J}(A) . \tag{84}$$

Nun der Inhalt: Der *Jordansche Inhalt* J ist für die zu $\mathfrak{J}$ gehörenden Mengen gleich dem übereinstimmenden Wert der beiden einseitigen Inhalte; es gilt also

$$J(A) = \bar{J}(A) = \underline{J}(A) \qquad [A \in \mathfrak{J}] . \tag{85}$$

Der Nachweis, daß $\mathfrak{J}$ ein Inhaltsfeld ist, daß also die Feldpostulate I° bis III° [(16) bis (18)] erfüllt sind, gestaltet sich sehr einfach: Nach (59) ist $\mathfrak{J}$ *bewegungsfrei*, insbesondere also *translationsfrei*, nach (69) und (70) *additiv* und nach (63) *normal*. Ebenso leicht bestätigt sich, daß J einen Inhalt darstellt, daß also die Inhaltspostulate I bis IV [(19) bis (22)] erfüllt sind: Nach (59) ist J *bewegungsinvariant*, insbesondere also *translationsinvariant*[18], nach (69) und (70) *additiv*, nach (62) *definit* und nach (63) *normiert*.

Durch Zusammenfassung von $\mathfrak{J}$ und J entsteht das *Jordansche Inhaltssystem* $\langle \mathfrak{J}, J \rangle$. Eine Menge $A \in \mathfrak{J}$ nennen wir *Jordan-meßbar* (kurz *J-meßbar*). Eine Menge ist genau dann J-meßbar, wenn ihre mit (81) eingeführte Jordansche Diskrepanz verschwindet, also $j(A) = 0$ ist. Eine J-meßbare Menge mit verschwindendem Inhalt, also eine Menge der Nullklasse $\mathfrak{J}_0$, nennen wir *J-Nullmenge*. Nach (64) sind alle Polyeder P J-meßbar und insbesondere ist

$$J(P) = I(P) \qquad\qquad [P \in \mathfrak{P}]. \qquad (86)$$

Es gilt demnach der folgende

Satz VII. *Das Jordansche Inhaltssystem* $\langle \mathfrak{J}, J \rangle$ *umfaßt das elementare Inhaltssystem* $\langle \mathfrak{P}, I \rangle$.

Es gibt Mengen, die *nicht* J-meßbar sind. Es bezeichne T diejenige im Einheitswürfel W enthaltene Menge, deren Punkte $t \in T$ durch $t = \Sigma_1^k p_i e_i (0 < p_i < 1, p_i = \text{rational}, i = 1, \ldots, k)$ gekennzeichnet sind. Sind U und V zwei Polyeder, so daß $V \subset T \subset U$ gilt, so muß V aus endlich vielen Punkten bestehen und U muß W überdecken. Mit $I(V) = 0$ und $I(U) \geqq 1$ folgt $\underline{J}(T) = 0$ und $\bar{J}(T) = 1$ und $j(T) = 1$, also $T \notin \mathfrak{J}$.

Nachfolgend führen wir weitere Eigenschaften auf, die dem Jordanschen Inhaltssystem zukommen:

Wie (82) und (83) zeigen, ist das Feld $\mathfrak{J}$ *subtraktiv* und besitzt die *Ringeigenschaft*, also auch die *Körpereigenschaft*. Nach (59) und (66) ist es ferner *bewegungsfrei* und *dilatationsfrei*. Das Feld $\mathfrak{J}$ ist dagegen *nicht zerlegungsfrei*. In der Tat: Ist $T \subset W$ eine nicht J-meßbare Menge, und ist $T' \cong T$ und $T' \cap W = 0$, so gilt mit $V = (W - T) \cup T'$ offenbar $V \approx W$, aber V ist nicht J-meßbar; andernfalls müßte ja auch $V \cap W = W - T$ J-meßbar sein, was nicht zutrifft.

Gemäß (65) ist der Inhalt J *monoton*, nach (59) und (66) *bewegungsinvariant* und *homogen* vom Grad k, ferner nach Satz V *translativ zerlegungsmonoton* und also auch *zerlegungsinvariant*. Das System $\langle \mathfrak{J}, J \rangle$ ist ferner *vollständig*. In der Tat: Ist C eine Menge, so daß zu jedem $\varepsilon > 0$ zwei J-meßbare Mengen A und B angegeben werden können, so daß $A \supset C \supset B$ und $J(A) - J(B) < \varepsilon$ ausfällt, so zieht man mit (65) den Schluß, daß $\bar{J}(C) - \underline{J}(C) < \varepsilon$ gilt. So resultiert $\bar{J}(C) = \underline{J}(C)$, und also $C \in \mathfrak{J}$.

Nachfolgend stellen wir noch die wichtigsten sich auf den JORDAN-schen Inhalt beziehenden Formeln zusammen:

$$J(0) = 0 \; ; \tag{87}$$

$$J(A) = J(B) \qquad\qquad [A \simeq B] \; ; \tag{88}$$

$$J(A \cup B) = J(A) + J(B) \qquad [A \cap B = 0] \; ; \tag{89}$$

$$J(A) \geqq 0 \; ; \tag{90}$$

$$J(W) = 1 \; ; \tag{91}$$

$$J(A) \geqq J(B) \qquad\qquad [A \supset B] \; ; \tag{92}$$

$$J(\lambda A) = \lambda^k J(A) \qquad\qquad [\lambda > 0] \; ; \tag{93}$$

$$J(A \cup B) + J(A \cap B) = J(A) + J(B) \; ; \tag{94}$$

$$J(A - B) = J(A) - J(B) \qquad [A \supset B] \; ; \tag{95}$$

$$J(A) = J(B) \qquad\qquad [A \approx B] \; ; \tag{96}$$

$$J(A) \leqq J(B) \qquad\qquad [A \approx \subset B] \; . \tag{97}$$

3.3.3. JORDANsche Meßbarkeit; Kriterien

In diesem Abschnitt treten wir auf die Frage ein, welche Merkmale für die J-Meßbarkeit einer Menge charakteristisch sind; insbesondere werden wir ein einfaches hinreichendes Kriterium begründen, welches erlauben wird, in allen ausreichend normalen Fällen die J-Meßbarkeit der betreffenden Körper ohne weitere Erhebungen direkt abzulesen.

Zunächst erwähnen wir ein wichtiges notwendiges und hinreichendes Kriterium, dessen Einsatz in individuellen Fällen in der Regel weitere Untersuchungen erforderlich macht. Es wird ausgedrückt mit dem folgenden

Satz VIII. *Eine beschränkte Menge A ist dann und nur dann J-meß-bar, wenn ihr Rand $\hat{A}$ eine J-Nullmenge ist.*

Unsere Satzaussage ist mit der Beziehung

$$j(A) = \bar{J}(A) - \underline{J}(A) = \bar{J}(\bar{A} - \underline{A}) = \bar{J}(\hat{A}) \tag{98}$$

gleichwertig, welche ausdrückt, daß die Diskrepanz einer Menge gleich dem äußeren Inhalt ihres Randes ist.

In der Tat folgt (98) direkt aus (77) und (78), wenn man A durch $\bar{A}$ und B durch $\underline{A}$ ersetzt, wobei man $\hat{A} = \bar{A} - \underline{A}$ zu beachten hat.

Ein weiteres Kriterium vorbereitend, definieren wir sowohl eine *innere Dichteschranke* α als auch eine *äußere Dichteschranke* β durch die Ansätze

$$\alpha = \alpha(A) = \inf \underline{J}[A \cap U_\sigma(p)]\, \sigma^{-k} \qquad [0 < \sigma < 1; p \in A], \qquad (99)$$

$$\beta = \beta(A) = \sup \overline{J}[A \cap U_\sigma(p)]\, \sigma^{-k} \qquad [0 < \sigma < 1; p \in A], \qquad (100)$$

wobei $U_\sigma(p)$ einen abgeschlossenen Würfel der Kantenlänge σ um den Punkt p als Mittelpunkt bedeutet; die Bildung der Grenzen erstreckt sich über alle in A enthaltenen Punkte p und über die unabhängig von p variierbare Kantenlänge σ des Intervalls $0 < \sigma < 1$. Die rechts stehenden Quotienten stellen mittlere Dichten dar, die sich auf würfelförmige Umgebungen der Punkte p beziehen, was daraus erhellt, daß σ^k den elementaren Inhalt des Würfels $U_\sigma(p)$ wiedergibt. Ihre Werte liegen zwischen Null und Eins; hieraus schließt man auf die Existenz der Schranken α und β und ferner auf die Einschränkungen

$$0 \leqq \alpha \leqq 1 \; ; \quad 0 \leqq \beta \leqq 1 \,. \qquad (101)$$

Es lassen sich zwei Kriterien formulieren, nämlich:

Satz IX. *Die äußere Dichteschranke* $\beta = \beta(A)$ *nimmt nur die Werte Null oder Eins an; das erstere trifft dann und nur dann zu, wenn die beschränkte Menge A eine J-Nullmenge ist. Es gilt also*

$$\beta(A) = 0 \;\rhd\!\lhd\; A \in \mathfrak{J}_0 \; ; \quad \beta(A) = 1 \;\rhd\!\lhd\; A \notin \mathfrak{J}_0 \,. \qquad (102)$$

Satz X. *Ist die innere Dichteschranke* $\alpha = \alpha(A)$ *größer als Null, so ist die beschränkte Menge A J-meßbar. Es gilt also*

$$\alpha(A) > 0 \;\rhd\; A \in \mathfrak{J} \,. \qquad (103)$$

Dieses Kriterium hat die besondere Eigenschaft, daß sich die Stichaussage in gewissem Sinne von beliebig vielen Mengen auf die Vereinigungsmenge überträgt, so daß sich ein Kriterium für die J-Meßbarkeit der Vereinigungsmenge beliebig vieler J-meßbarer Mengen gewinnen läßt [19]. Satz X erlaubt nämlich den folgenden

Zusatz A. *Sind die inneren Dichteschranken* $\alpha_\tau = \alpha(A_\tau)$ *beliebig vieler Mengen A_τ gleichmäßig größer als Null, und ist die Vereinigungsmenge $\bigcup A_\tau$ beschränkt, so ist diese J-meßbar. Es gilt also*

$$\alpha(A_\tau) \geqq \alpha > 0 \,, \quad \bigcup A_\tau \in \mathfrak{B} \;\rhd\; \bigcup A_\tau \in \mathfrak{J} \,. \qquad (104)$$

Der Zusatz A umfaßt als Korollar ein Theorem von Behrend, das im etwas spezielleren aber wichtigsten Sonderfall aussagt, daß die beschränkte Vereinigungsmenge beliebig vieler kongruenter Kugeln J-meßbar ist [20]. In der Tat erfüllen kongruente Kugeln trivialerweise die Bedingung (104). Das gleiche trifft für kongruente Simplexe zu. Damit ergibt sich ein für einfache Fälle handliches hinreichendes Kriterium, nämlich

__Zusatz B.__ Läßt sich zu einer vorgegebenen beschränkten Menge A ein eigentliches Simplex S so angeben, daß jeder Punkt von A einem mit S kongruenten und ganz in A enthaltenen Simplex angehört, so ist die Menge A J-meßbar.

Der einfache mengengeometrische Gehalt der Stichaussage dieses Kriteriums ist mit Abb. 2 veranschaulicht.

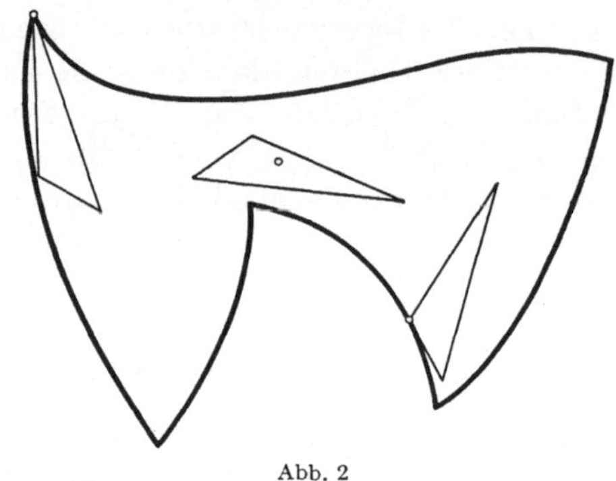

Abb. 2

Beweise: Die Behauptung (102) ist dann bewiesen, wenn die Aussagen (a) $A \in \mathfrak{J}_0 \rhd \beta(A) = 0$ und (b) $A \notin \mathfrak{J}_0 \rhd \beta(A) = 1$ begründet sind. Ist A eine J-Nullmenge, so trifft dies auch für jede Teilmenge zu, so daß für Würfel U stets $\bar{J}(A \cap U) = 0$ gilt; hieraus folgt (a). Es sei jetzt A nicht eine J-Nullmenge. Vorerst werde A als abgeschlossen vorausgesetzt. Dann läßt sich zu vorgegebenem $\varepsilon > 0$ ein Würfel $V = V_\sigma(q)$ so finden, daß (ba) $\bar{J}(A \cap V)\, \sigma^{-k} > 1 - \varepsilon$ gilt. In der Tat: es gibt ein Polyeder P so, daß $A \subset \underline{P}$ und $I(P) < \bar{J}(A)/(1 - \varepsilon)$ zutrifft. Wählt man zu jedem Punkt $p \in A$ einen parallel zu den Koordinatenachsen orientierten Würfel $W_p \subset \underline{P}$ mit p als Zentrum und dazu einen gleich orientierten Würfel U_p mit rationalen Eckpunktkoordinaten derart, daß $W_p \subset U_p \subset \underline{P}$ gilt, so genügen zur Überdeckung von A endlich viele der Würfel W_p, um so mehr der Würfel U_p. Die Vereinigungsmenge Q dieser endlich vielen Würfel U_p bildet ein Intervallpolyeder, für das $A \subset Q \subset \underline{P}$ gilt und das sich wegen der Rationalitätsbedingung im Sinne der Elementargeometrie in die translationsgleichen Würfel $V_i (i = 1, \ldots, n)$ zerlegen läßt. Es sei σ deren Kantenlänge und V derjenige der Würfel V_i, für den $\bar{J}(A \cap V_i)$ maximal ausfällt. Somit gilt (bb) $n\,\sigma^k \leqq I(P) <$ $< \bar{J}(A)/(1 - \varepsilon)$ und (bc) $n\bar{J}(A \cap V) \geqq \Sigma_1^n \bar{J}(A \cap V_i) \geqq \bar{J}(A)$; durch Division der äußeren Terme von (bb) und (bc) ergibt sich (ba). Nun gehört allerdings der Mittelpunkt q von V nicht notwendigerweise zu A

Deshalb sei V' der größte (evtl. uneigentliche) mit V konzentrische und parallel liegende Würfel, dessen Inneres keinen Punkt von A enthält. ϱ sei seine Kantenlänge und $p \in A$ liege auf dem Rand von V'; wegen (ba) und $\bar{J}(V' \cap A) = 0$ gilt (bd) $\varrho^k < \varepsilon\, \sigma^k$. Ziehen wir nun den Würfel $U = U_\sigma(p)$ in Betracht, so erkennt man mit (72) $\bar{J}(A \cap U)\, \sigma^{-k} \geq$ $\geq \bar{J}(A \cap U \cap V)\, \sigma^{-k} \geq \bar{J}(A \cap V)\, \sigma^{-k} - [\sigma^k - (\sigma - \varrho)^k]\, \sigma^{-k} > (1 - \varepsilon) - 1 +$ $+ (1 - \varepsilon^{1/k})^k$. Da ε beliebig ist, folgt daraus für abgeschlossene Mengen A $\beta(A) = 1$. Ist A nicht abgeschlossen, so sei $V = V(q)$ ein Würfel mit Zentrum $q \in \bar{A}$, $q \notin A$, für den $\bar{J}(\bar{A} \cap V)\, \sigma^{-k} > 1 - \varepsilon$ gilt. Da q Häufungspunkt von Punkten $p \in A$ ist, schließt man gleich wie im letzten Teil des Beweises für abgeschlossene Mengen auf $\beta(A) = 1$. Damit ist (b) bewiesen.

Nun beweisen wir die Behauptung (103). Es bedeute $p \in \hat{A}$ einen Punkt des Randes von A; unabhängig davon wählen wir σ im Intervall $0 < \sigma < 1$. Es sei jetzt $U = U_\sigma(p)$. Es gilt dann mit Anwendung von (98) $\bar{J}(\hat{A} \cap U) = \bar{J}((\bar{A} - \underline{A}) \cap U) = \bar{J}(U \cap \bar{A}) - \underline{J}(U \cap \underline{A})$. Hieraus folgt $\bar{J}(\hat{A} \cap U)\, \sigma^{-k} \leq 1 - \underline{J}(U \cap A)\, \sigma^{-k}$. Bedenken wir, daß p Häufungspunkt von A sein muß, wenn p nicht bereits zu A gehört, so läßt sich wie oben auf $\underline{J}(U \cap A)\, \sigma^{-k} > \alpha/2$ schließen. So ergibt sich $\beta(\hat{A}) \leq 1 - \alpha/2$. Da $\alpha > 0$ ist, ergibt sich nach Satz IX $\beta(\hat{A}) = 0$ und $\hat{A} \in \mathfrak{J}_0$. Nach Satz VIII ist demzufolge A J-meßbar.

3.3.4. Charakterisierung des Jordanschen Inhalts

Wir fragen hier, ob das Jordansche Inhaltssystem die Eindeutigkeitseigenschaft [vgl. (35)] aufweist, fassen aber die Fragestellung sogleich in einen etwas allgemeineren Zusammenhang. Ein Inhaltssystem nennen wir das *kleinste* innerhalb einer Klasse von Inhaltssystemen, wenn es selbst der Klasse angehört und von jedem andern der Klasse angehörenden umfaßt wird. Es gilt dann der folgende

Satz XI. *Das Jordansche Inhaltssystem ist das kleinste vollständige Inhaltssystem mit der Körpereigenschaft.*

Wir können der Satzaussage auch die folgende Form geben: Ist $\langle \mathfrak{F}, \varphi \rangle$ ein vollständiges Inhaltssystem und $\mathfrak{F}$ ein Mengenkörper, so gilt

$$\mathfrak{J} \subset \mathfrak{F} ; \quad \varphi(A) = J(A) \qquad [A \in \mathfrak{J}]. \qquad (105)$$

Beweis: Da sich ein parallel zum Koordinatensystem orientierter Würfel mit der Kantenlänge $s\,(0 < s < 1)$ als Durchschnitt zweier mit W translationsgleicher Würfel erzeugen läßt, folgt bereits aus der Ringeigenschaft des Feldes $\mathfrak{F}$, daß $\lambda W\,(0 < \lambda < 1)$ meßbar ist. Ein $(k - 1)$-dimensionaler Einheitswürfel, der sich als Durchschnitt zweier mit W

translationsgleicher Würfel erzeugen läßt, ist aus gleichen Gründen
meßbar und muß eine Nullmenge sein, da die Vereinigungsmenge beliebig
endlich vieler translationsgleicher Exemplare eine Teilmenge von W
bilden kann und φ im Hinblick auf die Körpereigenschaft von $\mathfrak{F}$ monoton
ist. In Verbindung mit der Vollständigkeit des Systems folgt hieraus,
daß jede beschränkte Menge, die in einer zu einer Koordinatenebene
parallelen Ebene liegt, eine Nullmenge ist. Mit einigen einfachen Schlüssen folgt nun, daß ein parallel zum Koordinatensystem orientiertes
Intervall mit rationalen Kantenlängen meßbar ist, und daß $\varphi(P) = I(P)$
gelten muß. Mit erneuter Beanspruchung der Vollständigkeit folgt
dasselbe für alle achsenorientierten Intervalle und also auch für alle
Intervallpolyeder. Es sei jetzt $A \in \mathfrak{J}$. Nach (54), (55) und (56) gibt es
zu $\varepsilon > 0$ zwei Intervallpolyeder P und Q so, daß $Q \subset A \subset P$ und $I(P) -$
$- I(Q) < \varepsilon$ ausfällt. Da $I(P) = \varphi(P)$ und $I(Q) = \varphi(Q)$ ist, folgt mit
der Vollständigkeit, daß A meßbar ist und daß $\varphi(A) = J(A)$ gilt. Damit
ist der Beweis des Satzes beendet.

Das Jordansche Inhaltsfeld weist auch die *Eindeutigkeitseigenschaft*
auf. In der Tat: ist φ ein Inhalt über $\mathfrak{J}$, so gilt nach Satz III $\varphi(P) = I(P)$
für $P \in \mathfrak{P}$ und nach (42) $I(Q) \leqq \varphi(A) \leqq I(P)$, falls $A \in \mathfrak{J}$, $P, Q \in \mathfrak{P}$,
$P \supset A \supset Q$. Gemäß (52), (53) und (85) folgt daraus $J(A) = \varphi(A)$,
w. z. b. w.

Auf einfache Weise ist ferner einzusehen, daß das Jordansche
Inhaltssystem das kleinste vollständige Inhaltssystem ist, welches das
elementare umfaßt. In diesem Sinne geht das Jordansche Inhaltssystem aus dem elementaren durch einen Vervollständigungsprozeß
hervor.

§ 4. Das Lebesguesche Maß

3.4.1. Äußeres und inneres Lebesguesches Maß

Ähnlich wie wir das Jordansche Inhaltssystem nach der Methode
des Überdeckens und Unterdeckens unmittelbar an das elementare
Inhaltssystem anschlossen, läßt sich das Lebesguesche Maßsystem
unmittelbar aus dem Jordanschen Inhaltssystem gewinnen. Diese Art
der Einführung dieses wichtigen Maßsystems ist nicht die gebräuchliche,
und sie entspricht auch keineswegs den klassischen Ansätzen, nämlich
den Konzeptionen von Borel und der vollkommenen Ausgestaltung
durch Lebesgue [21]. Jedoch ist unsere Entwicklung nach einem einheitlichen Aufbauplan ausgerichtet und läßt die Systeme durch gleichartige
konstruktive Prozesse auseinander hervorgehen, die auch vom Standpunkt der allgemeinen axiomatischen Inhaltstheorie aus von Interesse
sind [22].

Wir definieren zunächst über der Universalklasse $\mathfrak{B}$ der beschränkten Punktmengen wieder zwei Mengenfunktionale, nämlich das *äußere* Lebesgue*sche Maß* $\bar{L}$ und das *innere* Lebesgue*sche Maß* $\underline{L}$. Die $\bar{L}$ und $\underline{L}$ definierenden Ansätze lauten:

$$\bar{L}(A) = \inf \underline{J}(Y) \qquad [A \in \mathfrak{B},\, Y \in \mathfrak{Y},\, A \subset Y] ; \qquad (106)$$

$$\underline{L}(A) = \sup \bar{J}(X) \qquad [A \in \mathfrak{B},\, X \in \mathfrak{X},\, X \subset A] . \qquad (107)$$

Man beachte, daß sowohl die Klasse $\mathfrak{Y}$ der offenen als auch die Klasse $\mathfrak{X}$ der abgeschlossenen Mengen die leere Menge enthält. Das äußere Lebesgue*sche Maß* einer Menge ist demnach die untere Grenze der inneren Jordan*schen* Inhalte der A überdeckenden offenen Mengen Y; das innere Lebesgue*sche Maß* einer Menge ist analog die obere Grenze der äußeren Jordan*schen* Inhalte der A unterdeckenden abgeschlossenen Mengen X. Beachtet man, daß mit A auch stets die abgeschlossene Hülle $\bar{A}$ und der offene Kern $\underline{A}$ beschränkt sind, so ergibt sich mit (65) leicht die Existenz von $\bar{L}$ und $\underline{L}$. Auch hier ist zu vermerken, daß $\bar{L}$ und $\underline{L}$ nicht Maße im Sinne unserer Theorie sind. Beide Funktionale sind nicht additiv; hingegen ist $\bar{L}$ subadditiv und $\underline{L}$ superadditiv [vgl. (121) und (122)].

Wir stellen wieder die wichtigsten Eigenschaften von $\bar{L}$ und $\underline{L}$ in einer Tafel zusammen; die Beweise lassen wir anschließend folgen.

$$\underline{L}(0) = \bar{L}(0) = 0 ; \tag{108}$$

$$\underline{L}(A) \leqq \bar{L}(A) ; \tag{109}$$

$$\bar{L}(A) = \bar{L}(B) ; \quad \underline{L}(A) = \underline{L}(B) \qquad [A \simeq B] ; \tag{110}$$

$$\bar{L}(A \cup B) = \bar{L}(A) + \bar{L}(B) \qquad [\varDelta(A, B) > 0] ; \tag{111}$$

$$\underline{L}(A \cup B) = \underline{L}(A) + \underline{L}(B) \qquad [\varDelta(A, B) > 0] ; \tag{112}$$

$$\bar{L}(A) \geqq 0 ; \quad \underline{L}(A) \geqq 0 ; \tag{113}$$

$$\bar{L}(W) = \underline{L}(W) = 1 ; \tag{114}$$

$$\bar{L}(A) \leqq \bar{J}(A) ; \quad \underline{L}(A) \geqq \underline{J}(A) ; \tag{115}$$

$$\bar{L}(A) = \underline{L}(A) = J(A) \qquad [A \in \mathfrak{J}] ; \tag{116}$$

$$\bar{L}(A) \geqq \bar{L}(B) ; \quad \underline{L}(A) \geqq \underline{L}(B) \qquad [A \supset B] ; \tag{117}$$

$$\bar{L}(\lambda A) = \lambda^k \bar{L}(A) ; \quad \underline{L}(\lambda A) = \lambda^k \underline{L}(A) \qquad [\lambda > 0] ; \tag{118}$$

$$\bar{L}(A) + \bar{L}(B) \geqq \bar{L}(A \cup B) + \bar{L}(A \cap B) ; \tag{119}$$

$$\underline{L}(A) + \underline{L}(B) \leqq \underline{L}(A \cup B) + \underline{L}(A \cap B) ; \tag{120}$$

$$\overline{L}(A) + \overline{L}(B) \geq \overline{L}(A \cup B) \; ; \tag{121}$$

$$\underline{L}(A) + \underline{L}(B) \leq \underline{L}(A \cup B) \qquad\qquad [A \cap B = 0] \; ; \tag{122}$$

$$\overline{L}(Y) = \underline{L}(Y) \; ; \quad \overline{L}(X) = \underline{L}(X) \qquad\qquad [Y \in \mathfrak{Y}, X \in \mathfrak{X}] \; ; \tag{123}$$

$$\overline{L}(A) + \underline{L}(B) \leq \overline{L}(A \cup B) + \overline{L}(A \cap B) \; ; \tag{124}$$

$$\overline{L}(A) + \underline{L}(B) \geq \underline{L}(A \cup B) + \underline{L}(A \cap B) \; ; \tag{125}$$

$$\overline{L}(A) + \underline{L}(C - A) = J(C) \qquad\qquad [C \in \mathfrak{J}, C \supset A] \; ; \tag{126}$$

$$\overline{L}(A) \leq \Sigma_1^\infty \overline{L}(A_\nu) \qquad\qquad [A = \mathsf{U}_1^\infty A_\nu, A \in \mathfrak{B}] \; ; \tag{127}$$

$$\underline{L}(A) \geq \Sigma_1^\infty \underline{L}(A_\nu) \quad [A = \mathsf{U}_1^\infty A_\nu, A_\nu \cap A_\mu = 0 \, (\nu \neq \mu), A \in \mathfrak{B}] \; . \tag{128}$$

Beweise: Die Eigenschaften der einseitigen Inhalte $\overline{J}$ und $\underline{J}$ sowie des Inhalts J werden oft stillschweigend benutzt. Im Hinblick auf die Definitionen (106) und (107) wird aus $X \subset A \subset Y$ (X abgeschlossen, Y offen) immer auf das Bestehen der Ungleichungen $\overline{J}(X) \leq \underline{L}(A)$ und $\overline{L}(A) \leq \underline{J}(Y)$ geschlossen; ferner wird aus $x \leq \underline{J}(Y)$ ($A \subset Y$) bzw. aus $\overline{J}(X) \leq y (X \subset A)$ stets $x \leq \overline{L}(A)$ bzw. $\underline{L}(A) \leq y$ gefolgert, vorausgesetzt, daß x von Y und y von X unabhängig ist. (108): trivial. (109): Aus $X \subset A \subset Y$ (X abgeschlossen, Y offen) folgt mit (76) $\overline{J}(X) \leq \underline{J}(Y)$ und also $\underline{L}(A) \leq \overline{L}(A)$, w. z. b. w. (110): Folgt aus (59). (111): Es sei $Z \supset A \cup B, X \supset A, Y \supset B$ (X, Y, Z offen), und zwar können X und Y so gewählt werden, daß $\varDelta(X, Y) > 0$ gilt. Nach (61) und (65) folgt $\underline{J}(X \cap Z) + \underline{J}(Y \cap Z) \leq \underline{J}(Z)$ und wegen $A \subset X \cap Z$ und $B \subset Y \cap Z$ hieraus zunächst $\overline{L}(A) + \overline{L}(B) \leq \underline{J}(Z)$ und dann (a) $\overline{L}(A) + \overline{L}(B) \leq \overline{L}(A \cup B)$. Andererseits folgt aus $A \subset X, B \subset Y$ (X, Y offen) zunächst $A \cup B \subset X \cup Y$, daraus mit (73) $\overline{L}(A \cup B) \leq \underline{J}(X \cup Y) \leq \underline{J}(X) + \underline{J}(Y)$ und dann (b) $\overline{L}(A \cup B) \leq \overline{L}(A) + \overline{L}(B)$. Aus (a) und (b) folgt die Gleichheit, w. z. b. w. (112): Analog wie (111). (113): Triviale Folge von (62). (114): Aus $X \subset W$ (X abgeschlossen) folgt zunächst $\overline{J}(X) \leq 1$ und also $\underline{L}(W) \leq 1$. Zusammen mit $X = W$ resultiert $\underline{L}(W) = 1$. Aus $W \subset Y$ (Y offener Kern eines Würfels der Kantenlänge $s > 1$) folgt $\overline{L}(W) \leq s^k$ und mit $s \to 1$ also $\overline{L}(W) \leq 1$ und mit (109) $\overline{L}(W) = 1$. (115): Zu $\varepsilon > 0$ gibt es ein Polyeder P so, daß $A \subset P$ und $\underline{J}(P) = I(P) < \overline{J}(A) + \varepsilon$ ausfällt. Daraus folgt $\overline{L}(A) < \overline{J}(A) + \varepsilon$ und damit (a) $\overline{L}(A) \leq \overline{J}(A)$. Es sei weiter Q ein Polyeder und $Q \subset A$. Da $I(Q) = \overline{J}(Q)$ gilt, folgt zunächst $I(Q) \leq \underline{L}(A)$ und damit (b) $\underline{J}(A) \leq \underline{L}(A)$. Mit (a) und (b) sind die beiden Teilaussagen bewiesen. (116): Folgerung von (115) und (109). (117): trivial. (118): Folgerung aus (66). (119): Es sei $A \subset X, B \subset Y$ (X, Y offen) und also $A \cup B \subset X \cup Y, A \cap B \subset X \cap Y$. Nach (73) folgt $\underline{J}(X) + \underline{J}(Y) = \underline{J}(X \cup Y) + \underline{J}(X \cap Y)$ und hieraus $\underline{J}(X) + \underline{J}(Y) \geq \overline{L}(A \cup B) + \overline{L}(A \cap B)$, und schließlich $\overline{L}(A) + \overline{L}(B) \geq \overline{L}(A \cup B) + \overline{L}(A \cap B)$, w. z. b. w. (120): Analog wie (119). (121): Korollar zu (119). (122): Korollar zu (120).

(123): Im Hinblick auf (106) folgt $\bar{L}(Y) = \underline{J}(Y)$ und nach (115) also $\bar{L}(Y) \leq \underline{L}(Y)$ und wegen (109) $\bar{L}(Y) = \underline{L}(Y)$, womit die erste Teilaussage bewiesen ist. Die zweite folgt analog. (124): Es sei $A \cup B \subset Y$, $A \cap B \subset Z$ und $X \subset B$ (X abgeschlossen, Y, Z offen). Mit (76) gilt zunächst $\underline{J}(Y) - \bar{J}(X) = \underline{J}(Y - X)$. Addiert man beidseits $\underline{J}(Z)$ und beachtet, daß nach Konstruktion $(Y - X) \cup Z \supset A$, also nach (73) $\underline{J}(Y - X) + \underline{J}(Z) \geq \underline{J}((Y - X) \cup Z) \geq \bar{L}(A)$ gilt, so resultiert $\underline{J}(Y) + \underline{J}(Z) \geq \bar{J}(X) + \bar{L}(A)$ und hieraus in geläufiger Weise $\bar{L}(A \cup B) + \bar{L}(A \cap B) \geq \underline{L}(B) + \bar{L}(A)$, w. z. b. w. (125): Analog wie (124). (126): Nach (124) und (116) ergibt sich (a) $\bar{L}(A) + \underline{L}(C - A) \leq J(C)$. Andererseits folgt nach (125) ähnlich (b) $\bar{L}(A) + \underline{L}(C - A) \geq J(C)$. Mit (a) und (b) folgt die Gleichheit, w. z. b. w. (127): Zu $\varepsilon > 0$ läßt sich eine Folge offener Mengen $Y_\nu (\nu = 1, 2, \ldots)$ so finden, daß $Y_\nu \supset A_\nu$ und $\underline{J}(Y_\nu) < 2^{-\nu} \varepsilon + \bar{L}(A_\nu)$ gilt. Ist $Y = \bigcup_1^\infty Y_\nu$, so besteht nach (80) die Beziehung $\underline{J}(Y) \leq \Sigma_1^\infty \underline{J}(Y_\nu)$ und also $\underline{J}(Y) < \varepsilon + \Sigma_1^\infty \bar{L}(A_\nu)$. Mit der Bemerkung $A \subset Y$ (Y ist als Vereinigung offener Mengen selbst offen) folgt $\bar{L}(A) \leq \Sigma_1^\infty \bar{L}(A_\nu)$, w. z. b. w. (128): Wir wählen n abgeschlossene Mengen $X_\nu (\nu = 1, \ldots, n)$, $X_\nu \subset A_\nu$, und bilden $Z = \bigcup_1^n X_\nu$. Offenbar gilt $X_\nu \cap X_\mu = 0 \, (\nu \neq \mu)$ und mit (72) folgt $\bar{J}(Z) = \Sigma_1^n \bar{J}(X_\nu)$. Wegen $Z \subset A$ (Z ist als Vereinigung endlich vieler abgeschlossener Mengen selbst abgeschlossen) kann man auf $\underline{L}(A) \geq \Sigma_1^n \bar{J}(X_\nu)$ schließen, und so resultiert auch $\underline{L}(A) \geq \Sigma_1^n \underline{L}(A_\nu)$. Da dies für jedes n richtig ist, folgt $\underline{L}(A) \geq \Sigma_1^\infty \underline{L}(A_\nu)$, w. z. b. w.

Auch hier führen wir als Hilfsfunktional die durch

$$l(A) = \bar{L}(A) - \underline{L}(A) \tag{129}$$

definierte nichtnegative Lebesgue*sche Diskrepanz* ein. Es gelten die Ungleichungen

$$l(A - B) \leq l(A) + l(B) \qquad [A \supset B] \tag{130}$$

und

$$l(A \cup B) + l(A \cap B) \leq l(A) + l(B) . \tag{131}$$

Beweise: Ersetzt man in (124) A durch $A - B$ und B durch B und in (125) A durch B und B durch $A - B$ und subtrahiert die entstehenden Relationen, so resultiert (130). (131) ergibt sich durch Subtraktion von (119) und (120).

3.4.2. Das Lebesguesche Maßsystem

Das Lebesguesche Maßsystem läßt sich nun auf Grund der im vorstehenden Abschnitt behandelten einseitigen Maße $\bar{L}$ und $\underline{L}$ einführen.

Zunächst erklären wir das Feld: Das Lebesgue*sche Feld* $\mathfrak{L}$ umfaßt alle beschränkten Punktmengen, für welche das innere Lebesguesche

.aß mit dem äußeren Lebesgueschen Maß übereinstimmt; formelmäßig
sgedrückt gilt also

$$A \in \mathfrak{L} \rhd\lhd A \in \mathfrak{B} , \quad \bar{L}(A) = \underline{L}(A) . \tag{132}$$

un der Inhalt: Das Lebesguesche Maß L ist für die zu $\mathfrak{L}$ gehörenden
engen gleich dem übereinstimmenden Wert der beiden einseitigen
aße; es gilt demnach

$$L(A) = \bar{L}(A) = \underline{L}(A) \qquad [A \in \mathfrak{L}] . \tag{133}$$

unächst muß festgestellt werden, daß $\mathfrak{L}$ ein Inhaltsfeld ist, daß also
.e Feldpostulate erfüllt sind. Nach (110) ist $\mathfrak{L}$ *bewegungsfrei*, ins-
esondere also *translationsfrei*, nach (121) und (122) *additiv* und nach (114)
ormal. Sodann ist nachzuweisen, daß L einen Inhalt darstellt, daß also
.e Inhaltspostulate erfüllt sind. In der Tat ist L nach (110) *bewegungs-
:variant* [23], insbesondere also *translationsinvariant*, nach (121) und (122)
lditiv, nach (113) *definit* und nach (114) *normiert*.

Weiter ist zu zeigen, daß durch $\mathfrak{L}$ und L nicht nur ein Inhaltssystem,
ondern sogar ein Maßsystem gegeben ist. In der Tat sind sowohl das
eld $\mathfrak{L}$ wie auch der Inhalt L *volladditiv* [vgl. (45) und (46)]. Dies ist
ne einfache Folgerung aus (127) und (128). Mit (130) folgt, daß $\mathfrak{L}$
ibtraktiv ist, und mit (131), daß $\mathfrak{L}$ die *Ringeigenschaft* aufweist. Als
ibtraktiver Mengenring ist $\mathfrak{L}$ also ein *Mengenkörper*. Damit ist gezeigt,
aß $\mathfrak{L}$ ein *Maßfeld* und L ein *Maß* ist. Durch Zusammenfassung entsteht
1s Lebesguesche *Maßsystem* $\langle \mathfrak{L}, L \rangle$.

Eine zu $\mathfrak{L}$ gehörende Menge nennen wir Lebesgue-*meßbar* (kurz
-*meßbar*). Eine Menge ist genau dann L-meßbar, wenn ihre mit (129)
efinierte Lebesguesche Diskrepanz verschwindet, so daß also $l(A) = 0$
t. Eine L-meßbare Menge mit verschwindendem Maß, also eine Menge
er *Nullklasse* $\mathfrak{L}_0$, nennen wir *L-Nullmenge*. Aus (123) resultiert die
emerkenswerte Tatsache, daß sowohl alle abgeschlossenen als auch alle
fenen beschränkten Mengen L-meßbar sind. Nach (116) sind auch
le J-meßbaren Mengen L-meßbar, und insbesondere gilt

$$L(A) = J(A) \qquad [A \in \mathfrak{J}] . \tag{134}$$

s besteht demnach der folgende

Satz XII. *Das* Lebesguesche *Maßsystem* $\langle \mathfrak{L}, L \rangle$ *umfaßt das* Jordan-
he Inhaltssystem $\langle \mathfrak{J}, J \rangle$.

Wir wollen an dieser Stelle noch etwas ausführlicher auf die Zu-
mmenhänge eingehen, die zwischen den beiden im obigen Satz ver-
ichenen Inhaltssystemen bestehen. Mehr als durch (134) wird mit der

Ungleichung

$$J(A) \leqq \underline{L}(A) \leqq \bar{L}(A) \leqq \bar{J}(A) \tag{135}$$

ausgedrückt, die mit (109) und (115) übereinstimmt. Weiter gelten die Beziehungen

$$\bar{J}(A) = L(\overline{A}) \; ; \quad \underline{J}(A) = L(\underline{A}) \, , \tag{136}$$

durch die belegt wird, daß die einseitigen JORDANschen Inhalte grundsätzlich durch LEBESGUEsche Maße dargestellt werden können, indem der äußere J-Inhalt gleich dem L-Maß der abgeschlossenen Hülle und der innere J-Inhalt gleich dem L-Maß des offenen Kerns ist.

Beweise: Nach (78), (115) und (123) gilt $\bar{J}(A) = \bar{J}(\overline{A}) \geq \bar{L}(\overline{A}) = L(\overline{A})$, so daß (a) $\bar{J}(A) \geq L(\overline{A})$ folgt. Mit Berücksichtigung der Definition (107) schließt man wegen $\overline{A} \subset \overline{A}$, $\overline{A} \in \mathfrak{X}$ auf $\bar{J}(\overline{A}) \leqq \bar{L}(\overline{A})$, oder also auf (b) $\bar{J}(A) \leqq L(\overline{A})$. Mit (a) und (b) ist die erste Teilaussage von (136) bewiesen. Analog beweist man die zweite Teilaussage.

Es gibt Mengen, welche L-meßbar, aber nicht J-meßbar sind. Beispielsweise ist die in 3.3.2 konstruierte nicht J-meßbare Menge T L-meßbar; T ist wie übrigens jede beschränkte abzählbare Menge eine L-Nullmenge.

Das LEBESGUEsche Maßsystem erlaubt, schon sehr viele Mengen, auch solche von recht verwickelter Feinstruktur, auszumessen. Es gibt aber doch noch Mengen, die *nicht* L-meßbar sind. In der Tat: Nehmen wir einmal an, daß alle beschränkten Mengen L-meßbar wären! Für zwei Mengen A und B, die abzählbar translativ zerlegungsgleich sind, so daß also $A \approx B$ gilt, ließe sich mit Rücksicht einerseits auf die Definition der Zerlegungsgleichheit [vgl. 3.1.4], andererseits auf die Eigenschaften des Maßsystems, insbesondere ihre Volladditivität, auf $L(A) = L(B)$ schließen. Mit der durch die Relation (13) angezeigten Würfelverdoppelung führt dieser Schluß zum Widerspruch $1 = 2$, wodurch die oben gefaßte Annahme ad absurdum geführt ist. Alle heute bekannten Existenznachweise für nicht L-meßbare Mengen stützen sich auf das Auswahlaxiom der Mengenlehre.

Wir führen noch einige weitere Eigenschaften des LEBESGUEschen Maßes an: Wie (110) und (118) zeigen, ist das Feld $\mathfrak{L}$ *bewegungsfrei* und *dilatationsfrei*. Dagegen ist es *nicht zerlegungsfrei*; der im Falle des Feldes $\mathfrak{J}$ an analoger Stelle in 3.3.2 vollzogene Schluß zeigt, daß ein Feld, das nicht alle beschränkten Mengen umfaßt, also wie $\mathfrak{J}$ oder $\mathfrak{L}$ nicht universell ist, nicht zugleich zerlegungsfrei sein und die Körpereigenschaft aufweisen kann. Gemäß (117) ist das Maß L *monoton*, nach (110) und (118) *bewegungsinvariant* und *homogen* vom Grade k, ferner nach Satz V *translativ zerlegungsmonoton*, also auch *zerlegungsinvariant*. Da jede

Teilmenge einer L-Nullmenge offenbar wieder eine Nullmenge ist, folgt nach Satz VI, daß das System $\langle \mathfrak{L}, L \rangle$ *vollständig* ist.

Abschließend stellen wir die wichtigsten sich auf das Lebesguesche Maß beziehenden Formeln zusammen:

$$L(0) = 0 ; \tag{137}$$

$$L(A) = L(B) \qquad\qquad [A \simeq B] ; \tag{138}$$

$$L(A \cup B) = L(A) + L(B) \qquad\qquad [A \cap B = 0] ; \tag{139}$$

$$L(A) \geqq 0 ; \tag{140}$$

$$L(W) = 1 ; \tag{141}$$

$$L(A) \geqq L(B) \qquad\qquad [A \supset B] ; \tag{142}$$

$$L(\lambda A) = \lambda^k L(A) \qquad\qquad [\lambda > 0] ; \tag{143}$$

$$L(A-B) = L(A) - L(B) \qquad\qquad [A \supset B] ; \tag{144}$$

$$L(A \cup B) + L(A \cap B) = L(A) + L(B) ; \tag{145}$$

$$L(A) = L(B) \qquad\qquad [A \approx B] ; \tag{146}$$

$$L(A) \leqq L(B) \qquad\qquad [A \approx \subset B] ; \tag{147}$$

$$L(A) = \Sigma_1^\infty L(A_\nu) \qquad [A = \textstyle\bigcup_1^\infty A_\nu, A_\nu \cap A_\mu = 0\, (\nu \neq \mu)] ; \tag{148}$$

$$L(A_\nu) \to L(A) \qquad [\nu \to \infty, A_\nu \subset A_{\nu+1}, A = \textstyle\bigcup_1^\infty A_\nu] ; \tag{149}$$

$$L(A_\nu) \to L(A) \qquad [\nu \to \infty, A_\nu \supset A_{\nu+1}, A = \textstyle\bigcap_1^\infty A_\nu] . \tag{150}$$

3.4.3. Charakterisierung des Lebesgueschen Maßes

Das Lebesguesche Maßfeld $\mathfrak{L}$ besitzt die Eindeutigkeitseigenschaft (35) *nicht*; es gibt also ein Inhaltssystem $\langle \mathfrak{L}, \varphi \rangle$, dessen Feld mit dem Lebesgueschen Feld identisch ist, wobei aber für gewisse Mengen $A \in \mathfrak{L}$ die Ungleichheit $\varphi(A) \neq L(A)$ statthat [24]. Diese erstmals von Banach nachgewiesene Tatsache kann hier nicht begründet werden, soll aber der Vollständigkeit wegen erwähnt sein.

Die Eindeutigkeit in einem engeren Sinn wird indessen wieder hergestellt, wenn man nur vollständige Maßsysteme in Betracht zieht, also Maßsysteme, die nach Satz VI die Eigenschaft haben, daß jede Teilmenge einer Nullmenge wieder eine solche ist. Es gilt in diesem Zusammenhang der folgende

Satz XIII. *Das* Lebesgue*sche Maßsystem ist das kleinste vollständige Maßsystem.*

Ausführlicher formuliert: Ist $\langle \mathfrak{F}, \varphi \rangle$ ein vollständiges Maßsystem, so gilt

$$\mathfrak{L} \subset \mathfrak{F} \; ; \quad \varphi(A) = L(A) \qquad [A \in \mathfrak{L}] . \qquad (151)$$

Beweis: Da $\langle \mathfrak{F}, \varphi \rangle$ insbesondere ein vollständiges Inhaltssystem mit der Körpereigenschaft ist, gilt nach (105) $\mathfrak{J} \subset \mathfrak{F}$ und $\varphi(A) = J(A)$ $(A \in \mathfrak{J})$. Da eine offene Menge stets als Vereinigungsmenge einer aufsteigenden Folge von Polyedern darstellbar ist, schließt man mit der Volladditivität des Feldes $\mathfrak{F}$ nach Regel (47), daß $\mathfrak{Y} \subset \mathfrak{F}$ gilt. Analog ist eine abgeschlossene beschränkte Menge als Durchschnitt einer absteigenden Folge von Polyedern darstellbar, und so folgt nach Regel (48) ähnlich $\mathfrak{X} \subset \mathfrak{F}$. Mit der Volladditivität von φ und L in Verbindung mit der Bemerkung, daß für Polyeder P jedenfalls $\varphi(P) = J(P) = L(P) = I(P)$ gilt, folgt mit den Regeln (49) und (50), daß $\varphi(X) = L(X)$ $(X \in \mathfrak{X})$ und $\varphi(Y) = L(Y)$ $(Y \in \mathfrak{Y})$ sein muß. Ist nun $A \in \mathfrak{L}$ eine beliebige L-meßbare Menge, so gibt es zu $\varepsilon > 0$ zwei Mengen $X \in \mathfrak{X}$ und $Y \in \mathfrak{Y}$ so, daß $X \subset A \subset Y$ und $\varphi(Y) - \varphi(X) < \varepsilon$ gilt. Im Hinblick auf die Vollständigkeit des Systems $\langle \mathfrak{F}, \varphi \rangle$ resultiert damit $A \in \mathfrak{F}$ und mit der Monotonie von φ und L schließlich $\varphi(A) = L(A)$. Damit ist unser Satz bewiesen [25].

Das LEBESGUEsche Maßsystem ist aber nicht etwa auch das größte Maßsystem; es gibt Maßsysteme, die das LEBESGUEsche umfassen, ohne mit ihm identisch zu sein [26].

Als Korollar zu Satz XIII ergibt sich (Sonderfall $\mathfrak{F} = \mathfrak{L}$), daß ein vollständiges Maßsystem, dessen Feld mit $\mathfrak{L}$ identisch ist, mit dem System $\langle \mathfrak{L}, L \rangle$ übereinstimmen muß; damit ist eine u. a. von SIERPINSKI hergeleitete Charakterisierung des LEBESGUEschen Maßsystems bestätigt.

§ 5. Zum allgemeinen Inhalts- und Maßproblem

3.5.1. Fragestellungen

Wir haben Inhalts- und Maßsysteme auf axiomatische Weise charakterisiert, also durch Postulate, die sich sowohl auf das Feld als auch auf Inhalt oder Maß bezogen, implizite definiert. Dadurch werden die Systeme selbst zu neuen einheitlichen Gegenständen mathematischer Untersuchung, hier zu solchen der axiomatischen Inhaltstheorie. Schon recht einfache, lediglich nach logischen Gesichtspunkten erwogene Fragen, die ausschließlich an die axiomatische Grundlegung der Theorie anschließen und mit den dort eingeführten Begriffen auskommen, führen zu ernsten Problemen. Ihre Klärung bedingt den Fortschritt der reinen axiomatischen Theorie. Diese bleibt zunächst von individuellen Systemen unabhängig, kann aber zu solchen führen, wenn sie zu den Ideenbildungen der Theorie ein ausgezeichnetes Verhältnis eingehen. In diesem Sinne kann auch nachträglich die Bedeutung bekannter Systeme in einem neuen Licht erscheinen, und eine individuellen Konstruktionen oft anhaftende Willkür verliert hierbei ihre Härte. Nachfolgend erörtern wir einige grundsätzliche Fragen, welche dann auch wegleitend für die in die weiteren Abschnitte aufgenommenen Beiträge zum allgemeinen Inhalts- und Maßproblem sein werden.

Zunächst geben wir einige Erklärungen. Diese erfordern, wenn sie sinnvoll sein sollen, eine Beschränkung auf translativ zerlegungsmonotone Inhaltssysteme [vgl. (40)]; immerhin sei in Erinnerung gerufen, daß beispielsweise jedes System, das die Körpereigenschaft aufweist, nach Satz V diese Forderung erfüllt.

Wir definieren: Zwei Mengen A und B sollen *unbedingt inhaltsgleich* genannt werden, wenn sie in allen translativ zerlegungsmonotonen Inhaltssystemen, in welchen sie beide meßbar sind, übereinstimmenden Inhalt aufweisen, so daß für irgend ein System $\langle \mathfrak{F}, \varphi \rangle$, φ translativ zerlegungsmonoton, aus $A, B \in \mathfrak{F}$ auf $\varphi(A) = \varphi(B)$ geschlossen werden kann.

Eine Menge A wollen wir *absolut meßbar* nennen, wenn sie in allen translativ zerlegungsmonotonen Inhaltssystemen, in welchen sie meßbar ist, stets ein und denselben Inhalt erhält, so daß also für irgend zwei Inhaltssysteme $\langle \mathfrak{F}, \varphi \rangle$ und $\langle \mathfrak{G}, \psi \rangle$; φ, ψ translativ zerlegungsmonoton, aus $A \in \mathfrak{F}$, $A \in \mathfrak{G}$ auf $\varphi(A) = \psi(A)$ geschlossen werden kann.

Eine Menge A wollen wir *unbedingt meßbar* nennen, wenn A in jedem translativ zerlegungsmonotonen Inhaltssystem meßbar ist, so daß für irgend ein Inhaltssystem $\langle \mathfrak{F}, \varphi \rangle$, φ translativ zerlegungsmonoton, die Aussage $A \in \mathfrak{F}$ gilt.

Eine Menge A wollen wir *unbedingt unmeßbar* nennen, wenn A in keinem translativ zerlegungsmonotonen Inhaltssystem meßbar ist, so daß für irgend ein Inhaltssystem $\langle \mathfrak{F}, \varphi \rangle$, φ translativ zerlegungsmonoton, die Aussage $A \notin \mathfrak{F}$ gilt.

Wir fragen: **1.** *Gibt es ,,unbedingt inhaltsgleiche'' Mengen?* Wie läßt sich diese Relation auf andere Weise charakterisieren? **2.** *Gibt es ,,absolut meßbare'' Mengen?* Wie lassen sich diese Mengen auf andere Weise charakterisieren? **3.** *Gibt es ,,unbedingt meßbare'' und ,,unbedingt unmeßbare'' Mengen?*

3.5.2. Zerlegungsäquivalenz und Inhaltsgleichheit

Wir wenden uns der ersten, sich auf unbedingt inhaltsgleiche Mengen beziehenden Frage zu. Die Frage nach der Existenz ist trivial zu beantworten. Translationsgleiche Mengen sind unbedingt inhaltsgleich; dies folgt direkt aus dem Invarianzpostulat. Aus der vorausgesetzten translativen Zerlegungsmonotonie der Inhaltssysteme folgt weiter, daß ebenfalls translativ zerlegungsgleiche Mengen unbedingt inhaltsgleich sind. Damit sind aber die Möglichkeiten nicht erschöpft.

Das Studium dieser Frage führt uns zu einem Äquivalenzbegriff, der die Zerlegungsgleichheit umschließt und den Belangen der Inhaltstheorie besser angepaßt ist als diese. Es zeigt sich, daß die translative Zerlegungsgleichheit zweier Mengen eine in mancher Beziehung zu starke Bindung festlegt; diesem Umstand ist es auch zuzuschreiben, daß formale Regeln, die für den weiteren Ausbau der Zerlegungstheorie der Punktmengen wichtig wären, wie beispielsweise der Subtraktionssatz [vgl. die Bemerkung in 3.1.4] keine Gültigkeit haben. Diese Mängel können durch eine Abschwächung der in Frage stehenden Verwandtschaft behoben werden.

Wir definieren: Zwei beschränkte Punktmengen A und B heißen *translativ zerlegungsäquivalent*, geschrieben $A \sim B$, wenn jede von ihnen translativ zerlegungskleiner ist als die andere durch einen Zusatzwürfel ergänzte Menge, wie klein auch dieser Zusatzwürfel gewählt wird. Formelmäßig ausgedrückt:

$$A \sim B \rhd\lhd A \approx \mathsf{C}\, B \cup (\varepsilon W)\,, \quad B \approx \mathsf{C}\, A \cup (\varepsilon W)\,, \quad \varepsilon > 0 \text{ (beliebig) .} \tag{152}$$

Hierbei sollen die Mengen A und B mit den Zusatzwürfeln disjunkt liegen, was durch eine passende Verschiebung der Zusatzwürfel stets erreicht werden kann. Um diese evtl. erforderliche Vorkehrung anzudeuten, haben wir die Würfel in Klammern gesetzt. Die definierte Zerlegungsäquivalenz ist eine Fast-Zerlegungsgleichheit[27]. Sie stellt eine Äquivalenzrelation dar; es gilt also

$$A \sim A\;;\quad A \sim B \rhd B \sim A\;;\quad A \sim B\,,\quad B \sim C \rhd A \sim C\,. \tag{153}$$

Einzig nicht trivial ist die Transitivität.

Beweis: Aus $A \sim B$ und $B \sim C$ folgt nach (152), daß zu jedem $\varepsilon > 0$ die Relationen $A \approx \mathsf{C}\, B \cup (\varepsilon W)$ und $B \approx \mathsf{C}\, C \cup (\varepsilon W)$ gültig sind. Hieraus schließt man mit (7), daß (a) $A \approx \mathsf{C}\, C \cup (\varepsilon W) \cup (\varepsilon W)'$, wo $(\varepsilon W)'$ aus εW durch eine Verschiebung im Raum hervorgeht, bei der die Mengen rechts in (a) disjunkt sind. Da nun aber evidenterweise $\varepsilon W \cup (\varepsilon W)' \approx \mathsf{C}\, 3\,\varepsilon W$ gilt, folgt mit (a) und erneuter Verwendung von (7) (b) $A \approx \mathsf{C}\, C \cup (3\,\varepsilon W)$. Aus Symmetriegründen gilt analog (c) $C \approx \mathsf{C}\, A \cup (3\,\varepsilon W)$. Mit (b) und (c) folgt nach (152) $A \sim C$.

Wir erwähnen noch die einfach verifizierbaren Regeln

$$A \sim B\,,\ C \sim D\,,\ A \cap C = B \cap D = 0 \rhd A \cup C \sim B \cup D\,; \tag{154}$$

$$A \sim B \rhd \lambda A \sim \lambda B \quad [\lambda > 0]\,. \tag{155}$$

Im Gegensatz zur Zerlegungsgleichheit gestattet die Zerlegungsäquivalenz die Formulierung eines dem Additionssatz (154) entsprechenden Subtraktionssatzes [vgl. Bemerkung in 3.1.4], doch ist der Beweis kompliziert, so daß das Theorem hier nicht aufgenommen wird[28].

Indem wir den Zusammenhang mit dem Problem der Inhaltsgleichheit wieder aufnehmen, formulieren wir den folgenden

Satz XIV. *Zwei beschränkte Mengen A und B sind dann (und nur dann) unbedingt inhaltsgleich, wenn sie translativ zerlegungsäquivalent sind.*

Mit diesem Satz ist unsere Frage vollständig beantwortet und eine klare Bindung zwischen Inhaltsgleichheit und Zerlegungsgleichheit hergestellt. Die tiefer liegende Teilaussage „nur dann" kann hier nicht bewiesen werden; sie wurde deshalb in Klammer gesetzt [29]. Die erste Aussage ist dagegen leicht zu begründen.

Beweis: Mit $A \sim B$ folgt nach (152) mit $\varepsilon > 0$ die Relation (a) $A \approx \subset B \cup (\varepsilon W)$. Es sei n eine beliebig gewählte natürliche Zahl und es sei $\varepsilon < 1/n$. Bezeichnet $n^k \cdot \varepsilon W$ eine disjunkte Vervielfachung, d. h. eine Auslegung von n^k mit εW translationsgleichen, paarweise disjunkten Würfeln, so gilt (b) $n^k \cdot \varepsilon W \approx \subset W$. Mit entsprechender disjunkter Vervielfachung der in (a) beteiligten Mengen resultiert mit Rücksicht auf (b) und mit Verwendung von (7) die Relation (c) $n^k \cdot A \approx \subset n^k \cdot B \cup (W)$. Ist nun $\langle \mathfrak{F}, \varphi \rangle$ ein translativ zerlegungsmonotones Inhaltssystem, so gilt mit $A, B \in \mathfrak{F}$ auch $n^k \cdot A$, $n^k \cdot B \in \mathfrak{F}$, und aus (c) resultiert zunächst $n^k \varphi(A) \leq n^k \varphi(B) + 1$ und mit $n \to \infty$ dann $\varphi(A) \leq \varphi(B)$. Wegen der bestehenden Symmetrie muß auch umgekehrt $\varphi(B) \leq \varphi(A)$ und damit $\varphi(A) = \varphi(B)$ gelten, w. z. b. w.

Ein einfaches Kriterium für die translative Zerlegungsäquivalenz zweier Mengen, das in vielen Fällen zur Anwendung kommen kann, gibt der folgende

Satz XV. *Zwei Jordan-meßbare Mengen sind dann und nur dann translativ zerlegungsäquivalent, wenn sie inhaltsgleich sind.*

Für L-meßbare Mengen gilt ein entsprechender Satz nicht [30].

Beweis: Es sei $A, B \in \mathfrak{J}$ und $J(A) = J(B)$ vorausgesetzt. Zu $\varepsilon > 0$ gibt es zwei Polyeder P und Q derart, daß $I(P) - I(Q) < \varepsilon^k$ und $A \subset P$, $Q \subset B$ gilt. Die Inhaltsungleichung kann auch in der Form $I(P) < I(Q \cup (\varepsilon W))$ geschrieben werden, wo Q und (εW) disjunkt liegen. Nach 2.2.1 (37) besteht dann die elementargeometrische Relation $P \sim \subset Q \cup (\varepsilon W)$. Daraus folgt $P \approx \subset Q \cup (2\,\varepsilon W)$, wenn man berücksichtigt, daß ein uneigentliches Polyeder translativ zerlegungskleiner als ein beliebig kleiner Würfel ist. Nach Konstruktion folgt jetzt weiter $A \approx \subset B \cup (2\,\varepsilon W)$ und mit der Symmetrie der Voraussetzung auch $B \approx \subset A \cup (2\,\varepsilon W)$. Dies ist gleichbedeutend mit $A \sim B$. Damit ist die Aussage „dann" bewiesen. Wir setzen nun umgekehrt $A, B \in \mathfrak{J}$ und $A \sim B$ voraus. Es gilt demnach für jedes $\varepsilon > 0$ $A \approx \subset B \cup (\varepsilon W)$ und nach (97) $J(A) \leq J(B) + \varepsilon^k$ oder also $J(A) \leq J(B)$ und mit Rücksicht auf die Symmetrie der Voraussetzung auch $J(A) \geqq J(B)$, also $J(A)$ $= J(B)$. Damit ist die Aussage „nur dann" bewiesen.

Nach dem soeben begründeten Satz ist beispielsweise ein Würfel mit einer inhaltsgleichen Kugel translativ zerlegungsäquivalent. Bezüglich der ungleich subtileren translativen Zerlegungsgleichheit besitzen wir wenig Kenntnisse dieser Art. So ist unseres Wissens nicht bekannt, ob ein Würfel mit einer inhaltsgleichen Kugel translativ zerlegungsgleich ist, falls $k > 1$ gewählt wird[31]. Mit Satz XV wird auch implizite die Unmöglichkeit translativer Zerlegungsparadoxien ausgesagt [vgl. 3.1.5]. In der Tat müssen zwei J-meßbare Mengen jedenfalls inhaltsgleich sein, wenn sie translativ zerlegungsgleich sein sollen. Damit ist die Aussage (12), mit welcher wir die Nichtexistenz paradoxer Zerlegungsgleichheiten ausdrückten, nachgewiesen.

3.5.3. Der TARSKIsche Inhalt

Wir gehen hier von der zweiten sich auf absolut meßbare Mengen beziehenden Frage aus. Auch hier kann die Frage nach der Existenz trivial beantwortet werden. Direkt aus dem Normierungspostulat folgt, daß der Einheitswürfel W absolut meßbar ist. Offenbar ist jetzt auch jede Menge absolut meßbar, die mit W unbedingt inhaltsgleich ist; diese Eigenschaft haben nach der bewiesenen Teilaussage von Satz XIV jedenfalls die mit W translativ zerlegungsäquivalenten Mengen, beispielsweise die J-meßbaren Mengen vom Inhalt 1.

Die weitere Verfolgung dieser Gedankenkette führt uns zu einem bemerkenswerten Inhaltssystem, das im Falle $k = 1$ auf etwas andere Weise von TARSKI aufgestellt wurde[32]. Der translationsinvariante Aufbau unserer Inhaltstheorie gestattet es, das TARSKIsche Inhaltssystem für alle Dimensionen $k \geqq 1$ einzuführen, was bei bewegungsinvarianter Entwicklung für $k > 2$ ausgeschlossen ist.

Wir definieren zunächst das Feld: Das TARSKI*sche Feld* $\mathfrak{T}$ umfaßt die leere Menge 0 und alle beschränkten Punktmengen, die mit einem mit W parallel liegenden (homothetischen) Würfel translativ zerlegungsäquivalent sind; formelmäßig ausgedrückt soll also

$$A \in \mathfrak{T} \; \rhd\lhd \; A \in \mathfrak{B} , \quad A \sim \lambda W \qquad [0 \leqq \lambda < \infty] \qquad (156)$$

gelten.

Nun der Inhalt: Der TARSKI*sche Inhalt* T ist für eine zu $\mathfrak{T}$ gehörende Menge gleich dem elementaren Inhalt des mit ihr translativ zerlegungsäquivalenten Würfels; es gilt also

$$T(A) = \lambda^k \qquad [A \in \mathfrak{T}, A \sim \lambda W, 0 \leqq \lambda < \infty] . \qquad (157)$$

Ergänzend sei noch $T(0) = 0$ hinzugefügt. Wir haben vorerst die Feldpostulate I° bis III° [(16) bis (18)] zu überprüfen. Daß $\mathfrak{T}$ *translationsfrei*

st, folgt trivial aus der Konstruktion. Wir zeigen, daß $\mathfrak{T}$ auch *additiv*
st. In der Tat: Wenn $A \sim \alpha W$ und $B \sim \beta W$ gilt, so folgt zunächst
$A \cup B \sim \alpha W \cup (\beta W)$, wo $A \cap B = 0$ vorausgesetzt ist, und die Klammer
beim zweiten Würfel rechts andeutet, daß er so verschoben werden soll,
daß er mit dem ersten disjunkt liegt. Mit Anwendung von Satz XV
schließen wir, daß $\alpha W \cup (\beta W) \sim \gamma W$ gilt, wo $\gamma = (\alpha^k + \beta^k)^{1/k}$ zu
setzen ist. Mit der transitiven Eigenschaft (153) folgt nun $A \cup B \sim \gamma W$,
w. z. b. w. Ferner ist $\mathfrak{T}$ trivialerweise auch *normal.* Wir haben weiter zu
zeigen, daß mit dem Ansatz (157) ein eindeutiges Funktional T über $\mathfrak{T}$
definiert wird; ferner sind die Inhaltspostulate I bis IV [(19) bis (22)] zu
überprüfen. In der Tat: Aus $A \sim \alpha W$ und $A \sim \beta W$ folgt $\alpha W \sim \beta W$ und
mit Satz XV also $\alpha^k = \beta^k$. Der einer Menge $A \in \mathfrak{T}$ nach (157) zu-
gewiesene Wert ist demnach *eindeutig* bestimmt. Weiter: T ist *translationsinvariant*; dies ist trivial. T ist ferner *additiv*, denn wie oben folgt
aus $A \sim \alpha W$ und $B \sim \beta W$ und $A \cap B = 0$ die Relation $A \cup B \sim \gamma W$,
wo $\gamma^k = \alpha^k + \beta^k$ ist. T ist auch *definit* und *normal*; beide Aussagen sind
trivial.

Durch Zusammenfassung von $\mathfrak{T}$ und T entsteht das Tarski*sche
Inhaltssystem* $\langle \mathfrak{T}, T \rangle$. Eine Menge $A \in \mathfrak{T}$ nennen wir Tarski*-meßbar*
(kurz *T-meßbar*). Das Feld der T-meßbaren Mengen greift über die Felder
der einfachen klassischen Systeme hinaus. Sehr leicht einzusehen ist, daß
eine J-meßbare Menge stets T-meßbar ist, und daß

$$T(A) = J(A) \qquad [A \in \mathfrak{J}] \qquad (158)$$

gilt. Es gilt also der folgende

Satz XVI. *Das* Tarski*sche Inhaltssystem umfaßt das* Jordan*sche Inhaltssystem.*

Es gibt weiter T-meßbare Mengen, die nicht L-meßbar, um so weniger
also J-meßbar sind. In der Tat: Ist $S \subset W$ eine nicht L-meßbare Menge,
so bilde man $A = (W{-}S) \cup S'$, wobei $S' \cong S$ und $S' \cap W = 0$ sei. Offensichtlich besteht die Relation $A \approx W$, also insbesondere $A \sim W$, so daß
$A \in \mathfrak{T}$ und $T(A) = 1$ folgt. A ist aber nicht L-meßbar, da andernfalls
$A \cap W = W{-}S$ auch L-meßbar sein müßte, was nicht zutrifft.

Umgekehrt gibt es auch L-meßbare Mengen, die nicht T-meßbar sind;
dies kann hier jedoch nicht bewiesen werden. Die schon mehrfach angewendete Konstruktion zeigt, daß $\mathfrak{T}$ die Ringeigenschaft, also auch die
Körpereigenschaft, nicht besitzt. Denn ist S nicht T-meßbar, U ein S
enthaltender Würfel, ferner S' zu $U - S$ translationsgleich und zu U
disjunkt, so sind sowohl U wie auch $S \cup S'$ T-meßbar, nicht aber ihr
Durchschnitt S.

Wir führen noch einige weitere Eigenschaften des Tarskischen In-
halts an: Das Feld $\mathfrak{T}$ ist *bewegungsfrei*. In der Tat: Mit $A \in \mathfrak{T}$, also

$A \sim \lambda W$, folgt $A^{\delta} \sim (\lambda W)^{\delta}$, wo δ eine Drehung bezeichnet. Nach Satz XV gilt aber $(\lambda W)^{\delta} \sim \lambda W$, so daß auch die Relation $A^{\delta} \sim \lambda W$ besteht; somit folgt $A^{\delta} \in \mathfrak{T}$. Trivialerweise ist $\mathfrak{T}$ *dilatationsfrei* und *zerlegungsfrei*. Durch diese letzte Feldeigenschaft hebt sich das TARSKIsche Inhaltssystem wesentlich von den klassischen Systemen ab. Der Inhalt T ist offensichtlich *monoton*. Er ist auch *bewegungsinvariant*, wie aus der Erörterung der entsprechenden Feldeigenschaft unmittelbar folgt. Ferner ist leicht einzusehen, daß T auch *translativ zerlegungsmonoton* und insbesondere *translativ zerlegungsinvariant* ist. In der Tat: Ist $A \sim \alpha W$, $B \sim \beta W$ und $A \approx \subset B$, so resultiert mit den Relationen $\alpha W \approx \subset A \cup (\varepsilon W)$, $B \approx \subset W \cup (\varepsilon W)$ unter Verwendung der transitiven Eigenschaft $\alpha W \approx \subset \beta W \cup (\varepsilon W)' \cup (\varepsilon W)''$, mit (97) $\alpha^k \leq \beta^k + 2\varepsilon^k$ und schließlich $\alpha^k \leq \beta^k$, oder also $T(A) \leq T(B)$. Das System $\langle \mathfrak{T}, T \rangle$ ist auch *vollständig*.

Wir kehren nun zum Problem zurück, das diesen Abschnitt einleitete und geben eine Charakterisierung der absolut meßbaren Mengen durch den folgenden

Satz XVII. *Eine beschränkte Menge ist dann (und nur dann) absolut meßbar, wenn sie* TARSKI-*meßbar ist.*

Da die T-meßbaren Mengen durch die translative Zerlegungsäquivalenz mit Würfeln auf einfache mengengeometrische Weise charakterisiert sind, ist das Problem mit unserem Satz befriedigend gelöst. Allerdings können wir hier die tiefer liegende Aussage ‚nur dann‘ nicht nachweisen; sie ist deshalb auch in Klammer gesetzt [33]. Dagegen läßt sich die Aussage ‚dann‘ einfach begründen.

Beweis: Es ist zu zeigen, daß eine T-meßbare Menge absolut meßbar ist. Es sei $A \sim \lambda W$. Wir wählen eine beliebige natürliche Zahl n und gewinnen durch disjunkte Vervielfachung der Ausgangsrelation $n \cdot A \sim n \cdot (\lambda W)$. Mit Anwendung von Satz XV, wonach zunächst auf $n \cdot (\lambda W) \sim m \cdot W \cup (\Delta W)$ geschlossen werden kann, wo $n \lambda^k = m + \Delta^k$ und $0 \leq \Delta < 1$ ist, folgt $n \cdot A \sim m \cdot W \cup (\Delta W)$. Hieraus folgert man die beiden Relationen (a) $n \cdot A \approx \subset (m + 1) \cdot W$ und (b) $(m + 1) \cdot W \approx$ $\approx \subset n \cdot A \cup (W)$. Es sei jetzt $\langle \mathfrak{F}, \varphi \rangle$ ein translativ zerlegungsmonotones Inhaltssystem und $A \in \mathfrak{F}$. Aus (a) und (b) läßt sich die Ungleichung $m/n \leq \varphi(A) \leq (m + 1)/n$ folgern, aus der sich mit $n \to \infty$ die Beziehung $\varphi(A) = \lambda^k$ oder also $\varphi(A) = T(A)$ ergibt, w. z. b. w.

Abschließend erwähnen wir noch eine für T-meßbare Mengen $A \in \mathfrak{T}$ gültige Darstellung ihres TARSKIschen Inhalts. Setzt man nämlich

$$\overline{T}(A) = \inf \lambda^k \qquad [A \approx \subset \lambda W] \qquad (159)$$

und

$$\underline{T}(A) = \sup \lambda^k \qquad [\lambda W \approx \subset A], \qquad (160)$$

so gilt

$$\underline{T}(A) = \overline{T}(A) = T(A) \qquad [A \in \mathfrak{T}]. \qquad (161)$$

Beweis: Es sei $A \sim \alpha W$. Dann gilt für jedes $\varepsilon > 0$ $\alpha W \approx \subset A \cup (\varepsilon W)$. Ist zugleich $A \approx \subset \lambda W$, so folgt $\alpha W \approx \subset \lambda W \cup (\varepsilon W)$, also $\alpha^k \leqq \lambda^k + \varepsilon^k$. Daraus ergibt sich (a) $T(A) = \alpha^k \leqq \overline{T}(A)$. Andererseits ist auch $A \approx \subset \alpha W \cup (\varepsilon W) \approx \subset (\alpha + \varepsilon) W$. Nach (159) bedeutet dies $\overline{T}(A) \leqq$ $\leqq (\alpha + \varepsilon)^k$ und, da $\varepsilon > 0$ beliebig ist, (b) $\overline{T}(A) \leqq \alpha^k = T(A)$. Aus (a) und (b) ergibt sich die erste Teilaussage $T(A) = \overline{T}(A)$; analog beweist man die zweite Teilaussage $T(A) = \underline{T}(A)$.

Mit (161) wird uns eine anschauliche Deutung der Tarskischen Inhaltsmessung nahe gebracht. Der Inhalt $T(A)$ einer Menge A ist die

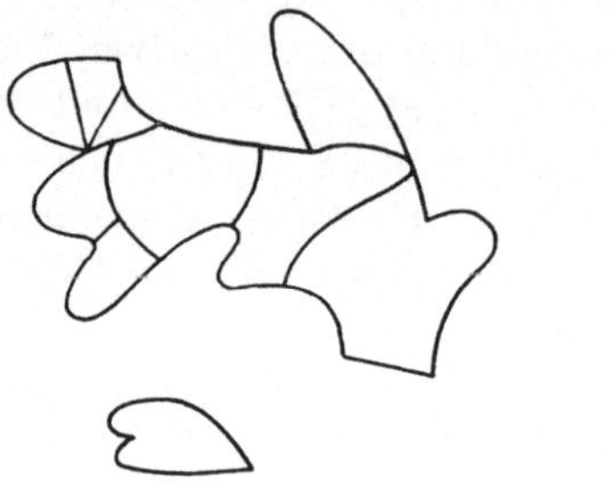

Abb. 3

untere Grenze der elementaren Inhalte derjenigen Würfel, in die sich die Menge A durch Zerlegen in Teile und nachfolgende Verschiebung „einpacken" läßt [vgl. hierzu Abb. 3]; gleichzeitig ist er auch die obere Grenze der elementaren Inhalte derjenigen Würfel, die sich auf gleiche Weise in die Menge A „auspacken" lassen. Die hier beanspruchten Prozesse der Inhaltsvergleichung durch Zerlegung und Zusammenfügung entsprechen durchaus der Vorstellung des natürlichen Inhalts und sind an sich ursprünglicher als die Überdeckungs- und Unterdeckungsvorgänge, die den Konstruktionen der klassischen Inhalte zugrunde liegen.

3.5.4. Normsystem und Banachsche Systeme

In diesem letzten Abschnitt wenden wir uns der dritten, sich auf unbedingt meßbare und unbedingt unmeßbare Mengen beziehende Frage zu. Die beiden logisch nahe verwandten Teilfragen führen uns zum einfachsten und zum schwierigsten Problem der axiomatischen Inhaltstheorie.

Die erste veranlaßt uns, das triviale Normsystem in Betracht zu ziehen, und die zweite bringt uns mit den universellen Banachschen Systemen in Berührung, die wir hier nur erwähnen, nicht aber begründen können. In der Tat: Es bezeichne $\mathfrak{N}$ die Klasse aller Mengen $A = n \cdot W$ ($n = 1, 2, \ldots$), die sich als disjunkte Vervielfachung des Einheitswürfels darstellen lassen; die leere Menge 0 gehöre auch zu $\mathfrak{N}$. Über $\mathfrak{N}$ definieren wir das Funktional $N(A) = n$ $(A \in \mathfrak{N}, A = n \cdot W)$. Ferner setze man $N(0) = 0$. Durch Zusammenfassung von $\mathfrak{N}$ und N entsteht ein Inhaltssystem, nämlich das *Normsystem* $\langle \mathfrak{N}, N \rangle$. Die Feld- und Inhaltspostulate werden befriedigt; die Verifikation ist in allen Punkten trivial. Kraft der beiden Normpostulate wird $\langle \mathfrak{N}, N \rangle$ von allen Inhaltssystemen umfaßt; in diesem Sinne ist das Normsystem das kleinste Inhaltssystem überhaupt. Man beachte noch, daß dieses System *keine* der Feldeigenschaften V° bis IX° besitzt, die Inhaltssystemen zukommen können; dagegen ist $\mathfrak{N}$ *subtraktiv* und weist die *Eindeutigkeitseigenschaft* X° auf. Ferner ist das System $\langle \mathfrak{N}, N \rangle$ *vollständig*. Da das JORDANsche System das Normsystem umfaßt, ist der Norminhalt N *translativ zerlegungsmonoton*.

Zu unserer ersten Teilfrage nach unbedingt meßbaren Mengen zurückkehrend, stellen wir fest, daß diese genau die N-meßbaren Mengen sind. Einerseits sind diese Mengen ja in jedem System meßbar, da stets $\mathfrak{N} \subset \mathfrak{F}$ gilt, andererseits gibt es keine andern Mengen dieser Eigenschaft, da $\mathfrak{N}$ selbst Inhaltsfeld eines zerlegungsmonotonen Systems ist. Damit ist die Lösung des einfachsten Problems dargelegt.

Wir betrachten jetzt die universelle Klasse $\mathfrak{B}$ aller beschränkten Mengen überhaupt und fragen uns, ob $\mathfrak{B}$ das Feld eines universellen Inhaltssystems sein kann, so daß alle beschränkten Mengen innerhalb eines einzigen Systems meßbar sind. Damit haben wir das allgemeine Inhaltsproblem formuliert.

Im Rahmen der bewegungsinvarianten Inhaltstheorie ist dieses Problem für die Dimensionen $k > 2$ unlösbar; dies hat HAUSDORFF erstmals gezeigt [34]. Die hier entwickelte Inhaltstheorie ist dagegen translationsinvariant aufgebaut, und dieser Umstand gestattet es, die von BANACH im linearen und ebenen Fall ($k = 1, 2$) aufgestellten universellen Inhaltssysteme [35] auch für Räume beliebiger Dimension $k \geqq 1$ zu entwickeln. Obgleich dieses Programm hier nicht durchgeführt werden kann, stellen wir fest, daß das allgemeine Inhaltsproblem lösbar ist, und daß BANACH*sche Inhaltssysteme* $\langle \mathfrak{B}, B \rangle$ existieren. Jedes translativ zerlegungsmonotone Inhaltssystem wird von wenigstens einem BANACHschen System umfaßt [36].

Im Gegensatz zum Normsystem besitzt ein BANACHsches System *alle* Feldeigenschaften IV° bis IX°, hingegen *nicht* die *Eindeutigkeitseigenschaft* X°. Ein System $\langle \mathfrak{B}, B \rangle$ ist selbstverständlich auch *vollständig*; ebenso ist ein BANACHscher Inhalt B translativ zerlegungsmonoton.

Auf unsere zweite Teilfrage nach unbedingt unmeßbaren Mengen zurückkommend, stellen wir fest, daß keine solchen existieren. Damit ist auch die Lösung des schwierigsten Problems, wenn auch ohne Begründung, skizziert.

Im Gegensatz zu der vorstehenden, sich auf Inhaltssysteme beziehenden Feststellung, ist das universelle Maßproblem auch bei translationsinvariantem Aufbau der Theorie unlösbar [37]. Es existiert kein BANACHsches Maßsystem $\langle \mathfrak{B}, \varphi \rangle$, also kein volladditiver Inhalt φ über der Universalklasse $\mathfrak{B}$ aller beschränkten Mengen. Dies folgt unmittelbar aus der in 3.1.5 nachgewiesenen „Würfelverdoppelung" (13). Selbst wenn man ganz auf eine Invarianzforderung verzichtet, bleibt das sinngemäß reduzierte Maßproblem unlösbar, wie BANACH und KURATOWSKI gezeigt haben [38].

Anmerkungen

1 (87) Die Universalklasse der beschränkten Punktmengen des Raumes stellt in bezug auf Vereinigungs- und Durchschnittsbildung einen distributiven Mengenverband dar. Die geläufigen Eigenschaften dieser Verknüpfungen decken sich mit den hier zuständigen verbandstheoretischen Axiomen. Vgl. hierzu die einführende Monographie von H. HERMES [1] (S. 1, 40).

2 (87) Hierüber kann man bei F. HAUSDORFF [2] (S. 23—25) nachlesen. Die kleinste, alle Mengen eines vorgegebenen Mengensystems $\mathfrak{S}$ enthaltende Mengenklasse, die sowohl die δ-Eigenschaft als auch die σ-Eigenschaft besitzt ($\sigma\delta$-System), heißt BORELsches System über $\mathfrak{S}$. Vgl. hierzu E. BOREL [1].

3 (88) Diese als Illustrationsbeispiel gewählte translative Zerlegungsgleichheit ist von spezieller Art, insofern die Mengen und ihre Teile polygonal sind. Im Gegensatz zur Zerlegungsgleichheit im Sinne der Elementargeometrie ist aber auf die Zugehörigkeit aller Randpunkte zu den Teilstücken zu achten. Nicht jede elementargeometrische Zerlegungsgleichheit läßt sich in diesem Sinne zu einer punktmengengeometrischen Zerlegungsgleichheit verschärfen. Notwendige Bedingungen wurden von H. HADWIGER [10] angegeben; diese sind beispielsweise bei zwei inkongruenten und inhaltsgleichen Rechtecken dann erfüllt, wenn beide Rechtecke halbabgeschlossen sind, nicht aber, wenn diese abgeschlossen oder offen sind.

4 (89) Dies leistet beispielsweise die zwischen den beiden Intervallen $0 \leq x < 1$ und $0 \leq x \leq 1$ im 1-dimensionalen Raum bestehende Zerlegungsgleichheit. Vgl. hierzu W. SIERPINSKI [5] (S. 45, Theorem 16).

5 (89) Der von G. CANTOR vermutete und von F. BERNSTEIN bewiesene Satz sagt bekanntlich aus, daß zwei Mengen dann (und nur dann) äquivalent im Sinne der allgemeinen Mengenlehre sind, wenn jede mit einem Teil der anderen äquivalent ist. Vgl. F. HAUSDORFF [2] (S. 48). Die sich auf Zerlegungsgleichheiten beziehenden Aussagen in unserem Text lassen sich auf allgemeinere abstrakte Abbildungssätze zurückführen, die auch den Äquivalenzsatz als Korollar enthalten.

6 (91) S. MAZURKIEWICZ und W. SIERPINSKI [1] konstruierten eine ebene, unbeschränkte und abzählbare Punktmenge, die mit ihrer Hälfte kongruent ist. S. RUZIEWICZ [1] zeigte auch die Existenz einer ebenen nichtabzählbaren Punktmenge, die mit der Hälfte eines echten Teils kongruent ist.

7 (91) Für den bereits von A. TARSKI [2] (S. 222, Korollar 1.17) nachgewiesenen Sachverhalt, daß keine lineare Punktmenge mit ihrer Hälfte kongruent sein kann, erbrachte W. SIERPINSKI [3] einen durchaus elementaren Beweis.

8 (91) Wesentlich ist hier der Begriff der meßbaren Gruppe nach J. VON NEUMANN [2], die in ihrem Wirkungsraum keine wesentliche Zerlegungsparadoxie zuläßt. Eine ABELsche Gruppe (lineare Bewegungsgruppe) ist meßbar; ferner ist eine Gruppe mit meßbarem Normalteiler und meßbarer Faktorgruppe selbst meßbar (ebene Bewegungsgruppe).

9 (91) S. BANACH und A. TARSKI [1] haben u. a. bewiesen, daß zwei beschränkte Punktmengen mit inneren Punkten zerlegungsgleich sind, falls $k \geq 3$ ist.

Die Anzahl der verschiedenen Teilmengen, die zur Realisierung der Zerlegungsgleichheit erforderlich sind, kann grob abgeschätzt werden; vgl. hierzu H. HADWIGER [19]. Scharfe Resultate ergeben sich für die Kugelverdopplung, d. h. für die Zerlegungsgleichheit einer Kugel K mit einem Paar kongruenter und disjunkt liegender Kugeln $K \cup K'$. W. SIERPINSKI [2] wies nach, daß diese „Paradoxie" durch eine Zerlegung von K in $n = 8$ Teilmengen realisierbar wird. R. M. ROBINSON [1] zeigte mit einer scharfsinnigen Konstruktion, daß hierzu bereits $n = 5$ ausreicht, ein $n < 5$ jedoch nicht mehr. Eine übersichtliche und leicht verständlich geschriebene Darlegung der an sich etwas verwickelten ROBINSONschen Konstruktion verdankt man L. LOCHER-ERNST [1].

10 (92) F. HAUSDORFF [1] und [2] (S. 401—402) verwendet eine solche Zerlegung, um die Unlösbarkeit des Maßproblems darzutun. Die bekannte Konstruktion, welche sich auf das Auswahlaxiom stützt, ergibt eine Zerlegung der Kreislinie in abzählbar unendlich viele paarweise kongruente Teilmengen. Das HAUSDORFFsche Verfahren, das wir auch beim Beweis im Text anwendeten, kann auf verschiedene Weisen variiert werden. Ein kurzer Beweis dafür, daß sich ein k-dimensionaler Würfel in abzählbar unendlich viele, paarweise translativ zerlegungsgleiche Teilmengen zerlegen läßt, findet sich auch bei G. AUMANN [3]. Übrigens existieren sogar Zerlegungen dieser Art in paarweise translationsgleiche Teilmengen, wie J. VON NEUMANN [1] für $k = 1$ gezeigt hat.

11 (93) Auch die sich auf abzählbar-unendliche Zerlegungsgleichheiten beziehende „Paradoxien" finden sich bei S. BANACH und A. TARSKI [1]; es handelt sich dort um den sich auf die volle Bewegungsgruppe beziehenden ursprünglichen Begriff der Zerlegungsgleichheit.

12 (93) Der unten folgende diesbezügliche Satz stammt von H. KUMMER [1].

13 (96) Die Forderung, daß die einer Inhaltsmessung zuzuführenden Mengen beschränkt sein sollen, entspricht den klassischen Ansätzen, die mit dem Begriff des natürlichen Inhalts enger verbunden sind, als diejenigen der neueren rein formalen Theorien, die zum Teil auch unbeschränkte Mengen zulassen. Die Vorteile, die sich mit dem Einschluß auch unbeschränkter Mengen verbinden, sind größtenteils rein formaler Natur. Dadurch wird beispielsweise erwirkt, daß der Prozeß der Vereinigungsbildung von Mengen eines Systems abzählbar-unendlich oft wiederholt werden kann, ohne aus dem System hinauszuführen; die zugelassenen Mengenklassen sind σ-Systeme. In solchen Fällen muß auch die uneigentliche Zahl ∞ als Inhalt (oder Maß) zugelassen werden. Dieses Vorgehen bei der Grundlegung der Inhaltslehre findet sich auch in bekannten Lehrbüchern verwirklicht. Vgl. O. HAUPT und G. AUMANN [1].

14 (97) Es sei z. B. P. R. HALMOS [1] (S. 30) und K. MAYRHOFER [1] (S. 14) erwähnt, um nur zwei Stellen des neueren Fachschrifttums zu nennen, wo die Beschränkung auf Mengenkörper bei der axiomatischen Charakterisierung von Inhalts- und Maßsystemen besonders deutlich hervorgehoben ist. Diese Festsetzung ist insofern von Bedeutung, als sie den Einbau der Inhalts- und Maßlehre in den in jüngster Zeit besonders hervorgehobenen abstrakten Formalismus der BOOLEschen Verbandstheorie ermöglicht. Es sei hier auf O. HAUPT, G. AUMANN und C. PAUC [1] und C. CARATHÉODORY [2] verwiesen. Für die von uns durch die hier gefaßten Postulate angebahnte translationsinvariante axiomatische Inhaltstheorie ist aber eine von vornherein postulierte Beschränkung auf Mengenkörper unzweckmäßig, da es sich zeigt, daß Inhaltssysteme, die im Rahmen der gesamten Theorie eine ausgezeichnete Bedeutung erlangen, wie das TARSKIsche System, sich auf Mengenklassen beziehen, die zwar additiv und subtraktiv sind, dagegen aber nicht die Ringeigenschaft, also erst recht nicht die Körpereigenschaft aufweisen.

An dieser Stelle der axiomatischen Grundlegung der Inhaltslehre zeichnet sich eine Verzweigung ab. Die eine Linie führt zur abstrakten invarianzlosen, insbesondere zu der oben erwähnten verbandstheoretischen Weiterentwicklung. Die andere Linie, welche invariant weiterverfolgt wird, weist gerade dadurch, daß sie die Invarianz gegenüber den Operationen einer wirkenden Gruppe postuliert, eine enge Verbundenheit mit der Zerlegungstheorie der Mengen auf, wodurch andere Gesichtspunkte stärker in den Vordergrund gerückt werden müssen. Hier ist in erster Linie eine Abhandlung von A. Tarski [3] über abstrakte invariante Inhaltstheorie zu erwähnen. Diese Untersuchungen wurden in neuerer Zeit von W. Nef [3] weitergeführt und verallgemeinert; sie stehen in engstem Zusammenhang mit den Studien zu der auf dem Begriff der Zerlegungsgleichheit von Funktionen basierenden invarianten axiomatischen Integrationstheorie, wie sie von A. Kirsch [1] begonnen und von W. Nef [2, 4, 5, 6, 7] weitergeführt wurden.

15 (102) Für die Dimensionen $k = 1, 2$ kann die Zerlegungsinvarianz eines Inhalts als Folgerung aus der Existenz Banachscher universeller Inhaltssysteme, welche das vorliegende System umfassen, dargestellt werden. So ergibt sich die Invarianz des Jordanschen Inhalts und des Lebesgueschen Maßes. Diesen Schluß hat auch A. Tarski [2] gezogen. Der im Text vorgetragene elementare Beweis für die translative Zerlegungsinvarianz für beliebige Dimensionen $k \geq 1$ ist den entsprechenden Beweisen für die Zerlegungsinvarianz der bezüglich Abelscher Transformationsgruppen invarianten Integrale nachgebildet. Vgl. A. Kirsch [1], ferner H. Hadwiger und A. Kirsch [1].

16 (105) F. Hausdorff [2] (S. 403 ff.) definiert den äußeren Inhalt einer beschränkten ebenen Menge durch Polygonüberdeckung, den inneren Inhalt dagegen durch Komplementbildung.

17 (105) G. Peano [1]; C. Jordan [1, 2]. Vgl. weitere historische Erläuterungen in L. Zoretti und A. Rosenthal [1].

18 (111) Geht man von der klassischen Definition des Inhalts aus, die sich auf Überdeckung und Unterdeckung mit achsenorientierten Intervallpolyedern stützt, so muß nachträglich die Bewegungsinvarianz oder also die Unabhängigkeit vom gewählten Koordinatensystem nachgewiesen werden. Um diesen Beweis zu vereinfachen, sind passende Hilfssätze bereitgestellt worden, so z. B. von E. Schmidt [1].

19 (113) Dieses Kriterium stammt von H. Hadwiger [38].

20 (113) Das von F. Behrend [1] aufgestellte Theorem sagt allgemeiner aus, daß die beschränkte Vereinigungsmenge beliebig vieler konvexer Körper, deren Inkugelradien eine positive untere Schranke aufweisen, im Jordanschen Sinne meßbar ist.

21 (116) E. Borel [1]; H. Lebesgue [1]. Vgl. weitere historische Erläuterungen bei L. Zoretti und A. Rosenthal [1]. Der von uns gewählte Weg, die Definition des Lebesgueschen Maßes direkt an das Jordansche Inhaltssystem anzuschließen, wurde erstmals von W. H. Young [1] beschritten; diese Möglichkeit beruht auf der Eigenschaft der L-meßbaren Mengen, ,,nahezu offen'' und ,,nahezu abgeschlossen'' zu sein.

22 (116) Über derartige allgemeine Erweiterungs- und Vervollständigungsprozesse lese man nach bei P. R. Halmos [1] (S. 49 ff.) und insbesondere das Kapitel über Maßtheorie bei G. Aumann [3] (S. 275 ff.).

23 (120) Nach der klassischen Konstruktion des Maßes ist dieses von dem zugrunde gelegten Koordinatensystem abhängig, so daß nachträglich die Bewegungsinvarianz nachgewiesen werden muß. Zur Vereinfachung dieses Beweises sind verschiedene Vorschläge gemacht worden. So machte sich R. Schmidt [1] den Umstand zu nutze, daß die Kugel durch eine Drehung um ihren Mittelpunkt in sich übergeht. W. Jurkat [1] ändert den klassischen Ansatz insofern ab, als er das äußere Maß durch Überdeckungen mit abzählbar unendlich vielen nicht notwendig achsenparallelen Intervallen gewinnt. Eine besonders einfache Lösung des Problems erzielt G. Aumann [1] auf Grund der Tatsache, daß eine Bewegung durch endlich viele aufeinanderfolgende Spiegelungen an Ebenen erzeugt werden kann; allerdings muß man sich noch auf den Satz stützen, daß eine L-meßbare Menge „nahezu offen" ist, was innerhalb der translationsinvarianten Entwicklung der Theorie als bewiesen anzunehmen ist.

24 (122) Die diesbezügliche Frage wurde erstmals von S. Ruziewicz gestellt und von S. Banach [1] für die Dimensionen $k = 1, 2$ in dem im Text angegebenen Sinne beantwortet. Die Banachsche Feststellung kann auf Grund eines von W. Nef [3] (S. 222, Satz 6.14) aufgestellten Fortsetzungssatzes sinngemäß auf beliebige Dimensionen $k \geqq 1$ übertragen werden, wenn man die Theorie translationsinvariant aufbaut, wie dies hier der Fall ist. Die in Frage kommenden Schlüsse sollen hier kurz skizziert werden:

Es bezeichne $\mathfrak{L}'$ bzw. $\mathfrak{L}''$ die Klasse der 1-dimensionalen bzw. $(k — 1)$-dimensionalen L-meßbaren Mengen und L' bzw. L'' die entsprechenden Maße. Wir gehen von einer Geraden G und einer zu G orthogonal stehenden Ebene E aus, die durch den Ursprung Z des (k-dimensionalen) Raumes hindurchgehen sollen. Nun betrachten wir die Klasse $\mathfrak{F}$ aller Mengen, die sich in der Form

$$A = \mathsf{U}\,(P_\nu \times Q_\nu)\ [P_\nu \subset G,\ Q_\nu \subset E,\ P_\nu \in \mathfrak{L}',\ Q_\nu \in \mathfrak{L}'']$$

als Vereinigungsmenge endlich vieler disjunkt liegender Minkowskischer Summen der angegebenen Art darstellen lassen. $\mathfrak{F}$ ist dann ein Inhaltsfeld mit der Körpereigenschaft und insbesondere ein Teilkörper von $\mathfrak{L}$. Für $A \in \mathfrak{F}$ gilt $L(A) = \varSigma\, L'(P_\nu)\, L''(Q_\nu)$; andererseits erklären wir $\varphi(A) = \varSigma\, \varphi'(P_\nu)\, L''(Q_\nu)$, wo φ' einen über $\mathfrak{L}'$ definierten Inhalt bezeichnen soll, der für geeignete Mengen von $\mathfrak{L}'$ von L' abweicht. Es ist dann $\langle \mathfrak{F}, \varphi \rangle$ ein Inhaltssystem. Nach dem oben zitierten Satz läßt sich dieses auf ein universelles System fortsetzen, und wegen $\mathfrak{F} \subset \mathfrak{L}$ existiert die Fortsetzung $\langle \mathfrak{L}, \varphi \rangle$. Nach Konstruktion weicht aber φ für geeignete Mengen in $\mathfrak{L}$ von L ab, w. z. b. w.

25 (123) Unser Satz verschärft die von W. Sierpinski [1] gefundene Charakterisierung des Lebesgueschen Maßes, indem die Bewegungsinvarianz durch die schwächere Translationsinvarianz ersetzt ist. Hierzu gibt es zahlreiche Varianten. Vgl. z. B. H. Hahn und A. Rosenthal [1] (S. 95, 8.2.4).

26 (123) Hierüber gibt E. Szpilrajn [1] Aufschluß.

27 (125) Die hier vorgetragene Zerlegungsäquivalenz wurde von H. Hadwiger [57] eingeführt; dort ist auch die Bedeutung des Begriffs innerhalb der translationsinvarianten Inhaltstheorie aufgewiesen worden.

28 (125) Es sei hier ein Beweisgang kurz skizziert: Zunächst leitet man die Aussage (a) $A \approx B,\ A \cap B \neq 0 \,\triangleright\, A — (A \cap B) \sim B — (A \cap B)$ her. Bezeichnet χ die eineindeutige, sich stückweise auf Translationen reduzierende Abbildung, für welche $B = \chi(A)$ ist, und bedeutet χ^ν die ν-fache Iterierte von χ, die offenbar nur für Teilmengen von A definiert ist, so führen wir die Menge $T_\nu \subset A — (A \cap B)$ ($\nu = 1, 2, \ldots$) ein, für welche $\chi^\mu(T_\nu) \subset A \cap B$ gilt, falls $1 \leqq \mu < \nu$ ausfällt, wobei aber $S_\nu = \chi^\nu(T_\nu) \subset B — (A \cap B)$ wird. Es gelten für ein beliebiges natürliches n die disjunkten Zerlegungen $A — (A \cap B) = P_n \mathsf{U}\,(\mathsf{U}_1^n\, T_\nu)$ und $B — (A \cap B) = Q_n \mathsf{U}\,(\mathsf{U}_1^n\, S_\nu)$. Nach Konstruktion gilt $\chi^\mu(P_n) \subset A \cap B\,(1 \leqq \mu \leqq n)$. Ferner ist $\chi^\nu(P_n) \cap \chi^\mu(P_n) = 0$ ($\nu \neq \mu,\ 1 \leqq \nu, \mu \leqq n$); denn sind p und q zwei Punkte von P_n und wäre $\chi^\nu(p) = \chi^\mu(q)$ ($\nu > \mu$), so würde man $\chi^{\nu-\mu}(p) = q$ folgern können; nun ist aber $q \in A — (A \cap B)$ und $\chi^{\nu-\mu}(p) \in A \cap B$, und dies widerspricht sich! Wegen $\chi^\nu(P_n) \approx P_n$ kann man für die disjunkte Vervielfachung $n \cdot P_n$ die Zerlegungsrelation $n \cdot P_n \approx\ \approx\, \subset A \cap B$ folgern. Gilt $A \cap B \approx\, \subset U$ für einen passenden Würfel der Kantenlänge s

und bedeutet V_n einen Würfel der Kantenlänge $\varepsilon = 2\,s\,n^{-1/k}$, so gilt auch $n \cdot P_n \approx \mathsf{C}\,n \cdot V_n$.

Nach einer von A. Tarski [1] (S. 249, Satz 14) angegebenen Verallgemeinerung eines Theorems von D. Koenig und S. Valko [1] (dessen Beweis übrigens sehr schwierig ist) läßt sich $P_n \approx \mathsf{C}\,V_n$ schließen. Analog resultiert $Q_n \approx \mathsf{C}\,V_n$. Wegen $T_\nu \approx S_\nu (1 \leqq \nu \leqq n)$ kann man mit den weiter oben angegebenen Zerlegungen auf $A - (A \cap B) \sim B - (A \cap B)$ schließen. Damit ist (a) bewiesen.

Nun weist man die Aussage (b) $A \cup C \approx B \cup D$, $C \approx D$, $A \cap C = B \cap D = 0 \,\triangleright$ $\triangleright\, A \sim B$ nach. Bedeuten Φ und ψ die beiden eineindeutigen, sich stückweise auf Translationen reduzierenden Abbildungen, für welche $\Phi(A \cup C) = B \cup D$ und $\psi(C) = D$ gesetzt werden kann, so bestehen die beiden Zerlegungen $\psi(C) = D$ $= [D \cap \Phi(A)] \cup [D \cap \Phi(C)]$ und $\Phi(C) = [B \cap \Phi(C)] \cup [D \cap \Phi(C)]$. Berücksichtigt man $\psi(C) \approx \Phi(C)$, so kann nach Aussage (a) auf $D \cap \Phi(A) \sim B \cap \Phi(C)$ geschlossen werden. Greift man jetzt auf die beiden Zerlegungen $B = [B \cap \Phi(A)] \cup [B \cap \Phi(C)]$ und $\Phi(A) = [B \cap \Phi(A)] \cup [D \cap \Phi(A)]$, so läßt sich mit der oben erzielten Zerlegungsäquivalenz die Behauptung $B \sim \Phi(A)$ oder also $A \sim B$ ablesen. Damit ist (b) bewiesen.

Endlich bleibt noch die Aussage (c) $A \cup C \sim B \cup D$, $C \sim D$, $A \cap C = B \cap D$ $= 0 \,\triangleright A \sim B$ nachzuweisen, die mit dem Subtraktionstheorem zusammenfällt. Diese läßt sich aber schulmäßig aus (b) folgern.

29 (126) Wir skizzieren einen Beweis, wobei wir die Existenz der in 3.5.4 erörterten Banachschen universellen Inhaltssysteme $\langle \mathfrak{B}, \varphi \rangle$ voraussetzen. Die Behauptung $A \sim B$ ergibt sich nämlich bereits unter der schwächeren Voraussetzung, daß die Inhaltsgleichheit $\varphi(A) = \varphi(B)$ lediglich für universelle Inhalte φ feststeht. Mit einem passenden Würfel U gelte $A \subset U$. Wir setzen $C = (U - A) \cup B'$ $[B \cong B', \; B' \cap (U - A) = 0]$. Offenbar gilt dann $\varphi(C) = \varphi(U) = I(U)$, so daß, wie ersichtlich, $\varphi(C)$ für alle Banachschen Inhalte φ stets denselben Wert aufweist. Nach der Bemerkung am Ende der Beweisskizze in Anmerkung 33 folgt so $C \in \mathfrak{T}$ (im Tarskischen Sinne meßbar) und damit folgert man leicht $C \sim U$. Nach Ansatz gilt $A \cup C = B' \cup U$ und hieraus schließt man mit Anwendung des in Anmerkung 28 bewiesenen Subtraktionstheorems $A \sim B'$ oder $A \sim B$, w. z. b. w.

30 (126) Nach Satz XIV folgt aus $A \sim B$ und $A, B \in \mathfrak{L}$ die Maßgleichheit $L(A) = L(B)$; die Umkehrung dieser Aussage ist dagegen unrichtig. Andernfalls würde aus $L(A) = 0$ auf $A \sim 0$ geschlossen werden können, was wiederum bedeuten müßte, daß jede L-Nullmenge absolut meßbar wäre. Da S. Banach [1] (S. 7, Nr. 14) die Existenz linearer L-Nullmengen aufgewiesen hat, welche nichtverschwindende Banachsche Inhalte besitzen, ergibt sich im Falle $k = 1$ ein Widerspruch. Mittels der in der Beweisskizze von Anmerkung 24 angewandten Methode läßt sich aber analog die Existenz nicht-absolut-meßbarer L-Nullmengen für beliebige Dimension $k > 1$ sicherstellen.

Dagegen kann aus $L(A) = L(B)$ auf eine Relation $A \cup A' \approx B \cup B'$, $A \cap A'$ $= B \cap B' = 0$, $L(A') = L(B') < \varepsilon$ mit beliebig wählbarem $\varepsilon > 0$ geschlossen werden, wobei die Teilmengen, welche die Zerlegungsgleichheit realisieren, als L-meßbar vorausgesetzt werden dürfen (A und B sind „nahezu" translativ-zerlegungsgleich relativ zu $\mathfrak{L}$). Bezeichnet n die Anzahl der erforderlichen Teilmengen, so kann für die obenstehende Relation $\varepsilon = O(n^{-1/2})$ gefordert werden. Vgl. hierzu H. Hadwiger [18].

Weiter kann man aus $L(A) = L(B)$ auf die Relation $A \cup A' \cong B \cup B'$, $A \cap A'$ $= B \cap B' = 0$, $L(A') = L(B') = 0$ schließen (A und B sind „fast" abzählbar-unendlich translativ zerlegungsgleich relativ zu $\mathfrak{L}$). Dies zeigten auch S. Banach und A. Tarski [1]. Andersgerichtete Untersuchungen über die Rolle der Zerlegungsgleichheit im Rahmen der Lebesgueschen Maßtheorie liegen von W. Sierpinski [4] vor.

31 (127) So stehen heute noch keinerlei Hilfsmittel zur Verfügung, um beispielsweise die Frage, ob ein abgeschlossener Quadratbereich mit einem ebensolchen flächengleichen Kreisbereich zerlegungsgleich ist, abzuklären. Zahlreiche Fragestellungen dieser Art innerhalb der linearen und ebenen Mengengeometrie finden sich bei W. SIERPINSKI [5].

32 (127) Vgl. A. TARSKI [2]. Die Erweiterung der TARSKISchen Theorie des absoluten Maßes auf Räume beliebiger Dimension, die lediglich bei translationsinvariantem Aufbau möglich ist, wurde von H. HADWIGER [12, 57, 60] vorgenommen.

33 (129) Immerhin diene hier der folgende Hinweis: Ist A absolut meßbar, so folgt nach H. HADWIGER [57] (S. 141, Satz 2; S. 144, Kriterium 4), daß (mit der dortigen Bezeichnung) $A \in \mathfrak{H}$ gilt und dann weiter (auch mit unserer Bezeichnung) $A \in \mathfrak{T}$ (A ist im TARSKISchen Sinne meßbar). Noch eine Bemerkung: Da sich jeder zerlegungsmonotone Inhalt zu einem BANACHSchen universellen Inhalt fortsetzen läßt (vgl. Anmerkung 36), folgt unsere Behauptung $A \in \mathfrak{T}$ bereits aus der schwächeren Voraussetzung, daß $\varphi(A)$ für jeden BANACHSchen Inhalt φ denselben Wert aufweist.

34 (131) F. HAUSDORFF [1] zeigte, daß die Kugeloberfläche S im gewöhnlichen Raum ($k = 3$) eine disjunkte Zerlegung $S = A \cup B \cup C \cup R$ gestattet, wobei $A \cong B \cong$ $\cong C \cong B \cup C$ gilt, und R abzählbar unendlich ist. Hieraus läßt sich mit einfachen Schlüssen die Unlösbarkeit des bewegungsinvarianten Inhaltsproblems dartun.

35 (131) S. BANACH [1].

36 (131) Es gilt ein Fortsetzungssatz, wonach jedes zerlegungsmonotone Inhaltssystem so erweitert werden kann, daß eine im ursprünglichen System unmeßbare Menge nunmehr meßbar wird. Durch sukzessive Adjunktion von Mengen und transfinite Induktion wird dann ein BANACHSches System erzeugt. Allgemeinere Fortsetzungssätze dieser Art hat W. NEF [3] (S. 220, Satz 6.4 und Korollar hierzu) gewonnen.

37 (132) Dies folgt leicht aus der HAUSDORFFSchen Kreiszerlegung (vgl. Anmerkung 10).

38 (132) S. BANACH und C. KURATOWSKI [1] zeigten (mit Benutzung der Kontinuumshypothese), daß es kein nichttriviales, für alle Teilmengen eines Intervalls definiertes volladditives (nicht notwendig invariantes) Mengenfunktional geben kann, das für einen einzelnen Punkt verschwindet.

4. Kapitel

Ausgewählte Studien zur Mengengeometrie

§ 1. Lineare Ausmessung von Punktmengen

4.1.1. Breite, Durchmesser und Dicke

In diesem ersten Abschnitt ziehen wir lediglich beschränkte nichtleere Punktmengen des k-dimensionalen euklidischen Raumes in Betracht.

Einer solchen Menge A lassen sich *Hüllhalbräume* (Schranken) der Richtung u zuordnen, d. h. abgeschlossene, dem Richtungsvektor u entsprechende innere Halbräume $H(-u)$ [vgl. 1.1.1], die A enthalten. Der kleinste Hüllhalbraum der festen Richtung u, d. h. der Durchschnitt aller parallelen Hüllhalbräume $H(-u)$, ist der Richtung u eindeutig zugeordnet; er heißt *Stützhalbraum* $H(A; -u)$ der Menge A der Richtung u.

Die orientierte begrenzende Ebene von $H(A;-u)$ ist die *Stützebene* $E(A;u)$ von A in der Richtung u, und der vorzeichenbegabte Abstand der Stützebene $E(A;u)$ vom Ursprung Z des Raumes ist der *Stützabstand* $h(A;u)$ der Menge A in Richtung u. Der nichtnegative Abstand der beiden entgegengesetzt orientierten Stützebenen $E(A;u)$ und $E(A;-u)$ ist die *Breite* $b(A;u)$ von A in Richtung u. Offensichtlich gilt die Darstellung

$$b(A;u) = h(A;u) + h(A;-u) \tag{1}$$

der Breite durch Stützabstände.

Die Breite ist eine stetige Funktion der Richtung u, und da die Richtungssphäre S kompakt ist, werden die Schranken (Extreme) für ausgezeichnete Richtungen angenommen. Anschließend an diese Bemerkung lassen sich zwei einfache Maßzahlen beschränkter Mengen definieren, nämlich der durch

$$D = D(A) = \sup b(A;u) \qquad [u \in S] \tag{2}$$

erklärbare *Durchmesser* von A und die mit

$$d = d(A) = \inf b(A;u) \qquad [u \in S] \tag{3}$$

gegebene *Dicke* von A. Dabei erstreckt sich die vorgeschriebene Schrankenbildung wie angedeutet über alle Richtungen u.

Es ist üblicher, den Durchmesser von A durch den Ansatz

$$D(A) = \sup d(p, q) \qquad [p, q \in A] \tag{4}$$

einzuführen, also als obere Schranke der euklidischen Distanzen, die den zur Menge gehörenden Punktepaaren zukommen. Mit einigen einfachen Schlüssen überzeugt man sich aber, daß die beiden mit (2) und (4) angesetzten Maßzahlen zusammenfallen.

Trivialerweise gilt für die Breite in irgendeiner Richtung die Einschränkung

$$d(A) \leqq b(A;u) \leqq D(A) \ . \tag{5}$$

Dicke und Durchmesser sind einer Menge A bewegungsinvariant zugeordnet; sie stellen auch lineare Maßzahlen dar, indem

$$d(\lambda A) = \lambda\, d(A) \ ; \ D(\lambda A) = \lambda\, D(A) \qquad [\lambda > 0] \tag{6}$$

gilt, und sie entsprechen der einfachsten Ausmessung, durch welche die lineare Größe einer Menge ermittelt werden kann. Für nichtfremde Mengen gelten noch die leicht verifizierbaren Ungleichungen

$$D(A \cup B) \leqq D(A) + D(B) \ ; \ d(A \cup B) \leqq d(A) + D(B) \qquad [A \cap B \neq 0] \ . \tag{7}$$

4.1.2. Spannen und Radien

Wir gehen von zwei beschränkten und nichtleeren Punktmengen A und B aus und fragen nach den Möglichkeiten, A durch Mengen, die mit B homothetisch sind [vgl. 1.2.1] zu überdecken oder zu unterdecken.

Insbesondere führen wir zwei einem geordneten Mengenpaar A, B zukommende Maßzahlen ein. Es handelt sich erstens um das kleinste R der Eigenschaft, daß sich zu jedem λ des Intervalls $R < \lambda < \infty$ eine Überdeckung von A durch ein homothetisches Bild von B mit dem Dilatationskoeffizienten λ realisieren läßt. Zweitens wird das größte r der Eigenschaft eingeführt, daß sich zu jedem λ des Intervalls $0 < \lambda < r$ eine Unterdeckung von A durch ein homothetisches Bild von B mit dem Dilatationskoeffizienten λ finden läßt. Genauer: Wir definieren die *Umspanne* R von A bezüglich B durch

$$R = R(A, B) = \inf \varrho \; [A \cong A', A' \subset \lambda B, \varrho < \lambda < \infty] \tag{8}$$

und analog die *Inspanne* r von A bezüglich B durch

$$r = r(A, B) = \sup \sigma \; [A \cong A', \lambda B \subset A', 0 < \lambda < \sigma] . \tag{9}$$

Existiert kein $\lambda > 0$ so, daß $A' \subset \lambda B$ realisierbar wird, so setze man $R = \infty$; existiert analog kein $\lambda > 0$ so, daß $\lambda B \subset A'$ möglich wird, so setze man $r = 0$.

Es gilt die Tauschbeziehung

$$r(A, B)\, R(B, A) = 1 , \tag{10}$$

deren Nachweis auf der Hand liegt.

Die beiden Spannen R und r sind den beiden Mengen A und B translationsinvariant zugeordnet. Bei Dilatationen mit $\alpha > 0$ und $\beta > 0$ gelten die Relationen

$$R(\alpha A, \beta B) = (\alpha/\beta)\, R(A, B) \; ; \; r(\alpha A, \beta B) = (\alpha/\beta)\, r(A, B) \tag{11}$$

die sich leicht überprüfen lassen.

Besonders wichtig ist der Sonderfall, wo B eine abgeschlossene Einheitskugel K ist (Kugel vom Radius 1). Es ergeben sich dann der *Umkugelradius* $R = R(A)$ und der *Inkugelradius* $r = r(A)$ der Menge A als spezielle Spannen, nämlich als

$$R(A) = R(A, K) \; ; \quad r(A) = r(A, K) . \tag{12}$$

R ist der Radius der kleinsten abgeschlossenen Kugel, die A enthält; diese heißt *Umkugel* von A. Ihre Lage im Raum ist eindeutig bestimmt und es ist $R < \infty$. Analog ist r der Radius einer größten abgeschlossenen Kugel, die in A enthalten ist; eine solche heißt *Inkugel* von A; dabei kann $r = 0$ sein.

Die beiden Radien sind bewegungsinvariante und lineare Maßzahlen.

4.1.3. Einfache Ungleichungen

In diesem Abschnitt leiten wir zwei bekannte Ungleichungen für Umspannen einer beschränkten Menge von vorgegebenem Durchmesser bezüglich einer Kugel und eines regulären Simplex her.

Es bezeichne K° eine Kugel, die einem regulären Simplex vom Durchmesser $D = 1$ umschrieben ist (Umkugel des Simplex) und entsprechend sei S° ein reguläres Simplex, das einer Kugel vom Durchmesser $D = 1$ umschrieben ist (Umsimplex der Kugel). Der Radius von K° ist $r^\circ = [k/(2k + 2)]^{1/2}$ und die Kantenlänge von S° ist $s^\circ = [k(k + 1)/2]^{1/2}$.

Ist A eine beliebige Menge vom Durchmesser $D = D(A) = 1$, so gilt für die Umspanne von A bezüglich K° die Ungleichung

$$R(A, K^\circ) \leqq 1 , \tag{13}$$

wobei das Gleichheitszeichen beispielsweise dann in Kraft tritt, wenn A ein reguläres Simplex ist. Ferner gilt für die Umspanne von A bezüglich S° die Ungleichung

$$R(A, S^\circ) + R(A, T^\circ) \leqq 2 , \tag{14}$$

wobei T° das durch Spiegelung am Ursprung Z des Raumes aus S° hervorgehende symmetrische Simplex bedeutet. Hier gilt das Gleichheitszeichen jedenfalls dann, wenn A eine Kugel ist.

Die Ungleichung (13) sagt aus, daß jede Menge vom Durchmesser $D = 1$ durch eine mit K° kongruente Kugel überdeckt werden kann; für den Umkugelradius $R = R(A)$ gilt also

$$R \leqq [k/(2k + 2)]^{1/2} . \tag{15}$$

Dies ist die bekannte Ungleichung von Jung[1].

Entsprechend bedeutet (14), daß sich jede Menge A vom Durchmesser $D = 1$ entweder durch ein mit S° oder durch ein mit T° translationsgleiches Simplex überdecken läßt, da von den beiden links in (14) stehenden Spannen wenigstens eine nichtgrößer als 1 ist. Als Korollar hierzu ergibt sich die von Gale stammende Ungleichung[2]

$$s \leqq [k(k + 1)/2]^{1/2}, \tag{16}$$

wobei $s = s(A)$ die Umsimplexkante von A bezeichnet, d. h. die Kantenlänge eines kleinsten Simplex, welches noch eine Überdeckung von A gestattet.

Beweise: a) Der Ursprung Z sei Mittelpunkt der Umkugel A vom Radius R. Da eine Menge und ihre abgeschlossene Hülle gleichen Durchmesser und übereinstimmende Umkugeln aufweisen, darf man A als abgeschlossen annehmen. Es bezeichne A' den nichtleeren Durchschnitt von A mit der Randfläche der Umkugel. Offenbar enthält die konvexe

Hülle von A' den Ursprung Z. Andernfalls ließe sich eine Ebene E so legen, daß A' und Z im Innern der beiden durch E erzeugten Halbräume liegen und durch E getrennt würden. In diesem Fall würde A' von der durch Spiegelung an E aus der Umkugel hervorgehenden kongruenten Kugel und damit vom Durchschnitt der beiden spiegelsymmetrischen Kugeln bedeckt werden. Da der Umkugelradius dieses Durchschnitts (Kugellinse) kleiner als R ist, müßte auch derjenige von A' kleiner als R sein; nun sind aber die Umkugeln von A und von A' identisch. Nach der soeben erwiesenen Feststellung bezüglich Z lassen sich $k + 1$ Punkte $p_\nu \in A'$ $(\nu = 0, 1, \ldots, k)$ und ein Satz nichtnegativer Gewichte $\alpha_\nu \geqq 0$ $(\nu = 0, 1, \ldots, k)$ so angeben, daß (a) $\Sigma_\nu \alpha_\nu p_\nu = 0$ und (b) $\Sigma_\nu \alpha_\nu = 1$ gilt. Wir behaupten jetzt weiter, daß wenigstens für ein passendes Punktepaar — ohne Einschränkung der Allgemeinheit darf angenommen werden, daß es sich um das Paar $\langle p_0, p_1 \rangle$ handelt — die Relation (c) $(p_0, p_1) \leqq - (1/k) R^2$ besteht. In der Tat: Es sei als Gegenannahme (d) $(p_\nu, p_\mu) > - (1/k) R^2$ $[\nu \neq \mu]$ gesetzt. Aus (a) resultiert zunächst $\Sigma_\nu \alpha_\nu (p_\nu, p_\mu) = 0$ und wegen $p_\mu^2 = R^2$ also $\alpha_\mu R^2 = - \Sigma_\nu^* \alpha_\nu (p_\nu, p_\mu)$, wobei der Stern * andeuten soll, daß sich die Summation nur über $\nu \neq \mu$ erstreckt. Verwendet man hier (d), so ergibt sich nach Kürzung durch R^2 die Ungleichung $\alpha_\mu < (1/k) \Sigma_\nu^* \alpha_\nu$ und damit auch $\Sigma_\mu \alpha_\mu < (1/k) \Sigma_\mu \Sigma_\nu^* \alpha_\nu$. Diese Relation reduziert sich mit Rücksicht auf (b) schließlich auf den Widerspruch $1 < 1$. Damit ist (c) nachgewiesen. Nach Voraussetzung ist $D(A) \leqq 1$ und deshalb muß $(p_0 - p_1)^2 \leqq 1$ gelten. Mit Verwendung von (c) resultiert hieraus $[2 + (2/k)] R^2 \leqq 1$. Damit ist der Beweis von (15) und damit auch der gleichbedeutenden Ungleichung (13) beendet.

b) Die $k + 1$ normierten Richtungsvektoren u_ν $(\nu = 0, 1, \ldots, k)$ seien die nach außen weisenden Normalvektoren der $k + 1$ Seitenflächen des vorgelegten Simplex S°. Es gilt dann $(u_\nu, u_\mu) = - 1/k$ $[\nu \neq \mu]$. Der Durchschnitt $S = \cap_\nu H(-u_\nu)$ der $k + 1$ Stützhalbräume von A in den Richtungen u_ν ist ein zu S° homothetisches Simplex S. Analog ist $T = \cap_\nu H(u_\nu)$ ein mit T° homothetisches Simplex T. Wir nehmen nun auf eine elementargeometrische Eigenschaft des regulären Simplex S Bezug, wonach die Summe der vorzeichenbegabten Abstände eines variablen Punktes P von den $k + 1$ Seitenflächenebenen konstant ist. Liegt P im Innern von S, so ergibt sich diese Aussage mit der Bemerkung, daß der elementare Inhalt von S die Summe der Inhalte der $k + 1$ Simplexe ist, die sich als konvexe Hülle von P mit den $k + 1$ Seitenflächen bilden lassen; liegt P im Äußern, so resultiert das nämliche mit naheliegender Berücksichtigung der Vorzeichen. Mit Verwendung dieser Eigenschaft läßt sich (a) $\Sigma_\nu h(A; u_\nu) = (k + 1) r(S)$ und analog (b) $\Sigma_\nu h(A; -u_\nu) = (k + 1) r(T)$ schreiben, wo r den Inkugelradius bedeutet. Nach (1) gilt weiter (c) $h(A; u_\nu) + h(A; -u_\nu) = b(A; u_\nu)$. Nach Voraussetzung ist $D(A) \leqq 1$ und mit (5) resultiert demnach (d) $b(A; u_\nu) \leqq 1$.

Addiert man die Relationen (a) und (b), so folgt mit (c) und (d) nunmehr (e) $r(S) + r(T) \leq 1$. Beachtet man jetzt die sich aus der Festlegung der linearen Größe der Simplexe S° und T° und der Definition der Umspanne ergebenden Beziehungen $R(A, S^\circ) = 2\,r(S)$ und $R(A, T^\circ) = 2\,r(T)$, so resultiert mit (e) die Behauptung (14).

§ 2. MINKOWSKIsche Mengenoperationen

4.2.1. MINKOWSKIsche Addition und Subtraktion

Wir stellen der bereits bei der Grundlegung der Polyedergeometrie [vgl. 1.2.2] eingeführten MINKOWSKIschen Addition zweier Punktmengen eine weitere Mengenverknüpfung von entgegengesetztem Charakter gegenüber, nämlich die MINKOWSKIsche Subtraktion[3].

Wir wiederholen die früher gegebene Erklärung: Die MINKOWSKIsche *Summe* $C = A \times B$ zweier Mengen A und B besteht aus allen Punkten c die sich als (vektorielle) Summe $c = a + b$ darstellen lassen, wobei a zu A und b zu B gehören.

Neu definieren wir: Die MINKOWSKIsche *Differenz* $D = A/B$ zweier Mengen A und B besteht aus allen Punkten d, die sich zu jedem Punkt b von B als (vektorielle) Differenz $d = a - b$ mit einem passenden Punkt a von A darstellen lassen. Existiert kein d, das die Forderung erfüllt, so ist $D = 0$ (leer).

Diese Kennzeichnungen können formelmäßig durch

$$A \times B = \bigcup\, (b \times A) \qquad [b \in B] \tag{17}$$

$$A/B = \bigcap\, (-b \times A) \qquad [b \in B] \tag{18}$$

fixiert werden.

Für die leere Menge 0 sowie für ihre Komplementärmenge 0*, welche mit dem gesamten Raum identisch ist, treffen wir noch die ergänzenden Festsetzungen

$$A \times 0 = 0 \times A = 0;\, A \times 0^* = 0^* \times A = 0^* \tag{19}$$

$$A/0 = 0^*\,;\, 0/A = 0;\, A/0^* = 0;\, 0^*/A = 0^* \tag{20}$$

in denen $A \neq 0$, 0* sei.

Eine anschauliche Vorstellung von MINKOWSKIscher Summe und Differenz läßt sich leicht gewinnen, wenn von den in den Festsetzungen erwähnten variablen Vektoren a und b vorerst der eine konstant gedacht wird. So ist $A \times B$ die Vereinigungsmenge aller zu B translationsgleichen Mengen $p \times B$, bei denen der Translationsvektor p zu A gehört. Analog besteht A/B aus all den Punkten q, für welche die zu B translationsgleiche Menge $q \times B$ ganz in A enthalten ist[4].

Zwischen den beiden Operationen $\times$ und $/$ besteht ein *halbinverses* Verhältnis, daß durch die aus den Definitionen folgenden Regeln

$$(A \times B)/B \supset A \, ; (A/B) \times B \subset A \tag{21}$$

angedeutet wird. Noch deutlicher tritt dies hervor, wenn man die Komplementarität der Mengen in die Betrachtung einbezieht. Bezeichnet nämlich A^* die zu A komplementäre Menge, $\tilde{B}$ die aus B durch Spiegelung am Ursprung Z hervorgehende Menge, so gelten die Formeln

$$A/B = (A^* \times \tilde{B})^* ; A \times B = (A^*/\tilde{B})^* . \tag{22}$$

Es zeigt sich also, daß Addition und Substraktion im Sinne Minkowskis durch komplementäre Transformation auseinander hervorgehen. Analog können sich formale Rechenregeln für die genannten Operationen derart entsprechen, daß die eine durch komplementäre Transformation aus der andern hervorgeht, wie beispielsweise die beiden Teilbeziehungen von (21).

Der Nachweis für (22) ist einfach: Ist $z \in A/B$, so gilt $z + b \in A$ $[b \in B]$, oder also $z = a - b \, [a \in A)$. Gleichbedeutend hiermit ist $z \neq a^* - b \, [a^* \in A^*]$, d. h. $z \notin A^* \times \tilde{B}$ oder $z \in (A^* \times \tilde{B})^*$. Die Schlußkette läßt sich auch rückwärts verfolgen. Damit ist die Relation links in (22) bewiesen; diejenige rechts ergibt sich aus ihr, wenn A durch A^* und B durch $\tilde{B}$ ersetzt werden.

Die Minkowskische Addition ist, wie wir schon früher feststellten, *kommutativ* und *assoziativ*, so daß

$$A \times B = B \times A \, ; (A \times B) \times C = A \times (B \times C) \tag{23}$$

gilt. Für die Minkowskische Subtraktion ergeben sich die Regeln

$$(A/B) \, / \, C = A \, / \, (B \times C) \tag{24}$$

$$(A \times B) \, / \, C \supset A \times (B/C) \, ; \tag{25}$$

während die erste unmittelbar aus der Definition folgt, ist die zweite ein Korollar der allgemeineren Beziehung

$$(A \times B)/(C \times D) \supset (A/C) \times (B/D) . \tag{26}$$

Beweis: Es sei $z \in (A/C) \times (B/D)$, so daß nach (17) $z = x + y$ mit $x \in A/C$ und $y \in B/D$ gilt. Nach (18) muß $x + c \in A \, [c \in C]$ und $y + d \in B$ $[d \in D]$ sein. Es folgt $x + y + c + d \in A \times B$, also $z + e \in A \times B$ für jedes $e = c + d \in C \times D$. Nach (18) bedeutet dies $z \in (A \times B)/(C \times D)$, w. z. b. w.

Ohne Mühe erkennt man die beiden *Monotonie*relationen

$$A \times B \subset C \times D \qquad [A \subset C, B \subset D] \tag{27}$$

und

$$A/B \subset C/D \qquad [A \subset C, B \supset D] , \tag{28}$$

ebenso die im Zusammenhang mit *Vereinigung* und *Durchschnitt*bildung geltenden distributiven Regeln

$$(A \cup B) \times C = (A \times C) \cup (B \times C) \; ; \tag{29}$$

$$(A \cap B \times C \subset (A \times C) \cap (B \times C) \; ; \tag{30}$$

$$(A \cup B)/C \supset (A/C) \cup (B/C) \; ; \tag{31}$$

$$(A \cap B)/C = (A/C) \cap (B/C) \; . \tag{32}$$

In (30) gilt beispielsweise dann Gleichheit, wenn — wie bereits in 1.2.2 bewiesen — A, B abgeschlossen und C, $A \cup B$ konvex sind. Ähnlich zeigt man, daß in (31) jedenfalls dann Gleichheit besteht, wenn A, B und C abgeschlossen sind, $A \cap B = 0$ und C zusammenhängend ist.

Weitere Beziehungen ergeben sich auch bei Berücksichtigung einfacher Mengentransformationen. So gilt für die Drehung δ um den Ursprung Z

$$A^{\delta} \times B^{\delta} = (A \times B)^{\delta}; \; A^{\delta}/B^{\delta} = (A/B)^{\delta}. \tag{33}$$

Bezeichnen α und β Translationen, $\alpha\,\beta$ die resultierende, ferner $\bar{\beta}$ die zu β inverse Translation, so gilt, wie man mühelos bestätigt,

$$(A^{\alpha} \times B^{\beta}) = (A \times B)^{\alpha\beta}; \; A^{\alpha}/B^{\beta} = (A/B)^{\alpha\bar{\beta}}. \tag{34}$$

In Verbindung mit der Dilatation gelten die Regeln

$$\lambda(A \times B) = \lambda A \times \lambda B \; ; \tag{35}$$

$$\lambda(A/B) = \lambda A/\lambda B \; ; \tag{36}$$

$$\lambda A \times \mu A \supset (\lambda + \mu) A \; ; \tag{37}$$

$$\lambda A/\mu A \subset (\lambda - \mu) A \; [\lambda > \mu > 0, \, A \text{ abgeschlossen}] \tag{38}$$

Die Regeln (35) bis (37) sind trivial. In (37) besteht — wie bereits in 1.2.2 bewiesen — Gleichheit dann, wenn A konvex ist. Die Regel (38), deren Geltung an die rechts angegebene Nebenbedingung gebunden ist, soll hier begründet werden: Es sei $D = \lambda A/\mu A$. Für $d \in D$ und $a \in A$ gilt nach (18) $d + \mu a \in \lambda A$. Setzt man $a_1 = (d + \mu a)/\lambda$, so gilt wieder $a_1 \in A$ und mit demselben Schluß folgt weiter $d + \mu a_1 \in \lambda A$ usw. Es ergibt sich eine Folge von Punkten a_i ($i = 1, 2, \ldots$), $a_{i+1} = (d + \mu a_i)/\lambda$ mit $a_i \in A$ und $a_i \to a_0 = d/(\lambda - \mu)$ $[i \to \infty]$. Da A abgeschlossen ist, muß $a_0 \in A$ und damit $d \in (\lambda - \mu) A$ gelten, w. z. b. w.

Daß die Aussage (38) für nichtabgeschlossene Mengen nicht mehr allgemein richtig ist, zeigt das folgende Beispiel: A sei die lineare Punktmenge der x-Achse, die durch $x = 1 - 2^{-n}$ ($n = 0, 1, \ldots$) gegeben ist. Setzen wir $\lambda = 1$ und $\mu = \frac{1}{2}$, so ergibt sich, daß $\lambda A/\mu A$ aus dem

Punkt $x = \frac{1}{2}$ besteht. Dieser gehört indessen nicht zur Menge $(\lambda - \mu) A$ $= \frac{1}{2} A$, da diese im halbgeschlossenen Intervall $0 \leq x < \frac{1}{2}$ liegt.

Auch in (38) gilt dann Gleichheit, wenn A konvex ist; hierzu ist die Abgeschlossenheit nicht mehr erforderlich. In der Tat: Ist $z \in (\lambda - \mu) A$ so gibt es ein $a \in A$, so daß $z = (\lambda - \mu) a$ ist. Sei weiter $x \in \mu A$, so gilt mit $a' \in A$ auch $x = \mu a'$. Es resultiert $z + x = \lambda (\alpha a + \alpha' a')$, wo $\alpha = 1 - (\mu/\lambda)$ und $\alpha' = \mu/\lambda$ gesetzt wurde. Da A konvex ist, gilt $\alpha a + + \alpha' a' \in A$ und somit $z + x \in \lambda A$. Nach (18) folgt hieraus $z \in \lambda A / \mu A$, w. z. b. w.

In Verbindung mit der linearen Ausmessung beschränkter Mengen [vgl. 4.1.1] ergeben sich mannigfaltige unmittelbar aus den Definitionen folgende Beziehungen, von denen wir nur die wichtigsten anmerken wollen. Für Stützgrößen h und Breiten b fester Richtung u gelten die Regeln

$$h(A \times B; u) = h(A; u) + h(B; u); \tag{39}$$

$$b(A \times B; u) = b(A; u) + b(B; u); \tag{40}$$

$$h(\lambda A; u) = \lambda h(A; u); b(\lambda A; u) = \lambda b(A; u) \quad [\lambda > 0]. \tag{41}$$

Als Korollarien ergeben sich die für Durchmesser D und Dicke d bestehenden Ungleichungen

$$D(A \times B) \leq D(A) + D(B); d(A \times B) \geq d(A) + d(B). \tag{42}$$

Für die Umkugel- und Inkugelradien R und r gelten die Regeln

$$R(A \times B) \leq R(A) + R(B); r(A \times B) \geq r(A) + r(B). \tag{43}$$

Wir stellen noch die Aussagen zusammen, die sich hinsichtlich der Zugehörigkeit der beteiligten Mengen und der Minkowskischen Summe und Differenz zu den beiden Klassen $\mathfrak{X}$ und $\mathfrak{Y}$ der beschränkten abgeschlossenen und offenen Mengen machen lassen. Hier gilt:

$$A \in \mathfrak{X}, B \in \mathfrak{X} \rhd A \times B \in \mathfrak{X}, A/B \in \mathfrak{X}; \tag{44}$$

$$A \in \mathfrak{Y}, B \in \mathfrak{Y} \rhd A \times B \in \mathfrak{Y}, A/B \in \mathfrak{X}; \tag{45}$$

$$A \in \mathfrak{X}, B \in \mathfrak{Y} \rhd A \times B \in \mathfrak{Y}, A/B \in \mathfrak{X}; \tag{46}$$

$$A \in \mathfrak{Y}, B \in \mathfrak{X} \rhd A \times B \in \mathfrak{Y}, A/B \in \mathfrak{Y}. \tag{47}$$

Diese Regeln lassen sich für die Addition leicht verifizieren; für die Subtraktion empfiehlt sich die Anwendung der Komplementärrelation (22).

Man bemerkt, daß die beiden Klassen $\mathfrak{X}$ und $\mathfrak{Y}$ bezüglich der Mengenoperationen $\times$ und $/$ nicht gleichberechtigt sind. Die Klasse $\mathfrak{X}$ der abgeschlossenen Mengen ist in bezug auf beide Operationen geschlossen, nicht aber die Klasse $\mathfrak{Y}$ der offenen Mengen.

In diesem Zusammenhang rufen wir noch in Erinnerung, daß die Klasse $\mathfrak{P}$ der (eigentlichen und uneigentlichen) Polyeder bei MINKOWSKIscher Addition und Subtraktion geschlossen ist [vgl. 1. Kap. (39)]. Die nämliche Eigenschaft besitzen auch gewisse echte Teilklassen von $\mathfrak{P}$, beispielsweise die Klasse $\mathfrak{E}$ der Eipolyeder [vgl. 1. Kap. (40)].

Wegen ihres elementaren Baugesetzes besonders bemerkenswert ist eine weitere Teilklasse von $\mathfrak{P}$, die gegenüber MINKOWSKIscher Addition geschlossen ist: Es bezeichne Π_Δ das Punktgitter der Feinheit $\Delta > 0$, d. h. die abzählbare Menge aller Punkte (Gitterpunkte) (a) $x = \Delta \, \Sigma_1^k n_i e_i$

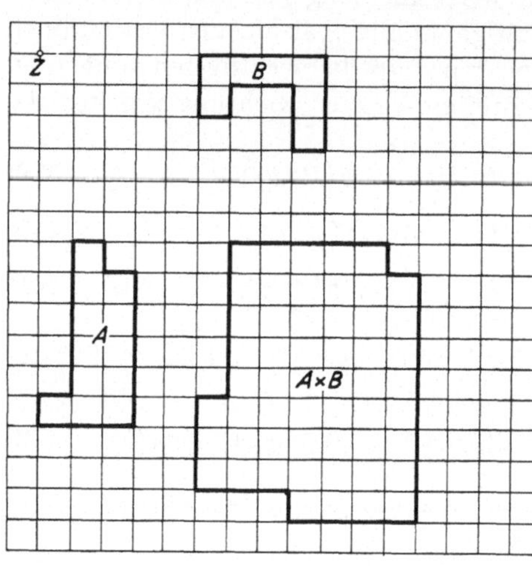

Abb. 1

des Raumes. Dabei bedeuten die $e_i \, (i = 1, \ldots, k)$ die orthonormierten Koordinatenvektoren und die $n_i \, (i = 1, \ldots, k)$ durchlaufen alle ganzen Zahlen. Dem mit (a) dargestellten Gitterpunkt läßt sich der Gitterwürfel zuordnen, dessen Punkte durch (b) $x = \Delta \, \Sigma_1^k p_i e_i \, [n_i \leqq p_i \leqq n_i + 1]$ gekennzeichnet sind. Es bezeichne jetzt $\mathfrak{G}_\Delta$ die Klasse aller Mengen A, die sich als Vereinigung endlich vieler, dem Gitter Π_Δ zugehörenden Gitterwürfel darstellen lassen. Offensichtlich ist diese Klasse $\mathfrak{G}_\Delta$ der Gitterwürfelaggregate der Feinheit Δ ein Mengenring und bei MINKOWSKIscher Addition geschlossen, so daß

$$A, B \in \mathfrak{G}_\Delta \rhd A \times B \in \mathfrak{G}_\Delta \qquad (48)$$

gilt. Abb. 1 veranschaulicht eine solche Mengenverknüpfung im ebenen Gitter.

Durch Verbindung der MINKOWSKIschen Addition und Dilatation ergibt sich die *lineare Kombination* $\alpha A \times \beta B \, [\alpha, \beta \geqq 0]$; sind die Kombinationskoeffizienten α und β so normiert, daß $\alpha + \beta = 1$ ist, so nennen wir die häufig auftretende Verknüpfung kurz *normierte lineare Kombination*.

4.2.2. Außen- und Innenmengen

Wir definieren: Die MINKOWSKISsche Summe $A \times \varrho B \, [0 \leqq \varrho < \infty]$ ist die *Außenmenge* von A relativ zu B der Spanne ϱ.

Entsprechend ist die Minkowskische Differenz $A/\varrho B$ $[0 \leq \varrho \leq$ $\leq r(A, B)]$ die *Innenmenge* von A relativ zu B der Spanne ϱ; die Intervallgrenze $r(A, B)$ ist die Inspanne von A relativ zu B [vgl. 4.1.2].

Bei vorgegebenen Mengen A und B lassen sich die Innenmengen und Außenmengen zu einer Mengenschar zusammenfügen, indem $C[\sigma]$ $= A/(-\sigma) B$ $[-r(A, B) \leq \sigma \leq 0]$ und $C[\sigma] = A \times \sigma B$ $[0 \leq \sigma < \infty]$ gesetzt wird. Diese *vollständige Schar* $C[\sigma]$ der Innen- und Außenmengen von A relativ zu B stellt eine im Intervall $-r \leq \sigma < \infty$ definierte einparametrige Mengenschar dar.

Sind A und B nichtleere Mengen der Klasse $\mathfrak{X}$, so gilt das nämliche für alle Mengen der vollständigen Schar.

4.2.3. Parallelmengen

Von besonderer Bedeutung sind die Außen- und Innenmengen einer Menge relativ zur Kugel. Es ergeben sich die äußeren und inneren Parallelmengen, deren Verwendung in Mengengeometrie und Maßtheorie auf äußerst fruchtbare konstruktive Ideen von Cantor und Minkowski zurückgeht [5].

Es sei K die abgeschlossene Einheitskugel mit dem Ursprung Z als Mittelpunkt. Die Außenmenge $A_\varrho = A \times \varrho K$ $[0 \leq \varrho < \infty]$ von A relativ zu K der Spanne ϱ heißt *äußere Parallelmenge* von A im Abstand ϱ. Sie ist die Menge aller Punkte p, die von einem Punkt $q \in A$ einen Abstand $d(p, q) \leq \varrho$ haben. Die Innenmenge $A_{-\varrho} = A/\varrho K$ $[0 \leq \varrho \leq r(A)]$ von A relativ zu K der Spanne ϱ heißt analog *innere Parallelmenge* von A im Abstand ϱ. Die Intervallgrenze $r(A)$ ist der Inkugelradius von A [vgl. 4.1.2]. Selbstverständlich können die Parallelmengen A_ϱ für das ganze Intervall $-\infty < \varrho < \infty$ formal gebildet werden; für $\varrho < -r(A)$ sind diese dagegen sicher leer. Die im Intervall $-r \leq \varrho < \infty$ zu betrachtende einparametrige Mengenschar A_ϱ nennen wir die *vollständige Parallelschar* von A.

Ist A eine nichtleere Menge der Klasse $\mathfrak{X}$, also abgeschlossen und beschränkt, so gilt das nämliche für alle Mengen A_ϱ der vollständigen Parallelschar von A.

Nachfolgend stellen wir einige sich auf Parallelbildungen beziehende Regeln zusammen, die sich größtenteils als einfache Sonderfälle der im 1. Abschnitt behandelten Gesetze der Minkowskischen Addition und Subtraktion ergeben [6]. Bei den erforderlichen Übertragungen wird dauernd von der für die Einheitskugel K gültigen und trivialen Relationen

$$\varrho K \times \sigma K = (\varrho + \sigma) K; \quad \varrho K/\sigma K = (\varrho - \sigma) K \quad [0 \leq \sigma \leq \varrho] \quad (49)$$

Gebrauch gemacht werden müssen.

$$(A_\varrho)^* = (A^*)_{-\varrho}; \tag{50}$$

$$A_\varrho \subset A_\sigma \ [\varrho < \sigma]; \ A_\varrho \subset B_\varrho \ [A \subset B); \tag{51}$$

$$(A_\varrho)_\sigma = A_{\varrho+\sigma}; \ (A_{-\varrho})_{-\sigma} = A_{-\varrho-\sigma} \ [\varrho, \sigma \geq 0]; \tag{52}$$

$$(A_{-\sigma})_\varrho \subset A_{\varrho-\sigma} \subset (A_\varrho)_{-\sigma} \ [\varrho, \sigma \geq 0]; \tag{53}$$

$$A_\varrho \times B_\sigma = (A \times B)_{\varrho+\sigma} \ [\varrho, \sigma \geq 0]; \tag{54}$$

$$A_\varrho \times B_\sigma \subset (A \times B)_{\varrho+\sigma}; \tag{55}$$

$$A_\varrho / B_\sigma \supset (A/B)_{\varrho-\sigma}; \tag{56}$$

$$(A \cup B)_\varrho = A_\varrho \cup B_\varrho; \ (A \cup B)_{-\varrho} \supset A_{-\varrho} \cup B_{-\varrho} \ [\varrho \geq 0]; \tag{57}$$

$$(A \cap B)_\varrho \subset A_\varrho \cap B_\varrho; \ (A \cap B)_{-\varrho} = A_{-\varrho} \cap B_{-\varrho} \ [\varrho \geq 0]; \tag{58}$$

$$A_\varrho = A_{-\varrho} \cup (\hat{A})_\varrho \quad [\hat{A} = \text{Rand von } A, A \text{ abgeschlossen}, \varrho \geq 0] \tag{59}$$

Dort wo in unserer Relationstafel nicht besonders die Definitheit der Parameter vorgeschrieben ist, sind diese aus dem Intervall $-\infty < \varrho$, $\sigma < \infty$ frei wählbar.

Beweise: (50): Sonderfall von (22); (51): Korollarien von (27) und (28); (52): Die beiden Relationen sind komplementär — die linksseitige folgt aus (23) und (49); (53): 1. Fall. $\sigma \leq \varrho$. Mit (49), (23), (21) und (51) schließt man der Reihe nach zunächst $(A_{-\sigma})_\varrho = [A/\sigma K] \times [\sigma K \times (\varrho\text{-}\sigma)K]$ $= [(A/\sigma K) \times \sigma K] \times (\varrho - \sigma) K \subset A_{\varrho-\sigma}$, und dann mit (49 und (25) weiter $A_{\varrho-\sigma} = A \times (\varrho K/\sigma K) \subset (A \times \varrho K)/\sigma K = (A_\varrho)_{-\sigma}$. — 2. Fall. $\sigma \geq \varrho$. Zunächst folgt mit (49), (24) und (21) $(A_{-\sigma})_\varrho = (A/[(\sigma - \varrho) K \times \varrho K]) \times \varrho K$ $= ([A/(\sigma - \varrho) K]/\varrho K) \times \varrho K \subset A/(\sigma - \varrho) K = A_{\varrho-\sigma}$, und dann weiter mit (21), (24) und (49) $A_{\varrho-\sigma} = A/(\sigma - \varrho) K \subset [(A \times \varrho K)/\varrho K]/(\sigma - \varrho) K$ $= (A \times \varrho K)/\sigma K = (A_\varrho)_{-\sigma}$; (54): Folgt unmittelbar mit (23) und (49); (55): Mit naheliegenden Fallunterscheidungen läßt sich die Aussage mit Anwendung von (26) und (53) gewinnen; (56): Geht durch komplementäre Transformation aus (55) hervor. In der Tat: Mit (22), (50) und (55) resultiert der Reihe nach $A_\varrho / B_\sigma = [(A_\varrho)^* \times (\tilde{B}_\sigma)]^* = [(A^*)_{-\varrho} \times (\tilde{B})_\sigma]^* \supset$ $\supset [(A^* \times \tilde{B})_{\sigma-\varrho}]^* = [(A^* \times \tilde{B})^*]_{\varrho-\sigma} = (A/B)_{\varrho-\sigma}$; (57): Folgerungen aus (29) und (31); (58): Folgerungen aus (30) und (32); (59): Wegen $\hat{A} \subset A$ gilt vorerst (a) $A_\varrho \supset A_{-\varrho} \cup (\hat{A})_\varrho$; es sei sodann $p \in A_\varrho$, so daß ein $q \in A$ mit $d(p, q) \leq \varrho$ existiert. 1. Fall. $p \in A_{-\varrho}$; 2. Fall. $p \notin A_{-\varrho}$ oder also $p \in (A^*)_\varrho$, so daß ein $q^* \in A^*$ mit $d(p, q^*) \leq \varrho$ existiert. Auf der Verbindungsstrecke $q\,q^*$ muß ein $\hat{p} \in \hat{A}$ liegen, und da dann auch $d(p, \hat{p}) \leq u$ ist, muß $p \in (\hat{A})_\varrho$ gelten. In beiden Fällen gehört also p entweder zu ϱ $A_{-\varrho}$ oder zu $(\hat{A})_\varrho$ und somit gilt (b) $A_\varrho \subset A_{-\varrho} \cup (\hat{A})_\varrho$. Mit (a) und (b) resultiert die Behauptung.

4.2.4. Lineare, konvexe und konkave Mengenscharen

Es bezeichne $A\,[\zeta]$ eine einparametrige Mengenschar, die in einem (beschränkten oder unbeschränkten) Intervall des Parameters ζ definiert sein möge. Diese kann in besonderen Fällen eine starke Bindung mit der Minkowskischen Linearkombination aufweisen, indem eine der drei folgenden Funktionalrelationen erfüllt ist, wonach für zwei beliebig aus dem Parameterintervall ausgewählte Werte ξ und η und beliebige nichtnegative und normierte Kombinationskoeffizienten α und β $[\alpha,\ \beta \geqq 0,\ \alpha + \beta = 1]$ entweder stets

$$A\,[\alpha\,\xi + \beta\,\eta] \subset \alpha\,A\,[\xi] \times \beta\,A\,[\eta] \tag{60}$$

oder stets

$$A\,[\alpha\,\xi + \beta\,\eta] \supset \alpha\,A\,[\xi] \times \beta\,A\,[\eta] \tag{61}$$

oder sogar

$$A\,[\alpha\,\xi + \beta\,\eta] = \alpha\,A\,[\xi] \times \beta\,A\,[\eta] \tag{62}$$

gilt.

Die Mengenschar $A\,[\zeta]$ heißt *konvex, konkav* oder *linear*, je nachdem sie die Bedingung (60), (61) oder (62) erfüllt[7]. Eine lineare Schar ist offenbar zugleich konvex und konkav. Die hier eingeführten Begriffe können auch auf mehrparametrige Mengenscharen übertragen werden. Im Falle einer m-parametrigen Schar soll ζ das m-Tupel $\langle \zeta_1, \ldots, \zeta_m \rangle$ der m-Parameterwerte bezeichnen. Lineare Operationen sind in der üblichen vektoriellen Weise im Parameterraum zu interpretieren.

Mit einigen Beispielen wollen wir das Vorkommen der drei Schararten aufzeigen und zugleich auf besonders einfache und wichtige Mengenscharen hinweisen, die sich nach diesem Gesichtspunkt klassifizieren lassen.

I. Die Schar $A\,[\zeta] = \zeta\,A\,[0 \leqq \zeta < \infty]$ der durch Dilatation aus einer Menge hervorgehenden Mengen ist konvex. Falls A konvex ist, ist die Schar sogar linear. Dies folgt direkt aus (37) und aus der sich auf den Fall konvexer Mengen beziehenden Ergänzung.

II. Die Schar $A\,[\zeta] = B \times \zeta\,C\,[0 \leqq \zeta < \infty]$ der Außenmengen von B relativ zu C ist konvex; sind A und B konvex, so ist die Schar sogar linear. In der Tat bestätigt sich (60), indem man mit Verwendung von (37), (23) und 35) der Reihe nach $B \times (\alpha\,\xi + \beta\,\eta)\,C \subset \alpha\,B \times \beta\,B \times \times \alpha\xi C \times \beta\,\eta\,C = \alpha(B \times \xi\,C) \times \beta(B \times \eta\,C)$ schließt. Sind A und B konvex, so gilt nach der Ergänzung zu (37) in der Schlußkette Gleichheit.

III. Sind B und C konvex, so ist die vollständige Schar $A\,[\zeta]$ der Innen- und Außenmengen von B relativ zu C konkav; sind B und C homothetisch, so ist sie sogar linear. Sie ist definiert durch $A\,[\zeta] = B/\bar{\zeta}\,C$ $[-r(B, C) \leqq \zeta \leqq 0]$; $A\,[\zeta] = B \times \zeta\,C\,[0 \leqq \zeta < \infty]$; dabei ist abkürzend $\bar{\zeta} = -\zeta$ gesetzt worden.

Die Beziehung (61) bzw. die Verschärfung (62) ist schon durch Beispiel II verifiziert, falls ξ, $\eta \geq 0$ gilt. Im Fall ξ, $\eta \leq 0$ schließt man mit Verwendung von (37), (26) und (36), wobei die Bemerkungen über die Gültigkeit des Gleichheitszeichens zu berücksichtigen sind, der Reihe nach $A\,[\alpha\,\xi + \beta\,\eta] = B/(\alpha\,\bar{\xi} + \beta\,\bar{\eta})\,C = (\alpha\,B \times \beta\,B)/(\alpha\,\bar{\xi}\,C \times \beta\,\bar{\eta}\,C) \supset$ $\supset (\alpha\,B/\alpha\,\bar{\xi}\,C) \times (\beta\,B/\beta\,\bar{\eta}\,C) = \alpha\,(B/\bar{\xi}\,C) \times \beta\,(B/\bar{\eta}\,C) = \alpha\,A\,[\xi] \times \beta\,A[\eta]$. Im Falle $\xi \leq 0$, $\eta \geq 0$, $\alpha\,\bar{\xi} < \beta\,\eta$ ergibt sich durch Verwendung von (37), (23), (21) und (36), wieder mit Berücksichtigung des Gleichheitszeichens, $A\,[\alpha\,\xi + \beta\,\eta] = B \times (\alpha\,\xi + \beta\,\eta)\,C = \alpha\,B \times (\alpha\,\xi + \beta\,\eta)\,C \times \beta\,B \supset$ $\supset [(\alpha\,B/\alpha\,\bar{\xi}\,C) \times \alpha\,\bar{\xi}\,C] \times (\alpha\,\xi + \beta\,\eta)\,C \times \beta\,B = (\alpha\,B/\alpha\,\bar{\xi}\,C) \times \beta\,\eta\,C \times$ $\times \beta\,B = \alpha\,(B/\bar{\xi}\,C) \times \beta\,(B \times \eta\,C) = \alpha\,A\,[\xi] \times \beta\,A\,[\eta]$. Im Falle $\xi \leq 0$, $\eta \geq 0$, $\alpha\,\bar{\xi} > \beta\,\eta$ findet man $A\,[\alpha\,\xi + \beta\,\eta] = (\alpha\,B \times \beta\,B)/(\alpha\,\bar{\xi} + \beta\,\bar{\eta})\,C \supset$ $\supset \{[(\alpha\,B \times \beta\,B)/\alpha\,\bar{\xi}\,C] \times \alpha\,\bar{\xi}\,C\}/(\alpha\,\bar{\xi} + \beta\,\bar{\eta})\,C \supset (\alpha\,B \times \beta\,B)/\alpha\,\bar{\xi}\,C] \times$ $\times [\alpha\,\bar{\xi}\,C/(\alpha\,\bar{\xi} + \beta\,\bar{\eta})\,C] \supset [\beta\,B \times (\alpha\,B/\alpha\,\bar{\xi}\,C)] \times \beta\,\eta\,C = \alpha\,(B/\bar{\xi}\,C) \times$ $\times \beta\,(B \times \eta\,C) = \alpha\,A\,[\xi] \times \beta\,A\,[\eta]$. Für $\xi \geq 0$, $\eta \leq 0$ schließt man analog. Ist schließlich C zu B homothetisch, also $C = \lambda\,B$, so gilt im Falle ξ, $\eta \leq 0$ nach (38), wo das Gleichheitszeichen zutrifft, $A\,[\alpha\,\xi + \beta\,\eta] =$ $= B/(\alpha\,\bar{\xi} + \beta\,\bar{\eta})\,\lambda\,B = (\alpha + \beta - \alpha\,\bar{\xi}\,\lambda - \beta\,\bar{\eta}\,\lambda)\,B = \alpha\,(B/\bar{\xi}\,\lambda\,B) \times \beta\,(B/\bar{\eta}\,\lambda\,B)$ $= \alpha\,A\,[\xi] \times \beta\,A\,[\eta]$; analog bestätigt man die Linearität in den Fällen $\xi \geq 0$, $\eta \leq 0$ und $\xi \leq 0$, $\eta \geq 0$.

IV. Es sei $1 \leq i \leq k - 1$ und es bezeichne $E_i(\zeta)$ die i-dimensionale Ebene, die durch die sich auf das vektorielle Koordinatensystem $\langle e_1, .., e_k \rangle$ bezogene Parameterdarstellung $x = p + \Sigma_1^i\,\lambda_\nu\,e_\nu$ $[-\infty < \lambda_\nu < \infty$, $\nu = 1, \ldots, i]$ gegeben ist, wobei $p = \Sigma_1^{k-i}\,\zeta_\nu\,e_{\nu+i}$ und ζ das $(k-i)$-Tupel der die Ebene charakterisierenden Parameter $-\infty < \zeta_\nu < \infty$, $\nu = 1, \ldots, k-i$ bedeutet. Die $(k-i)$-parametrige Schar $A\,[\zeta] = A \cap E_i(\zeta)$ ist konkav, vorausgesetzt, daß A konvex ist. Um (61) zu bestätigen, überlegt man sich, daß die Bedingung wegen (19) erfüllt ist, wenn eine der Mengen $A\,[\xi]$ oder $A\,[\eta]$ leer ausfällt. Ist dies nicht der Fall, so gibt es mit einem Punkt $z \in \alpha\,A\,[\xi] \times \beta\,A\,[\eta]$ zwei Punkte $x \in A \cap E(\xi)$ und $y \in A \cap E(\eta)$, so daß $z = \alpha\,x + \beta\,y$ ist. Mit $x, y \in A$ folgt wegen der Konvexität von A auch $z \in A$, und mit $x \in E(\xi)$ und $y \in E(\eta)$ resultiert mit einfachen Überlegungen $z \in E(\alpha\,\xi + \beta\,\eta)$, so daß $z \in A \cap E(\alpha\xi + \beta\eta)$ oder also $z \in A\,[\alpha\,\xi + \beta\,\eta]$ folgt, w. z. b. w.

Dieses vierte Beispiel lehrt auch, daß eine nicht identisch leere konkave Schar auch leere Mengen enthalten kann; dies ist bei konvexen Scharen offensichtlich nicht möglich.

§ 3. Mengenkonvergenz und Auswahlsatz

4.3.1. Metrik und Konvergenz

Wir haben schon mehrmals die Vorzugsstellung der Klasse $\mathfrak{X}$ der beschränkten und abgeschlossenen Punktmengen im Rahmen der allgemeinen Mengengeometrie hervorgehoben. Soweit dies unsere Entwicklung bis hier erkennen läßt, beruht diese Auszeichnung darauf, daß $\mathfrak{X}$ ein Mengenring und daß ferner $\mathfrak{X}$ geschlossen ist in bezug auf die MINKOWSKIsche Addition. Für eine weitere, sich durch Einbau des Maßbegriffs ergebende Ausgestaltung der Mengengeometrie ist der Umstand wichtig, daß alle beschränkten und abgeschlossenen Mengen im LEBESGUEschen Sinn meßbar sind.

Für gewisse mengengeometrische Konstruktionen sind die leeren Mengen unzulässig. Deshalb empfiehlt es sich, das System $\mathfrak{X}^0$ der nichtleeren, abgeschlossenen und beschränkten Mengen einzuführen. So wenden wir uns nachfolgend einer Auszeichnung des Systems $\mathfrak{X}^0$ zu, die durch die Möglichkeit gegeben ist, durch Einführung einer geeigneten Metrik $\mathfrak{X}^0$ zu einem lokal kompakten metrischen Raum zu machen. Dies besagt, daß sich basierend auf dem der gewählten Metrik entsprechenden Konvergenzbegriff ein Auswahlsatz formulieren läßt, der dem bekannten, von BLASCHKE für konvexe Körper aufgewiesenen Theorem entspricht. Die weitreichende Bedeutung dieses im folgenden Abschnitt formulierten Auswahlsatzes beruht in erster Linie auf dem Einsatz bei der Klärung von Existenzfragen.

Dieser erste Abschnitt handelt von der erforderlichen Metrisierung des Systems $\mathfrak{X}^0$ und dem sich daraus ergebenden Konvergenzbegriff.

Eine Metrisierung ergibt sich, indem jedem geordneten Mengenpaar $A, B \in \mathfrak{X}^0$ eine reelle Zahl $d(A, B)$ als Distanz so zugeordnet wird, daß die vier Eigenschaften

I. $d(A, B) = 0 \rhd\lhd A = B$;

II. $d(A, B) \leqq d(A, C) + d(B, C)$;

III. $d(A, B) = d(B, A)$;

IV. $d(A, B) \geqq 0$

realisiert werden. Die beiden ersten Gesetze I. und II. stellen Forderungen (Distanzaxiome) dar, durch die man Distanzen implizite charakterisiert; die beiden letzten Eigenschaften III. und IV. sind bereits einfache Folgerungen aus den Postulaten I. und II. Wir führen nun eine spezielle *Distanz* im Mengensystem $\mathfrak{X}^0$ durch den Ansatz

$$d(A, B) = \inf\varrho \; [A_\varrho \supset B, \; B_\varrho \supset A, \; \varrho \geqq 0] \tag{63}$$

ein, wonach also die Distanz von zwei nichtleeren beschränkten Mengen die untere Grenze jener Spannen ϱ ist, für welche die äußere Parallelmenge der einen Menge im Abstand ϱ die andere überdeckt und umgekehrt [8]. Da die Menge der zugelassenen Spannen ϱ wegen der Beschränktheit der beteiligten Punktmengen nicht leer ist, existiert das mit (63) angesetzte Infimum. Es ist zu zeigen, daß es die Distanzpostulate I. und II. befriedigt. Zunächst zu I.: Daß aus $A = B$ auf $d(A, B) = 0$ geschlossen werden kann, ist evident. Es sei umgekehrt $d(A, B) = 0$.

Aus $p \in A$ läßt sich $p \in B$, also (a) $A \subset B$ folgern. Denn würde $p \notin B$ gelten, so hätte p von B einen positiven Abstand $\varDelta(p, B) > 0$, da B abgeschlossen ist; würde man jetzt $0 < \varrho < \varDelta$ wählen, so ließe sich $p \notin B_\varrho$ und wegen $A \subset B_\varrho$ auch $p \notin A$ schließen, im Widerspruch zur Annahme. Analog folgt auch (b) $B \subset A$. Mit (a) und (b) ergibt sich $A = B$, w. z. b. w. Nun zu II.: Es sei $\alpha = d(B, C)$, $\beta = d(A, C)$ und $\gamma = d(A, B)$. Mit Rücksicht auf die Abgeschlossenheit der Mengen ist es zulässig, auf das Bestehen der Relationen $A_\beta \supset C$ und $C_\alpha \supset B$ zu schließen, woraus mit (52) die Folgerung (a) $A_{\alpha+\beta} \supset B$ gezogen werden kann. Ebenso folgt aus $B_\alpha \supset C$ und $C_\beta \supset A$ (b) $B_{\alpha+\beta} \supset A$. Mit (a) und (b) resultiert nun $\gamma \leq \alpha + \beta$, w. z. b. w.

Einfache Hilfsaussagen, durch welche die Distanzmessung mit mengengeometrischen Operationen in Beziehung gebracht wird, sind

$$d(A \cup B, C \cup D) \leq \text{Max} \langle d(A, C), d(B, D) \rangle ; \tag{64}$$

$$d(A \times B, C \times D) \leq d(A, C) + d(B, D) ; \tag{65}$$

$$d(A_\varrho, B_\varrho) \leq d(A, B) . \tag{66}$$

Beweise: Zu (64): Es sei $\alpha = d(A, C)$, $\beta = d(B, D)$ und $\gamma = \text{Max}$ $\langle \alpha, \beta \rangle$. Da die Mengen abgeschlossen sind, gilt $A \subset C_\alpha$ und $B \subset D_\beta$ und also (a) $A \cup B \subset C_\alpha \cup D_\beta \subset (C \cup D)_\gamma$; analog resultiert auch (b) $C \cup D \subset (A \cup B)_\gamma$. Mit (a) und (b) folgt die Behauptung. Zu (65): Mit gleicher Bedeutung von α und β wie oben folgt mit Anwendung von (55) zunächst (a) $A \times B \subset C_\alpha \times D_\beta = (C \times D)_{\alpha+\beta}$ und dann analog (b) $C \times D \subset A_\alpha \times B_\beta = (A \times B)_{\alpha+\beta}$. Aus (a) und (b) resultiert die Behauptung. Zu (66): Korollar zu (65), das sich durch den Einsatz $B = D = \varrho K$, also $d(B, D) = 0$ ergibt, wobei nachträglich noch C durch B ersetzt wird.

Auf Grund der eingeführten *Metrik* läßt sich innerhalb des Systems $\mathfrak{X}^0$ in geläufiger Weise die *Konvergenz* durch

$$A_n \to A \; [n \to \infty] \; \rhd\lhd \; d(A_n, A) \to 0 \; [n \to \infty] \tag{67}$$

definieren [9], wonach eine Folge von Mengen $A_n \in \mathfrak{X}^0$ $(n = 1, 2, \ldots)$ gegen die Limesmenge $A \in \mathfrak{X}^0$ konvergiert, wenn die Distanzen $d(A_n, A)$ eine Nullfolge bilden.

Wir formulieren nachfolgend zwei Konvergenzhilfssätze, die in späteren Beweisen vielfach Anwendung finden. So gilt der

Hilfssatz I. *Ist $A_n \supset A_{n+1}$ $(n = 1, 2, \ldots)$ eine absteigende Folge nichtleerer, beschränkter und abgeschlossener Mengen, so daß also der Durchschnitt $A = \bigcap_1^\infty A_n$ nichtleer ausfällt, so besteht die Konvergenz $A_n \to A$ $[n \to \infty]$.*

Beweis: A ist abgeschlossen und es gilt (a) $A_n \supset A$. Wir zeigen, daß zu $\varepsilon > 0$ eine natürliche Zahl N so angegeben werden kann, daß für die äußere Parallelmenge A_ε von A im Abstand ε (b) $A_\varepsilon \supset A_n$ $[n > N]$ gilt.

In der Tat: Die Gegenannahme läßt sich in die Form $D_n \neq 0$ $(n = 1, 2, \ldots)$ bringen, wo $D_n = A_n \cap (\underline{A_\varepsilon})^*$ den über den offenen Kern von A_ε hinausragenden abgeschlossenen Teil von A_n bezeichnet. Offensichtlich gilt $D_{n+1} \supset D_n$, so daß wir wieder eine absteigende Folge abgeschlossener nichtleerer Mengen vor uns haben. Für den nichtleeren Durchschnitt $D = \cap_1^\infty D_n$ gilt nach Konstruktion $D \cap A = 0$. Andererseits folgt aus $D_n \subset A_n$ aber $D \subset A$, was mit der soeben erzielten Feststellung im Widerspruch steht. Damit ist die Gültigkeit von (b) nachgewiesen. Mit (a) und (b) resultiert $d(A, A_n) < \varepsilon$ $[n > N]$ und also $d(A, A_n) \to 0$ $[n \to \infty]$ w. z. b. w.

Ferner gilt der

Hilfssatz II. *Ist* A_n $(n = 1, 2, \ldots)$ *eine* Cauchysche *Folge nichtleerer, beschränkter und abgeschlossener Mengen, d. h., gibt es zu jedem* $\varepsilon > 0$ *eine natürliche Zahl* N, *so daß* $d(A_n, A_m) < \varepsilon$ $[n, m > N]$ *gilt, so besteht die Konvergenz* $A_n \to A_0$ $[n \to \infty]$, *wo* A_0 *eine nichtleere abgeschlossene Menge bezeichnet.*

Diese Aussage lehrt, daß der durch unsere Metrisierung des Mengensystems $\mathfrak{X}^0$ entstandene metrische Raum *vollständig* ist.

Beweis: Es sei $S_n = \cup_n^\infty A_\nu$ gesetzt und $\bar{S}_n$ bedeute die abgeschlossene Hülle von S_n. Aus der Voraussetzung im Hilfssatz folgt leicht, daß die nichtleeren Mengen $\bar{S}_n$ beschränkt sind; nach Konstruktion bilden sie für $n = 1, 2, \ldots$ eine absteigende Folge abgeschlossener Mengen, so daß nach Hilfssatz I auf die Konvergenz $S_n \to A$ $[n \to \infty]$ geschlossen werden kann. Zu $\varepsilon > 0$ gibt es demnach ein M so, daß $\bar{S}_n \subset A_\varepsilon$ $[n > M]$ oder also (a) $A_\nu \subset A_\varepsilon$ $[\nu > M]$ gilt. Nach Voraussetzung läßt sich andererseits zum nämlichen $\varepsilon > 0$ ein N so feststellen, daß $(A_\nu)_\varepsilon \supset A_\mu$ $[\nu, \mu > N]$ gilt. Hieraus folgt auch $(A_\nu)_\varepsilon \supset S_n$ $[\nu, n > N]$, und wegen der Abgeschlossenheit der links stehenden Menge kann hier S_n sogar durch $\bar{S}_n$ ersetzt werden. Mit $\bar{S}_n \supset A$ resultiert jetzt (b) $(A_\nu)_\varepsilon \supset A$ $[\nu > N]$. Durch Zusammenfassung von (a) und (b) ergibt sich $d(A_\nu, A) < \varepsilon$ $[\nu > \mathrm{Max}\langle N, M \rangle]$, und also $d(A_\nu, A) \to 0$ $[\nu \to \infty]$ w. z. b. w.

Wir beschließen den Abschnitt mit einigen einfachen Regeln, durch die Konvergenzaussagen in Verbindung mit mengengeometrischen Operationen gebracht sind.

Setzen wir simultan voraus, daß $A_n \to A$ $[n \to \infty]$ und $B_n \to B$ $[n \to \infty]$ gelten soll, so lassen sich die folgenden Aussagen machen:

$$C_n = A_n \cup B_n, \quad C = A \cup B \rhd C_n \to C \quad [n \to \infty] \tag{68}$$

$$C_n = A_n \cap B_n, \quad C_n \to C \ [n \to \infty] \rhd C \subset A \cap B; \tag{69}$$

$$C_n = A_n \times B_n, \quad C = A \times B \rhd C_n \to C \quad [n \to \infty]. \tag{70}$$

Beweise: Zu (68): Mit $d(A_n, A)$, $d(B_n, B) < \varepsilon$ $[n > N]$ folgt mit Anwendung von (64) $d(C_n, C) < \varepsilon$ $[n > N]$, w. z. b. w. Zu (69): Nach

Voraussetzungen gibt es zu $\varepsilon > 0$ ein n, so daß $C \subset (C_n)_\varepsilon$, $A_n \subset A_\varepsilon$, $B_n \subset B_\varepsilon$ gilt. Demnach folgt (a) $C \subset (A_\varepsilon \cap B_\varepsilon)_\varepsilon$. Lassen wir ε eine monotone Nullfolge durchlaufen und bedenken wir, daß nach Hilfssatz I die in (a) rechts stehenden Mengen absteigend gegen $A \cap B$ konvergieren, so resultiert auch (b) $C \subset A \cap B$, w. z. b. w. Zu (70): Mit $d(A_n, A)$, $d(B_n, B) < \varepsilon$ $[n > N]$ folgt mit Anwendung von (65) $d(C_n, C) < 2\varepsilon$ $[n > N]$, w. z. b. w.

4.3.2. Auswahlsatz

Wir wenden uns nun dem einleitend angekündigten Auswahlsatz für abgeschlossene Punktmengen zu [10]. Er besagt, daß das Mengensystem $\mathfrak{X}^0$ als metrischer Raum *lokal kompakt* ist. Wir geben ihm die folgende ausführliche Form:

Satz I *(Auswahlsatz). Aus einer nichtendlichen Menge* $\mathfrak{A}$ *nichtleerer und abgeschlossener Mengen* A, *die alle in einem festen Würfel* U *enthalten sind, so daß für alle* $A \in \mathfrak{A}$ *die Beschränkung* $A \subset U$ *besteht, läßt sich eine Folge* $A_n \in \mathfrak{A}$ *(n = 1, 2, . . .) herausgreifen, die gegen eine in* U *enthaltene nichtleere abgeschlossene Menge* A_0 *konvergiert, so daß* $A_n \to A_0$ *[n → ∞,* $A_0 \subset U$*] gilt.*

Beweis: Durch eine regelmäßige (gitterförmige) Unterteilung läßt sich U im Sinne der Elementargeometrie in 2^{nk} abgeschlossene Teilwürfel der Kantenlänge $2^{-n} s$ zerlegen, wo n eine beliebige natürliche Zahl und s die Kantenlänge von U bezeichnen. Aus diesen lassen sich Teilwürfelaggregate bilden, und die Anzahl der verschiedenen bildbaren Aggregate beträgt $2^{2^{nk}}$. Falls man nun jeder Menge $A \in \mathfrak{A}$ das eindeutig bestimmte Aggregat derjenigen Teilwürfel zuordnet, die mit A einen nichtleeren Durchschnitt aufweisen, so ist nach dem Schubfachprinzip klar, daß wenigstens ein Aggregat T_n bei diesem Zuordnungsprozeß unendlich oft bezeichnet wird. Man lasse nun n die natürlichen Zahlen durchlaufen, so daß eine Unterteilungsfolge von U entsteht. Bei der ersten Unterteilung läßt sich, wie eben begründet, aus $\mathfrak{A}$ eine Mengenfolge $A_{1\nu}$ $(\nu = 1, 2, . . .)$ auswählen, deren Elemente ein und demselben Teilwürfelaggregat T_1 der ersten Unterteilung entsprechen. Auf Grund der nämlichen Überlegungen läßt sich aus dieser Folge wieder eine Teilfolge $A_{2\nu}$ $(\nu = 1, 2, . . .)$ auswählen, deren Elemente demselben Teilwürfelaggregat T_2 der zweiten Unterteilung entsprechen. Fährt man in dieser Weise fort, so gewinnt man eine nichtabbrechende Folge von Teilfolgen $A_{n\nu}$ $(\nu = 1, 2, . . .)$ und eine Folge T_n $(n = 1, 2, . . .)$ von Teilwürfelaggregaten der n-ten Unterteilung, so daß T_n genau aus denjenigen Würfeln der n-ten Unterteilung besteht, die mit $A_{n\nu}$ nichtleeren Durchschnitt haben. Wie man sich nun leicht überlegt, resultiert aus dieser Sachlage $(A_{n\nu})_\varrho \supset A_{n\mu}$ und ebenso $(A_{n\mu})_\varrho \supset A_{n\nu}$, falls $\varrho \geq 2^{-n} \sqrt{k}\, s$ (= Diagonallänge eines n-ten Teilwürfels) ist, so daß auf $d(A_{n\nu}, A_{n\mu}) \leq 2^{-n} \sqrt{k}\, s$ geschlossen werden kann.

Bedenkt man noch, daß nach Konstruktion $A_{m\,\nu}$ $(\nu = 1, 2, \ldots)$ eine Teilfolge von $A_{n\,\nu}$ $(\nu = 1, 2, \ldots)$ ist, falls $m > n$ ausfällt, so resultiert $d(A_{n\nu}, A_{m\mu}) \leqq 2^{-n}\sqrt{k}\,s\;[m > n]$. Insbesondere hat man $d(A_{nn}, A_{mm}) < \varepsilon$ für $m > n > N$, falls $N > [\log(s\sqrt{k}/\varepsilon)/\log 2]$ gewählt wird. Mit $A_n = A_{nn}$ $(n = 1, 2, \ldots)$ ist eine CAUCHYsche Auswahlfolge aus $\mathfrak{A}$ konstruiert, die nach Hilfssatz II gegen eine nichtleere abgeschlossene Menge A_0 konvergiert, die evidenterweise eine Teilmenge von U sein muß. Damit ist der Beweis des Auswahlsatzes beendet.

Wir wollen noch darauf hinweisen, daß unsere Begründung des Auswahlsatzes einen Schluß auf die Raschheit der behaupteten Konvergenz $A_n \to A_0$ $(n \to \infty]$ zuläßt, indem feststeht, daß

$$d(A_n, A_0) \leqq 2^{-n}\sqrt{k}\,s \tag{71}$$

mit einer geeigneten Auswahlfolge erzielt werden kann.

4.3.3. Stetige und halbstetige Mengenscharen

Es bezeichne $A[\zeta]$ wieder eine einparametrige Mengenschar [vgl. 4.2.4]. Wir setzen voraus, daß die beteiligten Mengen abgeschlossen und lokal gleichmäßig beschränkt sind, so daß mit einem passenden Würfel U die Bedingung $A[\zeta] \subset U$ für alle ζ gilt, die einem beschränkten Teilintervall des Parameterintervalls angehören. Die Schar soll ferner nicht identisch leer sein, so daß wenigstens einem Parameterwert eine nichtleere Menge zugeordnet ist. Wir betrachten nun eine Folge ξ_ν $(\nu = 1, 2, \ldots)$ von Parameterwerten, die gegen einen Wert ξ des Parameterintervalls konvergiert und bei der ferner die zugeordneten Mengen der Schar nichtleer sind und gegen eine Limesmenge A_0 konvergieren, so daß also

$$A[\xi_\nu] \to A_0 \quad [\xi_\nu \to \xi, \nu \to \infty] \tag{72}$$

gilt. Bei speziellen Scharen kann einer der nachfolgend aufgeführten Tatbestände erfüllt sein, wonach für alle derartigen Folgen

$$A[\xi_\nu] \to A_0 \subset A[\xi] \quad [\xi_\nu \to \xi, \nu \to \infty] \tag{73}$$

oder stets

$$A[\xi_\nu] \to A_0 \supset A[\xi] \quad [\xi_\nu \to \xi, \nu \to \infty] \tag{74}$$

oder sogar

$$A[\xi_\nu] \to A_0 = A[\xi] \quad [\xi_\nu \to \xi, \nu \to \infty] \tag{75}$$

gilt.

Die Mengenschar $A[\zeta]$ heißt *halbstetig nach außen, halbstetig nach innen* oder *stetig*, wenn die Bedingung (73), (74) oder (75) erfüllt ist.

Eine stetige Schar ist offensichtlich zugleich halbstetig nach außen und nach innen. Bei einer stetigen Schar ist jede Folge nichtleerer Scharmengen $A[\xi_\nu]$ konvergent, falls die Parameterfolge ξ_ν konvergiert;

für halbstetige Scharen trifft dies nicht notwendig zu. In der Tat: Mit Rücksicht auf die gleichmäßige Beschränktheit der Scharmengen folgt nach dem Auswahlsatz, daß die Folge $A\,[\xi_\nu]$ konvergente Teilfolgen enthalten muß. Wegen (75) müssen aber alle sich so ergebenden Limesmengen mit $A\,[\xi]$ zusammenfallen; hieraus resultiert, daß bereits die ursprüngliche Folge $A\,[\xi_\nu]$ gegen $A\,[\xi]$ konvergieren muß.

Die Übertragung der hier eingeführten Begriffe auf mehrparametrige Mengenscharen liegt auf der Hand. Im Falle einer m-parametrigen Mengenschar soll ζ das m-Tupel $\langle\zeta_1,\ldots,\zeta_m\rangle$ der m-Parameterwerte bezeichnen. Die Konvergenz ist in der üblichen Weise im Parameterraum zu interpretieren.

Mit einigen Beispielen belegen wir, daß Mengenscharen der hier betrachteten Art durch einfache und wichtige mengengeometrische Prozesse erzeugt werden, Die bei den folgenden Konstruktionen vorkommenden Mengen $A,\,B,\,C$ werden als nichtleer, abgeschlossen und beschränkt vorausgesetzt.

I. Die Schar $A\,[\zeta]=\zeta A\;[0\leqq\zeta<\infty]$ ist stetig. Der Nachweis liegt auf der Hand.

II. Die Schar $A\,[\zeta]=B\times\zeta C\;[0\leqq\zeta<\infty]$ ist stetig. Dies ergibt sich als einfache Folgerung aus (70).

III. Es sei $1\leqq i\leqq k-1$ und es bezeichne $E_i(\zeta)$ die i-dimensionale Ebene, die durch die auf das vektorielle Koordinatensystem $\langle e_1,\ldots,e_k\rangle$ bezogene Parameterdarstellung $x=p+\Sigma_1^i\lambda_\nu e_\nu\;[-\infty<\lambda_\nu<\infty,\ \nu=1,\ldots,i]$ gegeben ist, wobei $p=\Sigma_1^{k-i}\zeta_\nu e_{\nu+i}$ und ζ das $(k-i)$-Tupel der die Ebene charakterisierenden Parameter $-\infty<\zeta_\nu<\infty,\ \nu=1,\ldots,k-i$ bedeutet.

Die $(k-i)$-parametrige Schar $A\,[\zeta]=A\cap E_i(\zeta)$ ist halbstetig nach außen.

Dies folgert man mit sinngemäßer Verwendung von (69).

IV. Die $(k-i)$-parametrige Schar $A\,[\zeta]=\overline{\underline{A}\cap E_i(\zeta)}$, wo $E_i(\zeta)$ die bereits oben gekennzeichnete Ebene bedeutet und $\underline{A}$ den als nichtleer vorausgesetzten offenen Kern von A und der Überstrich den Übergang zur abgeschlossenen Hülle anzeigen, ist halbstetig nach innen. Zum Nachweis von (74) überlegt man sich, daß diese Bedingung erfüllt ist, wenn $\underline{A}\cap E(\xi)=0$, also auch $A\,[\xi]=0$ ist. Ist dies nicht der Fall, so gibt es zu jedem Punkt $q\in\underline{A}\cap E(\xi)$, da A offen ist, einen Würfel Q mit positiver Kantenlänge und Mittelpunkt q, der ganz zu $\underline{A}$ gehört. Damit ergibt sich auf einfache Weise, daß q der Limesmenge A_0 angehört, so daß auf $A_0\supset\underline{A}\cap E(\xi)$ und, da A_0 abgeschlossen ist, auf $A_0\supset A\,[\xi]$ geschlossen werden kann.

V. Die k-parametrige Schar $A\,[\zeta]=B\cap C^\zeta$, wo ζ eine Translation bzw. das k-Tupel der skalaren Komponenten des Translationsvektors bedeutet, ist halbstetig nach außen. Der Nachweis läßt sich wieder mit Anwendung von (69) erbringen.

§ 4. Mengengeometrie und Inhalt

4.4.1. Inhalt und Mengenscharen; BRUNNscher Satz

Wir ergänzen die mengengeometrischen Studien durch Beiziehen des Inhaltsbegriffs. Es sollen die einfachsten und wichtigsten Beziehungen erörtert werden, welche zwischen mengengeometrischen Konstruktionen und Inhaltsmessung bestehen.

Unsere Betrachtungen erstrecken sich lediglich auf die Klasse $\mathfrak{X}$ der beschränkten und abgeschlossenen Punktmengen, welche den Erfordernissen der Mengengeometrie in besonders hohem Maße angepaßt sind. Insbesondere sind diese Mengen alle im LEBESGUEschen Sinn meßbar. Dieser Umstand legt es nahe, eine wichtige und für das vorliegende, wie für die nachfolgenden Kapitel unserer Vorlesungen verbindliche Verabredung zu treffen: Unter dem *Inhalt* (Volumen) $V(A)$ einer Menge (eines Körpers) A soll stets das LEBESGUEsche Maß $L(A)$ verstanden werden. Insbesondere gilt also für beschränkte und abgeschlossene Mengen

$$V(A) = L(A) \qquad [A \in \mathfrak{X}] . \tag{76}$$

Die in 3.4.2 behandelten Eigenschaften des LEBESGUEschen Maßsystems, insbesondere die sich auf das Maß selbst beziehenden einfachen Regeln [3. Kap. (137) bis (150)] werden wir oft stillschweigend anwenden.

Indem wir in diesem Abschnitt hauptsächlich das Verhältnis zwischen Inhalt und Mengenschar untersuchen, stellen wir Hilfsaussagen bereit, welche immer dort nützliche Anwendung finden können, wo die den Scharbildungen zugrunde liegenden Prozesse mit Inhaltsmessung im Zusammenhang stehen.

Da sich die Festlegung unserer Metrik in der Klasse $\mathfrak{X}^0$ auf die Parallelbildung stützt, ist eine Inhaltsbetrachtung bei der in 4.2.3 eingeführten äußeren Parallelschar $A_\varrho [0 \leq \varrho < \infty]$ einer Menge $A \in \mathfrak{X}^0$ besonders wichtig. Es ergibt sich, daß die Funktion

$$f(\varrho) = V(A_\varrho) \qquad [0 \leq \varrho < \infty] \tag{77}$$

im Innern des angegebenen Intervalls stetig und im linken Endpunkt von rechts stetig ist.

Beweis: Für eine Zahlenfolge $\sigma_\nu (\nu = 1, 2, \ldots)$ mit den Eigenschaften $\sigma_\nu > \sigma_{\nu+1}, \sigma_\nu \to \varrho \ [\nu \to \infty], 0 \leq \varrho < \sigma_\nu < \infty$ ist A_{σ_ν} eine absteigende Mengenfolge, und es gilt (a) $A_\varrho = \bigcap_1^\infty A_{\sigma_\nu}$, so daß nach 3. Kap. (150) die Konvergenz (aa) $f(\sigma_\nu) \to f(\varrho) \ [\nu \to \infty]$ besteht. Entsprechend ergibt sich für eine Zahlenfolge $\sigma_\nu \ (\nu = 1, 2, \ldots)$ mit den Eigenschaften $\sigma_\nu < \sigma_{\nu+1}$, $\sigma_\nu \to \varrho \ [\nu \to \infty], 0 < \sigma_\nu < \varrho < \infty$ eine ansteigende Mengenfolge A_{σ_ν} und es gilt (b) $\underline{A_\varrho} = \bigcup_1^\infty A_{\sigma_\nu}$. Nach dem Theorem von BEHREND [vgl. 3.3.3] ist A_ϱ sogar J-meßbar und nach 3. Kap. (136) gilt somit $V(\underline{A_\varrho}) = V(A_\varrho)$;

ebenso mit 3. Kap. (150) kann wieder auf (bb) $f(\sigma_\nu) \to f(\varrho)$ $[\nu \to \infty]$ geschlossen werden. Nach (aa) ist also $f(\varrho)$ in $0 \leq \varrho$ von rechts und zufolge (bb) in $0 < \varrho$ überdies auch von links stetig, w. z. b. w.

Besonders erwähnenswert ist der Sonderfall

$$\lim V_\varrho (A) = V(A) \qquad [\varrho > 0, \varrho \to 0]\,. \tag{78}$$

Zwischen Mengenkonvergenz und Inhaltskonvergenz besteht nur eine lose Bindung, indem im allgemeinen Fall nur die Aussage

$$\limsup V(A_n) \leq V(A) \qquad [A_n \to A, n \to \infty] \tag{79}$$

gemacht werden kann.

Beweis: Zu einem beliebigen $\varrho > 0$ gibt es ein N derart, daß $A_n \subset A_\varrho$ für alle $n > N$ gilt, so daß auf $\limsup V(A_n) \leq V(A_\varrho)$ und mit Hinblick auf (78) auf die Behauptung (79) geschlossen werden kann.

Es bezeichne jetzt $A[\zeta]$ eine nach außen halbstetige Mengenschar. Dann ist die Funktion

$$f(\zeta) = V(A[\zeta]) \tag{80}$$

im zuständigen Parameterintervall halbstetig nach oben, d. h. es gilt die Beziehung

$$\limsup f(\xi_\nu) \leq f(\xi) \qquad [\xi_\nu \to \xi, \nu \to \infty]\,. \tag{81}$$

Beweis: Es genügt zu zeigen, daß für eine Folge $\xi_\nu \to \xi$ $[\nu \to \infty]$, für welche $w = \lim f(\xi_\nu)$ $[\nu \to \infty]$ existiert, $w \leq f(\xi)$ gelten muß. Ist $w = 0$, so trifft dies trivialerweise zu. Es sei $w > 0$. Ohne Einschränkung darf angenommen werden, daß $A[\xi_\nu] \neq 0$ $(\nu = 1.\,2,\,..\,)$ gilt, da man sich andernfalls auf eine passende Teilfolge beziehen kann. Da die Mengen einer halbstetigen Schar lokal gleichmäßig beschränkt sind, darf man aus gleichen Gründen nach dem Auswahlsatz annehmen, daß die Konvergenz $A[\xi_\nu] \to A_0$ $[\nu \to \infty]$ besteht. Nach (79) kann man auf $w \leq V(A_0)$, und da wegen (73) $A_0 \subset A[\xi]$ gilt, weiter auf $w \leq f(\xi)$ schließen, w. z. b. w.

Wir fragen weiter: Wie verhalten sich die Inhalte der Mengen bei MINKOWSKISCHER Addition und Subtraktion? Es ist im Hinblick auf die fundamentale Rolle, welche diese beiden Mengenverknüpfungen innerhalb der Mengengeometrie spielen, selbstverständlich, daß hier gültige Inhaltsregeln von weittragender Bedeutung sein werden. In der Tat stellen die beiden unten formulierten Gesetze die Kernstücke des Satzes von BRUNN-MINKOWSKI und des ihm von ERHARD SCHMIDT an die Seite gestellten Spiegeltheorems dar[11]. Mit diesen Ungleichungen, insbesondere auch mit der Frage der Geltung des Gleichheitszeichens werden wir uns noch im folgenden Kapitel im Zusammenhang mit dem isoperimetrischen Problem eingehend auseinandersetzen.

Die beiden wichtigen Inhaltsrelationen lauten wie folgt: Für beschränkte, nichtleere und abgeschlossene Mengen, also für $A, B \in \mathfrak{X}^0$, gilt

$$V(A \times B)^{1/k} \geqq V(A)^{1/k} + V(B)^{1/k} \tag{82}$$

und, falls A/B nichtleer ist,

$$V(A/B)^{1/k} \leqq V(A)^{1/k} - V(B)^{1/k} \qquad [A/B \neq 0] . \tag{83}$$

Unsere Vorbereitungen erlauben uns, das Spiegelbild (83) als einfaches Korrolar aus seinem Original (82) hervorgehen zu lassen. In der Tat: Nach (21) gilt $(A/B) \times B \subset A$, so daß die Anwendung von (82), die nur erlaubt ist, wenn $A/B \neq 0$ ausfällt, unmittelbar (83) ergibt.

Den Nachweis von (82) führen wir an dieser Stelle dadurch, daß wir vorerst eine lineare Verschärfung herleiten [12]. Zunächst einige Erklärungen: Es bezeichne u eine feste Raumrichtung und E sei eine Ebene der einparametrigen Schar der auf u orthogonal stehenden Ebenen. Mit dem Ansatz

$$m(A ; u) = \sup V'(A \cap E) , \tag{84}$$

in welchem sich die Bildung der Schranke über alle parallelen Ebenen E der erwähnten Schar erstrecken soll und V' den $(k-1)$-dimensionalen Inhalt bezeichnet, führen wir das maximale innere $(k-1)$-dimensionale Quermaß (*Schnittmaß*) $m(A ; u)$ der Menge A in Richtung u ein.

Für zwei Mengen $A, B \in \mathfrak{X}^0$, welche in wenigstens einer Richtung u gleiches Schnittmaß aufweisen, gilt mit nichtnegativen und normierten Kombinationskoeffizienten α und β $[\alpha, \beta \geqq 0, \alpha + \beta = 1]$ die Ungleichung

$$V(\alpha A \times \beta B) \geqq \alpha V(A) + \beta V(B) \qquad [m(A ; u) = m(B ; u)] . \tag{85}$$

Wir zeigen zunächst, daß man (82) aus (85) folgern kann.

In der Tat: Ist eine der beteiligten Mengen eine Nullmenge, so daß etwa $V(B) = 0$ wird, so ergibt sich (82) mit der trivialen Bemerkung, daß $A \times B \supset A$ gilt, falls B den Ursprung Z enthält; da sich wegen (34) die Inhalte der beteiligten Mengen bei Verschiebung nicht ändern, ist diese Annahme zulässig. Im andern Fall ist $V(A), V(B) > 0$. Es ist dann auch $m(A ; u), m(B ; u) > 0$. Dieser Schluß setzt die Anwendung des erst im übernächsten Abschnitt (unabhängig vom Vorstehenden) nachgewiesenen FUBINIschen Theorems voraus. Es läßt sich jetzt ein $\lambda > 0$ so finden, daß $m(A ; u) = m(\lambda B ; u)$. Die beiden Mengen A und λB erfüllen also die Voraussetzung von (85), so daß auf $V(\alpha A \times \beta \lambda B) \geqq \alpha V(A) + \beta V(\lambda B)$ geschlossen wird. Berücksichtigt man, daß die Funktion $F(t) = t^{1/k}$ $[t \geqq 0, k \geqq 1]$ konkav und monoton zunehmend ist, so resultiert $V(\alpha A \times \beta \lambda B)^{1/k} \geqq \alpha V(A)^{1/k} + \beta V(\lambda B)^{1/k}$. Setzt man hier $\alpha = \lambda/(1+\lambda)$, $\beta = 1/(1 + \lambda)$ ein, so gewinnt man mit einfacher Kürzung (82). Wir haben also noch zu zeigen, daß die Aussage (85) richtig ist.

Beweis: Es sei zunächst $k = 1$. Wegen der Translationsinvarianz des Inhalts dürfen wir annehmen, daß $A \cap B = Z$ ist und daß die übrigen Punkte von A und B auf verschiedenen Seiten des Ursprungs Z liegen. Mit der Bemerkung, daß jetzt die Beziehung $\alpha A \times \beta B \supset \alpha A \cup \beta B$ besteht, ergibt sich (85) mit einfachsten Schlüssen. Es sei jetzt $k > 1$, und wir nehmen an, daß (85) bereits für alle Dimensionen bewiesen sei, die kleiner als k sind. a) Es sei $A = P$, $B = Q$ und $P, Q \in \mathfrak{S}_\Delta$, d. h., wir ziehen vorerst Gitterwürfelaggregate der Feinheit Δ in Betracht [vgl. Schluß von 4.2.1]. Die Richtung $u = e_k$ sei dem Koordinatensystem angepaßt. Weiter werden α und β als rational vorausgesetzt, so daß mit natürlichen Zahlen $m < n$ $\alpha = m/n$ und $\beta = (n-m)/n$ ist. Die Polyeder P, Q und $\alpha P, \beta Q$ und wegen (48) auch $R = \alpha P \times \beta Q$ sind Würfelaggregate der Feinheit $V = \Delta/n$ und gehören der Klasse $\mathfrak{S}_V$ an. Wir zeichnen die durch $x = t\,u$ $[-\infty < t < \infty]$ dargestellte Gittergerade T als t-Achse besonders aus. $E(t)$ bezeichne die auf T orthogonal stehende Ebene, welche T im Punkte $t\,u$ kreuzt. Ferner bedeute V' den in E gemessenen $(k-1)$-dimensionalen Inhalt und V'' den in T gemessenen linearen Inhalt. Es sollen jetzt der Reihe nach P_ν, Q_ν und R_ν $(\nu = 1, 2, \ldots)$ die in T liegenden linearen Mengen derjenigen Punkte $x = t\,u$ darstellen, für welche $V'\,[P \cap E(t)] \geq \nu V^{k-1}, V'[Q \cap E(t)] \geq \nu V^{k-1}$ und $V'[R \cap E(t)]$ $\geq \nu V^{k-1}$ ausfällt. Man beachte hier, daß P_ν, Q_ν und R_ν Streckenaggregate der Feinheit V und die in $E(t)$ liegenden Schnitte mit P, Q und R $(k-1)$-dimensionale Würfelaggregate der nämlichen Feinheit V sind. Sind p, q und r die größten Werte von ν, für die P_ν, Q_ν und R_ν nichtleer ausfallen, so ergibt eine passend umgeordnete Würfelzählung die Inhaltsformeln (aa) $V(P) = \Sigma_1^p V''(P_\nu)$, $V(Q) = \Sigma_1^q V''(Q_\nu)$ und $V(R) = \Sigma_1^r V''(R_\nu)$. Mit der Bemerkung, daß $m(P; u) = p\, V^{k-1}$ und $m(Q; u) = q\, V^{k-1}$ sein wird, folgt aus der Voraussetzung $m(P; u) = m(Q; u)$ die Beziehung $p = q$. Wählen wir zwei Punkte $x \in P_\nu$ und $y \in Q_\nu$ und setzen $z = \alpha x + \beta y$, so resultiert lediglich mit Verwendung der Distributivregel (30) die Beziehung (ab) $R \cap E(z) \supset \alpha\,[P \cap E(x)] \times \beta\,[Q \cap E(y)]$ und hieraus mit der nach unserer induktiven Annahme erlaubten Verwendung von (82) nach geringfügiger Rechnung $V'\,[R \cap E(z)] \geq \nu V^{k-1}$. Demnach gilt $z \in R_\nu$ und also folgt $R_\nu \supset \alpha P_\nu \times \beta Q_\nu$. Mit der im Falle $k = 1$ erlaubten Verwendung von (85) ergibt sich (ac) $V''(R_\nu) \geq \alpha V''(P_\nu) + \beta V''(Q_\nu)$ $(\nu = 1, 2, \ldots, p = q)$. Mit (ab) läßt sich noch auf $r \geq p = q$ schließen. Die Ungleichungen (ac) können deshalb auf die durch die Formeln (aa) dargestellten Inhalte übertragen werden, und es resultiert $V(R) \geq$ $\geq \alpha V(P) + \beta V(Q)$, also die der speziellen Sachlage angepaßte Behauptung (85). b) Nun betrachten wir den Fall $A, B \in \mathfrak{X}^0$. Ist $m(A; u)$ $= m(B; u) = 0$, so folgt wieder $V(A) = V(B) = 0$, so daß (85) auf triviale Weise befriedigt ist. Es sei also $m(A; u) = m(B; u) > 0$. Wegen der Drehinvarianz des Inhalts und (33) darf $u = e_k$ vorausgesetzt werden.

Es gibt zwei absteigende Folgen von Gitterwürfelaggregaten P_n, Q_n $n = 1, 2, \ldots$) der Feinheiten Δ_n, so daß für $n \to \infty$ die Konvergenzen $P_n \to A$, $Q_n \to B$, $m(P_n; u) \to m(A; u)$, $m(Q_n; u) \to m(B; u)$, $\Delta_n \to 0$ bestehen. Durch $\lambda_n = m(P_n; u)/m(Q_n; u)$ wird eine rationale Zahl $_n > 0$ definiert. Es bezeichne nun Q_n^* das durch eine (affine) Richtungsdilatation mit λ_n in der Richtung e_1 aus Q_n hervorgehende Polyeder vgl. die Erklärung in 1.2.1]. P_n und Q_n^* sind offenbar wieder als Würfelaggregate einer Feinheit $V_n \leqq \Delta_n$ darstellbar, und es ist $m(P_n; u)$ $= m(Q_n^*; u)$. Nach dem Ergebnis a) unserer Beweiskonstruktion gilt mit rationalen α und β also $V(\alpha P_n \times \beta Q_n^*) \geqq \alpha V(P_n) + \beta V(Q_n^*)$. Im Hinblick auf die Konstruktion gilt $V(P_n) \to V(A)$, $V(Q_n) \to V(B)$ und $_n \to 1$ für $n \to \infty$ und daraus folgt in Verbindung mit $V(Q_n^*) = \lambda_n V(Q_n)$ und mit Rücksicht auf (70) und (79) schließlich $V(\alpha A \times \beta B) \geqq \alpha V(A) +$ $- \beta V(B)$, also die Behauptung (85) mit rationalen α und β. Ihre Richtigkeit für beliebige reelle α und β folgt mit einfacher Stetigkeitsbetrachtung. Damit ist der Beweis beendet.

Es bezeichne jetzt $A[\zeta]$ eine konkave Mengenschar, wie sie in 4.2.4 betrachtet wurden. Durch den Ansatz

$$f(\zeta) = V(A[\zeta])^{1/k} \tag{86}$$

wird eine im zuständigen Parameterintervall definierte Funktion erzeugt, welche konkav ist, so daß die Funktionalungleichung

$$f(\alpha\,\xi + \beta\,\eta) \geqq \alpha f(\xi) + \beta f(\eta) \tag{87}$$

gilt. Wir drücken diesen wichtigen Sachverhalt noch anders aus durch

Satz II (BRUNNscher Satz). *Die k-te Wurzel aus dem Inhalt der Menen einer konkaven (oder linearen) Mengenschar ist eine konkave Funktion 'es Scharparameters* [13].

Die Beziehung (87) für die mit (86) eingeführte Funktion, und damit der Beweis des Satzes, ergibt sich unmittelbar aus der Verbindung der harakteristischen Relation (61) für konkave Scharen mit (82).

4.4.2. Äußere Quermaße; Ungleichungen

Es sei $k \geqq 2$ und es bezeichne E_i $(0 < i < k)$ eine feste, durch den Ursprung Z hindurchgehende i-dimensionale Ebene. Legen wir durch eden Punkt einer Menge A $\in \mathfrak{X}^0$ eine auf E_i total orthogonal stehende komplementäre Ebene (projizierende Ebene) E_{k-i}, so stellt die Menge der chnittpunkte $p = E_i \cap E_{k-i}$ (Projektionspunkte) eine in E_i liegende Menge A^i dar; offensichtlich gilt wieder $A^i \in \mathfrak{X}^0$. Wir nennen $A^i = A|E_i$

den *Normalriß* von A in E_i. Ist E_j $(0 < j < i)$ eine in E_i enthaltene Unterebene, so gilt mit leicht verständlicher symbolischer Schreibweise bei Iteration die Regel

$$(A^i)^j = A^j. \tag{88}$$

Die Normalrißbildung geht mit den linearen Operationen MINKOWSKIs eine enge Bindung ein, indem die Beziehungen

$$(\lambda A)^i = \lambda(A^i) \; ; \; (A \times B)^i = A^i \times B^i \tag{89}$$

bestehen, deren Gültigkeit unmittelbar aus den Definitionen gefolgert werden kann.

Den i-dimensionalen Inhalt $V'(A^i)$ des Normalrisses A^i von A in E_i nennen wir das *äußere i-dimensionale Quermaß* von A (in Richtung E_{k-i})[14].

Man kann sich fragen, ob es möglich ist, den Inhalt einer Menge durch geeignet gewählte äußere Quermaße abzuschätzen. Daß dies in der Tat auf einfache Weise möglich ist, lehrt eine von LOOMIS und WHITNEY aufgestellte Ungleichung[15].

Wir beziehen uns auf das orthogonale vektorielle Koordinatensystem $\langle e_1, \ldots, e_k \rangle$. Es gibt $\binom{k}{i}$ verschiedene i-dimensionale Koordinatenebenen, von denen jede durch eine ausgewählte Kombination von je i von den k Grundvektoren e_ν aufgespannt wird.

Bezeichnen nun $A^i_\nu \left(\nu = 1, \ldots, \binom{k}{i} \right)$ die i-dimensionalen Normalrisse von A auf diese (teilweise orthogonalen) Koordinatenebenen, so besteht die Ungleichung

$$V(A) \leqq \left[V'(A^i_1) \ldots V'\left(A^i_{\binom{k}{i}} \right) \right]^{1/\binom{k-1}{k-i}} \quad [1 \leqq i \leqq k-1], \tag{90}$$

wobei Gleichheit dann besteht, wenn A ein parallel zum Koordinatensystem liegender Würfel ist.

Diese Ungleichung ist ein Korollar ihres wichtigsten Spezialfalles $i = k-1$, wobei der Inhalt einer Menge durch die k äußeren $(k-1)$-dimensionalen Quermaße in paarweise orthogonalen Richtungen abgeschätzt wird, indem

$$V(A) \leqq [V'(A^{k-1}_1) \ldots V'(A^{k-1}_k)]^{1/(k-1)} \tag{91}$$

gilt.

Wendet man nämlich auf die in (91) rechts stehenden Inhalte erneut (91) für die Dimension $k-1$ an, so resultiert (90) für $i = k - 2$; fährt man mit dieser Iteration fort, so bestätigt sich (90) für alle $i = k-1, k-2, \ldots, 1$.

Beweis von (91): Es sei $A \in \mathfrak{G}_\Delta$, also ein Gitterwürfelaggregat der Feinheit Δ. Es bezeichne N die Anzahl der Würfel von A und N_ν

$(v = 1, \ldots, k)$ analog die Anzahl der $(k-1)$-dimensionalen Würfel der Feinheit $\varDelta$, aus denen sich der v-te Normalriß A_1^{k-1} zusammensetzen läßt. Es gilt dann (a) $N^{k-1} \leqq N_1 \ldots N_k$. Für $k = 2$ ist dies trivial. Es sei nun $k > 2$ und (a) sei bereits für alle Dimensionen bewiesen, die kleiner als k sind. A läßt sich in m Würfelschichten der Höhe $\varDelta$ zerlegen, die wir uns etwa parallel zur $(k-1)$-dimensionalen, durch $e_1, \ldots, e_{k-1}$ aufgespannten Ebene denken wollen. M_μ und $M_{\mu v}$ $(\mu = 1, \ldots, m)$ sollen für die Schichten die nämliche Bedeutung haben wie N und N_v für das ganze Aggregat. Nach der induktiven Voraussetzung lassen sich die m Ungleichungen $M_\mu^{k-2} \leqq M_{\mu 1} \ldots M_{\mu(k-1)}$ anschreiben. Beachte man, daß $M_\mu \leqq N_k$ für alle μ gilt, so kann auch $M_\mu^{k-1} \leqq N_k M_{\mu 1} \ldots M_{\mu(k-1)}$ geschlossen werden. Damit ergibt sich $N = \Sigma_1^m M_\mu \leqq N_k^{1/(k-1)} \Sigma_1^m [M_{\mu 1} \ldots M_{\mu(k-1)}]^{1/(k-1)}$ und hieraus mit Anwendung der HÖLDERschen Ungleichung [16] und Berücksichtigung von $N_v = \sum_\mu^m M_{\mu v}$ die Behauptung (a). Multiplikation von (a) mit $\varDelta^{k(k-1)}$ ergibt (91); unsere Behauptung ist also für die Mengenklasse $\mathfrak{S}_\varDelta$ richtig. Es sei nun $A \in \mathfrak{X}^0$; da A die Limesmenge einer absteigenden Folge von Gitterwürfelaggregaten ist, wobei die Normalrisse A_v^{k-1} $(v = 1, \ldots, k)$ zugleich Limesmenge der absteigenden Folgen der entsprechenden Risse der Aggregate sind, gewinnt man mit der hier gültigen Stetigkeit der Inhalte die Ungleichung (91).

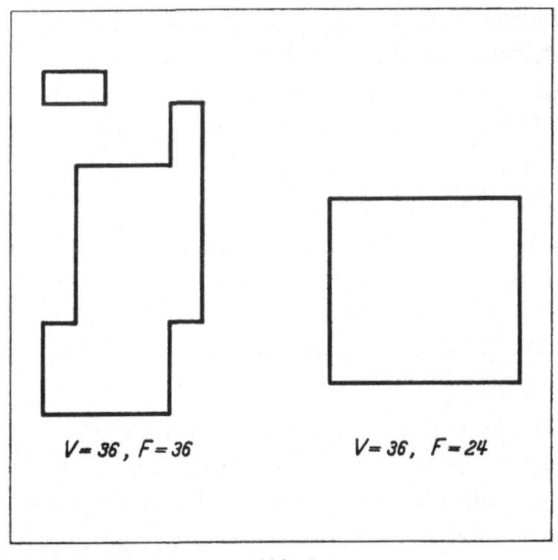

Abb. 2

Ziehen wir aus (91) noch eine Folgerung: Es sei $P \in \mathfrak{P}_\square$ [vgl. 3.3.1] ein parallel zum Koordinatensystem orientiertes Intervallpolyeder. Wie man sich leicht überlegt, ist dann $\Sigma_1^k V'(P_v^{k-1}) \leqq F(P)/2$, wobei $F(P)$ die Oberfläche von P bezeichnet. Wendet man auf das in (91) rechts stehende Produkt die bekannte Ungleichung mit dem geometrischen und arithmetischen Mittel an, so resultiert mit der oben stehenden Bemerkung

$$V(P) \leqq [F(P)/2k]^{k/(k-1)}, \tag{92}$$

wobei das Gleichheitszeichen dann (und nur dann) steht, wenn P ein Würfel ist. Es handelt sich hier um die „isoperimetrische Ungleichung" innerhalb der Klasse $\mathfrak{P}_\square$ der Intervallpolyeder; sie drückt aus, daß unter allen inhaltsgleichen Intervallpolyedern der Würfel die kleinstmögliche Oberfläche aufweist [17]. Unsere Abb. 2 veranschaulicht diese Sachlage im ebenen Fall.

4.4.3. Innere Quermaße; FUBINIs Theorem

Es sei $k \geqq 2$ und $0 < i < k$. Den i-dimensionalen Inhalt $V'(A \cap E_i)$ der nichtleeren Schnittmenge $A \cap E_i$ einer Menge $A \in \mathfrak{X}^0$ mit einer i-dimensionalen Ebene E_i nennen wir das *innere i-dimensionale Quermaß* von A (in E_i). Die auf einer festen, durch Z hindurchlaufenden $(k{-}i)$-dimensionalen Ebene total orthogonal stehenden E_i bilden eine Schar total paralleler i-dimensionaler Ebenen.

Auf Grund dieser Begriffe läßt sich eine allgemeine *Symmetrisierung* definieren, eine Mengentransformation, welche die Menge A in eine in einem E_{k-i+1} liegende Bildmenge $\tilde{A}$ überführt, die eine Symmetrieebene E_{k-i} aufweist. Diese Abbildung erklären wir wie folgt: E_{k-i} und E_{k-i+1} sollen durch Z hindurchgehen und E_{k-i} soll in E_{k-i+1} enthalten sein. Die E_i sollen eine total parallele Schar auf E_{k-i} orthogonal stehender Ebenen bilden. Durch jeden Punkt p des Normalrisses A^{k-i} von A in E_{k-i} denken wir uns die projizierende Ebene E_i gelegt, welche mit A den nichtleeren Schnitt $A \cap E_i$ aufweist.

In der in p auf E_{k-i} orthogonalstehenden Schnittgeraden $E_{k-i+1} \cap E_i$ markieren wir nun die (abgeschlossene) Strecke mit dem Mittelpunkt in p, deren Länge mit dem i-dimensionalen inneren Quermaß $V'(A \cap E_i)$ zusammenfällt. Die Vereinigungsmenge aller Strecken dieser Art ist nun die symmetrisierte Menge $\tilde{A}$.

Die Klasse $\mathfrak{X}^0$ ist bezüglich unserer Mengentransformation geschlossen. Es ist offenbar nur zu zeigen, daß $\tilde{A}$ abgeschlossen ist. In der Tat: Es sei $q_\nu \in \tilde{A}$ ($\nu = 1, 2, \ldots$) eine konvergente Punktfolge, $q_\nu \to q_0 \, [\nu \to \infty]$. Jedem q_ν ist ein p_ν des Normalrisses A^{k-i} in E_{k-i} sowie eine projizierende Ebene E_i^ν zugeordnet. Offensichtlich gilt auch $p_\nu \to p_0 \, [\nu \to \infty]$. Nach 4.3.3 (Beispiel III) bilden die Schnittmengen $A \cap E_i$ eine nach außen halbstetige Mengenschar. Mit Rücksicht auf (81) muß $\lim\sup\limits_{\nu \to \infty} s(p_\nu) \leqq s(p_0)$

gelten, wo $s(p)$ die Länge der dem Punkt p zugeordneten Strecke in A bezeichnet. Hieraus folgert man unmittelbar, daß auch $q_0 \in \tilde{A}$ gilt, w. z. b. w.

Eine Frage, welche mit den Gegenständen dieses Abschnitts in engstem Zusammenhang steht, schließt an das klassische Prinzip von CAVALIERI der elementaren Inhaltslehre an und bezieht sich auf die Möglichkeit, aus der Gleichheit der inneren Quermaße zweier Mengen auf Inhaltsgleichheit zu schließen. Aussagen dieser Art gehören zu der wichtigen Gruppe der FUBINIschen Theoreme, welche in der Regel im Rahmen der allgemeineren Integrationstheorie formuliert und mit Verwendung der dort zur Verfügung stehenden höheren formalen Hilfsmittel bewiesen werden [18]. Nun lassen sich einfache Varianten lediglich mit den Begriffen der Inhalts- und Maßtheorie ausdrücken, und wir wollen nachfolgend auch den Nachweis ganz in den methodischen Rahmen dieser elementaren Lehre stellen.

Den in Frage stehenden Sachverhalt drücken wir aus mit dem folgenden

Satz III (FUBINIs *Theorem*). *Gelten für zwei beschränkte und abgeschlossene Mengen A und B und alle E_i einer Schar total paralleler i-dimensionaler Ebenen E_i $(0 < i < k)$ die zwischen den i-dimensionalen inneren Quermaßen von A und B bestehenden Relationen $V'(A \cap E_i) \leq$ $\leq V'(B \cap E_i)$, so ist $V(A) \leq V(B)$.*

Bei den Anwendungen benötigt man vielfach das Korollar zu unserem Theorem, wonach man aus $V'(A \cap E_i) = V'(B \cap E_i)$ auf $V(A) = V(B)$ schließen kann.

Beweis: Wegen der Drehinvarianz des Inhalts dürfen wir annehmen, daß die E_i der Schar total parallel zu der durch die Grundvektoren $e_1, \ldots, e_i$ des vektoriellen Koordinatensystems $\langle e_1, \ldots, e_k \rangle$ aufgespannten i-dimensionalen Ebene sind. Es bezeichne $\tilde{A}$ die Bildmenge, die durch Symmetrisierung der Menge A in den durch $e_i, \ldots e_k$ aufgespannten Raum E_{k-i+1} entsteht. Wir betrachten nun eine absteigende Folge $P_n \in \mathfrak{S}_{\Delta_n}$ $(n = 1, 2, \ldots)$ von Gitterwürfelaggregaten der Feinheiten Δ_n, die gegen ihren Durchschnitt A konvergiert, so daß $P_n \to A$ $[n \to \infty]$ gilt. Mit elementaren Überlegungen folgert man, daß das symmetrische Polyeder $\tilde{P}_n$ ein $(k-i+1)$-dimensionales Gitterwürfelaggregat der nämlichen Feinheit ist und daß $V(P_n) = \tilde{V}(\tilde{P}_n)$ gilt, wo $\tilde{V}$ den $(k-i+1)$-dimensionalen Inhalt bezeichnen möge. Wegen $\tilde{P}_n \supset \tilde{A}$ folgt $V(P_n) \geq \tilde{V}(\tilde{A})$ und da bei unserer Konstruktion $V(P_n) \to V(A)$ $[n \to \infty]$ gilt, resultiert (a) $V(A) \geq \tilde{V}(\tilde{A})$. Anderseits gilt für die ebenfalls absteigende Folge P_n $\tilde{P}_n \to \tilde{A}$ $[n \to \infty]$, wie man aus der Tatsache schließen kann, daß für alle E_i der Schar offenbar $V'(P_n \cap E_i) \to V'(A \cap E_i)$ $[n \to \infty]$ zutrifft. Wegen $\tilde{V}(\tilde{P}_n) \to \tilde{V}(\tilde{A})$ besteht für ein beliebiges $\varepsilon > 0$ mit einem passenden m eine Relation $V(A) \leq V(P_m) = \tilde{V}(\tilde{P}_m) < \tilde{V}(\tilde{A}) + \varepsilon$, aus der sich nun (b) $V(A) \leq \tilde{V}(\tilde{A})$ folgern läßt. Aus (a) und (b) ergibt sich $V(A) = \tilde{V}(\tilde{A})$. Ebenso ist $V(B) = \tilde{V}(\tilde{B})$. Die Voraussetzung unseres Satzes erlaubt mit Rücksicht auf die Erklärung des angewendeten Symmetrisierungsprozesses den Schluß, daß $\tilde{A} \subset \tilde{B}$, also $\tilde{V}(\tilde{A}) \subset \tilde{V}(\tilde{B})$ gilt. So resultiert mit den beiden oben stehenden Gleichheiten die Behauptung $V(A) \leqq V(B)$.

§ 5. Symmetrisierung, Drehmittelung und Kugelung

4.5.1. STEINERsche Symmetrisierung

Es sei E eine durch den Ursprung Z hindurchgehende $(k-1)$-dimensionale Ebene (Symmetrisierungsebene) und G bezeichne eine Gerade (Symmetrisierungsgerade) der parallelen Schar der auf E orthogonalstehenden Geraden. Legen wir durch einen Punkt p des Normalrisses $A \mid E$ einer Menge $A \in \mathfrak{X}^0$ die (projizierende) Gerade G_p, so schneidet diese A in der nichtleeren linearen Menge $A \cap G_p$ vom eindimensionalen Inhalt $V'(A \cap G_p)$. Die über alle Normalrißpunkte p erstreckte Gesamtheit derjenigen in G_p liegenden (abgeschlossenen) Strecken der Längen $s = V'(A \cap G_p)$, deren Mittelpunkt mit p zusammenfallen, ergeben eine bezüglich E symmetrische Punktmenge $\tilde{A}$. Die hier beschriebene Mengentransformation [19], die STEINERsche Symmetrisierung S an der Ebene E, führt A in die symmetrische Bildmenge

$$\tilde{A} = S(A) \tag{93}$$

über. Es handelt sich um den wichtigen Sonderfall der in 4.4.3 erörterten allgemeineren Symmetrisierung für $i = 1$. Nach der dort gemachten Feststellung gilt auch $\tilde{A} \in \mathfrak{X}^0$. Indem wir auf einige Eigenschaften der STEINERschen Symmetrisierung eintreten, halten wir zunächst fest, daß der Inhalt eine Invariante dieser Mengentransformation ist, indem nach FUBINIs Theorem [Satz III, $i = 1$, Korollar] offenbar

$$V[S(A)] = V(A) \tag{94}$$

gilt.

Eine bei zwei Mengen mit nichtleeren Durchschnitt $A \cap B \neq 0$ anwendbare Inhaltsregel sagt aus, daß

$$V[S(A) \cap S(B)] = V(A \cap B) + V[S(A \cap \overline{B}^*) \cap S(B \cap \overline{A}^*)] \tag{95}$$

ist. Hierbei stellen $\overline{A}^*$ und $\overline{B}^*$ die abgeschlossenen Hüllen der komplementären Mengen von A und B dar [20].

Beweis: Für eine beliebige Symmetrisierungsgerade G gilt
$$V'[S(A) \cap S(B) \cap G] = \mathrm{Min}\,\{V'(A \cap G), V'(B \cap G)\} = V'(A \cap B \cap G) +$$
$$+ \mathrm{Min}\,\{V'(A \cap \overline{B}^* \cap G), V'(B \cap \overline{A}^* \cap G)\} = V'(A \cap B \cap G) +$$
$$+ V'[S(A \cap \overline{B}^*) \cap S(B \cap \overline{A}^*) \cap G].$$
Denkt man sich die Menge $A \cap B$ nötigenfalls in Richtung der Geraden G so passend verschoben, daß sie mit $S(A \cap \overline{B}^*) \cap S(B \cap \overline{A}^*)$ disjunkt liegt, so läßt sich die Behauptung (95) mit FUBINIs Theorem [Satz III, $i = 1$, Korollar] ablesen.

Wir erwähnen weiter die einfachen Regeln

$$S(A) \subset S(B) \qquad [A \subset B]; \tag{96}$$

$$S(\lambda A) = \lambda S(A) \qquad [\lambda > 0]; \tag{97}$$

$$S(A) \cong S(B) \qquad [A \cong B]; \tag{98}$$

$$S(K) = K, \tag{99}$$

wo K die Einheitskugel mit dem Mittelpunkt Z bedeutet. Aus ihnen ergeben sich die für Inkugel- und Umkugelradius r und R gültigen Beziehungen

$$r[S(A)] \geqq r(A); \ R[S(A)] \leqq R(A). \tag{100}$$

Besonders wichtig sind die sich auf die MINKOWSKISCHEN Operationen beziehenden Symmetrisierungsregeln

$$S(A \times B) \supset S(A) \times S(B) \tag{101}$$

und

$$S(A/B) \subset S(A)/S(B) \qquad [A/B \neq 0]. \tag{102}$$

Beweise: a) Es sei $c \in S(A) \times S(B)$; wir wollen zeigen, daß daraus $c \in S(A \times B)$ folgt. Zu c lassen sich zwei Punkte $a \in S(A)$ und $b \in S(B)$ mit $c = a + b$ finden. α, β bzw. $\gamma = \alpha \beta$ seien die Translationen, die die Symmetrisierungsebene E in sich und die Punkte a, b bzw. c in Punkte der Symmetrisierungsgeraden G durch den Ursprung Z überführen. Für diese Sachlage gilt $(A^\alpha \times B^\beta) \cap G \supset (A^\alpha \cap G) \times (B^\beta \cap G)$ und nach (82) folgt daraus $V'[(A^\alpha \times B^\beta) \cap G] \geqq V'(A^\alpha \cap G) + V'(B^\beta \cap G)$. Diese Beziehung überträgt sich auf die symmetrisierten Mengen; somit erhält man $V'[S(A^\alpha \times B^\beta) \cap G] \geqq V'[S(A^\alpha) \cap G] + V'[S(B^\beta) \cap G]$. Weil sich bei der MINKOWSKISCHEN Addition von Strecken die Streckenlängen addieren, bedeutet dies $S(A^\alpha \times B^\beta) \cap G \supset [S(A^\alpha) \cap G] \times [S(B^\beta) \cap G]$. Hier überlegt man sich leicht, daß die Menge rechts den Punkt $c^\gamma = a^\alpha \times b^\beta$ enthält, die links hingegen wegen (34) in $[S(A \times B)]^\gamma$ enthalten ist, Daraus folgt $c \in S(A \times B)$ und damit (101).

b) Nach (21) [rechts] gilt $(A/B) \times B \subset A$; mit Verwendung von (96) und (101) schließt $S(A/B) \times S(B) \subset S(A)$ und nach Regel (28) also $[S(A/B) \times S(B)]/S(B) \subset S(A)/S(B)$. Berücksichtigt man hier (21) [links] so resultiert die Behauptung (102).

Als Korollare zu (101) und (102) sind noch die für Parallelmengen gültigen Relationen

$$S(A_\varrho) \supset [S(A)]_\varrho \qquad [0 \leqq \varrho < \infty] \tag{103}$$

und

$$S(A_{-\varrho}) \subset [S(A)]_{-\varrho} \qquad [0 \leqq \varrho < r] \tag{104}$$

erwähnenswert. Sie ergeben sich für $B = \varrho K$, wo K die Einheitskugel bezeichnet [vgl. 4.2.3].

Die STEINERsche Symmetrisierung ist nicht eine stetige Mengentransformation, doch läßt sich bezüglich konvergenter Mengenfolgen die Aussage

$$A_n \to A, \; S(A_n) \to \tilde{A} \; [n \to \infty] \rhd \tilde{A} \subset S(A) \qquad (105)$$

machen.

Beweis: Nach den vorausgesetzten Konvergenzen gibt es zu einem $\varrho > 0$ ein natürliches n so, daß $A_n \subset A_\varrho$ und zugleich $\tilde{A} \subset [S(A_n)]_\varrho$ ausfällt. Verbinden wir diese beiden Relationen mit Anwendung von (103), so resultiert $\tilde{A} \subset S(A_{2\varrho})$. Lassen wir nun ϱ eine monotone Nullfolge durchlaufen, so entsteht rechts eine absteigende Folge abgeschlossener Mengen, die also konvergent ist. Für eine Symmetrisierungsgerade G, für die $A \cap G \neq 0$ ist, gilt offensichtlich $A_{2\varrho} \cap G \to A \cap G$ und demnach $S(A_{2\varrho}) \to S(A)$ $[\varrho \to 0]$. Hieraus folgt $\tilde{A} \subset S(A)$, w. z. b. w.

Abb. 3 illustriert die Symmetrisierung einer ebenen Menge.

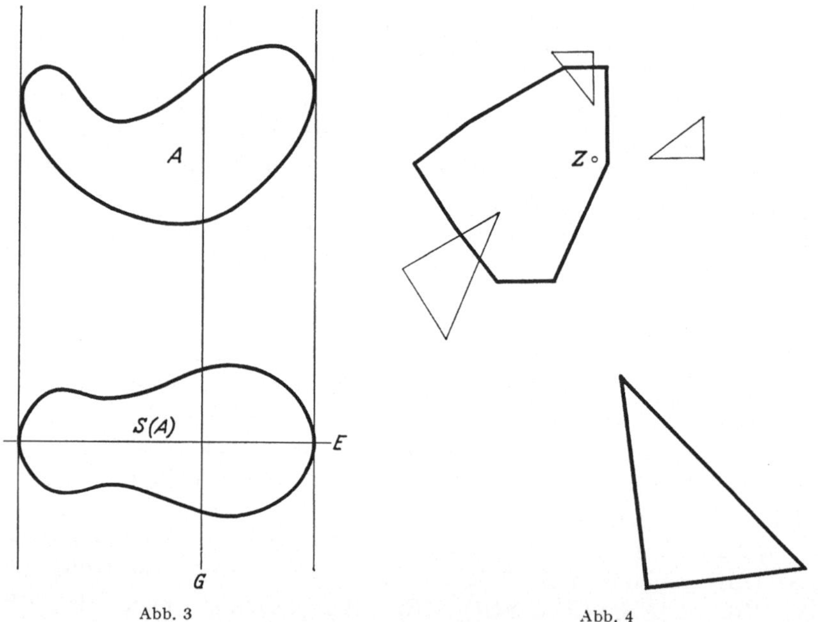

Abb. 3   Abb. 4

4.5.2. Drehmittelung

Es sei n eine individuell wählbare natürliche Zahl, $\delta_\nu \, (\nu = 1, \ldots, n)$ sollen n beliebig wählbare Drehungen um den Ursprung Z [vgl. 1.2.1] bezeichnen und $\lambda_\nu \, (\nu = 1, \ldots, n)$ sei ein Satz nichtnegativer und normierter Kombinationskoeffizienten, so daß $\lambda_\nu \geqq 0$ und $\Sigma_1^n \lambda_\nu = 1$ gilt.

Wir führen nun eine Mengentransformation ein, die wir *Drehmittelung* T nennen wollen, und welche die Menge $A \in \mathfrak{X}^0$ durch eine normierte MINKOWSKIsche Linearkombination endlich vieler Drehbilder von A in die Bildmenge

$$\tilde{A} = T(A) = \lambda_1 A^{\delta_1} \times \cdots \times \lambda_n A^{\delta_n} \tag{106}$$

überführt. Aus (44) folgt, daß auch $\tilde{A} \in \mathfrak{X}^0$ gilt. Besonders einfach ist die Wirkung der Drehmittelung auf den Stützabstand der Menge in einer festen Richtung [vgl. 4.1.1]. Es handelt sich hierbei um die Formel

$$h\left[T(A); u\right] = \Sigma_1^n \lambda_\nu h\left(A^{\delta_\nu}; u\right), \tag{107}$$

welche ausdrückt, daß die Stützabstände eine mit den Kombinationskoeffizienten gewogene arithmetische Mittelung erfahren. Dieses einfache Gesetz folgt unmittelbar aus (39) und (41).

Wir stellen einige Eigenschaften der Drehmittelung zusammen: Zunächst ergibt sich als Folgerung von (82) in Verbindung mit der Drehinvarianz des Inhalts unmittelbar

$$V\left[T(A)\right] \geqq V(A). \tag{108}$$

Wir erwähnen auch hier die einfachen Regeln

$$T(A) \subset T(B) \qquad [A \subset B); \tag{109}$$

$$T(\lambda A) = \lambda T(A) \qquad [\lambda > 0]; \tag{110}$$

$$T(A) \cong T(B) \qquad [A \cong B]; \tag{111}$$

$$T(K) = K, \tag{112}$$

wo K die Einheitskugel mit dem Mittelpunkt Z bezeichnet. Wiederum können die Folgerungen

$$r\left[T(A)\right] \geqq r(A); \; R\left[T(A)\right] \leqq R(A) \tag{113}$$

gezogen werden. Ferner gelten die Regeln

$$T(A \times B) = T(A) \times T(B); \; T(A/B) \subset T(A)/T(B). \tag{114}$$

Der Nachweis stützt sich lediglich auf (35), (36) und (33), wobei neben der kommutativen und assoziativen Eigenschaft der Operation $\times$ bei der rechtsseitigen Regel noch (26) gebraucht wird. Für Parallelmengen ergeben sich gleich wie oben die Korollare

$$T(A_\varrho) = [T(A)]_\varrho \qquad [0 \leqq \varrho < \infty] \tag{115}$$

und

$$T(A_{-\varrho}) \subset [T(A)]_{-\varrho} \qquad [0 \leqq \varrho < r]. \tag{116}$$

Im Gegensatz zur Symmetrisierung ist die Drehmittelung eine stetige Mengentransformation. Ausgehend von der Bemerkung, daß mit einer festen Drehung δ aus $A_n \to A$ auf $(A_n)^\delta \to A^\delta$ $[n \to \infty]$ geschlossen werden kann, folgt mit iterierter Anwendung von (70) die Aussage

$$A_n \to A \ [n \to \infty] \ \triangleright \ T(A_n) \to T(A) \ [n \to \infty] \, . \tag{117}$$

Abb. 4 illustriert die Drehmittelung einer ebenen Menge.

4.5.3. Kugelungstheoreme

Die in den beiden vorstehenden Abschnitten untersuchten Mengentransformationen S und T können mit Variation der sie individuell bestimmenden Elemente in beliebiger Weise iteriert werden. So entsteht die Vielfachsymmetrisierung S^* durch Hintereinanderausführung der STEINERschen Symmetrisierungen $S^i (i = 1, \ldots, m)$ an den durch Z hindurchgehenden Ebenen $E^i (i = 1, \ldots, m)$. Analog läßt sich auch T^* als die Resultierende von Drehmittelungen $T^i (i = 1, \ldots, m)$ mit individuell gewählten Sätzen von Drehungen und Kombinationskoeffizienten erklären; hier ergibt sich jedoch, daß auch T^* wieder als eine einfache Drehmittelung darstellbar ist.

Wir gehen von einer fest gewählten Menge $A \in \mathfrak{X}^0$ aus und denken uns die Klasse $\mathfrak{S}$ aller Bildmengen $S^*(A)$, die durch Vielfachsymmetrisierungen S^* aus A hervorgehen. Analog bilden wir die Klasse $\mathfrak{T}$ aller Bildmengen $T^*(A)$, die durch Einwirkung aller Drehmittelungen T^* aus A erzeugt werden.

Nach einem von LUSTERNIK und GROSS nachgewiesenen Sachverhalt läßt sich die Menge A durch passend gewählte nacheinander zur Wirkung kommende Symmetrisierungen allmählich in eine Kugel K_0 verwandeln[21], d. h. es gilt der folgende

Satz IV *(Erstes Kugelungstheorem). Ist A eine nichtleere, beschränkte und abgeschlossene Punktmenge und $\mathfrak{S}$ die Klasse der durch Vielfachsymmetrisierungen aus A hervorgehenden Mengen, so läßt sich aus $\mathfrak{S}$ eine konvergente Mengenfolge $A_n (n = 1, 2, \ldots)$ herausgreifen, so daß*

$$A_n \to K_0 \qquad [n \to \infty] \tag{118}$$

gilt, wo K_0 eine (abgeschlossene) Kugel bezeichnet, für welche $V(A) = V(K_0)$ ausfällt.

Ein analoger Sachverhalt gilt auch in bezug auf die Drehmittelungen. Durch passend gewählte Drehmittelungen läßt sich A ebenfalls allmählich in eine Kugel K_0 verwandeln[22], d. h. es gilt

Satz V *(Zweites Kugelungstheorem). Ist A eine nichtleere, beschränkte und abgeschlossene Punktmenge und $\mathfrak{T}$ die Klasse der aus A durch Dreh-*

mittelungen hervorgehenden Mengen, so läßt sich aus $\mathfrak{T}$ eine konvergente Mengenfolge $A_n (n = 1, 2, \ldots)$ herausgreifen, so daß

$$A_n \to K_0 \qquad [n \to \infty] \tag{119}$$

gilt, wo K_0 eine (abgeschlossene) Kugel bezeichnet, für welche $V(A) \leqq V(K_0)$ ausfällt.

Beweis zu (118): Es bezeichne $H(X)$ den Hüllradius der Menge $X \in \mathfrak{X}^0$, d. h. den Radius der kleinsten X enthaltenden Kugel (Hüllkugel) mit dem Mittelpunkt Z. Nach (96) bis (99) gilt dann für eine Symmetrisierung S an einer beliebigen durch Z gehenden Ebene (a) $H[S(X)] \leqq H(X)$. Wir setzen jetzt (b) $H_0 = \inf H(\tilde{A})$ $[\tilde{A} \in \mathfrak{S}]$. Die der Klasse $\mathfrak{S}$ angehörenden Mengen $\tilde{A}$ sind nach (a) gleichmäßig beschränkt. Infolgedessen läßt sich nach dem Auswahlsatz eine Folge $A_n \in \mathfrak{S} (n = 1, 2, \ldots)$ so auswählen, daß für die Hüllradien (c) $H(A_n) \to H_0$ $[n \to \infty]$ und für die Mengen selbst (d) $A_n \to A_0$ $[n \to \infty]$ gilt, wobei wegen der Stetigkeit des Hüllradius noch (e) $H_0 = H(A_0)$ ist. Wir behaupten, daß die Limesmenge A_0 mit ihrer Hüllkugel K_0 zusammenfällt und führen den Nachweis dadurch, daß wir die Gegenannahme auf einen Widerspruch führen. Es sei also die Restmenge $K_0 - (A_0 \cap K_0)$ nichtleer. Sie enthält dann wegen der Abgeschlossenheit von A_0 eine Kugel U von positivem Radius. Bilden wir mit einer weiteren Symmetrisierung S_0 die Menge $A_{00} = S(A_0)$, so sind wir sicher, daß der Rand von A_{00} jedenfalls eine Kalotte $[(k-1)$-dimensionale sphärische Kugel] C_0 von positivem Radius auf der Randfläche der Kugel K_0 frei läßt, da für den linearen Inhalt V' auf jeder Symmetrisierungsgraden G, die das Innere von U durchdringt, $V'(A_0 \cap G) < V'(K_0 \cap G)$ gilt. Setzen wir für eine in K_0 enthaltene Menge $X \in \mathfrak{X}^0$ abkürzend $D(X) = \hat{K}_0 - (X \cap \hat{K}_0)$, so daß $D(X)$ die Menge derjenigen Punkte der Randfläche $\acute{K}_0$ von K_0 bezeichnet, die nicht zu X gehören, so kann die obige Feststellung durch (f) $C_0 \subset D(A_{00})$ festgehalten werden. Die zu ihr führende Überlegung läßt auch einsehen, daß die Beziehung (g) $D[S(X)] \supset D(X) \cup D(X)'$ besteht, wo $D(X)'$ das Spiegelbild von $D(X)$ in bezug auf die Symmetrisierungsebene E von S bedeutet. Nun läßt sich die gesamte Kugeloberfläche $\hat{K}_0$ durch m Kalotten $C_\nu \cong C_0$ $(\nu = 1, \ldots, m)$ überdecken. Bedeutet S^* die Vielfachsymmetrisierung, die durch S_0 und anschließend durch die m Symmetrisierungen S_ν an den Symmetrieebenen $E^\nu (\nu = 1, \ldots, m)$ der Kalottenpaare C_0, C_ν erzeugt wird, so zieht man mit wiederholter Anwendung der Regel (g) aus (f) den Schluß, daß $D[S^*(A_0)] = \hat{K}_0$ oder also $S^*(A_0) \cap \hat{K}_0 = 0$ gelten muß. Demnach muß (h) $H[S^*(A_0)] < H_0$ sein. Wird nun $\tilde{A}_n = S^*(A_n)$ $(n = 1, 2, \ldots)$ gesetzt, so darf nach dem Auswahlsatz auch $\tilde{A}_n \to \tilde{A}_0$ $[n \to \infty]$ angenommen werden, andernfalls könnte man eine passende Teilfolge finden, für die das entsprechende gilt. Nach (105) ist $\tilde{A}_0 \subset S^*(A_0)$

und mit (h) resultiert (i) $H(\tilde{A}_0) < H_0$. Da der Hüllradius H stetig von der Menge abhängt, folgt aus (i) für ein ausreichend groß gewähltes n $H(\tilde{A}_n) < H_0$. Da aber $\tilde{A}_n \in \mathfrak{S}$ gilt, widerspricht dieser Befund der Definition (b) von H_0. Damit ist $A_0 = K_0$ bewiesen. Wir haben noch zu zeigen, daß $V(A_0) = V(K_0) = V(A)$ sein muß. In der Tat: Wegen (94) gilt für alle n $V(A) = V(A_n)$ und mit (d) resultiert mit Rückblick auf die Regel (79) zunächst (j) $V(A) \leqq V(A_0)$. Andererseits wird für ein festes $\varrho > 0$ und für jedes n nach (103) $V(A_\varrho) \geqq V[(A_n)_\varrho]$ und da wegen (d) für ein ausreichend großes n $(A_n)_\varrho \supset A_0$ ausfällt, muß $V(A_\varrho) \geqq V(A_0)$ gelten, so daß mit (78) auch (k) $V(A) \geqq V(A_0)$ resultiert. Mit (j) und (k) ergibt sich die Behauptung. Damit ist das erste Kugelungstheorem bewiesen.

Beweis zu (119): Wir übernehmen, um uns kürzer zu fassen, verschiedene Hilfsbegriffe und Bezeichnungen aus dem vorausgehenden Beweis. Für eine Drehmittelung T resultiert aus (109) bis (112) die für den Hüllradius einer Menge $X \in \mathfrak{X}^0$ gültige Beziehung (a) $H[T(X)] \leqq H(X)$. Setzen wir (b) $H_0 = \inf H(\tilde{A})$ $[\tilde{A} \in \mathfrak{T}]$, so gibt es mit Berufung auf den Auswahlsatz eine Folge $A_n \in \mathfrak{T}$ $(n = 1, 2, \ldots)$, so daß (c) $H(A_n) \to H_0$ $[n \to \infty]$, (d) $A_n \to A_0$ $[n \to \infty]$ und (e) $H_0 = H(A_0)$ gilt. Ist K_0 die Hüllkugel von A_0 und $\hat{K}_0$ ihre Randfläche, so behaupten wir vorerst, daß (f) $A_0 \supset \hat{K}_0$ ausfällt. Die Gegenannahme, die wir zu einem Widerspruch führen werden, kann in der Form $D(A_0) \neq 0$ angesetzt werden. Da A_0 abgeschlossen ist, gibt es in diesem Fall sogar eine Kalotte C_0 von positivem Radius, so daß (g) $C_0 \subset D(A_0)$ gilt. Wir überdecken die gesamte Kugeloberfläche $\hat{K}_0$ durch m Kalotten $C_\nu \cong C_0$ $(\nu = 1, \ldots, m)$ und bezeichnen mit $\delta_\nu (\nu = 1, \ldots, m)$ eine Drehung um Z, welche C_0 in die zu ihr kongruente Kalotte C_ν überführt. Nun unterwerfen wir die Limesmenge A_0 einer weiteren Drehmittelung und setzen $T^*(A_0) = \lambda A_0^{\delta_1} \times \cdots \times \lambda A_0^{\delta_m}$ $[\lambda = 1/m]$. Anwendung der für die Stützabstände h in einer festen Richtung u gültigen Regel (107) ergibt (h) $h[T^*(A_0); u] = \lambda \Sigma_1^m h(A_0^{\delta_\nu}; u)$ $= \lambda \Sigma_1^m h(A_0; u^{-\delta_\nu})$, falls $^-\delta_\nu$ die zu δ_ν inverse Drehung bedeutet. Durch $H_0 u$ ist ein Punkt auf $\hat{K}_0$ bezeichnet; nach Konstruktion ist er in wenigstens einer Kalotte C_μ enthalten. Demnach gehört der Punkt $H_0 u^{-\delta_\mu}$ zu C_0, so daß sich mit (g) auf $h(A_0; u^{-\delta_\mu}) < H_0$ schließen läßt. In der in (h) ganz rechts stehenden Summe ist also ein Summand kleiner als H_0, jeder andere jedoch kann höchstens H_0 betragen. Somit läßt sich die Folgerung $h[T^*(A_0); u] < H_0$ ziehen und weil dies für jede Richtung u zutrifft, folgt sogar $H[T^*(A_0)] < H_0$. Da H stetig von der Menge abhängt, schließen wir mit Verwendung von (117), daß für ausreichend große n $H[T^*(A_n)] < H_0$ wird, was der Definition (b) von H_0 widerspricht. Damit ist die Zwischenbehauptung (f) bewiesen.

Es muß noch gezeigt werden, daß durch eventuell erforderliche zusätzliche Drehmittelungen eine Folge $\tilde{A}_n \in \mathfrak{T}$ $(n = 1, 2, \ldots)$ so erzeugt werden kann, daß $\tilde{A}_n \to \tilde{A}_0$ $[n \to \infty]$ und (i) $\tilde{A}_0 = K_0$ gilt. In der Tat: Es genügt $\tilde{A}_n = \frac{1}{2}A_n \times \frac{1}{2}A_n$ zu setzen. Mit (d) und (117) folgt zunächst $\tilde{A}_0 = \frac{1}{2}A_0 \times \frac{1}{2}A_0$ und wegen $A_0 \subset K_0$ also (j) $\tilde{A}_0 \subset K_0$. Andererseits ergibt sich wegen (f) zunächst auch $\tilde{A}_0 \supset \frac{1}{2}\hat{K}_0 \times \frac{1}{2}\hat{K}_0$ und weil $\frac{1}{2}\hat{K}_0 \times \frac{1}{2}\hat{K}_0 = K_0$ ist, gilt weiter (k) $\tilde{A}_0 \supset K_0$. Mit (j) und (k) ist (i) bewiesen.

Mit der Bemerkung, daß nach (108) für jedes n $V(A_n) \geqq V(A)$ gilt, resultiert mit Verwendung von (79) noch $V(K_0) \geqq V(A)$. Damit ist das zweite Kugelungstheorem bewiesen.

4.5.4. BIEBERBACHsche Ungleichung

Als typische Anwedung des zweiten Kugelungstheorems zur Lösung mengengeometrischer Extremalprobleme weisen wir die bekannte Eigenschaft der Kugel nach, unter allen abgeschlossenen und beschränkten Punktmengen $A \in \mathfrak{X}^0$ vorgegebenen Durchmessers $D(A)$ den größtmöglichen Inhalt $V(A)$ aufzuweisen.

Diese Extremaleigenschaft der Kugel wird durch die von BIEBERBACH aufgestellte Ungleichung [23]

$$V(A) \leqq 2^{-k}\omega_k D(A)^k \qquad [V(A) > 0] \qquad (120)$$

ausgedrückt, wo ω_k den Inhalt der k-dimensionalen Einheitskugel bedeutet. Das Gleichheitszeichen gilt für abgeschlossene Mengen A dann und nur dann, wenn A eine Kugel ist.

Beweis: Für Mengen $A \in \mathfrak{X}^0, V(A) > 0$, setzen wir $q(A) = V(A)/D(A)^k$. Wie aus (107) zu entnehmen ist, läßt sich die Breite der aus A durch eine Drehmittelung T hervorgehenden Menge $T(A)$ in einer vorgegebenen Richtung als Mittel der entsprechenden Breiten der gedrehten Mengen $A^{\delta_\nu}(\nu = 1, \ldots, n)$ darstellen. Damit folgt aber, daß der Durchmesser als maximale Breite [vgl. 4.1.1] bei Drehmittelung nicht zunehmen kann. Dagegen zeigt (108), daß der Inhalt nicht abnimmt. Zusammengefaßt ergibt sich, daß $q(A) \leqq q[T(A)]$ gelten muß. Es sei jetzt $A_n (n = 1,2,\ldots)$ die gemäß Satz V aus $\mathfrak{T}$ herausgegriffene Mengenfolge und es gelte $A_n \to K_0 [n \to \infty, V(K_0) > 0]$. Für jedes n wird $q(A) \leqq q(A_n)$, und da der Durchmesser stetig von der Menge abhängt und der Inhalt beim Übergang zur Limesmenge nach (79) höchstens zunimmt, resultiert $q(A) \leqq \leqq q(K_0)$. Mit der Bemerkung $q(K_0) = 2^{-k}\omega_k$ ergibt sich die Ungleichung und die Gültigkeit des Gleichheitszeichens im Falle der Kugel.

Daß andererseits Gleichheit nur in diesem Falle bestehen kann, läßt sich hier mit Berufung auf ein wichtiges Resultat des folgenden Kapitels kurz begründen. Es sei $A \in \mathfrak{X}^0$ eine Menge von positivem Inhalt $V(A) > 0$, für die in (120) Gleichheit besteht. Ist T eine Drehmittelung, so muß auch $T(A)$ extremal sein und sowohl gleichen Inhalt, als auch gleichen Durchmesser wie A aufweisen. Insbesondere muß $V(\frac{1}{2}A \times \frac{1}{2}A^\delta) = V(A)$ sein, wo δ eine beliebige Drehung um Z bezeichnet. In der Ungleichung (82) beanspruchen also die Mengen A und $B = A^\delta$ das Gleichheitszeichen.

Nach dem vollständigen BRUNN-MINKOWSKISchen Satz [vgl. 5.2.1] trifft dies nur zu, wenn A und B homothetische konvexe Körper sind. Hier hat dies zur Folge, daß A mit jeder gedrehten Menge A^δ translationsgleich ausfallen muß. Mit elementaren Erwägungen ergibt sich, daß A eine Kugel ist.

4.5.5. Inhaltsradien; Theoreme von ERHARD SCHMIDT

Man kann den in 4.4.1 gewonnenen BRUNN-MINKOWSKISchen Ungleichungen eine besonders handliche und suggestive Form geben, wenn für die beteiligten Mengen die Inhaltsradien verwendet werden. Der *Inhaltsradius* $v(A)$ einer Menge $A \in \mathfrak{X}^0$ ist der Radius einer mit A inhaltsgleichen Kugel, so daß

$$V(A) = \omega_k v(A)^k \tag{121}$$

gilt. Die Ungleichungen (82) und (83) lassen sich dann in der Form [24]

$$v(A \times B) \geq v(A) + v(B); \quad v(A/B) \leq v(A) - v(B) \quad [A/B \neq 0] \tag{122}$$

schreiben. Hier gilt das Gleichheitszeichen dann, wenn A und B Kugeln sind. Abgesehen davon, daß diese Fassung der BRUNN-MINKOWSKISchen Ungleichungen wie eben erläutert unmittelbar an die früher erzielten Resultate angeschlossen werden kann, ergibt sie sich auf unabhängige Weise als Anwendung des ersten Kugelungstheorems nach der Symmetrisierungsmethode.

Beweis: Aus (94) und (101) folgt die für eine beliebige Symmetrisierung S gültige Beziehung (a) $V(A \times B) \geq V[S(A) \times S(B)]$. Bezeichnet $\mathfrak{S}$ die Klasse der durch Mehrfachsymmetrisierungen aus A hervorgehenden Mengen, so läßt sich nach Satz IV eine Mengenfolge A_n $(n = 1, 2, \ldots)$ aus $\mathfrak{S}$ herausgreifen, so daß $A_n \to K_0$ $[n \to \infty]$ und $V(A) = V(K_0)$ gilt. Mit mehrfacher Anwendung von (a) kann man darauf (b) $V(A \times B) \geq V(A_n \times B_n)$ schließen, wenn mit $A_n = S^*(A)$ auch $B_n = S^*(B)$ gesetzt ist. Nach dem Auswahlsatz ist es keine Beschränkung der Allgemeinheit, $B_n \to B_0$ $[n \to \infty]$ anzunehmen, da man sich andernfalls auf eine passende Teilfolge beschränken könnte. Für jedes n gilt $V(B_n) = V(B)$, und wie im Schlußteil des Beweises zu (118) gezeigt wurde, bleibt bei konvergenten Mengenfolgen, die durch Vielfachsymmetrisierungen einer festen Menge entstehen, der Inhalt beim Übergang zur Limesmenge erhalten, so daß auch $V(B_0) = V(B)$ ist. Aus (b) resultiert damit (c) $V(A \times B) \geq V(K_0 \times B_0)$. In der Tat: Ersetzt man in (a) die Mengen A und B durch die äußeren Parallelmengen A_ϱ und B_ϱ $(\varrho > 0)$, so läßt sich mit wiederholter Verwendung von (103) an Stelle von (b) auch $V(A_\varrho \times B_\varrho) \geq V[(A_n)_\varrho \times (B_n)_\varrho]$ schreiben. Da für ein ausreichend großes n $(A_n)_\varrho \supset K_0$ und $(B_n)_\varrho \supset B_0$ gilt, schließt man mit Verwendung der Regel (54) auf $V[(A \times B)_{2\varrho}] \geq V(K_0 \times B_0)$ und mit (78) auf (c). Nun läßt sich aus der Klasse $\mathfrak{S}_0$ der aus B_0 durch Mehrfachsymmetrisierung hervorgehenden Mengen wieder eine konvergente Folge B_n ($n = 1, 2, \ldots$) herausgreifen, so daß $B_n \to K_{00}$ $[n \to \infty]$ und $V(B) = V(K_{00})$ gilt. Durch analogen Grenzübergang wie oben ergibt sich aus (c) die Beziehung (d) $V(A \times B) \geqq V(K_0 \times K_{00})$, welche direkt in die linksseitige Ungleichung von (122) übergeht, wenn man bedenkt, daß $K_0 \times K_{00}$ eine Kugel vom Radius $v(A) + v(B)$ ist. Die rechtsseitige Ungleichung läßt sich aus der linksseitigen gewinnen, wenn die Regel (21) beachtet wird.

Wir erwähnen noch drei besonders bedeutsame Sonderfälle der mit Hilfe der Inhaltsradien ausgedrückten BRUNN-MINKOWSKISchen Ungleichung (122), welche sich auf die drei Mengen $A_\varrho = A \times \varrho K$, $A_{-\varrho} = A/\varrho K$ und $A^\varrho = \varrho K/A'$ beziehen, wobei K die Einheitskugel mit dem Mittelpunkt Z und A' die durch Spiegelung an Z aus A hervorgehende Menge bezeichnen und $\varrho > 0$ ist. Es ist nützlich, für die drei Mengen die folgenden geometrischen Charakterisierungen zur Verfügung zu haben: A_ϱ ist die Menge derjenigen Punkte, die von wenigstens einem A angehörenden Punkt einen ϱ nicht übertreffenden Abstand haben; $A_{-\varrho}$ ist die Menge derjenigen Punkte, die von allen A nicht angehörenden Punkten einen ϱ übertreffenden Abstand haben; A^ϱ ist die Menge der Punkte, die von allen A angehörenden Punkten einen ϱ nicht übertreffenden Abstand haben. Diese Kennzeichnungen, die sich leicht durch andere gleichwertige ersetzen lassen, können unmittelbar aus den Erklärungen der MINKOWSKISchen Addition und Subtraktion [vgl. 4.2.1] gewonnen werden.

Die sich auf diese drei als nichtleer vorausgesetzten Mengen beziehenden Korollarien zu (122) lauten

$$v(A_\varrho) \geqq v(A) + \varrho; \quad v(A_{-\varrho}) \leqq v(A) - \varrho; \quad v(A^\varrho) \leqq \varrho - v(A), \qquad (123)$$

wo das Gleichheitszeichen dann gilt, wenn A eine Kugel ist.

Die erste und die dritte Ungleichung stammen in dieser Form von ERHARD SCHMIDT, und zwar handelt es sich um die euklidischen Sonderfälle seiner sich allgemeiner auf die drei Geometrien des euklidischen, hyperbolischen und sphärischen Raumes beziehenden Ergebnisse [25].

Anschließend treten wir noch auf zwei weitere von ERHARD SCHMIDT entwickelte Theoreme ein, die mit der oben erwähnten Form der BRUNN-MINKOWSKISchen Ungleichung und des Spiegelungstheorems gleichwertig sind. Vorbereitend erklären wir durch die Ansätze

$$D(A, B) = \sup d(p, q) \qquad [p \in A, q \in B] \qquad (124)$$

$$D^*(A, B) = \inf d(p^*, q) \qquad [p^* \in A^*, q \in B] \qquad (125)$$

zwei einem geordneten Paar beschränkter Mengen zukommende Abstandsgrößen, wo A^* die zu A komplementäre Menge bedeutet. Offensichtlich ist $D(A, A) = D(A)$ (Durchmesser von A) und $D^*(A, A) = 0$.

Die beiden in Aussicht gestellten Theoreme werden durch

$$v(A) + v(B) \leqq D(A, B); \qquad v(A) - v(B) \geqq D^*(A, B) \quad [A \supset B] \qquad (126)$$

wiedergegeben, wo das Gleichheitszeichen dann Platz greift, wenn A und B konzentrische Kugeln sind. Die linksseitige Beziehung stellt eine Verallgemeinerung der Ungleichung von BIEBERBACH dar, welche mit dem Inhaltsradius ausgedrückt die einfache Gestalt

$$2 v(A) \leqq D(A) \qquad (127)$$

annimmt.

Beweis: Setzen wir $D(A, B) = \varrho$, so ist offenbar $B \subset A^\varrho$ und hieraus folgt mit Anwendung von (123) [rechts] $v(B) \leqq \varrho - v(A)$ und damit (126) [links]. Ist analog $D^*(A, B) = \varrho$, so ist $B_\varrho \subset A$ und hieraus resultiert mit (123) [links] $v(B) + \varrho \leqq v(A)$ und damit auch (126) [rechts].

Wir haben zu den Ungleichungen dieses Abschnittes trivial verifizierbare hinreichende Bedingungen für die Gültigkeit des Gleichheitszeichens angegeben; die tiefer liegenden Aussagen, wonach diese Bedingungen auch notwendig sind, können erst auf Grund der Ergebnisse des nachfolgenden Kapitels begründet werden.

Anmerkungen

1 (140) Für diesen erstmals von H. JUNG [1] aufgestellten Satz sind zahlreiche einfachere Beweise gefunden worden, so u. a. von W. SÜSS [4] und K. REINHARDT [1]. In den kurzen Beweisen spielt ein Hilfssatz eine Rolle, der auch in anderen Zusammenhängen nützliche Dienste leistet: Haben von endlich vielen auf der Oberfläche der k-dimensionalen Einheitskugel (Radius $R = 1$) liegenden Punkten je zwei eine Distanz, die kleiner als $[2k + 2)/k]^{1/2}$ ist, so liegen sie alle im Innern einer Halbkugelfläche. Vergleiche hierzu C. KURATOWSKI [1] (S. 207). Neuere elementare Beweise stammen von L. BLUMENTHAL und G. E. WAHLIN [1], A. KIRSCH [2] und W. SÜSS [5].

2 (140) Dieses Resultat von D. GALE [1] wurde von W. SÜSS [5] noch verschärft: Es gibt stets ein Umsimplex, das zu einem beliebig vorgegebenen regulären Simplex oder zu dem durch Spiegelung am Ursprung aus diesem hervorgehenden homothetisch liegt, und dessen Kantenlänge noch die Ungleichung erfüllt. Dies entspricht unserer Aussage (14). Ähnliche Überlegungen im ebenen Fall hat U. VIET [1] angestellt.

3 (142) Über Begriff und einfachste Eigenschaften siehe H. HADWIGER [35].

4 (142) An dieser Stelle drängt sich eine oft nützliche Begriffsbildung auf: Bezeichnet $\mathfrak{M}$ eine Menge von Punktmengen, die alle mit einer festen Menge A translationsgleich sind, und ist P die Menge der Punkte p, für welche $p \times A \in \mathfrak{M}$ gilt, so kann man $L(P)$ als Maß der in $\mathfrak{M}$ enthaltenen Mengen einführen, falls P L-meßbar ist. Nach dieser Festsetzung läßt sich $L(A \times B)$ als Maß der Menge der mit $\tilde{B}$ translationsgleichen Mengen, die mit A nichtleeren Durchschnitt haben, interpretieren, wo $\tilde{B}$ die durch Spiegelung am Ursprung aus B hervorgehende Menge bezeichnet. Ähnlich ist $L(A/B)$ das Maß der Menge der mit B translationsgleichen Mengen, die in A als Teilmenge enthalten sind.

Auf Grund dieser Bemerkungen lassen sich bekannte Theoreme der Punktmengengeometrie leicht herleiten und durch Maßaussagen ergänzen. Gehen wir beispielsweise von einer aus n Punkten bestehenden Menge B aus, von der wir noch voraussetzen wollen, daß sie ganz in einer um den Ursprung gelegten Einheitskugel K enthalten sei. Sind b_ν $(\nu = 1, \ldots, n)$ die n Punkte von B, so läßt sich $A/\varrho B = \bigcap_1^n A_\nu$ $[A_\nu = -\varrho b_\nu \times A,\ \varrho \geqq 0]$ schreiben. Offenbar gilt $A_\nu \subset A \times \varrho K = A_\varrho$ $(\nu = 1, \ldots, n)$. Ein Hilfssatz über das Maß des Durchschnitts endlich vieler L-meßbarer Mengen sagt folgendes aus: Ist $A_\nu \subset C$ und mit passenden $\alpha_\nu \geqq 0$ $L(A_\nu) \geqq (1 - \alpha_\nu) L(C)$ $(\nu = 1, \ldots, n)$, so gilt $L(A_1 \cap \ldots \cap A_n) \geqq (1 - \Sigma_1^n \alpha_\nu) L(C)$. Vergleiche hierzu H. HADWIGER [7]. Beansprucht man diese Ungleichung im obenstehenden Fall für $C = A_\varrho$ und $\alpha_\nu = 1 - [L(A)/L(A_\varrho)]$, so ergibt sich mit einigen Umrechnungen $L(A/\varrho B) \geqq L(A) - (n - 1) [L(A_\varrho) - L(A)]$. Dieser Beziehung läßt sich mit Berücksichtigung von $L(A_\varrho) \to L(A)$ $[\varrho \to 0]$ die folgende Aussage entnehmen: Es sei $L(A) > 0$, n eine natürliche Zahl und $0 < \varepsilon < L(A)$. Es läßt sich ein $\sigma > 0$ so angeben, daß für das Maß der Menge der in A enthaltenen, mit ϱB translationsgleichen Mengen die Abschätzung $L(A/\varrho B) > L(A) - \varepsilon$ für jedes ϱ des Intervalls $0 \leqq \varrho \leqq \sigma$ gilt. Vergleiche hierzu H. HADWIGER [9].

Insbesondere ist also $A/\varrho B \neq 0$ $[0 \leqq \varrho \leqq \sigma]$, d. h. die Menge A positiven Maßes enthält zu jeder beliebigen endlichen Menge B ähnliche Bilder als Teilmengen, und zwar umschließt die Menge der zulässigen Dilatationskoeffizienten ϱ ein Intervall positiver Länge. Im Sonderfall $n = 2$ handelt es sich hierbei um das Theorem von H. STEINHAUS [1] und H. RADEMACHER [1]. Für $n \geqq 2$ wurde die Aussage auch von S. RUZIEWICZ [2] gemacht. Dagegen läßt sie sich nicht auf abzählbar unendliche Mengen B ausdehnen. F. W. GEHRING [1] zeigte u. a. sogar, daß sich zu jeder nirgends dichten Menge A positiven Maßes eine abzählbar unendliche Menge B so konstruieren läßt, daß A kein zu B ähnliches Bild als Teilmenge enthält. Vergleiche auch E. MARCZEWSKI [1].

5 (147) G. CANTOR [1] (§ 18) bildete die äußere Parallelmenge einer beliebigen beschränkten Punktmenge im Abstand $\varrho > 0$, um durch Integration und Grenzübergang $\varrho \to 0$ den Inhalt der ursprünglichen Menge und „in gewissem Sinne den Inhalt der Begrenzung" zu gewinnen. H. MINKOWSKI [2] leitet mit Parallelmengenbildung und Grenzübergängen die Begriffe Länge und Oberfläche her.

6 (147) Eine systematische Untersuchung über verschiedene geometrische Eigenschaften der äußeren und inneren Parallelmengen und über die gültigen formalen Regeln stellte B. SCHENKER [1] an.

7 (149) Der Begriff der konkaven Schar, soweit er sich auf konvexe Körper bezieht, stammt von W. BLASCHKE [2] (1. Auflage S. 94). Die Schar wird dort „konvex" genannt; vgl. hierzu auch T. BONNESEN und W. FENCHEL [1] (S. 32).

8 (151) Für konvexe Körper ist diese Distanz von W. BLASCHKE [2] (S. 60) verwendet worden; er nannte sie Nachbarschaftsmaß.

9 (152) Distanz- und Konvergenzbegriff für Mengen in allgemeinen metrischen Räumen wurden von F. HAUSDORFF [2] eingeführt.

10 (154) Der im Text stehende Beweis des Auswahlsatzes stammt von H. HADWIGER [23]. Eine Wiedergabe findet sich auch bei A. M. MACBEATH [1] (S. 41—43).

11 (158) Vgl. E. SCHMIDT [7, 8]. Neue Beweise und Erweiterungen des BRUNN-MINKOWSKISchen Theorems auf nicht notwendig meßbare Mengen haben R. HENSTOCK und A. M. MACBEATH [1] gegeben.

12 (159) Der im Text entwickelte Beweis der linearen Verschärfung des BRUNN-MINKOWSKISchen Satzes stammt im wesentlichen von D. OHMANN [2] und ist lediglich in eine integrallose Form umgearbeitet.

13 (161) Über den sich auf Scharen konvexer Körper beziehenden Satz vgl. auch T. BONNESEN und W. FENCHEL [1] (S. 72). Der Satzinhalt ist gleichwertig mit der von H. Brunn [1] in seiner bekannten Dissertation niedergelegten Entdeckung, welche aussagt, daß die $(k-1)$te Wurzel aus dem $(k-1)$-dimensionalen Inhalt der Schnittbereiche, welche von einer Schar paralleler Ebenen aus einem Eikörper ausgeschnitten werden, eine konkave Funktion des Abstandes der variablen Scharebene vom Ursprung ist.

14 (162) Diese äußeren Quermaße spielen eine entscheidende Rolle in der von D. Ohmann [1, 5] entwickelten Theorie der Quermaßintegrale beliebiger beschränkter Punktmengen.

15 (162) L. H. Loomis und H. Whitney [1]. Eine verwandte Aussage im ebenen Fall stammt von G. Szekeres [1]: Bezeichnet L das maximale äußere lineare Quermaß einer beschränkten und abgeschlossenen ebenen Punktmenge, so gilt $V \leqq (\pi/4) L^2$. Die entsprechende, auf den k-dimensionalen Fall erweiterte Aussage wurde von B. v. Sz. Nagy [1] noch verschärft: Ist $\widetilde{L}$ das mittlere äußere lineare Quermaß, so gilt $V \leqq 2^{-k} \omega_k L^k$. Die von den Verfassern gewählte Beschränkung auf Systeme ebener Eibereiche bzw. Eikörper ist unwesentlich; die Ausdehnung auf beschränkte und abgeschlossene Punktmengen läßt sich leicht vornehmen.

16 (163) Vgl. G. H. Hardy, J. E. Littlewood und G. Pólya [1] (S. 22).

17 (164) Insbesondere weist der Würfel unter allen inhaltsgleichen Intervallen die kleinste Oberfläche auf. Für diese bekannte Tatsache gibt u. a. R. Baldus [1] einen einfachen Beweis. Es handelt sich um einen Sonderfall der folgenden Aussagen: Bezeichnet S_i die Summe der (i-dimensionalen) Inhalte der i-dimensionalen Kanten eines Intervalls und wird für $i = 1, \ldots, k$ abkürzend $M_i = [S_i/\binom{k}{i}]^{1/i}$ gesetzt, so daß $M_k = V^{1/k}$ und $M_{k-1} = (F/2k)^{1/(k-1)}$ ist, so bestehen die Ungleichungen $M_1 \geqq M_2 \geqq \ldots \geqq M_k$, wo ein Gleichheitszeichen dann und nur dann Platz greift, wenn es sich um einen Würfel handelt. Diese Aussagen sind gleichbedeutend mit den bereits von I. Newton (Arithmetica universalis) nachgewiesenen Ungleichungen, die zwischen den elementarsymmetrischen Funktionen von k reellen nichtnegativen Zahlen bestehen. Vgl. den sich auf den Vietaschen Satz und die Rollesche Regel stützenden Beweis bei G. Pólya und G. Szegö [1] (II, S. 47, Nr. 61). Ein einfacher Beweis findet sich bei H. Kreis [1] und die sich anschließende geometrische Deutung bei H. Jecklin [1].

18 (165) Es handelt sich hierbei um die Regeln, welche unter gewissen Bedingungen erlauben, ein räumliches Integral einer Funktion von mehreren Veränderlichen durch sukzessive Integration nach den einzelnen Veränderlichen zu ermitteln. Für das Lebesguesche Integral hat G. Fubini [1] erstmals solche Bedingungen angegeben. Eine moderne Fassung des Theorems findet sich bei H. Hahn und A. Rosenthal [1] (S. 238).

19 (166) Das Verfahren wurde bei einfachen, insbesondere polyedrischen Körpern erstmals von J. Steiner [1] angewandt, um die isoperimetrische Eigenschaft der Kugel nachzuweisen; die einwandfreie Handhabung dieses nützlichen Hilfsmittels innerhalb der Theorie der konvexen Körper hat vor allem W. Blaschke [2] aufgezeigt.

20 (166) Diese Inhaltsregel wurde von A. Dinghas [17] (S. 110) aufgestellt und für den Nachweis der isoperimetrischen Eigenschaft der Kugel verwendet; in einer schwächeren Form findet sich die Regel auch bei H. Hadwiger [14] (S. 30).

21 (170) Vgl. hierzu W. Gross [1] und L. Lusternik [1]. Ein Beweis mit einer Schätzung der für einen vorgeschriebenen Kugelungseffekt erforderlichen Anzahl vom Symmetrisierungen findet sich bei H. Hadwiger [48].

22 (170) Einen sich auf konvexe Körper des gewöhnlichen Raumes beziehenden Beweis gab H. Hadwiger [62] (S. 27).

23 (173) L. Bieberbach [1] zeigte, daß für den Flächeninhalt V eines ebenen Bereiches vom Durchmesser $D = 1$ die Ungleichung $V \leqq \pi/4$ besteht, wobei das

Gleichheitszeichen genau für einen Kreisbereich gilt. Für ein n-seitiges Polygon (n-Eck) gilt nach K. Reinhardt [2] schärfer $V \leqq (n/2) \cos (\pi/n) \operatorname{tg} (\pi/2n)$, wobei für ungerades n Gleichheit für das reguläre n-Eck besteht. Ein einfacher Beweis findet sich bei H. Lenz [1]. Die Bieberbachsche Ungleichung wurde von E. Schmidt [8] (I. S. 87) auf k-dimensionale euklidische und auch nichteuklidische Räume übertragen.

24 (174) Vgl. hierzu H. Hadwiger [35].

25 (175) E. Schmidt [8] (I. (5), (10)) und [7].

5. Kapitel

Inhalt, Oberfläche und Isoperimetrie

§ 1. Minkowskische Oberfläche

5.1.1. Innere und äußere Relativoberfläche

Eine fruchtbare Idee Minkowskis war es, die Ausmessung von Kurvenlängen und Flächeninhalten auf die wesentlich einfachere räumliche Inhaltsmessung zurückzuführen; er griff auf die bereits von Cantor herangezogene äußere Parallelmenge zurück und ließ die Maße durch gewisse Grenzübergänge aus dem Parallelinhalt hervorgehen[1]. Die konsequente Weiterverfolgung dieser Gedanken verbunden mit den naheliegenden Verallgemeinerungen auf höhere Dimensionen und beliebige Punktmengen führte zu einer allgemeinen Methode zur Ausmessung unterdimensionaler Gebilde im Raum, die an begrifflicher Einfachheit durch kein anderes System überboten werden konnte. Besonders erwähnenswert ist der Umstand, daß die Ansätze zur Maßbestimmung der verschiedendimensionalen Mengen desselben Raumes (Kurven, Flächen usw.) einem einfachen simultanen Gesetz folgen, das sogar eine Erweiterung auf beliebige reelle, also nicht ganzzahlige Dimensionen erlaubt. Dagegen sind die Minkowskischen Maßzahlen wohl mit dem Inhalt vergleichbar, nicht aber mit dem Maß, da sie zwar additiv, nicht aber volladditiv sind. In dieser Beziehung leisten sie weniger als andere nach neueren Methoden gewonnene Maße[2].

Im vorliegenden Abschnitt entwickeln wir die Oberflächenmessung im Minkowskischen Sinn. Dabei können wir, wie schon bei der Inhaltslehre, auf die höheren Hilfsmittel der Analysis, insbesondere den Integralbegriff, verzichten und mengengeometrische Erwägungen in den Vordergrund stellen. Unsere Betrachtungen beziehen sich auf nichtleere, beschränkte und abgeschlossene Punktmengen des Raumes; das in 4.3.1 eingeführte Mengensystem $\mathfrak{X}^0$ ist also für das ganze Kapitel zuständig.

Die vier nachfolgenden Ansätze gelten für beliebige Punktmengen $A, B, C \in \mathfrak{X}^0$; V bezeichnet das Lebesguesche Maß, die Operationen $\times$ und $/$ zeigen die Minkowskische Addition und Subtraktion an und ϱC

12*

ist die durch Dilatation mit $\varrho > 0$ aus C hervorgehende Menge. Wir setzen für $\varrho \to 0$

$$F_+(A, C) = \lim \inf \; [V(A \times \varrho C) - V(A)]/\varrho \; ; \tag{1}$$

$$F_-(A, C) = \lim \inf \; [V(A) - V(A/\varrho C)]/\varrho \; ; \tag{2}$$

$$F_+^*(A, C) = \lim \sup \; [V(A \times \varrho C) - V(A)]/\varrho \; ; \tag{3}$$

$$F_-^*(A, C) = \lim \sup \; [V(A) - V(A/\varrho C)]/\varrho \; , \tag{4}$$

und nennen die vier definierten nichtnegativen Zahlen, insofern die rechtsstehenden Grenzwerte existieren, der Reihe nach *untere äußere, untere innere, obere äußere* und *obere innere* MINKOWSKI*sche Relativoberfläche* von A bezüglich C. A heißt Hauptmenge und C Nebenmenge.

Wenn der rechtsseitige Grenzwert nicht existiert, so bringen wir dies symbolisch dadurch zum Ausdruck, daß wir die entsprechende Oberflächenmaßzahl gleich der uneigentlichen Zahl ∞ setzen.

In ausreichend normalen Fällen existieren alle vier Maßzahlen und stimmen überdies miteinander überein. In einem solchen Fall nennen wir den gemeinsamen Wert $F(A, C)$ einfacher die MINKOWSKI*sche Relativoberfläche* von A bezüglich C; ihre Existenz impliziert also die Übereinstimmung der vier in (1) bis (4) angesetzten eigentlichen Grenzwerte. Einfache, aber besonders wichtige Beispiele ergeben sich dadurch, daß wir auf die beiden elementaren Normkörper greifen, nämlich auf Einheitswürfel W und Einheitskugel K. Mit elementaren Schlüssen erzielt man hier die folgenden Resultate:

$$F(W, W) = k \; ; \; F(K, K) = k \, \omega_k \tag{5}$$

$$F(W, K) = 2k \; ; \; F(K, W) = k \, \omega_{k-1} \tag{6}$$

Hier bezeichnet ω_i den Inhalt der i-dimensionalen Einheitskugel (Radius $= 1$).

Es kann aber vorkommen, daß keine der vier Maßzahlen existiert. Wir konstruieren nachfolgend ein Beispiel einer Menge $A \in \mathfrak{X}^0$, für die $F_\pm(A, K) = F_\pm^*(A, K) = \infty$ ausfällt. Setzen wir abkürzend $p(A; \varrho) = [V(A \times \varrho K) - V(A)]/\varrho$ und $q(A; \varrho) = [V(A) - V(A/\varrho K)]/\varrho$, so notieren wir vorbereitend die für eine abgeschlossene Kugelschale S mit den Radien $r - d$ und r $(0 < d < r)$ für $0 < \varrho < d/2$ gültigen groben Schätzungen $p(S; \varrho) > \omega_k r^{k-1}$ und $q(S; \varrho) > \omega_k r^{k-1}$, die sich auf Grund der Bemerkungen $(r + \varrho)^k - r^k > \varrho r^{k-1}$ und $r^k - (r - \varrho)^k > \varrho r^{k-1}$ folgern lassen. Es bezeichne nun $S_\nu (\nu = 1, 2, \ldots)$ die Kugelschale mit dem Zentrum im Ursprung Z und mit den Radien $r_\nu - d_\nu$ und r_ν, wobei $r_\nu = \nu^{-1/(k-1)}$ und $d_\nu = (r_\nu - r_{\nu+1})/2$ gesetzt ist. Es sei $A = Z \cup (\cup_1^\infty S_\nu)$, also die mit dem gemeinsamen Zentrum ergänzte Vereinigungsmenge von abzählbar unendlich vielen disjunkten konzentrischen Kugelschalen. Ist n eine beliebig wählbare natürliche Zahl, so lassen sich mit einfachen Überlegungen zunächst die Beziehungen $p(A;\varrho) \geqq \Sigma_1^n p(S_\nu;\varrho)$ und $q(A;\varrho) \geqq$ $\geqq \Sigma_1^n q(S_\nu;\varrho)$ und mit Verwendung der oben erwähnten Schätzungen die Ungleichungen $p(A;\varrho), q(A;\varrho) > \omega_k \Sigma_1^n(1/\nu)$ ableiten, falls ϱ so klein angenommen wird, daß $2\varrho < d_n$ ausfällt. Da die rechts stehenden Teilsummen der harmonischen Reihe beliebig großer Werte fähig sind, können die Grenzwerte von $p(A;\varrho)$ und $q(A;\varrho)$ für $\varrho \to 0$ nicht existieren.

Weiter wollen wir feststellen, daß von den vier Maßzahlen die einen existieren können, die andern dagegen nicht. Als Beispiel einer Menge $B \in \mathfrak{X}^0$, für die $F_+(B,K) = F_+^*(B,K) = \infty$ und $F_-(B,K) = F_-^*(B,K) = 0$ wird, kann der Rand $B = \hat{A}$ der oben konstruierten Menge A dienen; er besteht aus abzählbar unendlich vielen konzentrischen Kugelflächen und dem gemeinsamen Zentrum Z. Für ihn gilt wieder $p(\hat{A};\varrho) > \omega_k \Sigma_1^n(1/\nu)$ für $\varrho < d_n/2$, während für alle $\varrho > 0$ $q(\hat{A};\varrho) = 0$ sein muß, da sowohl $V(\hat{A}) = 0$ als auch $V(\hat{A}/\varrho K) = 0$ ist. Die Grenzwerte von $p(B;\varrho)$ für $\varrho \to 0$ können nicht existieren, während beide Grenzwerte von $q(B;\varrho)$ zusammenfallen und verschwinden.

Existieren schließlich alle durch die Ansätze (1) bis (4) definierten Maßzahlen, so drängt sich die Frage auf, welche Beziehungen zwischen den vier Werten notwendig bestehen müssen. Unmittelbar aus den Ansätzen folgert man die Ungleichungen

$$F_\pm(A,C) \leqq F_\pm^*(A,C)\,, \tag{7}$$

durch welche untere und obere Maßzahlen miteinander verglichen werden. Diese können tatsächlich verschieden ausfallen. Wir konstruieren für $k > 1$ eine Menge $A \in \mathfrak{X}^0$, für die $F_+^*(A,W) = 1$, $F_+(A,W) = 0$ und $F_-^*(A,W) = F_-(A,W) = 0$ wird. Dazu sei U_ν der $(k-2)$-dimensionale Würfel, dessen Punkte durch die Bedingungen $x_1 = 0$, $x_2 = 2(\nu!)^{-2}$, $0 \leqq x_\varkappa \leqq 1$ $[\varkappa > 2]$ gekennzeichnet sind, A_ν dagegen die Menge der $\nu(\nu!)^4$ Punkte mit den Koordinaten $x_1 = p(\nu!)^{-4}$ $[p = 1,\ldots,(\nu!)^2]$, $x_2 = q\nu^{-1}$ $(\nu!)^{-4}[q = 1,\ldots,\nu(\nu!)^2]$, $x_\varkappa = 0$ $[\varkappa > 2]$. Dann besitzt die Vereinigungsmenge $A = \mathsf{U}_1^\infty A_\nu \times U_\nu$ die erwähnten Oberflächenmaßzahlen. Wie man leicht feststellt, ergibt sich der durch (1) verlangte Grenzwert etwa für die Folge $\varrho_n = n^{-1}(n!)^{-4}$ $[n \to \infty]$, der durch (3) verlangte für $\varrho_n = (n!)^{-4}$ $[n \to \infty]$, während wegen $V(A) = V(A/\varrho W) = 0$ die durch (2) und (4) definierten Maßzahlen 0 ergeben.

Während die Beziehungen zwischen den beiden äußeren Maßzahlen eingehend untersucht wurden[3], scheinen diejenigen zwischen innern und äußern noch ungeklärt zu sein.

Nun erörtern wir einige einfache Eigenschaften, die den MINKOWSKI-schen Relativoberflächen zukommen. Zunächst ist

$$F_\pm (A, C) \geqq 0; \quad F_\pm^* (A, C) \geqq 0 \tag{8}$$

und für translationsgleiche Mengenpaare gilt

$$F_\pm (A, C) = F_\pm (B, D); F_\pm^* (A, C) = F_\pm^*(B, D) \quad [A \cong B, C \cong D]. \tag{9}$$

Ferner ergeben sich bei Dilatationen die Beziehungen

$$F_\pm (\lambda A, \mu C) = \lambda^{k-1} \mu F_\pm (A, C); \quad F_\pm^* (\lambda A, \mu C) = \lambda^{k-1} \mu F_\pm^* (A, C) \tag{10}$$
$$[\lambda > 0, \mu > 0].$$

Für disjunkte Hauptmengen bestehen die Regeln

$$F_\pm (A, C) + F_\pm (B, C) \leqq F_\pm (A \cup B, C) \leqq F_\pm (A, C) + F_\pm^* (B, C) \tag{11}$$
$$[A \cap B = 0]$$

und

$$F_\pm^* (A, C) + F_\pm^* (B, C) \geqq F_\pm^* (A \cup B, C) \geqq F_\pm^* (A, C) + F_\pm (B, C) \tag{12}$$
$$[A \cap B = 0].$$

Diese Regeln (8) bis (12) können unmittelbar aus den Definitionen (1) bis (4) gefolgert werden. Sie drücken aus, daß die vier Maßzahlen *nichtnegativ definit* und in bezug auf beide Mengen *translationsinvariant* sind; daß sie ferner *homogen* sind, und zwar bezüglich der Hauptmengen vom Grade $k-1$ und bezüglich der Nebenmengen vom Grade 1; schließlich daß die unteren Maßzahlen *superadditiv*, die oberen Maßzahlen *subadditiv* sind.

5.1.2. Relative Flächenmaße

Neben den im vorstehenden Abschnitt behandelten MINKOWSKISCHEN Ansätzen zur Festlegung von Oberflächenmaßen einer „räumlichen" Menge kann man noch ähnlich gebaute Ansätze in Betracht ziehen, welche die Flächenmaße von „flächenhaften" Mengen liefern.

Mit $A, C \in \mathfrak{X}^0$ setzen wir für $\varrho > 0, \varrho \to 0$

$$f(A, C) = \lim \inf V (A \times \varrho C)/2\varrho \tag{13}$$

$$f^* (A, C) = \lim \sup V (A \times \varrho C)/2\varrho, \tag{14}$$

und nennen die zwei so definierten nichtnegativen Zahlen, insofern die rechtsstehenden Grenzwerte existieren, *unteres* und *oberes* MINKOWSKI-*sches Relativflächenmaß* von A bezüglich C.

Wenn der Grenzwert nicht existiert, so setzen wir das betreffende Flächenmaß gleich der uneigentlichen Zahl ∞. Der „flächenhafte" Charakter der Hauptmenge A relativ zur Nebenmenge C kann dadurch zum

Ausdruck kommen, daß tatsächlich wenigstens eines der beiden relativen Flächenmaße existiert. Einläßlicheres Studium dieser Fragen führt zur Festlegung einer Minkowskischen Dimension der Menge A in bezug auf C. Zu diesem Zwecke kann man, wie dies Debrunner im Falle $C = K$ (Einheitskugel) durchgeführt hat, wie folgt vorgehen [4]: Zunächst führt man für $\varrho > 0, -\infty < \tau < \infty$ den „charakteristischen Quotienten" $q_\tau(A, C; \varrho) = V(A \times \varrho C)/\varrho^{k-\tau}$ ein, bestimmt dann für $\varrho \to 0$ die beiden Grenzwerte $q_\tau(A, C) = \lim\inf q_\tau(A, C; \varrho)$ und $q_\tau^*(A, C) = \lim\sup q_\tau(A, C; \varrho)$, setzt dann $\mu(A, C) = \inf \tau [q_\tau(A, C = 0]$ und $\mu^*(A, C = \inf \tau [q_\tau^*(A, C) = 0]$. Die beiden so erklärten Zahlen $\mu(A, C)$ und $\mu^*(A, C)$, die stets existieren und für die $0 \leq \mu(A, C) \leq \mu^*(A, C) \leq k$ gilt, heißen *untere* und *obere* Minkowski*sche Dimension* von A in bezug auf C. Daß diese auch tatsächlich verschieden ausfallen können, kann hier nicht gezeigt werden. Eine Menge $A \in \mathfrak{X}^0$ kann man jetzt in bezug auf C *flächenhaft* nennen, wenn $\mu(A, C) = \mu^*(A, C) = k - 1$ ist.

Setzen wir voraus, daß die beiden mit (13) und (14) eingeführten Flächenmaße existieren, so folgt unmittelbar aus den Definitionen

$$f(A, C) \leqq f^*(A, C) . \tag{15}$$

Fallen die beiden Maße zusammen, so daß in (15) Gleichheit besteht, so wollen wir die Menge A im Minkowskischen Sinn *flächenhaft meßbar relativ* zu C nennen. Der übereinstimmende Wert der beiden in (13) und (14) stehenden Grenzwerte heißt dann das Minkowskische *Relativflächenmaß* von A bezüglich C.

Es ist naheliegend, nach Beziehungen zu fragen, die eventuell zwischen den Oberflächenmaßen einer „räumlichen" Menge A und den Flächenmaßen ihres „flächenhaften" Randes $\hat{A}$ bestehen mögen. In diesem Zusammenhang beweisen wir für den Fall, daß die Nebenmenge C ein eigentlicher konvexer Körper ist, die Ungleichungen

$$2 f(\hat{A}, C) \geqq F_+(A, C) + F_-(A, \tilde{C}) \tag{16}$$

$$2 f^*(\hat{A}, C) \leqq F_+^*(A, C) + F_-^*(A, \tilde{C}) , \tag{17}$$

wobei $\tilde{C}$ den durch Spiegelung am Ursprung Z aus C hervorgehenden Körper bezeichnet.

Beweis: $\overline{A^*}$ sei die abgeschlossene Hülle der Komplementärmenge zu A, $\underline{A}$ der offene Kern von A. Wie in 1.2.2 durch die Regel (34) und die anschließende Erörterung der Gleichheitsbedingung *a*) gezeigt wurde, gilt $\hat{A} \times C = (A \cap \overline{A^*}) \times C = (A \times C) \cap (\overline{A^*} \times C)$. Nach der durch die Formel (22) in 4.2.1 ausgedrückten Komplementaritätstransformation kann hier $\overline{A^*} \times C$ durch $(\underline{A}/\tilde{C})^*$ ersetzt werden, so daß $\hat{A} \times C = (A \times C) \cap (\underline{A}/\tilde{C})^*$ resultiert. Nun ist aber $A/\tilde{C}$ und umsomehr $\underline{A}/\tilde{C}$ Teilmenge von $A \times C$, wie sich unmittelbar aus der Erklärung der Minkowskischen

Addition und Subtraktion ergibt; das vorige Resultat kann also auch in der Form (a) $\hat{A} \times C = (A \times C) - (\underline{A}/\widetilde{C})$ festgehalten werden. $A \times C$ und $\hat{A} \times C$ sind als Vereinigungsmengen translationsgleicher eigentlicher konvexer Körper nach dem Zusatz B des Kriteriums in 3.3.3 J-meßbar; also ist auch die Differenz $\underline{A}/\widetilde{C} = (A \times C) - (\hat{A} \times C)$ J-meßbar und dazu inhaltsgleich mit der Menge $A/\widetilde{C}$, deren offener Kern sie ist. Deshalb folgt aus (a) die Beziehung (b) $V(\hat{A} \times C) = V(A \times C) - V(A/\widetilde{C})$. Wird hier C durch ϱC ($\varrho > 0$) ersetzt, so läßt sich $V(\hat{A} \times \varrho C) = V(A \times \varrho C) - V(A) + V(A) - V(A/\varrho\widetilde{C})$ notieren, und hieraus ergeben sich die Ungleichungen (16) und (17) durch Multiplikation mit $1/\varrho$ und Grenzübergang $\varrho \to 0$.

Die Form der oben erzielten Ergebnisse läßt eine gewisse Sonderstellung der konvexen Körper C mit Mittelpunkt erkennen, welche sich durch $\widetilde{C} \cong C$ charakterisieren lassen. Diese spielen in der klassischen MINKOWSKIschen Theorie als Eichkörper bekanntlich eine ausgezeichnete Rolle. Fallen für die Menge A die vier Maßzahlen (1) bis (4) zusammen, und ist C ein eigentlicher konvexer Körper mit Mittelpunkt, so folgt aus (15), (16) und (17), daß auch die beiden Maßzahlen (13) und (14) zusammenfallen. Diesen Befund können wir ausdrücken durch den folgenden

Satz I. *Weist die beschränkte, nichtleere und abgeschlossene Punktmenge* A *eine* MINKOWSKI*sche Relativoberfläche* $F(A, C)$ *in bezug auf einen eigentlichen konvexen Körper* C *mit Mittelpunkt auf, so ist der Rand* $\hat{A}$ *von* A *im* MINKOWSKI*schen Sinne flächenhaft meßbar bezüglich* C, *und es gilt*

$$F(A, C) = f(\hat{A}, C)\,, \tag{18}$$

wo $f(\hat{A}, C)$ *das relative Flächenmaß von* $\hat{A}$ *bezüglich* C *bezeichnet.*

5.1.3. Gewöhnliche Oberfläche

Die bisher in Betracht gezogenen relativen Oberflächenmaße erhalten eine besonders ausgezeichnete Bedeutung, wenn als Nebenmenge C die Einheitskugel K gewählt wird. Die Maßzahlen (1) bis (4) ergeben sich dann durch Grenzübergänge aus inneren und äußeren Parallelinhalten der Hauptmenge A. Lassen wir in diesen Sonderfällen die explizite Eintragung der Nebenmenge in den Bezeichnungen für die Maßzahlen weg, so resultieren mit Verwendung der in 4.2.3 für innere und äußere Parallelmengen eingeführten Zeichen die für $\varrho > 0$, $\varrho \to 0$ gültigen Ansätze

$$F_+(A) = \lim \inf \; [V(A_\varrho) - V(A)]/\varrho\,; \tag{19}$$

$$F_-(A) = \lim \inf \; [V(A) - V(A_{-\varrho})]/\varrho\,; \tag{20}$$

$$F_+^*(A) = \lim \sup \; [V(A_\varrho) - V(A)]/\varrho\,; \tag{21}$$

$$F_-^*(A) = \lim \sup \; [V(A) - V(A_{-\varrho})]/\varrho\,. \tag{22}$$

Vorausgesetzt, daß die Grenzwerte existieren, nennen wir die vier Maßzahlen der Reihe nach *gewöhnliche untere äußere, untere innere, obere äußere* und *obere innere* Minkowskische *Oberfläche* von A.

Die entsprechende Spezialisierung der Ansätze (13) und (14) führt zu den durch

$$f(A) = \lim \inf V(\hat{A}_\varrho)/2\varrho \qquad [\varrho > 0, \varrho \to 0] ; \qquad (23)$$

$$f^*(A) = \lim \sup V(\hat{A}_\varrho)/2\varrho \qquad [\varrho > 0, \varrho \to 0] \qquad (24)$$

definierten gewöhnlichen Minkowskischen Flächenmaßen des Randes $\hat{A}$ von A.

Stimmen alle vier mit (19) bis (22) definierten Oberflächenmaße miteinander überein, was in ausreichend normalen Fällen zutrifft, so nennen wir den gemeinsamen Wert $F(A)$ kurz die *gewöhnliche* Minkowski*sche Oberfläche* von A.

In Fällen, wo bereits ein anderer Oberflächenbegriff zur Verfügung steht, erwächst die Aufgabe, die Übereinstimmung der Maßzahl mit der gewöhnlichen Minkowskischen Oberfläche zu überprüfen. Für die im weiteren Sinne elementaren Körper, denen eine Oberfläche im Sinne der Elementargeometrie zukommt, bereitet der Nachweis der Übereinstimmung keine besondere Mühe. Schwieriger ist es, die Aufgabe für andere Oberflächenbegriffe, die auf umfassenderen Mengenklassen definiert sind, zu lösen[5].

Bei Beschränkung auf den bei uns gezogenen methodischen Rahmen ist einzig die elementare Oberfläche der Polyeder, die wir in 2.3.1 eingeführt haben, mit den Oberflächen Minkowskischer Art zu vergleichen. Dies ist sehr einfach. Ist P ein eigentliches Polyeder [vgl. 1.1.4] und bezeichnen V_ϱ und $V_{-\varrho}$ die Inhalte der äußeren und inneren Parallelmengen von P im Abstand $\varrho > 0$, so lassen sich mit einigen elementaren Überlegungen die Beziehungen

$$V_\varrho = V + F\varrho + o(\varrho) \qquad (25)$$

und

$$V_{-\varrho} = V - F\varrho + o(\varrho) \qquad (26)$$

herleiten, wo F die elementare Oberfläche von P bezeichnet und $o(\varrho)$ vorzeichenbegabte Zusatzgrößen sind, für die $o(\varrho)/\varrho \to 0 \ [\varrho \to 0]$ gilt. Hieraus folgt unmittelbar, daß die vier Maßzahlen (19) bis (22) zusammenfallen und den Wert F aufweisen. Es gilt also der

Satz II. *Ein eigentliches Polyeder P weist eine gewöhnliche* Minkowski*sche Oberfläche $F(P)$ auf, die mit der elementaren Oberfläche übereinstimmt.*

Da diesen Feststellungen für konvexe Polyeder eine besondere Bedeutung zukommt, sollen die asymptotischen Relationen (25) und (26) in diesem spezielleren Fall ausführlich nachgewiesen werden, und zwar so, daß eine für spätere Zwecke dienliche Präzision erzielt wird.

Es sei also P ein eigentliches konvexes Polyeder (Eipolyeder) mit dem Inhalt $V = V(P)$ und der elementaren Oberfläche $F = F(P)$. Bezeichnet hier $r > 0$ den Radius einer ganz im Inneren von P liegenden Kugel U, und ist $0 < \varrho < r$, so gelten für die äußeren und inneren Parallelinhalte die Ungleichungen

$$V + F\varrho < V_\varrho < V + F\varrho + 2^k (1/r)^2 V \varrho^2; \tag{27}$$

$$V - F\varrho - k^2 (1/r)^2 V \varrho^2 < V_{-\varrho} < V - F\varrho + k(1/r) F\varrho^2 . \tag{28}$$

Günstig ist bei diesen Abschätzungen der Umstand, daß die Koeffizienten der in ϱ quadratischen Schranken abgesehen vom Radius einer beliebigen überdeckten Kugel U nur von Inhalt und Oberfläche allein abhängig sind.

Beweis: Wir dürfen annehmen, daß der Mittelpunkt der Kugel U mit dem Ursprung Z zusammenfällt. Setzen wir $P' = (1 + \varrho/r) P$ und $P'' = (1 - \varrho/r) P$, wobei wir $\varrho < r$ annehmen wollen, so gilt (a) $P_\varrho \subset P'$ und (b) $P_{-\varrho} \supset P''$. Bezeichnet nämlich p die Stützgröße in einer beliebigen Richtung, so ist $p_\varrho = p + \varrho, p_{-\varrho} \leq p - \varrho, p' = (1 + \varrho/r) p$ und $p'' = (1 - \varrho/r) p$, und da wegen $U \subset P$ offenbar $r \leq p$ ausfällt, verifiziert man, daß $p_\varrho \leq p'$ und $p_{-\varrho} \geq p''$ wird, wodurch (a) und (b) begründet sind.

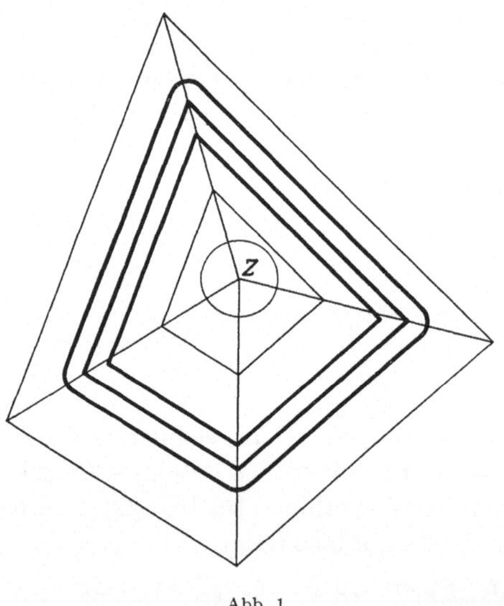

Abb. 1

Die Konstruktionen dieses Beweises sind mit Abb. 1 im ebenen Fall veranschaulicht.

Der Differenzkörper $P_\varrho - P$ enthält die den Seitenflächen von P aufgesetzten geraden Zylinderpolyeder der Höhe ϱ. Damit resultiert (aa) $V_\varrho > V + \Sigma_1^n F_\nu \varrho$, wobei F_ν ($\nu = 1, \ldots, n$) die $(k-1)$-dimensionalen Inhalte der n Seitenflächen von P bezeichnen. Mit der Bemerkung $\Sigma_1^n F_\nu = F$ ergibt sich die linke Seite der Ungleichung (27). Andererseits enthält der Differenzkörper $P' - P_\varrho$ zu jeder Seitenfläche von P einen geraden Zylinder mit dem $(k-1)$-dimensionalen Grundflächeninhalt F_ν und der Höhe $h_\nu \geq (p_\nu/r - 1)\varrho$. Die einfache Folgerung für die Inhalte ist (ab) $V_\varrho < (1 + \varrho/r)^k V - \Sigma_1^n F_\nu (p_\nu/r - 1)\varrho$. Verwenden wir neben den Relationen $\Sigma_1^n F_\nu = F$ und $\Sigma_1^n F_\nu p_\nu = k V$ noch die grobe Schätzung

$(1 + \varrho/r)^k < 1 + k(\varrho/r) + 2^k(\varrho/r)^2$, so ergibt sich aus (ab) die rechte Seite der Ungleichung (27). Der Differenzkörper $P - P_{-\varrho}$ enthält die den Seitenflächen von $P_{-\varrho}$ aufgesetzten geraden Zylinder der Höhe ϱ. Ähnlich wie oben resultiert zunächst $V > V_{-\varrho} + \varrho F_{-\varrho}$, wo $F_{-\varrho}$ die Oberfläche von $P_{-\varrho}$ bezeichnet. Mit $P'' \subset P_{-\varrho}$ ist $F_{-\varrho} \geqq F'' = (1 - \varrho/r)^{k-1} F$, und so folgt (ba) $V > V_{-\varrho} + \varrho(1 - \varrho/r)^{k-1} F$. Verwenden wir hier die Schätzung $(1 - \varrho/r)^{k-1} > 1 - k(\varrho/r)$, so ergibt sich die rechte Seite der Ungleichung (28). Der Differenzkörper $P_{-\varrho} - P''$ enthält die den Seitenflächen von P'' aufgesetzten geraden Zylinder der Höhen $h_\nu \geqq (p_\nu/r - 1)\varrho$ und den $(k-1)$-dimensionalen Grundflächeninhalten $F_\nu'' = F_\nu(1 - \varrho/r)^{k-1}$. So resultiert (bb) $V_{-\varrho} > (1 - \varrho/r)^k V + \Sigma_1^n (p_\nu/r - 1)(1 - \varrho/r)^{k-1} \varrho F_\nu$. Verwendet man neben den Beziehungen $\Sigma_1^n F_\nu = F$ und $\Sigma_1^n p_\nu F_\nu = k V$ noch die Schätzungen $(1 - \varrho/r)^k > 1 - k(\varrho/r)$ und $(1 - \varrho/r)^{k-1} > 1 - k(\varrho/r)$, so ergibt sich mit leichten Umrechnungen aus (bb) die linke Seite der Ungleichung (28). Damit ist der Beweis vollständig.

§ 2. Die isoperimetrische Ungleichung

5.2.1. Der Brunn-Minkowskische Satz

Bei einer mengengeometrischen Behandlung des sich auf beliebige abgeschlossene Punktmengen beziehenden isoperimetrischen Problems ist es vorteilhaft, vom Minkowskischen Oberflächenbegriff auszugehen. Bei der Lösung des Problems nimmt der Brunn-Minkowskische Satz und eine mit dem Spiegeltheorem von Erhard Schmidt verwandte Ergänzung eine Schlüsselstellung ein[6]. Für diese grundlegenden Aussagen haben wir schon zwei unabhängige Begründungen vorgelegt. Zuerst sind in 4.4.1 die beiden Sätze mit (82) und (83) formuliert und dort direkt mit einer nach der Dimension fortschreitenden induktiven Konstruktion in der von Ohmann stammenden[7] verschärften Form (85) nachgewiesen worden. Sodann wurden die beiden Theoreme in 4.5.5 mit Hilfe der Inhaltsradien durch (122) ausgedrückt und mit Verwendung der Symmetrierungsmethode und mit Anwendung des ersten Kugelungstheorems hergeleitet.

In diesem Abschnitt werden wir auf den vollständigen Satz eingehen, der auch die Bedingungen für die Gültigkeit des Gleichheitszeichens in den Relationen angibt. Der in einem später folgenden Abschnitt entwickelte Beweis ist von den beiden früheren Begründungen unabhängig und benutzt vollständige Induktion innerhalb einer speziellen Mengenklasse. Hier wollen wir zunächst nur die Ergebnisse vorlegen[8]:

Satz III (Brunn-Minkowskischer Satz). *Für zwei nichtleere, abgeschlossene und beschränkte Punktmengen A und B besteht die Ungleichung*

$$V(A \times B)^{1/k} \geqq V(A)^{1/k} + V(B)^{1/k}, \tag{29}$$

wobei für Mengen positiven Maßes $V(A)$, $V(B) > 0$ Gleichheit dann und nur dann besteht, wenn A und B homothetische konvexe Körper sind.

Mit den gleichen Voraussetzungen wie beim Hauptsatz gilt weiter:
Zusatz A. *Bei* MINKOWSKI*scher Subtraktion besteht die Ungleichung*

$$V(A/B)^{1/k} \leqq V(A)^{1/k} - V(B)^{1/k} \qquad [A/B \neq 0] . \tag{30}$$

Der mit diesem Zusatz ausgedrückte Sachverhalt ist eine einfache Folgerung aus dem Hauptsatz. Die Brücke, welche erlaubt, von (29) zu (30) zu gelangen, wird durch die an 4.2.1, (21) anknüpfende Inhaltsrelation

$$V[(A/B) \times B] \leqq V(A) \tag{31}$$

dargeboten. Wenden wir hier auf den linksseitigen Ausdruck die Ungleichung (29) an, so resultiert mit einfacher Umrechnung unmittelbar (30).

5.2.2. Der isoperimetrische Satz

Fragen wir nach Beziehungen, die zwischen den MINKOWSKIschen Relativoberflächen von A bezüglich B und den Inhalten von Haupt und Nebenmengen A und B bestehen, so gelangen wir zu den isoperimetrischen Ungleichungen.

Diese umfassen die berühmte klassische Ungleichung, welche ausdrückt, daß unter allen inhaltsgleichen Körpern die Kugel die kleinstmögliche Oberfläche aufweist. Die Klasse der zum Vergleich zugelassenen Körper richtet sich in erster Linie nach dem zugrunde gelegten Oberflächenbegriff. In unserem Falle sind alle beschränkten abgeschlossenen Punktmengen zugelassen.

Der unten formulierte Hauptsatz, dessen Beweis wir in einem späteren Abschnitt erbringen werden, soll auch die Frage der Gleichheit in der isoperimetrischen Ungleichung abklären. Um hier hinreichende und notwendige Bedingungen angeben zu können, muß eine geringfügige Einschränkung bezüglich der zugelassenen Mengen geduldet werden. Hierbei ist uns ein von ERHARD SCHMIDT[9] eingeführter Hilfsbegriff nützlich: Ein Punkt a einer im LEBESGUEschen Sinn meßbaren Menge A heißt *inhaltsfremd*, wenn eine Kugel K von positivem Radius um a als Mittelpunkt so existiert, daß $V(A \cap K) = 0$ ist; ist dies nicht der Fall, so heißt er *inhaltsverbunden*. Die Menge der inhaltsfremden Punkte einer Menge A ist ihr *Schleier $\ddot{A}$*. Er ist offensichtlich Teil des Randes $\hat{A}$ von A. Die Menge der inhaltsverbundenen Punkte von A ist der *Inhaltskern A^0* von A. Ist $\ddot{A} = 0$ (leer), also $A = A^0$, so wollen wir A *schleierlos* nennen. Beispielsweise sind die *Bereiche*, d. h. die abgeschlossenen Hüllen offener Gebiete, schleierlos. Dagegen gibt es auch schleierlose Mengen ohne innere Punkte.

Indem wir hier nur die Ergebnisse vorlegen[10], formulieren wir den

Satz IV (Isoperimetrischer Satz). *Sind A und B nichtleere, abgeschlossene und beschränkte Punktmengen, so besteht für die untere äußere* MINKOWSKI*sche Relativoberfläche* $F_+(A, B)$ *von A bezüglich B die Ungleichung*

$$F_+(A, B) \geqq k\, V(A)^{(k-1)/k}\, V(B)^{1/k}\,, \tag{32}$$

wobei für schleierlose Mengen positiven Maßes $V(A)$, $V(B) > 0$ *Gleichheit dann und nur dann besteht, wenn A und B homothetische konvexe Körper sind.*

Weiter gilt der sich an die Voraussetzungen des Hauptsatzes anschließende

Zusatz B. *Für die untere innere* MINKOWSKI*sche Relativoberfläche* $F_-(A, B)$ *von A bezüglich B besteht ebenfalls die Ungleichung*

$$F_-(A, B) \geqq k\, V(A)^{(k-1)/k}\, V(B)^{1/k}\,. \tag{33}$$

Dieser Zusatz B ist eine einfache Folgerung aus Zusatz A von Satz III. In der Tat folgt nach (30) zunächst $V(A/\varrho B)^{1/k} \leqq V(A)^{1/k} - \varrho V(B)^{1/k}$, falls $A/\varrho B \neq 0$ ist. Mit einfacher Umrechnung läßt sich $V(A) - V(A/\varrho B) \geqq V(A) - [V(A)^{1/k} - \varrho V(B)^{1/k}]^k$ anschreiben. Hieraus folgt nach Multiplikation mit $1/\varrho$ und Grenzübergang $\varrho \to 0$ nach Definition (2) die Ungleichung (33), vorausgesetzt, daß eine ϱ-Folge so existiert, daß der vorgeschriebene Grenzwert auf der linken Seite entsteht und daß dabei stets $A/\varrho B \neq 0$ ist. Gibt es keine solche Folge, so existiert der Grenzwert nicht, wenn $V(A) > 0$ ist; falls aber $V(A) = 0$ ausfällt, ist die Ungleichung (33) trivialerweise erfüllt.

In Fällen, wo die betreffenden Oberflächenmaße nicht existieren, so daß $F_+(A, B) = \infty$ oder $F_-(A, B) = \infty$ gesetzt werden muß, betrachten wir die Ungleichungen (32) oder (33) als erfüllt. Wegen der Beziehung (7) sind die beiden isoperimetrischen Ungleichungen selbstverständlich auch für die obere äußere und für die obere innere MINKOWSKI*sche Relativoberfläche $F_+^*(A, B)$ und $F_-^*(A, B)$ von A bezüglich B erfüllt. Weiter ergibt sich mit Rücksicht auf (16), daß für das untere MINKOWSKI*sche Relativflächenmaß $f(\hat{A}, B)$ des Randes $\hat{A}$ von A bezüglich B ebenfalls die isoperimetrische Ungleichung

$$f(\hat{A}, B) \geqq k\, V(A)^{(k-1)/k}\, V(B)^{1/k} \tag{34}$$

besteht, falls B ein eigentlicher konvexer Körper mit Mittelpunkt ist.

5.2.3. Inhaltstreue Parallelzerlegung und Defizite

Die Beweise der beiden Hauptsätze, die im nächsten Abschnitt durchgeführt werden sollen, stützen sich auf eine einfache Hilfskonstruktion.

Es handelt sich um die *inhaltstreue Parallelzerlegung* zweier Mengen positiven Maßes. Diese soll hier erklärt und mit ihren Beziehungen zu unserem Fragenkreis dargestellt werden[11].

Es seien E_a und E_b zwei orientierte parallele Ebenen, H'_a bzw. H'_b und H''_a bzw. H''_b die beiden durch E_a bzw. E_b erzeugten positiven und negativen Halbräume. Eine inhaltstreue Parallelzerlegung von zwei nichtleeren, abgeschlossenen und beschränkten Mengen A und B positiven Maßes liegt vor, wenn E_a und E_b die Mengen A und B so in die abgeschlossenen Teile $A' = A \cap H'_a$, $A'' = A \cap H''_a$, $B' = B \cap H'_b$, $B'' = B \cap H''_b$ zerlegen, daß die Inhaltsrelation

$$V(A')/V(A) = V(B')/V(B) \tag{35}$$

erfüllt wird. Dabei gilt natürlich

$$V(A) = V(A') + V(A'') ; \quad V(B) = V(B') + V(B'') . \tag{36}$$

Da einerseits $A \times B \supset (A' \times B') \cup (A'' \times B'')$ gilt, andererseits aber der Durchschnitt $(A' \times B') \cap (A'' \times B'')$ ganz in der Ebene $E_c = E_a \times E_b$ liegt und daher eine Nullmenge ist, besteht bei jeder inhaltstreuen Parallelzerlegung die Ungleichung

$$V(A \times B) \geqq V(A' \times B') + V(A'' \times B'') . \tag{37}$$

Die $B = B' \cup B''$ entsprechende inhaltstreue Parallelzerlegung von ϱB wird nach (35) durch $\varrho B = \varrho B' \cup \varrho B''$ gegeben. Somit gilt mit (37) auch

$$V(A \times \varrho B) \geqq V(A' \times \varrho B') + V(A'' \times \varrho B'') . \tag{38}$$

Subtrahiert man hier $V(A)$ mit Verwendung des linksseitigen Teils von (36), so gewinnt man durch Multiplikation mit $1/\varrho$ und mit einfacher Betrachtung zum Grenzübergang $\varrho \to 0$ die für die unteren äußeren MINKOWSKIschen Oberflächen gültige Beziehung

$$F_+(A, B) \geqq F_+(A', B') + F_+(A'', B'') . \tag{39}$$

Nun führen wir die beiden Defizite

$$p(A, B) = V(A \times B) - [V(A)^{1/k} + V(B)^{1/k}]^k \tag{40}$$

und

$$q(A, B) = F_+(A, B) - k \, V(A)^{(k-1)/k} \, V(B)^{1/k} \tag{41}$$

ein. Ausgehend von (37) und (39) und unter Verwendung von (35) und (36) rechnet man leicht nach, daß bei einer inhaltstreuen Parallelzerlegung von A und B die für beide Defizite gültigen Ungleichungen

$$p(A, B) \geqq p(A', B') + p(A'', B'') \tag{42}$$

und

$$q(A, B) \geqq q(A', B') + q(A'', B'') \tag{43}$$

bestehen.

5.2.4. Beweis der Hauptsätze

Es folgen in diesem Abschnitt die Beweise von Satz III und Satz IV. Die Ungleichungen (29) und (32) können mit Verwendung der mit (40) und (41) eingeführten Defizite durch

$$p(A, B) \geqq 0 ; \tag{44}$$

$$q(A, B) \geqq 0 \tag{45}$$

ausgedrückt werden. Es ist also nachzuweisen, daß die beiden Defizite p und q nichtnegativ sind und weiter sind die in den Hauptsätzen formulierten Bedingungen für ihr Verschwinden zu begründen.

a) Wir weisen zunächst das Bestehen der Ungleichung (44) nach. Sind A und B zwei parallel liegende eigentliche gerade Parallelotope der Kantenlängen a_i und b_i $(i = 1, \ldots, k)$, so ist $C = A \times B$ ein ebensolches der Kantenlängen $c_i = a_i + b_i$. Für das Defizit p erzielt man in diesem Fall die Darstellung

$$p = V(C) (1 - [(\alpha_1 \ldots \alpha_k)^{1/k} + (\beta_1 \ldots \beta_k)^{1/k}]^k) , \tag{46}$$

wo $\alpha_i = a_i/c_i$ und $\beta_i = b_i/c_i$ gesetzt ist. Ersetzt man hier das geometrische Mittel der α_i bzw. β_i durch das nicht kleinere arithmetische Mittel, so ergibt sich wegen $\alpha_i + \beta_i = 1$ unmittelbar $p \geqq 0$. — Es seien nun A und B zwei parallel orientierte Intervallpolyeder, die sich im Sinne der Elementargeometrie in endlich viele parallel liegende, eigentliche, gerade Parallelotope zerlegen lassen. Ist $n(A)$ bzw. $n(B)$ die Anzahl der Parallelotope, die sich bei einer individuellen Zerlegung von A bzw. B ergeben, so ist (44) richtig, wenn $n = n(A) + n(B) = 2$ ist; dann liegt nämlich der oben erledigte Sonderfall vor. Es sei $m > 2$ und wir treffen die induktive Annahme, daß (44) bereits für alle Polyederpaare A und B bewiesen sei, für die es Zerlegungen mit $n < m$ gibt, und es liege nun ein Fall mit $n = m$ vor. Mit elementaren Erwägungen ergibt sich, daß A und B durch eine inhaltstreue Zerlegung in Intervallpolyeder A', A'' und B', B'' so zerlegt werden können, daß $n' = n(A') + n(B') < m$ und ebenso $n'' = n(A'') + n(B'') < m$ ausfällt. Mit Verwendung von (42) resultiert nun nach der Induktionsannahme, daß für A und B wieder (44) erfüllt wird. Diese Ungleichung ist also über der Klasse der Intervallpolyeder richtig. Da nun eine beliebige nichtleere, abgeschlossene und beschränkte Menge Durchschnittsmenge (Limesmenge) einer absteigenden Folge von Intervallpolyedern der oben betrachteten Art ist, läßt sich mit Anwendung der Regel (70) aus 4.3.1 in Verbindung mit (150) aus 3.4.2 und mit Rücksicht auf die stetige Abhängigkeit des Defizits p von den Inhaltsmaßzahlen auf die vorgesehene allgemeine Gültigkeit von (44) schließen.

b) Nun beweisen wir die Ungleichung (45). Wenden wir (44) für die Mengen A und $\varrho B (\varrho > 0)$ an, so ergibt sich zunächst $V(A \times \varrho B) \geqq$ $\geqq [V(A)^{1/k} + \varrho V(B)^{1/k}]^k$. Wird beiderseits $V(A)$ subtrahiert und die Beziehung nachfolgend mit $1/\varrho$ multipliziert, so gewinnt man mit geläufiger Diskussion beim Grenzübergang $\varrho \to 0$ die Ungleichung $F_+(A, B) \geqq k\, V(A)^{(k-1)/k} V(B)^{1/k}$, die mit (45) gleichbedeutend ist.

c) Wir kommen nun zu einer Reihe von Hilfsaussagen, die auf den Beweis der behaupteten Bedingungen für die Gültigkeit des Gleichheitszeichens in (44) und (45) vorbereiten. Wir setzen dabei durchwegs $V(A)$, $V(B) > 0$ voraus. Eine Menge A soll *separierbar* heißen, wenn eine Ebene E so existiert, daß $E \cap A = 0$, aber $A' = H' \cap A \neq 0$ und $A'' = H'' \cap A \neq 0$ gilt, wo mit H' und H'' die durch E bestimmten abgeschlossenen Halbräume bezeichnet sind. Ist dabei noch $V(A') > 0$ und $V(A'') > 0$, so heiße A verschärfend *V-separierbar*.

(A). *Ist A separierbar, so gilt $p(A, B) > 0$; ist A sogar V-separierbar, so gilt zudem $q(A, B) > 0$.*

Beweis: Die A separierende Ebene E zerlege A in A' und A'', B in B' und B''. Diese Mengen sind abgeschlossen und es ist $A' \cap E = A'' \cap E = 0$. Da die Defizite $p(A, B)$ und $q(A, B)$ bei Verschiebungen von A und B invariant bleiben, dürfen wir annehmen, die Distanzen der Ebene E von A' und A'' seien gleich, so daß $\varDelta(A', E) = \varDelta(A'', E) = \varDelta > 0$ gilt, ferner, $A = A' \cup A''$ und $B = B' \cup B''$ sei eine inhaltstreue Parallelzerlegung, E enthalte den Ursprung Z und schließlich, E treffe den Inhaltskern von B, so daß $E \cap B^0 \neq 0$ gilt. Unter diesen Umständen sind die beiden Parallelebenen E' und E'' im Abstand $\varDelta$ zu E Stützebenen an A' bzw. A''. Die Ebene E' begrenzt einerseits einen Stützhalbraum U' von A', andererseits zusammen mit E einen Streifen V'; ebenso begrenzt E'' einen Stützhalbraum U'' an A'' und andererseits zusammen mit E einen zu V' kongruenten Streifen V''. Setzen wir $B^* = B \cap V'$ und $B^{**} = B \cap V''$, und bedeuten P' bzw. P'' zwei Punkte der Stützmengen $E' \cap A'$ bzw. $E'' \cap A''$, so gilt offenbar $P' \times B^{**} \subset V'$ und $P'' \times B^* \subset V''$, da durch diese MINKOWSKIschen Additionen nur Translationen von B^* und B^{**} bewirkt werden. Weiter gilt $A' \times B' \subset U'$ und $A'' \times B'' \subset U''$. Nun sind alle vier Mengen $A' \times B'$, $A'' \times B''$, $P' \times B^{**}$, $P'' \times B^*$ Teilmengen von $A \times B$ und ihre Durchschnitte sind in Ebenen enthalten. Deshalb gilt $V(A \times B) \geqq V(A' \times B') + V(A'' \times B'') + V(B^*) + V(B^{**})$. Dieselbe Rechnung, die von (37) zu (42) führte, ergibt hier $p(A, B) \geqq$ $\geqq p(A', B') + p(A'', B'') + V(B^*) + V(B^{**})$. Nun ist aber $V(B^*) +$ $+ V(B^{**}) > 0$, da E den Volumkern von B trifft. Zusammen mit (44) ergibt sich $p(A, B) > 0$, wie behauptet.

Nun sei A durch E sogar V-separiert. Wählt man ϱ so klein, daß $\varrho B \cap U' = 0$ und $\varrho B \cap U'' = 0$ wird, so gilt $(A' \times \varrho B) \cap (A'' \times \varrho B) = 0$, anderseits $A \times \varrho B = (A' \times \varrho B) \cup (A'' \times \varrho B)$. Daraus folgt die Volumenrelation $V(A \times \varrho B) = V(A' \times \varrho B) + V(A'' \times \varrho B)$; die schon mehrmals vorgenommene Umformung führt auf $F_+(A, B) \geqq F_+(A', B) + F_+(A'', B)$ und von hier zu $q(A, B) \geqq q(A', B) + q(A'', B) + R$, wo die Restgröße durch $R = k \, V(B)^{1/k} \{V(A')^{(k-1)/k} + V(A'')^{(k-1)/k} - V(A)^{(k-1)/k}\}$ gegeben ist. Nach Voraussetzung ist $V(B) > 0$, $V(A') > 0$, $V(A'') > 0$ und im Hinblick auf die elementare Ungleichung $u^\theta + v^\theta > (u + v)^\theta$ $[u, v > 0, 0 < \theta < 1]$ ergibt sich $R > 0$. Zusammen mit (45) folgt $q(A, B) > 0$, wie behauptet.

(B). *Ist A konvex und entweder* $p(A, B) = 0$ *oder* $q(A, B) = 0$, *so gilt auch* $q(B, A) = 0$.

Beweis: Wegen der Konvexität von A gilt $A \times B = \alpha A \times B \times \beta A$ $[\alpha, \beta > 0, \alpha + \beta = 1]$. Nach (44) ergibt sich daraus (a) $V(A \times B)^{1/k} \geqq \geqq \alpha V(A)^{1/k} + V(B \times \beta A)^{1/k}$ und ebenso (b) $V(B \times \beta A)^{1/k} \geqq V(B)^{1/k} + \beta V(A)^{1/k}$. Setzen wir (b) in (a) ein, so resultiert (c) $V(A \times B)^{1/k} \geqq \geqq V(A)^{1/k} + V(B)^{1/k}$.

Falls $p(A, B) = 0$ ist, muß in (c) Gleichheit eintreten und demnach auch in (b). Dies wiederum bedeutet $p(B, \beta A) = 0$. Eine einfache Umrechnung führt von hier auf $q(B, A) = 0$, wie behauptet.

In (a) ersetzen wir B durch ϱB, α durch $1 - \varrho\sigma$ und β durch $\varrho\sigma$, wo $0 < \varrho, \sigma < 1$ sei; wir erhalten so $V(A \times \varrho B)^{1/k} \geqq (1 - \varrho\sigma) V(A)^{1/k} + + \varrho \, V(B \times \sigma A)^{1/k}$ oder umgeformt

$$V(B \times \sigma A) \leqq \{V(A \times \varrho B)^{1/k} - (1 - \varrho\sigma) V(A)^{1/k}\}^k \, \varrho^{-k} \, .$$

Führen wir hier die Quotienten $r(\varrho) = [V(A \times \varrho B) - V(A)]/\varrho$ und $s(\sigma) = [V(B \times \sigma A) - V(B)]/\sigma$ ein, so ergibt sich

$$s(\sigma) \leqq (\{[V(A) + \varrho \, r(\varrho)]^{1/k} - (1 - \varrho\sigma) V(A)^{1/k}\}^k \, \varrho^{-k} - V(B))\sigma^{-1} \, .$$

Setzen wir nun $q(A, B) = 0$ voraus, so ist $\liminf r(\varrho) = k \, V(A)^{(k-1)/k} V(B)^{1/k}$ und die Abschätzung für $s(\sigma)$ wird bei festem σ zu $s(\sigma) \leqq \leqq (\{V(B)^{1/k} + \sigma V(A)^{1/k}\}^k - V(B))\sigma^{-1}$. Daraus resultiert $F_+(B, A) = \liminf s(\sigma) \leqq k \, V(B)^{(k-1)/k} V(A)^{1/k}$, was mit $q(B, A) \leqq 0$ gleichbedeutend ist. Da andererseits wegen (45) $q(B, A) \geqq 0$ sein muß, ist die Behauptung $q(B, A) = 0$ auch hier bewiesen.

(C). *Sind A und B konvex und entweder* $p(A, B) = 0$ *oder* $q(A, B) = 0$, *so sind A und B homothetisch.*

Beweis: 1. Fall: Wir beweisen die Behauptung vorerst für den Fall, wo A ein eigentliches Simplex, B konvex und $q(A, B) = 0$ sei. Es bedeute $F(A)$ die gewöhnliche Oberfläche von A, und C sei ein zu A homothetisches Simplex, das dem konvexen Körper B umschrieben ist; ferner seien $r(A)$ und $r(C)$ die Inkugelradien von A und C. Nun zeigt einfache Betrachtung des Körpers $A \times \varrho B$, daß die Volumenbeziehung $V(A \times \varrho B) \geqq V(A) + \varrho r(C) F(A)$ gilt. Sie zieht die Abschätzung $F_+(A, B) \geqq F(A) r(C)$ nach sich. Berücksichtigt man hier die Relation $F(A) r(A) = k \, V(A)$, ferner die mit $q(A, B) = 0$ gleichbedeutende

13

Beziehung $F_+(A, B) = k\, V(A)^{(k-1)/k} V(B)^{1/k}$, so gewinnt man $V(B)^{1/k} \geq$ $\geq V(A)^{1/k} r(C)/r(A)$, und wegen $r(C)/r(A) = V(C)^{1/k}/V(A)^{1/k}$ ergibt sich weiter $V(B) \geq V(C)$. Nun ist aber nach Konstruktion $B \subset C$; also muß $B = C$ sein und damit B zu A homothetisch.

2. Fall: Nun seien A und B konvex und $q(A, B) = 0$. Nach der Homogenitätseigenschaft (10) ist dann auch $q(A, \lambda B) = 0$. Wir wählen λ so, daß $V(A) = V(\lambda B)$ wird. Für die durch eine inhaltstreue Parallelzerlegung entstehenden Teilkörper A' und $\lambda B'$ gilt nach (43) und (45) wiederum $q(A', B') = 0$ und $V(A') = V(\lambda B')$. Durch Iteration läßt sich zu jedem eigentlichen Teilsimplex P von A ein konvexer Teilkörper $Q \subset \lambda B$ so angeben, daß $q(P, Q) = 0$ und $V(P) = V(Q)$ gilt. Nach dem 1. Fall muß Q ein zu P translationsgleiches Simplex sein. Da mit $q(A, \lambda B)$ nach Hilfsaussage (B) auch $q(\lambda B, A)$ verschwindet, läßt sich festhalten, daß zu jedem eigentlichen Simplex $P \subset A$ ein translationsgleiches eigentliches Simplex $Q \subset \lambda B$ existiert und umgekehrt. Daraus läßt sich folgern, daß A mit λB translationsgleich ist. In der Tat: Bezeichnet P' ein i-dimensionales Simplex $(0 \leq i \leq k)$, so folgt aus $P' \subset A$ stets auch $Q' \subset \lambda B$ $(Q' \cong P')$ und umgekehrt, da sich P' offenbar immer zu einem eigentlichen in A enthaltenen Simplex ergänzen läßt. Eine einfache Folgerung im Falle $i = 1$, wo also P' und Q' translationsgleiche Strecken bedeuten, ist die Feststellung $D(A) = D(\lambda B)$, wonach A und λB übereinstimmenden Durchmesser aufweisen müssen. Es sei jetzt $S = \langle a_0, a_1 \rangle \subset A$ eine Durchmessersehne von A, $d(a_0, a_1) = D(A)$. Die translationsgleiche Strecke $T = \langle b_0, b_1 \rangle \subset \lambda B$ ist dann offenbar eine Durchmessersehne von λB. Durch eine passende Verschiebung von B läßt sich erreichen, daß S und T zusammenfallen. Ist $a \in A$ beliebig gewählt, so entnimmt man der eingangs formulierten Aussage, die wir für den Fall $i = 2$ in Anspruch nehmen, daß λB ein mit $\langle a_0, a_1, a \rangle$ translationsgleiches Dreieck $\langle b_0', b_1', b' \rangle$ enthält. Da λB aber nicht zwei verschiedene parallele Durchmessersehnen enthalten kann, muß $b_0' = b_0 = a_0$ und $b_1' = b_1 = a_1$, also auch $b' = b = a$ gelten. Aus $a \in A$ folgt demnach stets $a \in \lambda B$, so daß auf $A \subset \lambda B$ und wegen der Symmetrie auf $\lambda B \subset A$, und damit auf $A = \lambda B$ geschlossen werden kann. A und B sind demnach homothetisch, w. z. b. w.

3. Fall: A und B seien konvex und $p(A, B) = 0$. Nach Hilfsaussage (B) ist dann auch $q(B, A) = 0$ und $q(A, B) = 0$. Nach dem 2. Fall muß also A mit B homothetisch sein, wie behauptet.

d) Wir beweisen nun die in Satz III behauptete Gleichheitsbedingung, also die Aussage: Ist $p(A, B) = 0$, $V(A) > 0$, $V(B) > 0$, so sind A und B homothetische konvexe Körper.

Beweis: Für die Inhaltskerne A^0, B^0 von A und B gilt $V(A^0)$ $= V(A) > 0$ und $V(B^0) = V(B) > 0$; ferner ist $V(A \times B) \geq V(A^0 \times B^0)$. Daher muß mit $p(A, B)$ auch $p(A^0, B^0)$ verschwinden. Daraus folgt, daß

A^0 konvex ist. In der Tat: Wir treffen die Gegenannahme, daß es zwei Punkte $p, q \in A^0$ so gibt, daß ein zwischen p und q gelegener Punkt r auf der Verbindungsgeraden G nicht zu A^0 gehört. Durch k sukzessive ausgeführte inhaltstreue Parallelzerlegungen von A und B, erzeugt durch k passend gewählte, zur Geraden G in positivem Abstand parallel gelegte Ebenen, läßt sich ein Teilmengenpaar A^{00}, B^{00} so gewinnen, daß A^{00} durch die in r orthogonal zu G gelegte Ebene separiert wird. Da p und q inhaltsverbunden sind, ist A^{00} sogar V-separierbar, ferner ist wegen der Inhaltstreue der Zerlegung mit $V(A^{00}) > 0$ auch $V(B^{00}) > 0$. Mit (42) und (44) folgt hier gleich wie früher, daß auch $p(A^{00}, B^{00}) = 0$ gilt. Dies steht aber im Widerspruch zur Hilfsaussage (A). Infolge der Symmetrie $p(A, B) = p(B, A)$ läßt sich in gleicher Weise einsehen, daß auch B^0 konvex ist. Weiter zeigen wir, daß $A = A^0$ sein muß. Andernfalls sei p ein Punkt des Schleiers $\ddot{A}$ und $A^1 = A^0 \cup p$. Mit $p(A, B) = 0$ wäre auch $p(A^1, B^0) = 0$. Nun ist aber A^1 separierbar, weil p nicht zu A^0 gehört und A^0 konvex ist. Nach Hilfsaussage (A) sollte also $p(A^1, B^0) > 0$ sein, im Widerspruch zur obigen Feststellung. Daher ist $A = A^0$; wegen der Symmetrie gilt auch $B = B^0$. Damit ist Satz III vollständig bewiesen.

e) Schließlich erbringen wir den Nachweis für die in Satz IV angegebene Gleichheitsbedingung, also für die Aussage: Ist $q(A, B) = 0$, $V(A) > 0$, $V(B) > 0$ und $A = A^0$, $B = B^0$, so sind A und B homothetische konvexe Körper.

Beweis: Um zu zeigen, daß A^0 konvex ist, gehen wir wieder von der Gegenannahme aus und erzeugen gleich wie im obenstehenden Beweis ein Teilmengenpaar A^{00}, B^{00}, bei dem A^{00} V-separierbar ist. Nach Hilfsaussage (A) ist also $q(A^{00}, B^{00}) > 0$. Hingegen folgt aus $q(A^0, B^0) = 0$, daß auch $q(A^{00}, B^{00}) = 0$ sein muß. Dies ist ein Widerspruch, also ist A^0 konvex. Damit folgt nach Hilfsaussage (B), daß auch $q(B^0, A^0) = 0$ ist, und hieraus ergibt sich gleich wie soeben, daß auch B^0 konvex ist. Nach Hilfsaussage (C) sind somit A^0 und B^0, d. h. A und B, homothetisch. Damit ist auch Satz IV vollständig bewiesen.

5.2.5. Die isoperimetrische Eigenschaft der Kugel

In diesem letzten Abschnitt wollen wir noch die isoperimetrische Ungleichung auf gewöhnliche MINKOWSKIsche Flächenmaße beziehen, die sich dadurch ergeben, daß als Nebenmenge eine Einheitskugel K gewählt wird. In diesem Fall nimmt die hier für beliebige abgeschlossene und beschränkte Mengen A formulierte isoperimetrische Ungleichung die klassische Form

$$F(A) \geqq k \, \omega_k^{1/k} \, V(A)^{(k-1)/k} \tag{47}$$

an. Hier bezeichnet ω_k den Inhalt der k-dimensionalen Einheitskugel.

Für diese fundamentale Beziehung wurden im Laufe der Zeit zahlreiche verschiedene Beweise gegeben, die sich größtenteils auf speziellere Körperklassen beziehen und sich oft auch auf andere Oberflächenbegriffe stützen.

Hier wollen wir diejenigen abgeschlossenen Mengen charakterisieren, für welche in der isoperimetrischen Ungleichung das Gleichheitszeichen eintritt. Diese Extremalmengen bestehen aus einer Kugel und einer Korona. Abb. 2 soll die hier passende Vorstellung vermitteln. Mit geeigneten zusätzlichen Voraussetzungen kann man erwirken, daß keine solche Korona auftritt. Dann erscheint die Kugel als der einzige Körper, der bei vorgegebenem Inhalt die kleinste Oberfläche aufweist, und damit hat man die berühmte isoperimetrische Eigenschaft der Kugel aufgewiesen. Die Lösung dieses Extremalproblems in der hier vorliegenden Allgemeinheit mit den Methoden der direkten Mengengeometrie verdankt man vor allem ERHARD SCHMIDT und DINGHAS[12].

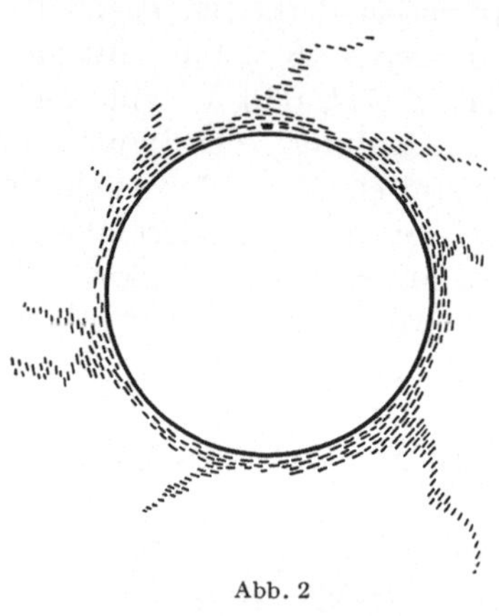

Abb. 2

Es bezeichne A eine nichtleere abgeschlossene und beschränkte Punktmenge mit einem im MINKOWSKIschen Sinn flächenhaft meßbaren Rand $\hat{A}$, so daß die beiden gewöhnlichen Flächenmaße (23) und (24) einen übereinstimmenden Wert $f(A)$ besitzen, Es ist ferner nützlich, die abgeschlossene Hülle des offenen Kerns $\tilde{A} = \overline{(\underline{A})}$ besonders hervorzuheben; $\tilde{A}$ kann auch leer sein. Für eine solche Menge positiven Maßes besteht die gewöhnliche isoperimetrische Ungleichung

$$f(\hat{A}) \geqq k\, \omega_k{}^{1/k}\, V(A)^{(k-1)/k} \qquad [V(A) > 0] , \qquad (48)$$

wobei das Gleichheitszeichen dann und nur dann gilt, wenn $\tilde{A}$ eine mit A inhaltsgleiche Kugel ist und die Korona $A - \tilde{A}$ sich so dünn um die Kugel lagert, daß für $\varrho \to 0$ die asymptotische Beziehung $V(A_\varrho) - V(\tilde{A}_\varrho) = o(\varrho)$ besteht.

Anmerkungen

1 (179) Vgl. G. CANTOR [1] und H. MINKOWSKI [2]. Ausgedehnte Untersuchungen über die „CANTOR-MINKOWSKIsche Hülle", wie die äußere Parallelmenge einer Punktmenge auch genannt wird, hat G. BOULIGAND angestellt; auf sie werden wir in Anmerkung 4 noch zurückkommen.

2 (179) Grundlegende Ansätze zur Dimensions- und Maßbestimmung unterdimensionaler Punktmengen stammen von C. CARATHÉODORY [1]; diese wurden vor allem von F. HAUSDORFF [3] weiter ausgestaltet.

3 (181) Bereits W. GROSS [2, 3] konstruierte ein Beispiel einer in der Ebene liegenden linearen Menge A, für welche gewöhnliche obere und untere MINKOWSKIsche Länge $(1/2)F_+^*(A, K)$ und $(1/2)F_+(A, K)$ ($K =$ Einheitskreis) verschieden ausfallen. H. HADWIGER [41] zeigte, daß sich im k-dimensionalen Raum zu je zwei reellen Zahlen $0 < \alpha \leqq \beta < \infty$ stets eine (abgeschlossene) Menge A so finden läßt, daß die gewöhnliche obere und untere Oberfläche die so vorgeschriebenen Werte $F_+^*(A, K) = \beta$ und $F_+(A, K) = \alpha$ annehmen ($K =$ Einheitskugel).

Einen vollständigen Abschluß des Fragenkreises (auch mit Einschluß der oben noch ausgelassenen Grenzen $\alpha = 0$ und $\beta = \infty$) erzielte H. DEBRUNNER [2].

4 (183) Vgl. H. DEBRUNNER [2]. G. BOULIGAND [1, 2] führte die „Dimensionsordnung" ebener und räumlicher Punktmengen ein. Er zeigt in [3, 4], daß diese Dimensionierung i. a. nichtkleiner als die HAUSDORFFsche Dimension ist.

5 (185) G. NÖBELING [1, 2] wies nach, daß für dehnungsbeschränkte Flächen (dehnungsbeschränkte Bilder einer Würfelscheibe) die meisten einschlägigen Flächeninhalte miteinander übereinstimmen; dies betrifft insbesondere die Flächenmaße von JANZEN, CARATHÉODORY, GROSS, HAUSDORFF, FAVARD, KOLMOGOROFF und GILLESPIE.

Für KOLMOGOROFFsche Flächenmaße, d. h. für Funktionale über einer geeigneten Klasse $(k - 1)$-dimensionaler Flächen, die den vier von A. KOLMOGOROFF [1] seiner axiomatischen Maßtheorie zugrundegelegten Postulaten genügen, ist die Übereinstimmung bei dehnungsbeschränkten Flächen eine einfache Folgerung der Theorie.

Von den oben erwähnten Flächenmaßen weisen aber die meisten nicht die KOLMOGOROFFsche Eigenschaft auf. Auch das MINKOWSKIsche Flächenmaß genügt den Forderungen nicht, da es die charakteristischen Maßeigenschaften nicht aufweist; ungeklärt ist noch die Frage, ob die MINKOWSKIschen Maße dehnungsmonoton sind, also sich bei dehnungsloser Abbildung nicht vergrößern.

Nun hat aber M. KNESER [1] zeigen können, daß das obere und untere (äußere) MINKOWSKIsche Flächenmaß bei dehnungsbeschränkten Flächen mit dem GROSSschen Minimalmaß und also mit allen von NÖBELING erfaßten Maßen übereinstimmt. Damit ist diese Frage, die nur in speziellen Fällen angegangen wurde — vgl. J. FAVARD [2] — allgemein beantwortet.

6 (187) Für beliebige meßbare Punktmengen ist der BRUNN-MINKOWSKIsche Satz von L. LUSTERNIK [1] nachgewiesen worden. Über die Behebung einiger unkorrekt gebliebener Stellen siehe die sich noch allgemeiner auf beliebige beschränkte Mengen beziehenden Untersuchungen von R. HENSTOCK und A. M. MACBEATH [1].

Weitere ältere und neuere, sich auf allgemeine Punktmengen beziehende Herleitungen der isoperimetrischen Ungleichungen auf dem Wege über den erwähnten Satz finden sich bei A. DINGHAS und E. SCHMIDT [1], E. SCHMIDT [7, 8,], A. DINGHAS [17]. D. OHMANN [3, 6] hat die Frage nach dem sich auf MINKOWSKIsche Addition und Subtraktion beziehenden vollständigen Ungleichungssystem geklärt: Zu vier reellen Zahlen p, q, u, v lassen sich dann und nur dann zwei beschränkte und abgeschlossene Punktmengen A und B finden, die der Bedingung $A/B \neq 0$ genügen sollen, so daß $p = V(A)^{1/k}$, $q = V(B)^{1/k}$, $u = V(A \times B)^{1/k}$, $v = V(A/B)^{1/k}$ ausfällt, wenn die vier Ungleichungen $u \geqq p + q$, $v \leqq p - q$, $q \geqq 0$, $v \geqq 0$ bestehen.

Kürzlich hat A. DINGHAS [19, 20] eine interessante Erweiterung des BRUNN-MINKOWSKIschen Satzes auf kontinuierliche lineare Kombinationen von Mengen einer einparametrigen stetigen und gleichmäßig beschränkten Mengenschar aufgezeigt. Mit Verwendung passender Integralsymbolik läßt sich das Ergebnis in der Form $\{V(\int d\lambda \cdot A[\lambda])\}^{1/k} \geqq \int V(A[\lambda])^{1/k} \cdot d\lambda$ schreiben. Über den weiteren Ausbau des hier verwendeten MINKOWSKIschen Integralbegriffs vgl. A. DINGHAS [21].

7 (187) D. OHMANN [2]; vgl. auch Anmerkung 12 zum 4. Kapitel.

8 (187) Die Beweisführung im Text ist im wesentlichen der neueren Abhandlung H. HADWIGER und D. OHMANN [1] entnommen.

9 (188) E. SCHMIDT [8] (I. S. 90, II. S. 232).

10 (189) Für den im Text vorgetragenen Beweis gilt ebenfalls der in Anmerkung 8 gegebene Hinweis. Isoperimetrische Sätze dieser Art, teilweise auch mit Diskussion über die Gültigkeit des Gleichheitszeichens, wurden oftmals im spezielleren Fall bewiesen, wo A eine beliebige beschränkte (abgeschlossene) Menge, B dagegen eine Einheitskugel ist; die besondere Wahl von B entspricht der Beschränkung des Problems auf die gewöhnliche Oberfläche und bewirkt naturgemäß wesentliche Vereinfachungen. Vollständige Lösungen des in diesem Sinne „gewöhnlichen" isoperimetrischen Problems sind u. a. von E. SCHMIDT [7, 8] und A. DINGHAS [13, 17] erzielt worden; zum Teil wurden sie auch auf nichteuklidische Räume erweitert. Kurze Beweise finden sich auch bei H. HADWIGER [24, 48].

Allgemeine sich auf Relativoberflächen beziehende Herleitungen der isoperimetrischen Sätze hat H. BUSEMANN [1] gegeben. Die zum „relativen" Problem gehörende Eichmenge B ist dort ein konvexer Körper; dagegen macht die mehr analytische Entwicklungsmethode gewisse passende Voraussetzungen über die Hauptmenge A erforderlich. Eine elementare Lösung des Problems ist möglich, wenn als Nebenmenge B ein Würfel gewählt wird. Vgl. H. HADWIGER [40].

11 (190) Die Einführung paralleler und in passender Weise korrelierender Schnitte ist bei den Beweisen des BRUNN-MINKOWSKIschen Theorems als leistungsfähiger Kunstgriff bekannt. Vgl. hierzu den von T. BONNESEN und W. FENCHEL [1] wiedergegebenen Beweis, den H. KNESER und W. SÜSS [1] für das sich auf konvexe Körper beziehende Theorem gegeben haben, ferner die Beweise von A. DINGHAS [11, 6] im Falle allgemeinerer Punktmengen.

12 (196) Die neueren Abhandlungen von E. SCHMIDT [7, 8] und A. DINGHAS [17] sind rein mengengeometrischer Natur. Da die direkten Schlüsse der Mengengeometrie im allgemeinen einfacher sind als diejenigen, die nach der Übertragung der Probleme in den Bereich der Funktionen gemäß der indirekten analytischen Methode erforderlich werden, andererseits aber auch allgemeinere Mengen in die Behandlung einschließbar sind, werden zahlreiche ältere Arbeiten zum isoperimetrischen Problem — wie E. SCHMIDT schrieb — durch die neuen Abhandlungen „nicht nur in der Methode, sondern auch im Resultat überholt". Von den älteren teilweise sehr ausgedehnten und tiefgreifenden Arbeiten der beiden Verfasser erwähnen wir hier: E. SCHMIDT [2, 3, 4, 5 und 6]; A. DINGHAS [6, 11]; A. DINGHAS und E. SCHMIDT [1].

6. Kapitel

Konvexe Körper und allgemeine Integralgeometrie

§ 1. Konvexe Körper und ihre fundamentalen Maßzahlen

6.1.1. Zur Geometrie der Eikörper; Grundtatsachen

Ein konvexer Körper (Eikörper) ist, wie wir am Schluß von 3.1.1. erklärten, eine beschränkte, abgeschlossene und konvexe Punktmenge. Eikörper, denen innerhalb der mengengeometrischen Entwicklung der Theorie eine besonders ausgezeichnete Bedeutung zukommt, sind die konvexen Polyeder (Eipolyeder), mit denen wir uns schon einläßlich beschäftigten [vgl. 1.1.2]. Verschiedene einfache Begriffe, die im Zusammenhang mit den Eipolyedern erörtert wurden, können sinngemäß auf beliebige Eikörper übertragen werden. So heißt ein Eikörper A mit inneren Punkten *eigentlich*; ein nichteigentlicher Eikörper A *uneigentlich*; er liegt ganz in einer Ebene E, so daß $A \subset E$ gilt. Die auch schon für beliebige abgeschlossene Mengen eingeführten Begriffe *Stützebene*, *Stützmenge*, *Stützhalbraum* und *Stützabstand* können wir unmittelbar übernehmen [vgl. 4.1.1]; sie spielen in der Geometrie der konvexen Körper eine besonders wichtige Rolle. Ohne auf die exakten Nachweise einzugehen, erwähnen wir einige anschauliche Grundtatsachen. Ein Eikörper A ist der Durchschnitt seiner inneren Stützhalbräume. Zwei disjunkte Eikörper A und B lassen sich durch eine Ebene E *separieren*, so daß A und B im Inneren der beiden durch E erzeugten offenen Halbräume liegen. Durch einen *Randpunkt* $p \in \hat{A}$ eines Eikörpers A läßt sich wenigstens eine Stützebene hindurchlegen; p heißt *regulär* oder *singulär*, je nachdem p eine oder mehr als eine Stützebene gestattet. Eine Stützmenge, die bezogen auf die Stützebene „innere" Punkte aufweist, ist eine *Flachstelle*. Liegt der Ursprung Z im Eikörper A, so ist der Stützabstand $h(A, u)$ eine nichtnegative und stetige Funktion (*Stützfunktion*) der Richtung u der Richtungssphäre S. Die einem Eikörper A angehörenden Punkte p können durch das kontinuierliche Ungleichungssystem

$$(p, u) \leqq h(A, u) \qquad [p \in A, u \in S] \qquad (1)$$

charakterisiert werden.

Es bezeichne $\Re$ die Klasse aller Eikörper; $\Re$ soll auch die leere Menge 0 enthalten. Ferner sollen $\Re'$ bzw. $\Re''$ die Teilklassen der eigentlichen bzw. uneigentlichen Eikörper bedeuten; sie enthalten auch die leere Menge 0. Die folgenden Aussagen beziehen sich auf Verknüpfungen und Prozesse, die nicht aus der Klasse $\Re$ hinausführen und deshalb innerhalb der Geometrie der Eikörper eine besondere Bedeutung haben. So gilt

$$A, B \in \Re \rhd A \cap B \in \Re \qquad (2)$$

und

$$A \in \Re \rhd A \cap E_i, A|E_i \in \Re \qquad [0 \leqq i \leqq k], \qquad (3)$$

wo $A \cap E_i$ den Durchschnitt von A mit einer i-dimensionalen Ebene E_i und $A|E_i$ die orthogonale Projektion von A auf E_i (Normalriß) [vgl. 4.4.2] bezeichnen. Diese Aussagen folgen unmittelbar aus der Definition der Konvexität. Das nämliche trifft für die sich auf die Dilatation beziehende Regel

$$A \in \Re \rhd \lambda A \in \Re \qquad [\lambda \geqq 0] \qquad (4)$$

zu. Wichtig sind die für nichtleere Eikörper gültigen Aussagen

$$A, B \in \Re \rhd A \times B, A/B \in \Re . \qquad (5)$$

Insbesondere folgert man aus (5), daß alle Körper $A_\varrho\,[-r \leqq \varrho < \infty]$ der vollständigen Parallelschar eines Eikörpers A selbst Eikörper sind [vgl. 4.2.3].

Beweis: Da mit A und B auch $A \times B$ und A/B abgeschlossen und beschränkt sind, braucht nur noch die Konvexität von $A \times B$ und A/B nachgewiesen zu werden. **a)** Es sei $p, p' \in A \times B$ und $p'' = \alpha p + \beta p'$ $[\alpha, \beta \geqq 0, \alpha + \beta \geqq 1]$. Es ist zu zeigen, daß auch $p'' \in A \times B$ gilt. In der Tat: Da $p = a + b$, $p' = a' + b'$ $[a, a' \in A$ und $b, b' \in B]$ ist, folgt $p'' = a'' + b''$, wobei $a'' = \alpha a + \beta a'$ und $b'' = \alpha b + \beta b'$ gesetzt ist. Da A und B konvex sind, schließt man mit $a'' \in A$ und $b'' \in B$ auf die Behauptung. **b)** Es sei $p, p' \in A/B$ und wie oben $p'' = \alpha p + \beta p'$. Wieder muß $p'' \in A/B$ gezeigt werden. Dies gilt in der Tat: Für jedes $b \in B$ ist $p + b$, $p' + b \in A$. Da A konvex ist, folgt hieraus $p'' + b \in A$ und damit die Behauptung.

Ferner gilt

$$A \in \Re \rhd S(A),\ T(A) \in \Re, \tag{6}$$

wo $S(A)$ und $T(A)$ die durch eine Symmetrisierung S und durch eine Drehmittelung T aus A hervorgehenden Körper bezeichnen [vgl. hierzu 4.5.1 und 4.5.2].

Beweis: Da mit A auch $S(A)$ und $T(A)$ abgeschlossen und beschränkt sind, muß auch hier nur die Konvexität von $S(A)$ und $T(A)$ nachgewiesen werden. **a)** Es sei $p, q \in S(A)$ und $r = \alpha p + \beta q$ $[\alpha, \beta \geqq 0, \alpha + \beta = 1]$. Wir zeigen, daß $r \in S(A)$ gilt. In der Tat: G_p und G_q seien die beiden durch p und q hindurchlaufenden Symmetrisierungsgeraden und P bezeichne das Trapez, das sich als konvexe Hülle der beiden Sehnen $A \cap G_p$ und $A \cap G_q$ ergibt. Offensichtlich ist auch $S(P)$ ein Trapez, das seinerseits als konvexe Hülle der Strecken $S(A) \cap G_p$ und $S(A) \cap G_q$ auftritt. Da A konvex ist, gilt $P \subset A$ und somit $S(P) \subset S(A)$. Da weiter $S(P)$ konvex ist, folgt aus $p, q \in S(P)$ auch $r \in S(P)$ und also $r \in S(A)$. Damit ist die Konvexität von $S(A)$ nachgewiesen. **b)** Die Konvexität von $T(A)$ ist eine unmittelbare Folge der Aussagen (4) und (5).

Schließlich wollen wir noch feststellen, daß die abgeschlossene Limesmenge einer konvergenten Eikörperfolge selbst wieder ein Eikörper ist, so daß die Aussage

$$A_n \in \Re\ (n = 1, 2, \ldots),\ A_n \to A\ [n \to \infty] \rhd A \in \Re \tag{7}$$

gilt.

Beweis: Es sei $p, q \in A$ und $r = \alpha p + \beta q$ $[\alpha, \beta \geqq 0, \alpha + \beta = 1]$. Nach Definition der Konvergenz in 4.3.1 gibt es zu einem $\varrho > 0$ ein n derart, daß sowohl $A \subset (A_n)_\varrho$ als auch $A_n \subset A_\varrho$ ausfällt. Mit A_n ist auch $(A_n)_\varrho$ konvex, so daß auf $r \in (A_n)_\varrho$ und mit Verwendung der Regel (52) von 4.2.3 auf $r \in A_{2\varrho}$ geschlossen werden kann. Da ϱ beliebig wählbar und A

abgeschlossen ist, folgt $r \in A$. Also ist A konvex. Offensichtlich ist A beschränkt und nach Voraussetzung abgeschlossen. Damit ist (7) bewiesen.

In diesem Zusammenhang ergibt sich ein wichtiger Sonderfall des Auswahlsatzes [Satz I in 4.3.2], nämlich der sich lediglich auf konvexe Körper beziehende *Auswahlsatz von* BLASCHKE[1], wonach sich aus einer nichtendlichen Menge konvexer Körper, die alle in einem festen Würfel enthalten sind, eine konvergente Eikörperfolge herausgreifen läßt, welche gegen einen im Würfel liegenden Eikörper konvergiert. Dies besagt mit andern Worten, daß die Eikörperklasse $\Re$ als metrischer Raum *lokal kompakt* ist.

Eikörper, die sich durch eine hohe Symmetrie besonders auszeichnen, sind die konvexen *Rotationskörper*. Diese gehen durch jede Drehung um eine feste Achse R (*Rotationsachse*) in sich über; eine Drehung um R ist eine (eigentliche) Bewegung, welche R punktweise fest läßt. Die Rotationssymmetrie eines Eikörpers A läßt sich auch durch die Forderung charakterisieren, daß A durch jede auf R orthogonal stehende und A treffende Ebene E in einer *Kugelscheibe* [$(k-1)$-dimensionalen Kugel] $S = A \cap E$ geschnitten wird, deren Mittelpunkt in R liegt.

Es ist nützlich, alle konvexen Rotationskörper mit einer festen übereinstimmenden und durch den Ursprung Z hindurchgehenden Achse R zu einer *Klasse $\Re$ koaxialer rotationssymmetrischer Eikörper* zusammenfassen; $\Re$ enthalte auch die leere Menge 0. Für nichtleere Körper gelten dann die Regeln

$$A \in \Re \rhd \lambda A \in \Re \qquad [\lambda \geqq 0] \tag{8}$$

und

$$A, B \in \Re \rhd A \times B,\ A/B \in \Re. \tag{9}$$

Die Beweise liegen auf der Hand.

Wir erwähnen noch einige in der Geometrie der konvexen Rotationskörper nützliche Bezeichnungen: Eine zweidimensionale Ebene durch die Achse R schneidet einen Körper $A \in \Re$ in einem ebenen und in bezug auf R symmetrischen konvexen Bereich; seine Randkurve heißt *Meridiankurve* von A. Der Radius a einer größten Kugelscheibe, die durch eine orthogonal auf R stehende Ebene aus A ausgeschnitten wird, soll *Äquatorradius* genannt werden. Es ist dann $2a$ die Breite von A in einer auf R orthogonal stehenden Richtung. Die Breite von A in der Richtung von R nennen wir *Länge l* von A. Für die beiden Maßzahlen $a = a(A)$ und $l = l(A)$ gelten demnach in bezug auf die MINKOWSKISCHEN Operationen die gleichen einfachen Regeln wie für Breiten in fester Richtung [vgl. 4.2.1 (40), (41)].

6.1.2. Eikörperfunktionale

In diesem Abschnitt sollen einige Eigenschaften zusammengestellt werden, welche den Maßzahlen, die den konvexen Körpern zugeordnet sind, und allgemeiner den Eikörperfunktionalen zukommen können. Eine axiomatische Theorie der Eikörperfunktionen geht ausschließlich von derartigen Eigenschaften aus und erforscht die gegenseitigen Zusammenhänge[2]. Im vorliegenden Kapitel werden wir einzelne Beiträge hierzu leisten, insofern ein natürlicher Anschluß an die beiden mit Inhalt und Oberfläche gegebenen fundamentalen Funktionale dies nahelegt.

Es sei φ eine über der Klasse $\Re$ der konvexen Körper definierte Funktion, welche jedem Eikörper $A \in \Re$ eine reelle Zahl $\varphi(A)$ zuordnet, und welche der *Nullkonvention*

$$\varphi(0) = 0 \tag{10}$$

genügt. In diesem Fall sprechen wir von einem *Eikörperfunktional* φ.

Wichtige Eigenschaften, welche solchen Funktionalen zukommen können, sind folgende:

φ heißt *bewegungsinvariant*, wenn

$$\varphi(A) = \varphi(B) \qquad [A \simeq B]\,, \tag{11}$$

oder *translationsinvariant*, wenn nur

$$\varphi(A) = \varphi(B) \qquad [A \cong B] \tag{12}$$

gilt. φ heißt (nichtnegativ) *definit*, bzw. *streng definit*, wenn

$$\varphi(A) \geqq 0 \text{ bzw. } \varphi(A) > 0 \qquad [A \neq 0] \tag{13}$$

ist. Weiter nennen wir φ *monoton*, wenn

$$\varphi(A) \leqq \varphi(B) \qquad [A \subset B] \tag{14}$$

gilt. Gibt es zu jedem Würfel W eine nur von W abhängige Konstante C so, daß

$$|\varphi(A)| \leqq C \qquad [A \subset W] \tag{15}$$

ausfällt, so heißt φ *beschränkt*. Gilt bei Dilatationen die Regel

$$\varphi(\lambda A) = \lambda^i \, \varphi(A) \qquad [\lambda > 0]\,, \tag{16}$$

so nennen wir φ *homogen* (vom Grade i). φ heißt *stetig*, wenn

$$\varphi(A_n) \to \varphi(A) \qquad [A_n \to A,\, n \to \infty] \tag{17}$$

gilt. Ein Eikörperfunktional φ, welches das Additionstheorem

$$\varphi(A) + \varphi(B) = \varphi(A \cup B) + \varphi(A \cap B) \qquad [A \cup B \in \Re] \tag{18}$$

erfüllt, nennen wir *additiv*. Besonders anschaulich ist die Aussage im Sonderfall abzulesen, wo ein Eikörper $A \cup B$ durch eine Ebene, welche den (uneigentlichen) Schnittkörper $A \cap B$ ausschneidet, in die beiden Teilkörper A und B zerlegt wird. Vgl. hierzu auch Abb. 1.

Gilt in diesem Falle sogar

$$\varphi(A) + \varphi(B) = \varphi(A \cup B) \qquad [A \cup B \in \Re, A \cap B \in \Re''] , \qquad (19)$$

so nennen wir φ *einfach-additiv*. Ein einfach-additives Funktional läßt sich auch als additives Funktional auffassen, das über der Klasse $\Re''$ der uneigentlichen Eikörper verschwindet, so daß $\varphi(A) = 0$ $[A \in \Re'']$ gilt.

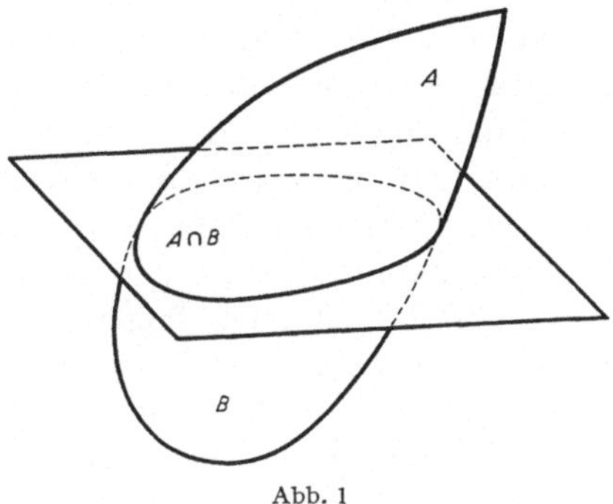

Abb. 1

φ heißt *subadditiv* (halbadditiv nach unten), wenn

$$\varphi(A) + \varphi(B) \geqq \varphi(A \cup B) \qquad [A \cup B \in \Re, A \cap B \in \Re''] , \qquad (20)$$

und entsprechend *superadditiv* (halbadditiv nach oben), wenn

$$\varphi(A) + \varphi(B) \leqq \varphi(A \cup B) \qquad [A \cup B \in \Re, A \cap B \in \Re''] \qquad (21)$$

ausfällt.

Einfache Beispiele, durch welche die vier genannten additiven Eigenschaften eines Funktionals realisiert werden, sind folgende:

$\varphi(A) = V(A)$ [Inhalt] ist einfach-additiv;

$\varphi(A) = b(A, u)$ [Breite in Richtung u] ist additiv;

$\varphi(A) = D(A)$ [Durchmesser] ist subadditiv;

$\varphi(A) = [V(A)]$ [größte ganze Zahl, die den Inhalt nicht übertrifft] ist superadditiv.

Gewisse Funktionale gehen mit der normierten MINKOWSKIschen Linearkombination [vgl. 4.2.1] eine enge Verbindung ein, indem für zwei nichtleere Eikörper A und B und für $\alpha, \beta \geqq 0$, $\alpha + \beta = 1$ stets eine der drei folgenden Relationen

$$\varphi(\alpha A \times \beta B) \geqq \alpha\, \varphi(A) + \beta\, \varphi(B) , \qquad (22)$$

$$\varphi(\alpha A \times \beta B) \leqq \alpha\, \varphi(A) + \beta\, \varphi(B) , \qquad (23)$$

$$\varphi(\alpha A \times \beta B) = \alpha\, \varphi(A) + \beta\, \varphi(B) \qquad (24)$$

besteht. Wir wollen das Funktional φ im MINKOWSKIschen *Sinne konkav*, *konvex* oder *linear* nennen, wenn stets (22), (23) oder (24) gilt. Beispielsweise bestätigt man leicht, daß $\varphi(A) = r(A)$ [Inkugelradius] konkav, $\varphi(A) = R(A)$ [Umkugelradius] konvex und $\varphi(A) = b(A, u)$ [Breite in fester Richtung u] linear in unserem Sinne sind.

Zwischen den verschiedenen in Betracht gezogenen Eigenschaften der Eikörperfunktionale bestehen gegenseitige Abhängigkeiten. So ist es klar, daß ein monotones Funktional wegen der Nullkonvention definit sein muß; ferner ist ein monotones Funktional notwendig beschränkt. Weiter überlegt man sich leicht, daß ein translationsinvariantes, monotones und homogenes Funktional über der Klasse $\mathfrak{K}'$ der eigentlichen Eikörper stetig ist. Dies trifft dagegen für die volle Klasse $\mathfrak{K}$ nicht notwendigerweise zu: Das Funktional $\varphi(A) = 0$ oder 1 [$A \in \mathfrak{K}''$ oder $A \in \mathfrak{K}'$] besitzt die oben genannten drei Eigenschaften, ohne stetig zu sein. Diese erwähnten Zusammenhänge folgen unmittelbar aus den Definitionen und einfachen mengengeometrischen Sachverhalten. Tiefer liegen solche, die sich später aus den Funktionalsätzen in 6.1.10 entnehmen lassen. So wird folgen, daß bewegungsinvariante, additive und monotone Funktionale stetig sein müssen. In dieser Aussage kann die Voraussetzung der Monotonie nicht durch diejenige der Beschränktheit ersetzt werden. Das Funktional $\varphi(A) = \Sigma f_\nu(\hat{A})$, wo $f(\hat{A})$ den $(k-1)$-dimensionalen Inhalt einer Flachstelle des Randes $\hat{A}$ von A bezeichnet, und sich die Summation über die höchstens abzählbar vielen Flachstellen des Eikörpers A erstreckt, ist bewegungsinvariant, additiv und beschränkt, aber unstetig[3].

Die Tatsache, daß die Eikörperklasse $\mathfrak{K}$ nach BLASCHKEs Auswahlsatz lokal kompakt ist, gestattet den Schluß, daß ein stetiges Eikörperfunktional lokal gleichmäßig stetig ist. Es gilt der folgende oft nützliche

Hilfssatz I. *Ist $\mathfrak{M}$ eine gleichmäßig beschränkte Eikörpermenge, so daß für alle $A \in \mathfrak{M}\ A \subset U$ gilt, wo U ein passend gewählter Würfel ist, so ist ein stetiges Eikörperfunktional φ über $\mathfrak{M}$ gleichmäßig stetig, d. h. zu $\varepsilon > 0$ läßt sich ein $\delta > 0$ so angeben, daß für alle Eikörperpaare $A, B \in \mathfrak{M}$ mit $d(A, B) < \delta$ die Bedingung $|\varphi(A) - \varphi(B)| < \varepsilon$ erfüllt wird.*

Beweis: Wäre der Hilfssatz unrichtig, so könnte man aus $\mathfrak{M}$ eine Folge von Eikörperpaaren $A_n, B_n \in \mathfrak{M}$ ($n = 1, 2, \ldots$) so auswählen, daß $d(A_n, B_n) \to 0$ [$n \to \infty$], aber $|\varphi(A_n) - \varphi(B_n)| \geqq \varepsilon$ mit einem geeigneten $\varepsilon > 0$ ausfallen würde. Nach dem Auswahlsatz bedeutet es keine wesentliche Einschränkung, $A_n \to A$ und $B_n \to B$ anzunehmen, da man sich andernfalls auf eine passende Teilfolge beschränken könnte. Mit der Distanzbedingung oben folgt aber $d(A, B) = 0$, also $A = B$. Mit der vorausgesetzten Stetigkeit von φ folgt weiter $\varphi(A_n) \to \varphi(A)$ und $\varphi(B_n) \to \varphi(B)$, so daß wegen $A = B$ auf $\varphi(A_n) - \varphi(B_n) \to 0$ [$n \to \infty$] geschlossen werden kann. Dies steht im Widerspruch zur Konstruktion.

6.1.3. Polyedrische Approximation

Ein konvexer Körper läßt sich durch konvexe Polyeder beliebig genau approximieren. Die Güte der Approximation kann etwa durch die in 4.3.1 für abgeschlossene Mengen A, B erklärte Distanz $d(A, B)$ gemessen werden. Fassen wir die Eikörperklasse $\Re$ auf dieser Distanzmessung basierend als metrischen Raum auf, so liegt der Teilraum $\mathfrak{E}$ der Eipolyeder in $\Re$ *dicht*. Dieser Sachverhalt ist für die Theorie der Eikörper von hoher methodischer Bedeutung, indem sich hieran ein bekanntes Verfahren anschließt, das darin besteht, geeignete Aussagen zunächst für Eipolyeder nachzuweisen und die Gültigkeit für beliebige Eikörper durch Grenzübergang sicherzustellen. In diesem Sinne spricht man von der *Methode der polyedrischen Approximation*. Grundlegend ist hier zunächst der

Satz I. (Erster Approximationssatz). *Ist $A \in \Re$ ein Eikörper und $\varepsilon > 0$ vorgegeben, so lassen sich zwei Eipolyeder P, $Q \in \mathfrak{E}$ so finden, daß $P \subset A \subset Q$ gilt, und daß sowohl $d(A, P) < \varepsilon$ als auch $d(A, Q) < \varepsilon$ ausfällt.*

Beweis: Wir überdecken A durch endlich viele kongruente Würfel der Kantenlänge $s < \varepsilon/\sqrt{k}$, von denen jeder Punkte mit A gemeinsam hat. Es sei Q die konvexe Hülle der Vereinigungsmenge dieser Würfel. Offensichtlich gilt einerseits $A \subset Q$ und andererseits $Q \subset A_{\sqrt{k}\,s}$, so daß man $d(A, Q) < \varepsilon$ entnehmen kann. Weiter überdecken wir A durch endlich viele kongruente Würfel der Kantenlänge $s < 2\varepsilon/\sqrt{k}$, deren Mittelpunkte alle zu A gehören sollen. Es sei P die konvexe Hülle der Menge der Würfelmittelpunkte. Einerseits gilt offenbar $P \subset A$ und andererseits $A \subset P_{\sqrt{k}\,s/2}$, so daß man wieder $d(A, P) < \varepsilon$ hat.
Gute Dienste leistet ferner

Satz II. (Zweiter Approximationssatz). *Ist $A \in \Re$ ein Eikörper und wird $\lambda > 1$ beliebig vorgegeben, so läßt sich ein Eipolyeder $P \in \mathfrak{E}$ so finden, daß $P \subset A \subset \lambda P$ ausfällt, falls der Ursprung Z passend in A angenommen wird.*

Beweis: Wir nehmen zunächst an, daß A ein eigentlicher Eikörper ist. Wir wählen den Ursprung Z im Innern von A, so daß eine Kugel K vom Radius $\varrho > 0$ um Z als Mittelpunkt ebenfalls noch ganz im Innern von A liegt. Wir wählen eine Zahl $\varepsilon > 0$, die kleiner als der positive Abstand $\varDelta$ der Randflächen $\hat{A}$ und $\hat{K}$ ist und dazu die Bedingung (a) $(\lambda - 1)\varrho > \varepsilon$ erfüllt. Nach dem ersten Approximationssatz gibt es ein Eipolyeder P so, daß (b) $P \subset A \subset P_\varepsilon$ ausfällt. Wegen $\varepsilon < \varDelta$ muß $K \subset P$ gelten. Bei der Dilatation von P mit λ werden die den Seitenflächen entsprechenden Stützebenen mit den Stützabständen p um die Spannen $d = (\lambda - 1)p$ nach außen geschoben. Mit Rücksicht auf $p > \varrho$ und (a) folgt $d > \varepsilon$, so daß mit elementarer Erwägung auf $P_\varepsilon \subset \lambda P$ geschlossen werden kann. Mit einem Rückblick auf (b) ergibt sich die Behauptung $P \subset A \subset \lambda P$.

Ist A ein uneigentlicher Eikörper, so gibt es eine Ebene E_i niedrigster Dimension $i < k$, für welche $A \subset E_i$ gilt. A ist dann als Körper des Raumes E_i betrachtet eigentlich, und die oben angesetzte Konstruktion läßt sich im E_i sinngemäß durchführen, wobei für das approximierende Eipolyeder $P \subset E_i$ gilt.

6.1.4. Inhalt und Oberfläche konvexer Körper

Ein Eikörper hat einen Inhalt, indem er jedenfalls als abgeschlossene und beschränkte Punktmenge im LEBESGUEschen Sinne meßbar ist. Dem in 3.3.3 mit Satz X ausgesprochenen Kriterium kann unmittelbar entnommen werden, daß ein Eikörper sogar im JORDANschen Sinne meßbar ist. Falls er eigentlich ist, so wird die innere Dichteschranke positiv, da die mittlere Dichte in einem Randpunkt nicht kleiner ist als die sich auf die konvexe Hülle des Randpunktes und der eigentlichen Inkugel (Kappenkörper) beziehende Dichte. Damit ergibt sich leicht, daß die mittleren Dichten eine positive untere Schranke aufweisen. Ist er aber uneigentlich, so stellt er eine Nullmenge dar. Dagegen kann noch nicht ohne weiteres von der Oberfläche gesprochen werden. Allerdings stehen uns zunächst die in 5.1.3 erklärten gewöhnlichen MINKOWSKIschen Oberflächen zur Verfügung, doch muß hier die Frage der Existenz und eventuell des Zusammenfallens der verschiedenen Maße abgeklärt werden. Dies werden wir weiter unten nachholen.

Der mengengeometrisch einfache Bau der konvexen Körper erlaubt aber, die Begründung ihres Inhalts und ihrer Oberfläche in formal gleicher Weise unmittelbar an die elementare Inhalts- und Flächenmessung anzuschließen. Damit wird die Theorie der konvexen Körper bei der Einführung ihrer fundamentalen Maßzahlen von der allgemeinen Inhaltslehre weitgehend unabhängig.

Dies geschieht auf die folgende Weise: Wir gehen aus vom elementaren Inhalt $I(P)$ und der elementaren Oberfläche $F(P)$ eines konvexen Polyeders P [vgl. 2.3.1]. Da diese beiden Eipolyederfunktionale monoton sind, existieren die für einen Eikörper A durch die Ansätze

$$\overline{V}(A) = \inf I(P)\ [A \subset P]\ ;\ \underline{V}(A) = \sup I(Q)\ [Q \subset A]\ , \qquad (25)$$

$$\overline{F}(A) = \inf F(P)\ [A \subset P]\ ;\ \underline{F}(A) = \sup F(Q)\ [Q \subset A] \qquad (26)$$

definierten Maßzahlen $\overline{V}, \underline{V}, \overline{F}, \underline{F}$, wobei P bzw. Q Eipolyeder bezeichnen, die A überdecken bzw. unterdecken. Mit der bereits erwähnten Monotonie, wonach stets $I(Q) \leqq I(P)$ und $F(Q) \leqq F(P)$ gelten muß, schließt man zunächst (a) $\underline{V}(A) \leqq \overline{V}(A)\ ; \underline{F}(A) \leqq \overline{F}(A)$. Setzt man andererseits $P = \lambda Q\ [\lambda > 1]$, so folgt (b) $\overline{V}(A) \leqq \lambda^k\, \underline{V}(A)\ ; \overline{F}(A) \leqq \lambda^{k-1}\, \underline{F}(A)$. Da (b) nach dem zweiten Approximationssatz für jedes $\lambda > 1$ richtig bleibt, kann man mit (a) auf (c) $\underline{V}(A) = \overline{V}(A)\ ; \underline{F}(A) = \overline{F}(A)$ schließen.

Die beiden durch

$$V(A) = \underline{V}(A) = \overline{V}(A) \, ; \quad F(A) = \underline{F}(A) = \overline{F}(A) \qquad (27)$$

dargestellten Werte heißen *Inhalt* und *Oberfläche* des Eikörpers A.

Das hier zur Begründung dieser beiden grundlegenden Maßzahlen herangezogene Verfahren der polyedrischen Approximation gestattet es, die einfachsten Eigenschaften der elementaren Ausgangsfunktionale $I(P)$ und $F(P)$ sinngemäß von der Klasse der Eipolyeder $P \in \mathfrak{E}$ auf die Klasse der Eikörper $A \in \mathfrak{R}$ zu übertragen: Das Inhaltsfunktional $V(A)$ ist *bewegungsinvariant*, (insbesondere *tranlationsinvariant*), *definit, monoton, beschränkt, homogen* (vom Grade k), *stetig* und *einfach-additiv*. Das Oberflächenfunktional $F(A)$ ist *bewegungsinvariant* (insbesondere *translationsinvariant*), *definit, monoton, beschränkt, homogen* (vom Grade $k-1$), *stetig* und *additiv*.

Wir wollen jetzt den Zusammenhang der hier eingeführten Maßzahlen mit den früher behandelten Inhalts- und Oberflächenmaßen herstellen. Zunächst kann man unserer Konstruktion unmittelbar entnehmen, daß

$$V(A) = J(A) = L(A) \qquad (28)$$

ist, wo J den JORDANschen Inhalt und L das LEBESGUEsche Maß bezeichnen [vgl. 3.3.2 und 3.4.2]. Ist A ein eigentlicher Eikörper, und ist A_ϱ $[-r < \varrho < \infty]$ ein Körper der vollständigen Schar der inneren und äußeren Parallelkörper, so gilt für $\varrho \to 0$ die asymptotische Relation

$$V(A_\varrho) = V(A) + F(A)\varrho + o(\varrho) \, . \qquad (29)$$

Diese gewinnt man unmittelbar aus der nämlichen für Eipolyeder P gültigen Relation (25) von 5.1.3 nach dem Verfahren der polyedrischen Approximation, indem man bei festem $\varrho > 0$ eine gegen A konvergente Eipolyederfolge in Betracht zieht und die Stetigkeit von Inhalt und Oberfläche berücksichtigt, wobei auch die für Eipolyeder hergeleitete Darstellung des Restgliedes $o(\varrho)$ herangezogen werden muß. Ersetzt man in (29) A durch A_σ und beachtet noch die Regeln (52) und (53) von 4.2.2, so gewinnt man die innerhalb der vollständigen Schar gültige Differentiationsregel

$$F_\sigma = \frac{d}{d\sigma} V_\sigma \qquad [-r < \sigma < \infty] \, , \qquad (30)$$

wobei abkürzend $V_\sigma = V(A_\sigma)$ und $F_\sigma = F(A_\sigma)$ gesetzt wurde. Danach ist also die Paralleloberfläche F_σ die Ableitung des Parallelvolumens V_σ nach dem Parallelparameter σ. Insbesondere liefert die Regel (30) für $\sigma = 0$ das Resultat

$$F(A) = F_\pm(A) = F_\pm^*(A) \, , \qquad (31)$$

welches besagt, daß für eigentliche Eikörper die Oberfläche identisch ist mit dem zusammenfallenden Wert der gewöhnlichen MINKOWSKIschen

Oberflächenmaße [vgl. 5.1.3]. Auf Grund von 5.1.2 [Satz I] resultiert noch, daß auch

$$F(A) = f(\hat{A}) = f^*(\hat{A}) \tag{32}$$

ist. Die Randfläche $\hat{A}$ eines eigentlichen Eikörpers A, also eine *Eifläche*, ist demnach im MINKOWSKIschen Sinne meßbar, und das gewöhnliche Randflächenmaß ist unsere Oberfläche $F(A)$.

Wir beschließen diesen Abschnitt mit einer Angabe über Inhalt und Oberfläche der *Einheitskugel* K (Kugel vom Radius $R = 1$). Es ist

$$V(K) = \omega_k ; \quad F(K) = k\,\omega_k , \tag{33}$$

wo die in der allgemeinen Integralgeometrie häufig für $i > -2$ verwendete Hilfszahl ω_i mit der Formel[4]

$$\omega_i = \pi^{i/2}/\Gamma(1 + i/2) \tag{34}$$

durch die Gammafunktion $\Gamma(t)$ ausgedrückt werden kann. Benötigt werden in der Regel nur die Funktionswerte für ganz- und halbzahlige t, die man der ergänzenden Formel

$$\Gamma(n + 1) = n! ; \quad \Gamma(n + \tfrac{1}{2}) = \sqrt{\pi}\,(2n)!/4^n n! \tag{35}$$

für $n = 0, 1, 2, \ldots$ entnehmen kann.

6.1.5. Die Oberflächenformel von Cauchy

Nach einer im Falle des gewöhnlichen Raumes bereits von CAUCHY gefundenen Beziehung kann die Oberfläche eines konvexen Körpers als Integral über die $(k-1)$-dimensionalen Inhalte der sich in den verschiedenen Raumrichtungen ergebenden Normalrisse dargestellt werden[5]. Es gilt die Integralformel

$$F(A) = \frac{1}{\omega_{k-1}} \int V'(A, u)\, du , \tag{36}$$

wo A einen Eikörper, $V'(A, u)$ den $(k-1)$-dimensionalen Inhalt des Normalrisses von A in der Richtung u auf eine durch den Ursprung Z gelegte Ebene $E(u)$, also das äußere $(k-1)$-dimensionale Quermaß in Richtung u bezeichnet [vgl. 4.4.2]; du bedeutet die *Richtungsdichte*, d. h. das Flächendifferential auf der $(k-1)$-dimensionalen Richtungssphäre S [vgl. 1.1.1]. Das Quermaß $V'(A, u)$ ist eine stetige Funktion der Richtung u, so daß sich das Integral im RIEMANNschen Sinn über die Richtungssphäre S erstreckt.

Beweis: Wir setzen für den in (36) rechts stehenden Ausdruck abkürzend $\Phi(A)$. **a)** Ist P ein Eipolyeder, so kann mit einfachen Überlegungen der Hilfsaussage (12) in 2.1.4 entnommen werden, daß $2V'(P, u) = \sum_1^n I'(P_\nu) |\cos(u_\nu, u)|$ gilt, wobei sich die Summation rechts über die n

Seitenflächen P_ν $(\nu = 1, \ldots, n)$ von P mit den nach außen weisenden Normalen u_ν erstrecken soll und I' den $(k-1)$-dimensionalen elementaren Inhalt bedeutet. Es kann direkt abgelesen werden, daß $V'(P, u)$ stetig von u abhängt. Mit Rücksicht auf $F(P) = \sum_1^n I'(P_\nu)$ resultiert mit der Integralformel

$$\int |\cos(u_\nu, u)|\, du = 2\, \omega_{k-1} \tag{37}$$

(a) $\Phi(P) = F(P)$. b) Ist A nun ein beliebiger Eikörper, so wählen wir ein Eipolyeder P so, daß $P \subset A \subset \lambda P$ $[\lambda > 1]$ ausfällt. Es gilt dann $V'(P, u)$ $\leqq V'(A, u) \leqq \lambda^{k-1} V'(P, u)$, welche zeigt, daß sich $V'(A, u)$ gleichmäßig durch stetige Funktionen von u approximieren läßt und demnach selbst in u stetig ist, da nach dem zweiten Approximationssatz $\lambda > 1$ beliebig wählbar ist. Durch Integration dieser Beziehung ergibt sich mit Verwendung von (a) $F(P) \leqq \Phi(A) \leqq \lambda^{k-1} F(P)$. Da zugleich auch $F(P) \leqq$ $\leqq F(A) \leqq \lambda^{k-1} F(P)$ gilt, gewinnt man (b) $\Phi(A) = F(A)$.

6.1.6. Minkowskis Quermaßintegrale; Integralrekursion von Kubota

Inhalt und Oberfläche eines Eikörpers stellen im wesentlichen (d. h. bis auf einen Proportionalitätsfaktor) die beiden ersten Maße einer Skala von $k + 1$ fundamentalen Maßzahlen dar, die dem Eikörper A im Rahmen der von Minkowski begründeten Theorie zugeordnet werden können. Es handelt sich um die Minkowskischen Quermaßintegrale $W_i(A)$ $(i = 0, 1, \ldots, k)$, die, wie wir unten sehen werden, nach fallendem Homogenitätsgrad angeordnet sind. Von den verschiedenen sich bietenden Möglichkeiten, diese fundamentalen Eikörperfunktionale zu definieren, wählen wir hier ein auf einer von Kubota stammenden Integralformel beruhendes Rekursionsverfahren, wonach die $k + 1$ Funktionale W_i $(i = 0, 1, \ldots, k)$ im k-dimensionalen Raum durch die k Funktionale W_i' $(i = 0, 1, \ldots, k-1)$ im $(k-1)$-dimensionalen Raum dargestellt werden[6]. Die Integralformel von Cauchy stellt bereits den Beginn dieses rekursiven Prozesses dar. Es liegt im Wesen des eingeschlagenen Verfahrens, daß die einschlägigen Eigenschaften der zu begründenden Funktionale zugleich mit der Integralrekursion nachgewiesen werden. Wir stellen deshalb alle diesbezüglichen Behauptungen zunächst zusammen und führen den Beweis anschließend durch.

Im Falle $k = 1$, also im linearen Raum, setzen wir für einen Eikörper A, d. h. für eine Strecke der Länge s

$$W_0(A) = V(A) = s; \qquad W_1(A) = F(A) = \omega_1 = 2. \tag{38}$$

Im Falle $k > 1$ wird nun rekursiv

$$W_0(A) = V(A); \; W_i(A) = \frac{1}{k\,\omega_{k-1}} \int W_{i-1}'(A, u)\, du \quad [i = 1, \ldots, k] \tag{39}$$

14

gesetzt, wobei $W'_{i-1}(A, u)$ das im $(k-1)$-dimensionalen Raum $E(u)$ gebildete $(i-1)$-te Quermaßintegral des Normalrisses von A in der Richtung u auf die durch den Ursprung Z hindurchgehende Ebene $E(u)$ bezeichnet, und das Integral sich über alle Richtungen $u \in S$ der Richtungssphäre S erstreckt. Aus der Skala der so definierten Quermaßintegrale $W_i = W_i(A)$ $(i = 0, 1, \ldots, k)$ sollen die drei ersten und die beiden letzten besonders hervorgehoben und mit andern eigens benannten Funktionalen in Zusammenhang gebracht werden. Es ist

$$W_0 = V; \quad kW_1 = F; \quad kW_2 = M; \quad kW_{k-1} = N; \quad W_k = \omega_k, \qquad (40)$$

wobei der Reihe nach $V = V(A)$ den *Inhalt*, $F = F(A)$ die *Oberfläche*, $M = M(A)$ das *Integral der mittleren Krümmung*, $N = N(A)$ die *Norm* und ω_k die *Konstante*, also ein triviales Funktional, bezeichnen.

Für die drei niedrigsten Dimensionen identifizieren sich diese Funktionale zum Teil mit bekannten Größen, die den konvexen Figuren in der elementaren Geometrie zugeordnet sind, Es ergibt sich folgende Zusammenstellung:

    a) $k = 1$ $(A = \text{Strecke})$: $W_0 = V = N = s$ (Länge), $W_1 = F = \omega_1 = 2$;

    b) $k = 2$ $(A = \text{ebener Eibereich})$: $W_0 = V = f$ (Flächeninhalt), $2W_1 = N = l$ (Umfang). $2W_2 = M = 2\pi$;

    c) $k = 3$ $(A = \text{räumlicher Eikörper})$: $W_0 = V$ (Volumen), $3W_1 = F$ (Oberfläche), $3W_2 = M = N$ (Integral der mittleren Krümmung $= $ Norm), $W_3 = 4\pi/3$.

Für Eikörper, deren Randfläche im Sinne der Differentialgeometrie regulär sind, lassen sich die Funktionale W_i für $1 \leqq i \leqq k$ als Oberflächenintegrale darstellen, die sich über gewisse elementarsymmetrische Funktionen der $k-1$ Hauptkrümmungen erstrecken[7]. An diese Zusammenhänge erinnert der konventionelle Name des Funktionals M; diese an sich bedeutsamen Beziehungen können hier jedoch nur beiläufig erwähnt werden, da ihre Behandlung sachlich und methodisch außerhalb des mengengeometrischen Rahmens unserer Darstellung liegen.

Besonders einfach sind die Quermaßintegrale für die Einheitskugel K. Ihre Werte stimmen alle miteinander überein, indem — wie man für $k = 1$ unmittelbar bestätigen und für $k > 1$ aus der Integralrekursion (39) entnehmen kann —

$$W_i(K) = \omega_k \qquad [i = 0, 1, \ldots, k] \qquad (41)$$

und für die besonders hervorgehobenen Funktionale demnach

$$N(K) = M(K) = F(K) = kV(K) = k\omega_k \qquad (42)$$

gilt.

Nun zu den wichtigsten Eigenschaften: Das MINKOWSKIsche Quermaßintegral $W_i(A)$ ist als Eikörperfunktional *bewegungsinvariant* (also

auch *translationsinvariant*), *definit, monoton, beschränkt, homogen* (vom
Grade $k - i$), *stetig* und *additiv*; $W_0(A)$ ist sogar *einfach-additiv*.

Beweise: Es sei $k = 1$. Die beiden in (38) direkt aufgestellten
Funktionale haben alle Eigenschaften, die den W_i nach unserer Behauptung zukommen sollen. Es sei nun $k > 1$ und Existenz und Eigenschaften
der W_i seien bereits für alle Dimensionen sichergestellt, die kleiner als k
sind. Ist A ein k-dimensionaler Eikörper und $1 \leqq i \leqq k$, so sind die
Quermaßintegrale $W'_{i-1}(A, u)$ mit Rücksicht auf die induktive Voraussetzung stetige Funktionen der Richtung u, da sich mit der Stützfunktion
$h(A, u)$ auch die Normalrisse von A auf die Ebene $E(u)$ mit u stetig
ändern. Danach existieren die über die Richtungssphäre erstreckten
RIEMANNschen Integrale in (39) rechts und damit die $W_i(A)$. Da die
Normalrisse von A gleichmäßig beschränkt sind, läßt sich mit dem Hilfssatz über die gleichmäßige Stetigkeit stetiger Eikörperfunktionale [vgl.
6.1.2] und mit der Kompaktheit von S schließen, daß auch die $W_i(A)$
stetig sind; hierbei ist die Bemerkung nützlich, daß $d(A, B) \geqq d(A', B')$
ausfällt, wenn A' und B' die Normalrisse von A und B in derselben Richtung bedeuten. Wird A im Raum verschoben, so erfahren die Normalrisse höchstens Translationen und der Integrand in (39) ändert nicht.
Also sind die $W_i(A)$ translationsinvariant. Wird A um Z gedreht, so
wird der Integrand in (39) als Funktion auf S mitgedreht, und da sich die
Integration über S erstreckt, fallen die $W_i(A)$ auch drehinvariant aus.
Die Funktionale sind demnach bewegungsinvariant. Daß die $W_i(A)$
definit, monoton und homogen vom Grade $k - i$ sind, folgt unmittelbar
aus (39). Als monotone Funktionale sind die $W_i(A)$ auch beschränkt.
Ist $A \cup B$ konvex, so ist es auch $A' \cup B'$, wenn wie oben A' und B' die
Normalrisse von A und B bezeichnen, und es gelten die Beziehungen
$(A \cup B)' = A' \cup B'$ und $(A \cap B)' = A' \cap B'$. Auf Grund der induktiven
Voraussetzung schließt man so auf $W'_{i-1}(A, u) + W'_{i-1}(B, u)$
$= W'_{i-1}(A \cup B, u) + W'_{i-1}(A \cap B, u)$ und mit (39) folgt, daß die $W_i(A)$
additiv sind. Mit der Bemerkung, daß $W_0(A) = V(A)$ die verlangten
Eigenschaften hat, schließt der Beweis für Existenz und Eigenschaften
der Quermaßintegrale.

6.1.7. Norm und mittlere Breite

Die oben eingeführte Norm $N(A)$ und damit auch das $(k - 1)$-te
MINKOWSKIsche Quermaßintegral $W_{k-1}(A)$ hängen eng mit einer an-
schaulichen Maßzahl zusammen, welche die lineare Ausdehnung eines
Eikörpers mißt, nämlich mit der *mittleren Breite* $\bar{b}(A)$. Im Falle $k = 1$
($A = $ Strecke der Länge s) soll $\bar{b}(A) = N(A) = s$ gesetzt werden, während
für $k > 1$ die Integraldarstellung

$$\bar{b}(A) = \frac{1}{k\,\omega_k} \int b(A, u)\, du \tag{43}$$

zuständig ist. Da der Nenner dem Integral über die Richtungsdichte gleich ist, stellt $\bar{b}(A)$ das Integralmittel der Breiten $b(A, u)$ von A in allen Richtungen dar. Wir weisen jetzt die Identität

$$N(A) = k\,W_{k-1}(A) = (k\,\omega_k/2)\,\bar{b}(A) \tag{44}$$

nach.

Beweis: Wir nehmen an, daß (44) bereits für alle Dimensionen kleiner als k nachgewiesen sei. Es sei A ein k-dimensionaler Eikörper und weiter sei (a) $\Phi(A) = \dfrac{1}{k\,\omega_k} \displaystyle\int \bar{b}_u(A')\,du$, wo A' den Normalriß von A in Richtung u auf die Ebene $E(u)$ bezeichnet und $\bar{b}_u(A')$ die mittlere Breite von A' bezogen auf den $(k-1)$-dimensionalen Trägerraum $E(u)$ darstellt. Nach der induktiven Voraussetzung gilt nach (44) $\bar{b}_u(A')$ $= [2/(k-1)\,\omega_{k-1}]\,N'(A')$ und nach Definition der Norm $N'(A')$ $= (k-1)\,W'_{k-2}(A, u)$. Verwerten wir diese Ansätze in (a), so resultiert mit Rücksicht auf (39) (b) $\Phi(A) = (2/\omega_k)\,W_{k-1}(A) = (2/k\,\omega_k)\,N(A)$. Andererseits gilt nach Definition (43) die Darstellung $\bar{b}_u(A')$ $= \dfrac{1}{(k-1)\,\omega_{k-1}} \displaystyle\int b(A', v')\,dv'$, wobei v' eine in der Ebene $E(u)$ variierende Richtung und dv' die sich auf die $(k-2)$-dimensionale Richtungssphäre $S \cap E(u)$ beziehende Richtungsdichte bezeichnet. Einsatz in (a) führt zum Doppelintegral $\Phi(A) = \dfrac{1}{k\,\omega_k\,(k-1)\,\omega_{k-1}} \displaystyle\int\!\!\int b(A', v')\,dv'\,du$. Nun ist aber $dv'\,du = dv\,du'$, wo nun v eine mit v' zusammenfallende, aber im ganzen Raum variierbare Richtung, u' dagegen eine mit u zusammenfallende, aber nur in der Ebene $E(v)$ variierbare Richtung und du' die sich auf die $(k-2)$-dimensionale Richtungssphäre $S \cap E(v)$ beziehende Richtungsdichte bezeichnen. Nach dieser Transformation wird der Integrand von u' unabhängig, so daß nach Integration über diese Richtung mit Rücksicht auf $\int du' = (k-1)\,\omega_{k-1}$ und $b(A', v') = b(A, v)$ noch $\Phi(A) = \dfrac{1}{k\,\omega_k} \displaystyle\int b(A, v)\,dv$ bleibt. So ergibt sich wieder mit (43) (c) $\Phi(A) = \bar{b}(A)$. Gegenüberstellung von (b) und (c) erlaubt es, die Behauptung (44) abzulesen, und da diese mit der im Falle $k = 1$ getroffenen Festsetzung richtig ist, muß sie allgemein richtig sein.

Die mittlere Breite $\bar{b}$ und die Norm N besitzen neben den Eigenschaften, die allen Quermaßintegralen zukommen, noch die besonders erwähnenswerte, im MINKOWSKISCHEN Sinne linear zu sein, so daß für zwei nichtleere Eikörper A und B die Funktionalrelation

$$N(\alpha A \times \beta B) = \alpha N(A) + \beta N(B) \qquad [\alpha, \beta \geqq 0,\ \alpha + \beta = 1] \tag{45}$$

besteht. Von diesem Gesichtspunkt aus beurteilt ist die Norm unter den k nichttrivialen fundamentalen Maßzahlen das einfachste Funktional, also einfacher als Inhalt und Oberfläche. Die Relation (45) ergibt sich aus der Tatsache, daß bereits die Breite $b(A, u)$ in fester Richtung u in unserem Sinne linear ist, so daß sich dieses Gesetz vermöge (43) und (44) auf $N(A)$ überträgt. Andererseits ist die Norm N im wesentlichen (bis auf eine additiv und multiplikativ hinzutretende Konstante) durch diese Eigenschaft eindeutig bestimmt. Es gilt der folgende

Satz III. *Ist $\varphi(A)$ ein bewegungsinvariantes, stetiges und im* MIN-KOWSKI*schen Sinne lineares Eikörperfunktional, so gibt es zwei Konstanten a und b* $[-\infty < a, b < \infty]$ *so, daß*

$$\varphi(A) = a N(A) + b \qquad [A \neq 0] \qquad (46)$$

identisch über $\Re$ gilt.

Die einfache Begründung dieses Satzes vorbereitend beweisen wir zunächst den

Hilfssatz II. *Ist $\varphi(A)$ ein im* MINKOWSKI*schen Sinne lineares Eikörperfunktional, so gilt bei Dilatation*

$$\varphi(\lambda A) = \lambda\, \varphi(A) + (1 - \lambda)\, \varphi(Z) \qquad [\lambda \geq 0] , \qquad (47)$$

wo Z den Ursprung bedeutet.

In der Tat: Setzen wir $f(\lambda) = \varphi(\lambda A)$, so gewinnt man aus der für Eikörper gültigen Regel [vgl. 1.2.2] $(\alpha \xi + \beta \eta) A = \alpha(\xi A) \times \beta(\eta A)$ $(\xi, \eta, \alpha, \beta \geq 0, \alpha + \beta = 1)$ durch Anwendung der vorausgesetzten Linearität von φ die Funktionalgleichung $f(\alpha \xi + \beta \eta) = \alpha f(\xi) + \beta f(\eta)$. Man wähle $\lambda \geq 0$ beliebig und setze

    (a) $\xi = \lambda, \eta = 0, \alpha = 1/\lambda, \beta = (\lambda - 1)/\lambda$ (falls $\lambda \geq 1$);

    (b) $\xi = 1, \eta = 0, \alpha = \lambda, \beta = 1 - \lambda$ (falls $\lambda \leq 1$) .

In beiden Fällen resultiert $f(\lambda) = \lambda f(1) + (1 - \lambda) f(0)$, was mit (47) gleichbedeutend ist.

Beweis von Satz III: Da sowohl φ als auch N bei Drehmittelungen invariant bleiben [vgl. 4.5.2], gestattet die Anwendung des zweiten Kugelungstheorems [Satz V von 4.5.3] in Verbindung mit der Stetigkeit der beiden Funktionale den Schluß, daß $\varphi(A) = \varphi(K_0)$ und $N(A) = N(K_0)$ sein muß, wo K_0 diejenige Kugel vom Radius r_0 ist, die mit A gleiche mittlere Breite aufweist. Mit Berücksichtigung der Aussage (47) unseres Hilfssatzes und des Umstandes, daß die Norm homogen vom Grade 1 ist, folgt $\varphi(A) = r_0 [\varphi(K) - \varphi(Z)] + \varphi(Z)$ und $N(A) = r_0 N(K)$, wo K die Einheitskugel bezeichnet. Die Elimination von r_0 ergibt $\varphi(A) = a N(A) + b$, wo die Konstanten durch $a = [\varphi(K) - \varphi(Z)]/N(K)$ und $b = \varphi(Z)$ bestimmt sind.

6.1.8. Die STEINERsche Formel für Parallelkörper

Ein bemerkenswertes Gesetz, das im Falle des gewöhnlichen Raumes von STEINER entdeckt und das dann in der MINKOWSKIschen Theorie der konvexen Körper erheblich verfeinert wurde, sagt aus, daß der Inhalt des äußeren Parallelkörpers A_ϱ eines Eikörpers A im Abstand ϱ eine ganze rationale Funktion von ϱ ist[8]. Die Koeffizienten des Polynoms sind im wesentlichen die Quermaßintegrale von A. Es gilt die Formel

$$V(A_\varrho) = \sum_0^k \binom{k}{\nu} W_\nu(A)\, \varrho^\nu \qquad [0 \leqq \varrho < \infty]\,, \tag{48}$$

durch welche der äußere Parallelinhalt eines Eikörpers zur erzeugenden Funktion seiner fundamentalen Maßzahlen wird. Hieraus zieht man gelegentlich praktischen Nutzen, indem man die Quermaßintegrale eines sich hierzu eignenden Körpers dadurch bestimmt, daß man den Parallelinhalt auf direkte Weise berechnet und hernach dem resultierenden Polynom in ϱ die Werte $W_\nu(A)$ entnimmt.

Beweis: Die Formel (48) ist für $k = 1$ richtig, indem in diesem Fall $V(A_\varrho) = V(A) + 2\varrho$ gilt. Wir nehmen an, daß die Richtigkeit von (48) für alle Dimensionen kleiner als k nachgewiesen sei. Es sei A ein k-dimensionaler Eikörper. Nach der Oberflächenformel (36) ist zunächst (a) $F(A_\sigma)$

$$= \frac{1}{\omega_{k-1}} \int V'(A_\sigma, u)\, du \quad (\sigma > 0).$$

Bezeichnet A' den Normalriß von A auf die Ebene $E(u)$, so bestätigt sich mit einfachen Überlegungen die Regel $(A_\sigma)' = (A')_\sigma$, wobei rechts der in der Ebene $E(u)$ liegende Parallelkörper gemeint wird. Nach der induktiven Voraussetzung läßt sich mit Anwendung von (48) $V'(A_\sigma, u) = \sum_0^{k-1} \binom{k-1}{\mu} W'_\mu(A, u)\, \sigma^\mu$ schreiben, und Einsatz in (a) und Integration ergibt mit Verwendung von (39) die Beziehung (b) $F(A_\sigma) = \sum_0^{k-1} k \binom{k-1}{\mu} W_{\mu+1}(A)\sigma^\mu$. Die Differentiationsregel

(30) erlaubt jetzt den Ansatz $V(A_\varrho) = V(A) + \int_0^\varrho F(A_\sigma)\, d\sigma$, so daß sich durch Einsetzen von (b) und Integration (c) $V(A_\varrho) = V(A) +$ $+ \sum_1^k \binom{k}{\nu} W_\nu(A)\, \varrho^\nu$ erzielen läßt, wenn man $\nu = \mu + 1$ setzt und $\frac{k}{\nu} \binom{k-1}{\nu-1} = \binom{k}{\nu}$ berücksichtigt. Das Resultat (c) ist aber mit der Behauptung (48) gleichwertig, da $V(A) = W_0(A)$ ist.

Aber nicht nur der Inhalt, sondern allgemeiner alle Quermaßintegrale werden beim Übergang von A zum äußeren Parallelkörper A_ϱ ganze rationale Funktionen von ϱ; das i-te Quermaßintegral $W_i(A_\varrho)$ ist insbesondere ein Polynom vom Grade $k - i$ in ϱ. Es gilt das vollständige Steinersche Formelsystem

$$W_i(A_\varrho) = \sum_0^{k-i} \binom{k-i}{\nu} W_{\nu+i}(A)\, \varrho^\nu \qquad [i = 0, 1, \ldots, k]\,. \tag{49}$$

Dabei erzeugt die Grundformel (48) ihre eigene Vervollständigung (49) auf Grund der Regel $A_{\varrho+\sigma} = (A_\varrho)_\sigma$ [vgl. (52) von 4.3.2]. Sinngemäße

Anwendung von (48) führt nämlich zur Identität

$\sum_0^k \binom{k}{\nu} W_\nu(A) (\varrho + \sigma)^\nu = \sum_0^k \binom{k}{\nu} W_\nu(A_\varrho) \sigma^\nu$. Entwickelt man auch die linke Seite nach Potenzen von σ, so kann bei Berücksichtigung der Relation $\binom{\nu+i}{i} \binom{k}{i+\nu} / \binom{k}{i} = \binom{k-i}{\nu}$ die Beziehung (49) abgelesen werden.

6.1.9. Spezielle Formeln; Elementare Körper

Ist A ein uneigentlicher Eikörper, so daß für eine passende Ebene E die Einlagerung $A \subset E$ möglich ist, so läßt sich A als Eikörper des $(k-1)$-dimensionalen Trägerraumes E auffassen, wobei ihm die k Quermaßintegrale $W_i'(A)$ zukommen; der Beistrich soll daran erinnern, daß sich die betreffende Maßzahl auf den Raum E bezieht. Sind nun $W_i(A)$ die $k + 1$ Quermaßintegrale, die dem nämlichen Körper A im k-dimensionalen Raum zugeschrieben sind, so gelten die einfachen Relationen

$$W_i(A) = (i\,\omega_i / k\,\omega_{i-1})\, W_{i-1}'(A) \qquad [i = 1, \ldots, k]\,. \qquad (50)$$

Beweis: Bezeichnet E_τ eine zu E im vorzeichenbegabten Abstand τ gelegte parallele Ebene, so ist der Schnitt $A_\varrho \cap E_\tau$ $(-\varrho \leq \tau \leq \varrho)$ mit der sich auf den Raum E beziehenden Parallelmenge $(A_{\sqrt{\varrho^2-\tau^2}})'$ translationsgleich. Für den $(k-1)$-dimensionalen Inhalt V' gilt nach (48) $V'(A_\varrho \cap E_\tau)$ $= \sum_0^{k-1} \binom{k-1}{\mu} W_\mu'(A) (\varrho^2 - \tau^2)^{\mu/2}$, so daß sich mit Anwendung der Integralformel $V(A_\varrho) = \int_{-\varrho}^{\varrho} V'(A_\varrho \cap E_\tau)\, d\tau$ für den Parallelinhalt und mit Verwendung von $\int_{-\varrho}^{\varrho} (\varrho^2 - \tau^2)^{\mu/2}\, d\tau = (\omega_{\mu+1}/\omega_\mu)\, \varrho^{\mu+1}$ die Darstellung $V(A_\varrho)$ $= \sum_1^k \binom{k-1}{\nu-1} \frac{\omega_\nu}{\omega_{\nu-1}} W_{\nu-1}'(A)\, \varrho^\nu$ finden läßt, wenn noch $\mu + 1 = \nu$ gesetzt wird. Ein Vergleich mit (48) liefert $W_0(A) = 0$ und die Behauptung (50).

Ist $A = P \times Q$ ein gerader konvexer Zylinderkörper, der sich durch MINKOWSKISCHE Addition zweier uneigentlicher Eikörper P und Q erzeugen läßt, die in zwei komplementären und total orthogonalen p- und q-dimensionalen Unterräumen E_p und E_q liegen, so daß $P \subset E_p$ und $Q \subset E_q$ gilt, so lassen sich die Quermaßintegrale von A vermöge der Formel

$$W_i(P \times Q) = \frac{\omega_i}{\binom{k}{i}} \sum_0^i \frac{1}{\omega_\nu \omega_{i-\nu}} \binom{p}{\nu} \binom{q}{i-\nu} W_\nu'(P)\, W_{i-\nu}''(Q) \qquad (51)$$

berechnen. Hierbei bezeichnen W' und W'' die sich auf die Räume E_p und E_q beziehenden Quermaßintegrale.

Beweis: Bezeichnet $\overline{E}_q$ einen zu E_q total parallelen Raum, der A_ϱ trifft, so ist der Schnitt $A_\varrho \cap \overline{E}_q$ mit der (wie die Beistriche andeuten) in E_q gebildeten Parallelmenge $(Q_\varrho)''$ translationsgleich, falls $\overline{E}_q$ sogar A

trifft; andernfalls ist der nämliche Schnitt mit $(Q_{\sqrt{\varrho^2-\sigma^2}})''$ translationsgleich, wenn σ den Abstand des Raumes $\overline{E}_q$ vom Körper A bedeutet. Der Schnittpunkt von $\overline{E}_q$ mit der Trägerebene E_p von P liegt in diesem Fall auf der Randfläche des in E_p liegenden Parallelkörpers $(P_\sigma)'$. Mit Rücksicht auf diese geometrische Sachlage läßt sich für das Parallelvolumen

der Integralansatz $\quad V(A_\varrho) = V'(P)\,V''(Q_\varrho) + \int\limits_0^\varrho F'(P_\sigma)\,V''(Q_{\sqrt{\varrho^2-\sigma^2}})\,d\sigma$

aufstellen. Hier sind nach (49) $F'(P_\sigma) = p\,\sum_0^{p-1}\binom{p-1}{\mu}\,W'_{1+\mu}(P)\,\sigma^\mu$ und

$V''(Q_{\sqrt{\varrho^2-\sigma^2}}) = \sum_0^q \binom{q}{\lambda}\,W''_\lambda(Q)\,(\varrho^2-\sigma^2)^{\lambda/2}$ einzusetzen. Die anschließende Integration ergibt mit der Formel

$$\int\limits_0^\varrho \sigma^\mu(\varrho^2-\sigma^2)^{\lambda/2}\,d\sigma = (\omega_{\mu+\lambda+1}/(\mu+1)\,\omega_{\mu+1}\,\omega_\lambda)\,\varrho^{\mu+\lambda+1}$$

und einfachen Umformungen die Darstellung

$$V(A_\varrho) = \sum_\nu^p \sum_\lambda^q \frac{\omega_{\nu+\lambda}}{\omega_\nu\,\omega_\lambda}\binom{p}{\nu}\binom{q}{\lambda}\,W'_\nu(P)\,W''_\lambda(Q)\,\varrho^{\nu+\lambda},$$

wo noch $1 + \mu = \nu$ gesetzt wurde. Der Vergleich mit (48) liefert die Behauptung (51). Die wichtigen Sonderfälle $i = 0$ und $i = 1$ von (51) ergeben die für Inhalt und Oberfläche von Zylinderkörpern gültigen Beziehungen

$$V(P \times Q) = V'(P)\,V''(Q); \quad F(P \times Q) = V'(P)\,F''(Q) + F'(P)\,V''(Q)\,.$$
$$(52)$$

Wir lassen einige Formeln folgen, die die Quermaßintegrale W_ν spezieller Körper angeben: Ist $P = \langle p_1, \ldots, p_k \rangle$ ein *gerades Paralellotop* mit den Kantenlängen p_i $(i = 1, \ldots, k)$, so ist

$$W_\nu(P) = \frac{\omega_\nu}{\binom{k}{\nu}}\,\sum_{k-\nu}[p]\,, \tag{53}$$

wobei $\Sigma_m[p]$ $(m = 0, 1, \ldots, k)$ die m-te elementarsymmetrische Funktion der k Variablen $p_1, \ldots, p_k$ bedeutet. Die Gültigkeit von (53) kann beispielsweise aus der allgemeinen Zylinderformel (51) auf rekursivem Wege hergeleitet werden. Insbesondere gilt für einen Würfel W der Kantenlänge s

$$W_\nu(W) = \omega_\nu s^{k-\nu}\,. \tag{54}$$

Von gelegentlichem Nutzen sind auch die Maßzahlen unterdimensionaler elementarer Grundkörper. So gilt für einen *i-dimensionalen Würfel* W_i $(0 \leq i \leq k)$ der Kantenlänge s

$$W_\nu(W_i) = \left[\binom{\nu+i}{k}\Big/\binom{\nu+i}{i}\right]\omega_\nu s^{k-\nu} \tag{55}$$

und für eine *i-dimensionale Kugel* K_i $(0 \leq i \leq k)$ vom Radius r entsprechend

$$W_\nu(K_i) = \left[\binom{\nu+i}{k} \Big/ \binom{\nu+i}{i} \right] \frac{\omega_\nu\,\omega_i}{\omega_{\nu+i-k}}\, r^{k-\nu}\,. \tag{56}$$

Die Formeln (55) und (56) lassen sich mit iterierter Anwendung von (50) gewinnen.

Nachfolgend befassen wir uns mit rotationssymmetrischen Körpern. Einen ganz besonders elementaren Charakter haben diejenigen konvexen Rotationskörper, die sich durch Schnitte orthogonal zur Rotationsachse in endlich viele Kegelstumpfkörper (evtl. Kegel und Zylinder) zerlegen lassen. Da die Meridiankurven in diesen Fällen ebene konvexe Polygone sind, wollen wir diese speziellen Körper *polygonal* nennen. Die polygonalen koachsialen konvexen Rotationskörper P mit der festen durch Z hindurchgehenden Rotationsachse R und die leere Menge 0 stellen eine Teilklasse $\mathfrak{R}_\triangleright$ der in 6.1.1 erörterten Klasse $\mathfrak{R}$ dar. Die Klasse $\mathfrak{R}_\triangleright$ nimmt innerhalb $\mathfrak{R}$ eine analoge Sonderstellung ein, wie die Klasse $\mathfrak{E}$ der Eipolyeder innerhalb der Klasse $\mathfrak{K}$ aller Eikörper. Wie man sich mühelos überlegt, gelten die beiden Approximationssätze [Sätze I und II in 6.1.3] sinngemäß in bezug auf $A \in \mathfrak{R}$ und $P \in \mathfrak{R}_\triangleright$ bzw. $P, Q \in \mathfrak{R}_\triangleright$. Auch die Klasse $\mathfrak{R}_\triangleright$ ist in bezug auf die MINKOWSKIsche Linearkombination geschlossen, d. h. es gilt

$$P,\, Q \in \mathfrak{R}_\triangleright \;\triangleright\; \lambda P \times \mu Q \in \mathfrak{R}_\triangleright \qquad [\lambda, \mu \geq 0]\,. \tag{57}$$

Dies folgt beispielsweise daraus, daß die entsprechenden von Meridianpolygonen berandeten ebenen Bereiche die nämlichen Operationen erleiden.

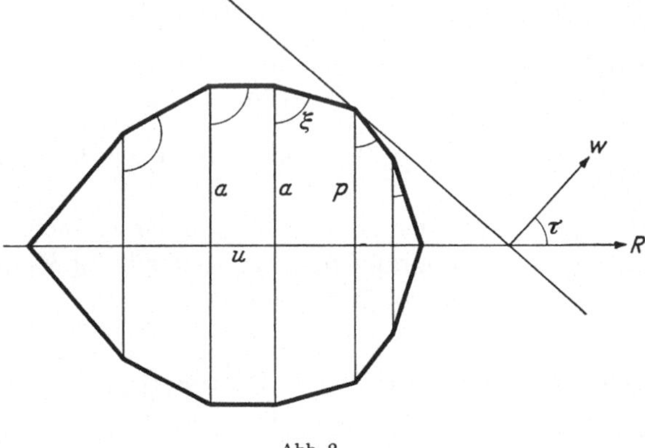

Abb. 2

Wir wollen nun einen polygonalen Rotationskörper $P \in \mathfrak{R}_\triangleright$ durch möglichst zweckmäßig gewählte Parameter charakterisieren, Wir denken uns die Rotationsachse R orientiert und bezeichnen mit T_μ $(\mu = -m, \ldots,$

$0, \ldots, n$) die im Sinne der Orientierung angeordneten Kegelstumpfsegmente, in die sich P durch orthogonal zu R geführte Schnitte [vgl. hierzu auch die Abb. 2] zerlegen läßt. Die Numerierung sei so gewählt, daß $T_0 = \langle a, u \rangle$ ein Zylinder vom Radius a und der Höhe u ist; a ist dann der Äquatorradius von P. Im Falle $u = 0$ reduziert sich T_0 auf eine Kugelscheibe und hat dann nur formale Bedeutung. Für $\mu \neq 0$ sei $T_\mu = \langle p_{\mu-1}, p_\mu; \xi_\mu \rangle$ ein Kegelstumpfkörper mit $p_{\mu-1}$ und p_μ als Radien der begrenzenden Kugelscheiben; ξ_μ bezeichnet den Winkel, den die nach außen weisende Normale der Mantelfläche mit der orientierten Achse einschließt. Die Segmente T_{-m} oder T_n können im Falle $p_{-m-1} = 0$ oder $p_n = 0$ auch in Kegel entarten. Der $(m + n + 1)$-gliedrige Körper $P = T_{-m} \cup \ldots \cup T_0 \cup \ldots \cup T_n$ ist dann durch die beiden Parametersätze (a) $0 \leqq p_{-m-1} < \cdots < p_{-1} = a = p_0 > \cdots > p_n \geqq 0$; (b) $\pi > \xi_{-m} > \cdots > \xi_0 = \pi/2 > \xi_1 > \cdots > \xi_n > 0$ eindeutig charakterisiert. Aus formalen Gründen erweist sich noch die Konvention (c) $\xi_{-m-1} = \pi$; $\xi_{n+1} = 0$ als nützlich. Ist τ ein Winkel des Intervalls $0 < \tau < \pi$, so berührt eine Stützebene $E(w)$, deren (nach außen weisende) Normale w mit der Achse R den Winkel τ einschließt, den Körper P entweder in einem Punkt oder längs einer Mantellinie eines Segmentes T_μ. Wir definieren nun den *Stützradius* $p = p(\tau)$ durch die Festsetzung, daß p im ersten Fall gleich dem Radius der zum Stützpunkt gehörenden Kugelscheibe von P, im zweiten Fall aber gleich dem Radius p_μ der das gestützte Segment T_μ im Sinne der Orientierung abschließenden Kugelscheibe ist. Diese im Intervall $0 < \tau < \pi$ eindeutig erklärte, stückweise konstante und von links stetige Funktion läßt sich auch durch

$$p = p(\tau) = p_\mu \quad [\xi_{\mu+1} < \tau \leqq \xi_\mu; \mu = -m-1, \ldots, 0, \ldots, n] \qquad (58)$$

charakterisieren, wobei die Konvention (c) zu beachten ist. Bei festem τ ist $p = p(P, \tau)$ ein über $\mathfrak{R}_\triangleright$ definiertes Funktional, für welches die Regel

$$p(P \times Q, \tau) = p(P, \tau) + p(Q, \tau); \ p(\lambda P, \tau) = \lambda p(P, \tau) \quad [\lambda \geqq 0] \qquad (59)$$

gilt.

Unter Beanspruchung der Hilfsfunktion p lassen sich für die Quermaßintegrale nützliche Integralformeln aufstellen[9]. Ist P ein polygonaler konvexer Rotationskörper, so gilt für $\nu = 0, 1, \ldots, k$

$$W_\nu(P) = C \left\{ (k - \nu)\, u\, a^{k-\nu-1} + \int_0^\pi \frac{a^{k-\nu} - p^{k-\nu} \sin^\nu \tau}{\cos^2 \tau}\, d\tau \right\}, \qquad (60)$$

wobei

$$C = \omega_{k-1}/k \qquad (61)$$

eine in zahlreichen Formeln für Rotationskörper auftretende Hilfskonstante, a den Äquatorradius, $p = p(\tau)$ den Stützradius von P und schließlich u die Höhe des zylindrischen Segments von P bedeuten.

Wegen (59) kann man aus (60) unmittelbar auf

$$W_\nu(P \times Q) =$$

$$C\left\{(k-\nu)\,(u+v)\,(a+b)^{k-\nu-1}+\int_0^\pi \frac{(a+b)^{k-\nu}-(p+q)^{k-\nu}\sin^\nu\tau}{\cos^2\tau}\,d\tau\right\} \qquad (62)$$

schließen, falls a und b die Äquatorradien, $p = p(\tau)$ und $q = q(\tau)$ die Stützradien und u und v die Höhen der zylindrischen Segmente von P und Q bezeichnen.

Beweise: Wir gehen von den elementaren Inhaltsformeln $V(T_0)$ $= kC\,a^{k-1}\,u$ und $V(T_\mu) = C\,(p_{\mu-1}^k - p_\mu^k)\,\mathrm{tg}\,\xi_\mu\;(\mu \neq 0)$ für Zylinder T_0 und Kegelstumpf (evtl. Kegel) T_μ aus. Durch Addition aller Segmentinhalte und nachfolgende leichte Umformung erzielt man $V(P) = C\{k u a^{k-1} + \sum_{m-1}^n (a^k - p_\mu^k)\,(tg\,\xi_\mu - tg\,\xi_{\mu+1})\}$, wobei Gebrauch der Konvention (c) gemacht und berücksichtigt werden muß, daß wegen $p_{-1} = p_0 = a$ die Summenglieder für $\mu = 0$ und $\mu = -1$ fehlen. Da nun

$$\mathrm{tg}\,\xi_\mu - \mathrm{tg}\,\xi_{\mu+1} = \int_{\xi_{\mu+1}}^{\xi_\mu} \frac{d\tau}{\cos^2\tau}$$

ist, läßt sich mit Rücksicht auf (58) die Inhaltsformel

$$V(P) = C\left\{k u\,a^{k-1} + \int_0^\pi \frac{a^k - p^k}{\cos^2\tau}\,d\tau\right\} \qquad (63)$$

folgern. Damit ist (60) und also auch (62) im Sonderfall $v = 0$ bewiesen, da $W_0(P) = V(P)$ ist. Wir denken uns nun in (62) einen sich stetig ändernden polygonalen Körper Q so, daß $Q \to \varrho K$, $v \to 0$ und offensichtlich $q \to \varrho \sin\tau$ gilt, wo K die Einheitskugel und $\varrho > 0$ ist. Mit geläufiger Stetigkeitserwägung ergibt sich die Inhaltsformel

$$V(P_\varrho) = C\left\{k u\,(a+\varrho)^{k-1} + \int_0^\pi \frac{(a+\varrho)^k-(p+\varrho\sin\tau)^k}{\cos^2\tau}\,d\tau\right\} \qquad (64)$$

für den äußeren Parallelkörper $P_\varrho = P \times \varrho K$ von P im Abstand ϱ. Entwickelt man hier mit Rücksicht auf die STEINERsche Formel (48) beide Seiten nach wachsenden Potenzen von ϱ, so gewinnt man durch Koeffizientenvergleich die Integraldarstellung (60) für $\nu = 0, \ldots, k$. Damit sind (60) und (62) bewiesen.

Wir lassen nun einige Formeln für die Quermaßintegrale spezieller, im weiteren Sinne elementarer Körper folgen, die sich mit Anwendung von (60), eventuell mit passendem Grenzübergang, gewinnen lassen.

Ist $Z = \langle a, h \rangle$ ein *Zylinder* vom Radius a und der Höhe h, so gilt

$$W_\nu(Z) = C\left\{\frac{\nu\,\omega_\nu}{\omega_{\nu-1}}\,a^{k-\nu} + (k-\nu)\,h a^{k-\nu-1}\right\}. \qquad (65)$$

Für einen *Kegelstumpf* $T = \langle p, q; \xi \rangle$ mit den Radien p und q $(p > q \geqq 0)$ der begrenzenden Kugelscheiben und dem Winkel ξ $(0 < \xi < \pi/2)$ zwischen Normaler der Mantelfläche und Rotationsachse gilt

$$W_\nu(T) = C \left\{ \frac{\nu\, \omega_\nu}{\omega_{\nu-1}} p^{k-\nu} + S_\nu(\xi)\, (p^{k-\nu} - q^{k-\nu}) \right\}, \tag{66}$$

wobei

$$S_\nu(\xi) = \int_0^\xi \frac{\sin^\nu \tau}{\cos^2 \tau}\, d\tau = \frac{\sin^{\nu+1}\xi}{\nu+1} F\left(\frac{3}{2}, \frac{\nu+1}{2}, \frac{\nu+3}{2}; \sin^2\xi\right) \tag{67}$$

eine in zahlreichen Formeln auftretende Hilfsfunktion ist; sie ist elementar und läßt sich, wie angedeutet, auch durch die hypergeometrische Reihe $F(\alpha, \beta, \gamma; z)$ darstellen[10].

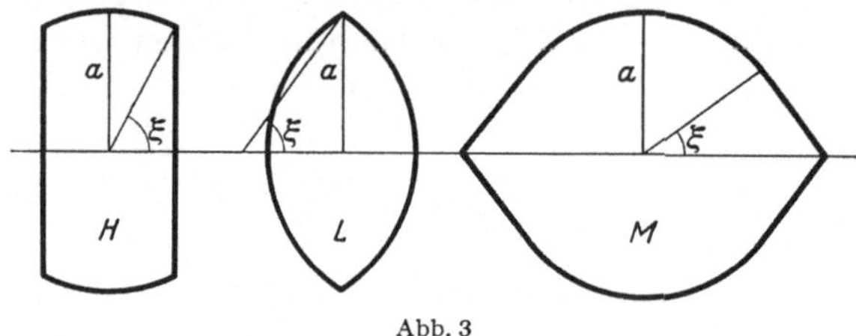

Abb. 3

Die drei nachfolgend erwähnten Körper, nämlich die *symmetrische Kugelschicht H*, die *symmetrische Kugellinse L* und der *symmetrische Kappenkörper M* der Kugel sollen den Äquatorradius a aufweisen, während die geometrische Deutung des Winkelparameters der Abb. 3 entnommen werden kann, welche die ebenen Meridianbereiche der drei Körper wiedergibt. Ihre Quermaßintegrale ergeben sich nach den Formeln

$$W_\nu(H) = \{\omega_k + 2C\, [S_k(\xi) - \sin^{k-\nu}\xi\, S_\nu(\xi)]\}\, a^{k-\nu}; \tag{68}$$

$$W_\nu(L) = C \left\{ \frac{\nu\, \omega_\nu}{\omega_{\nu-1}} + 2S_\nu(\xi) - 2\sin^{\nu-k}\xi\, S_k(\xi) \right\} a^{k-\nu}; \tag{69}$$

$$W_\nu(M) = \{\omega_k + 2C\, S_k(\xi)\}\, a^{k-\nu} \qquad [\nu < k]. \tag{70}$$

Endlich betrachten wir noch das *Rotationsellipsoid E* mit dem Äquatorradius a und der Länge $2\lambda a$, dessen Meridianellipse die Halbachsen a und λa aufweist. Hier gilt für $k \geqq 2$, $1 \leqq \nu \leqq k-1$ die Formel

$$W_\nu(E) = \frac{4\pi^2\, \omega_{\nu-2}\, \omega_{k-\nu-2}\, a^{k-\nu}}{k} \int_0^{\pi/2} \sqrt{\cos^2\tau + \lambda^2 \sin^2\tau}\, \sin^{k-\nu-1}\tau\, \cos^{\nu-1}\tau\, d\tau, \tag{71}$$

die noch durch

$$W_0(E) = \lambda\, \omega_k\, a^k; \qquad W_k(E) = \omega_k \tag{72}$$

zu ergänzen ist. Die Quermaßintegrale des Ellipsoids können auch durch die hypergeometrische Reihe dargestellt werden, indem für $k \geqq 1$ und $0 \leqq \nu \leqq k$

$$W_\nu(E) = \omega_k \lambda^{\nu+1} a^{k-\nu} F\left(\frac{k+1}{2}, \frac{\nu}{2}, \frac{k}{2}; 1-\lambda^2\right) \tag{73}$$

gilt. Ferner stellt man fest, daß die W_ν elementare Funktionen von λ sind, wenn **a)** k ungerade oder **b)** k gerade, ν gerade ist.

6.1.10. Charakterisierung der Quermaßintegrale

Es bezeichne $\mathfrak{M}$ die Klasse der über $\mathfrak{K}$ definierten, bewegungsinvarianten, additiven und stetigen Eikörperfunktionale. Offenbar ist $\mathfrak{M}$ eine lineare Mannigfaltigkeit (linearer Vektorraum), d. h. es gilt die Aussage

$$\varphi, \psi \in \mathfrak{M} \, \rhd \, a\,\varphi + b\,\psi \in \mathfrak{M} \qquad [-\infty < a, b < \infty]. \tag{74}$$

Die Quermaßintegrale besitzen die drei oben genannten Eigenschaften und gehören also zu $\mathfrak{M}$; wegen der Linearität von $\mathfrak{M}$ gilt das nämliche für eine lineare Kombination mit beliebigen Koeffizienten. Damit ist aber bereits das allgemeinste Eikörperfunktional der Klasse $\mathfrak{M}$ charakterisiert. Es gilt nämlich der folgende

Satz IV (Erster Funktionalsatz). *Ist φ ein bewegungsinvariantes, additives und stetiges Eikörperfunktional, so gilt mit passenden Konstanten c_ν ($\nu = 0, 1, \ldots, k$)*

$$\varphi(A) = \sum_0^k c_\nu W_\nu(A) \qquad [-\infty < c_\nu < \infty]. \tag{75}$$

In diesem Sinne sind also die MINKOWSKIschen fundamentalen Maßzahlen W_i im wesentlichen die einzigen bewegungsinvarianten, additiven und stetigen Eikörperfunktionale[11]. Man entnimmt dem Satz leicht eine Charakterisierung des Inhalts. Es gilt das

Korollar I. *Ist φ ein bewegungsinvariantes, einfach-additives und stetiges Eikörperfunktional, so gilt mit einer passenden Konstanten c*

$$\varphi(A) = c\,V(A) \qquad [-\infty < c < \infty]. \tag{76}$$

Um diese Aussage richtig zu interpretieren, muß besonders beachtet werden, daß das Funktional φ voraussetzungsgemäß nur über der Eikörperklasse $\mathfrak{K}$ definiert ist, so daß man nicht ohne weiteres den Anschluß an ähnliche Charakterisierungen im Rahmen der allgemeineren Inhaltstheorie herstellen kann[12].

Ein analoger Sachverhalt besteht, wenn anstatt der Stetigkeit die Monotonie gefordert wird. Bezeichnet $\mathfrak{N}$ die Klasse der Bewegungsinvarianten, additiven und monotonen Eikörperfunktionale, so gilt die Aussage

$$\varphi, \psi \in \mathfrak{N} \, \rhd \, a\,\varphi + b\,\psi \in \mathfrak{N} \qquad [0 \leqq a, b < \infty], \tag{77}$$

d. h. $\mathfrak{N}$ ist eine halblineare Mannigfaltigkeit (konvexer Raum). Offenbar gehören die Quermaßintegrale zu $\mathfrak{N}$; wegen der Konvexität von $\mathfrak{N}$ gilt das nämliche für eine beliebige lineare Kombination mit nichtnegativen Koeffizienten. Damit ist aber auch hier das allgemeinste Eikörperfunktional der Klasse $\mathfrak{N}$ gewonnen. Es gilt nämlich der

Satz V (Zweiter Funktionalsatz). *Ist φ ein bewegungsinvariantes, additives und monotones Eikörperfunktional, so gilt mit passenden nichtnegativen Konstanten c_ν ($\nu = 0, 1, \ldots, k$)*

$$\varphi(A) = \sum_0^k c_\nu W_\nu(A) \qquad [0 \leqq c_\nu < \infty] . \tag{78}$$

Dazu ergibt sich

Korollar II. *Ist φ ein bewegungsinvariantes, einfach-additives und monotones Eikörperfunktional, so gilt mit einer nichtnegativen Konstanten c*

$$\varphi(A) = c\, V(A) \qquad [0 \leqq c < \infty] . \tag{79}$$

Beweise: Wir geben für die beiden Funktionalsätze eine Herleitung, welche in ihrem Hauptteil gleich verläuft; erst am Ende der Entwicklung betrachten wir die beiden Fälle des stetigen bzw. des monotonen Funktionals gesondert.

Für $k = 1$ sind die Aussagen leicht überprüfbar. Offenbar ist $\varphi(A) = f(s)$, wo s die Länge der Strecke A bedeutet. Die Additivität liefert die Funktionalgleichung $f(s + t) + f(0) = f(s) + f(t)$, deren Lösung $f(s) = f(0) + c_0 s$ sein muß, wenn φ entweder stetig oder aber monoton ist. Setzt man $f(0) = 2c_1$, so resultieren wegen $W_0(A) = s$ und $W_1(A) = 2$ die Behauptungen (75) und (78); im letzteren Fall verlangt die Monotonie $c_1 \geqq 0$ und die resultierende Definitheit $c_0 \geqq 0$.

Es sei $k > 1$, und wir nehmen induktiv an, beide Funktionalsätze seien für alle Dimensionen bewiesen, die kleiner als k sind. Wir befassen uns nun mit dem k-dimensionalen Fall. Es sei E eine feste $(k-1)$-dimensionale Ebene. Durch die Vorschrift $\varphi'(A) = \varphi(A)$ $(A \subset E)$ wird über der Klasse der in E liegenden (uneigentlichen) Eikörper ein Funktional φ' definiert, welches als Funktional im $(k-1)$-dimensionalen Raum betrachtet — der Beistrich soll dies anzeigen — die gleichen Eigenschaften wie φ aufweist. Nach der induktiven Annahme gilt demnach eine Darstellung $\varphi'(A) = \sum_0^{k-1} c'_\mu W'_\mu(A)$. Mit Verwertung von (50) läßt sich also — im Raum interpretiert — $\varphi(A) = \sum_1^k c_\nu W_\nu(A)$ schreiben, wenn $c_{\mu+1} = [k\omega_\mu/(\mu + 1)\,\omega_{\mu+1}]\,c'_\mu$ gesetzt wird. Zunächst gilt dies für die in E liegenden, wegen der Bewegungsinvarianz aber für alle uneigentlichen Eikörper im Raum. Durch den Ansatz

$$\text{(a)} \qquad \psi(A) = \varphi(A) - \sum_1^k c_\nu W_\nu(A)$$

führen wir ein neues Funktional ein, das jedenfalls beschränkt ist, falls φ entweder monoton oder stetig ist. Nach Konstruktion gilt (aa) $\psi(A)$

$= 0$ $(A \in \mathfrak{R}')$, so daß ψ also einfach-additiv ist. Offenbar ist ψ auch bewegungsinvariant. Wir zeigen jetzt, daß mit einer geeigneten Konstanten c_0 (ab) $\psi(U) = c_0 V(U)$ ist, falls U ein (echter) konvexer Zylinder ist, d. h. ein Körper $U = P \times Q$, wo $P \subset E_p$ und $Q \subset E_q$ zwei in den beiden total orthogonalen p- und q-dimensionalen Ebenen E_p und E_q liegende Eikörper sind, wobei $1 \leq p, q \leq k - 1$ vorgeschrieben ist. Denken wir uns zunächst Q fest und P in seinem Trägerraum E_p variierbar. Durch $\varphi'(P) = \varphi(P \times Q)$ ist im E_p ein Eikörperfunktional dargestellt, das die nämlichen Eigenschaften wie φ im Raum aufweist. Wegen $p < k$ folgt nach der induktiven Annahme eine Darstellung $\varphi'(P) = \sum_0^p a_\nu W'_\nu(P)$. Wird andererseits auch P fest gelassen und Q in seinem Trägerraum E_q variierbar gedacht, so folgt für $\varphi''(Q) = \varphi(P \times Q)$ analog $\varphi''(Q) = \sum_0^q b_\mu W''_\mu(Q)$. Mit einfachen Schlüssen ergibt sich hieraus $\varphi(U) = \sum_0^p \sum_0^q c_{\nu\mu} W'_\nu(P) W''_\mu(Q)$. Andererseits liefern der Rückgriff auf Ansatz (a) und die Verwendung der allgemeinen Zylinderformel (51) $\psi(U) = \varphi(U) - \sum_0^p \sum_0^q c^*_{\nu\mu} W'_\nu(P) W''_\mu(Q)$, so daß die Verbindung der beiden letzten Befunde auf $\psi(U) = \sum_0^p \sum_0^q d_{\nu\mu} W'_\nu(P) W''_\mu(Q)$ schließen läßt, wo $d_{\nu\mu} = c_{\nu\mu} - c^*_{\nu\mu}$ gesetzt ist. Für $P = s\,W_p$ und $Q = t\,W_q$, wo $W_p \subset E_p$ und $W_q \subset E_q$ zwei Einheitswürfel und $s, t \geq 0$ sind, gilt mit Anwendung von (54) insbesondere $\psi(U) = \sum_0^p \sum_0^q d_{\nu\mu} \omega_\nu \omega_\mu s^{p-\nu} t^{q-\mu}$. Sind s und t natürliche Zahlen, so stellt $U = P \times Q$ ein gerades Parallelotop dar, das sich in $s^p t^q$ Einheitswürfel W zerschneiden läßt. Mit der einfachen Additivität von ψ resultiert $\psi(U) = c_0 s^p t^q$, wenn $c_0 = \psi(W)$ gesetzt wird. Der Vergleich mit der weiter oben stehenden Formel liefert jetzt $d_{00} = c_0$ und $d_{\nu\mu} = 0$ $(\nu, \mu \neq 0, 0)$, und es folgt mit Anwendung von (52) die Behauptung (ab); besonders ist zu beachten, daß die Konstante c_0 wegen der Bewegungsinvarianz von ψ nicht von Lage und Dimension der Hilfsunterräume E_p und E_q abhängt. Durch den Ansatz

$$(b) \qquad \chi(A) = \psi(A) - c_0 V(A)$$

führen wir ein weiteres Funktional ein, das wieder bewegungsinvariant, einfach-additiv und beschränkt ist. Da dieses über der Klasse $\mathfrak{E}$ der Eipolyeder definiert ist, kann es nach dem Fortsetzungssatz [Satz XVI in 2.3.3] auf die Klasse $\mathfrak{P}$ der Polyeder fortgesetzt werden. Nach Konstruktion gilt für gerade (echte) Zylinder U (ba) $\chi(U) = 0$. Ist S ein Orthogonalsimplex und wird $f(\lambda) = \chi(\lambda S)$ $(\lambda > 0)$ gesetzt, so gewinnt man mit Verwendung der kanonischen Zerlegung [vgl. (48) und (49) in 1.2.6] zunächst $f(1) = f(1 - \lambda) + f(\lambda)$ $(0 < \lambda < 1)$, wenn man beachtet, daß die ersten und letzten Zerlegungsglieder mit λS und $(1 - \lambda) S$ kongruent, die übrigen aber gerade Zylinder sind. Ersetzt man S durch $(\alpha + \beta) S$ $(\alpha, \beta > 0)$ und wählt $\lambda = \alpha/(\alpha + \beta)$, so resultiert die

CAUCHYsche Funktionalgleichung $f(\alpha + \beta) = f(\alpha) + f(\beta)$, deren Lösung wegen der lokalen Beschränktheit $f(\lambda) = f(1)\,\lambda$ ist, so daß $\chi(\lambda S) = \lambda\,\chi(S)$ ausfällt. Mit Rücksicht auf die Orthogonalergänzung [vgl. Satz VII in 1.3.4] läßt sich diese Relation auf beliebige Polyeder ausdehnen, so daß insbesondere für ein Eipolyeder P auch (bb) $\chi(\lambda P) = \lambda\,\chi(P)$ gilt. Nach (72) von 2.2.7 gilt für zwei Eipolyeder P und Q weiter (bc) $\chi(P \times Q) = \chi(P) + \chi(Q)$. Von hier an ist nun eine Fallunterscheidung vorzunehmen. 1. Fall. φ sei stetig. Mit (a) und (b) folgt auch die Stetigkeit von χ, da die Quermaßintegrale stetig sind. Die Beziehungen (bb) und (bc) lassen sich mit polyedrischer Approximation auf beliebige Eikörper übertragen, so daß χ ein im MINKOWSKIschen Sinne lineares Eikörperfunktional darstellt. Nach Satz III gibt es eine Konstante c so, daß $\chi(A) = c N(A)$ ist. Da für einen Würfel W nach (ba) $\chi(W) = 0$, aber $N(W) > 0$ ausfällt, folgt $c = 0$, so daß sich (c) $\chi(A) = 0$ ergibt. Mit Rückverfolgung der Ansätze (b) und (a) resultiert die Behauptung (75) des ersten Funktionalsatzes. 2. Fall. φ sei monoton. Setzen wir $\Phi(A) = \Sigma_0^k c_\nu W_\nu(A)$, so kann mit (b) und (a) $\varphi(A) = \Phi(A) + \chi(A)$ geschrieben werden. Wir gehen nun von einem eigentlichen Eipolyeder P aus und erzeugen $Q = T(P)$ durch eine Drehmittelung T. Wegen (bb) und (bc) ist χ gegenüber T invariant, also ist auch (d) $\varphi(Q) = \Phi(Q) + \chi(P)$. K sei die Kugel vom Radius r mit Mittelpunkt im Ursprung Z, die gleiche mittlere Breite wie P besitzt. Ist $\varepsilon > 0$ beliebig gewählt, so gebe man zwei mit K konzentrische Kugeln $K_j\,(j = 0, 1)$ so vor, daß für die Radien $r_0 < r < r_1$ gilt, und daß $|\Phi(K_j) - \Phi(K)| < \varepsilon$ ausfällt, was wegen der Stetigkeit von Φ möglich ist. Bezeichnen $P_j\ (j = 0, 1)$ zwei Würfel, die mit den Kugeln K_j gleiche mittlere Breite aufweisen, so kann nach dem zweiten Kugelungstheorem T so gewählt werden [vgl. Satz V von 4.5.3], daß für die Eikörper $Q_j = T(P_j)$ und $Q = T(P)$ einerseits $Q_0 \subset Q \subset Q_1$ und andererseits $|\Phi(Q) - \Phi(K)| < \varepsilon,\ |\Phi(Q_j) - \Phi(K_j)| < \varepsilon$ ausfällt. Durch passende Drehmittelungen lassen sich ja die drei Kugeln durch die drei Eikörper beliebig genau simultan approximieren, so daß die erste Bedingung wegen der Voraussetzung über die drei Radien erfüllbar wird, und wegen der Stetigkeit von Φ läßt sich auch die zweite Bedingung zugleich befriedigen. Aus der Monotonie von φ ergibt sich mit unserer Konstruktion $\Phi(Q_0) \leqq \Phi(Q) + \chi(P) \leqq \Phi(Q_1)$, wobei berücksichtigt ist, daß $\chi(P_j)$ und wegen der Invarianz gegenüber T auch $\chi(Q_j) = 0$ ist. Dieser Beziehung kann die Abschätzung $|\chi(P)| \leqq \Sigma_0^1 |\Phi(Q) - \Phi(Q_j)|$ entnommen werden. Setzt man $\Phi(Q) - \Phi(Q_j) = \Phi(Q) - \Phi(K) + \Phi(K) - \Phi(K_j) + \Phi(K_j) - \Phi(Q_j)$, so läßt sich aus den oben gestellten Approximationsbedingungen auf $|\chi(P)| < 6\varepsilon$ und deshalb auf (e) $\chi(P) = 0$ schließen. Ist A ein eigentlicher Eikörper, so folgt mit zwei Eipolyedern P und Q, für die $P \subset A \subset Q$ gilt, zunächst $\Phi(P) \leqq \Phi(A) + \chi(A) \leqq \Phi(Q)$ und hieraus $|\chi(A)| \leqq |\Phi(P) - \Phi(A)| + |\Phi(Q) - \Phi(A)|$. Wenn der

Eikörper A durch P und Q genügend stark approximiert wird, resultiert wegen der Stetigkeit von Φ $|\chi(A)| < \varepsilon$ mit beliebig vorgegebenem $\varepsilon > 0$. So folgt wieder (f) $\chi(A) = 0$ und mit (b) und (a) die Behauptung (78), zunächst noch ohne die sich auf die Koeffizienten beziehende Bedingung. Diese ergibt sich leicht. In der Tat gilt auf Grund der induktiven Annahme $c_\nu \geqq 0$ $(\nu = 1, \ldots, k)$. Wäre $c_0 < 0$, so müßte etwa für eine genügend große Kugel $\varphi(K) < 0$ ausfallen, was im Widerspruch mit der Monotonie von φ steht, da ein monotones Funktional stets definit ist. Weil also auch $c_0 \geqq 0$ ist, schließt sich der Beweis.

§ 2. Integralgeometrische Ansätze; Integralformeln

6.2.1. Kinematische Dichten und Integrale

Die von BLASCHKE begründete Integralgeometrie handelt von beweglichen Figuren im Raum und von invarianten Integralen, die sich bei ihnen bilden lassen[13]. Denken wir uns eine Figur (beispielsweise einen konvexen Körper, ein Polyeder oder eine i-dimensionale Ebene), die ihre Lage im Raum durch die auf sie einwirkenden Operationen einer Bewegungsgruppe (beispielsweise der Drehgruppe, Translationsgruppe oder der vollen Bewegungsgruppe) ändert, ferner eine Funktion der beweglichen Figur, die lediglich von deren Lage im Raum abhängt, so läßt sich in geeigneten Fällen ein Integral der betrachteten Funktion über die ganze Bewegungsgruppe so bilden, daß dieses gegenüber den Operationen der Bewegungsgruppe invariant ist. Genauer: Es sei X eine geometrische Figur, G eine Bewegungsgruppe. Die Operation $\varkappa \in G$ führt X in $X^\varkappa$ über. Ist $f(X)$ eine von der Lage von X abhängige Funktion, so bildet man ein Integral der Form

$$J(f) = \int f(X^\varkappa)\, dX\,, \tag{80}$$

wobei dX die *G-Dichte* von X ist, und die Integration sich über die ganze Gruppe G erstreckt. Die G-Dichte dX ist hierbei eine Differentialform

$$dX = \Theta(t_1, \ldots, t_m)\, dt_1 \ldots dt_m \tag{81}$$

der m wesentlichen Parameter t_ν $(\nu = 1, \ldots, m)$, welche die räumliche Lage der Figur $X^\varkappa$ innerhalb der Klasse der durch Operationen von G aus X hervorgehenden Figuren eindeutig bestimmen. Wir lassen nur Funktionen f zu, für die das Integral (80) im RIEMANNschen Sinn existiert. Weiter stellen wir eine wichtige *Invarianzforderung*: Für je zwei Operationen α und β der Gruppe G soll das kinematische Integral (80) der durch die Transformation

$$f^*(X^\varkappa) = f(X^{\alpha\varkappa\beta}) \tag{82}$$

aus f hervorgehenden Funktionen f^* der Bedingung

$$J(f^*) = J(f) \tag{83}$$

genügen. Die Unabhängigkeit von α bedeutet die *Wahlinvarianz*: An Stelle der Figur X kann jedes Bild X^α bezüglich G als Ausgangsfigur treten. Als Integral über der Bewegungsgruppe G ist (80) *linksinvariant*. Die Unabhängigkeit von β kennzeichnet die *G-Invarianz* (Bewegungsinvarianz). Als Integral über G ist (80) *rechtsinvariant*. Durch diese Invarianzbedingungen ist die G-Dichte dX der Figur X bis auf einen unwesentlichen konstanten Faktor eindeutig bestimmt.

Bei passend gewählter Dichte kommen daher dem Integral (80) vier Eigenschaften zu, die in vielen Fällen weitreichende Schlüsse erlauben, ohne daß die Integration effektiv ausgeführt werden müßte: Das Integral ist nämlich *invariant, linear, monoton* und *definit*[14]. Für zwei Funktionen f und g und reelle Zahlen a und b gelten also neben (83) die Regeln

$$J(af + bg) = aJ(f) + bJ(g) \tag{84}$$

und

$$J(f) \geqq J(g) \quad [f \geqq g]; \quad J(f) \geqq 0 \quad [f \geqq 0]. \tag{85}$$

In diesem einführenden Abschnitt stellen wir die für die Herleitung der einfachsten Formeln und Lehrsätze der allgemeinen Integralgeometrie benötigten Dichten auf. Unserer Methode gemäß geschieht das dadurch, daß wir diese Dichten mit möglichst elementaren geometrischen Begriffen eindeutig kennzeichnen, ohne auf die expliziten Differentialformen (81) näher einzugehen, die sich mehr einer analytischen Behandlungsweise einordnen[15]. Es genügt uns, wenn sich mit den gegebenen Kennzeichnungen die Invarianzeigenschaften (83) bestätigen lassen.

Vorbereitend betrachten wir zunächst Dichten von orthonormierten Vektorvielbeinen. Es sei $1 \leqq j \leqq i \leqq k$ und E_i eine durch Z gelegte i-dimensionale Ebene. Ein in E_i liegendes j-Bein $\Omega_{ij} = \langle u_1, \ldots, u_j \rangle$ wird von j in Z angreifenden normierten und paarweise orthogonalen Vektoren u_ν ($\nu = 1, \ldots, j$) gebildet. Für die Drehdichte des 1-Beins $\Omega_{i1} = \Omega_i = \langle u_1 \rangle$ setzen wir im Falle $i > 1$ $d\Omega_i = du_1$, wobei du_1 die Richtungsdichte im E_i bedeutet [vgl. auch 6.1.5], d. h. das Flächendifferential auf der $(i-1)$-dimensionalen Richtungssphäre $S_i = S \cap E_i$. Ist $i = 1$, so soll $d\Omega_1 = 1$ sein. Betrachten wir nun eine Drehung von Ω_{ij} in E_i, so kann für u_1 eine beliebige Richtung im E_i gewählt werden, während für u_2 nur noch eine solche zur Verfügung steht, die einem in E_i liegenden, auf u_1 orthogonal stehenden E_{i-1} angehört. Für die Wahl der Richtung von u_3 steht nur noch ein E_{i-2} zur Verfügung, usw. Für die Drehdichte $d\,\Omega_{ij}$ des sich im E_i drehenden j-Beins Ω_{ij} drängt sich nach diesen Überlegungen der Ansatz $d\,\Omega_{ij} = d\,\Omega_i \ldots d\,\Omega_{i-j+1}$ auf, welcher sie als Produkt der Richtungsdichten ihrer 1-Beine unter sinngemäßer Berücksichtigung der durch die Orthogonalitätsbedingung gegebenen Abhängigkeit erscheinen läßt.

Besondere Bedeutung hat die Drehdichte $d\,\Omega_{kk}$ des k-Beins, die wir auch *Drehdichte $d\Gamma_k$ des Grundraums* nennen wollen. Hier gilt also

$$d\Gamma_k = d\Omega_{kk} = d\Omega_1 \ldots d\Omega_k\,, \tag{86}$$

und für das vollständige Drehintegral ergibt sich

$$c_k = \int d\Gamma_k = \frac{k!}{2}\,\omega_1 \ldots \omega_k\,, \tag{87}$$

wenn man nur die eigentlichen Drehungen, welche die Orientierung des k-Beins nicht ändern, in die Integration einschließt. Die Zahl c_k wird in verschiedenen integralgeometrischen Formeln als Hilfskonstante Verwendung finden. Durch die Beziehung

$$d\overline{\overline{E}}_i\,d\Gamma_i\,d\Gamma_{k-i} = d\Gamma_k \tag{88}$$

wird die *Drehdichte $d\overline{\overline{E}}_i$* der i-dimensionalen Ebene E_i, auf welche die Operationen der Drehgruppe einwirken, definiert, wobei man von einem k-Bein $\langle u_1, \ldots, u_k\rangle$ auszugehen hat, für welches $\langle u_1, \ldots, u_i\rangle$ ein in E_i und $\langle u_{i+1}, \ldots, u_k\rangle$ ein in der komplementären auf E_i total orthogonal stehenden Ebene E_{k-i} liegendes Vielbein ist, und die eingesetzten $d\Gamma$ die Drehdichten der entsprechenden Vielbeine sind. Nach dieser Konstruktion haben zwei komplementäre total orthogonale Ebenen übereinstimmende Drehdichte, so daß

$$d\overline{\overline{E}}_i = d\overline{\overline{E}}_{k-i} \tag{89}$$

gilt. Mit Verwendung der in zahlreichen Formeln der Integralgeometrie auftretenden Hilfskonstante

$$c_{ik} = \binom{k}{i}\frac{\omega_{k-1} \ldots \omega_{k-i}}{\omega_1 \ldots \omega_i}\;;\quad c_{0k} = 1\,, \tag{90}$$

läßt sich das volle Drehintegral von E_i um Z durch die Formel

$$\int d\overline{\overline{E}}_i = \int d\overline{\overline{E}}_{k-i} = (\omega_k/\omega_{k-i})\,c_{ik} \tag{91}$$

darstellen.

Die i-dimensionale Punktdichte dP_i eines in einer festen Ebene E_i beweglichen Punktes P_i ist das Inhaltsdifferential in E_i. Mit Hilfe dieses einfachen Begriffes läßt sich die *Translationsdichte $d\overline{E}_i$* einer i-dimensionalen Ebene E_i, auf welche die Operationen der Translationsgruppe einwirken, durch

$$d\overline{E}_i = dP_{k-i} \tag{92}$$

erklären; dabei bedeutet P_{k-i} den Schnittpunkt von E_i mit der zu E_i komplementären total orthogonalen Ebene E_{k-i} durch Z. Nun kann man bequem die *Bewegungsdichte dE_i* einer i-dimensionalen Ebene, auf welche die Operationen der vollen Bewegungsgruppe Γ einwirken, durch

$$dE_i = d\overline{E}_i\,d\overline{\overline{E}}_i \tag{93}$$

15*

definieren; sie erscheint als Produkt von Translations- und Drehdichte. In den Fällen $i = 1$ und $i = k - 1$ sprechen wir kürzer von der *Geradendichte* dG einer beweglichen Geraden G und von der *Ebenendichte* dE einer beweglichen Ebene E.

Endlich betrachteten wir einen beliebigen Körper A. Bezeichnet dP die k-dimensionale Punktdichte eines starr mit A verbundenen Punktes, so ist die *Translationsdichte* $d\overline{A}$ von A durch

$$d\overline{A} = dP \tag{94}$$

erklärt. Bezeichnet ferner $d\Gamma_k$ die Drehdichte eines in Z angreifenden k-Beins Ω_{kk}, das parallel zu einem mit A starr verbundenen orthonormierten Vektorensystem liegt, so wird die *Drehdichte* $d\overline{\overline{A}}$ von A durch

$$d\overline{\overline{A}} = d\Gamma_k \tag{95}$$

eingeführt. Endlich wird die *Bewegungsdichte* (kinematische Dichte) dA von A als

$$dA = d\overline{A}\, d\overline{\overline{A}} \tag{96}$$

definiert; sie erscheint also wieder als Produkt von Dreh- und Translationsdichte.

Alle Integrale der Form (80), die mit den oben erörterten Figurendichten dX gebildet werden, erfüllen in bezug auf die vorgesehene Gruppe G der auf die Figur X einwirkenden Operationen die Invarianzforderung (83). Dies kann leicht aus der Tatsache geschlossen werden, daß die eingeführten Dichten bereits durch Produkte invarianter Faktoren definiert sind; im übrigen sind die gültigen Gruppengesetze und die Eigenschaften des Integrals maßgebend[16].

6.2.2. Integralformeln mit Inhalt und Oberfläche

Ist P ein Polyeder und E_i $(1 \leqq i \leqq k - 1)$ eine i-dimensionale Ebene, die sämtlichen Translationen unterworfen wird, so gilt die Formel

$$\int I'(P \cap E_i)\, d\overline{E}_i = I(P)\,, \tag{97}$$

wo I bzw. I' den k- bzw. i-dimensionalen elementaren Inhalt und $d\overline{E}_i$ die Translationsdichte von E_i bezeichnen.

Beweis: Setzen wir für das in der Formel links stehende Integral $\varphi(P)$, so wird über der Klasse $\mathfrak{P}$ aller Polyeder ein Funktional φ definiert, das zunächst translationsinvariant ausfällt. Da der Integrand für festes E_i einfach-additiv ist, überträgt sich diese Eigenschaft auch auf φ. Weiter ist φ definit. Schließlich zeigen wir, daß φ auch normiert ist. In der Tat: Ist E_{k-i} ein auf E_i orthogonal stehender komplementärer Raum und sind $W_i \subset E_i$ und $W_{k-i} \subset E_{k-i}$ zwei Einheitswürfel, so findet man

$P = W = W_i \times W_{k-i}$ und mit passender Verwendung von (92) $\varphi(W)$ $= I'(W_i) \, I''(W_{k-i}) = 1$. Nach dem Eindeutigkeitssatz für den elementaren Inhalt [Satz I von 2.1.3] ist der Polyederinhalt das einzige Funktional mit den aufgeführten vier Eigenschaften, so daß $\varphi(P) = I(P)$ folgt, w. z. b. w.

Nach dem Verfahren der polyedrischen Approximation kann die Gültigkeit der Integralformel für den Inhalt bespielsweise auf die Klasse $\mathfrak{K}$ der konvexen Körper übertragen werden. Es ergibt sich so die bekannte technische Formel zur Inhaltsbestimmung durch Integration.

Sind P und Q zwei Polyeder, wovon P festgelassen und Q allen Translationen unterworfen werden soll, so gilt die einfache Integralformel[17]

$$\int I(P \cap Q) \, d\overline{Q} = I(P) \, I(Q) , \tag{98}$$

wo $d\overline{Q}$ die Translationsdichte von Q bezeichnet.

Beweis: **a)** Ist Q uneigentlich, so wird $I(P \cap Q) = 0$ und $I(Q) = 0$, so daß sich die Behauptung bestätigt. **b)** Ist Q eigentlich, so muß $I(Q) > 0$ sein. Wir setzen jetzt $\varphi(P) = \dfrac{1}{I(Q)} \displaystyle\int I(P \cap Q) \, d\overline{Q}$ und erhalten so ein über der Polyederklasse $\mathfrak{P}$ definiertes Funktional φ, welches offensichtlich translationsinvariant, definit und einfach-additiv ist. Wir zeigen, daß φ auch normiert sein muß. In der Tat: Ist n eine natürliche Zahl, W der Einheitswürfel, so schließt man mit Rücksicht auf (94) auf die Ungleichung $(n - D)^k \leqq \varphi(nW) \leqq (n + D)^k$, wo D den Durchmesser von Q bezeichnet, und $n > D$ angenommen ist. Da φ einfach-additiv ist, muß $\varphi(nW) = n^k \varphi(W)$ sein, und der obenstehenden Ungleichung entnimmt man $(1 - D/n)^k \leqq \varphi(W) \leqq (1 + D/n)^k$, so daß mit $n \to \infty$ $\varphi(W) = 1$ gefolgert werden kann. Nach Satz I von 2.1.3 ist der elementare Inhalt durch die genannten vier Eigenschaften eindeutig bestimmt, so daß $\varphi(P) = I(P)$ sein muß, w. z. b. w.

Wieder sei P ein Polyeder, G eine bewegliche Gerade und $N[P \cap G]$ bezeichne die Anzahl der disjunkten abgeschlossenen Intervalle, in welche der Durchschnitt $P \cap G$ der Geraden G mit dem Polyeder P zerfällt. Es gilt dann

$$\frac{2}{\omega_{k-1}} \int N[P \cap G] \, dG = F(P) , \tag{99}$$

wo dG die Geradendichte und F die elementare Polyederoberfläche bezeichnen[18].

Beweis: Bezeichnet $\varphi(P)$ das links stehende Integral, so stellt φ ein über der Polyederklasse $\mathfrak{P}$ definiertes bewegungsinvariantes Funktional dar. Wie man mit einfachen Erwägungen bestätigt, erfüllt die Anzahlfunktion N das Additionstheorem $N[P \cap G] + N[Q \cap G] = N[(P \cup Q) \cap G] + {} + N[(P \cap Q) \cap G]$, so daß durch Integration nach Ansatz (99) geschlossen werden kann, daß φ additiv ist. Bei einer Dilatation mit $\lambda > 0$, welche P in λP und G in λG überführt, gilt $N[\lambda P \cap \lambda G] = N[P \cap G]$, während mit Rücksicht auf (93) $d(\lambda G) = \lambda^{k-1} dG$ ausfällt. Hieraus folgt, daß φ homogen vom Grade $k-1$ ist. Nach Satz XV von 2.3.2 gibt es eine Konstante c so, daß $\varphi(P) = cF(P)$ ist. Bezeichnet K die Einheitskugel und sind P und Q zwei eigentliche Eipolyeder, für die $P \subset K \subset Q$ gilt, so gewinnt man mit passender Verwertung von (93) die Abschätzung $\varphi(P) < F(K) < \varphi(Q)$. Hierzu hat man zunächst bei festgehaltener Richtung der Geraden G über die Translationen zu integrieren. Wenn man danach über alle Richtungen integriert, so ist jede Gerade bei zwei entgegengesetzten Richtungen mitgezählt; deshalb ist das erhaltene Ergebnis noch zu halbieren. Aus der oben erzielten Schätzung resultiert $F(K)/F(Q) < c < F(K)/F(P)$, und da K durch P und Q beliebig genau approximiert werden kann, folgt $c = 1$, also $\varphi(P) = F(P)$, w. z. b. w.

6.2.3. Eine Integralrelation für Polyederpaare

Wir betrachten zwei Polyeder P und P_0 mit den Inhalten I und I_0. Auf ihren Randflächen sollen zwei Punkte p und p_0 variieren; mit dF und dF_0 wollen wir die an den Stellen p und p_0 gebildeten Randflächendifferentiale bezeichnen. Bedeutet Θ den Winkel, den die beiden nach außen weisenden Normalen u und u_0 der beiden p und p_0 enthaltenden

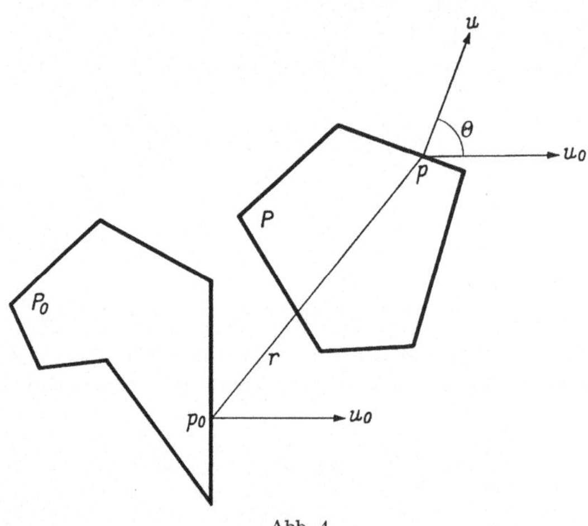

Abb. 4

Seitenflächen miteinander einschließen, und ist r die Distanz der Punkte p und p_0 [vgl. auch die sich auf den ebenen Fall beziehende Abb. 4], so besteht die Integralrelation

$$\iint r^2 \cos\Theta \, dF \, dF_0 = -2k \, I \, I_0 \,, \tag{100}$$

wobei sich die Integration über die Randflächen von P und P_0 zu erstrecken hat[19].

Beweis: Wird für das links stehende Integral $\Phi(P, P_0)$ gesetzt, so erzielt man mit $r^2 = (p - p_0)^2$ und Entwicklung des Skalarquadrats zunächst (a) $\Phi(P, P_0) = -2 \int\int (p, p_0) \cos\Theta \, dF \, dF_0$, da $\int\int p^2 \cos\Theta \, dF \, dF_0 = \int\int p_0^2 \cos\Theta \, dF \, dF_0 = 0$ wird. In der Tat: Läßt man etwa beim ersten Integral zunächst p fest und integriert über die Randfläche von P_0, so erscheint der Faktor $\int \cos\Theta \, dF_0 = \Sigma_1^m I'(P_0^\nu) \cos\Theta_\nu$, wo I' den $(k-1)$-dimensionalen Inhalt, P_0^ν ($\nu = 1, \ldots, m$) die Seitenflächen von P_0 und Θ_ν den Winkel der Seitenflächennormale von P_0^ν mit einer festen Raumrichtung bezeichnen. Nach der Hilfsaussage II in 2.1.4 verschwindet aber dieser Ausdruck. Denken wir uns P_0 fest, so wird durch (b) $\varphi(P) = \Phi(P, P_0)$ ein Polyederfunktional definiert. Dieses ist einfach-additiv, denn wenn zwei Polyeder P' und P'' längs einer gemeinsamen Seitenfläche zusammenstoßen, so heben sich bei der Addition $\varphi(P') + \varphi(P'')$ die beiden den betreffenden Seitenflächen entsprechenden Integralanteile gegenseitig auf, da die Faktoren $\cos\Theta$ entgegengesetzt gleich ausfallen. Weiter ist φ translationsinvariant. Bezeichnet nämlich τ eine Translation mit dem Verschiebungsvektor t, so ergibt sich nach (a)

$$\varphi(P^\tau) = -2 \int\int (p + t, p_0) \cos\Theta \, dF \, dF_0 = \varphi(P) - 2 \int\int (t, p_0) \cos\Theta \, dF \, dF_0.$$

Integriert man hier zunächst über die Randfläche von P, so bemerkt man, daß der Ausdruck aus dem nämlichen Grunde verschwindet, wie die beiden Integrale nach (a). Daher gilt $\varphi(P^\tau) = \varphi(P)$. Lassen wir endlich eine Dilatation mit $\lambda > 0$ einwirken, welche P in λP, p in λp, dF in $\lambda^{k-1} dF$ überführt und die $\cos\Theta$ unverändert läßt, so ergibt sich nach (a) leicht, daß $\varphi(\lambda P) = \lambda^k \varphi(P)$ ist; φ ist also homogen vom Grade k. Mit den drei sichergestellten Eigenschaften von φ folgt nach Satz XIV von 2.3.2, daß $\varphi(P) = c_0 I(P)$ sein muß. Wegen der Symmetrie in P und P_0 ergibt sich $\Phi(P, P_0) = c \, I(P) \, I(P_0)$. Setzen wir $P = P_0 = W$ (Einheitswürfel), so erhält man mit direkter Ausrechnung des Integrals $\Phi(W, W) = -2k$, so daß $c = -2k$ abgelesen werden kann. Damit ist der Nachweis beendet.

6.2.4. Drehintegrale bei MINKOWSKIscher Addition

Wir gehen von zwei Eikörpern A und B aus, lassen A fest und drehen B um den Ursprung Z. Bezeichnet $d\bar{\bar{B}}$ die Drehdichte von B, so gilt in bezug auf die MINKOWSKIsche Addition von A und B die Integralformel

$$\frac{1}{c_k} \int W_i(A \times B) \, d\bar{\bar{B}} = \frac{1}{\omega_k} \Sigma_0^{k-i} \binom{k-i}{\nu} W_{\nu+i}(A) \, W_{k-\nu}(B), \quad (101)$$

wobei die Integration über alle eigentlichen Drehungen zu erstrecken ist. Der gewählte Ansatz stellt den Integralmittelwert des i-ten Quermaßintegrals $W_i(A \times B)$ der MINKOWSKIschen Summe $A \times B$ dar, wenn A und B alle möglichen relativen Drehlagen durchlaufen; der vor dem Integral stehende Faktor ist der reziproke Wert des vollen Drehintegrals (87).

Beweis: Für den links stehenden Ausdruck in (101) setzen wir $\Phi(A, B)$. Da sich die $W_i(A \times B)$ bei unabhängigen Translationen von A und B nicht ändern und das Integral bei unabhängigen Drehungen von A und B um Z invariant bleibt, ist $\Phi(A, B)$ in bezug auf beide Körper bewegungsinvariant. Wir denken uns zunächst B fest. Dann stellt $\varphi(A) = \Phi(A, B)$ über der Eikörperklasse $\mathfrak{K}$ ein bewegungsinvariantes Funktional dar. Die Monotonie der W_i überträgt sich unmittelbar auf φ. Wir zeigen noch, daß φ additiv ist. In der Tat: Sind A' und A'' zwei Eikörper derart, daß auch $A' \cup A''$ konvex ausfällt, so gelten nach den Regeln (29) und (30) von 4.2.1 die Beziehungen $(A' \cup A'') \times B = (A' \times B)$ $\cup (A'' \times B)$ und $(A' \cap A'') \times B = (A' \times B) \cap (A'' \times B)$, welche mit der additiven Eigenschaft von W_i die Folgerung $W_i(A' \times B) + W_i(A'' \times B)$ $= W_i[(A' \cup A'') \times B] + W_i[(A' \cap A'') \times B]$ erlauben. Nach Integration gemäß (101) resultiert hieraus $\varphi(A') + \varphi(A'') = \varphi(A' \cup A'') +$ $+ \varphi(A' \cap A'')$. Die drei sichergestellten Eigenschaften von φ erlauben die Anwendung des zweiten Funktionalsatzes, wonach mit (78) eine Darstellung $\varphi(A) = \sum_0^k a_\nu W_\nu(A)$ gültig ist. Mit Rücksicht auf die in A und B bestehende Symmetrie folgt $\Phi(A, B) = \sum_0^k \sum_0^k a_{\nu\mu} W_\nu(A) W_\mu(B)$. Bedenkt man die sich mit der Bemerkung $W_i(\lambda A \times \lambda B) = \lambda^{k-i} W_i$ $(A \times B)$ ergebende Homogenität $\Phi(\lambda A, \lambda B) = \lambda^{k-i} \Phi(A, B)$, so folgt $a_{\nu\mu} = 0 \ (\nu + \mu \neq k + i)$, so daß $\Phi(A, B) = \sum_0^{k-i} b_\nu W_{\nu+i}(A) \, W_{k-\nu}(B)$ gesetzt werden darf. Wählt man $B = \varrho K$ ($\varrho \geqq 0$, $K =$ Einheitskugel), so ist der Integrand $W_i(A \times \varrho K) = W_i(A_\varrho)$ des Drehintegrals in (101) konstant, so daß sich mit Verwendung von (87) auf der linken Seite $W_i(A_\varrho)$ ergibt. Wendet man nun die Parallelformel (49) an, so ergibt der Vergleich mit der rechten Seite, wo noch $W_{k-\nu}(\varrho K) = \omega_k \varrho^\nu$ zu setzen ist, $b_\nu = \dfrac{1}{\omega_k} \dbinom{k-i}{\nu}$. Damit ist (101) nachgewiesen.

6.2.5. Projizieren und Schneiden;
CAUCHYs und CROFTONs Formeln

In diesem Abschnitt soll $k \geqq 2$ vorausgesetzt werden. Es sei A ein Eikörper und E_i eine i-dimensionale um den Ursprung Z drehbare Ebene und $d\overline{\overline{E}}_i$ ihre Drehdichte. Bezeichnet $A^i = A|E_i$ den Normalriß von A auf E_i, so gilt die *Projektionsformel*[20]

$$\frac{1}{c_{ik}} \int W'_\nu(A|E_i) \, d\overline{\overline{E}}_i = \frac{\omega_i}{\omega_{k-i}} W_{k+\nu-i}(A) \qquad [0 \leqq \nu \leqq i \leqq k - 1], \qquad (102)$$

wobei W' das sich auf den i-dimensionalen Raum beziehende Quermaßintegral bedeutet; die Integration erstreckt sich über alle Drehungen von E_i, c_{ik} ist die mit (90) eingeführte Hilfskonstante. Ferner sei E_i eine frei bewegliche Ebene und dE_i ihre Bewegungsdichte. Dann gilt die *Schnittformel*[21]

$$\frac{1}{c_{ik}} \int W'_\nu(A \cap E_i) \, dE_i = \frac{\omega_i \, \omega_{k-\nu}}{\omega_{k-i} \, \omega_{i-\nu}} W_\nu(A) \qquad [0 \leqq \nu \leqq i \leqq k - 1], \qquad (103)$$

wobei W' die nämliche Bedeutung wie oben hat; die Integration erstreckt sich über alle Bewegungen von E_i, c_{ik} ist dieselbe Hilfskonstante wie oben.

Beweise: Die durch die Integrale links in (102) und (103) dargestellten Eikörperfunktionale bezeichnen wir mit $\varphi(A)$ und $\psi(A)$. Offensichtlich sind sie bewegungsinvariant und monoton. Beide Funktionale sind aber auch additiv. In der Tat: Sind A und B zwei Eikörper, für die $A \cup B$ konvex ausfällt, so gelten für Normalrisse und Schnitte die Relationen $(A \cup B)^i = A^i \cup B^i$, $(A \cap B)^i = A^i \cap B^i$ und $(A \cup B) \cap E_i = (A \cap E_i) \cup (B \cap E_i)$, $(A \cap B) \cap E_i = (A \cap E_i) \cap (B \cap E_i)$. Mit der Additivität von W' folgert man, daß bereits der Integrand bei festem E_i additiv ist. Also sind φ und ψ additiv. Die erwähnten drei Eigenschaften genügen, um den zweiten Funktionalsatz (78) anzuwenden. Mit der Bemerkung, daß φ und ψ homogen vom Grade $i - v$ und $k - v$ sein müssen, lassen sich die Ansätze (a) $\varphi(A) = a W_{k+v-i}(A)$ und (b) $\psi(A) = b W_v(A)$ rechtfertigen. Um die Konstanten a und b zu ermitteln, wählen wir $A = K$ (Einheitskugel). Im Integral (102) ist in diesem Fall der Integrand konstant, nämlich ω_i, so daß sich mit Verwendung von (91) $\varphi(K) = \omega_k \, \omega_i / \omega_{k-i}$ ergibt. Andererseits ist $\varphi(K) = a \, \omega_k$, so daß $a = \omega_i / \omega_{k-i}$ resultiert. Damit ist (102) bewiesen. Im Integral (103) heißt im gleichen Fall der Integrand $\omega_i (1 - t^2)^{(i-v)/2}$, wo t den Abstand der Ebene E_i vom Ursprung Z, der zugleich Mittelpunkt von K ist, bezeichnet. Lassen wir zunächst die Richtung von E_i fest und betrachten also die Schar total paralleler E_i, so liegen die Punkte $P_{k-i} = E_i \cap E_{k-i}$, in denen sich die E_i der Schar mit der festen durch Z laufenden total orthogonalen Ebene E_{k-i} schneiden, auf der Randfläche einer in E_{k-i} liegenden Kugel vom Radius t, wo t wiederum den Abstand der E_i von Z bezeichnet. Auf Grund dieser Sachlage erzielt man für das über die Translationen erstreckte Integral (103), wobei also die Bewegungsdichte dE_i durch die Translationsdichte $d\overline{\overline{E}}_i$ ersetzt ist, mit Rücksicht auf (92) den Ansatz

$$\frac{1}{c_{ik}} (k - i) \, \omega_{k-i} \, \omega_i \int_0^1 (1 - t^2)^{(i-v)/2} \, t^{k-i-1} \, dt, \quad \text{dessen rechnerische Aus-}$$

wertung zum Ergebnis $\omega_i \, \omega_{k-v} / c_{ik} \, \omega_{i-v}$ führt. Da nach (93) $dE_i = d\overline{E}_i \, d\overline{\overline{E}}_i$ ist, hat man, um $\psi(K)$ zu ermitteln, noch mit $d\overline{E}_i$ zu multiplizieren und über alle Drehungen von E_i um Z zu integrieren. Mit Verwendung von (91) erhält man schließlich $\psi(K) = \omega_i \, \omega_{k-v} \, \omega_k / \omega_{i-v} \, \omega_{k-i}$. Andererseits ist $\psi(K) = b \, \omega_k$, so daß sich $b = \omega_{k-v} \, \omega_i / \omega_{i-v} \, \omega_{k-i}$ ergibt. Damit ist auch (103) bewiesen.

Im besonders wichtigen Fall $i = k - 1$ wird (102) mit der Integralrekursion (39) von KUBOTA gleichwertig. Dabei ist zu bedenken, daß die Drehdichte $d\overline{E}$ einer Ebene mit der Richtungsdichte du ihrer Normalen identisch wird. Weiter verdient noch der Fall $v = 0$ in (102) speziell hervorgehoben zu werden. Löst man die entstehende Beziehung nach den

Quermaßintegralen von A auf, so ergibt sich die Darstellung

$$W_{k-i}(A) = \frac{\omega_{k-i}}{c_{ik}\,\omega_i} \int V'(A|E_i)\, d\overline{\overline{E}}_i \quad [1 \leq i \leq k-1]\,, \qquad (104)$$

wo V' den i-dimensionalen Inhalt bezeichnet. Man erkennt, daß das $(k-i)$-te Quermaßintegral auch als Integral der Inhalte der i-dimensionalen Normalrisse gewonnen werden kann. Ein derartiger Inhalt ist ein i-dimensionales (äußeres) Quermaß des Eikörpers A [vgl. auch 4.4.2]. Hier läßt sich also die für die Funktionale $W_i(A)$ gebrauchte Benennung motivieren.

6.2.6. Drehintegrale bei affiner Deformation

Es bezeichne ξ eine (nichtentartete) affine Abbildung, welche den Ursprung Z fest lassen soll. Diese führt die Einheitskugel K mit Mittelpunkt in Z in ein konzentrisches Ellipsoid K^{ξ} über [vgl. die Bemerkung über die Erzeugung einer solchen Affinität durch k affine Richtungsdilatationen in 1.2.1]. Drehen wir einen konvexen Körper A um Z und lassen in jeder Drehlage die feste affine Deformation ξ auf das Drehbild von A einwirken, so ergibt sich die Integralformel

$$\frac{1}{c_k} \int W_i(A^{\xi})\, d\overline{A} = \frac{1}{\omega_k}\, W_i(K^{\xi})\, W_i(A)\,, \qquad (105)$$

wo $d\overline{A}$ die Drehdichte von A bedeutet und die Integration sich über alle Drehungen von A um Z erstreckt. Die linke Seite stellt den Integralmittelwert des i-ten Quermaßintegrals des deformierten Körpers A dar, da der vor dem Integral stehende Faktor den reziproken Wert des vollen Drehintegrals (87) bedeutet. Dieser Mittelwert ist also proportional zur Maßzahl des Ausgangskörpers, so daß das einfache Gesetz, wonach sich der Inhalt eines Körpers bei affiner Deformation in jeder Lage im selben Verhältnis ändert, auch auf alle Quermaßintegrale ausgedehnt werden kann, wenn der Mittelwert über alle Drehlagen des Körpers in Betracht gezogen wird.

Beweis: Bezeichnen wir den in (105) links stehenden Ausdruck mit $\varphi(A)$, so ist φ ein über der Klasse $\mathfrak{K}$ der Eikörper definiertes bewegungsinvariantes und monotones Funktional. Da bei der affinen Abbildung ξ die Konvexität erhalten bleibt, folgt zusammen mit der Bemerkung $(A \cup B)^{\xi} = A^{\xi} \cup B^{\xi}$ und $(A \cap B)^{\xi} = A^{\xi} \cap B^{\xi}$, daß in (105) bereits der Integrand bei fester Drehlage von A und B additiv ist. Werden A und B simultan gedreht, so ergibt sich mit Integration, daß φ auch additiv ist. Bedenken wir noch, daß $(\lambda A)^{\xi} = \lambda A^{\xi}$ ist, so folgern wir, daß φ homogen vom Grade $k-i$ sein muß. Mit Anwendung des zweiten Funktionalsatzes (78) schließt man jetzt auf $\varphi(A) = cW_i(A)$. Setzt man speziell $A = K$, so wird der Integrand in (105) konstant, und es folgt $\varphi(K) = W_i(K^{\xi})$ und wegen $W_i(K) = \omega_k$ resultiert $c = (1/\omega_k)\, W_i(K^{\xi})$. Damit ist (105) bewiesen.

6.2.7. Mittlere affine Richtungsderivierte

Es bezeichne w einen (normierten) Richtungsvektor und $A\,(\lambda,\,w)$ den durch Richtungsdilatation mit $\lambda > 0$ in Richtung w aus dem Eikörper A hervorgehenden Bildkörper. Die Richtungsdilatation ist die in 1.2.1 mit der Transformationsformel (31) gegebene spezielle affine Abbildung. Offensichtlich ist $A\,(1,\,w) = A$. Wie wir in 6.4.4 (Satz XII) zeigen werden ist das Quermaßintegral $W_i\,[A\,(\lambda,\,w)]$ bei fester Richtung w eine konvexe Funktion des Dilatationsparameters λ. Setzen wir für $\lambda > 1$ $\;q_i\,(A,\,\lambda,\,w)$ $= \{W_i\,[A\,(\lambda,\,w)] - W_i\,(A)\}/(\lambda - 1)$, so existiert wegen der oben erwähnten Konvexität jedenfalls der Grenzwert

$$\lim q_i\,(A,\,\lambda,\,w) = \frac{\partial}{\partial w}\,W_i\,(A) \qquad [\lambda \to 1 + 0]\,, \tag{106}$$

und wir wollen ihn *affine Richtungsderivierte* des Quermaßintegrals $W_i\,(A)$ in der Richtung w nennen und hierfür das rechts angeschriebene Symbol verwenden [die bei der Bildung der Richtungsderivierten erforderliche Körpervariation ist im ebenen Fall in Abb. 5 veranschaulicht].

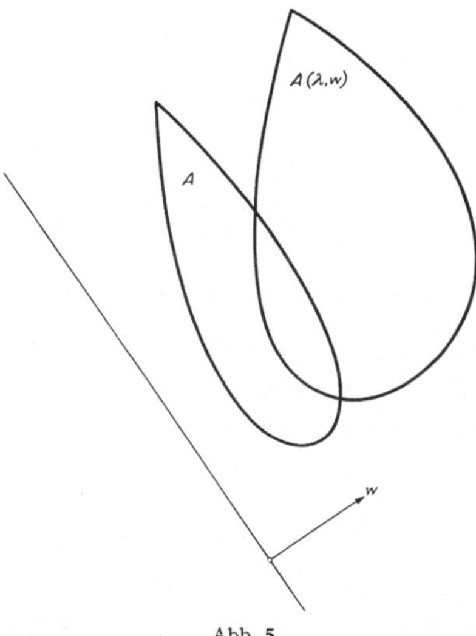

Abb. 5

Für das über alle Richtungen erstreckte Integralmittel der affinen Richtungsderivierten gilt die Formel

$$\frac{1}{k\,\omega_k}\int \frac{\partial}{\partial w}\,W_i\,(A)\,dw = \left(1 - \frac{i}{k}\right)W_i\,(A)\,. \tag{107}$$

Hier bedeutet dw die Richtungsdichte.

Beweis: Zunächst kann man analog wie im vorausgehenden Abschnitt die Integralformel

$$\frac{1}{k\,\omega_k}\int q_i\,(A,\,\lambda,\,w)\,dw = \frac{W_i\,[K\,(\lambda,\,w)] - \omega_k}{\omega_k(\lambda - 1)}\,W_i\,(A)$$

herleiten. Hierbei bezeichnet K die Einheitskugel, also $K(\lambda, w)$ ein Rotationsellipsoid, dessen Meridianellipse die Halbachsen 1 und λ aufweist. Nun sind die $q(A, \lambda, w)$ bei festem $\lambda > 1$ stetige Funktionen auf der kompakten Richtungssphäre S, die bei fester Richtung w wegen der Konvexität von $W_i[A(\lambda, w)]$ für $\lambda \to 1 + 0$ monoton absteigend gegen die Richtungsderivierte streben. Hieraus schließt man, daß diese selbst über S integrierbar ist, und daß man in der obenstehenden Formel links Integration und Grenzübergang $\lambda \to 1 + 0$ vertauschen darf. Mit Verwendung der Formel (71) für die Quermaßintegrale des Rotationsellipsoides läßt sich auch rechts beim Faktor von $W_i(A)$ der Grenzübergang vollziehen, wobei sich der Wert $1 - (i/k)$ ergibt. Damit ist (107) bewiesen.

§ 3. Allgemeine Integralsätze

6.3.1. Der Konvexring

Es bezeichne $\mathfrak{S}$ die Klasse aller Punktmengen A des Raumes, die sich als Vereinigungsmenge endlich vieler eigentlicher oder uneigentlicher konvexer Körper gewinnen lassen, für die also eine Darstellung

$$A = \mathsf{U}_1^n A_\nu \qquad [A_\nu \in \mathfrak{R}] \tag{108}$$

möglich ist. Insbesondere enthält $\mathfrak{S}$ auch die leere Menge 0. $\mathfrak{S}$ ist ein Mengenring, d. h. es gelten die Aussagen

$$A, B \in \mathfrak{S} \triangleright A \cup B, A \cap B \in \mathfrak{S}. \tag{109}$$

Offenbar ist $\mathfrak{S}$ der kleinste Mengenring über der Klasse $\mathfrak{R}$ der konvexen Körper; wir wollen ihn *Konvexring* nennen.

Ist E_i eine i-dimensionale Ebene und bezeichnet A_i den Schnitt $A \cap E_i$ und A^i den Normalriß $A|E_i$, so gelten weiter die Aussagen

$$A \in \mathfrak{S} \triangleright A_i, A^i \in \mathfrak{S}, \tag{110}$$

welche dartun, daß man durch Projizieren und Schneiden von $\mathfrak{S}$ angehörenden Körpern mit Unterräumen nicht aus $\mathfrak{S}$ hinausgeführt wird.

Die Polyederklasse $\mathfrak{P}$ ist ein besonders erwähnenswerter Teilring von $\mathfrak{S}$. Mit dem Konvexring $\mathfrak{S}$ haben wir eine Mengenklasse eingeführt, die nichtkonvexe Körper enthält, und auf die wir die Formeln und Sätze der Integralgeometrie übertragen können, ohne den von uns stets beachteten einfachen methodischen Rahmen verlassen zu müssen.

6.3.2. Additive Funktionale

Wir betrachten Funktionale φ, die über dem Konvexring $\mathfrak{S}$ definiert sind, und also jedem Körper $A \in \mathfrak{S}$ eine reelle Zahl $\varphi(A)$ zuordnen;

hierbei soll stets die Nullkonvention

$$\varphi(0) = 0 \tag{111}$$

erfüllt sein. Das Funktional φ heißt *additiv*, wenn das Additionstheorem

$$\varphi(A \cup B) + \varphi(A \cap B) = \varphi(A) + \varphi(B) \tag{112}$$

uneingeschränkt über $\mathfrak{S}$ gilt. φ heißt insbesondere *einfach-additiv*, wenn bei uneigentlichen Körpern A, für die in einer Darstellung (108) alle Eikörper A_ν uneigentlich sind, $\varphi(A) = 0$ ausfällt, so daß

$$\varphi(A \cup B) = \varphi(A) + \varphi(B) \qquad [A \cap B \in \mathfrak{S}''] \tag{113}$$

gilt, falls — wie rechts angedeutet — der Durchschnitt $A \cap B$ zur Klasse $\mathfrak{S}''$ der uneigentlichen Körper von $\mathfrak{S}$ gehört. Das Funktional φ heißt *bewegungsinvariant*, wenn

$$\varphi(A) = \varphi(B) \qquad [A \simeq B] \tag{114}$$

gilt. Ein über $\mathfrak{S}$ definiertes Funktional ist eo ipso auch über $\mathfrak{R}$ erklärt. Hierauf gründen wir die Festlegung bedingter Eigenschaften, die wir einem Funktional φ dann zuerkennen, wenn dieses als Eikörperfunktional die entsprechenden Eigenschaften aufweist. So definieren wir: Ein über $\mathfrak{S}$ erklärtes Funktional φ heißt *bedingt stetig*, *bedingt monoton*, *bedingt definit* oder *bedingt beschränkt*, wenn φ als Eikörperfunktional über $\mathfrak{R}$ stetig, monoton, definit oder beschränkt ist [vgl. auch 6.1.2]. So haben beispielsweise die Funktionale $\varphi(A) = V(A)$ und $\varphi(A) = F(A)$, d. h. Inhalt und Oberfläche die drei genannten Eigenschaften, wobei die Bedingtheit besonders bei der Oberfläche wesentlich ist.

6.3.3. Die Charakteristik von EULER-POINCARÉ

In diesem Abschnitt führen wir den Existenzbeweis für ein über dem Konvexring $\mathfrak{S}$ definiertes additives Funktional

$$\varphi(A) = \chi(A) , \tag{115}$$

das *bedingt konstant* ist, so daß für jeden (nichtleeren) Eikörper

$$\chi(A) = 1 \qquad [A \in \mathfrak{R}, A \neq 0] \tag{116}$$

ausfällt. Die additive Eigenschaft des Funktionals χ ermöglicht eine einfache rechnerische Ermittlung seines Wertes $\chi(A)$ für einen Körper $A \in \mathfrak{S}$, wenn eine Darstellung der Form (108) zur Verfügung steht. Mit

Iteration des Additionstheorems (112) resultiert nämlich

$$\chi(A) = \sum{}^{1} \varepsilon(A_{\nu_1}) - \sum{}^{2} \varepsilon(A_{\nu_1} \cap A_{\nu_2}) + \cdots, \tag{117}$$

wo ε die charakteristische Funktion

$$\varepsilon(A) = 0 \text{ bzw. } 1 \qquad [A = 0 \text{ bzw. } A \neq 0] \tag{118}$$

ist, und wo sich die Summation $\sum^{i}$ über alle Kombinationen $\nu_1, \ldots, \nu_i$ zur Klasse i der in (108) auftretenden Indizes $1, \ldots, n$ erstrecken soll. Nun ist ein Körper $A \in \mathfrak{S}$ auf beliebig viele verschiedene Arten als Vereinigungsmenge konvexer Körper darstellbar. Deshalb begründet der Existenzbeweis implizite auch die Aussage, daß der Summenwert in (117) von der gewählten individuellen Darstellung (108) unabhängig ist. Da die Summanden in (117) nur die Werte 0 oder 1 annehmen, weist das Funktional χ lediglich ganzzahlige (positive oder negative) Werte auf. Diese Werte sind durch die Vorschriften (108), (117) und (118) eindeutig bestimmt, so daß höchstens ein Funktional der gewünschten Art existieren kann. Mit gleicher Überlegung ergibt sich eine weit über die Bewegungsinvarianz hinausreichende Invarianz kombinatorisch-topologischer Art, die dem Funktional χ zukommt. Sind nämlich $A, B \in \mathfrak{S}$ zwei Körper, für die sich Darstellungen $A = \mathsf{U}_1^m A_\nu$ und $B = \mathsf{U}_1^m B_\nu$ durch gleich viele und geeignet numerierte Eikörper $A_\nu, B_\nu (\nu = 1, \ldots, m)$ so aufweisen lassen, daß für jede überhaupt mögliche Indizeskombination $\nu_1, \ldots, \nu_i$ die Bedingung $\varepsilon(A_{\nu_1} \cap \ldots \cap A_{\nu_i}) = \varepsilon(B_{\nu_1} \cap \ldots \cap B_{\nu_i})$ erfüllt wird, so wollen wir A und B im kombinatorischen Sinn *gleichwertig* nennen und dies für den Augenblick durch $A \sim B$ symbolisch zum Ausdruck bringen[22]. Der Formel (117) entnimmt man unmittelbar, daß für gleichwertige Körper

$$\chi(A) = \chi(B) \qquad [A \sim B] \tag{119}$$

gelten muß. Da kongruente Körper trivialerweise im oben genannten Sinne gleichwertig sind, schließt (119) die Aussage in sich, daß χ bewegungsinvariant ist.

Existenzbeweis: Es sei zunächst $k = 1$. Ein Körper $A \neq 0$ des Konvexringes besteht hier aus $N = N(A)$ abgeschlossenen und paarweise disjunkten Strecken. Setzen wir $\chi(A) = N(A)$ und $\chi(0) = 0$, so liegt, wie man mühelos bestätigt, bereits ein Funktional mit den gewünschten Eigenschaften vor. Es sei nun $k > 1$, und wir treffen die induktive Annahme, daß der Existenznachweis bereits für alle Räume niedrigerer Dimension erbracht sei. Wir legen durch den Ursprung Z eine Gerade G und betrachten die einparametrige Schar der unter sich parallelen auf G orthogonal stehenden Ebenen E_x; der kontinuierliche Index x bezeichne die von Z aus auf G gemessene Koordinate des Durchstoßpunktes $G \cap E_x$. Für ein $A \in \mathfrak{S}$ gilt $A \cap E_x \in \mathfrak{S}'$, wo $\mathfrak{S}'$ den Konvexring bezüglich des $(k-1)$-dimensionalen Raumes bedeuten soll. Nach der Induktionsvoraussetzung ist $\chi'(A \cap E_x)$ definiert, wo der Beistrich anzeigen soll, daß sich das Funktional auf den $(k-1)$-dimensionalen Raum zu beziehen hat. Nun betrachten wir bei festem A und variablem x die Hilfsfunktion (a) $h(x) = \chi'(A \cap E_x) - \chi'(A \cap E_{x+0})$; dabei bezeichnet $\chi'(A \cap E_{x+0})$ den Grenzwert von rechts lim $\chi'(A \cap E_y)$ $(y \to x, y > x)$. Hierzu ist zu bemerken, daß für einen durch (108) dargestellten Körper A mit Anwendung von (117) eine Formel

$$\chi'(A \cap E_x) = \sum^1 \varepsilon(A_{\nu_1} \cap E_x) - \sum^2 \varepsilon(A_{\nu_1} \cap A_{\nu_2} \cap E_x) + \cdots$$

aufgestellt werden kann, der zu entnehmen ist, daß $\chi'(A \cap E_x)$ durch Superposition von höchstens $2^n - 1$ einstufigen Treppenfunktionen erzeugt wird und somit selbst eine mehrstufige Treppenfunktion ist, so daß die Existenz des oben angesetzten rechtsseitigen Grenzwertes trivial ist. Aus dem nämlichen Grunde folgt, daß die Hilfsfunktion $h(x)$ nur an endlich vielen Stellen einen von Null verschiedenen Wert aufweisen kann. Nun setzen wir (b) $\chi(A) = \sum_x h(x)$, wobei sich die Summation über alle x des Intervalls $-\infty < x < \infty$ erstreckt, sich aber auf eine endliche Summe reduziert. Mit (b) ist offensichtlich ein Funktional über $\mathfrak{S}$ definiert. Wir wollen zeigen, daß dieses additiv und bedingt konstant ist. In der Tat: Für zwei Körper $A, B \in \mathfrak{S}$ gilt gemäß der induktiven Annahme für jedes x die Beziehung $\chi'(A \cap E_x) + \chi'(B \cap E_x) = \chi'[(A \cap E_x) \cup (B \cap E_x)] + \chi'[(A \cap E_x) \cap (B \cap E_x)]$. Mit der Bemerkung, daß $(A \cap E_x) \cup (B \cap E_x) = (A \cup B) \cap E_x$ und $(A \cap E_x) \cap (B \cap E_x) = (A \cap B) \cap E_x$ ist, und daß die obenstehende Beziehung sich auch auf die rechtsseitigen Grenzwerte überträgt, zieht man den Schluß, daß mit sinngemäßer Bezeichnungsweise $h(A, x) + h(B, x) = h(A \cup B, x) + h(A \cap B, x)$ gilt. Durch Summation über alle x resultiert das Additionstheorem (c) $\chi(A) + \chi(B) = \chi(A \cup B) + \chi(A \cap B)$. Ist A ein Eikörper und stellt das Intervall $a \le x \le b$ den Normalriß $A|G$ von A in G dar, so gilt nach der induktiven Annahme $\chi'(A \cap E_x) = 1$ bzw. 0 ($a \le x \le b$ bzw. $x < a$ oder $b < x$), so daß $h(A, x) = 0$ bzw. 1 ($x \ne b$ bzw. $x = b$) wird. Nach (b) ergibt sich so (d) $\chi(A) = 1$. Ferner ist die Nullkonvention $\chi(0) = 0$ trivialerweise erfüllt. Das mit Ansatz (b) rekursiv definierte Funktional über dem Konvexring $\mathfrak{S}$ des k-dimensionalen Raumes ist nach (c) und (d) additiv und bedingt konstant; damit ist der induktiv geführte Existenzbeweis beendet [23].

Das hier begründete Funktional χ ist mit der *Charakteristik von* EULER-POINCARÉ identisch. Diese innerhalb der Topologie wohlbekannte wichtige Invariante kann auf Grund geeigneter topologischer Begriffe und Lehrsätze direkt für die Körper des Konvexrings erklärt werden [24]. Da diese Invariante ebenfalls additiv und bedingt konstant ist, muß sie mit χ übereinstimmen. Mit dieser Bemerkung ist die für χ beanspruchte Bezeichnung gerechtfertigt. Die noch über (119) hinausreichende topologische Invarianz von χ ist für die weiteren Belange der Integralgeometrie unerheblich, da χ hier dauernd in Wechselbeziehung zu metrischen Funktionalen tritt, die nur bewegungsinvariant sind.

6.3.4. Quermaßintegrale im Konvexring

Im vorliegenden Abschnitt sollen die Quermaßintegrale MINKOWSKIs, die bis anhin lediglich für konvexe Körper definiert waren, auch für die Körper des Konvexrings erklärt werden. Die Fortsetzung dieser fundamentalen Maßzahlen von $\Re$ auf die umfassendere Klasse $\mathfrak{S}$ soll so erfolgen daß die der Ringstruktur von $\mathfrak{S}$ angepaßte additive Eigenschaft der Funktionale erhalten bleibt[25]. Wir definieren für $A \in \mathfrak{S}$

$$W_i(A) = \frac{1}{c_{ik}} \int \chi(A \cap E_i)\, dE_i \qquad [i = 0, 1, \ldots, k-1]\,, \qquad (120)$$

wo χ die Charakteristik von EULER-POINCARÉ, E_i eine bewegliche i-dimensionale Ebene und dE_i die Bewegungsdichte von E_i bezeichnen; c_{ik} ist die Hilfskonstante (90).

Die Existenz des in (120) stehenden Integrals ist leicht einzusehen, wenn man für A eine Darstellung (108) in Anspruch nimmt und den Integranden nach Formel (117) entwickelt; als Funktion von E erscheint dann der Integrand als Summe von entsprechenden Funktionen, die sich lediglich auf konvexe Körper beziehen. Wenn wir die Definition (120) noch durch die Festsetzung

$$W_k(A) = \omega_k\, \chi(A) \qquad (121)$$

ergänzen, haben wir über dem Konvexring $\mathfrak{S}$ die $k + 1$ MINKOWSKISchen Quermaßintegrale W_i $(i = 0, 1, \ldots, k)$ eingeführt. Daß es sich tatsächlich um Fortsetzungen der entsprechenden über $\Re$ definierten Eikörperfunktionale auf $\mathfrak{S}$ handelt, bestätigt man, indem man in (120) und (121) Übereinstimmung im Falle konvexer Körper feststellt. In der Tat: Für $A \in \Re$ gilt $\chi(A \cap E_i) = (1/\omega_i)\, W_i'(A \cap E_i) = 1$, wo der Beistrich anzeigen soll, daß sich das Quermaßintegral auf den i-dimensionalen Raum bezieht. Vergleicht man nun das in (120) vorgeschriebene Integral mit der CROFTONSchen Formel (103) im Sonderfall $\nu = i$, so liest man die Übereinstimmung ab. In (121) ist diese ohnehin vorhanden.

Wir wollen noch darauf hinweisen, daß der spezieller für Polyeder beanspruchte Ansatz (120) im Fall $i = 0$ $(c_{0k} = 1,\ W_0 = V)$ dem Inhaltsintegral (97) entspricht, und im Fall $i = 1$ $(c_{1k} = k\omega_{k-1}/2,\ kW_1 = F)$ mit dem FAVARDSchen Oberflächenintegral (99) übereinstimmt[26].

Das MINKOWSKISche Quermaßintegral $W_i(A)$ ist, als Funktional über dem Konvexring $\mathfrak{S}$ betrachtet, *bewegungsinvariant, homogen vom Grade $k - i$, bedingt definit, bedingt monoton, bedingt beschränkt* und *bedingt stetig.* Ferner ist $W_i(A)$ auch *additiv* und im Falle $i = 0$ sogar *einfachadditiv.* Dies läßt sich daraus folgern, daß in (120) bereits der Integrand bei festem E_i additiv bzw. einfach-additiv ist; in (121) ist das rechts stehende Funktional ohnehin additiv. Umgekehrt lassen sich die beiden Funktionalsätze [Satz IV und Satz V] leicht sinngemäß auf bewegungs-invariante, additive und bedingt stetige bzw. bedingt monotone Funktionale φ über $\mathfrak{S}$ übertragen. Weil nämlich φ auch über $\mathfrak{K}$ definiert ist, und die angeführten Eigenschaften dort unbedingt gelten, muß dort die Darstellung (75) bzw. (78) gültig sein. Mit Verwendung der additiven Eigenschaft aller vorkommenden Funktionale kann die Gültigkeit der Darstellung in der $\mathfrak{K}$ umfassenden Klasse $\mathfrak{S}$ unmittelbar gefolgert werden.

6.3.5. Assoziierte Funktionale und allgemeiner Integralsatz

Es sei φ ein über dem Konvexring $\mathfrak{S}$ definiertes additives und bedingt stetiges Funktional. Eine Invarianzforderung wird nicht gestellt. Durch den Integralansatz

$$\varphi_i(A) = \frac{1}{c_{ik}} \int \varphi(A \cap E_i)\, dE_i \qquad [i = 0, 1, \ldots, k-1]\,, \qquad (122)$$

ergänzt durch

$$\varphi_k(A) = \omega_k \varphi(A) \qquad (123)$$

wird dem vorgegebenen Funktional φ eine Skala von $k+1$ neuen Funktionalen zugeordnet; dabei ist c_{ik} die Hilfskonstante (90). Wegen der bedingten Stetigkeit von φ ist der Integrand in (122) im Falle eines Eikörpers A eine stetige Funktion der beweglichen Ebene E_i, falls wir nur diejenigen E_i in Betracht ziehen, welche A treffen. Hieraus folgt, daß das Integral sicher für $A \in \mathfrak{K}$ existiert. Da sich der Integrand für $A \in \mathfrak{S}$ wegen der Additivität von φ durch Superposition von endlich vielen sich auf Eikörper beziehende Funktionen der beweglichen Ebene E_i erzeugen läßt, existiert das Integral auch in diesem Fall.

Die ebenfalls über dem Konvexring $\mathfrak{S}$ definierten und, wie man leicht feststellt, wieder additiven und bedingt stetigen Funktionale φ_i ($i = 0, \ldots, k$) nennen wir die zu φ *assoziierten Funktionale*. Ihre besondere Bedeutung für die Formeln und Gesetze der Integralgeometrie geht hervor aus

Satz VI (Allgemeiner Integralsatz). *Ist φ ein über dem Konvexring $\mathfrak{S}$ definiertes additives und bedingt stetiges Funktional, so gilt für zwei Körper $A, B \in \mathfrak{S}$ die Integralformel*

$$\frac{1}{c_k} \int \varphi(A \cap B)\, dB = \frac{1}{\omega_k} \sum_0^k \binom{k}{\nu} \varphi_\nu(A)\, W_{k-\nu}(B)\,, \qquad (124)$$

wo φ_ν die zu φ assoziierten Funktionale und W_μ die Quermaßintegrale bezeichnen[27].

Der richtigen Interpretation der Integralformel diene noch folgendes: A ist fest, B dagegen beweglich anzunehmen, dB bedeutet die kinematische Dichte und die Integration erstreckt sich über alle Bewegungen von B; c_k ist die Hilfskonstante (87).

Beweis: Es werde zunächst $A, B \in \Re$ angenommen. Das in (124) links stehende Integral stellt dann ein additives und bewegungsinvariantes Eikörperfunktional $\Phi(B)$ dar, wenn wir uns A fest denken und B in $\Re$ beliebig wählen. Die Additivität ergibt sich mit der Bemerkung, daß in (124) bereits der Integrand additiv ist; die Bewegungsinvarianz folgt daraus, daß über alle Bewegungen von B integriert wird. Die Eikörpermenge $A \cap B$ ist bei bewegtem B gleichmäßig beschränkt. Nach Hilfssatz I von 6.1.2 ist φ über dieser Menge gleichmäßig stetig. Da der Integrationsbereich, bezogen auf diejenigen B, die A treffen, kompakt ist, folgt in der üblichen Weise, daß $\Phi(B)$ stetig ist. Die drei genannten Eigenschaften von Φ erlauben die Anwendung des ersten Funktionalsatzes. Nach (75) lassen sich $k + 1$ Koeffizienten a_ν so finden, daß

(a) $\Phi(B) = \dfrac{1}{\omega_k} \sum_0^k \binom{k}{\nu} a_\nu W_{k-\nu}(B)$ identisch in B gilt. Es handelt sich

jetzt darum, die Konstanten a_ν zu ermitteln. Zu diesem Zwecke betrachten wir eine i-dimensionale Kugel $B = \varrho K_i$ von großem Radius $\varrho > 0$, wo K_i die Einheitskugel in einer i-dimensionalen Ebene E_i bezeichnen und $1 \le i \le k - 1$ angenommen werden soll. Nach (96) ist $dB = d\overline{B}\, d\overline{\overline{B}}$, und mit (94) und (95) läßt sich auch $dB = dP\, d\Gamma_k$ schreiben. Bedeutet E_{k-i} den auf der Trägerebene E_i von B total orthogonalen komplementären Raum, so läßt sich auch $dP = dP_i\, dP_{k-i}$ setzen, wo dP_i und dP_{k-i} die in E_i und E_{k-i} gemessenen Punktdichten sind. Ferner gilt nach (88) $d\Gamma_k = d\overline{\overline{E}}_i\, d\Gamma_i\, d\Gamma_{k-i}$, wo $d\overline{\overline{E}}_i$ die Drehdichte von E_i bezeichnet. Verwerten wir die soeben gewonnenen Ausdrücke für dP und $d\Gamma_k$ im weiter oben stehenden Ansatz für dB, so ergibt sich $dB = dP_i\, dP_{k-i}\, d\overline{\overline{E}}_i\, d\Gamma_i\, d\Gamma_{k-i}$. Nach (92) läßt sich auch $dP_{k-i} = d\overline{E}_i$ setzen, wo $d\overline{E}_i$ die Translationsdichte von E_i ist. Wird dies oben eingesetzt und noch berücksichtigt, daß nach (93) $dE_i = d\overline{E}_i\, d\overline{\overline{E}}_i$ ist, so resultiert $dB = dP_i\, dE_i\, d\Gamma_i\, d\Gamma_{k-i}$. Lassen wir im Integral (124) zunächst die Trägerebene E_i von B fest und integrieren über die Drehungen der in E_i und E_{k-i} liegenden und mit der i-dimensionalen Kugelscheibe B starr verbundenen i-Beine und $(k-i)$-Beine, wobei aber B stets in sich übergeht, falls die beiden Vielbeine im Mittelpunkt von B angreifen, so bleibt mit Beanspruchung von (87) $\Phi(B) = 2(c_i c_{k-i}/c_k) \int \varphi(A \cap B)\, dP_i\, dE_i$. Der Faktor 2 ist zu setzen, wenn rechts die Integration nur über die nichtorientierten Ebenen E_i erstreckt wird. Dabei ist zu erwägen, daß im Ausgangsintegral die beiden Lagen der Kugelscheibe B in entgegengesetzt orientierten Trägerebenen E_i als verschieden gelten, da B dort als räumlicher Körper eingeht. Nun verschieben wir die Kugelscheibe B in ihrer Trägerebene E_i, die immer noch fest bleiben soll, und integrieren über alle Translationen, deren Dichte durch dP_i gegeben ist. Bedenken wir, daß bei großem $\varrho > 0$ immer $A \cap B = A \cap E_i$ gilt, bis auf eine restliche Lagenmenge von B, deren Integral einen Beitrag von geringerer Größen-

ordnung ergibt, so bleibt $\Phi(B) = (2c_i c_{k-i}/c_k)\, \omega_i \varrho^i \int \varphi(A \cap E_i)\, dE_i +$
$+ o(\varrho^i)$. Nun integrieren wir über alle Bewegungen von E_i, berücksichtigen (122) und erhalten (b) $\Phi(B) = (2c_i c_{k-i} c_{ik} \omega_i/c_k)\, \varphi_i(A)\, \varrho^i + o(\varrho^i)$. Setzen wir andererseits in (a) $B = \varrho K_i$ ein, und berücksichtigen wir, daß nach (56) $\binom{k}{\nu} W_{k-\nu}(B) = 0$ bzw. $\omega_i \omega_{k-i} \varrho^i$ bzw. $o(\varrho^i)$ $(i < \nu \leq k$ bzw. $\nu = i$ bzw. $0 \leq \nu < i)$ gilt, so ergibt sich (c) $\Phi(B) = (a_i \omega_i \omega_{k-i}/\omega_k)\, \varrho^i +$
$+ o(\varrho^i)$. Der Vergleich von (b) und (c) liefert für die gesuchte Konstante den Wert $a_i = (2\omega_k c_i c_{k-i} c_{ik}/c_k \omega_{k-i})\, \varphi_i(A)$, was nach Einsetzen der Hilfswerte (87) und (90) $a_i = \varphi_i(A)$ $(1 \leq i \leq k-1)$ ergibt. Die noch bleibenden Fälle $i = 0$ und $i = k$ lassen sich nach der gleichen Methode einfacher und direkt erledigen, wenn man für B einen Punkt und eine große Kugel einsetzt. Wieder liest man $a_0 = \varphi_0(A)$ und $a_k = \varphi_k(A)$ ab. Damit ist die Gültigkeit von (124) innerhalb der Klasse $\Re$ erwiesen; die Erweiterung auf den Konvexring $\mathfrak{S}$ läßt sich auf Grund der additiven Eigenschaften der beteiligten Funktionale leicht vornehmen.

6.3.6. Die kinematische Hauptformel von BLASCHKE und SANTALÓ

Wir gehen von dem über $\mathfrak{S}$ definierten additiven und bedingt stetigen, nämlich bedingt konstanten Funktional $\varphi(A) = \chi(A)$ aus, und stellen durch Vergleich der Ansätze (122) und (123) mit (120) und (121) fest, daß die $k + 1$ zu φ assoziierten Funktionale durch

$$\varphi_i(A) = W_i(A) \tag{125}$$

gegeben sind. Die MINKOWSKISCHEN Quermaßintegrale sind also die assoziierten Funktionale zur Charakteristik von EULER-POINCARÉ. Als wichtigster Sonderfall des allgemeinen Integralsatzes (124) ergibt sich die für $k = 1, 2, 3$ von BLASCHKE und SANTALÓ aufgewiesene und von CHERN und YIEN auf beliebige Dimensionen $k \geq 1$ übertragene *kinematische Hauptformel* der Integralgeometrie[28], nämlich

$$\frac{1}{c_k} \int \chi(A \cap B)\, dB = \frac{1}{\omega_k} \sum_0^k \binom{k}{\nu} W_\nu(A)\, W_{k-\nu}(B) . \tag{126}$$

Diese enthält ihrerseits wieder die fundamentale Formel von STEINER als Spezialfall. Setzt man nämlich $B = \varrho K$, wo K die Einheitskugel bezeichnet, und zerlegt man nach (96) dB in $d\bar{B}\, d\bar{\bar{B}}$, so kann zuerst die Integration über die Drehungen von B um den Mittelpunkt vorgenommen werden, wobei sich der vor dem Integral stehende Faktor $1/c_k$ wegkürzt. Die anschließende Integration über die Translationen der Kugel B liefert den Inhalt des äußeren Parallelkörpers A_ϱ. Auf der rechten Seite ergibt sich mit $W_{k-\nu}(B) = \omega_k \varrho^\nu$ das STEINERsche Polynom [vgl. (48)].

6.3.7. Vollständiges kinematisches Formelsystem

Wählen wir das über $\mathfrak{S}$ definierte additive und bedingt stetige Funktional $\varphi(A) = W_\mu(A)$ $(0 \leq \mu \leq k)$ als Ausgangspunkt, so ergeben sich die $\mu + 1$ nichttrivialen assoziierten Funktionale

$$\varphi_i(A) = \frac{\mu!\, i!\, \omega_\mu \omega_i \omega_{2\,k-\mu-i}}{(\mu + i - k)!\, k!\, \omega_{k-\mu} \omega_{k-i} \omega_{\mu+i-k}}\, W_{\mu+i-k}(A) \qquad [k - \mu \leq i \leq k]\,,$$
$$(127)$$

während die restlichen $k - \mu$ Funktionale identisch verschwinden, so daß

$$\varphi_i(A) = 0 \qquad [0 \leq i \leq k - \mu] \tag{128}$$

ist. Zu diesem Ergebnis gelangt man ausgehend von der Darstellung (120) bzw. (121), wobei man durch iterierte Anwendung von (50) zunächst die Hilfsformel

$$W_\mu(A \cap E_i) = \frac{\mu!\, i!\, \omega_\mu}{(\mu + i - k)!\, k!\, \omega_{\mu+i-k}}\, W''_{\mu+i-k}(A \cap E_i) \tag{129}$$

abgeleitet, wo W'' das sich auf den i-dimensionalen Raum beziehende Quermaß bezeichnet. Mit Anwendung der CROFTONschen Formel (103) resultiert dann mit passender Umrechnung (127) bzw. (128). Hierbei ist es erlaubt, sich zunächst auf Eikörper zu beschränken. Wegen der Additivität der in Betracht gezogenen Funktionale vollzieht sich die Erweiterung auf Körper des Konvexringes ohne weiteres.

Durch Anwendung des allgemeinen Integralsatzes läßt sich nun das sich auf sämtliche MINKOWSKIschen Quermaßintegrale beziehende vollständige Formelsystem aufstellen[29]. Es gilt für $\mu = 0, \ldots, k$

$$\frac{1}{c_k} \int W_\mu(A \cap B)\, dB = \frac{1}{\omega_k} \sum_{\nu}^{k}{}_{-\mu}\, C_{\nu\mu}\, W_{\mu+\nu-k}(A)\, W_{k-\nu}(B)\,, \tag{130}$$

wo die Hilfskonstante $C_{\nu\mu}$ durch

$$C_{\nu\mu} = \binom{\mu}{k-\nu} \frac{\omega_\nu\, \omega_\mu\, \omega_{2\,k-\nu-\mu}}{\omega_{k-\nu}\, \omega_{k-\mu}\, \omega_{\nu+\mu-k}} \tag{131}$$

gegeben ist. Die letzte Formel des Systems $(\mu = k)$ identifiziert sich mit der kinematischen Hauptformel (126). Die erste Formel $(\mu = 0)$ steht mit der früher für Polyeder nachgewiesenen Relation (98) in engster Beziehung.

§ 4. Konkave Eikörperfunktionale

6.4.1. Konvexe Eikörperklassen; konkave Funktionale

Eine Klasse $\mathfrak{K}^0$ nichtleerer konvexer Körper heißt *konvex*, wenn sie mit je zwei Eikörpern auch jede normierte MINKOWSKIsche lineare Kombination enthält, so daß die Aussage

$$A, B \in \mathfrak{K}^0 \rhd \alpha A \times \beta B \in \mathfrak{K}^0 \qquad [\alpha, \beta \geq 0, \alpha + \beta = 1] \tag{132}$$

gilt. Hierbei ist zu beachten, daß die räumliche Lage des durch eine normierte Linearkombination erzeugten Eikörpers von der Wahl des Ursprungs Z unabhängig ist [vgl. 4.2.1]. Eine Klasse $\Re^0$ heißt *translationsfrei* bzw. *dilatationsfrei*, wenn die Aussage

$$A \in \Re^0 \rhd B \in \Re^0 \qquad [A \cong B] \qquad (133)$$

bzw.

$$A \in \Re^0 \rhd \lambda A \in \Re^0 \qquad [\lambda > 0] \qquad (134)$$

gilt. Die zweite Eigenschaft ist von der relativen Lage des Ursprungs Z zur Klasse $\Re^0$ abhängig. Es zeigt sich, daß Teilklassen der allgemeinen Eikörperklasse $\Re$, auf die man sich innerhalb der Theorie der konvexen Körper in einer der individuellen Sachlage angepaßten Weise beschränken muß, in zahlreichen Fällen in unserem Sinne konvex sind. Wir zählen nachfolgend einige besonders wichtige Beispiele konvexer Eikörperklassen auf: **I.** Die Klasse der Intervalle (der geraden, parallel zum Koordinatensystem liegenden Parallelotope) ist konvex. **II.** Die Klasse der Eipolyeder ist konvex. **III.** Die Klasse der koachsialen konvexen Rotationskörper ist konvex. **IV.** Die Klasse der in einer festen konvexen Menge liegenden Eikörper ist konvex. **V.** Die Klasse der Eikörper, die mit einer festen konvexen Menge einen nichtleeren Durchschnitt aufweisen, ist konvex. **VI.** Die Klasse der Eikörper, die eine feste Menge enthalten, ist konvex.

Besondere Bedeutung erlangen die konvexen Eikörperklassen als Definitionsfelder konkaver Funktionen[30]. Ein über der konvexen Eikörperklasse $\Re^0$ definiertes Funktional φ nennen wir (im MINKOWSKIschen Sinne) *konkav*, wenn stets die Relation

$$\varphi(\alpha A \times \beta B) \geqq \alpha\,\varphi(A) + \beta\,\varphi(B) \qquad [\alpha, \beta \geqq 0, \alpha + \beta = 1] \qquad (135)$$

gilt. Es handelt sich um die bereits in 6.1.2 allgemein erörterte Funktionaleigenschaft; neu ist hier der Umstand, daß das Funktional φ nur über $\Re^0$, nicht aber über der allgemeinen Eikörperklasse $\Re$ definiert zu sein braucht. Dies ist in vielen Fällen wesentlich. So läßt sich bespielsweise zeigen, daß ein über einer translationsfreien konvexen Klasse $\Re^0$ definiertes definites und konkaves Funktional notwendigerweise translationsinvariant sein muß. Insbesondere kann also ein nicht translationsinvariantes, definites und konkaves Funktional nie über der allgemeinen Klasse $\Re$ definiert sein, so daß die Beschränkung auf eine Teilklasse hier in der Natur der Sache liegt.

Zwischen dem hier in Betracht gezogenen Begriff des konkaven Eikörperfunktionals und dem geläufigen Begriff der konkaven Funktion von reellen Veränderlichen bestehen mannigfaltige enge Beziehungen, welche auch die gewählte Bezeichnungsweise rechtfertigen. Der Illustration diene ein besonders einfaches Beispiel: Es sei P eine konvexe Punktmenge. Fassen wir die Punkte $p \in P$ als uneigentliche Eikörper auf, so ist P eine konvexe Klasse. Dies geht aus der Bemerkung hervor, daß $\alpha p \times \beta q = \alpha p + \beta q = r$ ist und r einen Punkt der Verbindungsstrecke von p und q darstellt. Ein über der Klasse P definiertes Funktional φ läßt sich als eine über der Punktmenge P definierte Ortsfunktion f auffassen, und φ ist dann und nur dann im MINKOWSKIschen Sinn konkav, wenn f die Bedingung

$$f(\alpha p + \beta q) \geqq \alpha f(p) + \beta f(q) \quad [p, q \in P;\ \alpha, \beta \geqq 0,\ \alpha + \beta = 1] \tag{136}$$

erfüllt, das heißt, wenn f eine im gewöhnlichen Sinn konkave Ortsfunktion ist, die zu einer konkaven Funktion von k reellen Veränderlichen wird, wenn man sich auf ein Koordinatensystem bezieht.

Ist $C\,[\lambda]$ eine einparametrige konkave Eikörperschar [vgl. 4.2.4], die ganz einer konvexen Klasse $\mathfrak{K}^0$ angehört, und ist φ ein über $\mathfrak{K}^0$ definiertes monotones und konkaves Funktional, so stellt

$$f(\lambda) = \varphi(C\,[\lambda]) \tag{137}$$

eine im zuständigen Parameterintervall erklärte und dort konkave Funktion des Scharparameters dar.

In zahlreichen wichtigen Fällen hat man festzustellen, ob ein Funktional der Form $\varphi(A) = \Phi(A)^{1/p}\ [p > 0]$ konkav ist, wo $\Phi(A)$ ein definites Eikörperfunktional darstellt, welches homogen vom Grade p ist; das *Wurzelfunktional* φ ist dann definit und homogen vom Grade 1 oder also im gewöhnlichen Sinne linear. Nützliche Dienste leistet in solchen Fällen das folgende

Kriterium I. *Ein über einer dilatationsfreien konvexen Eikörperklasse $\mathfrak{K}^0$ erklärtes, streng definites und (im gewöhnlichen Sinn) lineares Funktional φ ist dann und nur dann (im MINKOWSKIschen Sinn) konkav, wenn ein $p > 0$ so existiert, daß für das Potenzfunktional $\Phi(A) = \varphi(A)^p$ die Aussage*

$$\Phi(A) = \Phi(B) = 1 \rhd \Phi(\alpha A \times \beta B) \geqq 1 \quad [\alpha, \beta \geqq 0,\ \alpha + \beta = 1] \tag{138}$$

gilt.

Beweis: **a)** Es sei φ konkav. Aus $\Phi(A) = \Phi(B) = 1$ folgt $\varphi(A) = \varphi(B) = 1$ und $\varphi(\alpha A \times \beta B) \geqq \alpha\,\varphi(A) + \beta\,\varphi(B) = 1$ oder $\Phi(\alpha A \times \beta B) \geqq 1$ und damit die Gültigkeit des Kriteriums (138). **b)** Es gelte das Kriterium (138). Da φ streng definit ist und also über $\mathfrak{K}^0$ nirgends verschwindet, setzen wir $\varphi(A) = 1/a$ und $\varphi(B) = 1/b$ $[a, b > 0]$. Dann gilt zunächst $\varphi(a A) = \varphi(b B) = 1$, denn $\mathfrak{K}^0$ ist dilatationsfrei und φ linear bei Dilatation. Damit folgt auch $\Phi(a A) = \Phi(b B) = 1$ und nach dem Kriterium muß für $\xi, \eta > 0$, $\xi + \eta = 1$ die Ungleichung $\Phi(\xi a A \times \eta b B) \geqq 1$ bestehen. Hieraus entnimmt man $\varphi(\xi a A \times \eta b B) \geqq 1$.

Setzt man speziell $\xi = \alpha b/(\beta a + \alpha b)$ und $\eta = \beta a/(\beta a + \alpha b)$ und benutzt wieder die Linearität von φ, so resultiert $\varphi(\alpha A \times \beta B) \geqq (\beta a + \alpha b)/ab$ $= \alpha\,\varphi(A) + \beta\,\varphi(B)$, und damit ist gezeigt, daß φ konkav ist.

6.4.2. Wurzelfunktionale mit Inhalt und Oberfläche

In diesem Abschnitt befassen wir uns mit zwei sich auf Inhalt und Oberfläche konvexer Körper beziehenden Aussagen, welche innerhalb der BRUNN-MINKOWSKISCHEN Theorie große Bedeutung erlangt haben, und welche die Konkavität zweier mit den genannten fundamentalen Maßzahlen gebildeten Wurzelfunktionale ausdrücken[31]. Wir beschränken uns auf die Klasse $\mathfrak{K}'$ der eigentlichen Eikörper, die offenbar eine konvexe Klasse darstellt. Die beiden Aussagen fassen wir zusammen mit dem folgenden

Satz VII. *Bezeichnen $V(A)$ und $F(A)$ Inhalt und Oberfläche des eigentlichen Eikörpers $A \in \mathfrak{K}'$, so sind*

$$\varphi(A) = V(A)^{1/k} \qquad [k \geqq 1] \tag{139}$$

und

$$\psi(A) = F(A)^{1/(k-1)} \qquad [k > 1] \tag{140}$$

zwei über der konvexen Klasse $\mathfrak{K}'$ definierte konkave Eikörperfunktionale.

Die beiden Funktionale φ und ψ sind außerdem bewegungsinvariant, streng definit, linear im gewöhnlichen Sinn (homogen vom Grade 1), monoton, stetig und beschränkt. Dies folgt unmittelbar aus den entsprechenden Eigenschaften der Maßzahlen V und F über der $\mathfrak{K}'$ umfassenden Klasse $\mathfrak{K}$. Die erste sich auf den Inhalt beziehende Aussage (139) unseres Satzes ist identisch mit dem sich auf lineare Eikörperscharen beziehenden Sonderfall des BRUNNschen Satzes [Satz II von 4.4.1]. Dies geht aus der Bemerkung hervor, daß die für konkave Funktionale charakteristische Relation (135) auch so gedeutet werden kann, daß $\varphi((1 - \lambda)A \times \lambda B)\ (0 \leqq \lambda \leqq 1)$ über der A mit B verbindenden Linearschar eine konkave Funktion des Scharparameters λ darstellt. Wir werden in 6.4.5 noch einen neuen und von allgemeinen, sich auf beliebige Mengen beziehenden Sätzen unabhängigen Beweis geben, der sich methodisch enger an die Theorie der konvexen Körper anschließt. Die zweite sich auf die Oberfläche beziehende Aussage (140) ist schwieriger zu begründen, und der weiter unten folgende Beweis erfordert einige Vorbereitungen.

Bezeichnen A' und B' die Normalrisse der beiden eigentlichen Eikörper A und B auf eine Ebene $E = E(u)$ und wird $s = [V'(B')/V'(A')]^{1/(k-1)}$ gesetzt, wo V' den $(k-1)$-dimensionalen Inhalt bedeutet, so gilt mit $\alpha, \beta \geqq 0,\ \alpha + \beta = 1$ die Hilfsungleichung

$$V(\alpha A \times \beta B) \geqq \alpha\,[\alpha + \beta s]^{k-1} V(A) + \beta\left[\frac{\alpha}{s} + \beta\right]^{k-1} V(B)\,. \tag{141}$$

Sie stellt eine Verschärfung von (139) dar, denn es läßt sich im Falle $V(A) = V(B) = 1$ mit Verwendung der Ungleichung $\alpha x^{k-1} + \beta y^{k-1} \geqq$ $\geqq (\alpha x + \beta y)^{k-1}$ $(x, y \geqq 0)$ und der elementaren Schätzung $s + (1/s) \geqq 2$ unmittelbar $V(\alpha A \times \beta B) \geqq 1$ ablesen, was nach Kriterium I den Schluß erlaubt, daß das Wurzelfunktional $\varphi(A) = V(A)^{1/k}$ konkav ist.

Beweis von (141): Wir betrachten das Defizit $\varDelta = V(\alpha A \times \beta B) -$ $- \alpha V(A) - \beta V(B)$ und zeigen zunächst, daß im Falle $s = 1$ (a) $\varDelta \geqq 0$ gilt. Symmetrisieren wir nämlich A und B an der Ebene E, so daß A in $\tilde{A}$ und B in $\tilde{B}$ übergeht, so nimmt das Defizit wegen $V(A) = V(\tilde{A})$, $V(B) = V(\tilde{B})$ und $V(\alpha A \times \beta B) \geqq V(\alpha \tilde{A} \times \beta \tilde{B})$ [vgl. (94) und (101) von 4.5.1] nicht zu, so daß (b) $\varDelta \geqq \tilde{\varDelta}$ gilt. Die Normalrisse auf E bleiben bei der Symmetrisierung bezüglich E unverändert, so daß $V'(A')$ $= m(\tilde{A}, u)$ und $V'(B') = m(\tilde{B}, u)$ vermerkt werden kann, wo m das in 4.4.1 mit (84) eingeführte Schnittmaß bezeichnet, das für einen bezüglich E symmetrischen Eikörper mit dem Normalrißinhalt übereinstimmt. Da die beiden Schnittmaße wegen $s = 1$ gleich sind, kann man mit Anwendung von (85) des gleichen Abschnitts auf (c) $\tilde{\varDelta} \geqq 0$ schließen. Aus (b) und (c) folgt (a). Es sei nun $s \neq 1$. In diesem Fall betrachten wir die beiden neuen Eikörper $\lambda a A$ und $\lambda b B$, wo $\lambda > 0$ und $a = V'(B')^{1/(k-1)}$, $b = V'(A')^{1/(k-1)}$ gesetzt ist. Offensichtlich haben nun die Normalrisse $(\lambda a A)'$ und $(\lambda b B)'$ übereinstimmenden Inhalt, und nach (a) kann man also mit $\xi, \eta \geqq 0$, $\xi + \eta = 1$ auf die Ungleichung (d) $V(\xi \lambda a A \times \eta \lambda b B) \geqq$ $\geqq \xi V(\lambda a A) + \eta V(\lambda b B)$ schließen. Setzt man hier speziell $\lambda = \alpha(1/a) +$ $+ \beta(1/b)$, $\xi = \alpha/\lambda a$, $\eta = \beta/\lambda b$ und $s = a/b$, so gewinnt man mit einiger Umrechnung die behauptete Ungleichung (141).

Beweis von (140): Für $k = 1$ läßt sich das Funktional ψ nicht bilden; in diesem Fall ist aber bereits $F(A) = 2$ (konstant) selbst ein im MINKOWSKISCHEN Sinn lineares, also auch konkaves Funktional. Für $k = 2$ ist $\psi(A) = F(A) = N(A) = l(A)$ (Umfang von A) [vgl. 6.1.6], und nach (45) ist ψ im MINKOWSKISCHEN Sinn linear. Es sei jetzt $k > 2$. Wir gehen von der CAUCHYSCHEN Formel (36) für die Oberfläche aus, wonach sich mit $\alpha, \beta \geqq 0$, $\alpha + \beta = 1$ zunächst (a) $F(\alpha A \times \beta B) = \dfrac{1}{\omega_{k-1}} \displaystyle\int V'(\alpha A' \times$ $\times \beta B', u)\, du$ anschreiben läßt, wo $A' = A'_u$ und $B' = B'_u$ die Normalrisse von A und B auf die durch den Ursprung Z hindurchgelegte Ebene $E = E(u)$ und V' den $(k-1)$-dimensionalen Inhalt bezeichnen. Hier ist bereits die Relation $(\alpha A \times \beta B)' = \alpha A' \times \beta B'$ verwendet worden, wonach Projektion und normierte Linearkombination vertauschbar sind. Wenden wir auf den Integranten in (a) die Ungleichung (141) an, so resultiert

$$(b) \quad F(\alpha A \times \beta B) \geqq$$

$$\frac{1}{\omega_{k-1}} \int \left\{ \alpha [\alpha + \beta s]^{k-2} V'(A, u) + \beta \left[\frac{\alpha}{s} + \beta\right]^{k-2} V'(B, u) \right\} du.$$

Hierbei ist $s = [V''((B')')/V''((A')')]^{1/(k-2)}$, wobei $(A')'$ und $(B')'$ die Normalrisse von A' und B' auf eine in E liegende und durch Z laufende $(k-2)$-dimensionale Ebene E' und V'' den $(k-2)$-dimensionalen Inhalt bezeichnen. Die Menge aller Zahlen s (Punkte der s-Achse), die sich bei den verschieden gerichteten in $E = E(u)$ liegenden E' ergeben, erfüllen ein abgeschlossenes Intervall S_u. In der Tat: Da sich zwei verschiedene E' durch eine stetige Drehung innerhalb E ineinander überführen lassen, und da s stetig von E' abhängt, ist S_u konvex, und da die Menge der Drehlagen von E' kompakt ist, muß S_u auch abgeschlossen sein. Man beachte auch, daß $V''((A')')$ einen festen positiven Wert nicht unterschreitet, weil A eigentlich vorausgesetzt ist. Die zwei beliebigen Ebenen $E(u)$ und $E(v)$ zukommenden Intervalle S_u und S_v haben stets einen Wert s gemeinsam. Für $u = v$ und $u = -v$ ist dies trivial, weil sich die Normalrisse A' und B' decken. Sind $E(u)$ und $E(v)$ nicht parallel, so haben sie einen $(k-2)$-dimensionalen Schnittraum E'' gemeinsam. Nun ist aber $(A'_u)' = (A'_v)' = A''$ und $(B'_u)' = (B'_v)' = B''$, wo A'' und B'' die direkten Normalrisse von A und B auf E'' bezeichnen. Hieraus ergibt sich $s_u = s_v$ und also $S_u \cap S_v \neq 0$. Wenn nun je zwei Intervalle einer Menge abgeschlossener Intervalle einen Punkt gemeinsam haben, so haben sie, wie man sich leicht überlegt, alle einen Punkt gemeinsam. Wir dürfen deshalb annehmen, daß der in (b) eingesetzte Wert s für alle Richtungen u gültig ist. Integriert man jetzt und wendet wieder (36) an, so gewinnt man (c) $F(\alpha A \times \beta B) \geqq$

$$\geqq \alpha [\alpha + \beta s]^{k-2} F(A) + \beta \left[\frac{\alpha}{s} + \beta \right]^{k-2} F(B).$$

Im Fall, daß $F(A) = F(B) = 1$ ist, läßt sich mit Verwendung der elementaren Ungleichungen $\alpha x^{k-2} + \beta y^{k-2} \geqq (\alpha x + \beta y)^{k-2}$ $(x, y \geqq 0)$ und $s + (1/s) \geqq 2$ auf $F(\alpha A \times \beta B) \geqq 1$ schließen. Dem Kriterium I entnimmt man jetzt, daß $\psi(A) = F(A)^{1/(k-1)}$ konkav ist. Damit ist der Beweis beendet.

Die beiden Aussagen (139) und (140) legen die Vermutung nahe, daß allgemeiner die $(k-i)$-te Wurzel aus dem i-ten Minkowskischen Quermaßintegral $W_i(A)$, also

$$\varphi(A) = W_i(A)^{1/(k-i)} \qquad [0 \leqq i \leqq k-1] \qquad (142)$$

ein konkaves Funktional darstellen wird. In der Tat ist diese Aussage in einem allgemeineren Satz von Fenchel und Alexandrow enthalten[32]; doch steht uns kein Beweis zur Verfügung, der sich auf unseren Sonderfall beschränkt und mit den hier passenden einfachen Begriffen und Methoden auskommt, so daß wir hier auf die weitergehende Behandlung des Theorems verzichten. Dagegen werden wir in den folgenden Abschnitten kurze Beweise des Fenchel-Alexandrowschen Satzes und gewisser Verschärfungen für Fälle vorlegen können, denen eine Beschränkung auf passende konvexe Eikörperklassen zugrunde liegt. So wird sich die Gültigkeit des Theorems für Rotationskörper und allgemeiner für Kanalkörper zeigen lassen.

6.4.3. Rotationskörper

Es bezeichne $\Re^0$ die Klasse der eigentlichen konvexen Rotationskörper mit gemeinsamer, durch den Ursprung Z hindurchgehender Rotationsachse R. Der Äquatorradius a von $A \in \Re^0$ ist stets positiv. Offensichtlich ist $\Re^0$ eine konvexe Eikörperklasse, welche dilatationsfrei ist und die Translationen parallel zu R gestattet. Die hohe Symmetrie der Rotationskörper erlaubt, einfache konkave Funktionale über $\Re^0$ zu konstruieren, die bei allgemein gestalteten Eikörpern nicht ohne weiteres ihre Analoga finden. So gilt der

Satz VIII. *Bezeichnet $W_i(A)$ das i-te* MINKOWSKI*sche Quermaß-integral des eigentlichen konvexen Rotationskörpers $A \in \Re^0$ vom Äquator-radius a, so stellt*

$$\varphi(A) = (1/a)^{k-i-1}\, W_i(A) \qquad [k \geqq 1,\, 0 \leqq i \leqq k-1] \qquad (143)$$

ein über der Klasse $\Re^0$ definiertes konkaves Funktional dar.

Beweis: Für zwei Körper $A, B \in \Re^0$ mit den Äquatorradien $a, b > 0$ setzen wir mit $\alpha, \beta \geqq 0$, $\alpha + \beta = 1$ (a) $\Delta(A, B) = \varphi(\alpha A \times \beta B) - \alpha\,\varphi(A) - \beta\,\varphi(B)$ und betrachten dieses Defizit zunächst für zwei eigentliche polygonale Rotationskörper $P, Q \in \Re^0_\triangleright$ [vgl. 6.1.9]. Beachten wir, daß der durch normierte Linearkombination entstehende Körper $\alpha P \times \beta Q$ wieder zu $\Re^0_\triangleright$ gehört, den Äquatorradius $\alpha a + \beta b$, die Höhe $\alpha u + \beta v$ des zylindrischen Äquatorsegments und den Stützradius $\alpha p + \beta q$ aufweist, wenn a und b, u und v, p und q die gleiche Bedeutung für P und Q haben, so liefert die Anwendung der Integralformel (60)

$$(b) \quad \Delta(P, Q) = C \int_0^\pi \left[\alpha\,\frac{p^{k-i}}{a^{k-i-1}} + \beta\,\frac{q^{k-i}}{b^{k-i-1}} - \frac{(\alpha p + \beta q)^{k-i}}{(\alpha a + \beta b)^{k-i-1}}\right] \frac{\sin^i \tau}{\cos^2 \tau}\, d\tau .$$

Wir studieren die Hilfsfunktion $F(x, y) = x^{k-i}\,y^{i+1-k}$ und stellen fest, daß diese im Gebiet $x, y > 0$ konvex ist. In der Tat: Setzt man $f(t) = F(x, y)$, wobei man sich rechts lineare Funktionen $x = x(t)$ und $y = y(t)$ eingesetzt denkt, so bestätigt man, daß $f''(t) = (k - i - 1)(k - i)(x'/x - y'/y)^2\, f(t)$, also $f''(t) \geqq 0$ wird. Demnach muß $\alpha F(p, a) + \beta F(q, b) - F(\alpha p + \beta q, \alpha a + \beta b) \geqq 0$ sein. Dieser Ausdruck steht aber in der Klammer der Integraldarstellung (b) für das Defizit, so daß (c) $\Delta(P, Q) \geqq 0$ folgt. Da sich die ursprünglichen Körper A und B durch P und Q so approximieren lassen, daß die Werte von W_i für alle drei beteiligten Körper um beliebig wenig voneinander abweichen, muß auch (d) $\Delta(A, B) \geqq 0$ gelten. Dies ist mit der Konkavität des Funktionals φ gleichwertig.

Ferner gilt der folgende

Satz IX. *Die $(k-i)$-te Wurzel aus dem i-ten* MINKOWSKI*schen Quermaßintegral $W_i(A)$ eines eigentlichen konvexen Rotationskörpers $A \in \mathfrak{R}^0$, also*

$$\psi(A) = W_i(A)^{1/(k-i)} \qquad [k \geqq 1,\ 0 \leqq i \leqq k-1] \qquad (144)$$

stellt ein über der Klasse $\mathfrak{R}^0$ definiertes konkaves Funktional dar.

Beweis: Aus Satz VIII ergibt sich leicht die für $\alpha,\ \beta \geqq 0,\ \alpha + \beta = 1$ gültige Hilfsungleichung

$$W_i(\alpha A \times \beta B) \geqq \alpha \left[\alpha + \beta \frac{b}{a}\right]^{k-i-1} W_i(A) + \beta \left[\alpha \frac{a}{b} + \beta\right]^{k-i-1} W_i(B)\,.$$
$$(145)$$

Diese stellt eine Verschärfung unseres Satzes IX dar. In der Tat läßt sich im Falle $W_i(A) = W_i(B) = 1$ mit Verwendung der elementaren Ungleichungen $\alpha x^{k-i-1} + \beta y^{k-i-1} \geqq (\alpha x + \beta y)^{k-i-1}$ $(x,\ y \geqq 0)$ und $(b/a) + (a/b) \geqq 2$ unmittelbar auf $W_i(\alpha A \times \beta B) \geqq 1$ schließen, so daß mit Kriterium I gefolgert werden kann, daß $\psi(A) = W_i(A)^{1/(k-i)}$ konkav ist.

6.4.4. Konkave und konvexe Kanalscharen

Die Definition der fundamentalen Maßzahlen konvexer Körper auf Grund der Integralrekursion von KUBOTA läßt die Bedeutung der Normalrißbildung stark hervortreten; tatsächlich ist die Mitberücksichtigung der durch Projektion auf Ebenen entstehenden Normalrisse eines Eikörpers und der ihnen zukommenden Maßzahlen an verschiedenen Stellen der bisherigen Entwicklung wesentlich gewesen. — Es mag daher lohnend sein, die Gesamtheit aller Eikörper des Raumes zu betrachten, die in einer festen Ebene E^0 einen übereinstimmenden Normalriß haben. Wie man sich leicht überlegt, bilden diese Körper eine konvexe Eikörperklasse $\mathfrak{R}^0$. Mit Anspielung auf die gemeinsame räumliche Lage der Körper von $\mathfrak{R}^0$, die alle einem konvexen Zylinder T (*Kanal*) einbeschrieben sind, wollen wir diese Klasse $\mathfrak{R}^0$ *Kanalklasse* nennen. Wir wollen annehmen, daß die Trägerebene E^0 der gemeinsamen Normalrisse (*Basis*) $T_0 = T \cap E^0$ den Ursprung Z enthält. Die durch Z gelegte, auf E^0 orthogonal stehende Gerade G^0 soll *Kanalachse* heißen. Jede zu G^0 parallele dem Kanal T angehörende Gerade G wollen wir *Kanalgerade* nennen. Die Richtung der (orientierten) Kanalachse sei durch den Richtungsvektor w gegeben. Die Menge der Randpunkte eines Körpers $A \in \mathfrak{R}^0$, die nur Stützebenen $E(u)$ gestatten, für die $(u, w) > 0$ bzw. $(u, w) < 0$ ausfällt, wollen wir *obere* bzw. *untere Randfläche* von A nennen.

Leicht bestätigt man die folgenden geometrischen Tatbestände: **I.** Ist E_i $(1 \leqq i \leqq k)$ eine i-dimensionale durch eine Kanalgerade G hindurchgelegte Ebene, so bilden die Durchschnitte $A \cap E_i$ $(A \in \mathfrak{R}^0)$ eine i-dimensionale Kanalklasse in E_i mit dem Kanal $T \cap E_i$. **II.** Ist E eine nicht zur Kanalachse G^0 orthogonal stehende Ebene, so bilden die Normalrisse $A|E$ ($A \in \Re^0$) eine $(k-1)$-dimensionale Kanalklasse in E mit dem Kanal $T|E$.

Eine in einem Parameterintervall definierte einparametrige Schar $A[\lambda]$ konvexer Körper, die alle der Kanalklasse $\Re^0$ angehören, nennen wir *Kanalschar*. Die Schar $A[\lambda] = A$, für welche die Scharkörper alle mit einem festen Eikörper A übereinstimmen, bildet eine triviale Kanalschar. In Übereinstimmung mit den in 4.2.4 für Scharen beliebiger Punktmengen getroffenen Festsetzungen wollen wir eine Kanalschar A *konkav* bzw. *konvex* nennen, wenn die Relation

$$A[\alpha\xi + \beta\eta] \supset \alpha A[\xi] \times \beta A[\eta] \tag{146}$$

bzw.

$$A[\alpha\xi + \beta\eta] \subset \alpha A[\xi] \times \beta A[\eta] \tag{147}$$

mit normierten Kombinationskoeffizienten α und β ($\alpha, \beta \geqq 0, \alpha + \beta = 1$) für alle Parameter ξ und η des der Kanalschar zugrunde liegenden Parameterintervalls gilt. Eine Schar, die zugleich konkav und konvex ist, heißt *linear*. So ist die triviale Schar $A[\lambda] = A$ linear. Für die Betrachtungen in diesem Abschnitt ist es nützlich, die soeben erörterten Schareigenschaften in einer den Kanalklassen besonders angepaßten Weise zu verschärfen. Eine Kanalschar $A[\lambda]$ soll *vollkonkav* bzw. *vollkonvex* heißen, wenn die Kanalschar $A_i[\lambda] = E_i \cap A[\lambda]$, die durch Schnittbildung mit einer durch eine Kanalgerade G hindurchgelegten festen i-dimensionalen Ebene E_i entsteht, konkav bzw. konvex ist, und wenn dies für jede derartige Schnittebene E_i und für alle $i = 1, \ldots, k$ gilt. Eine Kanalschar, die zugleich vollkonkav und vollkonvex ist, heißt *vollinear*. Die triviale Kanalschar $A[\lambda] = A$ ist vollinear.

Die zur Charakterisierung dieser Schareigenschaften aufgestellten Bedingungen sind nicht unabhängig. Tatsächlich genügt es zur Festlegung der Vollkonkavität bzw. der Vollkonvexität, die Schnittbedingung lediglich für $i = k$ bzw. für $i = 1$ zu fordern. Mit andern Worten: Ist die Schar $A[\lambda]$ konkav, dann ist sie auch vollkonkav; ist die Schar $A[\lambda] \cap G$ für jede Kanalgerade G konvex, so ist $A[\lambda]$ vollkonvex. In der Tat:
a) Es sei $A[\lambda]$ konkav. Ist $A_i[\lambda] = E_i \cap A[\lambda]$, so schließt man der Reihe nach $A_i[\alpha\xi + \beta\eta] = E_i \cap A[\alpha\xi + \beta\eta] \supset E_i \cap (\alpha A[\xi] \times \beta A[\eta]) \supset \alpha(E_i \cap A[\xi]) \times \beta(E_i \cap A[\eta]) = \alpha A_i[\xi] \times \beta A_i[\eta]$; also ist $A_i[\lambda]$ konkav.
b) Ist $A_1[\lambda] = G \cap A[\lambda]$ konvex und wieder $A_i[\lambda] = E_i \cap A[\lambda]$, so ergibt sich, falls $G \subset E_i$ gewählt wird, der Reihe nach $G \cap A_i[\alpha\xi + \beta\eta] = G \cap A[\alpha\xi + \beta\eta] = A_1[\alpha\xi + \beta\eta] \subset \alpha A_1[\xi] \times \beta A_1[\eta] = \alpha(G \cap A_i[\xi]) \times \beta(G \cap A_i[\eta]) \subset G \cap (\alpha A_i[\xi] \times \beta A_i[\eta])$. Da dies für jede Kanalgerade gelten muß, folgt $A_i[\alpha\xi + \beta\eta] \subset \alpha A_i[\xi] \times \beta A_i[\eta]$; also ist $A_i[\lambda]$ konvex. Man beachte insbesondere, daß eine lineare Kanalschar sicher vollkonkav, aber nicht notwendigerweise vollinear ist.

Für die Anwendung dieser Begriffe für die Theorie der Maßzahlen wirkt sich der Umstand günstig aus, daß Vollkonkavität und Vollkonvexität Schareigenschaften sind, die sich bei Projektion erhalten. Dies drücken wir aus mit dem

Hilfssatz III. *Ist die k-dimensionale Kanalschar $A\,[\lambda]$ $[k > 1]$ vollkonkav bzw. vollkonvex und bezeichnet $A'\,[\lambda]$ die Schar der Normalrisse $A\,[\lambda]\,|\,E$ in eine feste Ebene E, so ist $A'\,[\lambda]$ eine $(k-1)$-dimensionale Kanalschar in E, die ebenfalls vollkonkav bzw. vollkonvex ist.*

Beweis: **a)** $A\,[\lambda]$ sei vollkonkav. Es genügt zu zeigen, daß $A'\,[\lambda]$ konkav ist. Da die Relation des Enthaltenseins beim Projizieren erhalten bleibt und weiter Projektion und Linearkombination vertauschbar sind, schließt man $A'\,[\alpha\,\xi + \beta\,\eta] \supset (\alpha A\,[\xi] \times \beta A\,[\eta])' = \alpha A'\,[\xi] \times \beta A'\,[\eta]$; also ist $A'\,[\lambda]$ konkav. **b)** $A\,[\lambda]$ sei vollkonvex. 1. Fall. E sei zur Kanalachse G^0 orthogonal. Es ist dann $A'\,[\lambda] = T_0$ (Basis des Kanals T), und als triviale Schar ist $A'\,[\lambda]$ eine vollineare, also insbesondere eine vollkonvexe Kanalschar. 2. Fall. E sei nicht zu G^0 orthogonal. $A'\,[\lambda]$ ist dann eine dem durch Normalprojektion erzeugten Kanal $T' = T\,|\,E$ zugeordnete Kanalschar. Es ist zu zeigen, daß $G' \cap A'\,[\lambda]$ für jede Kanalgerade $G' \subset T'$ konvex ausfällt. Durch G' läßt sich eine projizierende Ebene E_2 durch eine Kanalgerade $G \subset T$ hindurchlegen. Setzen wir $A_1'\,[\lambda] = G' \cap A'\,[\lambda]$ und $A_2\,[\lambda] = E_2 \cap A\,[\lambda]$, so gilt offensichtlich $A_1'\,[\lambda] = (A_2\,[\lambda])'$. Demnach läßt sich mit der vorausgesetzten Vollkonvexität von $A\,[\lambda]$ und mit Anwendung der gleichen Regeln wie bei **a)** schließen, daß $A_1'\,[\alpha\,\xi + \beta\,\eta] = (A_2\,[\alpha\,\xi + \beta\,\eta])' \subset (\alpha A_2\,[\xi] \times \beta A_2\,[\eta])' = \alpha (A_2\,[\xi])' \times \beta (A_2\,[\eta])' = \alpha A_1'\,[\xi] \times \beta A_1'\,[\eta]$; also ist $A_1'\,[\lambda]$ konvex.

Wir besprechen nun eine Verwandtschaft, die zwischen zwei Eikörpern einer Kanalklasse bestehen kann, und die in der nachfolgenden Entwicklung wichtig sein wird: Unter einer *Streckung* eines Eikörpers A der Kanalklasse $\Re^0$ verstehen wir den Übergang von A zu einem gestreckten Körper $\tilde{A} = A \times \sigma S$ $(\sigma \geqq 0)$, wo S eine in der Kanalachse G^0 liegende Einheitsstrecke bedeutet. Der wieder der Kanalklasse $\Re^0$ angehörende Körper $\tilde{A}$ geht aus A durch „teleskopartiges" Ausziehen in der Kanalrichtung hervor. Den inversen Prozeß, bei dem $\tilde{A}$ wieder in A übergeht, nennen wir sinngemäß *Kürzung*. Zwei Körper $A, B \in \Re^0$ wollen wir *streckgleich* nennen, wenn sie durch passende Streckungen in translationsgleiche Körper verwandelt werden können, so daß also eine Relation $A \times \varrho S \cong B \times \sigma S$ $(\varrho, \sigma \geqq 0)$ besteht. — Eine Kanalschar der Form

$$A\,[\lambda] = A \times \lambda a S \qquad [a \geqq 0]\,, \tag{148}$$

in der je zwei Scharkörper streckgleich sind, nennen wir *Streckschar*. Wie man unmittelbar einsehen kann, ist eine Streckschar vollinear. Daß es keine andern vollinearen Scharen gibt, lehrt der folgende

Hilfssatz IV. Eine Kanalschar ist dann und nur dann vollinear, wenn sie eine Streckschar ist.

Beweis: Ohne wesentliche Einschränkung können wir annehmen, daß die Kanalschar $A_\lambda = A[\lambda]$ im Intervall $0 \leq \lambda \leq 1$ definiert ist. Daß eine Streckschar vollinear ist, haben wir bereits erwähnt. Umgekehrt sei A_λ vollinear, insbesondere also linear, so daß $A_\lambda = (1 - \lambda) A_0 \times \lambda A_1$ gilt. Bezeichnet $E_\lambda(u)$ die Stützebene von A_λ, $h_\lambda(u)$ die Stützgröße und p_λ einen Punkt der Stützmenge von A_λ in Richtung u, so gelten die Beziehungen (a) $h_\lambda(u) = (1 - \lambda) h_0(u) + \lambda h_1(u)$ und (b) $p_\lambda = (1 - \lambda) p_0 + \lambda p_1$. Wir setzen zunächst $(u, w) > 0$ voraus und betrachten lediglich die oberen Randflächen der Scharkörper A_λ. Die Kanalgerade G_λ durch p_λ soll die beiden oberen Randflächen von A_0 und A_1 in den beiden Punkten $q_{\lambda 0}$ und $q_{\lambda 1}$ durchstoßen. Da die Schar A_λ vollinear ist, bilden die Strecken, die von einer Kanalgeraden ausgeschnitten werden, eine lineare Schar. Aus diesem Grunde muß auch (c) $p_\lambda = (1 - \lambda) q_{\lambda 0} + \lambda q_{\lambda 1}$ gelten. Berechnet man die Stützgröße (a) nach der Formel $h_\lambda(u) = (p_\lambda, u)$, indem man die beiden Ansätze (b) und (c) verwendet, so liefert der Vergleich $(q_{\lambda 0}, u) = h_0(u)$ und $(q_{\lambda 1}, u) = h_1(u)$, wenn man auch berücksichtigt, daß wegen $q_{\lambda 0} \in A_0$ und $q_{\lambda 1} \in A_1$ jedenfalls $(q_{\lambda 0}, u) \leq h_0(u)$ und $(q_{\lambda 1}, u) \leq h_1(u)$ gelten muß. Dem erzielten Resultat entnimmt man $q_{\lambda 0} \in E_0(u)$ und $q_{\lambda 1} \in E_1(u)$. Damit wird ausgesagt, daß sich zu einer Stützebene $E_0(u)$ in einem Punkt p_0 der oberen Randfläche von A_0 stets eine parallele Stützebene $E_1(u)$ in demjenigen Punkt q_{11} der oberen Randfläche von A_1 legen läßt, der mit p_0 in derselben Kanalgeraden liegt, und umgekehrt. Die gleiche Feststellung läßt sich auch in bezug auf die unteren Randflächen machen. Hieraus läßt sich folgern, daß A_0 und A_1 streckgleich sind. Man hat zu zeigen, daß die beiden oberen und die beiden unteren Randflächen translationsgleich sind. In der Tat: Es seien etwa die beiden oberen Randflächen nicht translationsgleich. Es läßt sich dann A_1 relativ zu A_0 in der Kanalrichtung so verschieben, daß die beiden oberen Randflächen eine Stützebene $E(u)$ gemeinsam haben, hingegen die Stützmengen nicht zusammenfallen. Da die Stützeigenschaft der beiden Körper bei dieser Verschiebung erhalten bleibt, können wir annehmen, daß sie sich bereits in der vorgesehenen gegenseitigen Lage befinden. Es gibt dann zwei Punkte $p_0 \in A_0$ und $p_1 \in A_1$ in der gemeinsamen Stützebene $E(u)$, so daß entweder $p_0 \notin A_1$ oder $p_1 \notin A_0$ gilt. Ohne Einschränkung der Allgemeinheit nehmen wir an, daß $p_0 \notin A_1$ sei. Auf der durch p_0 gelegten Kanalgeraden gibt es dann einen tiefer liegenden Punkt q_1 der oberen Randfläche von A_1, der wegen der Stützeigenschaft eine parallele Stützebene zu $E(u)$ aufweisen muß. Da aber $p_1 \in A_1$ oberhalb dieser Stützebene liegt, ist ein Widerspruch erzielt. Damit ist die behauptete Streckgleichheit von A_0 und A_1 erwiesen. Ohne wesentliche Einschränkung können wir annehmen, daß $A_1 \cong A_0 \times a\,S$ $(a \geq 0)$ gilt; die Lage der Einheitsstrecke S

in der Kanalgeraden kann so gewählt werden, daß sogar $A_1 = A_0 \times a\,S$ ausfällt. So resultiert mit $A_\lambda = (1 - \lambda)\,A_0 \times \lambda(A_0 \times a\,S) = A_0 \times \lambda a\,S$, daß A_λ eine Streckschar ist, w. z. b. w.

Weiter werden uns noch zwei für die Streckgleichheit zweier Kanalkörper gültige Kriterien nützlich sein. Diese drücken wir aus mit

Hilfssatz V. Zwei Kanalkörper A und B sind dann und nur dann streckgleich, wenn die beiden Schnittkörper $A' = A \cap E$ und $B' = B \cap E$ für jede durch eine Kanalgerade G hindurchgelegte Ebene E streckgleich sind und

Hilfssatz VI. Zwei Kanalkörper A und B sind dann und nur dann streckgleich, wenn die beiden Normalrisse (Seitenrisse) $A' = A|E$ und $B' = B|E$ für jede parallel zur Kanalachse G^0 gelegten Ebene E streckgleich sind.

Beweise: Wir können uns auf die nichttriviale Aussage „dann“ beschränken. Zu V: Durch passende Streckungen von A und B läßt sich erreichen, daß für eine ausgezeichnete Kanalgerade G^* die aus den beiden Körpern ausgeschnittenen Sehnen zusammenfallen. Da die Streckgleichheit bei Streckungen und Kürzungen erhalten bleibt, ist es keine Einschränkung anzunehmen, daß die vorgegebenen Körper A und B bereits die vorgesehene Bedingung erfüllen. Die Schnitte $A \cap E$ und $B \cap E$ für eine durch G^* gelegte Ebene E sind voraussetzungsgemäß streckgleich und haben nach Konstruktion die Sehne $A \cap G^*$ und $B \cap G^*$ gemeinsam und müssen demnach zusammenfallen. Da dies für jede Ebene E durch G^* gilt, müssen A und B identisch und insbesondere streckgleich sein, w. z. b. w.

Zu VI: Durch passende Streckungen von A und B läßt sich erreichen, daß die beiden Körper in der Kanalrichtung w gleiche Breite (Höhe) besitzen und außerdem übereinstimmende Stützebenen $E(w)$ und $E(-w)$ aufweisen. Aus gleichen Gründen wie oben dürfen wir annehmen, daß A und B bereits diese Bedingungen befriedigen. Ist E eine zur Kanalachse G^0 parallele Ebene, so sind die Seitenrisse $A|E$ und $B|E$ voraussetzungsgemäß streckgleich, und da sie außerdem im selben durch $E(w)$ und $E(-w)$ aus E ausgeschnittene Stützstreifen liegen, müssen sie zusammenfallen. Hieraus folgt, daß A und B identisch sind. Insbesondere sind A und B auch streckgleich, w. z. b. w.

Mit den beiden letzten Hilfssätzen folgt leicht ein nützliches Kriterium für Streckscharen, nämlich

Hilfssatz VII. Eine Kanalschar ist dann und nur dann eine Streckschar, wenn alle Seitenrißscharen oder wenn alle Schnittscharen parallel zur Kanalachse Streckscharen sind.

Beweis: Wir können uns auf die nichttriviale Aussage „dann“ beschränken. Bilden die Seitenrisse Streckscharen, so sind alle Seitenrisse zweier ausgewählter Scharkörper streckgleich. Nach Hilfssatz VI sind also auch die beiden Scharkörper streckgleich. Für eine Kanalschar, bei welcher je zwei Scharkörper streckgleich sind, gilt $A\,[\xi] \cong A\,[\eta] \times \times f(\xi, \eta)\,S$, wo $f(\xi, \eta)$ eine nichtnegative Funktion bezeichnet. Projiziert man diese Schar auf eine Seitenrißebene und berücksichtigt erneut die Voraussetzung, so folgt $f(\xi, \eta) = a\,(\xi - \eta)\ (a \geq 0)$. Damit ist die sich auf die Seitenrißschar beziehende Behauptung bewiesen. Der Nachweis der entsprechenden Aussage mit den Schnittscharen verläuft mit Anwendung von Hilfssatz V analog.

Nach diesen Vorbereitungen formulieren wir nun den folgenden

Satz X. *Ist $A\,[\lambda]$ eine vollkonkave bzw. vollkonvexe bzw. vollineare Kanalschar, so ist das i-te* Minkowski*sche Quermaßintegral $W_i(A\,[\lambda])$ $[0 \leq i \leq k]$ eine konkave bzw. konvexe bzw. lineare Funktion des Scharparameters λ.*

Über die Frage, unter welchen Umständen einzelne der nach unserem Satz konkav oder konvex ausfallenden Funktionen sogar linear sind, orientieren die unten folgenden Zusätze, die zeigen, daß sich die im Satz genannte Aussage bezüglich der vollinearen Scharen im wesentlichen umkehren läßt. Allerdings sind die einschränkenden Bedingungen für die Ordnungsnummern der Quermaßintegrale zu beachten. Es gilt:

Zusatz I. *Ist $k \geq 2$ und bezeichnet $A\,[\lambda]$ eine vollkonkave Kanalschar, so ist das i-te* Minkowski*sche Quermaßintegral $W_i(A\,[\lambda])$ $[0 \leq i \leq k-2]$ dann und nur dann eine lineare Funktion des Scharparameters λ, wenn $A\,[\lambda]$ eine Streckschar ist.*

Zusatz II. *Ist $k \geq 2$ und bezeichnet $A\,[\lambda]$ eine vollkonvexe Kanalschar, so ist das i-te* Minkowski*sche Quermaßintegral $W_i(A\,[\lambda])$ $[1 \leq i \leq k-1]$ dann und nur dann eine lineare Funktion des Scharparameters λ, wenn $A\,[\lambda]$ eine Streckschar ist.*

Beweise: **a)** Zu Satz X: Es sei zunächst $k = 1$. Hier ist jede einparametrige Schar eine Kanalschar. Die Behauptungen des Satzes können unmittelbar den Definitionen entnommen werden, wenn man von der Bemerkung ausgeht, daß $W_0(A) = a$ (Länge der Strecke A) und $W_1(A) = 2$ (konstant) ist. Es sei nun $k > 1$ und es gelte die induktive Voraussetzung, daß der Satz bereits für alle Dimensionen kleiner als k bewiesen sei. Nun liege eine k-dimensionale Kanalschar vor. Für $i = 0$ gilt (a) $W_0(A\,[\lambda]) = V(A\,[\lambda]) = \int s\,(A\,[\lambda] \cap G)\,dG\ (G \subset T)$, wo $s\,(A\,[\lambda] \cap G)$ die Länge der durch eine Kanalgerade G aus dem Scharkörper $A\,[\lambda]$ ausgeschnittenen Sehne und dG die Translationsdichte der Geraden G darstellt, und wobei sich die Integration über alle Kanalgeraden $G \subset T$ erstrecken soll. Je nachdem nun die Schar $A\,[\lambda]$ vollkonkav, vollkonvex oder vollinear ist, erscheint in (a) bereits der Integrand s als konkave, konvexe oder lineare Funktion von λ, so daß sich diese Eigenschaften auf W_0 übertragen. Für $i > 0$ greifen wir auf die Integralrekursion (39), wonach (b) $W_i(A_i[\lambda]) = \dfrac{1}{k\,\omega_{k-1}} \int W'_{i-1}(A[\lambda],\,u)\,du$ gilt, wo $W'_{i-1}(A[\lambda],\,u)$ das sich auf den $(k-1)$-dimensionalen Raum beziehende $(i-1)$-te Quermaßintegral des Normalrisses $A[\lambda]|E(u)$ des Scharkörpers $A[\lambda]$ auf eine Ebene $E = E(u)$ und du die Richtungsdichte bedeuten, und wobei sich die Integration über alle Richtungen u erstrecken soll. Ist nun $A[\lambda]$ vollkonkav, vollkonvex oder vollinear, so besitzt die auf $E(u)$ erzeugte Normalrißschar nach Hilfssatz III die nämliche Eigenschaft, und nach der induktiven Annahme ist der Integrand in (b) eine konkave, konvexe oder lineare Funktion von λ, so daß sich diese Eigenschaften auf $W_i(A[\lambda])$ übertragen.

b) Zu Zusatz I: Es sei zunächst $k = 2$; hier ist nur der Fall $i = 0$ zu erörtern. Die durch eine Kanalgerade G ausgeschnittenen Sehnen $A[\lambda] \cap G$ bilden nach Voraussetzung eine konkave Schar. Da aber $V(A[\lambda])$ eine lineare Funktion von λ sein muß, ergibt sich mit Rücksicht auf das Integral (a), daß die Schar dieser Sehnen linear sein muß. Hieraus entnimmt man, daß $A[\lambda]$ auch vollkonvex und demnach vollinear sein muß. Nach Hilfssatz IV stellt $A[\lambda]$ eine Streckschar dar. Es sei nun $k > 2$ und wir nehmen an, daß Zusatz I bereits für alle Dimensionen kleiner als k bewiesen sei. Ist $i = 0$, so ergibt sich der Nachweis gleich wie oben im Falle $k = 2$. Es sei nun $i > 0$. Wir greifen auf die Integralrekursion (b) und schließen mit Anwendung von Hilfssatz III und Satz X, daß der Integrand $W'_{i-1}(A[\lambda],\,u)$ eine konkave Funktion von λ ist. Da aber $W_i(A[\lambda])$ eine lineare Funktion von λ sein muß, zieht man den Schluß, daß der erwähnte Integrand sogar eine lineare Funktion von λ ist. Nach der induktiven Annahme müssen also die Normalrißscharen $A[\lambda]|E(u)$ in allen Richtungen $(k-1)$-dimensionale Streckscharen sein. Da dies insbesondere für die Seitenrißscharen gilt, folgt mit Hilfssatz VI, daß auch $A[\lambda]$ eine Streckschar ist.

c) Zu Zusatz II: Zunächst eine Vorbemerkung zu dem im Zusatz nicht eingeschlossenen Fall $i = 0$. Ist $A[\lambda]$ vollkonvex und stellt $V(A[\lambda])$ eine lineare Funktion von λ dar, so bilden die durch eine Kanalgerade G ausgeschnittenen Sehnen $A[\lambda] \cap G$ nach dem Integralansatz (a) eine lineare Schar. Dies trifft auch in Fällen zu, wo $A[\lambda]$ nicht eine Streckschar darstellt. Mit Rücksicht auf die oben festgestellte Linearität der Sehnenschar ergibt sich weiter, daß auch der i-dimensionale Inhalt $V'(A[\lambda] \cap E_i)$ eine lineare Funktion von λ sein muß, wenn E_i eine durch eine Kanalgerade G hindurchgehende i-dimensionale Ebene bezeichnet. Es sei nun $k = 2$; hier ist nur der Fall $i = 1$ zu erörtern. Da die Schar $A[\lambda]$ voraussetzungsgemäß konvex ist, muß (c) $A[(1-\lambda)\,\xi + \lambda\eta] \subset \subset (1-\lambda)A[\xi] \times \lambda A[\eta]$ gelten. Da $2W_1 = N = l$ (Umfang von A) ein lineares, monotones Funktional darstellt [vgl. 6.1.7], entnimmt man der Relation (c) die Ungleichung $W_1(A[(1-\lambda)\,\xi + \lambda\eta]) \leq (1-\lambda)W_1(A[\xi])$

$+ \lambda W_1(A[\eta])$. Da aber $W_1(A[\lambda])$ eine lineare Funktion von λ sein soll, kann hier nur das Gleichheitszeichen gelten. Demzufolge muß in (c) an Stelle von $\subset$ sogar $=$ stehen. Dies ist gleichbedeutend damit, daß die Schar $A[\lambda]$ linear, also auch vollkonkav ist. Da sie zugleich auch vollkonvex ist, muß sie vollinear und nach Hilfssatz IV eine Streckschar sein. Es sei nun $k > 2$ und wir nehmen an, daß Zusatz II bereits für alle Dimensionen kleiner als k bewiesen sei. Wir behandeln zunächst den Fall $i = 1$. Mit Rücksicht auf die Integralrekursion (b) ergibt sich nach der nunmehr geläufigen Schlußweise, daß der $(k-1)$-dimensionale Inhalt der Normalrißschar $A[\lambda]|E(u)$ für jede Richtung u eine lineare Funktion von λ sein muß. Da nach Hilfssatz III auch diese Normalrißschar vollkonvex ist, folgt nach der Vorbemerkung, daß auch der $(k-2)$-dimensionale Inhalt der Schar $(A[\lambda]|E(u)) \cap E(v)$ eine lineare Funktion von λ ist, wobei $E(v)$ eine durch eine Kanalgerade G hindurchgelegte, auf $E(u)$ orthogonal stehende Ebene bezeichnet. Verwenden wir die Rekursion (b) für das auf den $(k-1)$-dimensionalen Raum bezogene 1-te Quermaßintegral W_1' des Schnittkörpers $A \cap E(v)$, so folgern wir aus dem oben festgestellten Tatbestand, daß $W_1'(A[\lambda] \cap E(v))$ eine lineare Funktion von λ ist. Gemäß der induktiven Annahme muß $A[\lambda] \cap E(v)$ eine Streckschar sein. Nach Hilfssatz V läßt sich hieraus folgern, daß auch $A[\lambda]$ eine Streckschar ist. Endlich treten wir auf den Fall $i > 1$ ein. Die schon mehrmals angewendete Schlußweise ergibt mit Rücksicht auf (b), daß $W_{i-1}'(A[\lambda], u)$ eine lineare Funktion von λ ist. Nach der induktiven Voraussetzung folgt, daß die Normalrißschar $A[\lambda]|E(u)$ eine Streckschar sein muß. Insbesondere sind alle Seitenrißscharen Streckscharen und mit Hilfssatz VI ergibt sich wieder, daß $A[\lambda]$ eine Streckschar ist.

Nach unseren Ergebnissen sind die Quermaßintegrale der Körper einer durch (148) eingeführten Streckschar lineare Funktionen von λ. Dies läßt sich leicht direkt einsehen. Für das Parallelvolumen der Körper einer Streckschar gilt offenbar $V_\varrho(A \times \lambda a S) = V(A_\varrho) + \lambda a V'(A_\varrho')$, und daraus ergibt sich mit der STEINERschen Formel (48)

$$W_i(A \times \lambda a S) = W_i(A) + \lambda a [(k-i)/k] W_i'(A') . \tag{149}$$

Dabei bezeichnet A' den Normalriß von A in der Kanalrichtung w, und V' und W_i' sind die auf den $(k-1)$-dimensionalen Raum bezogenen Volumina und Quermaßintegrale.

Nachfolgend besprechen wir einige spezielle Kanalscharen, die ein besonderes Interesse verdienen, und für welche die Anwendung von Satz X zu nützlichen Aussagen führt.

I. Wir gehen von zwei konvexen Körpern A und B aus, welche die Eigenschaft haben, in einer Ebene $E = E(w)$ übereinstimmende Normalrisse $A' = A|E$ und $B' = B|E$ aufzuweisen, so daß $A' = B'$ gilt. Die beiden Eikörper A und B gehören dann einer Kanalklasse an, die dem

Kanal T mit der Basis $A'= B'$ zugeordnet ist. Jede Kanalgerade G trifft sowohl A als auch B. Durch die beiden Ansätze

$$C\,[\lambda] = (1 - \lambda)\,A \times \lambda B \qquad (150)$$

und

$$D\,[\lambda] = \mathsf{U}\,\{(1 - \lambda)\,(G \cap A) \times \lambda(G \cap B)\} \qquad [G \subset T]\,, \qquad (151)$$

wo sich die in der zweiten Darstellung vorgeschriebene Vereinigungsmengenbildung U über alle Kanalgeraden G von T erstrecken soll, werden zwei im Intervall $0 \le \lambda \le 1$ definierte einparametrige Körperscharen erklärt. Daß der Körper $C\,[\lambda]$ konvex ausfällt, ist uns bekannt; wir zeigen, daß auch $D\,[\lambda]$ konvex ist. In der Tat: Zu zwei Punkten $p, q \in D\,[\lambda]$ gibt es zwei Kanalgeraden G_p und G_q so, daß $p \in (1{-}\lambda)(G_p \cap A) \times \lambda(G_p \cap B)$ und $q \in (1 - \lambda)\,(G_q \cap A) \times \lambda(G_q \cap B)$ gilt. Ist $r = \alpha p + \beta q$ $(\alpha,\ \beta \ge 0,\ \alpha + \beta = 1)$ ein Punkt der Verbindungsstrecke von p und q, so rechnet man mit Verwendung der für die Operation $\times$ gültigen Regeln $r \in (1 - \lambda)\,(G_r \cap A) \times \lambda(G_r \cap B)$ aus, wo $G_r = \alpha G_p \times \beta G_q$ gesetzt ist. Da offensichtlich G_r wieder eine Kanalgerade ist, resultiert $r \in D\,[\lambda]$, w.z.b.w.

$C\,[\lambda]$ und $D\,[\lambda]$ stellen also zwei Eikörperscharen dar, welche zwischen A und B eine kontinuierliche Verbindung herstellen, indem $C\,[0] = D\,[0] = A$ und $C\,[1] = D\,[1] = B$ ist. Weiter sind $C\,[\lambda]$ und $D\,[\lambda]$ sicher Kanalscharen. Wie man unmittelbar den Definitionen entnimmt, ist $C\,[\lambda]$ vollkonkav und $D\,[\lambda]$ vollkonvex. Nach Satz X gelten demnach die Beziehungen[33]

$$W_i\,(C\,[\lambda]) \ge (1 - \lambda)\,W_i(A) + \lambda W_i(B) \qquad (152)$$

und

$$W_i\,(D\,[\lambda]) \le (1 - \lambda)\,W_i(A) + \lambda W_i(B)\,. \qquad (153)$$

In (152) gilt das Gleichheitszeichen für $i = k - 1$ und $i = k$ immer und für $i = 0, \ldots, k - 2$ dann und nur dann, wenn A und B streckgleich sind [vgl. Zusatz I]. In (153) gilt das Gleichheitszeichen für $i = 0$ und $i = k$ immer, für $i = 1, \ldots, k - 1$ dann und nur dann, wenn A und B streckgleich sind [vgl. Zusatz II].

Ein besonders erwähnenswerter Sonderfall liegt dann vor, wenn $B = \tilde{A}$ gesetzt wird, wo $\tilde{A}$ den durch Spiegelung an einer Ebene E aus A hervorgehenden Körper bezeichnet. A und $\tilde{A}$ sind dann spezielle Kanalkörper, und durch die mit Spezialisierung von (150) und (151) hervorgehenden Ansätze

$$\tilde{A}\,[\lambda] = (1 - \lambda)\,A \times \lambda\tilde{A} \qquad (154)$$

und

$$\overline{A}\,[\lambda] = \mathsf{U}\,\{(1 - \lambda)\,(G \cap A) \times \lambda(G \cap \tilde{A})\} \qquad [G \subset T] \qquad (155)$$

werden zwei kontinuierliche Eikörperscharen gebildet, welche auf verschiedene Weise A mit seinem Spiegelbild $\tilde{A}$ verbinden. Der Übergang von A zu dem bezüglich E symmetrischen Eikörper $\overline{A} = \overline{A}\,[^1/_2]$ ist eine

Symmetrisierung von BLASCHKE[34]. Entsprechend bemerken wir, daß der Übergang von A zu dem ebenfalls bezüglich E symmetrischen Eikörper $\overline{A} = \overline{A}\,[^1/_2]$ die Symmetrisierung von STEINER wiedergibt[35]. Durch die Ansätze (154) und (155) werden demnach die kontinuierlichen Interpolationen der BLASCHKEschen und der STEINERschen Symmetrisierung dargestellt[36]. Die erste Interpolationsschar ist also vollkonkav, die zweite dagegen vollkonvex. Nach Satz X sind die MINKOWSKIschen Quermaße bei der BLASCHKEschen *kontinuierlichen Symmetrisierung*

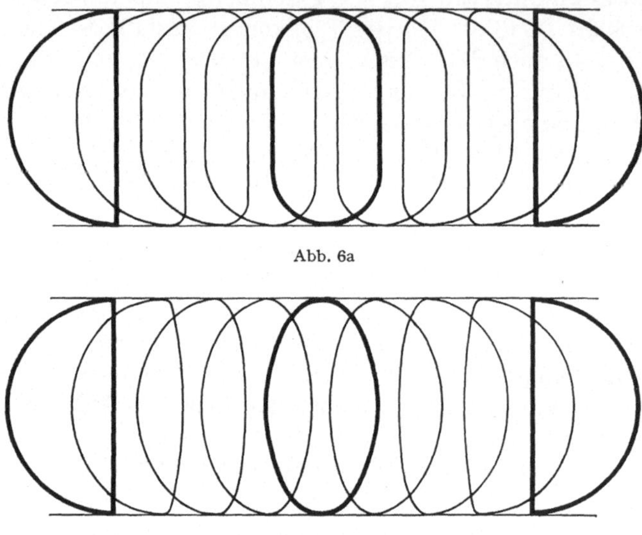

Abb. 6a

Abb. 6b

konkave und bei der STEINERschen *kontinuierlichen Symmetrisierung* konvexe Funktionen des Symmetrisierungsparameters λ. Abb. 6a illustriert die konkave Schar $\overline{A}\,[\lambda]$ und Abb. 6b die konvexe Schar $\overline{A}\,[\lambda]$ im ebenen Fall, wo A ein Halbkreis ist.

Beanspruchen wir (152) und 153) im vorliegenden Sonderfall, indem wir überdies $\lambda = \frac{1}{2}$ setzen und berücksichtigen, daß $W_i(A) = W_i(\tilde{A})$ ausfällt, so resultieren die Ungleichungen

$$W_i(\overline{A}) \geqq W_i(A) \qquad [0 \leqq i \leqq k] \tag{156}$$

und

$$W_i(\overline{A}) \leqq W_i(A) \qquad [0 \leqq i \leqq k]\,. \tag{157}$$

Dieses Ergebnis drücken wir in Worten aus mit dem folgenden

Satz XI. *Durch die* BLASCHKE*sche Symmetrisierung werden alle Quermaßintegrale nicht verkleinert und durch die* STEINER*sche Symmetrisierung nicht vergrößert*[37].

Wir wollen noch die Bedingungen abklären, welche erfüllt sein müssen damit einzelne Quermaßintegrale bei diesen beiden Symmetrisierungen konstant bleiben. Es sind dieselben, die für die Gültigkeit des Gleichheitszeichens in (152) und (153) verantwortlich sind. Also muß A mit $\tilde{A}$ streckgleich ausfallen. Offensichtlich ist dies nur möglich, wenn A und $\tilde{A}$ translationsgleich sind; dies wiederum ist nur dann der Fall, wenn A eine zu E parallele Symmetrieebene besitzt. Wir können diese Aussagen von Satz XI auf Grund dieser Bemerkung verschärfen durch den

Zusatz III. *Weist A keine zu E parallele Symmetrieebene auf, so vergrößert die* Blaschke*sche Symmetrisierung an E die Quermaßintegrale $W_i(A)$ für $i = 0, \ldots, k-2$; für $i = k-1$ und $i = k$ bleiben sie unverändert*
und

Zusatz IV. *Weist A keine zu E parallele Symmetrieebene auf, so verkleinert die* Steiner*sche Symmetrisierung an E die Quermaßintegrale $W_i(A)$ für $i = 1, \ldots, k-1$; für $i = 0$ und $i = k$ bleiben sie unverändert.*

II. Wir gehen von einem Eikörper A mit dem in der Ebene $E = E(w)$ liegenden Normalriß A' aus. A gehört einer Kanalklasse an, die dem Kanal T mit der Basis A' zugeordnet ist. Jede Kanalgerade G trifft A. Mit dem Ansatz

$$A\,[\lambda] = \mathsf{U}\,\{\lambda(G \cap A)\,|\,G\} \qquad [G \subset T]\,, \qquad (158)$$

welcher vorschreibt, daß die Durchschnittssehne $G \cap A$ von A mit einer Kanalgeraden G zunächst einer Dilatation mit $\lambda > 0$ unterworfen und nachfolgend orthogonal auf G zurückprojiziert werden soll, und in welchem die Vereinigungsmengenbildung U über alle Kanalgeraden G von T zu erstrecken ist, wird eine im Intervall $0 < \lambda < \infty$ definierte Körperschar erklärt. Wie man mühelos bestätigt [vgl. die Transformationsformel (31) in 1.2.1] handelt sich hierbei um die Schar der durch Richtungsdilatation mit λ in Richtung w aus A hervorgehenden affinen Eikörper $A\,[\lambda] = A\,(\lambda, w)$, wie sie bereits in 6.2.7 betrachtet wurde. Offensichtlich ist $A\,[\lambda]$ eine Kanalschar. Wie man dem Ansatz (158) direkt entnehmen kann, ist die Schar der durch eine Kanalgerade G aus $A\,[\lambda]$ ausgeschnittenen Sehnen $G \cap A\,[\lambda]$ linear, so daß also $A\,[\lambda]$ eine vollkonvexe Kanalschar darstellt. Nach Satz X ergibt sich der

Satz XII. *Das i-te* Minkowski*sche Quermaßintegral der durch Richtungsdilatation aus einem Eikörper A hervorgehenden affinen Bildkörper $A\,[\lambda]$ ist eine konvexe Funktion des Dilatationsparameters λ.*

Offenbar gilt für das Quermaßintegral W_0 oder also für den Inhalt das einfache lineare Gesetz

$$V\,(A\,[\lambda]) = \lambda V\,(A)\,. \qquad (159)$$

Die andern Quermaßintegrale W_i für $i = 1, \ldots, k-1$ sind jedenfalls dann lineare Funktionen von λ, wenn A ein Kanalzylinder $A = A' \times hS$ der Basis A' und der Höhe h ist. Daß dies der einzige in Betracht fallende Fall ist, entnehmen wir dem Zusatz II, da zwei Kanalkörper nur dann zugleich affin und streckgleich sein können, wenn sie Kanalzylinder sind.

6.4.5. Potenzintegrale mit konkaven Funktionalen

Wir leiten jetzt zwei allgemeine Integralsätze her, welche zeigen, wie sich durch Integration der Potenzen geeigneter konkaver Funktionale der Schnittbereiche bei parallel verschiebbaren Schnitträumen bzw. der Projektionsbereiche bei drehbaren Projektionsräumen wieder konkave Eikörperfunktionale gewinnen lassen[38].

I. Es sei $\Re^0$ eine dilatationsfreie konvexe Klasse eigentlicher Eikörper. Bezeichnet $\mathfrak{S}_i$ eine vollständige Schar total paralleler i-dimensionaler Ebenen E_i, so bilden die Schnittkörper $A \cap E_i$ zusammen mit allen Teilkörpern von $A \cap E_i$ ($A \in \Re^0$, $E_i \in \mathfrak{S}_i$), die in bezug auf den i-dimensionalen Schnittraum E_i eigentlich ausfallen, eine konvexe dilatationsfreie Klasse $\Re_i^0$. In der Tat: Schneiden die beiden Ebenen E_i' und E_i'' aus A' und A'' die eigentlichen Schnittkörper $A' \cap E_i'$ und $A'' \cap E_i''$ aus, so schneidet $E_i = \alpha E_i' \times \beta E_i''$ ($\alpha, \beta \geq 0$, $\alpha + \beta = 1$) aus $\alpha A' \times \beta A''$ einen Körper aus, der offenbar $\alpha(A' \cap E_i') \times \beta(A'' \cap E_i'')$ als Teilkörper enthält. — Es gilt der folgende

Satz XIII. *Ist φ ein über der konvexen Klasse $\Re_i^0$ $[0 \leq i \leq k-1]$ definiertes, dort streng definites, monotones, im gewöhnlichen Sinn lineares und konkaves Funktional, ist ferner $p > 0$, und wird*

$$\psi(A) = \{\int [\varphi(A \cap E_i)]^p \, d\overline{E}_i\}^{1/(p+k-i)} \tag{160}$$

gesetzt, wobei $d\overline{E}_i$ die Translationsdichte der in der Schar $\mathfrak{S}_i$ schiebbaren i-dimensionalen Ebenen E_i bezeichnet und sich die Integration über alle $E_i \in \mathfrak{S}_i$ erstreckt, für die $A \cap E_i \in \Re_i^0$ ausfällt, so stellt ψ ein über der konvexen Klasse $\Re^0$ definiertes Eikörperfunktional dar, welches streng definit, monoton, im gewöhnlichen Sinn linear und konkav ist.

Beweis: Für $A \in \Re^0$ bilden die Schnitte $A \cap E_i \in \Re_i^0$ eine $(k-i)$-parametrige konkave Schar [vgl. 4.2.4; insb. Beispiel IV]. Da φ monoton und konkav ist, stellt $\varphi(A \cap E_i)$ im Definitionsgebiet eine konkave, also stetige Funktion der $k-i$ Parameter dar [vgl. hierzu (137)]. Damit ist die Existenz des Integrals im Ansatz (160) sichergestellt. Daß ψ streng definit, monoton und linear ist, kann unmittelbar dem Ansatz entnommen werden. Es bleibt nur zu zeigen, daß ψ konkav ausfällt. **a)** Es sei zunächst $i = k-1$. Setzen wir $\Phi(A) = [\psi(A)]^{p+1}$, so genügt nach Kriterium I der Nachweis, daß aus $\Phi(A) = \Phi(B) = 1$ auf $\Phi(\alpha A \times \beta B) \geq 1$ geschlossen werden kann, wo $\alpha, \beta \geq 0$, $\alpha + \beta = 1$ ist. Wir legen durch den Ursprung Z eine z-Achse orthogonal zu den Ebenen E der Schar $\mathfrak{S}_{k-1}$ und fixieren die Lage von $E = E_z$ durch die Koordinate z des Schnittpunktes von E mit der Achse. An Stelle von $d\overline{E}$ können wir dann dz schreiben, wie man mit einem Rückblick auf (92) bestätigt. Das in (160) vorgesehene Integrationsgebiet ist bei A das Intervall $\underline{a} < z < \overline{a}$, bei B analog $\underline{b} < z < \overline{b}$ und bei dem durch Linearkombination aus A und B hervorgehenden Körper $\alpha A \times \beta B$ schließlich $\underline{c} = \alpha\underline{a} + \beta\underline{b} < z < \alpha\overline{a} + \beta\overline{b} = \overline{c}$. Es gelten dann die Beziehungen $\Phi(A) = 1 = \int\limits_{\underline{a}}^{\overline{a}} [\varphi(A \cap E_z)]^p dz$

und $\Phi(B) = 1 = \int\limits_{\underline{b}}^{\overline{b}} [\varphi(B \cap E_z)]^p dz$. Nun führen wir zwei im Intervall $0 < t < 1$ definierte Hilfsfunktionen $u = u(t)$ und $v = v(t)$ durch die Bedingungen $\int\limits_{\underline{a}}^{u} [\varphi(A \cap E_z)]^p dz = t$; $\int\limits_{\underline{b}}^{v} [\varphi(B \cap E_z)]^p dz = t$ ein, und gewinnen durch Differentiation nach t die Relationen $[\varphi(A \cap E_u)]^p u' = 1$; $[\varphi(B \cap E_v)]^p v' = 1$, wobei zu bemerken ist, daß u und v differenzierbar sind, weil die Integranden weiter oben als Funktionen von z stetig und positiv sind. Setzen wir $z = \alpha u + \beta v$, so gilt $(\alpha A \times \beta B) \cap E_z \supset$ $\supset (\alpha A \cap E_{\alpha u}) \times (\beta B \cap E_{\beta v}) = \alpha(A \cap E_u) \times \beta(B \cap E_v)$. Da φ monoton und konkav ist, gewinnt man hieraus $\varphi\{(\alpha A \times \beta B) \cap E_z\} \geq \alpha\varphi(A \cap E_u) +$ $+ \beta\varphi(B \cap E_v)$ und schließt weiter auf $\Phi(\alpha A \times \beta B) \geq \int\limits_0^1 [\alpha\,\varphi(A \cap E_u) +$ $+ \beta\,\varphi(B \cap E_v)]^p z' dt$. Bedenkt man jetzt, daß die Funktion $f(x) = x^{-p}$ konvex ist, so daß für $x, y > 0$ $(\alpha x + \beta y)^{-p} \leq \alpha x^{-p} + \beta y^{-p}$ ausfällt, so resultiert

$$\Phi(\alpha A \times \beta B) \geq \int\limits_0^1 (\alpha[\varphi(A \cap E_u)]^{-p} + \beta[\varphi(B \cap E_v)]^{-p})^{-1} z'\, dt\,.$$

Berücksichtigen wir schließlich die sich aus den oben stehenden Relationen ergebende Darstellung für $z' = \alpha u' + \beta v' = \alpha[\varphi(A \cap E_u)]^{-p} + \beta[\varphi(B \cap E_v)]^{-p}$, so erhalten wir $\Phi(\alpha A \times \beta B) \geq 1$, w. z. b. w.

b) Es sei nun $0 \leq i < k - 1$. Unser Satz sei bereits für alle Ebenenscharen $\mathfrak{S}_j$ der Dimensionen $j > i$ bewiesen. Es liege nun die Ebenenschar $\mathfrak{S}_i$ vor. Wir wählen eine Ebene E_{i+1}, die eine $E_i \in \mathfrak{S}_i$ enthält. Verschieben wir E_i innerhalb ihres Trägerraumes E_{i+1} und bedeutet $d\overline{E}'_i$ die relative Translationsdichte, so gilt die Dichterelation $d\overline{E}_i = d\overline{E}'_i d\overline{E}_{i+1}$, die sich leicht mit Rücksicht auf (92) bestätigen läßt. Ersetzen wir im Ansatz (160) die Dichte $d\overline{E}_i$ in dieser Weise, halten zunächst die Träger-Ebene E_{i+1} fest und integrieren über die im E_{i+1} schiebbaren E_i, so ergibt sich $\psi(A) = \{\int [\chi(A \cap E_{i+1})]^{p+1} d\overline{E}_{i+1}\}^{1/(p+k-i)}$, wobei χ ein über den eigentlichen Eikörpern $A' \subseteq E_{i+1}$ definiertes Funktional ist, das durch $\chi(A') = \{\int [\varphi(A' \cap E_i)]^p d\overline{E}'_i\}^{1/(p+1)}$ dargestellt wird. Nun ist aber χ nach dem mit **a)** erledigten Fall streng definit, monoton, linear und konkav, und demnach folgt mit Rücksicht auf die Induktionsannahme das nämliche auch für ψ, w. z. b. w.

Der einfachste und wohl wichtigste Sonderfall, der mit Satz XIII umfaßt wird, ist der folgende: Es sei $\mathfrak{K}^0$ die Klasse aller eigentlichen Eikörper, $i = 1$ und $\mathfrak{S}_1$ eine vollständige Schar paralleler Geraden. Es ist dann $\mathfrak{K}_1^0$ die Klasse aller Strecken S positiver Länge $s > 0$, die in den Geraden der Schar $\mathfrak{S}_1$ liegen. Setzen wir jetzt $\varphi(S) = s$ und wählen $p = 1$, so sind alle Voraussetzungen unseres Satzes erfüllt, und es ergibt sich

$$\psi(A) = V(A)^{1/k}. \tag{161}$$

Unser Satz besagt dann wiederum, daß die k-te Wurzel aus dem Inhalt ein konkaves Eikörperfunktional darstellt und deckt sich also mit dem Brunn-Minkowskischen Satz für Eikörper. Der für den allgemeineren Satz XIII von uns geführte Beweis ist übrigens demjenigen nachgebildet, den Kneser und Süss für den erwähnten fundamentalen Satz der Theorie der konvexen Körper gegeben haben[39].

II. Es sei $\mathfrak{K}^0$ wieder eine dilatationsfreie konvexe Klasse eigentlicher Eikörper. Bezeichnet $\mathfrak{T}_i$ die Schar aller i-dimensionalen Ebenen E_i durch den Ursprung Z, so bilden die Normalrisse $A|E_i$ ($A \in \mathfrak{K}^0$) für jede fest ausgewählte Ebene $E_i \in \mathfrak{T}_i$ eine dilatationsfreie konvexe Klasse $\mathfrak{K}^0(E_i)$ von Eikörpern, die in bezug auf den i-dimensionalen Projektionsraum eigentlich sind. In der Tat: Sind $A'|E_i$ und $A''|E_i$ die Normalrisse von A' und A'', so ist $\alpha(A'|E_i) \times \beta(A''|E_i)$ ($\alpha, \beta \geqq 0$, $\alpha + \beta = 1$) der Normalriß von $\alpha A' \times \beta A''$. Es sei nun $\mathfrak{K}_i^0$ die Vereinigungsklasse aller $\mathfrak{K}^0(E_i)$ ($E_i \in \mathfrak{T}_i$). — Es gilt dann der folgende

Satz XIV. Ist φ ein über $\mathfrak{K}_i^0$ $[0 \leqq i \leqq k-1]$ definiertes, dort streng definites, im gewöhnlichen Sinn lineares, stetiges Funktional, das über jeder konvexen Teilklasse $\mathfrak{K}^0(E_i)$ konkav ausfällt, ist $p \geqq -1$, aber $p \neq 0$, und wird

$$\psi(A) = \{\textstyle\int [\varphi(A|E_i)]^{-p} d\overline{\overline{E}}_i\}^{-1/p} \tag{162}$$

gesetzt, wobei $d\overline{\overline{E}}_i$ die Drehdichte der in der Schar $\mathfrak{T}_i$ drehbaren i-dimensionalen Ebenen E_i bezeichnet und sich die Integration über alle $E_i \in \mathfrak{T}_i$ erstreckt, so stellt ψ ein über der konvexen Klasse $\mathfrak{K}^0$ definiertes Eikörperfunktional dar, welches streng definit, im gewöhnlichen Sinn linear, stetig und konkav ist.

Beweis: Da φ stetig ist und sich die Normalrisse $A|E_i$ mit E_i stetig ändern, ist der Integrand in (162) stetig; er ist auch beschränkt, da φ streng definit ist, so daß $\varphi(A|E_i)$ über der kompakten Schar $\mathfrak{T}_i$ gleichmäßig positiv bleibt. Damit ist die Existenz des Integrals in (162) gesichert. Daß ψ streng definit und linear ist, kann unmittelbar dem Ansatz entnommen werden. Nach dem Hilfssatz I folgt aus der Stetigkeit von φ auch die gleichmäßige Stetigkeit über der Normalrißmenge gleichmäßig beschränkter Eikörper A, so daß sich in der bekannten Weise schließen läßt, daß auch ψ stetig ist. Es muß noch gezeigt werden, daß ψ konkav ausfällt. In der Tat: Ist α, $\beta \geq 0$, $\alpha + \beta = 1$, so gilt $(\alpha A \times \beta B)|E_i = \alpha (A|E_i) \times \beta (B|E_i)$, und da φ konkav ist, folgt hieraus (a) $\varphi((\alpha A \times \beta B)|E_i) \geq \alpha \varphi(A|E_i) + \beta \varphi(B|E_i)$. *1. Fall.* Es sei $-1 \leq p < 0$. Mit Rücksicht darauf, daß $f(x) = x^{-p}$ konkav ist, so daß für $x, y > 0$ $(\alpha x + \beta y)^{-p} \geq \alpha x^{-p} + \beta y^{-p}$ gilt, schließt man aus (a) auf $[\varphi((\alpha A \times \beta B)|E_i)]^{-p} \geq \alpha [\varphi(A|E_i)]^{-p} + \beta [\varphi(B|E_i)]^{-p}$. Setzt man $\Phi(A) = [\psi(A)]^{-p}$, so resultiert mit Integration der vorstehenden Ungleichung $\Phi(\alpha A \times \beta B) \geq \alpha \Phi(A) + \beta \Phi(B)$. Setzt man speziell $\Phi(A) = \Phi(B) = 1$, so ergibt sich $\Phi(\alpha A \times \beta B) \geq 1$; nach Kriterium I kann geschlossen werden, daß ψ konkav ist, w. z. b. w. *2. Fall.* Es sei $0 < p < \infty$. Mit Rücksicht darauf, daß $f(x) = x^{-p}$ konvex ist, so daß für $x, y > 0$ $(\alpha x + \beta y)^{-p} \leq \alpha x^{-p} + \beta y^{-p}$ gilt, schließt man aus (a) auf $[\varphi((\alpha A \times \beta B)|E_i)]^{-p} \leq \alpha [\varphi(A|E_i)]^{-p} + \beta [\varphi(B|E_i)]^{-p}$. Setzt man $\Phi(A) = [\psi(A)]^{p}$, so resultiert durch Integration der vorstehenden Ungleichung $[\Phi(\alpha A \times \beta B)]^{-1} \leq \alpha [\Phi(A)]^{-1} + \beta [\Phi(B)]^{-1}$. Wählt man speziell $\Phi(A) = \Phi(B) = 1$, so ergibt sich $\Phi(\alpha A \times \beta B) \geq 1$; wieder kann mit Kriterium I geschlossen werden, daß ψ konkav ist, w. z. b. w.

Wir wollen auch für Satz XVI einen einfachen Sonderfall herausheben, nämlich den folgenden: Es sei $\Re^0$ wieder die Klasse aller eigentlichen Eikörper, $i = 1$ und $\mathfrak{T}_1$ die Schar der durch Z laufenden Geraden. Es ist dann $\Re_1^0$ die Klasse der Strecken S positiver Länge $s > 0$, die in den Geraden der Schar $\mathfrak{T}_i$ enthalten sind. Setzen wir $\varphi(S) = s$ und $p = -1$, so sind alle Voraussetzungen unseres Satzes erfüllt, und es ergibt sich in Analogie zu (43) und (104)

$$\psi(A) = N(A) . \tag{163}$$

Satz XIV besagt dann, daß die Norm N konkav ist. In den im Beweis vorkommenden Ungleichungen gilt aber im vorliegenden speziellen Fall durchwegs das Gleichheitszeichen; dies steht in Übereinstimmung damit, daß die Norm N sogar im MINKOWSKIschen Sinn linear ist.

6.4.6. Sehnen- und Breitenpotenzintegrale

Es sei $A \in \Re'$ ein eigentlicher Eikörper und s bezeichne die Länge der durch eine Gerade G einer vollständigen Schar $\mathfrak{S}$ paralleler Geraden aus A ausgeschnittene Sehne $A \cap G$. Das sich über alle Geraden G der Schar $\mathfrak{S}$ erstreckende Integral

$$S_p(A) = \int s(A \cap G)^p \, d\overline{G} \qquad [0 < p < \infty] , \tag{164}$$

wobei $d\overline{G}$ die Translationsdichte der Geraden G bedeutet, nennen wir das p-te translative *Sehnenpotenzintegral* von A. Indem wir den Anschluß an

Satz XIII in gleicher Weise herstellen, wie bei dem ersten dort erörterten Sonderfall, ergibt sich, daß

$$\sigma_p(A) = S_p(A)^{1/(p+k-1)} \qquad [0 < p < \infty] , \qquad (165)$$

also die $(p + k - 1)$-te Wurzel aus dem p-ten Sehnenpotenzintegral, im MINKOWSKISCHEN Sinn konkav ist [40]. Wie man leicht bestätigt, ist das mit (165) dargestellte Eikörperfunktional über $\mathfrak{K}'$ translationsinvariant, stetig, streng definit, monoton und im gewöhnlichen Sinn linear.

Weiter bezeichne $b(A, u)$ die Breite des eigentlichen Eikörpers $A \in \mathfrak{K}'$ in Richtung u. Das sich über alle Richtungen erstreckende Integral

$$T_q(A) = \int b(A, u)^q \, du \qquad [-\infty < q < \infty] , \qquad (166)$$

wo du die Richtungsdichte bedeutet, nennen wir das q-te *Breitenpotenzintegral* von A. Auf Grund der Bemerkung, daß $b(A, u) = s(A|G)$ ist, wo $A|G$ den Normalriß von A auf die durch den Ursprung Z laufende Gerade der Richtung u bezeichnet, läßt sich ein Anschluß an Satz XIV in gleicher Weise herstellen, wie beim dort erwähnten Sonderfall. Es ist hierbei noch zu bedenken, daß $du = d\overline{\overline{G}}$ ist, wo $d\overline{\overline{G}}$ die Drehdichte der Geraden G darstellt; ferner ist $p = -q$ gesetzt. Es ergibt sich so, daß

$$\tau_q(A) = T_q(A)^{1/q} \qquad [-\infty < q \leqq 1, q \neq 0] \qquad (167)$$

im MINKOWSKISCHEN Sinn konkav ist [41]. Wie man leicht bestätigt, ist das mit (167) dargestellte Eikörperfunktional über $\mathfrak{K}'$ bewegungsinvariant, stetig, streng definit und im gewöhnlichen Sinn linear.

6.4.7. Planare Momente

$\mathfrak{K}^0$ umfasse alle eigentlichen Eikörper A, die ganz im Innern eines Halbraumes $H = H(u)$ liegen, der durch eine durch den Ursprung Z hindurchlaufende Ebene $E = E(u)$ begrenzt wird. $\mathfrak{K}^0$ ist eine dilatationsfreie konvexe Klasse. Es bezeichne $r = r(P)$ den Abstand eines inneren Punktes $P \in H$ von der Ebene E. Das sich über alle Punkte $P \in A$, $A \in \mathfrak{K}^0$ erstreckende Integral

$$M_p(A) = \int r(P)^p \, dP \qquad [0 \leqq p < \infty] \qquad (168)$$

stellt das p-te *planare Moment* des Eikörpers A bezüglich der Ebene E dar. Aus Satz XIII läßt sich folgern, daß durch den Ansatz

$$\mu_p(A) = M_p(A)^{1/(p+k)} \qquad (169)$$

ein über $\mathfrak{K}^0$ definiertes Eikörperfunktional gegeben ist, welches im MINKOWSKISCHEN Sinn konkav ist [42]. Im übrigen ist das mit (169) dargestellte Funktional invariant bei Translation orthogonal zur Richtung u, stetig, streng definit, monoton und im gewöhnlichen Sinn linear. In der Tat werden die Voraussetzungen von Satz XIII in der folgenden Weise erfüllt: $\mathfrak{S}_0$ sei die Gesamtheit aller Punkte des Raumes; die konvexe dilatationsfreie Klasse $\mathfrak{R}_0^0$ besteht dann aus der Gesamtheit der inneren Punkte von H. Durch $\varphi(P) = r(P)$ wird über $\mathfrak{R}_0^0$ ein streng definites, monotones, im gewöhnlichen Sinn lineares und konkaves (nämlich lineares) Funktional definiert. Für $p > 0$ ist damit der Anschluß hergestellt. Der Grenzfall $p = 0$ entspricht wieder dem BRUNN-MINKOWSKIschen Satz, da offenbar $\mu_0(A) = V(A)^{1/k}$ ist.

6.4.8. Harmonische Quermaßintegrale

Nach den Projektionsformeln von CAUCHY [vgl. 6.2.5] lassen sich die Quermaßintegrale $W_{k-i}(A)$ eines Eikörpers A für $i = 1, \ldots, k-1$ durch die über alle Drehungen einer i-dimensionalen Ebene E_i erstreckten gewöhnlichen Integralmittel der in E_i gemessenen i-dimensionalen äußeren Quermaße von A, also der Inhalte der Normalrisse $A|E_i$ darstellen. Ersetzt man nun das arithmetische durch das harmonische Integralmittel, so gelangt man für eigentliche Eikörper $A \in \mathfrak{R}'$ zu dem der Formel (104) an die Seite zu stellenden Ansatz

$$\widetilde{W}_{k-i}(A) = \frac{c_{ik}\,\omega_k^2}{\omega_i\,\omega_{k-i}} \left\{ \int V'(A|E_i)^{-1}\, d\overline{\overline{E}}_i \right\}^{-1} \qquad [1 \leq i \leq k-1]\,, \qquad (170)$$

den man noch durch die Festsetzungen

$$\widetilde{W}_0(A) = V(A); \quad \widetilde{W}_k(A) = \omega_k \qquad (171)$$

ergänzt. Damit werden $k+1$ Eikörperfunktionale $\widetilde{W}_i(A)$ $(i = 0, \ldots, k)$ erzeugt, welche wir *harmonische Quermaßintegrale* nennen wollen. Ein Vergleich der harmonischen mit den gewöhnlichen Quermaßintegralen zeigt mit Berücksichtigung der bekannten Ungleichung zwischen arithmetischen und harmonischen Integralmitteln das Ergebnis

$$\widetilde{W}_i(A) \leq W_i(A) \qquad [0 \leq i \leq k]\,. \qquad (172)$$

Die Funktionale $\widetilde{W}_i$ teilen mit den W_i die Eigenschaften, bewegungsinvariant, definit, monoton, beschränkt, stetig und homogen vom Grade $k-i$ zu sein; es ist aber wohl zu beachten, daß die harmonischen Quermaßintegrale nur über der Teilklasse $\mathfrak{R}' \subset \mathfrak{R}$ der eigentlichen Eikörper erklärt wurden, so daß die Gültigkeit der erwähnten Eigenschaften auch sinngemäß zu beschränken ist.

Weiter gilt in Übereinstimmung mit dem für die gewöhnlichen Quermaßintegrale gültigen Satz von FENCHEL-ALEXANDROW der wesentlich einfacher zu beweisende

Satz XV. *Die $(k-i)$-te Wurzel aus dem i-ten harmonischen Quermaß-integral, also*

$$\varphi(A) = \tilde{W}_i(A)^{1/(k-i)} \qquad [0 \leq i \leq k-1] \tag{173}$$

ist ein im Minkowski*schen Sinn konkaves Eikörperfunktional.*

Beweis: Für $i = 0$ ist die Aussage nach Festsetzung (171) bekannt. Für $1 \leq i \leq k-1$ folgt sie aus Satz XIV. In der Tat: Ist $\Re^0$ die Klasse aller eigentlicher Eikörper, $\mathfrak{T}_i$ die vollständige Schar der durch Z hindurchgehenden Ebenen E_i, $\Re_i^0$ die Klasse aller in den Ebenen $E_i \in \mathfrak{T}_i$ liegenden Eikörper A', die bezogen auf den i-dimensionalen Trägerraum E_i eigentlich sind, und wird $\varphi(A') = V'(A')^{1/i}$ gesetzt, wo V' den i-dimensionalen Inhalt bedeutet, so ist φ über $\Re_i^0$ streng definit, im gewöhnlichen Sinn linear und stetig. Ferner ist φ über der Teilklasse $\Re^0(E_i)$ konkav. Wählt man in (162) $p = i$, so resultiert $\psi(A) = C\,[\tilde{W}_{k-i}(A)]^{1/i}$ ($C = $ Konstante) und damit unsere Behauptung.

§ 5. Die isoperimetrische Ungleichung

6.5.1. Isoperimetrische Ungleichung; Defizite

Zwischen dem Inhalt V und der Oberfläche F eines konvexen Körpers besteht die *isoperimetrische Ungleichung*

$$F \geq k\,\omega_k^{1/k}\,V^{(k-1)/k}\,, \tag{174}$$

deren Gültigkeit für beliebige abgeschlossene und beschränkte Punktmengen wir schon in 5.2.5 feststellten. Das Gleichheitszeichen gilt bei einem eigentlichen Eikörper für die Kugel und nur für sie; dies folgt aus den erwähnten allgemeineren Ergebnissen auf Grund der Bemerkung, daß eigentliche Eikörper schleierlos sind und positives Maß haben. Werden dagegen auch uneigentliche Eikörper in Betracht gezogen, so gilt in der isoperimetrischen Ungleichung das Gleichheitszeichen im Falle $k > 2$ nicht nur für die Kugel, sondern auch für alle uneigentlichen, in einem $(k-2)$-dimensionalen Unterraum liegenden Körper, da für diese $V = F = 0$ wird.

Mit der *isoperimetrischen Eigenschaft* der Kugel, kleinere Oberfläche aufzuweisen als jeder andere eigentliche Eikörper gleichen Inhalts, ist die Lösung des klassischen *isoperimetrischen Problems* festgehalten. Diesem Problem wurde innerhalb der Theorie der konvexen Körper stets große Beachtung geschenkt, und wertvolle Impulse, die indirekt der allgemeinen Lehre zugute kamen, resultierten aus den zahlreichen Bemühungen um die Lösung. Auch nach den ersten Beweisen von Steiner, Schwarz und andern legte die nie mehr abbrechende Kette weiterer Fortschritte und Vereinfachungen immer wieder Zeugnis von der Leistungsfähigkeit neuer

Methoden und Kunstgriffe ab [43]. Beweise für die isoperimetrische Ungleichung, die ganz auf den Aussagen und Begriffen des vorliegenden, den konvexen Körpern gewidmeten Kapitels basieren und so von den allgemeineren sich auf beliebige Punktmengen beziehenden Entwicklungen unabhängig sind, werden sich in den nachfolgenden Abschnitten ergeben.

In gewissen Fällen ist es vorteilhaft, an Stelle der isoperimetrischen Ungleichung (174) eine der beiden gleichwertigen Aussagen

$$D = F^k - k^k\, \omega_k\, V^{k-1} \vartriangleright D \geqq 0\,, \tag{175}$$

$$Q = F^k/V^{k-1} \vartriangleright Q \geqq k^k\, \omega_k \tag{176}$$

zu setzen, welche ausdrücken, daß das *isoperimetrische Defizit* D nichtnegativ oder daß der *isoperimetrische Quotient* Q nicht kleiner als $k^k\, \omega_k$ ist. Mit Verwendung der hier eingeführten Hilfsgrößen D und Q lassen sich vor allem viele Verschärfungen der isoperimetrischen Ungleichung bequem formulieren.

6.5.2. Verschärfung durch Vergleich mit der Inkugel

Wir leiten eine für eigentliche Eikörper gültige Verschärfung der isoperimetrischen Ungleichung her, nach welcher das isoperimetrische Defizit D nicht kleiner als eine Größe ist, die den Überschuß der Oberfläche des Körpers über diejenige einer Inkugel mißt. Es gilt für $k \geqq 2$ die Ungleichung [44]

$$F^k - k^k\, \omega_k\, V^{k-1} \geqq [F^{1/(k-1)} - (k\, \omega_k)^{1/(k-1)}\, r]^{k\,(k-1)}\,, \tag{177}$$

wobei r den Inkugelradius des Eikörpers bezeichnet. Beachtet man, daß $k\, \omega_k r^{k-1}$ die Inkugeloberfläche darstellt und also nicht größer als die Oberfläche F ist, so erkennt man, daß die rechte Seite in (177) nichtnegativ ausfällt; es liegt also eine Verschärfung von (175) vor. Diese gestattet abzulesen, daß in der isoperimetrischen Ungleichung nur dann Gleichheit bestehen kann, wenn der Eikörper mit einer Inkugel oberflächengleich ausfällt; das ist bei einem eigentlichen Eikörper nur dann möglich, wenn er mit seiner Inkugel zusammenfällt. Damit kann die Eindeutigkeit der Lösung des isoperimetrischen Problems direkt der verschärften Ungleichung entnommen werden.

Beweis: Es bezeichne $A_{-\varrho}$ den inneren Parallelkörper des eigentlichen Eikörpers A im Abstand ϱ ($0 \leqq \varrho \leqq r$). Nach (30) gilt $\dfrac{d}{d\varrho}\, V\,(A_{-\varrho})$ $= - F\,(A_{-\varrho})$, so daß sich mit den Bemerkungen $V\,(A_0) = V\,(A) = V$ und $V\,(A_{-r}) = 0$ die Formel (a) $V = \int\limits_0^r F\,(A_{-\varrho})\, d\varrho$ erzielen läßt. Aus der Regel (53) von 4.2.3, wonach $A_{-\varrho} \times \varrho K = (A_{-\varrho})_\varrho \subseteq A$ gilt, schließt man mit Satz VII $F\,(A_{-\varrho})^{1/(k-1)} + \varrho\, F\,(K)^{1/(k-1)} \leqq F\,(A)^{1/(k-1)}$ und weiter mit

$F(K) = k\omega_k$, $F(A) = F$ und leichter Umrechnung auf (b) $F(A_{-\varrho}) \leqq$ $\leqq [F^{1/(k-1)} - \varrho(k\omega_k)^{1/(k-1)}]^{k-1}$. Verwendet man die Schätzung (b) in (a) und führt die Integration aus, so resultiert

 (c) $V \leqq (k^k \omega_k)^{-1/(k-1)} \{F^{k/(k-1)} - [F^{1/(k-1)} - (k\omega_k)^{1/(k-1)} r]^k\}$.

Für das isoperimetrische Defizit (175) ergibt sich mit Einsatz der Schätzung (c) (d) $D \geqq F^k - \{F^{k/(k-1)} - [F^{1/(k-1)} - (k\omega_k)^{1/(k-1)} r]^k\}^{k-1}$, und mit Anwendung der Ungleichung $a^m - b^m \geqq (a-b)^m$ ($m \geqq 1$, $a \geqq b \geqq 0$) für $m = k-1$, $a = F^{k/(k-1)}$, $b = [F^{1/(k-1)} - (k\omega_k)^{1/(k-1)} r]^k$ unmittelbar die Behauptung $D \geqq b^{k-1}$.

6.5.3. Zylinder und Kegel

Zunächst soll eine Ungleichung für den isoperimetrischen Quotienten eines geraden Zylinderkörpers hergeleitet werden. Es sei $1 \leqq p$, $q \leqq k-1$, $p + q = k$, ferner seien E_p und E_q zwei total orthogonal stehende komplementäre Ebenen, $P \subseteq E_p$ und $Q \subseteq E_q$ zwei in den angegebenen Ebenen liegende Eikörper. Ist dann $A = P \times Q$ der durch MINKOWSKIsche Addition aus dem Basiskörper P und dem Höhenkörper Q entstehende gerade Zylinderkörper (kurz *Zylinder*), so gilt die Ungleichung

$$F^k/V^{k-1} \geqq k^k \omega_p \omega_q, \tag{178}$$

wobei das Gleichheitszeichen dann und nur dann gilt, wenn P und Q zwei Kugeln von gleichem Radius sind.

Beweis: Abkürzend soll $V'(P) = V_p$, $V''(Q) = V_q$, $F'(P) = F_p$, $F''(Q) = F_q$ gesetzt werden, wobei V' und F' bzw. V'' und F'' die sich auf den p-dimensionalen bzw. q-dimensionalen Raum beziehenden Masse bezeichnen. Nach (52) gelten dann die Beziehungen $V = V_p V_q$ und $F = F_p V_q + F_q V_p$. Verwenden wir hier die isoperimetrische Ungleichung (174), wonach $F_p \geqq p\omega_p^{1/p} V_p^{(p-1)/p}$ und $F_q \geqq q\omega_q^{1/q} V_q^{(q-1)/q}$ gilt, so resultiert mit einfachen Umrechnungen die Ungleichung $F^k/V^{k-1} \geqq$ $\geqq V[p(V_p/\omega_p)^{-1/p} + q(V_q/\omega_q)^{-1/q}]^k$. Mit Beanspruchung des Satzes vom arithmetischen und geometrischen Mittel, den wir mit $a = (V_p/\omega_p)^{-1/p}$ und $b = (V_q/\omega_q)^{-1/q}$ in der Form $(pa + qb)/k \geqq (a^p b^q)^{1/k}$ verwenden, ergibt sich unmittelbar die Behauptung (178). Soll hier das Gleichheitszeichen gelten, so müssen in den beiden isoperimetrischen Ungleichungen für P und Q die Gleichheitsbedingungen erfüllt werden, also P und Q Kugeln sein. Ferner muß auch in der Ungleichung für die beiden Mittel Gleichheit bestehen, was nur dann zutrifft, wenn $a = b$ ist. Dies zieht die Bedingung nach sich, daß die Kugeln P und Q gleiche Radien aufweisen.

Eine analoge Ungleichung besteht für beliebige Kegelkörper. Es sei $G \subseteq E$ ein in der Ebene E liegender $(k-1)$-dimensionaler Eikörper und S bezeichne einen außerhalb E liegenden Punkt. Die konvexe Hülle $C = \langle G, S \rangle$ ist dann ein Kegelkörper (kurz *Kegel*) mit der Grundfläche

G und der Spitze S. Der Abstand der Spitze S von der Grundebene E ist die Höhe H des Kegels C. Es gilt dann die Ungleichung

$$F^k/V^{k-1} \geqq \omega_{k-1} k^{k-1} (k+1)^{(k+1)/2} (k-1)^{-(k-1)/2} , \tag{179}$$

wobei das Gleichheitszeichen dann und nur dann gilt, wenn G eine Kugelscheibe vom Radius R ist, deren Mittelpunkt mit dem Normalriß S' der Spitze S zusammenfällt, und wenn $\cos \xi = R/\sqrt{R^2 + H^2} = 1/k$ wird; C ist dann der größte Kugelscheibenkegel, der sich einem regulären Simplex einbeschreiben läßt.

Beweis: Es sei C ein vorgegebener Kegel mit der Spitze S und der Grundfläche G in der Ebene E, und K^0 bezeichne eine Kugel um S, die den Kegel C enthält. Unter den in K^0 enthaltenen Kegeln mit Spitze S, deren Grundfläche in E liegt und mit G inhaltsgleich ist, gibt es nach BLASCHKEs Auswahlsatz einen, für den der isoperimetrische Quotient unter allen zum Vergleich zugelassenen Kegeln den kleinstmöglichen Wert Q_0 annimmt; G_0 sei die Grundfläche dieses Minimalkegels C_0. Für den Quotienten $Q = F^k/V^{k-1}$ des vorgegebenen Kegels C gilt (a) $Q \geqq Q_0$. Legen wir durch SS' eine Ebene E', so ist der durch STEINERsche Symmetrisierung an E' aus C_0 hervorgegangene Eikörper C_0' wieder ein zum Vergleich zugelassener Kegel. Nun muß aber E' eine Symmetrieebene von C_0 und also C_0 mit C_0' identisch sein; andernfalls würde die Oberfläche bei der Symmetrisierung verkleinert [vgl. Zusatz IV von 6.4.4], und da der Inhalt gleich bleibt, müßte $Q_0 > Q_0'$ werden, was der Definition von C_0 widerspricht. Jede in E durch S' hindurchgelegte $(k-2)$-dimensionale Ebene muß Symmetrieebene von G_0 sein, und da sich eine Drehung von G_0 um S' durch geeignete Spiegelungen an solchen Ebenen darstellen läßt, muß G_0 durch jede Drehung innerhalb E in sich übergehen und demnach eine Kugelscheibe mit dem Mittelpunkt S' sein. Ist jetzt R der Radius von G_0 und $\cos \xi = R/\sqrt{R^2 + H^2}$, so ergibt sich mit den Formeln $V_0 = (\omega_{k-1}/k) R^k tg \xi$ und $F_0 = \omega_{k-1} R^{k-1} [1 + (1/\cos \xi)]$ [vgl. (60)] für den isoperimetrischen Quotienten der Ausdruck (b) $Q_0 = \omega_{k-1} k^{k-1} tg \xi \ ctg^k (\xi/2)$, der den kleinstmöglichen Wert für $\cos \xi = 1/k$ annimmt, wie die Diskussion der in (b) rechts stehenden Winkelfunktion lehrt. Demnach wird (c) $Q_0 \geqq \omega_{k-1} k^{k-1} (k+1)^{(k+1)/2} (k-1)^{-(k-1)/2}$, so daß sich mit (a) die Behauptung (179) ablesen läßt. Die Bedingungen für die Gültigkeit des Gleichheitszeichens ergeben sich eindeutig aus der Herleitung der Ungleichung.

Schließlich leiten wir noch eine Ungleichung her, die sich auf den räumlichen Öffnungswinkel des Kegels bezieht. Legen wir um die Spitze S des Kegels C als Mittelpunkt eine Kugel, deren Radius kleiner als die Höhe H von C ist, so daß K die Trägerebene E der Grundfläche G von C nicht trifft, so schneidet C aus K einen konvexen Kugelsektor

$C \cap K$ aus. Als Maß für die räumliche Öffnung des Kegels C wählen wir den *räumlichen Öffnungswinkel*

$$\Omega = V(C \cap K)/V(K) \qquad [0 \le \Omega < 1/2] , \qquad (180)$$

der den Bruchteil der vollen räumlichen Öffnung bezeichnet. Wir führen zunächst eine im folgenden nützliche Hilfsfunktion χ ein. Für einen geraden Kugelscheibenkegel sei der mit dem Inhalt $V'(G)$ der Grundfläche und der Höhe H gebildete Quotient

$$V'(G)/H^{k-1} = \chi(\Omega) \qquad (181)$$

in Abhängigkeit vom räumlichen Öffnungswinkel Ω dargestellt. Ist τ $(0 \le \tau < \pi/2)$ der gewöhnliche halbe Öffnungswinkel des Kugelscheibenkegels, so bestätigt man mit elementarer Rechnung, daß

$$\chi(\Omega) = \omega_{k-1} tg^{k-1}\tau \qquad [\Omega = \{(k-1)\,\omega_{k-1}/k\,\omega_k\} \int\limits_0^\tau \sin^{k-2}\Theta \, d\Theta] \qquad (182)$$

gilt, womit die Funktion χ analytisch in impliziter Form definiert ist. Für ihre beiden ersten Ableitungen gewinnt man die Formeln

$$\chi'(\Omega) = k\omega_k/\cos^k\tau > 0 , \qquad (183)$$

$$\chi''(\Omega) = k^3\omega_k^2/(k-1)\,\omega_{k-1}\cos^{k+1}\tau \sin^{k-3}\tau > 0 , \qquad (184)$$

denen man entnehmen kann, daß $\chi(\Omega)$ eine im Intervall $0 \le \Omega < 1/2$ monoton zunehmende und konvexe Funktion darstellt. Für einen beliebigen Kegel C mit dem räumlichen Öffnungswinkel Ω gilt dann die Ungleichung

$$V'(G)/H^{k-1} \ge \chi(\Omega) , \qquad (185)$$

wobei das Gleichheitszeichen dann und nur dann gilt, wenn C ein gerader Kugelscheibenkegel ist.

Beweis: Es sei K^0 eine Kugel um S, die den Kegel C enthält. Wir betrachten die in K^0 liegenden Kegel mit der gemeinsamen Spitze in S und der gleichen Grundebene E, die alle eine mit G inhaltsgleiche Grundfläche aufweisen, und die wir zulässig nennen. Nach BLASCHKEs Auswahlsatz gibt es einen zulässigen Kegel C_0, der unter allen in Betracht gezogenen Kegeln den größtmöglichen räumlichen Öffnungswinkel Ω_0 aufweist, so daß (a) $\Omega_0 \ge \Omega$ gilt. Es bezeichne weiter S' den Normalriß von S in E und E' eine durch SS' hindurchgelegte Ebene. Durch die STEINERsche Symmetrisierung an E' gehe C_0 in C_0' über. Offensichtlich ist auch C_0' zulässig. Ist K eine der Messung des räumlichen Öffnungswinkels dienende Kugel um S, so besteht nach Formel (95) von 4.5.1 die Beziehung $V(C_0' \cap K) = V(C_0 \cap K) + V[(C_0 \cap \overline{K^*})' \cap (\overline{C_0^*} \cap K)']$, wobei der Beistrich die Symmetrisierung, Stern und Überstrich den Übergang zur komplementären Menge und zur abgeschlossenen Hülle anzeigen. Hieraus läßt sich folgern, daß C_0 ein gerader Kugelscheibenkegel mit der

Achse SS' sein muß. In der Tat: Andernfalls gäbe es — wie sich mit elementargeometrischen Überlegungen einsehen läßt — eine auf SS' orthogonal stehende Gerade D so, daß von den beiden Punkten P und Q, in welchen D die Randfläche von K durchstößt, P zur Randfläche von $C_0 \cap K$ gehört, Q dagegen nicht. Nehmen wir an, daß die Symmetrisierungsebene E' auf D orthogonal steht, was keine Einschränkung der Allgemeinheit bedeutet, so findet man, daß der Durchschnitt $(C_0 \cap \overline{K^*})' \cap$ $\cap (\overline{C_0^*} \cap K)'$ innere Punkte, also positiven Inhalt hat. Demnach müßte $V(C_0' \cap K) > V(C_0 \cap K)$ ausfallen, und der räumliche Öffnungswinkel von C_0' müßte größer als derjenige von C_0 sein, was der Konstruktion widerspricht. Ist aber C_0 ein gerader Kugelscheibenkegel, so wird mit Rücksicht auf die Festsetzung (181) (b) $V'(G_0)/H_0^{k-1} = \chi(\Omega_0)$. Bedenkt man, daß G und G_0 inhaltsgleich sind und $H = H_0$ ist, so ergibt sich mit (a) und (b) die Behauptung (185), wenn noch die Monotonie von χ berücksichtigt wird. Die Bedingung über die Gültigkeit des Gleichheitszeichens ergibt sich aus der Herleitung der Ungleichung.

6.5.4. Parallelotop und Simplex

Der isoperimetrische Quotient eines eigentlichen *Parallelotops* P genügt der Ungleichung

$$F^k/V^{k-1} \geq (2k)^k , \tag{186}$$

wobei Gleichheit dann und nur dann gilt, wenn P ein Würfel ist. Damit ist die „isoperimetrische Eigenschaft" des Würfels innerhalb der Klasse der Parallelotope festgestellt. Die entsprechende Eigenschaft innerhalb der Klasse der Intervallpolyeder wurde schon mit Ungleichung (92) von 4.4.2 formuliert.

Beweis: Durch $k-1$ Symmetrisierungen an Ebenen, die orthogonal auf Kanten des Parallelotops stehen, läßt sich P in ein gerades Parallelotop (Intervall) verwandeln; dabei wird der isoperimetrische Quotient Q verkleinert, wenn P nicht schon gerade ist. Es genügt demnach, das Bestehen von (186) für Intervalle nachzuweisen. Sind $p_\nu > 0$ $(\nu = 1, .., k)$ die Kantenlängen von P, so ergibt sich $Q = 2^k p_1 \ldots p_k [\sum_1^k p_\nu^{-1}]^k$. Nach dem Satz über das arithmetische und geometrische Mittel gilt aber $\sum_1^k p_\nu^{-1} \geq k(p_1^{-1} \ldots p_k^{-1})^{1/k}$, so daß auf $Q \geq (2k)^k$ geschlossen werden kann, w. z. b. w. Soll das Gleichheitszeichen in (186) gelten, so muß P gerade sein und außerdem müssen alle p_ν gleich ausfallen. In diesem Fall ist P ein Würfel.

Der isoperimetrische Quotient eines eigentlichen *Simplex* T genügt der Ungleichung

$$F^k/V^{k-1} \geq (1/k!) \, k^{3k/2} (k+1)^{(k+1)/2} , \tag{187}$$

wobei das Gleichheitszeichen dann und nur dann gilt, wenn das Simplex regulär ist.

Beweis: Wir wählen zwei konzentrische eigentliche Kugeln K^0 und K^{00} um einen inneren Punkt P von T so, daß $K^{00} \subset T \subset K^0$ gilt. Ziehen wir alle Simplexe in Betracht, die K^{00} enthalten und in K^0 enthalten sind, so existiert ein zulässiges Simplex T_0, welches den kleinstmöglichen isoperimetrischen Quotienten Q_0 aufweist, so daß (a) $Q \geqq Q_0$ ist. Da eine STEINERsche Symmetrisierung an einer durch P gehenden und auf einer Kante von T_0 orthogonal stehenden Ebene T_0 in ein zulässiges Simplex überführt, muß T_0 zu jeder Kante eine orthogonal stehende Symmetrieebene aufweisen; andernfalls besäße ein symmetrisiertes Simplex einen noch kleineren isoperimetrischen Quotienten, was der Konstruktion widerspricht. Hieraus läßt sich leicht folgern, daß alle Kanten gleiche Länge aufweisen. In diesem Fall ist T_0 regulär, und es gilt (b) $Q_0 = (1/k!)\, k^{3k/2}(k+1)^{(k+1)/2}$. Mit (a) und (b) resultiert die Behauptung (187). Die Aussage über die Gültigkeit des Gleichheitszeichens ist mitbewiesen.

6.5.5. Formkörper; Verschärfungen von BOL und DINGHAS

Für konvexe Körper, deren Randflächen singuläre Stellen aufweisen, läßt sich die isoperimetrische Ungleichung so verschärfen, daß die Güte der Verschärfung direkt von der Art und Verteilung der singulären Randpunkte abhängt. Um die Herleitung derartiger Ungleichungen in die Wege zu leiten, führen wir zunächst einen dem eigentlichen Eikörper A zugeordneten Tangentialkörper $\tilde{K}$ der Einheitskugel K ein, den wir *Formkörper* von A nennen wollen. Diesen konstruieren wir in der folgenden Weise: Es bedeute $S^0(A) \subset S$ die Teilmenge der Richtungssphäre S, deren Richtungen $u \in S^0(A)$ die Eigenschaft aufweisen, daß die Stützmenge $E(A; u) \cap A$ reguläre Randpunkte von A enthält. Da die Richtung u der einzigen in einem regulären Randpunkt möglichen Stützebene $E(A; u)$ durch den Randpunkt selbst eindeutig bestimmt ist, kann man $S^0(A)$ auch als Menge der den regulären Randpunkten von A zukommenden Stützrichtungen auffassen. Aus der Tatsache, daß die regulären Randpunkte auf der Randfläche eines konvexen Körpers überall dicht liegen[45], so daß jede um einen Randpunkt gelegte Kugel von positivem Radius noch reguläre Randpunkte enthält, läßt sich leicht folgern, daß $S^0(A)$ zwar eine echte Teilmenge von S sein kann, aber nicht ganz einer Hälfte (abgeschlossene Halbsphäre) von S angehört. Ist K eine Einheitskugel mit dem Mittelpunkt im Ursprung Z, und bezeichnet $H(K; -u)$ einen Stützhalbraum von K der Richtung u [vgl. 4.1.1], so wird mit dem Ansatz

$$\tilde{K} = \cap H(K; -u) \qquad [u \in S^0(A)], \qquad (188)$$

wobei sich die vorgeschriebene Durchschnittsbildung über alle Richtungen u der Menge $S^0(A)$ erstrecken soll, ein konvexer Körper, nämlich der Formkörper $\tilde{K}$ von A, erzeugt. Alle wesentlichen Stützebenen (Stützebenen durch reguläre Randpunkte) von $\tilde{K}$ sind auch solche von K; $\tilde{K}$ ist ein Tangentialkörper der Einheitskugel K. Wegen $\tilde{K} \supset K$ gilt jedenfalls

$$\tilde{V} \geq \omega_k \qquad [\tilde{V} = V(\tilde{K})] . \tag{189}$$

Der Formkörper $\tilde{K}$ repräsentiert gestaltlich die Abweichung des Eikörpers A von der vollständig regulären Form, und das Verhältnis $\tilde{V}/\omega_k \geq 1$ stellt ein passendes Maß für die gesamte Randsingularität dar. Diese Maßzahl ist es auch, welche die in Aussicht gestellte Verschärfung der Ungleichung für den isoperimetrischen Quotienten bedingt. Es gilt nämlich

$$F^k/V^{k-1} \geq k^k \tilde{V} , \tag{190}$$

wobei das Gleichheitszeichen dann und nur dann Platz greift, wenn A selbst ein Tangentialkörper einer Kugel ist. Diese Ungleichung umfaßt die von BOL, KNOTHE und DINGHAS aufgewiesenen Verschärfungen der isoperimetrischen Ungleichung für Eikörper mit Ecken und Kanten[46].

Beweis: Bezeichnet $r > 0$ den Inkugelradius des eigentlichen Eikörpers A und ist $A_{-\varrho} = A/\varrho K$ $(0 \leq \varrho < r)$ der innere Parallelkörper von A, so gilt auch (a) $A_{-\varrho} = A/\varrho \tilde{K}$. Wegen $\tilde{K} \supset K$ muß nämlich einerseits (aa) $A/\varrho \tilde{K} \subset A_{-\varrho}$ sein; andererseits zeigen wir, daß auch (ab) $A/\varrho \tilde{K} \supset A_{-\varrho}$ ausfällt. In der Tat: Es sei $p \in A_{-\varrho}$ ein beliebiger Punkt des inneren Parallelkörpers. Nach der in 4.2.1 gegebenen Interpretation der MINKOWSKISCHEN Subtraktion ist p Mittelpunkt einer Kugel U vom Radius ϱ, $U \cong \varrho K$, die ganz zu A gehört, so daß $U \subset A$ gilt. Ist jetzt $\tilde{U} \cong \varrho \tilde{K}$ $(\tilde{U} \supset U)$ der mit dem Formkörper $\tilde{K}$ homothetische Tangentialkörper von U, so gilt sogar $\tilde{U} \subset A$. Andernfalls müßte ein Randpunkt q von A im Innern von $\tilde{U}$ liegen. Da die regulären Randpunkte eines Eikörpers auf der Randfläche überall dicht liegen, ist es keine Einschränkung anzunehmen, daß q ein regulärer Randpunkt von A ist. Ist v die Stützrichtung von q, so muß $A \subset H(A; -v)$ und wegen $U \subset A$ auch $U \subset H(A; -v)$ gelten. Hieraus folgt, daß q außerhalb des Stützhalbraumes $H(U; -v)$ oder höchstens auf der begrenzenden Stützebene $E(U; v)$ liegt. Da aber q ein regulärer Randpunkt von A ist, gilt $v \in S^0(A)$, und hieraus läßt sich mit Rücksicht auf (188) schließen, daß $H(U; -v)$ ein Stützhalbraum von $\tilde{U}$ sein muß. Die oben gezogene Folgerung, die Lage von q betreffend, widerspricht der Konstruktion, wonach q ein innerer Punkt $\tilde{U}$ ist. Mit der damit erwiesenen Aussage $\tilde{U} \subset A$ resultiert aber $p \in A/\varrho \tilde{K}$, und so ergibt sich die Behauptung (ab).Mit (aa) und (ab) folgt (a). Nun beweisen wir das Bestehen der Ungleichung (190): Nach (30) von 6.1.4 läßt sich mit $\sigma = -\varrho$ (b) $F = -f'(0)$ schreiben, wo $f(\varrho) = V(A_{-\varrho})$ $(0 \leq \varrho < r)$ gesetzt ist. Mit (a) gilt also auch $f(\varrho) = V(A/\varrho \tilde{K})$. Mit Verwendung der Beziehung (83) von 4.4.1 ergibt sich $f(\varrho) \leq \leq [V^{1/k} - \varrho \tilde{V}^{1/k}]^k$, daraus gewinnt man $-f'(0) \geq k\, V^{(k-1)/k} \tilde{V}^{1/k}$, und mit (b) folgt unmittelbar die Ungleichung (190).

18*

Der Nachweis unserer Behauptung betreffend die Gültigkeit des Gleichheitszeichens erfordert noch einige Vorbereitungen: Bezeichnet $A[\sigma]$ die vollständige Schar der Innen- und Außenmengen von A relativ zum Formkörper $\tilde{K}$ [vgl. 4.2.2], so stellt diese nach Beispiel III von 4.2.4 eine im Intervall $-r \leq \sigma < \infty$ definierte konkave Eikörperschar dar. Nach dem BRUNNschen Satz [Satz II von 4.4.1] ist (c) $g(\sigma) = V(A[\sigma])^{1/k}$ $(-r < \sigma < \infty)$ eine konkave Funktion von σ. Wir zeigen nun, daß A bezüglich seines Formkörpers $\tilde{K}$ eine MINKOWSKIsche Relativoberfläche $F(A, \tilde{K})$ besitzt [vgl. 5.1.1], die mit der gewöhnlichen Oberfläche $F = F(A, K)$ übereinstimmt [vgl. 5.1.3]. In der Tat: Es besteht die Beziehung $F = F_+(A, K) \leq F_+(A, \tilde{K}) \leq F_+^*(A, \tilde{K}) \leq F_-(A, \tilde{K}) \leq F_-^*(A, \tilde{K})$ $= F_-(A, K) = F$, womit erhellt, daß alle diese Werte miteinander übereinstimmen. Die sieben Einzelrelationen ergeben sich von links nach rechts durch Anwendung von (31), mit Rücksicht auf $K \subset \tilde{K}$ und (1) von 5.1.1, mit (7) von 5.1.1, mit Ausnutzung der Konkavität der Funktion (c), wieder mit (7) von 5.1.1, dann mit Rücksicht auf das Ergebnis (a) und schließlich wieder mit (31). Nach dem isoperimetrischen Satz [Satz IV von 5.2.2] gilt in (190) das Gleichheitszeichen dann und nur dann, wenn A mit seinem Formkörper $\tilde{K}$ homothetisch ist, d. h. dann und nur dann, wenn A ein Tangentialkörper einer Kugel ist. Damit ist der Beweis beendet.

6.5.6. Eipolyeder; Theorem von LINDELÖF

Ist P ein eigentliches Eipolyeder, so ist der Formkörper $\tilde{K}$ ein Tangentialpolyeder der Einheitskugel K, dessen Seitenflächen zu denjenigen von

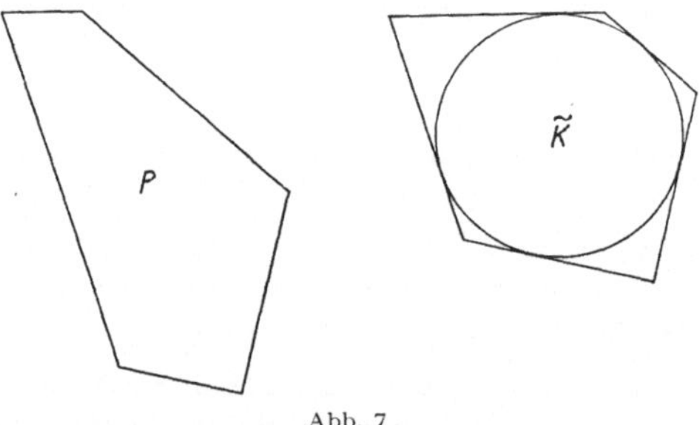

Abb. 7

P parallel liegen [vgl. hierzu Abb. 7]. In diesem instruktiven Fall besteht die im voranstehenden Abschnitt eingeführte Menge $S^0(P)$ der den regulären Randpunkten von P entsprechenden Stützrichtungen lediglich aus den endlich vielen Richtungen der Seitenflächen. Das mit (190) ausgedrückte Ergebnis führt in unserem Sonderfall unmittelbar zum

Satz XVI (Theorem von LINDELÖF). *Unter allen Eipolyedern, die mit einem vorgegebenen Eipolyeder P inhaltsgleich sind und in den Richtungen*

der Seitenflächen übereinstimmen, weist das den Bedingungen entsprechende Tangentialpolyeder $\tilde{P}$ einer Kugel die kleinstmögliche Oberfläche auf, so daß

$$F(P) \geqq F(\tilde{P}) \qquad [V(P) = V(\tilde{P})] \qquad (191)$$

gilt[47].

Wir leiten noch eine für Eipolyeder mit vorgegebener Seitenflächenzahl gültige Verschärfung der isoperimetrischen Ungleichung her. Der isoperimetrische Quotient eines eigentlichen Eipolyeders P mit n Seitenflächen ($n \geqq k + 1$, $k \geqq 2$) genügt der Ungleichung

$$F^k/V^{k-1} \geqq n\, k^{k-1}\, \omega_{k-1}\, \mathrm{tg}\,(k\,\omega_k/n\,\omega_{k-1}) \ . \qquad (192)$$

Gleichheit besteht lediglich im Fall $k = 2$ für das reguläre n-Eck[48]. Schärfere Ungleichungen für Eipolyeder des gewöhnlichen Raumes ($k = 3$) wurden von GOLDBERG und FEJES TÓTH aufgestellt. Aus diesen ergibt sich insbesondere die isoperimetrische Eigenschaft der regulären Dreikantpolyeder (Tetraeder, Hexaeder und Dodekaeder), unter allen inhaltsgleichen Eipolyedern der Flächenzahlen $n = 4$, $n = 6$ und $n = 12$, die kleinstmögliche Oberfläche aufzuweisen[49]. Die Ausdehnung dieser Untersuchungen auf die höherdimensionalen Räume scheint jedoch mit erheblichen Schwierigkeiten verbunden zu sein. Lediglich im Falle $n = k + 1$ ist die Extremaleigenschaft des regulären Simplex durch (187) garantiert.

Beweis von (192): Es sei $k \geqq 2$. Nach (190) gilt (a) $F^k/V^{k-1} \geqq k^k\,\tilde{V}$, wo $\tilde{V}$ den Inhalt des dem Eipolyeder P zugeordneten Formkörpers $\tilde{K}$ bezeichnet. $\tilde{K}$ ist ein Tangentialpolyeder der Einheitskugel K, deren Mittelpunkt wir in Z angenommen haben. Sind G_ν ($\nu = 1, \ldots, n$) die n zu den Seitenflächen von P parallelen Seitenflächen von $\tilde{K}$, so gilt die Inhaltsformel (b) $\tilde{V} = (1/k) \sum_1^n V'(G_\nu)$, wenn V' den $(k-1)$-dimensionalen Inhalt anzeigt. Nach (185) ist $V'(G_\nu) \geqq \chi(\Omega_\nu)$; dabei bedeutet Ω_ν den räumlichen Öffnungswinkel des Kegels $\langle Z, G_\nu \rangle$. So resultiert nach (b) die Ungleichung (c) $\tilde{V} \geqq (1/k) \sum_1^n \chi(\Omega_\nu)$. Nun machen wir davon Gebrauch, daß χ nach (184) eine konvexe Funktion ist, so daß mit der Bemerkung $\sum_1^n \Omega_\nu = 1$ auf (d) $\sum_1^n \chi(\Omega_\nu) \geqq n\,\chi(1/n)$ geschlossen werden kann. Verwenden wir in (182) die Ungleichung $\int\limits_0^\tau \sin^{k-2}\xi\, d\xi \leqq \tau^{k-1}/(k-1)$ ($0 \leqq \tau < \pi/2$), so ergibt sich $\Omega \leqq \omega_{k-1}\tau^{k-1}/k\,\omega_k$, und wenn $\Omega = 1/n$ gesetzt wird, folgt $\tau \geqq [k\,\omega_k/n\,\omega_{k-1}]^{1/(k-1)}$. Hieraus resultiert die Beziehung $\mathrm{tg}^{k-1}\tau \geqq \mathrm{tg}\,(k\,\omega_k/n\,\omega_{k-1})$, wobei wir uns für $k \geqq 3$ auf die elementar verifizierbare Ungleichung $\mathrm{tg}\,(t^p) \geqq (\mathrm{tg}\,t)^p$ ($0 \leqq t \leqq 1, 0 < p \leqq 1$) stützen müssen, die für $p = 1/(k-1)$ und $t = k\,\omega_k/n\,\omega_{k-1}$ beansprucht wird; hierbei ist noch zu beachten, daß $n \geqq k + 1$ ist und $k\,\omega_k/(k+1)\,\omega_{k-1} \leqq 1$ ($k \geqq 3$) ausfällt. Mit der soeben begründeten Beziehung folgt nach (182) schließlich (e) $\chi(1/n) \geqq \omega_{k-1}\, \mathrm{tg}\,(k\,\omega_k/n\,\omega_{k-1})$. Mit den Teilergebnissen (a) bis (e) schließt man auf die behauptete Ungleichung (192).

6.5.7. Quermaßintegrale und Isoperimetrie der Kugel

Die isoperimetrische Ungleichung kann als eine zwischen den beiden ersten Quermaßintegralen W_0 und W_1 bestehende Relation aufgefaßt werden. Es drängt sich hier die Frage auf, ob diese fundamentale Ungleichung als Sonderfall in einem allgemeineren, sich auf alle k wesentlichen Quermaßintegrale W_i $(i = 0, \ldots, k-1)$ beziehenden Ungleichungssystem enthalten ist. Ziehen wir nur konvexe Körper in Betracht — wie dies im vorliegenden Kapitel durchwegs der Fall ist — so trifft dies zu. Vergleicht man das Quermaßintegral W_i eines eigentlichen Eikörpers A einerseits mit dem Inhalt $V = W_0$ und andererseits auch mit der Norm $N = kW_{k-1}$, so gelangt man zu den für $i = 0, \ldots, k-1$ gültigen Ungleichungen

$$\omega_k^{i/k}\, V^{(k-i)/k} \leqq W_i \leqq k^{i-k}\, \omega_k^{i-k+1}\, N^{k-i} \,, \tag{193}$$

wobei sowohl auf der einen als auch auf der andern Seite das Gleichheitszeichen dann und nur dann gilt, wenn der Eikörper A eine Kugel ist. Die damit festgestellte „isoperimetrische Eigenschaft" der Kugel soll noch in Worten ausgedrückt werden mit

Satz XVII. *Die Kugel K weist unter allen inhaltsgleichen Eikörpern A das kleinstmögliche und unter allen normgleichen Eikörpern B das größtmögliche i-te* MINKOWSKI*sche Quermaßintegral W_i $(i = 0, \ldots, k-1)$ auf, so daß die Ungleichungen*

$$
\begin{aligned}
W_i(A) &\geqq W_i(K) \quad [V(A) = V(K),\, 0 < i \leqq k-1]\\
W_i(B) &\leqq W_i(K) \quad [N(B) = N(K),\, 0 \leqq i < k-1]
\end{aligned}
\tag{194}
$$

bestehen.

Beweis: Es sei K^0 eine genügend große Kugel um den Ursprung Z, welche die beiden eigentlichen Eikörper A und B enthält. Jeder von K^0 umschlossene Eikörper heiße zulässig. Es existieren nach dem BLASCHKEschen Auswahlsatz zwei extremale Eikörper A_0 und B_0 derart, daß A_0 bzw. B_0 unter allen zulässigen Eikörpern, die mit A inhaltsgleich bzw. mit B normgleich sind, das kleinste bzw. das größte Quermaßintegral W_i aufweisen, so daß also (a) $W_i(A) \geqq W_i(A_0)$ $[V(A) = V(A_0)]$ und (b) $W_i(B) \leqq W_i(B_0)$ $[N(B) = N(B_0)]$ gilt. Ist E eine durch Z hindurchgelegte Ebene, so sind auch die durch STEINERsche und BLASCHKEsche Symmetrisierung an E aus A_0 und B_0 hervorgehenden Eikörper A_0' und B_0' zulässig [vgl. hierzu 6.4.4, Beispiel I]. Daraus läßt sich folgern, daß sowohl A_0 als auch B_0 eine zu E parallele Symmetrieebene aufweist. Andernfalls müßte A_0' nach Zusatz IV zu (157) ein kleineres bzw. B_0' nach Zusatz III zu (156) ein größeres Quermaßintegral W_i besitzen als der entsprechende Extremalkörper A_0 bzw. B_0. Da die Richtung von E beliebig gewählt werden kann, sind A_0 und B_0 offenbar Kugeln. Besitzt nämlich ein Eikörper in allen Richtungen Symmetrieebenen, so ist er mit

jedem mit ihm kongruenten Eikörper translationsgleich, da eine beliebige
Bewegung durch nacheinander wirkende Spiegelungen an Ebenen erzeugbar ist. Mit den oben gemachten Feststellungen ist unsere Behauptung
(194) bewiesen. Die Ungleichung (193) ergibt sich mit Verwendung der
für die Kugel gültigen Formel (41).

6.5.8. Gemischte Quermaßintegrale und lineare Ungleichungen für Rotationskörper

Als Verallgemeinerung der Formel (49) von STEINER-MINKOWSKI für
die Quermaßintegrale der äußeren Parallelkörper findet man, daß für
zwei beliebige Eikörper A und B $W_i(A \times \varrho B)$ für $0 \leq \varrho < \infty$ eine ganze
rationale Funktion von ϱ vom Grade $k - i$ ist. Es gilt

$$W_i(A \times \varrho B) = \sum_0^{k-i} \binom{k-i}{\nu} W_{i\nu}(A, B)\varrho^\nu \; ; \qquad (195)$$

die in dieser Entwicklung nach Potenzen von ϱ auftretenden Koeffizienten heißen die i-ten *gemischten Quermaßintegrale*[50]

$$W_{i\nu} = W_{i\nu}(A, B) \qquad [0 \leq \nu \leq k - i] \, . \qquad (196)$$

Wählt man für B die Einheitskugel K, so daß $A \times \varrho B$ mit dem äußeren
Parallelkörper A_ϱ identisch wird, so liefert der Vergleich mit (49) die
Beziehung

$$W_{i\nu}(A, K) = W_{i+\nu}(A) \, , \qquad (197)$$

welche zeigt, daß die gewöhnlichen Quermaßintegrale als gemischte
Quermaßintegrale aufgefaßt werden können.

Wir begründen die Formel (195) lediglich für konvexe Rotationskörper. Dazu zeigen wir, daß die gemischten i-ten Quermaßintegrale
$W_{i\alpha}, W_{i\beta}, W_{i\gamma}$ für drei aufsteigend geordnete Indizes $0 \leq \alpha < \beta < \gamma \leq$
$\leq k - i$ bei zwei koaxialen Rotationskörpern A und B mit den Äquator-
radien a und b die lineare Ungleichung[51]

$$(\alpha - \beta) \left(\frac{a}{b}\right)^\gamma W_{i\gamma} + (\beta - \gamma) \left(\frac{a}{b}\right)^\alpha W_{i\alpha} + (\gamma - \alpha) \left(\frac{a}{b}\right)^\beta W_{i\beta} \geq 0 \qquad (198)$$
$$[0 \leq \alpha < \beta < \gamma \leq k - i]$$

erfüllen. Die Erörterung der Fälle, in welchen hier das Gleichheitszeichen gilt, erfordert einige Vorbereitungen: Wir dürfen annehmen, daß
die gemeinsame Rotationsachse R von A und B durch den Ursprung Z
geht. Bezeichnet S eine in R liegende Einheitsstrecke, so ist $\overline{A} = A \times uS$
($u \geq 0$) ein *Verlängerungskörper* von A. $\overline{A}$ ist im Sinne der in 6.4.4 eingeführten Bezeichnungsweise mit A streckgleich; die Verlängerung
kann — anschaulich beschrieben — so erzielt werden, daß eine Äquator-
kugelscheibe durch einen Zylinder von Äquatorradius a und der Höhe u

ersetzt wird. Sind p und q zwei Punkte von R, so ist der durch Bildung der konvexen Hülle mit A hervorgehende Körper $\hat{A} = \langle A, p, q \rangle$ ein *Kappenkörper* von A. Drückt schließlich $A \sim B$ hier aus, daß A und B homothetisch sind, so lassen sich mit Verwendung der verabredeten Symbole die Bedingungen für Gleichheit in der linearen Ungleichung wie folgt darstellen: In (198) gilt dann das Gleichheitszeichen, wenn einer der drei Fälle (a) $\overline{A} \sim \overline{B}$, (b) $\overline{A} \sim \hat{\overline{B}}$ $(\gamma < k - i)$, (c) $\hat{\overline{A}} \sim \overline{B}$ $(\alpha > 0)$ realisiert wird. Setzen wir in (198) speziell $i = 0$ und $B = K$ (Einheitskugel), so gewinnen wir mit Rücksicht auf (197) die sich auf die gewöhnlichen Quermaßintegrale beziehende lineare Ungleichung

$$(\alpha - \beta)\, a^\gamma W_\gamma + (\beta - \gamma)\, a^\alpha W_\alpha + (\gamma - \alpha)\, a^\beta W_\beta \geq 0$$
$$[0 \leqq \alpha < \beta < \gamma \leqq k]\,, \tag{199}$$

in welcher das Gleichheitszeichen dann gilt, wenn einer der zwei Fälle (a) $A \sim \overline{K}$ (Kugelzylinder); (b) $A \sim \hat{\overline{K}}$ (Kappenkörper des Kugelzylinders) $(\gamma < k)$ realisiert wird.

Beweise: Sind P und Q zwei koaxiale polygonale Rotationskörper mit den Äquatorradien a und b, wie sie in 6.1.9 betrachtet wurden, so kann man unmittelbar der Formel (62) entnehmen, daß $W_i(P \times_\varrho Q)$ eine im Intervall $0 \leqq \varrho < \infty$ definierte ganze rationale Funktion von ϱ vom Grade $k - i$ ist. Wenn P und Q keine zylindrische Segmente enthalten, so gewinnt man ausgehend von (62) die Integraldarstellung

$$\text{(aa)} \quad W_{i\nu}(P, Q) = C \int_0^\pi \frac{a^{k-i-\nu}\, b^\nu - p^{k-i-\nu}\, q^\nu \sin^i \tau}{\cos^2 \tau}\, d\tau, \quad \text{wo} \quad p = p(\tau) \quad \text{und}$$

$q = q(\tau)$ die Berührungsradien von P und Q bezeichnen. Geht man von P und Q zu den Verlängerungskörpern $\overline{P}$ und $\overline{Q}$ über, die zylindrische Segmente der Höhe u und v enthalten, so gilt die Umrechnungsformel

$$\text{(ab)} \quad W_{i\nu}(\overline{P}, \overline{Q}) = W_{i\nu}(P, Q) + C\left[(k - i - \nu)\, bu + \nu av\right] a^{k-i-\nu-1}\, b^{\nu-1}.$$

Setzen wir für den auf der linken Seite von (198) stehenden Ausdruck abkürzend $D(A, B)$, so bestätigt man mit direkter Ausrechnung mit Hilfe von (aa)

$$\text{(ba)} \quad D(P, Q) = -C \int_0^\pi p^{k-i} \sin^i \tau\, H\left(\frac{a\,q}{b\,p}\right) \frac{d\tau}{\cos^2 \tau}\,,$$

wobei die Hilfsfunktion

$$\text{(bb)} \quad H(x) = (\alpha - \beta)\, x^\gamma + (\beta - \gamma)\, x^\alpha + (\gamma - \alpha)\, x^\beta$$

verwendet ist. Diese gestattet die algebraische Umformung

$$H(x) = \left[(\beta - \gamma)\, P(x) + (\alpha - \beta)\, Q(x)\right] [1 - x]^2,$$

wobei

$$P(x) = x^\alpha + 2x^{\alpha+1} + \cdots + (\beta - \alpha - 1)\, x^{\beta-2} \quad \text{und}$$

$Q(x) = x^{\gamma-2} + 2x^{\gamma-3} + \cdots + (\gamma - \beta)x^{\beta-1}$ ist, so daß (bc) $H(x) \leqq 0$ ($x \geqq 0$) abgelesen werden kann. Der Darstellung (ba) läßt sich jetzt (bd) $D(P, Q) \geqq 0$ entnehmen, Damit ist das Bestehen der Ungleichung (198) innerhalb der Klasse der polygonalen konvexen Rotationskörper (ohne zylindrische Segmente) sichergestellt. Nun lassen sich die beiden Eikörper A und B durch polygonale Körper der erwähnten Klasse so approximieren, symbolisch kurz durch $P \to A$ und $Q \to B$ ausgedrückt, daß $W_i(P \times \varrho Q) \to W_i(A \times \varrho B)$ in einem beliebigen kompakten Teilintervall von $0 \leqq \varrho < \infty$ gleichmäßig gilt, woraus man auf $W_{i\nu}(P, Q) \to$ $\to W_{i\nu}(A, B)$ schließen kann. Wegen $D(P, Q) \to D(A, B)$ folgt dann, daß auch (be) $D(A, B) \geqq 0$ gelten muß, wodurch (198) allgemein bewiesen ist.

Um die Frage der Gültigkeit des Gleichheitszeichens abzuklären, sind zunächst wieder einige Feststellungen in der Klasse der polygonalen Körper erforderlich. Mit Verwendung der Formel (ab) läßt sich direkt bestätigen, daß (ca) $D(\overline{P}, \overline{Q}) = D(P, Q)$ ist, woraus hervorgeht, daß D eine Verlängerungsinvariante darstellt. Weiter besteht eine durch (cb) $D(P, \hat{Q}) = D(P, Q)$ $(P \sim \hat{Q}, \gamma < k - i)$ ausgedrückte Invarianz von D gegenüber Kappenbildung, wobei die Nebenbedingung besonders beachtet werden muß. Diese ergibt sich daraus, daß bereits für die gemischten Quermaßintegrale die Beziehung $W_{i\nu}(P, \hat{Q}) = W_{i\nu}(P, Q)$ $(P \sim \hat{Q}, \nu < k - i)$ gilt, die sich aus (aa) ablesen läßt, wenn berücksichtigt wird, daß wegen $P \sim \hat{Q}$ auf $p = 0$ geschlossen werden kann, wenn der Winkel τ so gewählt ist, daß $q \neq \hat{q}$ ist, so daß der Einfluß der Kappenbildung im Integral wegen $k - i - \nu > 0$ eliminiert wird. In gleicher Weise zeigt man, daß (cc) $D(\hat{P}, Q) = D(P, Q)$ $(\hat{P} \sim Q, 0 < \alpha)$ gilt. Der Darstellung (ba) entnimmt man weiter, daß für homothetische Körper (cd) $D(P, Q) = 0$ $(P \sim Q)$ wird, da in diesem Fall entweder $p = 0$, also auch $q = 0$ oder $aq/bp = 1$ $(p > 0)$ und $H(1) = 0$ in Rechnung gestellt werden kann. Mit (ca) bis (cd) ergibt sich die Richtigkeit der über die Geltung des Gleichheitszeichens in (198) aufgestellten Angaben (a), (b) und (c) für die Körper der hier betrachteten polygonalen Klasse und mit passender Approximation der in Frage kommenden konvexen Rotationskörper durch Körper dieser Klasse die allgemeine Gültigkeit der Aussagen.

6.5.9. Die FENCHELschen Ungleichungen

Bezeichnen $W_{i\nu} = W_{i\nu}(A, B)$ $(\nu = 0, \ldots, k - i)$ die im vorstehenden Abschnitt eingeführten i-ten gemischten Quermaßintegrale zweier koaxialer konvexer Rotationskörper A und B, so gilt die zyklisch gebaute Ungleichung[52]

$$W_{i\alpha}^{\beta-\gamma}\, W_{i\beta}^{\gamma-\alpha}\, W_{i\gamma}^{\alpha-\beta} \geqq 1 \qquad [0 \leqq \alpha < \beta < \gamma \leqq k - i], \qquad (200)$$

in welche drei dieser Maßzahlen nach aufsteigenden Indizes geordnet eingehen. Das Gleichheitszeichen gilt dann, wenn eine der drei Bedingungen (a) $A \sim B$; (b) $A \sim \hat{B}$ $(\gamma < k - i)$; (c) $\hat{A} \sim B$ $(0 < \alpha)$ erfüllt wird.

Beweis: Bezeichnet $H(x)$ die im vorausgehenden Abschnitt durch (bb) eingeführte Funktion, über die mit (bc) festgestellt wurde, daß sie für $x \geqq 0$ nicht positiv ausfällt, so überzeugt man sich durch direkte Ausrechnung, daß $W_{i\alpha}^{\beta-\gamma} W_{i\beta}^{\gamma-\alpha} W_{i\gamma}^{\alpha-\beta} \geqq \left[1 - \dfrac{\Theta\beta}{\gamma - \alpha} H\left(\dfrac{1}{\Theta}\right) \right]^{\gamma-\alpha}$ eine rein algebraische Umformung der linearen Ungleichung (198) ist, wenn die Hilfszahl durch $\Theta = (b/a) \, [W_{i\alpha}/W_{i\gamma}]^{1/(\gamma-\alpha)}$ gegeben ist. Mit Berücksichtigung der oben gemachten Bemerkung über H läßt sich (200) direkt ablesen. — Ist eine der unter (a), (b) oder (c) aufgestellten Bedingungen erfüllt, so gilt schon in (199) das Gleichheitszeichen, also auch in der obenstehenden umgeformten Ungleichung. Weiter kann man bestätigen, daß in jedem der drei Fälle $\Theta = 1$ wird, so daß sich wegen $H(1) = 0$ ablesen läßt, daß in (200) ebenfalls das Gleichheitszeichen statthat. Damit ist der Beweis unserer Behauptungen beendet.

Wird in (200) $B = K$ (Einheitskugel) und $i = 0$ gesetzt, so ergibt sich mit Rücksicht auf (197) die für die gewöhnlichen Quermaßintegrale gültige Ungleichung[53]

$$W_{\alpha}^{\beta-\gamma} W_{\beta}^{\gamma-\alpha} W_{\gamma}^{\alpha-\beta} \geqq 1 \qquad [0 \leqq \alpha < \beta < \gamma \leqq k] \, . \qquad (201)$$

Das Gleichheitszeichen gilt hier für die Kugel, ferner im Fall $\gamma < k$ für alle Kappenkörper der Kugel. Als Spezialfall von (201) ergibt sich die isoperimetrische Ungleichung, falls man $\alpha = 0$, $\beta = 1$, $\gamma = k$ setzt. Wählt man $\alpha = \nu - 1$, $\beta = \nu$, $\gamma = \nu + 1$, so ergibt sich die einfache für drei konsekutive Quermaßintegrale gültige quadratische Ungleichung

$$W_{\nu}^2 - W_{\nu-1} W_{\nu+1} \geqq 0 \qquad [1 \leqq \nu \leqq k - 1] \, . \qquad (202)$$

Auch hier besteht Gleichheit für die Kugel und im Falle $\nu < k - 1$ allgemeiner für die Kappenkörper der Kugel.

Alle in diesem Abschnitt lediglich für rotationssymmetrische Körper hergeleiteten Ungleichungen gelten für beliebige konvexe Körper. Sie lassen sich aus dem in 6.4.2 erwähnten Satz von FENCHEL und ALEXANDROW folgern[54].

6.5.10. Eine vollständige Schar extremaler Rotationskörper

Wir betrachten in diesem letzten Abschnitt konvexe Rotationskörper mit fest vorgeschriebenem Äquatorradius. Mit Beachtung dieser Nebenbedingung gibt es innerhalb der Klasse der inhaltsgleichen Körper nicht nur extremale Körper mit der kleinstmöglichen Oberfläche wie beim klassischen isoperimetrischen Problem, sondern auch solche, die umgekehrt größtmögliche Oberfläche aufweisen. Die vollständige Lösung dieser erweiterten isoperimetrischen Aufgabe besteht in der Vorgabe eines Systems von Ungleichungen der Eigenschaft, daß drei nichtnegative Zahlen a, V und F dann und nur dann Äquatorradius, Inhalt und Oberfläche eines konvexen Rotationskörpers sind, wenn sämtliche Ungleichungen des Systems erfüllt werden. Diejenigen Körper, für die in wenigstens einer Ungleichung des Systems Gleichheit besteht, bilden eine vollständige Schar extremaler Rotationskörper. Eine Besonderheit unseres Problems besteht darin, daß alle Extremalkörper elementar sind. Es treten die folgenden Typen auf: $K = Kugel$; $T = Kugelzylinder$ (Zylinder mit zwei aufgesetzten Halbkugeln oder Verlängerungskörper der Kugel); $L = Linse$ (symmetrische Kugellinse); $Z = Zylinder$; $C = Kegel$ (einseitiger Kegelkörper).

Das angekündigte vollständige Ungleichungssystem lautet wie folgt: Ist A ein konvexer Rotationskörper mit dem fest vorgeschriebenen Äquatorradius a, und bezeichnen $V = V(A)$ und $F = F(A)$ Inhalt und Oberfläche, so gelten die Ungleichungen[55]

$$F(A) \geqq F(T) \quad [V(A) = V(T) \; ; \omega_k a^k \leqq V < \infty] \; ; \tag{203}$$

$$F(A) \geqq F(L) \quad [V(A) = V(L) \; ; 0 \leqq V \leqq \omega_k a^k] \; ; \tag{204}$$

$$F(A) \leqq F(C) \quad [V(A) = V(C); \{(2k-2)/(2k-1)\} \omega_{k-1} a^k \leqq V < \infty] ; \tag{205}$$

$$F(A) \leqq F(Z) \quad [V(A) = V(Z) \; ; 0 \leqq V \leqq \{(2k-2)/(2k-1)\} \omega_{k-1} a^k] . \tag{206}$$

Wie abzulesen ist, ändert der Typ der einzelnen einparametrigen Extremalkörper bei gewissen Wechselwerten des vorgeschriebenen Inhalts V. Bei den Körpern kleinster Oberfläche tritt der Wechsel bei $V = \omega_k a^k$ ein, und die Schar der Kugelzylinder T geht bei abnehmendem Inhalt stetig in die Schar der Linsen L über; Wechselkörper ist die Kugel K. Bei den Körpern größter Oberfläche findet bei abnehmendem Inhalt bei $V = [(2k-2)/(2k-1)] \omega_{k-1} a^k$ ein gestaltlich sprunghafter Übergang von der Schar der Kegel C in die Schar der Zylinder Z statt; es gibt hier zwei Wechselkörper $\tilde{C}$ und $\tilde{Z}$, die nach Inhalt und Oberfläche übereinstimmen, so daß

$$V(\tilde{C}) = V(\tilde{Z}), \quad F(\tilde{C}) = F(\tilde{Z}) \tag{207}$$

gilt und ein stetiger Übergang der Extremwerte für die größte Oberfläche vorliegt. Diese beiden Wechselkörper sind durch die beiden Bedingungen eindeutig bestimmt; bezeichnen H und h die Höhen von C und Z, so resultieren die Beziehungen

$$H/a = (2k-2) k/(2k-1) \; ; \quad h/a = (2k-2)/(2k-1) \; , \tag{208}$$

woraus noch ersichtlich wird, daß das halbe Meridiandreieck des Kegels C ein rechtwinkliges Dreieck von pythagoreischer Art ist[56].

Eine klare Übersicht über die bestehenden Verhältnisse gewinnt man dadurch, daß man die in Betracht gezogene Körperklasse in einem BLASCHKEschen Diagramm abbildet[57]. Man geht hierbei so vor, daß man einem Rotationskörper A einen Punkt $P = \langle \alpha, \beta \rangle$ der Diagrammebene mit den rechtwinkligen kartesischen Koordinaten

$$\alpha = a\,[F/k\,\omega_k]^{-1/(k-1)} \; ; \quad \beta = [V/\omega_k]^{1/k}\,[F/k\,\omega_k]^{-1/(k-1)} \tag{209}$$

zuordnet. Der Klasse $\mathfrak{A}$ aller koaxialen Rotationskörper mit festem Äquatorradius a entspricht dann eine ebene Punktmenge D. Da die Oberfläche eines Körpers $A \in \mathfrak{A}$ nicht kleiner als diejenige einer Kugelscheibe S vom Radius a ist, folgt einerseits $0 < \alpha \leq [2\omega_{k-1}/k\,\omega_k]^{-1/(k-1)}$, andererseits kann der isoperimetrischen Ungleichung entnommen werden, daß $0 \leq \beta \leq 1$ gilt. Die Diagrammenge D ist also beschränkt. Aus dem BLASCHKEschen Auswahlsatz kann weiter abgeleitet werden, daß D auch abgeschlossen ist, wenn man den Punkt $\langle 0, 0 \rangle$ hinzufügt. Diesen Punkt betrachten wir als Bild des unendlich langen Zylinders U, den wir der Klasse $\mathfrak{A}$ als formales Grenzelement anfügen wollen. Sind $A_0, A_1 \in \mathfrak{A}$ zwei oberflächengleiche Körper, so läßt sich durch MINKOWSKIsche lineare Kombination, verbunden mit passender affiner Dilatation in Richtung der Rotationsachse, eine einparametrige Schar oberflächengleicher Körper $A_\lambda \in \mathfrak{A}\ (0 \leq \lambda \leq 1)$ erzeugen, die eine stetige Verbindung zwischen A_0 und A_1 herstellt. D muß infolgedessen in der β-Richtung konvex sein.

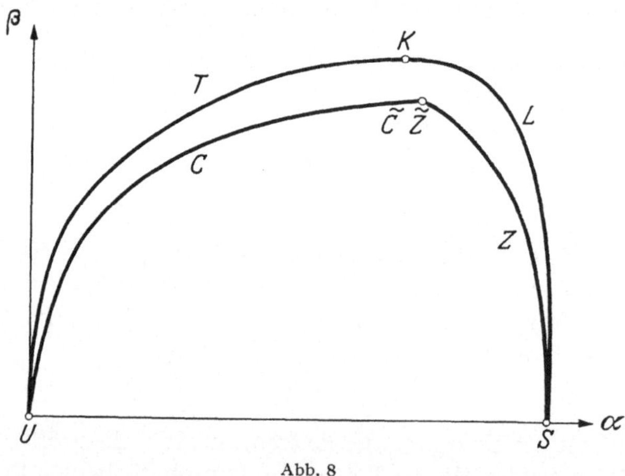

Abb. 8

Die oben erörterten Extremalkörper liefern nun in ihrer Gesamtheit die vollständige Berandung der Diagrammenge D. Dieser Rand setzt sich wie folgt zusammen: Von U bis K führt die T-Kurve, von K bis S die L-Kurve, von S bis $\tilde{Z}$ die Z-Kurve und von $\tilde{C}$ bis U die C-Kurve. Die Wechselkörper $\tilde{Z}$ und $\tilde{C}$ stellen im Diagramm denselben Punkt dar. Abb. 8 zeigt im Fall des gewöhnlichen Raumes ($k = 3$) das Diagramm und den vollständigen Zyklus der Extremalkörper U, T, K, L, S, Z, C, U, wie er sich beim Umlaufen des Diagrammrandes ablesen läßt. Da die Diagrammenge D in der β-Richtung konvex ist, muß sie mit dem durch die oben aufgezählten Kurvenstücke berandeten einfach-zusammenhängenden Bereich zusammenfallen. Dies bedeutet, daß zwischen den drei Maßzahlen a, V und F keine andern Relationen bestehen als die im vollständigen System (203) bis (206) enthaltenen Ungleichungen[58].

Beweise: Zu (203): Setzen wir in der für einen Körper $A \in \mathfrak{A}$ gültigen linearen Ungleichung (199) $\alpha = 0$, $\beta = 1$, $\gamma = k$, so ergibt sich $F \geq \omega_k a^{k-1} + (k-1)V/a$, wo das Gleichheitszeichen für einen Kugelzylinder $T \in \mathfrak{A}$ gilt. Damit ein Kugelzylinder aber realisierbar ist, muß der vorgeschriebene Inhalt der Bedingung $\omega_k a^k \leq V < \infty$ genügen. In diesem Intervall gilt dann (a) $F(A) \geq F(T)$. Zu (204): Es sei jetzt $0 \leq V \leq \omega_k a^k$ vorausgesetzt. Liegt der Inhalt in diesem Intervall, so gibt es eine symmetrische Kugellinse $L \in \mathfrak{A}$, so daß $V = V(A) = V(L)$ ausfällt. Nun zerlegen wir sowohl L als auch A durch Äquatorschnitte in zwei Teilkörper L', L'' und A', A'' so, daß $L = L' \cup L''$ und $A = A' \cup A''$ $(L' \cap L'' \cong A' \cap A'' \cong S)$ gilt, wo S eine Kugelscheibe vom Radius a bezeichnet. Die Teilkörper L', L'' und A', A'' rücken wir in Richtung der Rotationsachse um die gleiche Spanne auseinander und schieben zwei kongruente symmetrische Kugelschichten X und Y mit den Deckkugelradien a in die entstehenden Lücken, so daß die Segmente stetig aneinander anschließen und die neuen Körper $A^0 = A' \cup X \cup A''$ und $K^0 = L' \cup Y \cup L''$ bilden, wo $A' \cap X \cong A'' \cap X \cong L' \cap Y \cong L'' \cap Y \cong S$ gilt (die Verschiebungen der Segmente sind nicht durch besondere Bezeichnungen kenntlich gemacht). Man kann die eingeschobene Kugelschicht so wählen, daß K^0 eine Kugel wird. Mit Rücksicht auf $V(A) = V(L)$ und $X \cong Y$ folgt leicht, daß $V(A^0) = V(K^0)$ sein muß. Wegen der isoperimetrischen Eigenschaft der Kugel läßt sich $F(A^0) \geq F(K^0)$ folgern, und mit der additiven Eigenschaft der Oberfläche, wonach $F(A^0) = F(A) + F(X) - F(S)$ und $F(K^0) = F(L) + F(Y) - F(S)$ ist, schließt man auf (b) $F(A) \geq F(L)$, w. z. b. w. Zu (205) und (206): Es sei $P \in \mathfrak{A}$ ein n-gliedriger konvexer polygonaler Rotationskörper der in 6.1.9 eingeführten Klasse $\mathfrak{R}_\triangleright$, der durch $n-1$ orthogonal zur Achse geführte Schnitte in n Kegelstümpfe (evtl. Kegel oder Zylinder) zerlegt werden kann. Wir wollen annehmen, daß n die kleinste in Betracht kommende Segmentzahl ist, die einer Zerlegung von P der erwähnten Art zukommen kann. Ist $n \geq 2$, was wir vorerst voraussetzen, so wählen wir in der Zerlegung von P zwei konsekutive Segmente $T_{i-1} = \langle p_{i-1}, p_i; \xi_{i-1} \rangle$ und $T_i = \langle p_i, p_{i+1}; \xi_i \rangle$ [Bezeichnungsweise wie in 6.1.9]. Durch affine Dilatation in Richtung der Rotationsachse mit $\lambda = 1 + tV(T_i)/V(T_{i-1} \cup T_i)$ entsteht aus T_{i-1} das Segment $T_{i-1}[t]$ und durch eine analoge mit $\lambda = 1 - tV(T_{i-1})/V(T_{i-1} \cup T_i)$ aus T_i das Segment $T_i[t]$. Ersetzen wir in der Zerlegung von P in die n Segmente die beiden Segmente T_{i-1} und T_i durch $T_{i-1}[t]$ und $T_i[t]$ und verschieben alle Segmente so, daß der stetige Anschluß konsekutiver Segmente erhalten bleibt, so entsteht aus P der Körper $P_t \in \mathfrak{A}$, falls der Parameter t in einem passenden Intervall $-t_0 \leq t \leq t_1$ $(t_0, t_1 > 0)$ variiert. Die Grenzen t_0 und t_1 für die vorgekehrte partielle Richtungsdilatation ergeben sich so, daß entweder beim Erreichen das eine der dilatierten Segmente in eine Kugelscheibe entartet oder aber, daß beim Überschreiten die Konvexität von P_t verlorengeht. In beiden Fällen wird beim Erreichen der Grenze die minimale Segmentzahl des resultierenden polygonalen Körpers verkleinert. Nun überzeugt man sich leicht davon, daß $V(P_t)$ im zulässigen Intervall konstant ausfällt; ferner läßt sich nach Satz XII von 6.4.4 leicht schließen, daß $F(P_t)$ eine konvexe Funktion von t ist. Demzufolge wird $V(P) = V(P_{t_0}) = V(P_{t_1})$ und $F(P) \leq \mathrm{Max}\,\{F(P_{t_0}), F(P_{t_1})\}$ sein. Diesem Befund entnimmt man, daß die minimale Gliederzahl n eines polygonalen Rotationskörpers im Falle $n \geq 2$ stets so verringert werden kann, daß der Inhalt fest bleibt und die Oberfläche nicht verkleinert wird. Damit ergibt sich, daß die Ungleichung (ca) $F(P) \leq \mathrm{Max}\,F(Q)$ $[V(P) = V(Q)]$ besteht, wo Q einen eingliedrigen Körper, also einen Kegelstumpf (evtl. einen Kegel oder einen Zylinder) bezeichnet. Nun betrachten wir einen echten Kegelstumpf $Q \in \mathfrak{A}$ $(Q = \langle a, r; \xi \rangle)$. Wenn a und der Inhalt $V = V(Q)$ fest vorgeschrieben sind, so kann der Winkel ξ in einem Intervall $\eta < \xi < \pi/2$ variieren, wo $Q \to C = \langle a, 0; \eta \rangle$ $(\xi \to \eta)$ und $Q \to Z = \langle a; h \rangle$ $(\xi \to \pi/2)$ gilt, wenn $C, Z \in \mathfrak{A}$ Kegel und Zylinder darstellen. Nach Formel (66) gilt $V = V(Q) = (\omega_{k-1}/k)\,(a^k - r^k)\,\mathrm{tg}\,\xi$ und $F = F(Q) = \omega_{k-1}\,\{2a^{k-1} + (a^{k-1} - r^{k-1})\,[(1 - \cos \xi)/\cos \xi]\}$. Mit Elimination von r resultiert mit Verwendung der Hilfsgröße $\lambda = kV/\omega_{k-1}a^k$

$$F = \omega_{k-1}a^{k-1}\{2 + [(1 - \cos \xi)/\cos \xi]\,[1 - (1 - \lambda\,\mathrm{ctg}\,\xi)^{(k-1)/k}]\}.$$

Die Diskussion der rechts stehenden elementaren Funktion von ξ zeigt, daß im zuständigen Intervall $\eta < \xi < \pi/2$ kein Maximum auftritt; gilt in einem inneren Punkt $F' = 0$, so muß $F'' > 0$ sein. Dieser Feststellung entnimmt man die Ungleichung (cb) $F(Q) \leq \mathrm{Max}\,\{F(C), F(Z)\}$ $[V(C) = V(Z) = V(Q)]$. Ausgehend von den Formeln $V(Z) = \omega_{k-1}\,a^{k-1}h$, $V(C) = (\omega_{k-1}/k)\,a^k\,\mathrm{tg}\,\eta$ und $F(Z) = \omega_{k-1}a^{k-2}\,[2a + (k-1)h]$, $F(C) = \omega_{k-1}a^{k-1}\,[1 + (1 + \mathrm{tg}^2\,\eta)^{1/2}]$ gewinnt man durch Elimination von h und η in den Zylinder- und Kegelformeln die Darstellung der Oberflächen

$$F(Z) = (1/a)\,[2\,\omega_{k-1}a^k + (k-1)\,V]$$
$$F(C) = (1/a)\,[\omega_{k-1}\,a^k + [\omega_{k-1}^2\,a^{2k} + k^2\,V^2]^{1/2}]$$

als Funktionen des Inhalts V. Hieraus ergeben sich mit (cb) die Beziehungen

(cc) $F(Q) \leq F(C)$ $[V(Q) = V(C) = V \geq V^*]$ und
(cd) $F(Q) \leq F(Z)$ $[V(Q) = V(Z) = V \leq V^*]$, wenn

$V^* = [(2k-2)/(2k-1)]\,\omega_{k-1}\,a^k$ die (einzige) Lösung der Gleichung $F(Z) = F(C)$ darstellt. Da sich ein beliebiger Körper $A \in \mathfrak{A}$ durch polygonale Körper $P \in \mathfrak{A}$ so approximieren läßt, daß $V(A) = V(P)$ und $|F(P) - F(A)| < \varepsilon$ $(\varepsilon > 0)$ ausfällt, kann man ausgehend von (ca) mit (cc) und (cd) auf (c) $F(A) \leqq F(C)$ $[V(A) = V(C) = V \geqq V^*]$ und (d) $F(A) \leqq F(Z)$ $[V(A) = V(Z) = V \leqq V^*]$ schließen, w. z. b. w.

Anmerkungen

1 (201) W. BLASCHKE [2] (§ 18) hat den Auswahlsatz erstmals formuliert und die Bedeutung für die Theorie der konvexen Körper hervorgehoben; die Aussage gestattet, in zahlreichen Fällen auf die Existenz von Extremalkörpern zu schließen.

2 (202) In diesen Rahmen fallen z. B. die Noten H. HADWIGER [43] und [64].

3 (204) Hier drängt sich auch die Frage der Charakterisierung der bewegungsinvarianten, additiven und beschränkten Eikörperfunktionale auf. Für Eipolyeder ist dieses Problem verhältnismäßig leicht zu bearbeiten. Vgl. hierzu H. HADWIGER [25].

4 (208) Eine ausführliche Herleitung der Inhaltsformel findet sich z. B. bei K. MAYRHOFER [1] (S. 119).

5 (208) Formeln dieser Art tauchen erstmals bei L. A. CAUCHY [1] auf.

6 (209) T. KUBOTA [1]; die Quermaßintegrale werden dort „Mittelvolumina" genannt.

7 (210) Eine ausführliche Darstellung dieser wichtigen Relationen findet sich bei T. BONNESEN und W. FENCHEL [1] (S. 61). Für das i-te Quermaßintegral gilt die Darstellung $W_i(A) = \left[1/i\binom{k}{i}\right]\int [\varkappa_1, \ldots, \varkappa_{i-1}]\,dF$, wo $[\varkappa_1, \ldots, \varkappa_{i-1}]$ die $(i-1)$te elementarsymmetrische Funktion der $k-1$ Hauptkrümmungen $\varkappa_\nu$ $(\nu = 1, \ldots, k-1)$ in einem Randpunkt des Eikörpers A und dF das Flächendifferential bezeichnen; die Integration ist über die gesamte Randfläche zu erstrecken. Besonders hervorzuheben ist die Beziehung $W_k(A) = \omega_k = (1/k)\int \gamma\,dF$, wo $\gamma = \varkappa_1 \ldots \varkappa_k$ die GAUSSsche Krümmung darstellt. Mit der Konstanz des Integrals wird ein klassisches Theorem von C. F. GAUSS (curvatura integra) im besonderen Fall konvexer Flächen ausgedrückt. Die hier zitierten Integraldarstellungen für die fundamentalen Maßzahlen der Eikörper sind nur dann im herkömmlichen Sinn möglich, wenn die Randflächen den passenden Differenzierbarkeitsvoraussetzungen genügen. Hier kann eingeräumt werden, daß auch in diesem Zusammenhang mit erheblichen Anstrengungen versucht wird, durch direkte infinitesimalgeometrische Methoden eine Loslösung von den zum Teil unnötig starken Bindungen der konventionellen analytischen Behandlungsweise der Flächengeometrie zu erzielen. Bedeutende Resultate in dieser Richtung wurden von A. D. ALEXANDROW [3, 4, 5] erzielt.

8 (214) Die Formel tritt erstmals bei J. STEINER [2] auf und wurde dann von H. MINKOWSKI [4] (§ 26) wesentlich verallgemeinert. Zieht man auch nichtkonvexe Körper in Betracht, so gelten an Stelle der STEINERschen Relation noch Ungleichungen; vgl. H. HADWIGER [5]. D. OHMANN [4] hat eine Verallgemeinerung des im Text mit (49) wiedergegebenen vollständigen STEINERschen Formelsystems auf beliebige beschränkte und abgeschlossene Punktmengen hergeleitet, wobei alle Relationen durch Ungleichungen zu ersetzen sind. An die Stelle der Quermaßintegrale treten dann die von OHMANN eingeführten Integrale der äußeren Quermaße (vgl. hierzu Anmerkung 25). Verschiedentlich wurde darauf hingewiesen — vgl. hierzu H. HADWIGER [3, 8 und 6] — daß für beliebig gestaltete Körper zwei größte Zahlen α, $\beta \geqq 0$ namhaft gemacht werden können, so daß die STEINERsche

Formel für den Inhalt des (inneren und äußeren) Parallelkörpers auf das Intervall $-\alpha \leqq \varrho \leqq \beta$ ausdehnbar ist. Die Schranken α und β stehen mit gewissen Über- und Unterkonvexitätsbegriffen im Zusammenhang. Ist der Körper konvex, so ist $\beta = \infty$.

9 (218) Die Integraldarstellungen wurden für polygonale konvexe Rotationskörper des gewöhnlichen Raumes von H. HADWIGER [26] aufgestellt; sie wurden dann von A. DINGHAS [18] mit andern Methoden für allgemeinere Rotationskörper beliebiger Dimension neu hergeleitet. Wie sich die Formeln auch im höherdimensionalen Fall für polygonale Körper elementar begründen und zur Herleitung der einschlägigen Ungleichungen verwenden lassen, zeigte H. HADWIGER [51].

10 (220) Vgl. bespielsweise W. MAGNUS und F. OBERHETTINGER [1].

11 (221) Beweise und Anwendungen der Sätze im Rahmen der allgemeinen Integralgeometrie stammen von H. HADWIGER [36, 37] und [45].

12 (221) Die Schwierigkeit beim Nachweis der Aussage hängt wohl auch damit zusammen, daß es in der Tat bewegungsinvariante, einfach-additive, aber unstetige Funktionale gibt. Die Ausnutzung der vorausgesetzten Stetigkeit ist wegen der Konvexitätsbedingung nur in bescheidenem Maße möglich. Auch bei Beschränkung auf konvexe Polyeder bleibt die Schwierigkeit im wesentlichen bestehen. W. BLASCHKE [3] (II, S. 116) überwindet sie dadurch, daß er beim Versuch, die fundamentalen Maße in analoger Weise zu charakterisieren, für das dem Inhalt entsprechende Teilfunktional in willkürlicher Weise eine Invarianz gegenüber affinen Abbildungen der Determinante Eins postuliert. Da die andern der Oberfläche usw. entsprechenden Funktionale aber diese Affininvarianz nicht aufweisen, läßt sich dieses Postulat nicht generell in die Voraussetzungen eines Funktionalsatzes einbauen.

13 (225) Als einführende Darstellungen erwähnen wir hier lediglich W. BLASCHKE [3] und L. A. SANTALÓ [1, 4]. Diese ursprüngliche Integralgeometrie ist hauptsächlich bewegungsinvariant aufgebaut; selbstverständlich können auch nur translationsinvariante Integrale aufgestellt und untersucht werden. Viele Resultate in diesem Sinn hat O. VARGA [2] erzielt. Da aber in diesen Fällen keine Funktionalsätze der in 6.1.10 entwickelten Form mehr gelten, lassen sich die Integrale in der Regel nicht auf die fundamentalen Maßzahlen zurückführen und sind wesentlich komplizierter aufgebaut.

14 (226) Die genannten Eigenschaften entsprechen den vier Postulaten, die man einer axiomatischen Integrationstheorie zugrunde legen kann. Vgl. hierzu H. HADWIGER und W. NEF [1].

15 (226) Eine kurze Erläuterung der wichtigsten integralgeometrischen Dichten mit Verwendung der Technik der alternierenden Differentiale gab u. a. W. BLASCHKE [4].

16 (228) Wir verweisen auf die ausführlichen Darstellungen der sich insbesondere auf die Dichten linearer Unterräume beziehenden Fragen bei B. PETKANTSCHIN [1] und A. MÜLLER [1].

17 (229) Die Gültigkeit reicht indessen wesentlich weiter: M. BALANZAT [1] hat die Integralformel für L-meßbare Punktmengen nachgewiesen, wobei die Integration über alle Bewegungen der einen Menge erstreckt wird; daß die Formel aber bereits bei Translationen richtig ist, geht leicht aus der Beweiskonstruktion hervor.

18 (229) Auch die Gültigkeit dieser Formel reicht weiter. Anschließend an J. FAVARD [1] kann man durch Integrale dieser Art die Oberfläche passender allgemein gestalteter Körper definieren (FAVARDsche Oberfläche).

19 (230) Das Bestehen derartiger Integralwechselwirkungen bei ebenen Bereichen wurde von L. RÉDEI und B. v. SZ. NAGY [1] entdeckt. Anschließend hat H. HADWIGER [30] die Gültigkeit dieser Formeln im k-dimensionalen Raum auf die im Text ausgeführte Weise hergeleitet.

20 (232) Die von L. A. Cauchy [1] stammenden Ansätze wurden von H. Minkowski [4] (§ 26) in anderer Form neu aufgenommen und verallgemeinert.

21 (232) Diese Formeln stammen — wenigstens in den wichtigsten Sonderfällen — von M. W. Crofton [1, 2]. Erweiterungen gab O. Varga [1].

22 (238) Die sich bei den Darstellungen der beiden Körper A und B beteiligenden Eikörper bilden nach C. Kuratowski [2] (I, S. 123) «systèmes au sens combinatoire».

23 (239) Der im Text geführte Existenzbeweis wurde von H. Hadwiger [63] im Rahmen eines Aufsatzes über kombinatorische Geometrie veröffentlicht.

24 (239) Innerhalb der Topologie kann die Charakteristik von Euler und Poincaré für Zellenkomplexe $\mathfrak{Z}$ als alternierende Summe $c(\mathfrak{Z}) = \Sigma(-1)^r a_r$ definiert werden, wo a_r die Anzahl der r-dimensionalen Zellen von $\mathfrak{Z}$ bezeichnet. Die Euler und Poincarésche Formel drückt $c(\mathfrak{Z})$ auch durch eine alternierende Summe der Bettischen Zahlen (Ränge gewisser Homologiegruppen) aus. Vgl. hierzu P. Alexandroff und H. Hopf [1] (S. 214). Fassen wir das einen Körper A des Konvexrings darstellende System konvexer Körper als Zellenkomplex $\mathfrak{Z}$ auf, so ist $c(\mathfrak{Z})$ nur von der überdeckten Punktmenge A abhängig, nicht aber von dem individuellen System überdeckender Eikörper; dies ist ein Korollar allgemeinerer Sätze der singulären Homologietheorie. Demzufolge kann $c(\mathfrak{Z}) = c(A)$ gesetzt werden. Da $c = c(A)$ als Funktional über dem Konvexring normiert (bedingt konstant) und ebenfalls additiv ist, muß $c(A) = \chi(A)$ sein.

25 (240) D. Ohmann [1, 5] führt für beliebige beschränkte und abgeschlossene Punktmengen A „Quermaßintegrale" in folgender Weise ein: Es sei $W_0(A) = V(A)$, $W_k(A) = \omega_k$ und für $i = 1, \ldots, k - 1$ rekursiv nach einer Kubotaschen Formel $W_i(A) = (1/k\ \omega_{k-1}) \int W'_{i-1}(A, u)\, du$, wobei W'_{i-1} das $(i-1)$te „Quermaßintegral" des Normalrisses von A in einer Ebene der Richtung u bezeichnet und die Integration über alle Richtungen erstreckt wird. Es gelingt ihm, für die so definierten Maßzahlen verschiedene Ungleichungen nachzuweisen, die denjenigen der Brunn-Minkowskischen Theorie entsprechen. Dagegen erfüllen die Ohmannschen Quermaßintegrale die im Text genannten Forderungen nicht.

26 (240) Vgl. auch Anmerkung 18.

27 (241) Noch allgemeinere Sätze dieser Art finden sich bei H. Hadwiger [66]. Besonders sei darauf verwiesen, daß das im Integralsatz auftretende Funktional φ nicht notwendig bewegungs- oder translationsinvariant sein muß. Dies erlaubt mannigfaltige Anwendungen, wie sie in der spezielleren Integralgeometrie nicht vorkommen. Beispielsweise kann für φ ein Trägheitsmoment bezüglich eines festen Pols oder einer festen Ebene (polares oder planares Trägheitsmoment) gewählt werden. Daß für derartige Fälle Gesetze bestehen, die den sich auf Inhalt und Oberfläche usw. beziehenden kinematischen Formeln der speziellen Integralgeometrie entsprechen, hat auf ganz anderem Wege H. R. Müller [1] gefunden.

28 (243) Die Formel wurde erstmals von L. A. Santaló für ebene Eibereiche hergeleitet. W. Blaschke fand die Verallgemeinerung auf nicht konvexe Bereiche in der Ebene und im gewöhnlichen Raum. Die Ausdehnung auf beliebig-dimensionale Räume vollzogen S. S. Chern und C. T. Yien [1]. In sehr allgemeiner Form findet sich das Theorem bei S. S. Chern [1]. Weitere Ausdehnungen vor allem auf Räume konstanter Krümmung wurden von L. A. Santaló [3] vollzogen. Über die Gültigkeit der Hauptformel unter schwächsten Voraussetzungen in der Ebene hat G. Nöbeling [3] Untersuchungen angestellt. Eine interessante Herleitung im ebenen Fall auf Grund einer Inhaltsformel nach Balanzat hat kürzlich W. Blaschke [5] mitgeteilt.

29 (244) Vollständige Formelsysteme findet man vor allem bei L. A. Santaló [3].

30 (245) Vgl. hierzu H. Hadwiger [64].

31 (247) Die Sätze stammen von H. MINKOWSKI [3].

32 (249) Die hier einschlägigen Aussagen sind bei T. BONNESEN und W. FEN-CHEL [1] (S. 92) noch als Vermutungen formuliert. Beweisskizzen, die allerdings schwer verständlich geblieben sind, gaben W. FENCHEL [1, 2] und A. ALEXANDROW [2].

33 (259) Bei (152) handelt es sich um eine Ausdehnung der für Eikörper mit übereinstimmendem Normalriß gültigen Verschärfung des BRUNN-MINKOWSKIschen Satzes [vgl. T. BONNESEN und W. FENCHEL [1] (S. 94)] auf die MINKOWSKIschen Quermaßintegrale; die Ungleichung stellt eine Verschärfung des Satzes von FENCHEL und ALEXANDROW dar.

34 (260) W. BLASCHKE [2] (S. 34).

35 (260) J. STEINER [1].

36 (260) Die kontinuierliche STEINERsche Symmetrisierung hat in den letzten Jahren wegen der Verwendbarkeit bei den Untersuchungen über mathematisch-physikalische Bereichsfunktionale an Bedeutung gewonnen. Hier ist vor allem das Buch von G. PÓLYA und G. SZEGÖ [2] zu nennen, wo von der 'Continuous Symmetrization' erheblich Gebrauch gemacht wird.

37 (260) Für Eiflächen mit einer im Sinne der Differentialgeometrie regulären Randfläche folgt das monotone Verhalten der Quermaßintegrale bei STEINERscher Symmetrisierung aus allgemeineren, mit Verwendung analytischer Hilfsmittel gewonnenen Ergebnissen von K. Voss [1].

38 (262) Die sich auf die Schnittbereiche beziehenden Integralsätze wurden von H. HADWIGER [64] aufgewiesen.

39 (264) H. KNESER und W. SÜSS [1].

40 (266) Die hier betrachteten Sehnenpotenzintegrale gehören der translations-invarianten Integralgeometrie an. Über die analogen Integrale bei beweglichen (nicht nur schiebbaren) Geraden wurden verschiedene Untersuchungen angestellt. Vgl. z. B. W. BLASCHKE und O. VARGA [1] und H. KNOTHE [1]. Ein bewegungs-invariantes Sehnenpotenzintegral läßt sich durch einfache Umrechnung in ein Distanzpotenzintegral für zwei unabhängig im Körper bewegliche Punkte verwandeln. Genauer: Setzt man $S_m = \int s^m dG$ und $T_n = \int r^n dP\,dP_0$ ($s = $ Länge der von G ausgeschnittenen Sehne; $r = $ Distanz der beiden Punkte P und P_0), so besteht die Relation $2\,S_m = m\,(m-1)\,T_{m--k-1}$. Insbesondere resultiert eine Verallgemeinerung einer von G. HERGLOTZ im Falle $k = 3$ gefundenen Beziehung, wonach $2\,S_{k+1} = k\,(k+1)\,V^2$ ist. H. HADWIGER [46] zeigte noch, daß $2\,(k-1)\,(k-2)\,T_{-2} \leqq F^2$ ausfällt, wobei Gleichheit für die Kugel gilt.

41 (266) Ähnliches trifft für die Funktionale zu, die sich dadurch ergeben, daß man in (166) die Breite $b\,(A,\,u)$ durch die auf einen inneren Punkt bezogene Stützgröße $h\,(A,\,u)$ ersetzt. Für $q = -k$ resultiert ein von L. A. SANTALÓ [2] studiertes Funktional, das in bezug auf unimodulare Affinitäten, die den gewählten Ursprung fest lassen, invariant bleibt.

42 (266) Insbesondere ist die $(k+2)$-te Wurzel aus dem planaren Trägheits-moment bezüglich der Ebene E ein konkaves Funktional. Hieraus läßt sich die Folgerung ziehen, daß die $(k+2)$-te Wurzel aus dem Inertialmoment (polares Träg-heitsmoment in bezug auf den Schwerpunkt) ein bewegungsinvariantes konkaves Funktional darstellt. Vgl. H. HADWIGER [65].

43 (269) Die isoperimetrische Eigenschaft von Kreis und Kugel wurde von J. STEINER [1, 3] mit Hilfe geometrischer Überlegungen erschlossen. Einen ersten vollständigen Beweis mit analytischen Hilfsmitteln verdankt man H. A. SCHWARZ [1]. Im Hinblick auf die besonderen angewandten Methoden erwähnenswerte Iso-perimetriebeweise im ebenen Fall sind diejenigen von A. HURWITZ [1] und L. A. SANTALÓ [4] (§ 9, 1), welche von der FOURIERschen Entwicklung der Stützfunktion und von Formeln der ebenen Integralgeometrie ausgehen. Mit dem isoperimetrischen Problem bei konvexen Polyedern beschäftigte sich E. STEINITZ [2] sehr eingehend. Einfache Beweise, die sich auf das von KALUZA stammende Verfahren der inneren Parallelkörper stützen, hat G. BOL [2] gefunden, Weitere einfache Herleitungen der isoperimetrischen Ungleichung haben u. a. L. FEJES TÓTH [2] und H. HADWIGER [2, 14, 15, 58] gegeben. Weitere Angaben, insbesondere das ältere Schrifttum betreffend, findet man vor allem bei T. BONNESEN und W. FENCHEL [1]; vgl. auch H. HADWIGER [62]. Leicht verständliche Besprechungen des Isoperimetrieproblems vom elementaren Standpunkt aus finden sich bei F. W. LEVI [1] und L. FEJES TÓTH [3]. Ausführliche, in russischer Sprache verfaßte Werke stammen von L. LUSTERNIK [2] und I. M. JAGLOM und V. G. BOLTJANSKIJ [1].

44 (269) Im Falle $k = 2$ handelt es sich um eine klassische, von T. BONNESEN [2] stammende Ungleichung $l^2 — 4\pi f \geqq (l — 2\pi r)^2$, wo f, l und r Flächeninhalt, Umfang und Inkreisradius bezeichnen. Diese ist vielfach neu hergeleitet worden. Vgl. z. B. L. FEJES TÓTH [2] und H. HADWIGER [1]. Im Falle $k = 3$ wurde die Ungleichung von H. HADWIGER [28] aufgewiesen; A. DINGHAS [12] verallgemeinerte und verschärfte sie schließlich im Falle beliebiger Dimension $k \geqq 1$.

45 (274) Nach K. REIDEMEISTER [1] gilt sogar folgendes: Projiziert man die singulären Punkte der Randfläche eines eigentlichen Eikörpers von einem inneren Punkt aus auf eine Kugelfläche, so entsteht dort eine Punktmenge von verschwindendem LEBESGUEschem Maß.

46 (275) Die hier gültigen Verschärfungen der isoperimetrischen Ungleichung und auch allgemeiner der MINKOWSKISCHEN Ungleichungen für konvexe Körper mit Ecken und Kanten wurden von A. DINGHAS [5, 7, 8, 9, 14, 15] aufgestellt. Er schloß an eine von G. BOL [1] bewiesene Verschärfung der isoperimetrischen Ungleichung für ebene Eibereiche mit Ecken an. Später haben G. BOL und H. KNOTHE [1] den gleichen Gegenstand im räumlichen Fall erneut behandelt. Statt Ecken kann man bei Verschärfungen auch Flachstellen in Betracht ziehen. Vgl. ein Ergebnis in dieser Richtung von H. HADWIGER [22]. Verschiedene Aussagen dieser Art sind auch in den von MINKOWSKI stammenden Ungleichungen für Mischvolumina enthalten. Vgl. hierzu die von A. DINGHAS [16] bewiesene Ungleichung.

47 (277) Vgl. L. LINDELÖF [1].

48 (277) Eine schärfere, aber weniger einfach anschreibbare Ungleichung für Eipolyeder mit n Seitenflächen hat H. HADWIGER [55] mitgeteilt. Für $k = 2$ wird die Extremaleigenschaft des regulären n-Ecks ausgedrückt. Diese kann leicht einem bekannten und elementaren Theorem von LHUILIER entnommen werden. Vgl. L. FEJES TÓTH [4] (S. 10).

49 (277) Für ein Eipolyeder des gewöhnliches Raumes mit n Seitenflächen gilt die von M. GOLDBERG [1] aufgestellte, aber erst von L. FEJES TÓTH [1] streng nachgewiesene Ungleichung $F^3/V^2 \geqq 54 (n — 2)\ tg\ \Theta_n \{4 \sin^2 \Theta_n — 1\}$ $[\Theta_n = n\pi/(6n—12)]$, wobei das Gleichheitszeichen in den Fällen $n = 4$, 6 und 12 für das reguläre Tetraeder, Hexaeder und Dodekaeder beansprucht wird. Zu diesen und verwandten teilweise noch nicht restlos geklärten Fragen vgl. die ausführliche Darstellung und weitere Literaturangaben bei L. FEJES TÓTH [4]. Einen Fortschritt bezüglich des Problems der extremalen einer Einheitskugel einbeschriebenen Eipolyeder vorgegebenen Ecken-, Kanten- und Seitenflächenzahl erzielte kürzlich A. FLORIAN [1,2]. Es gelang ihm, die von L. FEJES TÓTH vermutete Ungleichung

$$V \leqq (2q/3) \cos^2 (n\pi/2q)\ ctg\,(p\pi/2q) \{1 — ctg^2 (n\pi/2q)\ ctg^2 (p\pi/2q)\}$$

zu beweisen, wobei p, q und n die Anzahl Ecken, Kanten und Seitenflächen bedeuten. Das Gleichheitszeichen gilt nur für die der Einheitskugel einbeschriebenen regulären Polyeder. Vgl. auch verwandte Ergebnisse von L. FEJES TÓTH [5,6].

50 (279) Die gemischten Quermaßintegrale lassen sich als höhere Mischvolumina darstellen. Diese von H. Minkowski [3, 4] geschaffenen Begriffe sind für die Theorie der konvexen Körper von größter Bedeutung geworden. Die Mischvolumina und die zu einem erheblichen Teil bereits von Minkowski gefundenen Ungleichungen bilden Gegenstand ausgedehnter Untersuchungen von J. Favard [3], A. Alexandrow [1] u. a. Die Theorie ist bei T. Bonnesen und W. Fenchel [1] besonders eingehend dargestellt. Aussagen über den Wertevorrat bei Mischvolumina finden sich bei H. Kneser [1] und R. Heine (1].

51 (279) Die Beziehungen (199) und (198) wurden in dieser Form von H. Hadwiger [51, 61] aufgestellt, und zwar wie angedeutet zuerst die sich auf gewöhnliche und später die sich auf gemischte Quermaßintegrale beziehenden Ungleichungen. Anschließend an eine elementare Herleitung spezieller linearer Ungleichungen von H. Hadwiger [26] im Falle des gewöhnlichen Raumes nach dem im Text angewandten Verfahren hat A. Dinghas [18] eine allgemeine Theorie der linearen Ungleichungen konvexer Rotationskörper im k-dimensionalen Raum entwickelt. Diese gestattet, verschiedene Klassen von Relationen dieser Art herzuleiten, welche teilweise bekannte, aber vor allem viele neue Ungleichungen umschließen. So gilt beispielsweise: Ist p eine gerade, q eine ungerade natürliche Zahl $\leq k$, so gelten die linearen Ungleichungen

$$W_n - \binom{p}{1} W_{n+1} a + \binom{p}{2} W_{n+2} a^2 - \cdots + W_{n+p} a^p \leqq 0$$

$(n = 0, \ldots, k - p)$ und

$$W_n - \binom{q}{1} W_{n+1} a + \binom{q}{2} W_{n+2} a^2 - \cdots - W_{n+q} a^q \geqq - S_n(q)\, a^{k-n}$$

$(n = 0, \ldots, k{-}q)$. Hierbei ist

$$S_n(q) = \frac{\omega_{k-1}}{k} \int\limits_0^\pi \frac{(1 - \sin \vartheta)^{q-1}}{1 + \sin \vartheta}\, \sin^n \vartheta\, d\vartheta .$$

Wir wollen darauf hinweisen, daß sich aus den linearen Ungleichungen für rotationssymmetrische Eikörper in passenden Fällen Resultate für beliebige Eikörper herleiten lassen. Beispiel: Es sei A ein solcher, und es bezeichne f den maximalen $(k - 1)$-dimensionalen Inhalt, der sich bei den Schnittbereichen $A \cap E$ mit den Ebenen E einer total parallelen Schar ergibt. Unterwerfen wir A fortgesetzten Symmetrisierungen an Ebenen, die alle durch eine feste auf der parallelen Ebenenschar orthogonal stehende Gerade G hindurchlaufen, so läßt sich eine Folge von Bildkörpern von A erzeugen, die gegen einen konvexen Rotationskörper mit der Achse G und dem Äquatorradius $a = (f/\omega_{k-1})^{1/(k-1)}$ konvergiert. Hierbei bleibt der Inhalt fest, und die Oberfläche vergrößert sich nicht. Wendet man nun die lineare Ungleichung (199) mit $\alpha = 0$, $\beta = 1$ und $\gamma = k$ an, so resultiert mit naheliegenden Stetigkeitserwägungen die für den ursprünglichen Körper A gültige Ungleichung $F \geqq (k - 1)\, (f/\omega_{k-1})^{-1/(k-1)}\, V + (\omega_k/\omega_{k-1})\, f$. Diese stellt eine k-dimensionale Verallgemeinerung einer von T. Bonnesen [1] mit Methoden der Variationsrechnung für Eikörper des gewöhnlichen Raumes hergeleiteten Verschärfung der isoperimetrischen Ungleichung dar, die sich in diesem besonderen Fall auch in der Form $\sqrt{F^3} - 6\sqrt{\pi}\, V \geqq (\sqrt{F} - 2\sqrt{f})^2\, (\sqrt{F} + \sqrt{f})$ schreiben läßt. Endlich wollen wir noch erwähnen, daß sich die linearen Ungleichungen im Text nach dem gleichen Verfahren noch weiter verschärfen lassen, wenn die Rotationskörper noch Spitzen (Kappen) oder Flachstellen (Bodenflächen) aufweisen. Vg. hierzu Hadwiger [42].

52 (281) Diese Beziehungen wurden im Falle des gewöhnlichen Raumes von H. Minkowski [4] aufgestellt. Besonders wichtig ist die Ungleichung mit den gemischten Oberflächeninhalten. Einen einfachen Beweis hat u. a. A. Dinghas [3] gegeben.

53 (282) Diese zyklische Formel wurde als Folgerung aus der linearen Ungleichung von H. Hadwiger [51] gewonnen. Im Falle $k = 3$ gibt es vier in Betracht fallende Indizessätze (α, β, γ), nämlich $(0, 1, 2)$, $(0, 1, 3)$, $(0, 2, 3)$ und $(1, 2, 3)$. Die ihnen entsprechenden Ungleichungen lauten in gleicher Reihenfolge $F^2 - 3MV \geqq 0$, $F^3 - 36\pi V^2 \geqq 0$, $M^3 - 48\pi^2 V \geqq 0$ und $M^2 - 4\pi F \geqq 0$. Es handelt sich also um die vier für Eikörper des gewöhnlichen Raumes gültigen Ungleichungen der Brunn-Minkowskischen Theorie. Vgl. den ausführlicheren Bericht hierüber bei T. Bonnesen und W. Fenchel [1]. Mannigfaltige Verschärfungen sind seither u. a. auch von A. Dinghas [1, 2, 4] bewiesen worden. Von den oben angegebenen vier Ungleichungen gelten die drei letzten, in die nur zwei Maßzahlen eingehen, auch noch für „volle" nicht notwendig konvexe Rotationskörper. Vgl. hierzu H. Hadwiger [68].

54 (282) Setzt man bespielsweise $f(\varrho) = W_i(A \times \varrho B)^{1/(k-i)}$, so resultiert mit Verwendung von (195) die Beziehung $-f''(0) = (k - i - 1)W_{i0}^{(1+2i-2k)/(k-i)}$ $[W_{i1}^2 - W_{i0}W_{i2}]$, welcher mit Berücksichtigung von (197) entnommen werden kann, daß die Ungleichung (202) mit der Konkavität der Funktion $f(\varrho) = W_i(A_\varrho)^{1/(k-i)}$ für $\varrho \geqq 0$ gleichbedeutend ist. Dies entspricht wiederum dem einfachsten Sonderfall der Fenchelschen Ungleichung.

55 (283) Die Ungleichung (203) wurde im Falle des gewöhnlichen Raumes von T. Bonnesen [1] (S. 162) nachgewiesen; der allgemeinere, sich auf beliebige Dimensionen beziehende Fall wurde mehrfach von A. Dinghas [4, 18] behandelt. Auch die mit (204) ausgedrückte Tatsache ist von E. Schmidt [5] und A. Dinghas [10] wiederholt festgestellt worden. Die Ungleichungen (205) und (206) wurden von H. Hadwiger [44] aufgewiesen. Im Falle des gewöhnliches Raumes wurden Teilergebnisse schon früher von H. Hadwiger [27, 34] mitgeteilt. — Eine analog aufgebaute Ungleichungsgruppe ergibt sich auch, wenn man an Stelle von Inhalt und Oberfläche zwei beliebige Quermaßintegrale W_ν und W_μ $(0 \leqq \nu < \mu \leqq k - 1)$ wählt und ebenfalls den Äquatorradius a vorschreibt. Vgl. hierzu H. Hadwiger [67].

56 (283) Das halbe Meridiandreieck ist ähnlich zu einem rechtwinkligen Dreieck mit den beiden Katheten $u = 2k - 1$, $v = 2k(k - 1)$ und der Hypotenuse $w = 1 + 2k(k - 1)$.

57 (284) Vgl. W. Blaschke [1].

58 (285) Innerhalb der Theorie der konvexen Körper gibt es zahlreiche vollständig gelöste Extremalprobleme mit zwei Maßzahlen (Extremwerte bei einer Nebenbedingung), so daß alle zwischen den beiden in Betracht gezogenen Maßzahlen gültigen Ungleichungen ermittelt sind. Das isoperimetrische Problem stellt wohl das namhafteste Beispiel dieser Kategorie dar.

Seltener sind im gleichen Sinne vollständig gelöste Extremalprobleme mit drei Maßzahlen (Extremwerte bei zwei Nebenbedingungen). Das im Text behandelte, sich auf Inhalt, Oberfläche und Äquatorradius bei rotationssymmetrischen Eikörpern beziehende vollständige Ungleichungssystem stellt einen derartigen Fall dar. Ersetzt man aber etwa den Äquatorradius durch das Integral der mittleren Krümmung, so ergibt sich ein Problem der nämlichen Kategorie, dessen Lösung noch im Dunkeln liegt. — Dieses ungeklärte Problem sei hier im Falle des gewöhnlichen Raumes noch kurz besprochen: Es handelt sich also darum, sämtliche zwischen den drei Maßzahlen V, F und M bestehenden Ungleichungen aufzustellen. Für beliebige (nicht notwendig rotationssymmetrische) Eikörper gilt nach Minkowski zunächst $M \leqq F^2/3V$, wobei das Gleichheitszeichen dann und nach G. Bol [3] nur dann gilt, wenn es sich um einen Kappenkörper der Kugel handelt. Damit ist die Frage nach dem größtmöglichen M bei vorgegebenem V und F beantwortet. Welches aber ist das kleinstmögliche M bei gleichen Bedingungen? Welche Schar ist in diesem Sinne der Schar der Kugelkappenkörper gegenüberzustellen?

W. Blaschke [1] hat wohl zuerst auf diese offenen Fragen hingewiesen. H. Hadwiger [11, 13, 16] hat den gleichen Gegenstand wiederholt aufgegriffen. Bei Beschränkung auf konvexe Rotationskörper wurde gezeigt, daß die gesuchte extremale Schar durch die symmetrischen Kugelschichten repräsentiert wird; bei festem V und F weisen also diese elementaren Körper das größte M auf. Vgl. H. Hadwiger [17].

Läßt man aber die genannte Beschränkung fallen, so verliert die symmetrische Kugelschicht ihre oben erwähnte Extremaleigenschaft. In der Tat hat H. Bieri [1] entdeckt, daß gewisse nichtsymmetrische Kalottenkörper der Kugel im Sinne des vorliegenden Extremalproblems „besser" sind, als die symmetrischen Kugelschichten. H. Bieri vermutet, daß die gesuchten Extremalkörper gewisse „Kugelkreispolyeder" sind, die von abzählbar unendlich vielen Kreisscheiben, deren Ränder auf einer festen Kugelfläche liegen, begrenzt werden. Nach der erwähnten Feststellung ist jedenfalls sicher, daß die unbekannten Extremalkörper — im Gegensatz zu denjenigen der klassischen Theorie Minkowskis — nicht durch rotationssymmetrische Körper repräsentiert werden können. — Beschränkt man sich nun aber von vorneherein auf Rotationskörper, so schließt sich die bestehende Lücke, aber es treten neue Schwierigkeiten auf, die ohne die Beschränkung nicht vorhanden sind. Werden etwa M und F vorgeschrieben, so kann V nicht beliebig klein werden, falls $2M^2 \neq \pi^3 F$ ist. Dies hängt damit zusammen, daß ein konvexer Rotationskörper mit verschwindendem Inhalt notwendig eine Kreisscheibe sein muß, wobei dann die oben ausgenommene Relation zwischen M und F besteht. Es gibt somit Extremalkörper, die bei den genannten Bedingungen ein kleinstmögliches V aufweisen. Ist $2M^2 < \pi^3 F$, so fallen diese mit den symmetrischen Kugelschichten zusammen. Für $2M^2 > \pi^3 F$ dagegen treten neue, noch unbekannte extremale Rotationskörper auf. Das absolute Minimum von V verhält sich übrigens an der Stelle $2M^2 = \pi^3 F$ unstetig. Vgl. hierzu H. Hadwiger und H. Bieri [1]. Die Bemühungen, hier die noch ausstehende Klärung zu gewinnen, haben zu verschiedenen Nebenergebnissen geführt. So hat insbesondere H. Bieri [2, 3, 4, 5, 6, 7] in einer Reihe von Abhandlungen Teilprobleme mit variierten Nebenbedingungen bearbeitet.

Literaturverzeichnis

ALEXANDROFF, P., u. H. HOPF: [1] Topologie I. Berlin: Springer 1935.

ALEXANDROW, A. D.: [1] Zur Theorie der gemischten Volumina von konvexen Körpern I bis IV [russisch mit deutschen Zusammenfassungen]: I. Verallgemeinerung einiger Begriffe der Theorie von konvexen Körpern. Rec. math. Moscou 44, 947—972 (1937); II. Neue Ungleichungen zwischen den gemischten Volumina und ihre Anwendungen. Rec. math. Moscou, n. Sér. 2, 1205—1238 (1937); III. Die Erweiterung zweier Lehrsätze MINKOWSKIs über die konvexen Polyeder auf die beliebigen konvexen Körper. Rec. math. Moscou, n. Sér. 3, 27—46 (1938); IV. Die gemischten Diskriminanten und die gemischten Volumina. Rec. math. Moscou, n. Sér. 3, 227—251 (1938). — [2] Neue Ungleichungen für die Mischvolumen konvexer Körper. C. r. Acad. Sci. URSS, n. Sér. 14, 155—157 (1937). — [3] Innere Geometrie der konvexen Flächen. Moskau-Leningrad: Staatsverlag f. techn.-theor. Literatur 1948 [russisch]. — [4] Die innere Geometrie der konvexen Flächen. Berlin: Akademie-Verlag 1955. — [5] Konvexe Polyeder. Moskau-Leningrad: Staatsverlag f. techn.-theor. Literatur 1950 [russisch].

AUMANN, G.: [1] Zur Spiegelungsinvarianz des LEBESGUEschen Maßes. Arch. d. Math. 3, 360 (1952). — [2] Sind die elementargeometrischen Figuren Mengen? Elemente Math. 7, 25—28 (1952). — [3] Reelle Funktionen. Berlin-Göttingen-Heidelberg: Springer 1954.

BALANZAT, M.: [1] Sur quelques formules de la géométrie intégrale des ensembles dans un espace à n dimensions. Portugaliae Math. 3, 87—94 (1942).

BALDUS, R.: [1] Minimumeigenschaften n-dimensionaler Würfel. Math. Ann. 120, 462—472 (1947).

BANACH, S.: [1] Sur le problème de la mesure. Fundamenta Math. 4, 7—33 (1923).

—, et C. KURATOWSKI: [1] Sur une généralisation du problème de la mesure. Fundamenta Math. 14, 127—131 (1929).

—, et A. TARSKI: [1] Sur la décomposition des ensembles de points en parties respectivement congruentes. Fundamenta Math. 6, 244—277 (1924).

BEHREND, F.: [1] Bemerkung zur Inhaltstheorie. Math. Ann. 111, 289—292 (1935).

BIEBERBACH, L.: [1] Über eine Extremaleigenschaft des Kreises. Jber. dtsch. Math.-Ver. 24, 247—250 (1915).

BIERI, H.: [1] Mitteilung zum Problem eines konvexen Extremalkörpers. Arch. d. Math. 1, 462—463 (1948/49). — [2] Über konvexe Extremalkörper. Experientia (Basel) 5, 355 (1949). — [3] Ein isoperimetrisches Problem mit Nebenbedingung. Experientia (Basel) 6, 222 (1950). — [4] Ein (V, M)-Problem mit Nebenbedingung. Experientia (Basel) 7, 392—394 (1951). — [5] Ein (M, F)-Problem mit Nebenbedingung. Experientia (Basel) 9, 207—209 (1953). — [6] Ein Minimum-Maximumproblem über konvexe Rotationskörper. Comment. math. Helvet. 28, 149—154 (1954). — [7] Über das Hauptproblem bei konvexen Rotationskörpern. Experientia (Basel) 11, 167 (1955).

BLASCHKE, W.: [1] Eine Frage über konvexe Körper. Jber. dtsch. Math.-Ver. 25, 121—125 (1916). — [2] Kreis und Kugel. Leipzig: Veit & Co. 1916; 2. Auflage Berlin: W. de Gruyter 1956. — [3] Vorlesungen über Integralgeometrie. 1. und

2. Heft, Leipzig und Berlin: Teubner 1936/37; 3. Auflage Berlin: VEB Dtsch. Verlag d. Wiss. 1955. — [4] Über Integralgeometrie. Jber. dtsch. Math.-Ver. 46, 139—152 (1936). — [5] Zur Integralgeometrie. Rend. Circ. mat. Palermo, II. Ser. 1, 108—110 (1952).

BLASCHKE, W., u. O. VARGA: [1] Integralgeometrie 9: Über Mittelwerte an Eikörpern. Mathematica Cluj 12, 65—80 (1936).

BLUMENTHAL, L. M., and G. E. WAHLIN: [1] On the spherical surface of smallest radius enclosing a bounded subset of n-dimensional euclidean space. Bull. Amer. Math. Soc. 47, 771—777 (1941).

BOL, G.: [1] Ein isoperimetrisches Problem. Nieuw Arch. Wisk. 20, 171—175 (1940). — [2] Einfache Isoperimetriebeweise für Kreis und Kugel. Abh. math. Sem. Univ. Hamburg 15, 27—36 (1943). — [3] Beweis einer Vermutung von H. MINKOWSKI. Abh. math. Sem. Univ. Hamburg 15, 37—56 (1943).

—, u. H. KNOTHE: [1] Über konvexe Körper mit Ecken und Kanten. Arch. d. Math. 1, 427—431 (1948/49).

BONNESEN, T.: [1] Quelques problèmes isopérimétriques. Acta math. 48, 123—178 (1926). — [2] Les problèmes des isopérimètres et des isépiphanes. Paris: Gauthier-Villars 1929.

—, u. W. FENCHEL: [1] Theorie der konvexen Körper. Erg. d. Math. u. ihrer Grenzgebiete 3, H. 1, 1—172. Berlin: Springer 1934.

BOREL, E.: [1] Leçons sur la théorie des fonctions. Paris: Gauthier-Villars 1898; 3. Aufl. 1928.

BOULIGAND, G.: [1] Sur l'aire d'un domain plan. Bull. Sci. math., II. Sér. 52, 55—63 (1928). — [2] Ordre de mesure et dimension des ensembles fermés. C. r. Acad. Sci. (Paris) 187, 524—525 (1928). — [3] Sur l'ordre de mesure d'un ensemble fermé. C. r. Acad. Sci. (Paris) 187, 593—594 (1928). — [4] Sur la notion d'ordre de mesure d'un ensemble fermé. Bull. Sci. math., II. Sér. 53, 185—192 (1929).

BRICARD, R.: [1] Sur une question de géométrie relative aux polyèdres. Nouv. Ann. de Math., III. Sér. 15, 331—334 (1896).

BROOKS, R. L., C. A. B. SMITH, A. H. STONE and W. T. TUTTE: [1] The dissection of rectangles into squares. Duke Math. J. 7, 312—340 (1940).

BRUNN, H.: [1] Über Ovale und Eiflächen. Inaugural-Diss. München 1887.

BUSEMANN, H.: [1] The isoperimetric problem for MINKOWSKI area. Amer. J. Math. 71, 743—762 (1949).

CANTOR, G.: [1] Über unendliche, lineare Punktmannigfaltigkeiten, §§ 15—19. Math. Ann. 23, 453—488 (1884).

CARATHÉODORY, C.: [1] Über das lineare Maß von Punktmengen — eine Verállgemeinerung des Längenbegriffs. Nachr. Ges. Wiss. Göttingen, Math.-phys. Kl. 1914, 404—426; wiederabgedruckt in C. CARATHÉODORY, Ges. math. Schr. Bd. 4, S. 249—275. München: Beck 1956. — [2] Maß und Integral und ihre Algebraisierung. Basel: Birkhäuser 1956.

CAUCHY, A.: [1] Note sur divers théorèmes relatifs à la rectification des courbes et à la quadrature des surfaces. C. r. Acad. Sci. (Paris) 13, 1060—1065 (1841).

CHERN, S.-S.: [1] On the kinematic formula in the euclidean space of n dimensions. Amer. J. Math. 74, 227—236 (1952).

—, e C.-T. YIEN: [1] Sulla formula principale cinematica dello spazio ad n dimensioni. Boll. Un. mat. Ital., II. Ser. 2, 434—437 (1940).

CROFTON, M. W.: [1] On the theory of local probability, applied to straight lines drawn at random in a plane; the methods used being also extended to the proof of certain new theorems in the integral calculus. Philos. Trans. Roy. Soc.

London **158**, 181—199 (1868). — [2] Sur quelques théorèmes de calcul intégral. C. r. Acad. Sci. (Paris) **68**, 1469—1470 (1869).

DARBOUX, G.: [1] Sur le théorème fondamental de la géométrie projective. Math. Ann. **17**, 55—61 (1880).

DEBRUNNER, H.: [1] Translative Zerlegungsgleichheit von Würfeln. Arch. d. Math. **3**, 479—480 (1952). — [2] Zur MINKOWSKISCHEN Dimensions- und Maßbestimmung beschränkter Punktmengen des euklidischen Raumes. Comment. math. Helvet. **29**, 258—278 (1954).

DEHN, M.: [1] Über den Rauminhalt. Math. Ann. **55**, 465—478 (1901). — [2] Über Zerlegung von Rechtecken in Rechtecke. Math. Ann. **57**, 314—332 (1903). — [3] Zwei Anwendungen der Mengenlehre in der elementaren Geometrie. Math. Ann. **59**, 84—88 (1904).

DELAUNEY, B.: [1] Sur la généralisation de la théorie des paralléloèdres. Bull. Acad. Sci. URSS, Cl. Sci. phys. math. **1933**, 641—646 (1933).

DINGHAS, A.: [1] Zur Theorie der konvexen Körper im n-dimensionalen Raum. Abh. preuß. Akad. Wiss., Math.-naturwiss. Kl. **1939**, no. 4 (1939). — [2] Elementarer Beweis einer Ungleichung für konvexe Körper. Abh. preuß. Akad. Wiss., Math.-naturwiss. Kl. **1939**, no. 9 (1939). — [3] Beweis einer Ungleichung für konvexe Körper. Abh. preuß. Akad. Wiss., Math.-naturwiss. Kl. **1939**, no. 11 (1939). — [4] Konvexe Rotationskörper im n-dimensionalen Raum. Abh. preuß. Akad. Wiss., Math.-naturwiss. Kl. **1939**, no. 17 (1939). — [5] Verschärfung der isoperimetrischen Ungleichung für konvexe Körper mit Ecken. Math. Z. **47**, 669—675 (1940). — [6] Beweis der isoperimetrischen Eigenschaft der Kugel für den n-dimensionalen Raum. Sitzgsber. Akad. Wiss. Wien, Math.-naturwiss. Kl., Abt. II a **149**, 399—432 (1940). — [7] Isoperimetrische Ungleichung für konvexe Bereiche mit Ecken. Math. Z. **48**, 428—440 (1942). — [8] Über die lineare isoperimetrische Ungleichung für konvexe Polygone und Kurven mit Ecken. Mh. Math. Phys. **51**, 35—45 (1943). — [9] Verschärfung der MINKOWSKISCHEN Ungleichung für konvexe Körper. Mh. Math. Phys. **51**, 46—56, 56a (1943). — [10] Über eine isoperimetrische Aufgabe von ERHARD SCHMIDT. I. Math. Z. **49**, 734—792 (1944). — [11] Über die isoperimetrische Eigenschaft der Kugel im gewöhnlichen Raum. Mh. Math. Phys. **51**, 153—172 (1944). — [12] Bemerkung zu einer Verschärfung der isoperimetrischen Ungleichung durch H. HADWIGER. Math. Nachr. **1**, 284—286 (1948). — [13] Zur isoperimetrischen Ungleichung in Räumen konstanter Krümmung. Math. Z. **51**, 265—277 (1949). — [14] Neuer Beweis einer verschärften MINKOWSKISCHEN Ungleichung für konvexe Körper. Math. Z. **51**, 306—316 (1949). — [15] Neuer Beweis einer isoperimetrischen Ungleichung von BOL. Math. Z. **51**, 469—473 (1949). — [16] Über eine neue isoperimetrische Ungleichung für konvexe Polyeder. Math. Ann. **120**, 533—538 (1949). — [17] Einfacher Beweis der isoperimetrischen Eigenschaft der Kugel im euklidischen Raum von n-Dimensionen. Math. Nachr. **2**, 107—113 (1949). — [18] Zur Theorie der konvexen Rotationskörper im n-dimensionalen Raum. Math. Nachr. **2**, 124—140 (1949). — [19] Sur une généralisation du théorème de LUSTERNIK concernant des familles continues des ensembles. C. r. Acad. Sci. (Paris) **239**, 575—576 (1954). — [20] Démonstration du théorème de BRUNN-MINKOWSKI pour les familles continues d'ensembles. C. r. Acad. Sci. (Paris) **239**, 605—607 (1954). — [21] Zum MINKOWSKISCHEN Integralbegriff abgeschlossener Mengen. Math. Z. **66**, 173—188 (1956).

, u. E. SCHMIDT: [1] Einfacher Beweis der isoperimetrischen Eigenschaft der Kugel im n-dimensionalen Euklidischen Raum. Abh. preuß. Akad. Wiss., Math.-naturwiss. Kl. **1943**, no. 7 (1944).

298   Literaturverzeichnis

EMCH, A.: [1] Endlichgleiche Zerschneidung von Parallelotopen in gewöhnlichen und höheren Euklidischen Räumen. Comment. math. Helvet. **18**, 224—231 (1946).

ENRIQUES, F.: [1] Fragen der Elementargeometrie, I. Teil; Deutsche Ausgabe von H. THIEME. Leipzig: Teubner 1911.

FAVARD, J.: [1] Une définition de la longueur et de l'aire. C. r. Acad. Sci. (Paris) **194**, 344—346 (1932). — [2] La longueur et l'aire d'après MINKOWSKI. Bull. Soc. math. France **61**, 63—84 (1933). — [3] Sur les corps convexes. J. Math. pur. appl., IX. Sér. **12**, 219—282 (1933).

FEJES TÓTH, L.: [1] The isepiphan problem for n-hedra. Amer. J. Math. **70**, 174—180 (1948). — [2] Elementarer Beweis einer isoperimetrischen Ungleichung. Acta math. Acad. Sci. Hungar. **1**, 273—276 (1950). — [3] Über das isoperimetrische Problem. Mat. Lapok **1**, 363—383 (1950); **2**, 34—45 (1951). — [4] Lagerungen in der Ebene, auf der Kugel und im Raum. Berlin-Göttingen-Heidelberg: Springer 1953. — [5] Extremum properties of the regular polytopes. Acta math. Acad. Sci. Hungar. **6**, 143—146 (1955). — [6] Characterisation of the nine regular polyhedra by extremum properties. Acta math. Acad. Sci. Hungar. **7**, 31—48 (1956).

FENCHEL, W.: [1] Inégalités quadratiques entre les volumes mixtes des corps convexes. C. r. Acad. Sci. (Paris) **203**, 647—650 (1936). — [2] Généralisation du théorème de BRUNN et MINKOWSKI concernant les corps convexes. C. r. Acad. Sci. (Paris) **203**, 764—766 (1936).

FLORIAN, A.: [1] Eine Ungleichung über konvexe Polyeder. Mh. Math. **60**, 130—156 (1956). — [2] Ungleichungen über konvexe Polyeder. Mh. Math. **60**, 288—297 (1956).

FUBINI, G.: [1] Sugli integrali multipli. Rend. Accad. Linc., Roma V. Ser. **16**, 608—614 (1907).

GALE, D.: [1] On insribing n-dimensional sets in a regular n-simplex. Proc. Amer. Math. Soc. **4**, 222—225 (1953).

GEHRING, F. W.: [1] Images of convergent sequences in sets. J. London Math. Soc. **26**, 249—256 (1951).

GOLDBERG, M.: [1] The isoperimetric problem for polyhedra. Tôhoku Math. J. **40**, 226—236 (1935).

GROSS, W.: [1] Die Minimaleigenschaft der Kugel. Mh. Math. Phys. **28**, 77—97 (1917). — [2] Über das Flächenmaß von Punktmengen. Mh. Math. Phys. **29**, 145—176 (1918). — [3] Über das lineare Maß von Punktmengen. Mh. Math. Phys. **29**, 177—193 (1918).

HADWIGER, H.: [1] Gegenseitige Bedeckbarkeit zweier Eibereiche und Isoperimetrie. Vjschr. naturforsch. Ges. Zürich **86**, 152—156 (1941). — [2] Eine elementare Ableitung der isoperimetrischen Ungleichung für Polygone. Comment. math. Helvet. **16**, 305—309 (1943/44). — [3] Die erweiterten STEINERschen Formeln für ebene und sphärische Bereiche. Comment. math. Helvet. **18**, 59—72 (1945/46). — [4] Über die rationalen Hauptwinkel der Goniometrie. Elemente Math. **1**, 98—100 (1946). — [5] Inhaltsungleichungen für innere und äußere Parallelmengen. Experientia (Basel) **2**, 490 (1946). — [6] Über das Volumen der Parallelmengen. Mitt. naturforsch. Ges. Bern, N. F. **3**, 121—125 (1946). — [7] Ein Translationssatz für Mengen positiven Maßes. Portugaliae Math. **5**, 143—144 (1946). — [8] Über die erweiterten STEINERschen Formeln für Parallelmengen. Rev. mat. Hisp.-Amer., IV. Ser. **6**, 160—163 (1946). — [9] Eine Erweiterung eines Theorems von STEINHAUS-RADEMACHER. Comment. math. Helvet. **19**, 236—239 (1946/47). — [10] Multikongruenz ebener Mengen und pythagoreischer Lehrsatz. Bull. École Polytechn. Jassy **2**, 98—105 (1947). —

[11] Über eine fehlende Ungleichung in der Theorie der konvexen Körper. Elemente Math. 2, 51—54 (1947). — [12] Une mesurabilité moyenne pour les ensembles de points. Fundamenta Math. 34, 293—305 (1947). — [13] Zum Problem des vollständigen Ungleichungssystems bei konvexen Körpern. Arch. d. Math. 1, 13—17 (1948). — [14] Die isoperimetrische Ungleichung im Raum. Elemente Math. 3, 25—38 (1948). — [15] Kurzer Beweis der isoperimetrischen Ungleichung für konvexe Bereiche. Elemente Math. 3, 111—112 (1948). — [16] Notiz zur fehlenden Ungleichung in der Theorie der konvexen Körper. Elemente Math. 3, 112—113 (1948). — [17] Beweis einer Extremaleigenschaft der symmetrischen Kugelzone. Portugaliae Math. 7, 73—85 (1948). — [18] Remarque sur la décomposition des ensembles de même mesure en parties (respectivement) congruentes. Soc. Sci. Lett. Varsovie, C. r. Cl. III 40, 50—55 (1948). — [19] Die Multikongruenz und der Satz von BANACH und TARSKI. Abh. math. Sem. Univ. Hamburg 16, 48—53 (1949). — [20] Zerlegungsgleichheit und additive Polyederfunktionale. Arch. d. Math. 1, 468—472 (1949).— [21] Bemerkung zur elementaren Inhaltslehre des Raumes. Elemente Math. 4, 3—7 (1949). — [22] Über konvexe Körper mit Flachstellen. Math. Z. 52, 212—216 (1949). — [23] Ein Auswahlsatz für abgeschlossene Punktmengen. Portugaliae Math. 8, 13—15 (1949). — [24] Beweis der isoperimetrischen Ungleichung für abgeschlossene Punktmengen. Portugaliae Math. 8, 89—93 (1949). — [25] Über beschränkte additive Funktionale konvexer Polygone. Publ. math., Debrecen 1, 104—108 (1949). — [26] Elementare Studie über konvexe Rotationskörper. Math. Nachr. 2, 114—123 (1949). — [27] Elementare Ermittlung extremaler Rotationskörper. Rev. mat. Hisp.-Amer., IV. Ser. 9, 59—70 (1949). — [28] Kurze Herleitung einer verschärften isoperimetrischen Ungleichung für konvexe Körper. Revue Fac. Sci. Univ. Istanbul, Sér. A 14, 1—6 (1949). — [29] Zum Problem der Zerlegungsgleichheit der Polyeder. Arch. d. Math. 2, 441—444 (1950). — [30] Neue Integralrelationen für Eikörperpaare. Acta Sci. math. 13, 252—257 (1950). — [31] Translative Zerlegungsgleichheit k-dimensionaler Parallelotope. Collect. Math. 3, 11—23 (1950). — [32] Zur Inhaltstheorie der Polyeder. Collect. Math. 3, 137—158 (1950). — [33] Zerlegungsgleichheit und additive Polyederfunktionale. Comment. math. Helvet. 24, 204—218 (1950). — [34] Neue Ungleichungen für konvexe Rotationskörper. Math. Ann. 122, 175—180 (1950). — [35] MINKOWSKIsche Addition und Subtraktion beliebiger Punktmengen und die Theoreme von ERHARD SCHMIDT. Math. Z. 53, 210—218 (1950). — [36] Einige Anwendungen eines Funktionalsatzes für konvexe Körper in der räumlichen Integralgeometrie. Mh. Math. 54, 345—353 (1950). — [37] Beweis eines Funktionalsatzes für konvexe Körper. Abh. math. Sem. Univ. Hamburg 17, 69—76 (1951). — [38] Über die JORDANsche Meßbarkeit von Vereinigung und Durchschnitt beliebig vieler Punktmengen. Compositio math. 9, 80—84 (1951). — [39] HILLsche Hypertetraeder. Gaz. Mat., Lisboa 12, no. 50, 47—48 (1951). — [40] Der Würfel als Körper kleinster Relativoberfläche. Jber. dtsch. Math.-Ver. 55, 9—14 (1951). — [41] Zur MINKOWSKIschen Dimensions- und Maßbestimmung beschränkter Punktmengen des euklidischen Raumes. Math. Nachr. 4, 202—212 (1951). — [42] Verschärfte isoperimetrische Ungleichung für konvexe Rotationskörper mit Spitzen. Math.-phys. Semesterber. 2, 98—103 (1951). — [43] Translationsinvariante, additive und stetige Eibereichfunktionale. Publ. math., Debrecen 2, 81—94 (1951). — [44] Einige neue Ergebnisse über extremale konvexe Rotationskörper. Abh. math. Sem. Univ. Hamburg 18, 38—52 (1952). — [45] Additive Funktionale k-dimensionaler Eikörper I und II. Arch. d. Math. 3, 470—478 (1952); 4, 374—379 (1953). — [46] Über zwei quadratische Distanzintegrale für

Eikörper. Arch. d. Math. 3, 142—144 (1952). — [47] Translationsinvariante, additive und schwachstetige Polyederfunktionale. Arch. d. Math. 3, 387—394 (1952). — [48] Einfache Herleitung der isoperimetrischen Ungleichung für abgeschlossene Punktmengen. Math. Ann. 124, 158—160 (1952). — [49] Mittelpunktspolyeder und translative Zerlegungsgleichheit. Math. Nachr. 8, 53—58 (1952). — [50] Ergänzungsgleichheit k-dimensionaler Polyeder. Math. Z. 55, 292—298 (1952). — [51] Über eine Ungleichung für drei MINKOWSKIsche Maßzahlen bei konvexen Rotationskörpern. Mh. Math. 56, 220—228 (1952). — [52] Über addierbare Intervallfunktionale. Tôhoku Math. J., II. Ser. 4, 33—37 (1952). — [53] Über Gitter und Polyeder. Mh. Math. 57, 246—254 (1953). — [54] Lineare additive Polyederfunktionale und Zerlegungsgleichheit. Math. Z. 58, 4—14 (1953). — [55] Zur isoperimetrischen Ungleichung für k-dimensionale konvexe Polyeder. Nagoya Math. J. 5, 39—44 (1953). — [56] Zur Zerlegungstheorie euklidischer Polyeder. Ann. Mat. pura appl., IV. Ser. 36, 315—334 (1954). — [57] Absolut meßbare Punktmengen im euklidischen Raum. Comment. math. Helvet. 28, 119—148 (1954). — [58] Kurze Herleitung der isoperimetrischen Eigenschaft der Kugel. Elemente Math. 9, 97—101 (1954). — [59] Zum Problem der Zerlegungsgleichheit k-dimensionaler Polyeder. Math. Ann. 127, 170—174 (1954). — [60] Der Inhaltsbegriff, seine Begründung und Wandlung in älterer und neuerer Zeit. Mitt. naturforsch. Ges. Bern, N. F. 11, 13—41 (1954). — [61] Über gemischte Quermaßintegrale konvexer Rotationskörper. Revue Fac. Sci. Univ. Istanbul, Sér. A 19, 98—105 (1954). — [62] Altes und Neues über konvexe Körper. Basel und Stuttgart: Birkhäuser 1955. — [63] EULERs Charakteristik und kombinatorische Geometrie. J. reine angew. Math. 194, 101—110 (1955). — [64] Konkave Eikörperfunktionale. Mh. Math. 59, 230—237 (1955). — [65] Konkave Eikörperfunktionale und höhere Trägheitsmomente. Comment. math. Helvet. 30, 285—296 (1956). — [66] Integralsätze im Konvexring. Abh. math. Sem. Univ. Hamburg 20, 136—154 (1956). — [67] Über eine vollständige Schar extremaler konvexer Rotationskörper. Jber. dtsch. Math.-Ver. 59, 7—12 (1956). — [68] MINKOWSKIs Ungleichungen und nichtkonvexe Rotationskörper. Math. Nachr. 14, 377—383 (1956).

HADWIGER, H., u. H. BIERI: [1] Eine Unstetigkeitserscheinung bei extremalen konvexen Rotationskörpern. Math. Nachr. 13, 19—24 (1955).

—, u. P. GLUR: [1] Zerlegungsgleichheit ebener Polygone. Elemente Math. 6, 97—106 (1951).

—, u. A. KIRSCH: [1] Zerlegungsinvarianz des Integrals und absolute Integrierbarkeit. Portugaliae Math. 11, 57—67 (1952).

—, u. W. NEF: [1] Zur axiomatischen Theorie der invarianten Integration in abstrakten Räumen. Math. Z. 60, 305—319 (1954).

—, u. D. OHMANN: [1] BRUNN-MINKOWSKIscher Satz und Isoperimetrie. Math. Z. 66, 1—8 (1956).

HAHN, H., and A. ROSENTHAL: [1] Set Functions. Albuquerque: The University of New Mexico Press 1948.

HALMOS, P. R.: [1] Measure Theory. New York: Van Nostrand 1950.

HAMEL, G.: [1] Eine Basis aller Zahlen und die unstetigen Lösungen der Funktionalgleichung $f(x + y) = f(x) + f(y)$. Math. Ann. 60, 459—462 (1905).

HARDY, G. H., J. E. LITTLEWOOD and G. POLYA: [1] Inequalities. Cambridge: University Press 1934.

HAUPT, O., u. G. AUMANN: [1] Differential- und Integralrechnung. 3 Bände. Berlin: W. de Gruyter 1938.

—, —, u. C. PAUC: [1] Differential- und Integralrechnung. 3 Bände. Berlin: W. de Gruyter 1948/50/55.

HAUSDORFF, F.: [1] Bemerkung über den Inhalt von Punktmengen. Math. Ann. 75, 428—433 (1914). — [2] Grundzüge der Mengenlehre. Leipzig: Veit & Co. 1914; 3. (gekürzte) Aufl. Berlin-Leipzig: Göschens Lehrbücherei 1935. — [3] Dimension und äußeres Maß. Math. Ann. 79, 157—179 (1918).

HEINE, R.: [1] Der Wertevorrat der gemischten Inhalte von zwei, drei und vier ebenen Eibereichen. Math. Ann. 115, 115—129 (1937).

HENSTOCK, R., and A. M. MACBEATH: [1] On the measure of sum-sets I: The theorems of BRUNN, MINKOWSKI and LUSTERNIK. Proc. London Math. Soc., III. Ser. 3, 182—194 (1953).

HERMES, H.: [1] Einführung in die Verbandstheorie. Berlin-Göttingen-Heidelberg: Springer 1955.

HILBERT, D.: [1] Mathematische Probleme. Vortrag, gehalten auf dem internationalen Mathematikerkongreß zu Paris 1900. Mit Zusätzen des Verfassers. Arch. d. Math. Phys., III. Reihe 1, 44—63, 213—237 (1901); wiederabgedruckt in D. HILBERT, Gesammelte Abhandlungen 3, 290—329. Berlin: Springer 1935. — [2] Grundlagen der Geometrie. 4. Auflage. Leipzig-Berlin: Teubner 1913; 8. Aufl. Stuttgart: Teubner 1956.

HILL, M. J. M.: [1] Determination of the volumes of certain species of tetrahedra without employment of the method of the limits. Proc. London Math. Soc. 27, 39—53 (1896).

HOFREITER, N.: [1] Zur Geometrie der Zahlen. Mh. Math. Phys. 40, 181—192 (1933).

HURWITZ, A.: [1] Sur le problème des isopérimètres. C. r. Acad. Sci. (Paris) 132, 401—403 (1901).

JAGLOM, I. M., u. V. G. BOLTJANSKIJ: [1] Konvexe Figuren. Moskau-Leningrad: Staatsverl. f. techn.-theor. Literatur 1951 [russisch]; deutsche Übersetzung Berlin: VEB Deutscher Verlag der Wiss. 1956.

JECKLIN, H.: [1] Eine geometrische Anwendung der grundlegenden algebraischen Mittelwerte. Elemente Math. 3, 61—63 (1948).

JESSEN, B.: [1] Eine Bemerkung über das Volumen von Polyedern. Mat. Tidsskr. B 1941, 59—65 [dänisch]. — [2] Über die Äquivalenz von Aggregaten regulärer Polyeder. Mat. Tidsskr. B 1946, 145—148 [dänisch].

JORDAN, C.: [1] Remarques sur les intégrales définies. J. Math. pur. appl., IV. Sér. 8, 69—99 (1892). — [2] Cours d'analyse. 3 Bände. Paris: Gauthier-Villars 1893.

JUEL, C.: [1] Egalité par addition de quelques polyèdres. Kjöb. Overs. (Ber. Kgl. Ges. Wiss. Kopenhagen) 1903, 65—72.

JUNG, H.: [1] Über die kleinste Kugel, die eine räumliche Figur einschließt. J. reine angew. Math. 123, 241—257 (1901).

JURKAT, W.: [1] Zur Bewegungsinvarianz des LEBESGUEschen Maßes. Math. Z. 54, 343—346 (1951).

KAGAN, B.: [1] Über die Transformation der Polyeder. Math. Ann. 57, 421—424 (1903).

KIRSCH, A.: [1] Über Zerlegungsgleichheit von Funktionen und Integration in abstrakten Räumen. Math. Ann. 124, 343—363 (1952). — [2] Die Pferchkugel eines Punkthaufens. Math.-phys. Semesterber. 3, 214—217 (1953).

KNESER, H.: [1] Bemerkung über die gemischten Inhalte in vier Dimensionen. Math. Ann. 115, 132—135 (1937). — [2] Zur translativen Zerlegungsgleichheit von Würfeln. Manuskript Tübingen 1950.

—, u. W. SÜSS: [1] Die Volumina in linearen Scharen konvexer Körper. Mat. Tidsskr. B 1932, 19—25.

KNESER, M.: [1] Eine Bemerkung über das MINKOWSKIsche Flächenmaß. Arch. d. Math. 6, 382—390 (1955).

KNOTHE, H.: [1] Über Ungleichungen bei Sehnenpotenzintegralen. Dtsch. Math. 2, 544—551 (1937).

KOLMOGOROFF, A.: [1] Beiträge zur Maßtheorie. Math. Ann. 107, 351—366 (1933).

KÖNIG, D., u. S. VALKÓ: [1] Über mehrdeutige Abbildungen von Mengen. Math. Ann. 95, 135—138 (1925).

KREIS, H.: [1] Über die Grundfunktionen positiver Zahlen. Elemente Math. 3, 59—61 (1948).

KUBOTA, T.: [1] Über die konvex-geschlossenen Mannigfaltigkeiten im n-dimensionalen Raume. Sci. Rep. Tôhoku Univ., I. Ser. 14, 85—99 (1925).

KUMMER, H.: [1] Translative Zerlegungsgleichheit k-dimensionaler Parallelotope. Arch. d. Math. 7, 219—220 (1956).

KURATOWSKI, C.: [1] Sur les transformations des sphères en des surfaces sphériques. Fundamenta Math. 20, 206—213 (1933). — [2] Topologie. Warschau: Monografie matematyczne XX, 1933/50; 2. Auflage 1952.

LEBESGUE, H.: [1] Intégrale, longueur, aire. Ann. Mat. pura appl., III. Ser. 7, 231—359 (1902) (= Thèse Paris 1902). — [2] Sur l'équivalence des polyèdres réguliers. C. r. Acad. Sci. (Paris) 207, 437—439 (1938). — [3] Sur les subdivisions des polyèdres régulicrs en polyèdres réguliers. Publ. math. Univ. Belgrade 6—7, 183—188 (1938). — [4] Sur l'équivalence des polyèdres, en particulier des polyèdres réguliers, et sur la dissection des polyèdres réguliers en polyèdres réguliers. Ann. Soc. Polon. Math. 17, 193—226 (1939).

LENZ, H.: [1] Zerlegung ebener Bereiche in konvexe Zellen von möglichst kleinem Durchmesser. Jber. dtsch. Math.-Ver. 58, 87—97 (1956).

LEVI, F. W.: [1] On the isoperimetric problem. Math. Student 17, 1—25 (1949).

LINDELÖF, L.: [1] Propriétés générales des polyèdres qui, sous une étendue superficielle donnée, renferment le plus grand volume. Bull. Acad. Sci. St. Pétersbourg 14, 257—269 (1869); gekürzte Wiedergabe in Math. Ann. 2, 150—159 (1870).

LOCHER-ERNST, L.: [1] Wie man aus einer Kugel zwei zu ihr kongruente Kugeln herstellen kann. Elemente Math. 11, 25—35 (1956).

LOOMIS, L. H., and H. WHITNEY: [1] An inequality related to the isoperimetric inequality. Bull. Amer. Math. Soc. 55, 961—962 (1949).

LUSTERNIK, L. A.: [1] Die BRUNN-MINKOWSKIsche Ungleichung für beliebige meßbare Mengen. C. r. Acad. Sci. URSS 8, 55—58 (1935). — [2] Konvexe Körper. Moskau-Leningrad 1938 [russisch].

MACBEATH, A. M.: [1] Compactness Theorems. Seminar on convex sets V, 41—51; Princeton: The institute for advanced studies 1949—1950 (lithographiert).

MAGNUS, W., u. F. OBERHETTINGER: [1] Formeln und Sätze für die speziellen Funktionen der mathematischen Physik. Berlin-Göttingen-Heidelberg: Springer 1943; 2. Auflage 1948.

MARCZEWSKI, E.: [1] Über Translationen von Mengen und ein Theorem von STEINHAUS. Prace Mat. 1, 256—263 (1955) [polnisch, russ. und engl. Zusammenfassungen].

MAYRHOFER, K.: [1] Inhalt und Maß. Wien: Springer 1952.

MAZURKIEWICZ, S., et W. SIERPIŃSKI: [1] Sur un ensemble superposable avec chacune de ses deux parties. C. r. Acad. Sci. (Paris) 158, 618—619 (1914).

MINKOWSKI, H.: [1] Allgemeine Lehrsätze über die konvexen Polyeder. Nachr. Ges. Wiss. Göttingen, Math.-phys. Kl. 1897, 198—219; wiederabgedruckt in H. MINKOWSKI, Gesammelte Abhandlungen 2, 103—121. Leipzig-Berlin: Teubner 1911. — [2] Über die Begriffe Länge, Oberfläche und Volumen. Jber. dtsch. Math.-Ver. 9, 115—121 (1901); wiederabgedruckt in H. MINKOWSKI, Gesammelte Abhandlungen 2, 122—127. Leipzig-Berlin: Teubner 1911. — [3] Volumen und Oberfläche. Math. Ann. 57, 447—495 (1903); wiederabgedruckt in H. Minkowski, Gesammelte Abhandlungen 2, 230—276, Leipzig-Berlin: Teubner 1911. — [4] Theorie der konvexen Körper, insbesondere Begründung ihres Oberflächenbegriffs. Gesammelte Abhandlungen 2, 131—229, Leipzig-Berlin: Teubner 1911.

Müller, A.: [1] Integralgeometrie 16: Dichten linearer Mannigfaltigkeiten im euklidischen und nichteuklidischen R_n. Math. Z. 42, 101—124 (1937).

Müller, H. R.: [1] Über Momente ersten und zweiten Grades in der Integralgeometrie. Rend. Circ. mat. Palermo, II. Ser. 2, 119—140 (1953).

Nakajima, S.: [1] Zur Endlichgleichheit der Polyeder. Tôhoku Math. J. 27, 293—296 (1926).

Nef, W.: [1] Konvexe Räume. Arch. d. Math. 4, 216—221 (1953). — [2] Zerlegungsäquivalenz von Funktionen und invariante Integration. Comment. math Helvet. 28, 162—172 (1954). — [3] Zerlegungsäquivalenz und invarianter Inhalt. Math. Ann. 128, 204—227 (1954). — [4] Monotone Linearformen auf teilgeordneten Vektorräumen. Mh. Math. 60, 190—197 (1956). — [5] Invariante Linearformen. Math. Nachr. 15, 123—140 (1956). — [6] Über lineare Formen, die gegenüber einer abelschen Gruppe linearer Transformationen invariant sind. Arch. d. Math. 7, 250—258 (1956). — [7] Über die Fortsetzung monotoner Linearformen. Math. Z. 66, 129—142 (1956).

Neumann, J. v.: [1] Die Zerlegung eines Intervalles in abzählbar viele kongruente Teilmengen. Fundamenta Math. 11, 230—238 (1928). — [2] Zur allgemeinen Theorie des Maßes. Fundamenta Math. 13, 73—116 (1929).

Nicoletti, O.: [1] Sulla equivalenza dei poliedri. Rend. Circ. mat. Palermo 40, 194—210 (1915).

Nöbeling, G.: [1] Über die Flächenmaße im Euklidischen Raum. Math. Ann. 118, 687—701 (1943). — [2] Über den Flächeninhalt dehnungsbeschränkter Flächen. Math. Z. 48, 747—771 (1943). — [3] Über die Hauptformel der ebenen Kinematik von L. A. Santaló und W. Blaschke. I, II. Math. Ann. 120, 585—614 und 615—633 (1949).

Ohmann, D.: [1] Ungleichungen zwischen den Quermaßintegralen beschränkter Punktmengen. I. Math. Ann. 124, 265—276 (1952); II. Math. Ann. 127, 1—7 (1954). — [2] Eine lineare Verschärfung des Brunn-Minkowskischen Satzes für abgeschlossene Mengen. Arch. d. Math. 6, 33—35 (1955). — [3] Über den Brunn-Minkowskischen Satz. Comment. math. Helvet. 29, 215—222 (1955). — [4] Eine Verallgemeinerung der Steinerschen Formel. Math. Ann. 129, 209—212 (1955). — [5] Ungleichungen zwischen den Quermaßintegralen beschränkter Punktmengen. III. Math. Ann. 130, 386—393 (1956). — [6] Ungleichungen für die Minkowskische Summe und Differenz konvexer Körper. Comment. math. Helvet. 30, 297—304 (1956).

Peano, G.: [1] Applicazioni geometriche del calcolo infinitesimale. Turin: Bocca 1887.

Petkantschin, B.: [1] Integralgeometrie 6: Zusammenhänge zwischen den Dichten der linearen Unterräume im n-dimensionalen Raum. Abh. math. Sem. Univ. Hamburg 11, 249—310 (1936).

Pólya, G., u. G. Szegö: [1] Aufgaben und Lehrsätze aus der Analysis. 2 Bände. Berlin: Springer 1925. — [2] Isoperimetric inequalities in mathematical physics, Princeton: University Press (Annals of Math. Studies 27) 1951.

Rademacher, H.: [1] Über eine Eigenschaft von meßbaren Mengen positiven Maßes. Jber. dtsch. Math.-Ver. 30, 130—132 (1921).

Rédei, L., u. B. v. Sz.-Nagy: [1] Eine Verallgemeinerung der Inhaltsformel von Heron. Publ. math., Debrecen 1, 42—50 (1949).

REIDEMEISTER, K.: [1] Über die singulären Randpunkte eines konvexen Körpers. Math. Ann. 83, 116—118 (1921).

REINHARDT, K.: [1] Über die kleinste Kugel, die um jede Punktmenge vom Durchmesser Eins gelegt werden kann. Jber. dtsch. Math.-Ver. 25, 157—163 (1917). — [2] Extremale Polygone gegebenen Durchmessers. Jber. dtsch. Math.-Ver. 31, 251—270 (1922).

ROBINSON, R. M.: [1] On the decomposition of spheres. Fundamenta Math. 34, 246—260 (1947).

RUZIEWICZ, S.: [1] Sur un ensemble non dénombrable de points, superposable avec les moitiés de sa partie aliquote. Fundamenta Math. 2, 4—7 (1921). — [2] Contribution à l'étude des ensembles de distances de points. Fundamenta Math. 7, 141—143 (1925).

SANTALÓ, L. A.: [1] Origin and development of integral geometry. Rev. Univ. Cat. Perú 12, 205—230 (1944). — [2] Eine affine Invariante für die konvexen Körper des n-dimensionalen Raumes. Portugaliae math. 8, 155—161 (1949) [spanisch].— [3] Integralgeometrie in Räumen konstanter Krümmung. Publ. Comm. nac. Energia atomica, Ser. mat. 1, No. 1 (1952) [spanisch]. — [4] Introduction to integral geometry. Paris: Hermann (Actualités sci. ind. 1198) 1953.

SCHATUNOVSKY, S. O.: [1] Über den Rauminhalt der Polyeder. Math. Ann. 57, 496—508 (1903).

SCHENKER, B.: [1] Untersuchungen über Parallelmengen im euklidischen Raum. Zürich: Leemann 1956 (Diss. Univ. Bern).

SCHLÄFLI, L.: [1] Theorie der vielfachen Kontinuität. Denkschrift, herausgeg. von der schweiz. naturforsch. Ges., Bern 1901; wiederabgedruckt in L. SCHLAEFLI, Gesammelte mathematische Abhandlungen 1, 167—392, Basel: Birkhäuser 1950.

SCHMIDT, E.: [1] Über die Darstellung der Lehre vom Inhalt in der Integralrechnung. Math. Z. 12, 298—316 (1922). — [2] Über das isoperimetrische Problem im Raum von n Dimensionen. Math. Z. 44, 689—788 (1938). — [3] Über die isoperimetrische Aufgabe im n-dimensionalen Raum konstanter negativer Krümmung. I. Math. Z. 46, 204—230 (1940). — [4] Die isoperimetrischen Ungleichungen auf der gewöhnlichen Kugel und für Rotationskörper im n-dimensionalen sphärischen Raum. Math. Z. 46, 743—794 (1940). — [5] Über eine neue Methode zur Behandlung einer Klasse isoperimetrischer Aufgaben im Großen. Math. Z. 47, 489—642 (1942). — [6] Beweis der isoperimetrischen Eigenschaft der Kugel im hyperbolischen und sphärischen Raum jeder Dimensionszahl. Math. Z. 49, 1—109 (1943). — [7] Der BRUNN-MINKOWSKISche Satz und sein Spiegeltheorem sowie die isoperimetrische Eigenschaft der Kugel in der euklidischen und hyperbolischen Geometrie. Math. Ann. 120, 307—422 (1948). — [8] Die BRUNN-MINKOWSKISche Ungleichung und ihr Spiegelbild sowie die isoperimetrische Eigenschaft der Kugel in der euklidischen und nichteuklidischen Geometrie. I. Math. Nachr. 1, 81—157 (1948); II. Math. Nachr. 2, 171—244 (1949).

SCHMIDT, R.: [1] Zur Orthogonalinvarianz des Inhalts. Sitzgsber. bayer. Akad. Wiss. München, math.-naturwiss. Kl. 1950, 103—106.

SCHOUTE, P. H.: [1] Mehrdimensionale Geometrie. 2 Bände. Leipzig: Sammlung Schubert 35/36, 1902/03.

SCHREIER, O., u. E. SPERNER: [1] Einführung in die analytische Geometrie und Algebra. 2 Bände. Leipzig-Berlin: Teubner 1931/35.

SCHWARZ, H. A.: [1] Beweis des Satzes, daß die Kugel kleinere Oberfläche besitzt, als jeder andere Körper gleichen Volumens. Nachr. Ges. Wiss. Göttingen, Math.-phys. Kl. 1884, 1—13; wiederabgedruckt in H. A. SCHWARZ, Gesammelte Abhandlungen 2, 327—340. Berlin: Julius Springer 1890.

Sierpiński, W.: [1] Sur une définition axiomatique des ensembles mesurables (L). Bull. Acad. Sci. Cracovie **1918**, 173—178. — [2] Sur le paradoxe de MM. Banach et Tarski. Fundamenta Math. **33**, 229—234 (1945). — [3] Sur la non-existence des décompositions paradoxales d'ensembles linéaires. Actas Acad. nac. Ci. exact., fis. natur. Lima **9**, 113—117 (1946). — [4] L'équivalence par décomposition finie et la mesure extérieure des ensembles. Fundamenta Math. **37**, 209—212 (1950). — [5] On the congruence of sets and their equivalence by finite decomposition. Lucknow: University Studies **20**, 1954.

Silva Paulo, J. da: [1] Äquivalenz von Polyedern. Gaz. Mat., Lisboa **9**, no. 36, 4—6 (1948) [portugiesisch].

Sprague, R.: [1] Beispiel einer Zerlegung des Quadrats in lauter verschiedene Quadrate. Math. Z. **45**, 607—608 (1939). — [2] Über die Zerlegung von Rechtecken in lauter verschiedene Quadrate. J. reine angew. Math. **182**, 60—64 (1940). — [3] Zur Abschätzung der Mindestzahl inkongruenter Quadrate, die ein gegebenes Rechteck ausfüllen. Math. Z. **46**, 460—471 (1940).

Steiner, J.: [1] Einfache Beweise der isoperimetrischen Hauptsätze. J. reine angew. Math. **18**, 281—296 (1838); wiederabgedruckt in J. Steiner, Gesammelte Werke **2**, 75—91, Berlin: Reimer 1882. — [2] Über parallele Flächen. Mber. preuß. Akad. Wiss., Berlin **1840**, 114—118; wiederabgedruckt in J. Steiner, Gesammelte Werke **2**, 171—176, Berlin: Reimer 1882. — [3] Über Maximum und Minimum bei den Figuren in der Ebene, auf der Kugelfläche und im Raume überhaupt. J. reine angew. Math. **24**, 93—152 u. 189—250 (1842); wiederabgedruckt in J. Steiner, Gesammelte Werke **2**, 177—308, Berlin: Reimer 1882.

Steinhaus, H.: [1] Sur les distances des points dans les ensembles de mesure positive. Fundamenta Math. **1**, 93—104 (1920).

Steinitz, E.: [1] Polyeder und Raumeinteilungen. Enzykl. math. Wiss. III, AB 12, 1—139 (1916). — [2] Über isoperimetrische Probleme bei konvexen Polyedern. J. reine angew. Math. **158**, 129—153 (1927); **159**, 133—143 (1928).

Stöhr, A.: [1] Über Zerlegungen von Rechtecken in inkongruente Quadrate. Diss. Univ. Berlin 1938. Schriften des Math. Inst. und des Inst. für angew. Math. der Univ. Berlin **4**, 119—140 (1939).

Süss, W.: [1] Begründung der Inhaltslehre im Raum ohne Benutzung von Stetigkeitsaxiomen. Diss. Univ. Frankfurt a. M. 1920. — [2] Begründung der Lehre vom Polyederinhalt. Math. Ann. **82**, 297—305 (1921). — [3] Über das Inhaltsmaß bei mehrdimensionalen Polyedern. Tôhoku Math. J. **38**, 252—261 (1933). — [4] Durchmesser und Umkugel bei mehrdimensionalen Punktmengen. Math. Z. **40**, 315—316 (1935). — [5] Über die kleinste Kugel die jede Figur gegebenen Durchmessers einschließt. Abh. math. Sem. Univ. Hamburg **20**, 115—116 (1955).

Sydler, J.-P.: [1] Sur la décomposition des polyèdres. Comment. math. Helvet. **16**, 266—273 (1943/44). — [2] Sur les conditions nécessaires pour l'équivalence des polyèdres euclidiens. Elemente Math. **7**, 49—53 (1952). — [3] Sur l'équivalence des polyèdres à dièdres rationnels. Elemente Math. **8**, 75—79 (1953). — [4] Sur les tétraèdres équivalents à un cube. Elemente Math. **11**, 78—81 (1956).

Sz.-Nagy, B. v.: [1] Über ein geometrisches Extremalproblem. Acta Sci. math. **9**, 253—257 (1940).

Szekeres, G.: [1] Ein Problem über mehrere ebene Bereiche. Acta Sci. math. **9**, 247—252 (1940).

Szpilrajn, E.: [1] Sur l'extension de la mesure lebesguienne. Fundamenta Math. **25**, 551—558 (1935).

Tarski, A.: [1] Über Äquivalenz der Mengen in bezug auf eine beliebige Klasse von Abbildungen. Atti Congr. int. Mat. Bologna **2**, 243—252 (1930). — [2] Über das absolute Maß linearer Punktmengen. Fundamenta Math. 30, 218—234 (1938). — [3] Algebraische Fassung des Maßproblems. Fundamenta Math. 31, 47—66 (1938).

VARGA, O.: [1] Integralgeometrie 3: CROFTONs Formeln für den Raum. Math. Z. 40, 387—405 (1935). — [2] Integralgeometrie 19: Mittelwerte an dem Durchschnitt bewegter Flächen. Math. Z. 41, 768—784 (1936).

VIET, U.: [1] Über die ebenen Eibereichen umschriebenen Dreiecke. Math.-phys. Semesterber. 4, 57—58 (1954).

VOGT, H.: [1] Über Gleichheit und Endlichgleichheit von Prismen und Pyramiden. Programmabh. Nr. 211 des Friedrichs-Gymn. Breslau 1904.

VOLLAND, W.: [1] Ein Fortsetzungssatz für additive Eipolyederfunktionale. Archiv d. Math. 8, 144—149 (1957).

VOSS, K.: [1] Einige differentialgeometrische Kongruenzsätze für geschlossene Flächen und Hyperflächen. Math. Ann. 131, 180—218 (1956).

YOUNG, W. H.: [1] Open sets and the theory of content. Proc. London Math. Soc., II. Ser. 2, 16—51 (1904).

ZACHARIAS, M.: [1] Elementargeometrie und elementare nicht-euklidische Geometrie in synthctischcr Bchandlung. Enzykl. math. Wiss. III, AB 9, 859—1172 (1913).

ZORETTI, L., u. A. ROSENTHAL: [1] Die Punktmengen. Enzykl. math. Wiss. II, C 9a, 855—1030 (1923).

Namenverzeichnis

20*

Sachverzeichnis